中 国 国 家 标 准 汇 编

2010 年修订-20

中国标准出版社　编

中国质检出版社
中国标准出版社

北　京

图书在版编目（CIP）数据

中国国家标准汇编：2010年修订．20/中国标准出版社编．—北京：中国标准出版社，2011

ISBN 978-7-5066-6524-7

Ⅰ．①中… Ⅱ．①中… Ⅲ．①国家标准-汇编-中国-2010 Ⅳ．①T-652.1

中国版本图书馆CIP数据核字(2011)第187872号

中国质检出版社
中国标准出版社 出版发行

北京市朝阳区和平里西街甲2号(100013)
北京市西城区三里河北街16号(100045)

网址:www.spc.net.cn
总编室:(010)64275323 发行中心:(010)51780235
读者服务部:(010)68523946

中国标准出版社秦皇岛印刷厂印刷
各地新华书店经销

*

开本 880×1230 1/16 印张 36 字数 1 029 千字
2011年12月第一版 2011年12月第一次印刷

*

定价 220.00 元

出 版 说 明

1.《中国国家标准汇编》是一部大型综合性国家标准全集。自1983年起，按国家标准顺序号以精装本、平装本两种装帧形式陆续分册汇编出版。它在一定程度上反映了我国建国以来标准化事业发展的基本情况和主要成就，是各级标准化管理机构，工矿企事业单位，农林牧副渔系统，科研、设计、教学等部门必不可少的工具书。

2.《中国国家标准汇编》收入我国每年正式发布的全部国家标准，分为“制定”卷和“修订”卷两种编辑版本。

“制定”卷收入上一年度我国发布的、新制定的国家标准，顺延前年度标准编号分成若干分册，封面和书脊上注明“20××年制定”字样及分册号，分册号一直连续。各分册中的标准是按照标准编号顺序连续排列的，如有标准顺序号缺号的，除特殊情况注明外，暂为空号。

“修订”卷收入上一年度我国发布的、修订的国家标准，视篇幅分设若干分册，但与“制定”卷分册号无关联，仅在封面和书脊上注明“20××年修订-1，-2，-3，……”字样。“修订”卷各分册中的标准，仍按标准编号顺序排列(但不连续)；如有遗漏的，均在当年最后一分册中补齐。需提请读者注意的是，个别非顺延前年度标准编号的新制定的国家标准没有收入在“制定”卷中，而是收入在“修订”卷中。

读者配套购买《中国国家标准汇编》“制定”卷和“修订”卷则可收齐上一年度我国制定和修订的全部国家标准。

3.由于读者需求的变化，自1996年起，《中国国家标准汇编》仅出版精装本。

4.2010年我国制修订国家标准共2846项。本分册为“2010年修订-20”，收入新制修订的国家标准17项。

中国标准出版社

2011年8月

目　　录

GB/T 15318—2010　热处理电炉节能监测 …… 1
GB/T 15391—2010　宽度小于 600 mm 冷轧钢带的尺寸、外形及允许偏差 …… 9
GB 15407—2010　遮挡式微波入侵探测器技术要求 …… 15
GB/T 15474—2010　核电厂安全重要仪表和控制功能分类 …… 26
GB/T 15488—2010　滤光玻璃 …… 43
GB/T 15489.6—2010　滤光玻璃测试方法　第 6 部分:荧光特性 …… 147
GB 15570—2010　食品安全国家标准　食品添加剂　叶酸 …… 151
GB 15571—2010　食品安全国家标准　食品添加剂　葡萄糖酸钙 …… 161
GB/T 15594—2010　塑料　八羟基聚醚多元醇 …… 171
GB/T 15597.2—2010　塑料　聚甲基丙烯酸甲酯(PMMA)模塑和挤塑材料　第 2 部分:试样制备和性能测定 …… 177
GB/T 15629.15—2010　信息技术　系统间远程通信和信息交换　局域网和城域网　特定要求　第 15 部分:低速无线个域网(WPAN)媒体访问控制和物理层规范 …… 185
GB/T 15677—2010　金属镧 …… 377
GB/T 15678—2010　氧化铒 …… 383
GB/T 15814.1—2010　烟花爆竹　烟火药成分定性测定 …… 389
GB/T 15918—2010　海洋学综合术语 …… 397
GB/T 15919—2010　海洋学术语　海洋生物学 …… 439
GB/T 15920—2010　海洋学术语　物理海洋学 …… 503

ICS 27.010
F 01

GB

中华人民共和国国家标准

GB/T 15318—2010
代替 GB/T 15318—1994

热处理电炉节能监测

Monitoring and testing for energy saving of heat treatment electric furnace

2010-11-10 发布　　2011-02-01 实施

中华人民共和国国家质量监督检验检疫总局
中国国家标准化管理委员会　发布

前　言

本标准代替 GB/T 15318—1994《工业热处理电炉节能监测方法》。

本标准与 GB/T 15318—1994 相比，主要变化如下：

——标准名称改为："热处理电炉节能监测"；

——调整并规范了"范围"一章的内容(见第 1 章)；

——规范了"规范性引用文件"的引用语、调整了规范性引用文件的级别号(见第 2 章)；

——增加了"空炉损耗功率比"定义(见第 3 章 3.2)；

——增加了相关条款及表(见 4.3、4.4、5.7、5.8、表 3、6.3、6.4)；

——取消了原标准中的表 1、表 3；

——原标准中的"K_2 产品(工件)类别折算系数"调整为现标准中的"K_1 产品(工件)工艺材质折算系数"，同时调整了原标准表 2 的表栏(见 5.4.3 表 1)；

——原标准中的"K_4 热处理工艺折算系数"调整为现标准中的"K_2 常用热处理工艺折算系数"(见 5.4.3、表 2)；

——对 6.1 中常用的热处理炉型给出了明确的"b_k"值；

——调整了原标准表 5 的炉型、额定温度及表面温升值(见表 4)；

——规范了节能监测报告格式(见附录 A)。

本标准的附录 A 为规范性附录。

本标准由全国能源基础与管理标准化技术委员会提出。

本标准由全国能源基础与管理标准化技术委员会能源管理分委员会归口。

本标准主要起草单位：江苏丰东热技术股份有限公司、广东世创金属科技有限公司、北京机电研究所、中国机械工程学会热处理分会。

本标准主要起草人：樊东黎、向建华、董小虹、刘肃人、陈志强、顾琳琳。

本标准所代替标准的历次版本发布情况为：

——GB/T 15318—1994。

热处理电炉节能监测

1 范围

本标准规定了热处理电炉节能监测的监测内容、监测方法和考核指标。

本标准适用于周期式和连续式电炉。

本标准不适用于感应加热和离子加热等设备的节能监测。

2 规范性引用文件

下列文件中的条款通过本标准的引用而成为本标准的条款。凡是注日期的引用文件，其随后所有的修改单(不包括勘误的内容)或修订版均不适用于本标准，然而，鼓励根据本标准达成协议的各方研究是否可使用这些文件的最新版本。凡是不注日期的引用文件，其最新版本适用于本标准。

GB/T 10066.1—2004 电热设备的试验方法 第1部分:通用部分

GB/T 10066.4—2004 电热设备的试验方法 第4部分:间接电阻炉

GB/T 10201—2008 热处理合理用电导则

GB/T 13324—2006 热处理设备术语

GB/T 17358—2009 热处理生产电耗计算和测定方法

3 术语和定义

GB/T 10201—2008 和 GB/T 13324—2006 中确立的以及下列术语和定义适用于本标准。

3.1

产品可比用电单耗 comparable electricity consumption of unit product

根据热处理产品和工艺的不同，按相关规定将生产的合格产品折算成可比标准产品(折合质量)，计算得出实际生产耗电量与产品折合质量的比值。其单位为千瓦时每千克(kW·h/kg)。

3.2

空炉损耗功率比 power ratio of no load loss

R

空炉损耗功率(P_0)与额定功率(P_C)的百分比，见式(1)：

$$R = P_0 / P_C \times 100\% \qquad (1)$$

4 热处理电炉节能监测项目

4.1 产品可比用电单耗

4.2 炉体表面温升

4.3 空炉升温时间

4.4 空炉损耗功率比

5 热处理电炉节能监测方法

5.1 测试工况

测试应在电炉处于正常生产运行工况下进行。

5.2 测试时间

监测测试时间为一个生产周期。

5.3 测试仪表

监测所用的仪表应能满足监测项目的要求，仪表应完好，并应在检定周期内，其精度应符合 GB/T 10066.1—2004 的有关规定。

5.4 产品可比用电单耗的测试

5.4.1 实际生产耗电量

在一个生产周期内供给该电炉本体加热元件的电能量和直接用于该电炉的附加装置的耗电量合计为实际消耗电能量 W，单位为千瓦时(kW·h)。

5.4.2 产品的实际质量

电炉一个生产周期热处理的各种合格产品(工件)的实际质量 m_i，单位为千克(kg)，其中 $i=1,2,3,\cdots,n$，为产品(工件)品种。

5.4.3 总折合质量

测试周期的总折合质量 m_Z 按式(2)计算：

$$m_Z=\sum_{i=1}^{n}m_i\cdot K_1\cdot K_2 \qquad\cdots\cdots(2)$$

式中：

K_1——产品(工件)工艺材质折算系数，按表1确定；

K_2——常用热处理工艺折算系数应符合 GB/T 17358—2009 的规定，按表2确定。

表1 产品(工件)工艺材质折算系数(K_1)

工件材质	低中碳钢或低中碳合金结构钢	合金工具钢	高合金钢	高速钢
合金元素总含量 %	≤5	5～10	≥10	—
K_1	1.0	1.2	1.6	3.0

表2 常用热处理工艺折算系数(K_2)

热处理工艺	K_2	热处理工艺	K_2
淬火	1.0	时效(固溶热处理后)	0.4
正火	1.1	气体渗碳淬火(渗层深 0.8 mm)	1.6
退火	1.1	气体渗碳淬火(渗层深 1.2 mm)	2.0
球化退火	1.3	气体渗碳淬火(渗层深 1.6 mm)	2.8
去应力退火	0.6	气体渗碳(渗层深 2.0 mm)	3.8
不锈钢固溶热处理	1.8	真空渗碳(渗层深 1.5 mm)	2.0
铝合金固溶热处理	0.6	气体碳氮共渗(渗层深 0.6 mm)	1.4
高温回火(>500 ℃)	0.6	气体氮碳共渗	0.6
中温回火(250 ℃～500 ℃)	0.5	气体渗氮(渗层深 0.3 mm)	1.8
低温回火(<250 ℃)	0.4		

5.5 产品可比用电单耗的计算

测试周期内的合格产品的可比用电单耗 b_k，单位为千瓦时每千克(kW·h/kg)，按式(3)计算：

$$b_k=W/m_Z \qquad\cdots\cdots(3)$$

5.6 炉体表面温升的测定

炉体表面温升的测定按 GB/T 10066.4—2004 的有关规定执行。

5.7 空炉升温时间的测定

热处理炉空炉升温时间的测定和计算方法按 GB/T 10066.4—2004 的有关规定执行。

5.8 空炉损耗功率比的测定

热处理炉空炉损耗功率和额定功率的测量和计算按 GB/T 10066.4—2004 的有关规定执行。

6 热处理电炉节能监测考核指标

6.1 产品可比用电单耗

对于一个生产周期，按 5.4～5.6 测定和计算得出的结果，常规周期式箱式炉 b_k 应小于或等于 0.550 kW·h/kg，其他炉型应符合表 3 要求。

表 3 常规热处理炉型产品可比用电单耗

炉型	b_k kW·h/kg
密封箱式多用炉	0.660
真空淬火炉	0.850
流态炉	0.900
盐浴炉	1.100
常规连续式炉	0.500
可控气氛连续式炉	0.600

6.2 炉体表面温升

6.2.1 对于在额定温度下工作的电炉，表面温升应符合表 4 规定。

表 4 表面温升值

炉　型	额定温度 ℃	表面温升 ℃	
		炉壳	炉门或炉盖
箱式炉	750	≤40	≤50
	950	≤50	≤70
	1 200	≤60	≤80
台车炉	750	≤40	≤60
	950	≤50	≤80
	1 200	≤60	≤90
井式炉	750	≤40	≤60
	950	≤50	≤80
	1 200	≤60	≤90
盐浴炉	850	≤60	—
	1 300	≤90	—
密封箱式多用炉、底装料立式多用炉	950	≤50	≤65
	1 200	≤60	≤75
连续式热处理炉	750	≤40	≤50
	950	≤40	≤55

6.2.2 对于不是在额定温度下工作的电炉，应按式(4)计算后与表4比较，看是否符合要求：

$$\Delta\theta \leqslant [(\theta - 20)/(\theta_n - 20)] \cdot \Delta\theta_n \quad \cdots\cdots (4)$$

式中：

$\Delta\theta$——测得的表面温升，单位为摄氏度(℃)；

θ——测量时的工作温度，单位为摄氏度(℃)；

θ_n——电炉的额定温度，单位为摄氏度(℃)；

$\Delta\theta_n$——在额定温度下的最大允许表面温升(见表4)，单位为摄氏度(℃)。

6.3 空炉升温时间

空炉升温时间应符合表5要求。

表5 空炉升温时间

炉型	额定温度 ℃	工作容积 m^3	升温时间 h
箱式炉	950	≤0.2	≤0.5
		0.2～1.0	≤1.0
		1.0～2.5	≤1.5
箱式炉	1 200	≤0.2	≤1.5
		0.2～1.0	≤2.0
		1.0～2.5	≤2.5
台车炉	950	≤0.75	≤1.2
		0.75～1.50	≤1.5
		1.50～3.00	≤2.0
井式炉	750	≤0.3	≤0.5
		0.3～1.0	≤1.0
		1.0～2.5	≤1.5
井式炉	950	≤0.2	≤1.0
		0.2～1.0	≤1.0
		1.0～2.5	≤2.0
注：热处理炉容积较大时，空炉升温时间应考虑工艺要求、处理能力和电力负荷等因素，由供需双方商定。			

6.4 空炉损耗功率比

空炉损耗功率比按式(1)计算，并应符合表6规定。

表6 电炉空炉损耗功率比

炉　型	额定功率 kW	空炉损耗功率比 %	
		一等	二等
箱式炉	≤15	≤32	≤36
	15～75	≤30	≤35
	≥75	≤27	≤33
台车炉	≥65	≤18	≤23

表 6（续）

炉　型	额定功率 kW	空炉损耗功率比 %	
		一等	二等
井式炉	≤25	≤27	≤33
	25～50	≤22	≤27
	≥50	≤18	≤23
盐浴炉	≥20	—	≤40
密封箱式多用炉、底装料立式多用炉	≥90	≤27	≤33
网带式炉	≥60	≤35	≤40
推杆式炉	≥120	≤35	≤40
真空炉	≥40	≤25	≤30
注：对特大型炉或有特殊要求的设备，由供需双方自行商定。			

7　热处理电炉节能监测结果评价

7.1　本标准规定的热处理电炉监测检查项目和测试项目考核指标是监测合格的最低标准，监测机构应依此进行合格与不合格的评价。全部监测指标均合格方可认为节能监测结果合格。

7.2　对监测不合格者，监测机构应做出能源浪费程度的分析评价和提出改进建议，监测报告格式见附录 A。

附 录 A
（规范性附录）
热处理电炉节能监测报告

节监字第　　　号

单位名称		监测日期	
设备名称		设备编号	
规格型号		监测标准	

监测检查项目	检查结果	结果评价
热处理电炉是否处于正常生产运行工况		
监测测试时间是否为一个生产周期		
监测所用的仪表是否能满足监测项目的要求		
设备仪表是否完好、仪表是否在检定周期内		
热处理电炉的操作是否造成热能额外损耗		
建立热处理电炉的严格检修维护制度		

监测测试项目	测试结果	考核指标	结果评价
产品可比用电单耗/(kW·h/kg)			
炉体表面温升/℃			
空炉升温时间/h			
空炉损耗功率比/%			

监测结果评价：

单位名称(节能监测专用章)
年　　月　　日

编制：　　　　审核：　　　　批准：

ICS 77.140.50
H 46

中华人民共和国国家标准

GB/T 15391—2010
代替 GB/T 15391—1994

宽度小于600 mm冷轧钢带的尺寸、外形及允许偏差

Dimension, shape and tolerances for cold-rolled steel strips with a width less than 600 mm

2010-09-02 发布　　　　2011-06-01 实施

中华人民共和国国家质量监督检验检疫总局
中国国家标准化管理委员会　发布

前　言

本标准代替 GB/T 15391—1994《宽度小于 600 mm 冷轧钢带的尺寸、外形及允许偏差》。

本标准与原标准对比，主要修订内容如下：

——对分类和代号重新进行了规定；

——取消原标准中的供应厚度负偏差协议条款；

——对宽度允许偏差、不平度重新进行了规定；

——取消了有关重量的规定。

本标准由中国钢铁工业协会提出。

本标准由全国钢标准化技术委员会归口。

本标准起草单位：冶金工业信息标准研究院、江苏省不锈钢制品质量监督检验中心。

本标准主要起草人：王晓虎、董莉、陈安源。

本标准所代替的历次版本发布情况为：

——GB/T 15391—1994。

宽度小于600 mm冷轧钢带的尺寸、外形及允许偏差

1 范围

本标准规定了宽度小于600 mm冷轧钢带(以下简称钢带)的尺寸、外形及允许偏差。

本标准适用于轧制宽度小于600 mm、厚度不大于3 mm的冷轧钢带。

2 分类和代号

2.1 按边缘状态分为

切边 EC

不切边 EM

2.2 按尺寸精度分为

普通厚度精度 PT.A

较高厚度精度 PT.B

普通宽度精度 PW.A

较高宽度精度 PW.B

3 尺寸

3.1 钢带的厚度不大于3.00 mm。

3.2 钢带的宽度为6 mm～<600 mm。

4 尺寸允许偏差

4.1 厚度允许偏差

4.1.1 钢带的厚度允许偏差应符合表1的规定。

表1 单位为毫米

公称厚度	厚度允许偏差			
	普通精度,PT.A		较高精度,PT.B	
	公称宽度		公称宽度	
	<250	250～<600	<250	250～<600
≤0.10	±0.010	±0.015	±0.005	±0.010
>0.10～0.15	±0.010	±0.020	±0.005	±0.015
>0.15～0.25	±0.015	±0.030	±0.010	±0.020
>0.25～0.40	±0.020	±0.035	±0.015	±0.025
>0.40～0.70	±0.025	±0.040	±0.020	±0.030
>0.70～1.00	±0.035	±0.050	±0.025	±0.035
>1.00～1.50	±0.045	±0.060	±0.035	±0.045
>1.50～2.50	±0.060	±0.080	±0.045	±0.060
>2.50～3.00	±0.075	±0.090	±0.060	±0.070

4.1.2 钢带距头尾 15 m 长度范围内的厚度允许偏差比表 1 规定值增加 50%。

4.1.3 钢带距焊缝处 10 m 长度范围内的厚度允许偏差比表 1 规定值增加 100%。

4.2 宽度允许偏差

4.2.1 切边钢带的宽度允许偏差应符合表 2 的规定。

表 2 单位为毫米

公称厚度	宽度允许偏差					
	普通精度，PW. A			较高精度，PW. B		
	公称宽度			公称宽度		
	<125	125～<250	250～<600	<125	125～<250	250～<600
≤0.50	±0.15	±0.20	±0.25	±0.10	±0.13	±0.18
>0.50～1.00	±0.20	±0.25	±0.30	±0.13	±0.18	±0.20
>1.00～3.00	±0.30	±0.35	±0.40	±0.20	±0.25	±0.30

4.2.2 根据需方要求，经供需双方协商，可供应限制宽度负偏差或正偏差的切边钢带。

4.2.3 不切边钢带的宽度允许偏差应符合表 3 的规定。

表 3 单位为毫米

公称宽度	宽度允许偏差	
	普通精度，PW. A	较高精度，PW. B
<125	$^{+3.0}_{0}$	$^{+2.0}_{0}$
125～<250	$^{+4.0}_{0}$	$^{+3.0}_{0}$
250～<400	$^{+5.0}_{0}$	$^{+4.0}_{0}$
400～<600	$^{+6.0}_{0}$	$^{+5.0}_{0}$

5 外形

5.1 不平度

横切定尺钢带的每米不平度应不大于 10 mm。

5.2 镰刀弯

钢带的每米镰刀弯应符合表 4 的规定。

表 4 单位为毫米

公称宽度	镰刀弯	
	不切边，EM	切边，EC
	不大于	
<125	4.0	3.0
125～<250	3.0	2.0
250～<400	2.5	1.5
400～<600	2.0	1.0

5.3 **塔形**

钢带应成卷交货，钢带卷一侧塔形高度不大于30 mm。

6 尺寸及外形的测量

6.1 不切边钢带在距离边部不小于40 mm处测量；切边钢带在距离边部不小于15 mm处测量。钢带的宽度小于40 mm时，沿宽度方向的中心部位测量。

6.2 宽度应在垂直于钢带中心线的方位测量。

6.3 测量不平度时，将横切定尺钢带自由地放在平台上，除钢带的本身重量外，不施加任何压力，测量1 m长度范围内钢带下表面与平台间的最大距离。

6.4 测量镰刀弯时，将1 m长直尺靠紧钢带的凹边，测量钢带边缘与直尺之间的最大距离。

ICS 13.310
A 91

中华人民共和国国家标准

GB 15407—2010
代替 GB 15407—1994

遮挡式微波入侵探测器技术要求

Specification of microwave interruption intrusion detector

2010-11-10 发布　　2011-09-01 实施

中华人民共和国国家质量监督检验检疫总局
中国国家标准化管理委员会　发布

前　言

本标准的4.1.2、4.1.3、4.1.4、4.3、4.5、4.7和4.9为强制性条款，其余为推荐性条款。

本标准是对GB 15407—1994《遮挡式微波入侵探测器技术要求和试验方法》的修订，修订的内容包括：

——修改了环境适应性要求（1994版4.3，本版的4.5）；

——修改了试验方法（1994版和本版的第5章）；

——删除了原引用的GB/T 6587.7《电子测量仪器　基本安全试验》和GB/T 6833《电子测量仪器　电磁兼容性试验规范》；

——删除了原标准中第4章“技术要求”和第5章“试验方法”中有关交流供电的内容，以及第6章“试验项目和顺序表1”中的相关内容；

——对原标准可靠性进行修改，直接引用GB 10408.1—2000《入侵探测器　第1部分：通用要求》中6.4的要求。

本标准自实施之日起，代替GB 15407—1994。

本标准由中华人民共和国公安部提出。

本标准由全国安全防范报警系统标准化技术委员会（SAC/TC 100）归口。

本标准起草单位：成都亚光电子股份有限公司、深圳市美安科技有限公司、广州天网安防科技有限公司、公安部安全防范报警系统质量监督检验测试中心、公安部安全与警用电子产品质量检测中心、全国安全防范报警系统标准化技术委员会。

本标准主要起草人：倪建中、何明、柯用菁、吴钰瑞、陈燕、韩峰、黄世杰、皮幼林。

本标准所代替标准的历次版本发布情况为：

——GB 15407—1994。

遮挡式微波入侵探测器技术要求

1 范围

本标准规定了遮挡式微波入侵探测器(以下简称探测器)的技术要求、试验方法、检测项目和检验规则等。

本标准适用于室内型和室外型遮挡式微波入侵探测器。

2 规范性引用文件

下列文件中的条款通过本标准的引用而成为本标准的条款。凡是注日期的引用文件,其随后所有的修改单(不包括勘误的内容)或修订版均不适用于本标准,然而,鼓励根据本标准达成协议的各方研究是否可使用这些文件的最新版本。凡是不注日期的引用文件,其最新版本适用于本标准。

GB 4208—2008 外壳防护等级(IP 代码)(IEC 60529:2001,IDT)

GB 10408.1—2000 入侵探测器 第1部分:通用要求(idt IEC 60839-2-2:1987)

GB/T 17626.2—2006 电磁兼容 试验和测量技术 静电放电抗扰度试验(IEC 61000-4-2:2001,IDT)

GB/T 17626.3—2006 电磁兼容 试验和测量技术 射频电磁场辐射抗扰度试验(IEC 61000-4-3:2002,IDT)

GB/T 17626.4—2008 电磁兼容 试验和测量技术 电快速瞬变脉冲群抗扰度试验(IEC 61000-4-4:2004,IDT)

GB/T 17626.5—2008 电磁兼容 试验和测量技术 浪涌(冲击)抗扰度试验(IEC 61000-4-5:2005,IDT)

3 术语和定义

下列术语和定义适用于本标准。

3.1

遮挡式微波入侵探测器 microwave interruption intrusion detector

利用遮挡微波波束而产生报警信号的入侵探测器。它由发射和接收装置组成。

3.2

参考目标 reference target

参考目标高度(160 cm~180 cm)±10 cm 之间,体重介于(60 kg~70 kg)±10 kg 之间的正常人或模拟物体。

3.3

探测范围边界 boundary of detection coverage

当参考目标在发射机与接收机之间不同位置上,朝着探测器的发射机与接收机天线形成的轴线垂直移动而引起的报警状态的最远点的集合。

3.4

探测距离 detection distance

能有效探测参考目标的发射机与接收机之间的最大距离。

3.5

探测宽度　detection width

相互对准的发射机与接收机天线形成的轴线上某垂直平面与探测范围边界相交截面水平与垂直的宽度。

3.6

探测区域　detection range

探测范围边界内的区域。

4　技术要求

4.1　外观及机械结构要求

4.1.1　外观

入侵探测器的外形尺寸应与产品说明书所标出的尺寸相符。非金属外壳表面应无裂纹、褪色及永久性污渍，亦无明显变形和划痕。金属壳表面涂覆不能露出底层金属，并无起泡、腐蚀、缺口、毛刺、蚀点、划痕、涂层脱落和沙孔等。控制机构灵活，可靠耐用，标志应清晰。

4.1.2　外壳防护等级

外壳防护等级应符合 GB 4208—2008 的相关要求，其中室内型探测器应达到 IP41 等级的要求，室外型探测器应达到 IP55 等级的要求。

4.1.3　外壳强度及压力

外壳和框架应有足够的机械强度和刚度。压力和冲击试验后其外壳表面上应不产生永久性变形和损坏。

4.1.4　接线柱和引出线的牢固性

4.1.4.1　接线柱应有防止转动和松动的措施。经拉力试验后，引出线与接线柱不应脱落。

4.1.4.2　引出线应能承受 20 次直角弯曲而不折断，直流电源的引出线同时还要能承受 14.7 N 的拉力作用 60 s 而不损伤。

4.2　性能要求

4.2.1　对准指示

为便于发射天线轴线与接收轴线的对准，探测器应有对准调节装置。接收机上应有相应的指示。

4.2.2　工作频率

探测器选用的频段为 9 GHz～25 GHz。

4.2.3　调制频率

探测器发射机发出的微波信号应经过调制。

调制频率不低于 400 Hz。

4.2.4　工作电压

探测器的额定工作电压优先选用直流 12 V。

4.2.5　电源适用范围

直流供电时，探测器在额定工作电压的 85％～125％范围内变化时，探测器不需要调整应能正常工作，且性能指标应符合产品说明书的规定。

4.2.6　过压运行

直流供电时，探测器在电源电压为额定值的 130％时，以每分钟不大于 15 次的报警速率循环50 次，每次均应完成报警功能。

4.2.7　电源功耗

探测器警戒状态和报警状态的功耗应在产品说明书明示。

4.3 功能要求

4.3.1 报警功能

参考目标按规定的条件下通过探测区域时，探测器应产生报警信号。

4.3.2 报警时间与恢复时间

4.3.2.1 报警时间

探测器在参考目标离开探测区域后，报警信号持续时间不少于 1 s。

4.3.2.2 恢复时间

参考目标离开探测区域后，探测器应在 7 s 内恢复警戒状态。

4.3.3 防拆保护

入侵探测器应有防拆保护装置，打开外壳时入侵探测器应输出报警信号。

4.4 探测范围边界

4.4.1 探测距离

探测器的探测距离应在产品说明书内明示。

4.4.2 探测宽度

探测器的探测宽度应在产品说明书内明示。

4.4.3 可探测速度范围

室内型：0.1 m/s～3 m/s；

室外型：0.1 m/s～10 m/s。

4.5 环境适应性要求

4.5.1 探测器环境适应性等级要求

探测器根据其使用环境严酷程度分为Ⅰ级、Ⅱ级、Ⅲ级，见表 1。

表 1 探测器环境温湿度试验等级

等级	环境描述
Ⅰ级	适用于室内温度变化不大、能经受偶尔的较轻振动的环境，环境温度变化范围应在－10 ℃～＋40 ℃之间，平均相对湿度为 75％左右
Ⅱ级	适用于探测器非完全暴露于室外（露天或简易遮盖）或室内环境恶劣的场合条件下，能经受突然跌落或频繁移动中承受较大振动和冲击，环境温度变化范围应在－25 ℃～＋70 ℃之间，平均相对湿度为 85％～95％左右
Ⅲ级	适用于探测器完全暴露于室外，环境温度变化范围应在－40 ℃～＋85 ℃之间，平均相对湿度为 90％～95％左右

4.5.2 探测器环境温湿度适应性试验要求

探测器按相应的等级进行环境试验，在每一项特定的环境测试完后应能正常工作，试验后灵敏度或探测距离的变化量，其值不应超过±10％，且外壳应不变形或损坏。

4.6 稳定性要求

入侵探测器在正常气候环境下，连续工作 7 d 不应出现误报警和漏报警，其灵敏度或探测范围的变化不应超过±10％。

4.7 电磁兼容

4.7.1 电快速瞬变脉冲群抗扰度试验

探测器应按照 GB/T 17626.4—2008 中第 5 章表 1 试验等级 3 进行，试验过程中不应产生误报警和漏报警，指示器件在试验期间闪烁是可接受的。试验过后，按产品标准检验其功能，应能正常工作。

4.7.2 静电放电抗扰度试验

探测器应按照 GB/T 17626.2—2006 中第 5 章表 1 试验等级 3 进行，试验过程中不应产生误报警和漏报警,指示器件在试验期间闪烁是可接受的。试验过后,按产品标准检验其功能,应能正常工作。

4.7.3 射频电磁场辐射抗扰度试验

探测器应按照GB/T 17626.3—2006中第5章表1试验等级3进行,试验过程中不应产生误报警和漏报警,指示器件在试验期间闪烁是可接受的,但不应有任何输出的变化。试验过后,按产品标准检验其功能,应能正常工作。

4.7.4 浪涌(冲击)抗扰度试验

探测器应按照GB/T 17626.5—2008中第5章表1试验等级3进行,试验过程中不应产生误报警和漏报警,指示器件在试验期间闪烁是可接受的,但不应有任何输出的变化。试验过后,按产品标准检验其功能,应能正常工作。

4.8 耐久性要求

入侵探测器在额定电压和额定负载电流下进行警戒、报警和复位,循环6 000次,应无电或机械的故障,也不应有器件损坏或触点粘连。

4.9 安全性要求

4.9.1 微波辐射安全剂量

探测器的发射天线正前方5 cm处,微波辐射功率密度应小于5 mW/cm^2。

4.9.2 非正常操作保护

探测器在以下非正常操作时,不应损坏,并不引起燃烧或电击:

a) 电源极性接反;

b) 输出端短路;

c) 手触摸输入端;

d) 引线间互相接错。

4.9.3 阻燃

入侵探测器外壳经火焰燃烧5次,每次烧5 s,然后停5 s,塑料外壳继续燃烧不能超过1 min,并且不能有烧熔的塑胶残留物滴下。

4.10 可靠性要求

入侵探测器在正常工作条件下平均无故障工作时间(MTBF)在正常工作条件下至少为60 000 h。

5 试验方法

5.1 外观和结构性能试验

5.1.1 外观性能试验

用卡尺等量具对照图纸检验外形尺寸,目测检验外观,用手检验控制机构,均应符合4.1.1的要求。

5.1.2 外壳防护等级

按GB 4208—2008中试验方法进行试验,应符合4.1.2的要求。

5.1.3 外壳机械强度试验

5.1.3.1 外壳压力试验

对于采用低压电路的受试样品,将样品平放,在外壳水平面的中央放一个直径为ϕ137 mm的钢质半球,球面朝下施加49 N的压力,作用(60±2)s。

试验后进行外观检查,试验结果应符合4.1.3的要求。

5.1.3.2 外壳冲击强度试验

将受试样品平放,用一个直径为ϕ50.8 mm,质量为540 g的钢球,从0.5 m的高度垂直自由落下冲击在外壳表面上。试验结果应符合4.1.3的要求。

5.1.4 接线柱和引出线牢固性试验

5.1.4.1 拉力试验

受试样品应固定在正常位置，对接线柱进行 20 次连接和 20 次断开试验后，在最容易拉断的方向施加 24.5 N 的拉力，保持时间为(60±2)s，试验后外观检查应符合 4.1.4.1 的要求。

5.1.4.2 引出线弯曲试验

经外观和电性能检查的样品，在引出线末端悬挂质量为 1.5 kg 的重物，然后样品在垂直平面上倾斜大约 90°，时间约为 2 s～3 s，接着返回原来位置，即构成一次弯曲。按照这种方法再向相反方向弯曲，共试验 20 次，试验完成后应符合 4.1.4.2 的要求。

5.2 性能试验

5.2.1 对准指示试验

探测器的发射机和接收机放置在按产品基数指标规定的探测距离，转动发射机或接收机指向并检查其对准指示功能，应符合 4.2.1 的要求。

5.2.2 工作频率试验

用波长计或频谱仪对发射频率进行测试，应符合 4.2.2 的要求。

5.2.3 调制频率试验

当发射机工作时，在发射机的调制点上，用示波器测试调制频率，应符合 4.2.3 的要求。

5.2.4 工作电压试验

用精度 0.5 级的电压表监测电压，应符合 4.2.4 的要求。

5.2.5 电源范围试验

直流供电时，用 0.5 精度级，量程 1.5 倍于电源电压的直流电压表监测电源电压。用可调直流稳压电源其电压值，分别在额定值的 85%、100% 及 125% 进行探测距离的试验。每次试验时间不少于 15 min，检测探测距离，应符合 4.2.5 的要求。

5.2.6 过压运行试验

直流供电时，按 4.2.6 要求，经 5.2.5 试验的样品在电源电压为额定值的 130% 时，受试样品处于警戒状态，移动参考目标，使受试样品转入报警状态，然后解除，再进入警戒状态，完成一次循环。每分钟不大于 15 次的报警速率，共循环 50 次，每次均应能完成报警功能。

5.2.7 电源功耗检查

用精度 0.5 级，量程 1.5 倍于额定电流值的电流监测功耗电流应符合 4.2.7 的要求。

5.3 功能试验

5.3.1 报警功能试验

在正常环境条件下，试验场地安装探测器，室内型参考目标以 0.1 m/s～3 m/s、室外型以 0.1 m/s～10 m/s 的速度通过探测区域，应分别符合 4.3.1 的要求。

5.3.2 报警时间与恢复时间

5.3.2.1 报警时间

探测器的发射机、接收机之间的安装距离按产品技术指标规定的探测距离，安装高度按产品使用说明书推荐的高度，参考目标以 0.75 m/s 的速度，从探测宽度外，垂直接近收、发天线形成的轴线。

当探测器产生报警信号时，参考目标立即退出探测区域，用计时器计测产生报警信号消失的时间间隔，此时间间隔应符合 4.3.2.1 的要求。按图 1 所示，在均匀分布的 A、C、E 三个位置上分别进行测试。

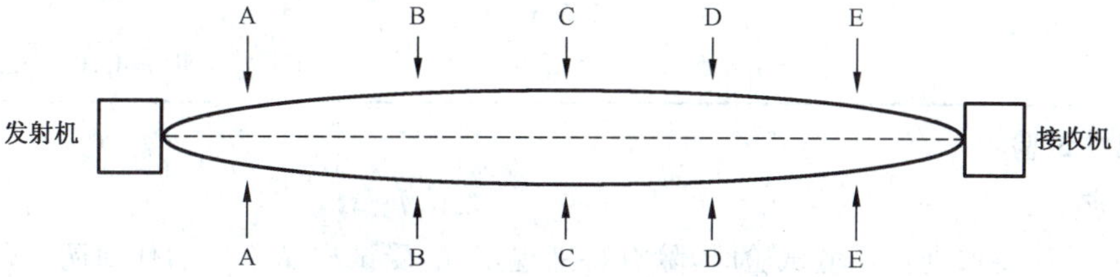

图 1 测试位置示意图

5.3.2.2 恢复时间

报警信号消失后,参考目标又通过探测区域,探测器再次产生报警信号,用计时器计测报警信号消失到报警信号再次产生的最小时间间隔,此时间间隔应符合 4.3.2.2 的要求。按图 1 所示,在均匀分布的 A、C、E 三个位置上分别进行测试。

5.3.3 防拆保护

入侵探测器应有防拆保护装置,打开外壳时入侵探测器应输出报警信号。

5.4 探测范围边界试验

5.4.1 试验场地

探测器的试验场地要求开阔平坦,长度应大于产品基数指标规定的探测距离的 1.5 倍,宽度大于最大探测宽度的 4 倍。探测区域不应有金属物体、树木等阻挡或高出地面 0.1 m 的成片草丛。

5.4.2 探测距离试验

发射机与接收机之间的安装距离:室内型按产品说明书规定的探测距离;室外型应是产品说明书规定的探测距离的 1.3 倍。安装高度按产品使用说明书推荐的高度。参考目标以 0.75 m/s 速度,垂直通过收、发天线形成的轴线时,探测器应产生报警信号。

5.4.3 探测宽度试验

探测器的发射机、接收机之间的安装距离按产品技术说明书规定的探测距离,安装高度按产品使用说明书推荐的高度,参考目标从 2 倍探测宽度外,以 0.75 m/s 的速度,垂直接近收、发天线形成的轴线,测出报警时的位置,然后以同样方法测出轴线另一边的报警时的位置,两个报警点位置之间距离应小于产品技术指标规定的探测宽度的 1.5 倍。按图 1 所示在均匀分布的 A、B、C……等不少于五个位置上分别进行上述测试。将探测器天线极化方向沿辐射轴线转 90°,再以上述相同方法及要求测试,探测宽度应小于产品技术指标规定的探测宽度的 1.5 倍。

5.4.4 可探测速度范围试验

按图 1 所示,人体目标在均匀分布的 A、B、C……等不少于五个位置,各个位置分别以 0.1 m/s、3 m/s、6 m/s、10 m/s 的速度垂直通过收、发天线形成的轴线,探测器应产生报警信号。步测的速度应控制在±10%,移动目标在启动和停止时,都应双脚并拢,步行测试在 15 s 内不能重复测试。表 2 列出了步行测试速度要求。

表 2 步行测试速度要求

测试项目	要求 1	要求 2
边界穿越探测 速度/(m/s)	必需 0.75 m/s	必需 1 m/s
边界内移动探测 速度/(m/s)	必需 0.1 m/s	必需 0.3 m/s
快速穿越探测 速度/(m/s)	必需 3 m/s	必需 6 m/s
近距离探测/m 速度/(m/s)	0.5 m 0.1 m/s	1 m 0.5 m/s

5.5 环境适应性试验

5.5.1 测试要求

按照表 3 的等级要求进行环境试验时,除有特别规定外,受试样品不应加任何防护包装。在试验中改变温度时,升温和降温速率不应超过 1 ℃/min。

表 3 环境试验等级测试要求

项　目	Ⅰ级		Ⅱ级		Ⅲ级	
	额定值	试验时间	额定值	试验时间	额定值	试验时间
低温 Ab	(−10±3)℃	2 h	(−25±3)℃	2 h	(−40±3)℃	2 h
高温 Bb	(+40±2)℃	2 h	(+70±2)℃	2 h	(+85±2)℃	2 h
恒定湿热 Ca	(+40±2)℃ RH(93^{+2}_{-3})%	48 h	(+40±2)℃ RH(93^{+2}_{-3})%	48 h	(+40±2)℃ RH(93^{+2}_{-3})%	48 h
低温贮存	(−15±3)℃	16 h	(−30±3)℃	16 h	(−45±3)℃	16 h
振动 Fc	(10～55～10)Hz (正弦振动) 振幅 0.35 mm 1 oct/min X、Y、Z 方向 各 30 min	1.5 h	(10～55～10)Hz (正弦振动) 振幅 0.75 mm 2 oct/min X、Y、Z 方向 各 30 min	1.5 h	(10～55～10)Hz (正弦振动) 振幅 0.75 mm 2 oct/min X、Y、Z 方向 各 30 min	1.5 h
冲击	15 g 11 ms	X、Y、Z 各三次	30 g 18 ms	X、Y、Z 各三次	30 g 18 ms	X、Y、Z 各三次

5.5.2　低温

5.5.2.1　将受试样品在正常条件下放置 1 h 后进行检测，测量其灵敏度或探测距离。

5.5.2.2　将受试样品放入低温箱内，使箱内的温度降至表 3 中的规定值，保持在该温度 2 h。

5.5.2.3　取出受试样品，擦去表面上的凝结水，在正常环境条件下对其进行横向切割步行测试，测量受试样品的灵敏度或探测距离。其测试结果应符合 4.5.2 的要求。

5.5.3　高温试验

5.5.3.1　受试样品在正常条件下放置 1 h 后进行检测，测量其灵敏度或探测距离。

5.5.3.2　将受试样品接通电源放入高温箱内，使箱内温度上升至表 3 规定值，并保持在该温度 2 h。

取出受试样品，并对探测器进行横向切割步行测试。测试结果应符合 4.5.2 的要求。

5.5.4　恒定湿热试验

将经过初始检测的样品关断电源，放入温湿箱内，使箱内温度升至(40±2)℃，然后使湿度达到 90%～95%，平衡后开始计时，维持此值 48 h。立即取出受试样品，2 h 后接通电源进行功能检查，应能正常工作。

5.5.5　低温贮存试验

将受试样品放入低温箱内，使箱内温度降到表 3 指定的温度，在此范围内保持 16 h 后，将受试样品从箱内取出，在正常环境条件下恢复 2 h，对受试样品进行测试，测试结果应符合 4.5.2 的要求。

5.5.6　振动试验

5.5.6.1　将受试样品按正常位置牢固的固定在振动台上，如果受试样品有减振架，应拆去或架空。

5.5.6.2　振动为正弦振动，按表 3 规定的条件，在 X、Y、Z 三个轴方向分别进行振动响应检查。如果有共振频率，则在此频率上振动 30 min；如果无共振频率，则在 35 Hz 振动 30 min，共 90 min。

5.5.6.3　受试样品经振动试验后应能正常工作，并且无元件松动、位移和损坏。

5.5.7　冲击试验

将受试样品牢固的固定在冲击台上，按表 3 规定的加速度和持续时间分别在 X、Y、Z 三个轴向各冲击三次，试验后样品不应有明显的损坏和变形。按产品标准检验其功能，应能正常工作。

5.6　稳定性试验

经初始检测的样品，按正常使用位置安装，并施加额定电源电压，调到最高灵敏度或制造厂家规定范围，在正常环境条件下连续工作 7 d，每天至少进行一次报警功能检查，每次均应能正常工作，并且 7 d 内不应出现漏报警或误报警。试验后结果应符合 4.6 的要求。

5.7 电磁兼容

5.7.1 电快速瞬变脉冲群抗扰度试验

探测器应连接到它的电源装置并工作，试验测试方法见 GB/T 17626.4—2008 中第 5 章表 1 试验等级 3 的规定。试验结果应符合 4.7.1 的要求。

5.7.2 静电放电抗扰度试验

探测器试验测试方法见 GB/T 17626.2—2006 中第 5 章表 1 试验等级 3 的规定。试验结果应符合 4.7.2 的要求。

5.7.3 射频电磁场辐射抗扰度试验

探测器应按照 GB/T 17626.3—2006 中第 5 章表 1 试验等级 3 所规定方法进行测试。试验结果应符合 4.7.3 的要求。

5.7.4 浪涌(冲击)抗扰度试验

探测器试验测试应按照 GB/T 17626.5—2008 中第 5 章表 1 试验等级 3 的规定执行。试验结果应符合 4.7.4 的要求。

5.8 耐久性试验

经初始检测的样品，在额定电源电压和额定工作电流下，使样品从警戒状态进入报警状态，再由报警状态转入警戒状态为一次循环，以不大于 15 次/min 的速率共循环 6 000 次。试验后进行外观检查和功能检查，应符合 4.8 的要求。

5.9 安全性试验

5.9.1 微波辐射安全剂量

距发射天线正前方 5 cm 处，用功率计量微波辐射能量，其探测头接收口径为探测器所在频段的标准波导口径。试验结果应符合 4.9.1 的要求。

5.9.2 非正常操作保护试验

根据设备的结构和电路图，以最方便的原则按 4.9.2 规定的项目，依次进行非正常操作试验，试验结果应符合 4.9.2 的要求。

5.9.3 阻燃试验

采用本生灯，燃烧气体为丁烷加空气，火焰直径约 ϕ9.5 mm，火焰高度 125 mm，其中蓝色火焰高度 40 mm，用次火焰对受试样品外壳不同部位共烧 5 次，每次 5 s，不应烧着起火。试验结果应符合 4.9.3 的要求。

5.10 可靠性试验

按 GB 10408.1—2000 中 6.4 的规定执行，试验结果应符合 4.10 的要求。

6 检测项目和检验规则

检测项目和检验规则按照表 4 和表 5 的规定执行。

表 4 外观及性能检验规则

序号	项 目	技术要求	试验方法	样品数量
1	外观	4.1.1	5.1.1	2
2	外壳防护等级	4.1.2	5.1.2	2
3	外壳压力试验	4.1.3	5.1.3.1	2
4	外壳冲击强度试验	4.1.3	5.1.3.2	2

表 4（续）

序号	项　　目	技术要求	试验方法	样品数量
5	拉力试验	4.1.4.1	5.1.4.1	2
6	弯曲试验	4.1.4.2	5.1.4.2	2
7	对准指示	4.2.1	5.2.1	2
8	工作频率	4.2.2	5.2.2	2
9	调制频率	4.2.3	5.2.3	2
10	工作电压	4.2.4	5.2.4	2
11	电源适用范围	4.2.5	5.2.5	2
12	过压运行	4.2.6	5.2.6	2
13	电源功耗	4.2.7	5.2.7	2
14	报警功能	4.3.1	5.3.1	2
15	报警时间	4.3.2.1	5.3.2.1	2
16	恢复时间	4.3.2.2	5.3.2.2	2
17	防拆保护	4.3.3	5.3.3	2
18	探测距离	4.4.1	5.4.2	2
19	探测宽度	4.4.2	5.4.3	2
20	可探测速度范围	4.4.3	5.4.4	2
21	稳定性	4.6	5.6	2
22	电快速瞬变脉冲群抗扰度试验	4.7.1	5.7.1	2
23	静电放电抗扰度试验	4.7.2	5.7.2	2
24	射频电磁场辐射抗扰度试验	4.7.3	5.7.3	2
25	浪涌（冲击）抗扰度试验	4.7.4	5.7.4	2
26	耐久性	4.8	5.8	2
27	微波辐射安全剂量	4.9.1	5.9.1	2
28	非正常操作保护	4.9.2	5.9.2	2
29	阻燃试验	4.9.3	5.9.3	2
30	可靠性	4.10	5.10	5

表 5　环境等级检验规则

序号	项　　目	技术要求	试验方法	环境等级要求			样品数量
				1 级	2 级	3 级	
1	低温试验	4.5.2	5.5.2	按环境试验Ⅰ级要求	按环境试验Ⅱ级要求	按环境试验Ⅲ级要求	2
2	高温试验	4.5.2	5.5.3				2
3	恒定湿热	4.5.2	5.5.4				2
4	低温贮存	4.5.2	5.5.5				2
5	振动试验	4.5.2	5.5.6				2
6	冲击试验	4.5.2	5.5.7				2

ICS 27.120
F 82

中华人民共和国国家标准

GB/T 15474—2010
代替 GB/T 15474—1995,GB/T 15475—1995

核电厂安全重要仪表和控制功能分类

Classification on instrumentation and control function important to safety for nuclear power plants

(IEC 61226:2005,Nuclear power plants—Instrumentation and control systems important to safety—Classification of instrumentation and control functions, MOD)

2010-11-10 发布　　2011-05-01 实施

中华人民共和国国家质量监督检验检疫总局
中国国家标准化管理委员会　发布

前　言

本标准修改采用 IEC 61226-2005《核电厂安全重要仪控系统　仪控功能分类》(英文版)，主要差异如下：

——删除 IEC 61226-2005 的前言，修改了 IEC 61226-2005 的引言。

——修改了第 1 章“范围”的内容。

——删除第 3 章“术语和定义”中“3.2 共因故障、3.5 多样性、3.6 设备、3.7 功能、3.9 人因工程学、3.11 电厂状态、3.12 性能、3.14 冗余、3.15 安全组、3.18 单一故障、3.19 系统、3.20 型式试验”，这些术语在核电行业已广为人知，无需在本标准中重新定义。增加“仪控功能”术语及其定义。

——删除第 4 章“缩略语”。

——将 5.1～5.3.1 的内容根据我国核电工程的实际情况整合为第 4 章“分类原则和方法”。

——将 7.1 中表 1 的内容作为附录 A。

附录 B 列出了本标准章条编号和 IEC 61226-2005 章条编号的对照一览表。

本标准代替 GB/T 15474—1995《核电厂仪表和控制系统及其供电设备安全分级》和 GB/T 15475—1995《核电厂仪表和控制系统及其供电设备质量保证分级》。

本标准以 GB/T 15474—1995 为主，整合了 GB/T 15475—1995 的内容后进行修订的。

本标准与 GB/T 15474—1995 相比，除编辑性修改外主要技术变化如下：

——修改了标准名称；

——修改了适用范围；

——增加了“第 3 章　术语和定义”；

——将仪表和控制系统及其供电设备安全分级修改为将核电厂安全重要仪表和控制系统功能按其安全重要性进行分类，并给出分类原则和方法、功能类别说明、分类程序和技术要求。

本标准的附录 A、附录 B、附录 C 为资料性附录。

本标准由中国核工业集团公司提出。

本标准由全国核仪器仪表标准化技术委员会归口。

本标准起草单位：核工业标准化研究所。

本标准起草人：崔贞北、章坚青、王根生。

本标准所代替标准的历次版本发布情况为：

——GB/T 15474—1995；

——GB/T 15475—1995。

引　言

核电厂安全是基于设置各种类别的安全功能得以保证。不同功能的系统、设备在设计、建造和运行过程中要遵守不同的标准和规范。为此，国际原子能机构（IAEA）要求核电厂安全重要仪表和控制系统（包括计算机软件）应就其安全重要性进行分类，并确定相应的技术要求和质量要求，使仪表和控制系统的设计、建造和运行与其安全重要性相一致。

GB/T 15474—1995《核电厂仪表和控制系统及其供电设备安全分级》是将核电厂仪表和控制系统设备根据安全重要性分为安全级设备、安全有关设备和非安全重要设备，对各级别规定了功能保证、可靠性保证、性能保证、耐环境能力保证和质量保证等方面的要求。GB/T 15474—1995 参考 IEC 61226：1993《核电厂安全重要仪表和控制功能分级》（英文版）和 RCC-P：1984《900 MW 压水堆核电站系统设计和建造规则》编制，但 IEC 与 RCC-P 对仪控系统、设备的安全分级理念不同，分级方法也不同，因此 GB/T 15474—1995 在使用过程中存在诸多问题。

近年来 IEC 对核电厂安全重要仪表和控制系统的标准体系结构作了调整，形成了以 IEC 61513《核电厂安全重要仪表和控制系统总要求》（英文版）为第一层次，IEC 61226《核电厂安全重要仪控系统　仪控功能分类》（英文版）等为第二层次，有关设备标准为第三层次的核电厂工程标准体系。IEC 61226：2005 遵循 IAEA 安全标准 NS-R-1 提出的核电厂安全设计要求，并延伸了安全导则 NS-G-1.3 关于实施功能的安全重要性分类策略，将核电厂安全重要仪表和控制系统（包括安全系统和安全有关系统）功能按其安全重要性进行分类（A 类、B 类或 C 类），并对各类功能规定了与功能度、性能、可靠性、设备耐环境能力等相关的技术要求和质量要求。

本标准修改采用 IEC 61226：2005《核电厂安全重要仪控系统　仪控功能分类》（英文版），不仅可纠正 GB/T 15474—1995 对 IEC 61226 的偏离，而且也可与参照 IEC 系列标准制修订的其他现行标准相协调。

核电厂安全重要仪表和控制功能分类

1 范围

本标准规定了核电厂安全重要仪表和控制功能及实施该功能的系统和设备的分类方法，并确定了各个类别在功能度、可靠性、性能、环境耐久性和抗震性能等方面的技术要求和质量保证要求。

本标准适用于新建核电厂所有安全重要仪表和控制系统(包括安全系统和安全有关仪控系统)的设计。

注：有参考电厂和已开展设计的新核电厂根据实际情况，可有条件地执行本标准。

2 规范性引用文件

下列文件中的条款通过本标准的引用而成为本标准的条款。凡是注日期的引用文件，其随后所有的修改单(不包括勘误的内容)或修订版均不适用于本标准，然而，鼓励根据本标准达成协议的各方研究是否可使用这些文件的最新版本。凡是不注日期的引用文件，其最新版本适用于本标准。

GB/T 12727 核电厂安全系统电气设备质量鉴定(GB/T 12727—2002，IEC 60780:1998，MOD)

GB/T 13625 核电厂安全系统电气设备抗震鉴定(GB 13625—1992，eqv IEC 60980:1988)

GB/T 13626 单一故障准则应用于核电厂安全系统(GB/T 13626—2008，IEEE 379—2000，MOD)

GB/T 13630 核电厂控制室的设计(GB/T 13630—1992，eqv IEC 60964)

EJ/T 1143 核电厂控制室设计 功能分析与分配(IEC 61839，MOD)

HAF 003 核电厂质量保证安全规定

HAD 102/14 核电厂安全有关仪表和控制系统

3 术语和定义

下列术语和定义适用于本标准。

3.1

预计运行事件 anticipated operational occurrences

在核电厂运行寿期内预计可能出现一次或数次的偏离正常运行的各种运行过程；由于设计中已采取相应措施，这类事件不致于引起安全重要物项的严重损坏，也不致导致事故工况。

3.2

设计基准事故 design basis accident；DBA

核电厂按确定的设计准则在设计中采取了针对性措施的那些事故工况。

3.3

设计基准事件 design basis event；DBE

为确定设备、系统和构筑物的性能要求，而在设计中采用的假想异常事件。

3.4

仪控功能 I&C function

对确定工艺过程实施的控制、操作和/或监视。

3.5

功能度 functionality

规定将输入信息转变为输出信息的功能属性。

3.6

安全重要仪控系统　I&C systems important for safety

其故障或误动作可能导致厂区人员或公众经受过量放射性照射的仪控系统，以及防止预计运行事件导致不可接受后果的那些仪控系统，包括安全系统和安全有关仪控系统。

3.7

安全系统　safety systems

安全上重要的系统，用于保证反应堆安全停堆、从堆芯排出余热或限制预计运行事件和设计基准事故后果。

3.8

安全有关仪控系统　safety related I&C systems

安全上重要但不属于安全系统的仪控系统。

3.9

假设始发事件　postulated initiating events;PIE

设计期间确定的可能导致预计运行事件或事故工况的事件。

3.10

不可接受的后果　unacceptable consequences

一种运行状态或一个假设始发事件导致厂址周围环境放射性物质释放量超出规定限值的后果。

4　分类原则和方法

核电厂纵深防御的基本原则要求设置多层次的仪表和控制功能，用于核电厂的安全运行、防止出现不安全的工况或缓解不安全工况的后果。

IAEA 核电厂安全设计标准要求所有仪表和控制系统、设备，包括计算机软件应依据其实施功能的安全重要性进行分类，并对不同类别的功能、系统和设备确立它们的技术要求和质量要求，使得其设计、建造和运行的质量和可靠性与它们的类别相符。

实施不同程度的安全重要功能的仪表和控制系统，其每项功能的安全重要性是依据其达到并保持核电厂的安全状态所起的作用、当要求实施功能时其故障的潜在后果和产生这些后果的概率的综合分析来确定。因此，在仪表和控制功能分类之前应当完成核电厂的初步安全分析(包括功能度、性能和可靠性)。

核安全导则 HAD 102/14 已依据功能的安全重要性将核电厂安全重要仪表和控制系统分为“安全系统”和“安全有关系统”。本标准将核电厂安全重要仪表和控制功能分成 A 类、B 类和 C 类三类，属于安全系统范围内的功能属于 A 类或 B 类，安全有关系统范围内的功能属于 B 类或 C 类。核电厂安全重要仪表和控制典型功能与系统参见附录 C。

5　功能类别说明

5.1　A 类

A 类功能，是指对于达到或维持核电厂安全以防止 DBE 导致不可接受的后果起主要作用的功能。当瞬态初始阶段不能采取其他替代动作时，即使隐患能够被探测，这个作用也是必需的。这些功能使瞬态过渡到受控的稳定状态，使得反应堆处于次临界状态，热量排出得以保证并且使放射性物质释放受到限制。如果为达到受控状态提供了特定手动操作，那么需要考虑下列因素，诸如冗余的、经确认的信息源的可用性、足够的时间供操纵员对替代信息进行评估，以及是否仅仅手动操作就能够减轻事故后果以维持电厂安全等。

A 类功能还包括其故障如果没有其他 A 类功能缓解可能直接导致事故工况的那些功能。由于 A 类功能要求高可靠性，应限制其功能度和复杂程度。

5.2 B类

B类功能，是指对于达到或维持核电厂安全起补充A类功能的作用，尤其是在达到受控状态后运行所需要的功能，以防止DBE导致不可接受后果或者缓解DBE的后果。B类功能的实施可以避免启动A类功能。B类功能在减轻DBE的后果上可以补充或改善A类功能的执行，这样电厂或设备损坏或者放射性释放可以避免或者减至最少。

B类也包括其故障可能引起DBE或者恶化DBE的那些功能。由于A类功能可以最终防止或减轻DBE的后果，因此B类功能的安全要求不必达到A类功能的高度。如果需要，允许B类功能在对一个需求动作的探测方法上或其后续动作上的功能度高于A类功能。

5.3 C类

C类功能，是指对于达到或维持核电厂安全起辅助或间接作用的功能，包括那些有一定安全重要性但不属于A类或B类的功能。C类功能可以是应对整个DBA的一部分(但不直接参与缓解事故的后果)，或者是超设计基准事故所必需的功能。

5.4 分类准则

下列准则用于安全重要仪表和控制功能类别的划分。如果某一系统实施多个功能，其功能类别应取其最重要功能的相应类别。确定的功能类别可以结合6.2给出的原则用概率论法进行调整。

5.4.1 A类

满足下列任何一条准则的安全重要仪控功能应划分为A类：

a) 为达到受控状态、防止DBE导致不可接受后果或缓解其后果所要求的功能；

b) 没有设置其他A类缓解功能，其失效或误动作会导致不可接受后果的功能；

c) 为达到受控状态所必需的规定手动操作提供信息和控制能力所要求的功能。

5.4.2 B类

满足下列任何一条准则且没有划为A类的安全重要仪控功能应划分为B类：

a) 达到DBE受控状态之后所要求的功能，以防止DBE导致不可接受后果或者缓解其后果；

b) 为达到受控状态后所必需的规定手动操作提供信息或控制能力所要求的功能，以防止DBE导致不可接受后果或者缓解其后果；

c) 在正常运行期间其失效需要启动A类功能以防止事故出现的功能；

d) 为显著降低安全分析中确定的DBE发生频度所要求的功能；

e) 将主要工艺变量维持在安全分析假定的限值内的电厂过程控制功能，其失效可能直接导致A类功能运行。

注：根据目前国际上核电厂设计情况，部分此类功能可划分为C类。

5.4.3 C类

满足下列任何一条准则且没有划为A或B类的安全重要仪控功能应划分为C类：

a) 将主要工艺变量维持在安全分析假定的限值内的电厂过程控制功能，其失效不会直接导致A类功能运行；

b) 在核电厂设计基准范围内，防止或减轻放射性少量释放及燃料性能轻微劣化的功能；

c) 为控制室操纵员连续监视执行A类或B类功能的系统可用性提供信息的功能；

d) 为达到概率安全目标(包括降低DBE预期频率)所必需的功能；

e) 安全分析中要求减少A类功能需求的功能；

f) 为保证实施A类和B类功能(尤其是其失效引起PIE的那些功能)的系统的可靠性进行试验并记录这些系统状态(适合运行、正在运行、失效或不可运行)所必需的功能；

g) 核电厂发生设计基准内部灾害(例如，火灾、水淹)后进行监视并采取缓解动作的功能；

h) 伴随或导致核电厂放射性释放或辐照危险的事件期间或之后，警告现场人员或者确保人员安全的功能；

i) 自然灾害(例如地震、飓风)后监视并采取缓解动作的功能;

j) 为超设计基准事故情况下达到并维持安全状态的事故管理决策提供协助的功能;

k) 减轻严重事故后果的功能;

l) 提供核电厂出入控制的功能。

6 分类程序

图1表示核电厂安全重要仪控系统功能分类的方法和程序。

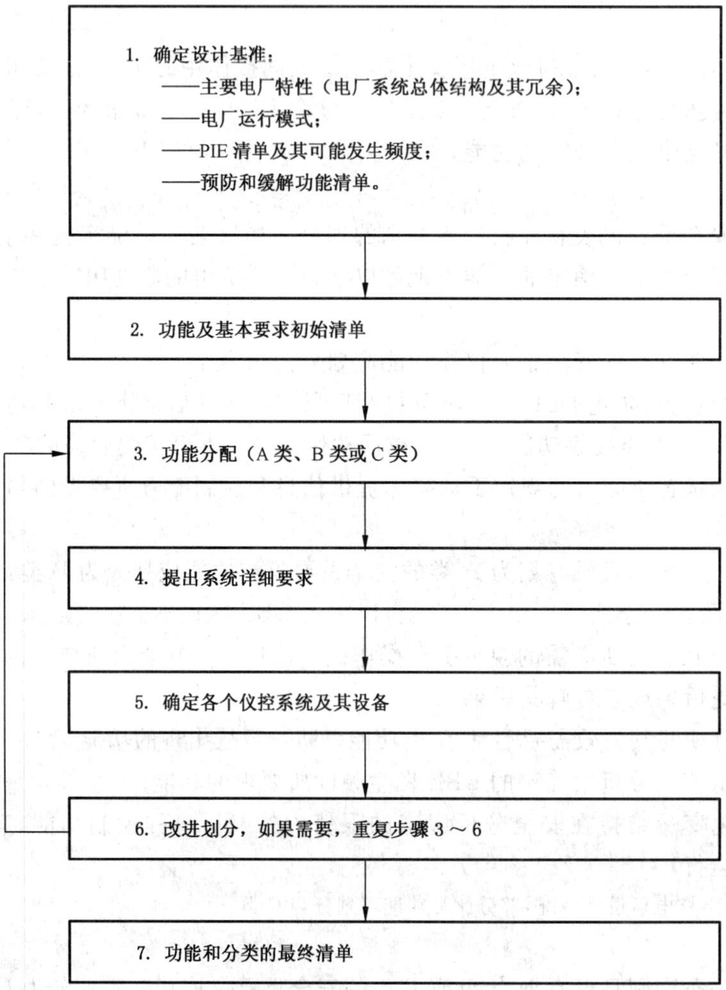

图1 分类方法

6.1 确定设计基准

功能分类过程首先要确定核电厂类型(例如压水堆核电厂或沸水堆核电厂)、与仪表和控制相关的PIE以及机械和电气系统和设备的冗余方面的主要设计准则。其次是确定每个PIE的预防和缓解功能及其支持功能。

评估PIE频度和后果从而确定与电厂设计基准相关的DBE。鉴于运行状态和事故条件的范围和规定的剂量限值将影响核电厂的设计,应研究将各个安全原则集成整体安全原则以确保电厂安全运行。这些原则可在确定DBE和将辐照限制在允许限值的实体屏障的设计中应用。

6.2 功能的确定和分类

核电厂初步设计阶段应确定安全有关功能,并根据GB/T 13630和EJ/T 1143将其分配给自动控制或者操纵员手动控制。功能确定之后应该根据第5章的准则划分每个功能的类别。

功能安全重要性的分类方法应基于确定论的安全分析,并结合概率论分析和工程判断,分类宜考虑下列因素:

a) 要实施的安全功能;
b) 在预防或缓解假设始发事件中起的作用;
c) 在所有运行模式期间(例如,启动、正常运行、换料等)起的作用;
d) 在诸如自然事件(例如,地震、洪水、飓风、闪电)和内部灾害(例如,火灾、内部水淹、飞射物、邻接机组的放射性释放或者其他电厂或工厂的化学物质释放)这样的PIE之后,所起的作用;
e) 失效的后果;
f) 误动作的影响;
g) 需要其实施安全重要功能的概率;
h) 在DBE期间或之后要求其运行的时间;
i) 维护、修理和试验方案。

初步设计阶段不太可能确定所有功能的细节,因此不能完全确立核电厂的特性。功能确定和分类应在整个设计阶段持续反复地进行。功能分类初次划分不明确的地方,分类中应增加解释性注解。

为了更详细地确定功能的冗余度、多样性及其他技术要求,完成安全分析和操作规程以后应改进并修订分类表,形成最终清单。这个清单应进行存档,以备电厂/仪控设计人员在核电厂寿期内使用。

7 各类别的技术要求

7.1 一般要求

本章给出A类、B类和C类功能的技术要求和质量要求。这些要求适用于仪控系统寿期内的技术规格书编写、设计、确认、鉴定、制造、安装、运行和维护。技术要求和质量要求由4部分组成:

a) 与功能特性相关的要求,包括技术规格书的编写,功能度、性能和可靠性的确定。
b) 与设计特性相关的仪控系统设计要求,例如冗余、多样性、可试验性和隔离。这些特性主要决定了相关功能的可靠性。这些要求也包括人机接口(HMI)要求。
c) 与抗震和环境耐久性以及电磁兼容性相关的设备特性要求。
d) 与功能、系统和设备的质量保证、验证和维护相关的要求。

多数情况下,这些要求已在相应标准和规范内作了详细规定(不同类别功能的适用标准参见附录A),本标准不再重复这些标准和规范的详细要求。7.2~7.5给出一些其他要求。

应尽量采用有可靠运行经历(在核或其他工业条件下使用过并有文件证明)的设备。

7.2 与功能有关的要求

7.2.1 基本要求

保障功能度的基本要求已有一套清晰、完整、明确的功能要求和设计技术规范,在设计、制造、安装和运行期间应根据这些基本要求检查这些功能,并作为在役期间变更的参考文件。

A类、B类、C类任一功能所要求的可靠性应在技术规格书中规定。可靠性分析既可以采用定量的概率评价法,也可以通过定性的工程评价法。应通过适当的分析确定A类、B类或C类功能的性能要求,且在技术规格书内规定。这些分析应按照一组已批准的程序以模块化的方式进行,并形成文件。

尽管不同类别功能的可靠性要求可能相同,但三类功能达到规定可靠性的质保等级却不一样,其中A类为最高。

不同类功能之间应有良好的隔离。

7.2.2 特殊要求

7.2.2.1 A类

A类功能的设计应按照适用的法规、导则和标准的要求以确保与A类功能相适应的功能度。设计的目的还在于通过简单的维护使确定的功能度容易得到验证和确认。为此，应力求避免A类系统实施较低类别功能(例如，特殊显示计算和通信协议转换不宜由安全系统软件完成)。

A类仪控功能的可靠性要求应按照7.2.1确定。A类仪控功能的可靠性要求取决于不可接受后果的最低风险度，据此再确定仪控功能应具有的可靠性。

7.2.2.2 **B类**

B类功能的设计也应遵守适用的法规、导则和标准的要求，或者使用有可靠运行经历(在类似情况下使用过并有文件证明)的系统和设备。

7.2.2.3 **C类**

C类功能的设计应通过检查或试验，以验证系统和设备在规定运行条件的全范围内(包括需要实施功能的最严酷的运行条件下)能提供规定的功能。

7.3 与仪控系统有关的要求

7.3.1 基本要求

系统设计应确保功能达到确定的可靠性。保证高可靠性的基本要求涉及恰当的冗余、多样性、可达性、实体分隔和电气隔离，以及有效的人机接口(HMI)。对于所有系统，设计和设计变更期间应考虑故障检测和维修措施。

可靠性和可用性评估应考虑修理周期、试验和维护周期，以及能自检出的或不能自检出的故障的可能。可靠性分析中关于维护、试验和维修周期作出的假设应在运行期间进行验证，如果证实有差异应纠正。

设计过程应包括对人因和HMI的特殊要求。这些要求在设计初期实施的人因工程大纲中给出。

系统设计应允许运行期间在线和/或定期试验，以证明系统性能得到维持。为确保安全重要仪控系统长期可靠性的定期试验和维护活动要求在7.5做了规定。

应尽可能在与主控制室实体分隔和电气隔离的辅助控制点设置足够数量的信息和控制设备，这样当主控制室丧失实施这些功能的能力时，可以使反应堆置于并保持在安全停堆状态，并监视电厂重要变量。

7.3.2 特殊要求

7.3.2.1 **A类**

执行A类功能的仪控系统应遵从单一故障准则(详见GB/T 13626)，系统应设置冗余。冗余序列之间的隔离应使得任一内部危害事件不会使系统的冗余部分丧失功能。单一故障不应导致预定安全功能失效，即使在预防性维修、定期试验、检查或更换期间。

在A类功能必须由操纵员执行的情况下，应设置有关监测和控制系统，这些系统应与其他监测和控制系统隔离，且使操纵员有适度的反应时间。

应按照技术规格书评估和比较执行A类功能的仪控系统的可靠性。如果存在差异应及时解决。可靠性评估应考虑共因故障的影响，包括硬件失效、软件失效，运行、维修期间的人为错误，以及纠正和更换活动。评估这些影响所使用的技术从纯粹定性工程评估至详细的定量分析，后者可能本身也取决于定性评估。所选取分析技术的类型应与可靠性要求一致，可靠性要求越高，技术要求越严格。

当考虑共因故障的影响后表明冗余系统不能达到可靠性要求时，应采用具有多样性的独立系统。涉及到的功能可能需要两个或多个子系统，且彼此独立。

试验可能要求抑制输出信号，或者提供旁通设施。如果引入旁通设施应评估其完整性，以证明使用旁通设施不会防碍系统完成其规定安全功能。例如，应采取限制措施，使得任何时刻旁通只能作用到冗余序列的一个序列。

对于一些功能的实现，需要提供额外的冗余为电厂运行期间的常规检查做准备。这非常有必要，例如当一个能动通道不能在功率运行下进行试验，而为了保证必需的功能可靠性必须在电厂运行期间进行试验时。在这种情况下不必对整个系统引入额外的冗余。

动力供应应设有后备动力源。

应对A类系统进行规范的系统故障分析，例如故障模式和影响分析(FMEA)，以确定由设备故障引起的系统易损性，并评估设计方案是否能很好地发现这些故障或减轻其后果。

如果系统具有内置式自检特性(作为功能可靠性分析的一部分)，故障分析应评估这些装置以确定自检范围。如果故障分析表明系统自检装置不能检测某些故障并反馈给操纵员，那么应该进行验证试验来检测这些故障。应根据未发现故障的可能发生频率和功能可靠性要求确定验证试验的时间间隔。

不能获得可靠性数据时，应通过与类似系统比较选取试验时间间隔。功能试验的时间间隔应根据积累的经验重新评估。

7.3.2.2 **B类**

应按照技术规格书评估和比较执行B类功能的仪控系统的可靠性。B类功能应通过隔离和冗余的方法实现，否则应提供相应的证明。例如，证明系统不通过冗余和隔离达到可靠性目标的能力、功能失效后果的可接受性，或者功能失效时提供替代响应的可用时间。

动力供应应设有后备动力源。

使用的部件应有高质量和高可靠性，且设有确保故障能够快速检测并修理的手段。

对需要在主控室提供信息和控制能力，以便允许实施为减轻DBE后果所必需的手动操作的系统，其功能设计的基本目标是对所有DBE为操纵员提供有关电厂设备和系统状态的正确、完整和及时的信息，并尽量缩小操纵员监视和控制电厂所要求的活动范围。

在线和/或定期性能试验应包括各子系统的功能能力确认，特别是冗余序列的单独试验。

7.3.2.3 **C类**

除了为达到特定的功能可靠性可能要求之外，实施C类功能的系统一般不需要冗余设置或隔离。但可能需要承受内部和外部危害。

根据情况，动力供应可能需要后备动力源。

为达到特定可靠性要求冗余设置的C类系统，其冗余宜按照B类功能的要求设置。

冗余设置的C类系统，各个冗余序列或子系统应单独进行定期功能试验，在线试验是满足此要求的一个方法。

7.4 与设备有关的要求

7.4.1 基本要求

在PIE期间或之后设备可能要承受事故环境条件，为防止其故障应采取必要的措施。可以通过设备鉴定实现。设备鉴定可以通过一种或几种不同方法的组合实现，例如，试验法、分析法或两者结合的方法，或者从运行经验获得的数据。

7.4.2 特殊要求

7.4.2.1 **A类**

为确保A类设备在所有预计运行工况下持续运行，应进行设备鉴定。设备鉴定应遵守GB/T 12727和GB/T 13625的规定。试验结果应记录并在核电厂寿期内保存。鉴定试验期间发生的任何故障都应查明，故障原因和纠正措施应形成文件。

7.4.2.2 **B类**

B类设备应按A类设备的要求进行鉴定。

7.4.2.3 **C类**

根据执行的功能，C类设备可能需要进行鉴定。应确定设备运行过程中预期最恶劣的环境条件，并在技术规格书中作出规定，应依据技术规格书系统地检查设备的设计。

对一个新设备或者商用设备(通常不进行抗震和极端环境条件设计)，应制定一组规则来指导设备设计，或者评估既定设计。这些规则应根据从A类设备的特殊设计要求中获得的经验制定。

除非设备有特殊要求(例如地震或防火要求，或者防止C类设备内过电压或电噪声影响A类或

B类功能),其他情况下C类设备一般可以遵从常规商业设计标准。异常环境条件下的运行要求应有文件证明。

7.5 对质量方面的要求

7.5.1 基本要求

核电厂安全重要仪表和控制系统、设备在设计、制造、安装、调试和运行期间应遵循有关质量保证(QA)的一些基本要求,以保证系统和设备的合格性能。

QA的目的是配置管理、变更控制和可追溯性。设计应形成足够详细的文件,为核电厂的建造、安装、调试和运行每个阶段进行的验证提供支持。为了后续的设计修改,文件应归档。

对于新设计或改进的核电厂,还应依据新颖性或复杂程度制定相应的特定QA要求和要进行的试验。这些活动应根据功能对安全的重要性形成相应的文件。

QA计划应依据相应的法规或标准制定,这个QA计划应给出性能规格要求和被确定及验证的试验项目。

在制造、组装和现场安装期间都应依据QA大纲对设备、模块、子系统和系统进行性能试验,以表明它们符合功能要求。

应按照制造质量计划要求测试部件、模块和子系统,以确保其功能符合技术规范的要求。现场已安装在机械设备上的仪控系统,应在电厂运行前与机械设备一起进行功能试验。

各类功能的仪控系统,其现场试验的科目尽管相同,但质量控制和要求遵守的文件随着不同类别有所区别,详见7.5.2。

运行期间应进行试验,以证明安全重要仪控系统的硬件设备没有因为故障而劣化。仪控系统应设计成允许足够的试验并可查明设备内的故障。应根据变更控制程序纠正识别的缺陷。应保留这些纠正的记录。对冗余设置的系统应分别核查每个冗余通道的功能度。所选择的试验间隔时间应使得评定的故障率或要求运行时故障的概率满足可靠性分析的要求。

当使用计算机设备时,应执行与功能类别相应的软件生存周期的质量大纲。

7.5.2 特殊要求

7.5.2.1 A类

QA要求应遵守HAF 003。形成的文件应能记录各物项的设计、制造和运行方面的历史。这应包括在设计范围内所有设备(包括模块)。配置上必须控制到能追踪的最小元件。批号、材料等的可追溯性应扩大到整个系统的功能模块。

QA文件必须能使审查人员从一个硬件或软件追溯到对其规定要求的技术规格书,也能根据技术规格书的任一要求查到执行该要求的部件。

应进行型式试验,以证明在预计运行环境条件下,核电厂内安装的同类设备能实施设计要求的功能。

部件、模块、子系统乃至整个系统应进行功能试验。试验必须由核电厂业主/采购方或其代表见证。

可以在制造厂或现场进行功能试验。制造厂或现场进行的试验应相互配合以确保试验覆盖了完整的范围。不能用试验提供证明能完成所有规定的功能时,应提供专项证明。

现场试验应尽可能测试已安装设备和系统的所有规定安全功能能达到要求的性能。这些试验应考虑运行参数的变化。这称为现场验收试验(SAT),验收试验应由核电厂业主/采购方或其代表见证。

在线或定期试验应证明执行所有要求安全功能的能力没有降低。试验间隔时间应根据自检水平并考虑到仪控设备预期和监测的故障率选定,使得安全重要仪控系统满足可靠性指标要求。

7.5.2.2 B类

QA要求应遵守HAF 003。QA文件应包括各物项的设计、制造和运行方面的历史文件。尽管QA大纲宜一致,但用于B类功能、系统或设备的QA的详细程度可能低于A类。

型式试验应在同类设备上进行,以便使安装在核电厂的设备可由分析表明设备的差异不会导致试验结果无效。

运行之前应完成功能试验，以证明核电厂内安装的使用类似结构设备的系统能够完成规定的功能。所有这些试验或部分试验可在现场进行。

SAT 试验应尽可能证明，已安装的设备应均能完成所有规定的安全功能。控制设备试验应证明对瞬态和要求变化的正确响应能力。显示和报警设备的试验应包括相应输入信号的注入试验，以证明其良好性能。

7.5.2.3 **C 类**

C 类系统和设备可接受商业 QA 水平。

如果制造商的试验足以证明能够达到规定性能，许可证持有人即可接受。这些试验应对同类设备进行。必要时宜进行特定类型的试验和功能试验，但一般情况下不要求。

可以进行 SAT 试验来证明系统达到了规定的安全有关功能和性能。

对那些不连续运行的功能，定期性能试验可以限制在换料大修阶段，或者类似停堆期间进行。

附　录　A
（资料性附录）
不同类别功能的适用标准和技术要求

表A.1中适用标准栏内列举的标准名称如下：

GB/T 12727　核电厂安全系统电气设备质量鉴定

GB/T 13625　核电厂安全系统电气设备抗震鉴定

GB/T 13630　核电厂控制室的设计

GB/T 13631　核电厂辅助控制点设计准则

GB/T 17626　电磁兼容试验和测量技术

EJ/T 529　用于核电厂安全重要系统数字计算机

EJ/T 759.2　核电厂控制室控制器和屏幕显示的应用　第2部分：屏幕显示的应用

EJ/T 797　人因工程原则在核电厂系统、设备和设施中的应用

EJ/T 1058　核电厂安全系统计算机软件

EJ/T 1118　核电站控制室设计验证和确认

EJ/T 1143　核电厂控制设计　功能分析与分配

IEC 60709　Nuclear power plants—Instrumentation and control systems important to safety—Separation

IEC 60812　Analysis techniques for system reliability—Procedure for failure mode and effects analysis(FMEA)

IEC 61000-6-2　Electromagnetic compatibility(EMC)—Part 6-2:Generic standards—Immunity for industrial environment

IEC 61513　Nuclear power plants—Instrumentation and control for systems important to safety—General requirements for systems

IEC 62138　Nuclear power plants—Instrumentation and control important for safety—Software aspects for computer-based systems performing category B or C functions

表A.1　核电厂安全重要仪表和控制系统功能分类及基本要求

类别	适用标准		主要要求			
	系统	设备	功能	系统设计	设备特性	一般要求
一般要求	GB/T 13630，GB/T 13631，EJ/T 1118，EJ/T 759.2，EJ/T 797，EJ/T 1143，IEC 60709，IEC 61513	GB/T 17626 IEC 61000-6-2	● 功能要求 ● 可靠性 ● 功能度	● 可试验性 ● HMI规格书 ● 应用人因工程	● 电磁兼容性 ● 环境耐久性	● 质量保证 ● 性能试验 ● 监督试验
A类	EJ/T 529，EJ/T 1058 IEC 60812[a]	GB/T 12727 GB/T 13625	● 遵守相应法规、标准和导则 ● 单一故障准则 ● 与低类别功能隔离	● 冗余和/或多样性 ● 实体分隔和电气隔离 ● 应对共因故障 ● 应急动力源 ● 故障分析(FMEA)	● 环境鉴定 ● 抗震鉴定	● QA要求 ● 厂内验收和现场试验 ● 定期试验

表 A.1（续）

类别	适用标准		主要要求			
	系统	设备	功能	系统设计	设备特性	一般要求
B类	EJ/T 529 IEC 62138	GB/T 12727 GB/T 13625	● 遵守相应法规、标准和导则 ● 单一故障准则	● 冗余和隔离 ● 应急动力源	● 环境鉴定 ● 抗震鉴定	● QA要求 ● 厂内验收和现场试验 ● 定期试验
C类	EJ/T 529 IEC 62138		● 检查或试验	● 视情况采用冗余和隔离	● 视情况鉴定	● 若无定期试验则采用常规工业实践
[a] 如果采用FMEA进行故障分析。						

附 录 B
（资料性附录）
本标准章条编号与 IEC 61226:2005 章条编号对照

表 B.1 给出了本标准章条编号与 IEC 61226:2005 章条编号对照一览表。

表 B.1 本标准章条编号与 IEC 61226:2005 章条编号对照

本标准章条编号	对应的国际标准章条编号
—	3.2
3.2	3.3
3.3	3.4
—	3.5～3.7
3.5	3.8
3.6	3.10
—	3.11 和 3.12
—	3.14 和 3.15
3.7	3.16
3.8	3.17
3.9	3.13
—	3.18～3.20
3.10	3.21
—	4
4	5.1～5.3.1
5.1	5.3.2
5.2	5.3.3
5.3	5.3.4
附录 C	附录 A

附 录 C
（资料性附录）
核电厂安全重要仪表和控制典型功能与系统

C.1 A类

C.1.1 典型功能

实施下列功能之一的仪控系统应划为A类：

a) 反应堆紧急停堆并维持次临界；
b) 安全壳隔离；
c) 为操纵员重要操作提供信息；
d) 衰变热传输到最终热阱。

C.1.2 典型仪控系统

典型A类仪控系统如下：

a) 反应堆保护系统；
b) 安全驱动系统和安全系统支持设施；
c) 在核电厂运行规程内规定的操纵员按计划操作需要的关键仪表和显示设备，在短期内需要其确保核电厂安全。

C.2 B类

C.2.1 典型功能

实施下列功能之一的仪控系统应划为B类：

a) 乏燃料池冷却系统；
b) 主冷却系统隔离；
c) 事故后监测系统；
d) 将核电厂一回路、二回路变量保持在安全分析假设的限值内，并防止事件升级为事故的自动控制。

C.2.2 典型仪控系统

典型B类仪控系统如下：

a) 核电厂自动控制系统或者预防性保护系统；
b) 将衰变热传输至最终热阱的一部分，该部分在短期内不是必需的；
c) 反应堆停堆时使用的燃料装卸系统的安全电路和联锁装置；
d) 用于DBE运行规程所需的仪表。

C.3 C类

C.3.1 典型功能

实施下列功能之一的仪控系统应划为C类：

a) 事故后监测并控制各个系统和设备物项的性能，以获得故障发生的预警并保持放射性释放合理可行尽量低(ALARA)；
b) 限制内部危害的后果；
c) 运行错误可能导致少量放射性释放，或者对核电厂运行人员造成放射性危害的那些功能；
d) 对内部或外部灾害（火灾、洪水、爆炸、地震等）发出警报的功能；
e) 进入控制系统。为了执行核电厂应急计划，警告重大厂内或厂外撤离的通信系统；

f) 其故障可能导致少量放射性释放的燃料操作的监控。

C.3.2 典型仪控系统

典型C类仪控系统如下：

a) 报警系统；

b) 放射性废物流监测和联锁，区域辐射监测；

c) 出入控制系统；

d) 应急通讯系统；

e) 控制室数据处理系统；

f) 消防、火灾探测系统；

g) 燃料操作系统安全线路和联锁（反应堆停堆时使用）；

h) 地震监视系统；

i) 核电厂现场气象站。

ICS 81.040.01
N 05

中华人民共和国国家标准

GB/T 15488—2010
代替 GB/T 15488—1995

滤 光 玻 璃

Colour filter glass

2011-01-14 发布

2011-05-01 实施

中华人民共和国国家质量监督检验检疫总局
中国国家标准化管理委员会 发布

前言

本标准代替 GB/T 15488—1995《滤光玻璃》。

本标准与 GB/T 15488—1995 相比主要变化如下：

——按 GB/T 1.1—2000 的要求，将"主题内容与适用范围"修改为"范围"，将"引用标准"修改为"规范性引用文件"，将"术语、符号"修改为"术语和定义"。

本标准的附录 A、附录 B、附录 C 为资料性附录。

本标准由中国机械工业联合会提出。

本标准由全国仪表功能材料标准化技术委员会(SAC/TC 419)归口。

本标准主要起草单位：全国仪表功能材料标准化技术委员会。

本标准主要起草人：刘庆宾、赵光明、何伦英。

本标准所代替标准的历次版本发布情况为：

——GB/T 15488—1995。

滤 光 玻 璃

1 范围

本标准规定了滤光玻璃的技术要求、试验方法及检验规则等内容。

本标准适用于光学系统中作滤光片用的滤光玻璃毛坯。

2 规范性引用文件

下列文件中的条款通过本标准的引用而成为本标准的条款。凡是注日期的引用文件，其随后所有的修改单(不包括勘误的内容)或修订版均不适用于本标准，然而，鼓励根据本标准达成协议的各方研究是否可使用这些文件的最新版本。凡是不注日期的引用文件，其最新版本适用于本标准。

GB/T 903 无色光学玻璃

GB/T 2828.1 计数抽样检验程序 第1部分：按接收质量限(AQL)检索的逐批检验抽样计划(GB/T 2828.1—2003，ISO 2859-1:1999，IDT)

GB/T 2829 周期检验计数抽样程序及表(适用于对过程稳定性的检验)

GB/T 6388 运输包装收发货标志

GB/T 7962.1 无色光学玻璃测试方法 第1部分：折射率和色散系数

GB/T 7962.5 无色光学玻璃测试方法 第5部分：应力双折射

GB/T 7962.7 无色光学玻璃测试方法 条纹度检测方法

GB/T 7962.20 无色光学玻璃测试方法 第20部分：密度

GB/T 15489.1 滤光玻璃测试方法 光谱特性

GB/T 15489.2 滤光玻璃测试方法 气泡度

GB/T 15489.3 滤光玻璃测试方法 截止波长温度系数

GB/T 15489.4 滤光玻璃测试方法 色温变换能力

GB/T 15489.6 滤光玻璃测试方法 荧光特性

GB/T 15489.7 滤光玻璃测试方法 化学稳定性

GB/T 15489.8 滤光玻璃测试方法 耐紫外辐射稳定性

3 术语和定义

下列术语和定义适用于本标准。

3.1

滤光玻璃 colour filter glass

对光谱具有选择吸收或透射的各种颜色光学玻璃。

3.2

截止型滤光玻璃 sharp cut filter glass

光谱吸收与透射界限分明，起波阶段的光谱透射曲线陡峭，透射比在很狭窄的波段内几乎由零过渡到最大值的滤光玻璃。

3.3

选择吸收型滤光玻璃 selsective absorbing filter glass

光谱透射曲线有特定波峰或波谷的滤光玻璃。

3.4

中性型滤光玻璃　neutral density filter glass

在400 nm～700 nm光谱范围内有效均匀吸收的滤光玻璃。

3.5

紫外截止滤光玻璃　ultraviolat sharp cut filter glass

截止波长位于光谱紫外区的截止型滤光玻璃。

3.6

金黄色(黄色)滤光玻璃　yellow filter glass

在色品图中,其色品坐标点位于黄色区域的滤光玻璃。

3.7

橙色滤光玻璃　orange filter glass

在色品图中,其色品坐标点位于橙色区域的滤光玻璃。

3.8

红色滤光玻璃　red filter glass

在色品图中,其色品坐标点位于红色区域的滤光玻璃。

3.9

红外透射可见吸收滤光玻璃　infrared transmitting visible absorbing filter glass

在光谱特定红外波段有良好透射且吸收可见光的滤光玻璃。

3.10

紫外透射可见吸收滤光玻璃　ultraviolat transmitting visible absorbing filter glass

在光谱特定紫外波段有良好透射且吸收可见光的滤光玻璃。

3.11

紫色滤光玻璃　violet filter glass

在色品图中,其色品坐标点位于紫色区域的滤光玻璃。

3.12

青蓝色滤光玻璃　blue filter glass

在色品图中,其色品坐标点位于蓝色区域的滤光玻璃。

3.13

绿色滤光玻璃　green filter glass

在色品图中,其色品坐标点位于绿色区域的滤光玻璃。

3.14

防护玻璃　protective glass

在光谱紫外波段有强烈吸收、在可见和红外区有较强吸收的滤光玻璃。

3.15

隔热玻璃　heat absorbing glass

在光谱可见区有良好透射而在红外区有较强吸收的滤光玻璃。

3.16

天光玻璃　skylight filter glass

在光谱紫外波段有较强吸收,在可见区有良好透射但在绿色区有部分吸收的滤光玻璃。

3.17

波长标定玻璃　wavelength calibration glass;multiband calibration glass

在光谱特定波段有吸收用于标定或校正光谱仪波长位置的滤光玻璃。

3.18

色温变换玻璃　light balancing glass(blue and amber);colour temperature conversion glass

能改变黑体辐射相对光谱功率分布的滤光玻璃。

3.19

高透射特定波长　high transmitting wavelength

对截止型滤光玻璃光谱高透射区所规定的某一波长,以符号 λ_0 表示。

3.20

高透射比　high transmittance

对应于截止型滤光玻璃特定波长 λ_0 处的光谱透射比,以符号 $\tau(\lambda_0)$表示。

3.21

截止波长　absorption limit wavelength;sharp cut wavelength

对应于截止型滤光玻璃百分之五十高透射比 $\tau(\lambda_0)$处的波长,以符号 τ_j 表示。

3.22

陡度　gradient

截止型滤光玻璃光谱曲线的倾斜度,以符号 K 表示。

$$K = D(\lambda_j - 20\ \text{nm}) - D(\lambda_j) \quad \cdots\cdots (1)$$

式中:

$D(\lambda_j-20\ \text{nm})$——截止波长减 20 nm 处的光密度值;

$D(\lambda_j)$——截止波长处的光密度值。

3.23

平均透射比　average transmittance

中性暗色滤光玻璃在波长 400 nm～700 nm(其中,ZAB 10、ZAB 30 和 ZAB 65 系在 440 nm～660 nm)范围内每隔 20 nm 测得的光谱透射比的算术平均值,以符号 τ_p 表示。

$$\tau_p = \frac{\sum_{i=1}^{n} \tau(\lambda_i)}{n} \times 100\% \quad \cdots\cdots (2)$$

式中:

$\tau(\lambda_i)$——波长 λ_i 处的透射比;

n——所测 $\tau(\lambda_i)$的个数。

3.24

透射比最大偏差绝对值　maximum absolute value of transmittance deviation

中性暗色滤光玻璃的平均透射比 τ_p 与在波长 400 nm～700 nm(其中 ZAB 10、ZAB 30 和 ZAB 65 系在 440 nm～660 nm)范围内每隔 20 nm 测得的透射比 $\tau(\lambda_i)$中的最大偏差绝对值。简称透射比最大绝对值,以符号 Q_z 表示。

$$Q_z = |\tau(\lambda_i) - \tau_p|_{\max} \quad \cdots\cdots (3)$$

3.25

透射比绝对偏差平均值　average value of transmittance absolute deviation

中性暗色滤光玻璃的平均透射比 τ_p 与在波长 400 nm～700 nm(其中,ZAB 10、ZAB 30 和 ZAB 65 系在 440 nm～660 nm)范围内每隔 20 nm 测得的光谱透射比 $\tau(\lambda_i)$的偏差绝对值的算术平均值,简称透射比平均绝对差,以 τ_p 的百分比表示,符号为 Q_p。

$$Q_P = \frac{\sum_{i=1}^{n} |\tau(\lambda_i) - \tau_p|}{n\tau_p} \times 100\% \qquad \cdots\cdots(4)$$

3.26

色温变换能力　colour temperature conversion ability

色温变换玻璃变换黑体辐射色温的能力。色温变换能力以符号 υ 表示。单位为麦勒德(mrd)或 MK^{-1}。

$$\upsilon = \left(\frac{1}{T_{0P2}} - \frac{1}{T_{0P1}}\right) \times 10^6 \qquad \cdots\cdots(5)$$

式中：

T_{0P1}——已知光源的色温；

T_{0P2}——光源辐射光通过色温变换玻璃后的色温。

3.27

荧光特性　flourescence characteristic

滤光玻璃在一定光谱能量辐射下所产生的荧光光谱特性。

3.28

紫外辐射稳定性　ultraviolet radiation stability

滤光玻璃受强紫外辐射后光谱透射比发生变化的程度。

3.29

截止波长温度系数　temperature coefficient of sharp cut wavelength

截止型滤光玻璃温度每升高 1 ℃,其截止波长向长波方向移动的平均值,单位为 nm/℃。

4　产品分类

4.1　产品类型、代号

滤光玻璃按其光谱特性不同分为截止型、选择吸收型和中性型三种类型,见表 1。

表 1　产品分类及代号

类　型	玻璃系列名称	代号	牌　号
截止型	紫外截止滤光玻璃	ZJB	ZJB 220,ZJB 240,ZJB 260,ZJB 280,ZJB 300,ZJB 320,ZJB 340,ZJB 360,ZJB 380
	金黄色(黄色)滤光玻璃	JB	JB 400,JB 420,JB 450,JB 470,JB 490,JB 510
	橙色滤光玻璃	CB	CB 535,CB 540,CB 550,CB 565,CB 580
	红色滤光玻璃	HB	HB 600,HB 610,HB 630,HB 640,HB 650,HB 670,HB 685,HB 700,HB 720
	红外透射可见吸收滤光玻璃	HWB	HWB 760,HWB 780,HWB 800,HWB 830,HWB 850,HWB 900,HWB 930
选择吸收型	紫外透射可见吸收滤光玻璃	ZWB	ZWB 1,ZWB 2,ZWB 3
	紫色滤光玻璃	ZB	ZB 1,ZB 2,ZB 3
	青蓝色滤光玻璃	QB	QB 1,QB 2,QB 3,QB 4,QB 5,QB 10,QB 11,QB 12,QB 13,QB 16,QB 17,QB 18,QB 21,QB 22,QB 23,QB 24,QB 26,QB 29
	绿色滤光玻璃	LB	LB 1,LB 2,LB 3,LB 4,LB 6,LB 7,LB 8,LB 9,LB 10,LB 11,LB 12,LB 13,LB 14,LB 15,LB 16,LB 17,LB 18,LB 19

表 1（续）

类　型	玻璃系列名称	代号	牌　号
选择吸收型	金黄色(黄色)滤光玻璃	JB	JB 1,JB 9
	橙色滤光玻璃	CB	CB 1,CB 2
	红色滤光玻璃	HB	HB 1,HB 3,HB 5
	红外透射可见吸收滤光玻璃	HWB	HWB 1,HWB 3,HWB 4,HWB 6,HWB 7,HWB 8
	防护玻璃	FB	FB 1,FB 3
	隔热玻璃	GRB	GRB 1,GRB 2,GRB 3
	波长标定玻璃	PNB HoB	PNB 586 HoB 445
	天光玻璃	TB	TB 1,TB 2
	色温变换玻璃　色温升高	SSB	SSB 40,SSB 120,SSB 145,SSB 165,SSB 200
	色温变换玻璃　色温降低	SJB	SJB 20,SJB 80,SJB 100,SJB 120,SJB 140
中性型	中性暗色滤光玻璃	ZAB	ZAB 00,ZAB 02,ZAB 2,ZAB 5,ZAB 10,ZAB 25,ZAB 30,ZAB 50,ZAB 65,ZAB 70

4.2　牌号命名

4.2.1　滤光玻璃牌号命名原则

由玻璃颜色、玻璃性质或特征谱线元素和玻璃的第一个字母及阿拉伯数字组成，有五种命名法。

4.2.2　截止型滤光玻璃牌号命名

截止型滤光玻璃牌号命名形式如下：

(ZJ、J、C、H、HW)　B　×××
- ×××——截止波长值
- B——玻璃
- (ZJ、J、C、H、HW)——玻璃颜色或性质

注：ZJ——紫外截止；J——金黄色(黄色)；C——橙色；H——红色；HW——红外。

4.2.3　选择吸收型滤光玻璃分为选择吸收、波长标定和色温变换三种牌号命名

4.2.3.1　选择吸收型滤光玻璃牌号

选择吸收型滤光玻璃牌号命名形式如下：

(ZW、Z、Q、L、J、C、H、HW、F、GR、T)　B　××
- ××——序号
- B——玻璃
- (ZW、Z、Q、L、J、C、H、HW、F、GR、T)——玻璃颜色或性质

注：ZW——紫外；Z——紫色；Q——青蓝色；L——绿色；J——金黄色；C——橙色；H——红色；HW——红外；F——防护；GR——隔热；T——天光。

4.2.3.2　波长标定玻璃牌号命名

波长标定玻璃牌号命名形式如下：

(Ho、PN)　B　×××
- ×××——标定波长值
- B——玻璃
- (Ho、PN)——特征谱线元素

注：Ho——钬；PN——镨钕。

4.2.3.3 **色温变换玻璃牌号命名**

色温变换玻璃牌号命名形式如下：

(SS、SJ) B ×××
- ×××——色温变换能力值
- B——玻璃
- (SS、SJ)——玻璃性质

注：SS——色温升高；SJ——色温降低。

4.2.4 **中性暗色滤光玻璃牌号命名**

中性暗色滤光玻璃牌号命名形式如下：

ZA B ××
- ××——2 mm 厚样品的平均透射比值
- B——玻璃
- ZA——玻璃性质

注：ZA——中性暗色。

4.3 产品标记示例

以符合 GB/T 15488 的截止型紫外截止滤光玻璃 ZJB 260 为例，其标记为：

滤光玻璃 GB/T 15488—ZJB 260

5 技术要求

5.1 气泡、条纹、应力双折射和化学稳定性的分类、分级

5.1.1 气泡度的分类分级

5.1.1.1 气泡度的类别按表 2 规定。

表 2 气泡度的类别及允许气泡直径范围

单位为毫米

类　别	允许气泡直径范围	类　别	允许气泡直径范围
1	0.05～0.3	3	＞0.5～0.7
2	＞0.3～0.5	4	＞0.7～1.0

椭圆形气泡以最长轴和最短轴的算术平均值为直径。

5.1.1.2 气泡度的级别按表 3 规定。

表 3 气泡度的级别

级　别	1 kg 玻璃中气泡个数	级　别	1 kg 玻璃中气泡个数
A	≤10	D	101～300
B	11～30	E	301～700
C	31～100		

直径小于 0.05 mm 的气泡可略而不计。结石作为气泡计算。

5.1.2 条纹度的分类

条纹度的分类按表 4 规定。

表 4 条纹度的分类

类别	条 纹 要 求
2	符合 GB/T 903 的 2 类
3	无搅拌条纹及长度大于 12 mm 的其他条纹。但每 kg 玻璃中允许存在长度不超过 12 mm 的条纹 10 根
4	深色滤光玻璃由搅拌工艺保证无搅拌条纹

5.1.3 应力双折射的分类

应力双折射的类别按表 5 规定。

表 5 应力双折射的类别

单位为纳米每厘米

类别	玻璃中部应力双折射最大光程差
3	10
4	30
5	50

应力双折射为 5 类的滤光玻璃可以不检验应力双折射，但必须经过精密退火处理。

5.1.4 化学稳定性的分类

化学稳定性分耐水性和耐酸性。耐水性类别按表 6 规定，耐酸性类别按表 7 规定。

表 6 耐水性类别

类别	1	2	3	4	5	6
浸出量/%	≤0.05	>0.05～0.10	>0.10～0.25	>0.25～0.60	>0.60～1.10	>1.10

表 7 耐酸性类别

类别	1	2	3	4	5	6
浸出量/%	≤0.20	>0.20～0.35	>0.35～0.65	>0.65～1.20	>1.20～2.20	>2.20

5.2 光谱特性及气泡、条纹、应力双折射要求

5.2.1 截止型滤光玻璃

截止型滤光玻璃的光谱特性、气泡、条纹、应力双折射要求按表 8 规定。

表 8 截止型滤光玻璃的光谱特性、气泡、条纹、应力双折射

玻璃牌号	光谱特性						气泡度最高级别	条纹度最高类别	应力双折射最高类别
	截止波长 λ_j/nm		陡度/K	高透射特定波长 λ_0/nm	高透射比 $\tau(\lambda_0)$/%	标准厚度/nm			
	1 类	2 类							
ZJB 220	220±5	220±10	≥0.5	300	≥89.5	2	D	2	3
ZJB 240	240±5	240±10	≥0.5	330	≥89.5	2	D	2	3
ZJB 260	260±5	260±10	≥0.5	340	≥89.5	2	B	2	3
ZJB 280	280±5	280±10	≥0.5	350	≥89.5	2	B	2	3
ZJB 300	300±5	300±10	≥1.0	350	≥89.5	2	B	2	3
ZJB 320	320±5	320±10	≥1.0	400	≥89.5	2	B	2	3
ZJB 340	340±5	340±10	≥0.8	420	≥88.0	2	C	2	3
ZJB 360	360±5	360±10	≥1.0	440	≥87.0	2	C	2	3
ZJB 380	380±5	380±10	≥0.8	500	≥86.0	2	B	2	3
JB 400	400±5	400±10	≥0.6	560	≥86.0	2	C	2	3
JB 420	420±5	420±10	≥0.6	560	≥86.0	2	C	2	3
JB 450	450±5	450±10	≥0.6	560	≥89.5	2	B	2	3
JB 470	470±5	470±10	≥0.8	560	≥89.5	2	B	2	3
JB 490	490±5	490±10	≥0.8	580	≥89.5	2	B	2	3
JB 510	510±5	510±10	≥1.0	600	≥89.5	2	B	2	3

表 8（续）

玻璃牌号	光谱特性						气泡度最高级别	条纹度最高类别	应力双折射最高类别
	截止波长 λ_j/nm		陡度/K	高透射特定波长 λ_0/nm	高透射比 $\tau(\lambda_0)$/%	标准厚度/nm			
	1类	2类							
CB 535	535±5	535±10	⩾1.2	650	⩾88.7	2	B	2	3
CB 540	540±5	540±10	⩾1.0	650	⩾88.7	2	B	2	3
CB 550	550±5	550±10	⩾1.2	650	⩾88.7	2	B	2	3
CB 565	565±5	565±10	⩾1.2	650	⩾88.7	2	B	2	3
CB 580	580±5	580±10	⩾1.2	680	⩾88.7	2	B	2	3
HB 600	600±5	600±10	⩾1.2	680	⩾88.7	2	B	2	3
HB 610	610±5	610±10	⩾1.2	680	⩾88.7	2	B	2	3
HB 630	630±5	630±10	⩾1.2	700	⩾88.7	2	B	2	3
HB 640	640±5	640±10	⩾1.2	720	⩾88.7	2	B	2	3
HB 650	650±5	650±10	⩾1.0	720	⩾87.5	2	B	4	3
HB 670	670±5	670±10	⩾1.0	750	⩾87.5	2	C	4	3
HB 685	685±5	685±10	⩾0.8	800	⩾83.6	2	C	4	3
HB 700	700±5	700±10	⩾0.6	800	⩾79.8	2	C	4	3
HB 720	720±5	720±10	⩾0.8	800	⩾80.0	3	C	4	3
HWB 760	760±5	760±10	⩾0.6	850	⩾83.6	3	C	3	3
HWB 780	780±5	780±10	⩾0.5	900	⩾83.6	3	C	3	3
HWB 800	800±5	800±10	⩾0.5	900	⩾83.6	3	C	3	3
HWB 830	830±5	830±10	⩾0.5	930	⩾83.6	3	C	3	3
HWB 850	850±5	850±10	⩾0.5	950	⩾80.0	3	C	3	3
HWB 900	900±5	900±10	⩾0.2	1 050	⩾80.0	6	C	4	3
HWB 930	930±5	930±10	⩾0.2	1 050	⩾80.0	6	C	4	3

5.2.2 选择吸收型滤光玻璃

5.2.2.1 选择吸收型滤光玻璃（TB、SSB、SJB 玻璃除外）的光谱特性、气泡度、条纹度及应力双折射要求按表 9 规定。

表 9 选择吸收型滤光玻璃的光谱特性、气泡度、条纹度及应力双折射

玻璃牌号	光谱特性				气泡度最高级别	条纹度最高类别	应力双折射最高类别
	波长 λ/nm	透射比 $\tau(\lambda)$/%		标准厚度/nm			
		1类	2类				
ZWB 1	280	⩾55.8	⩾49.8	1	C	4	4
	313	⩾80.7	⩾80.7				
	405	⩽0.3	⩽1.6				
	700	⩽25.0	⩽31.4				

表 9（续）

玻璃牌号	光谱特性				气泡度最高级别	条纹度最高类别	应力双折射最高类别
	波长 λ/nm	透射比 τ(λ)/%		标准厚度/nm			
		1 类	2 类				
ZWB 2	313	≥49.2	≥33.3	1	C	4	3
	365	≥81.7	≥79.8				
	405	≤5.0	≤8.2				
	700	≤14.2	≤19.6				
ZWB 3	254	≥45.7	≥36.3	2	C	4	4
	334	≥89.1	≥88.3				
	405	≤22.9	≤28.8				
	700	≤57.5	≤64.6				
ZB 1	400	≥69.5	≥69.5	2	C	4	3
	480	≤4.2	≤7.0				
	700	≤2.8	≤4.2				
ZB 2	300	≥32.0	≥29.2	2	C	4	3
	360	≥79.6	≥78.2				
	480	≤2.3	≤3.7				
	710	≤5.8	≤9.2				
	800	≥80.4	≥80.4				
ZB 3	300	≥18.4	≥14.6	2	C	4	3
	360	≥78.2	≥78.2				
	480	≤0.1	≤0.2				
	720	≤10.1	≤15.3				
	800	≥80.4	≥80.4				
QB 1	420	≥83.6	≥83.6	2	B	3	3
	540	43.9～48.1	41.9～50.3				
	640	21.0～25.2	19.1～27.7				
	700	38.2～41.9	34.8～45.9				
QB 2	400	≥83.6		2	C	3	3
	540	22.0～36.5					
	600	10.0～21.0					
QB 3	450	≥44.0	≥40.1	2	C	4	3
	540	≤0.2	≤0.4				
	680	≤2.3	≤3.7				
QB 4	420	≥68.2	≥66.7	2	C	4	3
	540	≤0.7	≤1.2				
	700	≤13.6	≤19.7				

表 9（续）

玻璃牌号	光谱特性				气泡度最高级别	条纹度最高类别	应力双折射最高类别
	波长 λ/nm	透射比 τ(λ)/%		标准厚度/nm			
		1类	2类				
QB 5	420	≥57.8		2	C	4	3
	540	≤5.3					
	700	≤2.0					
QB 10	450	≥76.0	≥76.0	2	D	3	3
	700	23.0～27.6	20.9～31.7				
	1 000	≤3.8	≤5.3				
QB 11	400	≥80.0	≥80.0	2	C	3	3
	480	≥83.8	≥83.8				
	700	6.7～9.2	5.5～11.6				
QB 12	400	≥63.5	≥63.5	2	C	3	3
	480	≥76.4	≥76.4				
	700	≤0.4	≤0.7				
QB 13	400	≥22.0	≥20.0	2	C	3	3
	480	≥52.7	≥51.5				
	640	≤0.1	≤0.2				
QB 16	400	≥89.1	≥88.3	2	D	3	3
	500	≥88.7	≥87.9				
	650	66.4～71.1	64.9～72.8				
	800	36.5～43.9	33.3～48.1				
QB 17	450	≥71.3	≥69.7	2	C	3	3
	700	31.8～38.3	27.7～44.0				
	1 000	≤7.0	≤10.1				
QB 18	420	≥85.7		2	C	3	3
	540	78.2～87.3					
	700	25.5～59.3					
QB 21	360	≥72.5	≥57.5	2	C	3	4
	500	≥88.3	≥85.1				
	680	≤1.4	≤2.2				
QB 22	400	≥79.4	≥72.5	2	D	3	4
	460	≥87.5	≥86.3				
	600	≤5.8	≤10.6				
QB 23	350	≤4.0		2	C	3	3
	480	≥60.3					
	694	≤0.1					

表 9（续）

<table>
<tr><th rowspan="3">玻璃牌号</th><th colspan="4">光 谱 特 性</th><th rowspan="3">气泡度
最高级别</th><th rowspan="3">条纹度
最高类别</th><th rowspan="3">应力双折
射最高类别</th></tr>
<tr><th rowspan="2">波长 λ/
nm</th><th colspan="2">透射比 τ(λ)/%</th><th rowspan="2">标准厚度/
nm</th></tr>
<tr><th>1类</th><th>2类</th></tr>
<tr><td rowspan="5">QB 24</td><td>334</td><td colspan="2">≤14.7</td><td rowspan="5">2</td><td rowspan="5">C</td><td rowspan="5">3</td><td rowspan="5">3</td></tr>
<tr><td>405</td><td colspan="2">≥68.0</td></tr>
<tr><td>480</td><td colspan="2">≤19.4</td></tr>
<tr><td>600</td><td colspan="2">≤0.1</td></tr>
<tr><td>750</td><td colspan="2">≤0.9</td></tr>
<tr><td rowspan="4">QB 26</td><td>350</td><td colspan="2">≥10.6</td><td rowspan="4">2</td><td rowspan="4">D</td><td rowspan="4">3</td><td rowspan="4">4</td></tr>
<tr><td>510</td><td colspan="2">≥70.9</td></tr>
<tr><td>633</td><td colspan="2">≤5.7</td></tr>
<tr><td>694</td><td colspan="2">≤0.1</td></tr>
<tr><td rowspan="5">QB 29</td><td>320</td><td colspan="2">≤23.0</td><td rowspan="5">2</td><td rowspan="5">C</td><td rowspan="5">4</td><td rowspan="5">3</td></tr>
<tr><td>380</td><td colspan="2">≥83.0</td></tr>
<tr><td>480</td><td colspan="2">≤22.0</td></tr>
<tr><td>600</td><td colspan="2">≤0.1</td></tr>
<tr><td>750</td><td colspan="2">≤14.7</td></tr>
<tr><td rowspan="3">LB 1</td><td>430</td><td>≤0.2</td><td>≤0.4</td><td rowspan="3">2</td><td rowspan="3">C</td><td rowspan="3">4</td><td rowspan="3">3</td></tr>
<tr><td>530</td><td>≥43.9</td><td>≥41.9</td></tr>
<tr><td>650</td><td>≤2.6</td><td>≤3.2</td></tr>
<tr><td rowspan="3">LB 2</td><td>450</td><td>≤0.1</td><td>≤0.2</td><td rowspan="3">2</td><td rowspan="3">C</td><td rowspan="3">4</td><td rowspan="3">3</td></tr>
<tr><td>530</td><td>≥20.0</td><td>≥18.3</td></tr>
<tr><td>650</td><td>≤0.2</td><td>≤0.2</td></tr>
<tr><td rowspan="3">LB 3</td><td>450</td><td colspan="2">15.2～29.0</td><td rowspan="3">2</td><td rowspan="3">C</td><td rowspan="3">4</td><td rowspan="3">3</td></tr>
<tr><td>520</td><td colspan="2">≥40.0</td></tr>
<tr><td>650</td><td colspan="2">≤1.7</td></tr>
<tr><td rowspan="3">LB 4</td><td>450</td><td colspan="2">6.0～15.9</td><td rowspan="3">2</td><td rowspan="3">C</td><td rowspan="3">4</td><td rowspan="3">3</td></tr>
<tr><td>520</td><td colspan="2">≥24.1</td></tr>
<tr><td>650</td><td colspan="2">≤0.2</td></tr>
<tr><td rowspan="3">LB 6</td><td>460</td><td>41.7～50.1</td><td>38.0～55.0</td><td rowspan="3">2</td><td rowspan="3">C</td><td rowspan="3">3</td><td rowspan="3">4</td></tr>
<tr><td>560</td><td>≥79.4</td><td>≥78.7</td></tr>
<tr><td>660</td><td>25.1～33.1</td><td>22.9～36.3</td></tr>
<tr><td rowspan="3">LB 7</td><td>480</td><td colspan="2">≤11.5</td><td rowspan="3">2</td><td rowspan="3">C</td><td rowspan="3">4</td><td rowspan="3">3</td></tr>
<tr><td>545</td><td colspan="2">34.8～50.3</td></tr>
<tr><td>620</td><td colspan="2">≤16.7</td></tr>
</table>

表 9（续）

玻璃牌号	光谱特性			标准厚度/nm	气泡度最高级别	条纹度最高类别	应力双折射最高类别
	波长 λ/nm	透射比 τ(λ)/%					
		1类	2类				
LB 8	420	≤1.3		2	C	3	3
	560	30.3～43.9					
	640	25.2～40.0					
LB 9	400	≤1.1	≤2.9	2	B	3	3
	550	≥83.6	≥76.2				
	650	67.6～71.5	65.8～73.5				
LB 10	420	0.6	≤1.1	2	C	3	3
	550	≥72.8	≥72.8				
	660	52.7～57.8	50.3～60.5				
LB 11	420	≤0.1	≤0.4	2	C	3	3
	540	≥66.4	≥63.4				
	680	18.3～24.1	16.7～26.4				
LB 12	360	≤0.2	≤0.8	2	C	3	3
	550	≥79.4	≥79.4				
	650	≥75.9	≥72.5				
LB 13	480	≤13.8		1	C	4	3
	540	17.4～30.3					
	620	≤12.6					
LB 14	480	≤7.6		1	C	4	3
	540	7.6～17.4					
	620	≤8.1					
LB 15	480	≤3.2		1	C	4	3
	540	1.9～6.9					
	620	≤4.2					
LB 16	460	10.5～13.8	8.7～16.6	2	D	3	4
	560	≥83.6	≥82.8				
	660	33.9～38.9	31.6～41.7				
LB 17	450	≤1.5	≤1.5	2	C	3	3
	530	≥70.6	≥68.0				
	600	≤44.7	≤46.0				
	750	≤20.1	≤20.1				
LB 18	450	≤32.8	≤34.0	2	C	3	3
	520	≥62.8	≥62.0				
	600	≤18.5	≤20.0				
	750	≤2.1	≤3.0				

表 9（续）

玻璃牌号	光谱特性			光谱特性	气泡度最高级别	条纹度最高类别	应力双折射最高类别
	波长 λ/nm	透射比 τ(λ)/%		标准厚度/nm			
		1 类	2 类				
LB 19	460	≤3.0		2	C	4	3
	510	6.0～10.0					
	560	≤2.5					
JB 1	313	≥24.0	≥15.8	2	D	3	3
	365	≤1.4	≤1.4				
JB 9	370	≤0.5		2	C	3	3
	470	≥15.0					
	560	≥60.0					
	750	≥65.0					
CB 1	420	≤0.9	≤2.3	2	C	3	3
	580	40.0～52.7	36.5～57.8				
	700	≥63.4	≥60.5				
CB 2	420	19.1～29.0	15.2～34.8	2	C	3	3
	500	50.3～60.5	48.1～63.4				
	700	≥72.8	≥72.8				
HB 1	420	74.3～80.7		2	C	3	3
	510	57.9～71.3					
	570	63.5～74.7					
	680	≥76.4					
HB 3	440	2.2～9.0	0.9～14.2	2	C	3	3
	530	≤0.4	≤0.9				
	650	49.2～71.2	≥39.1				
HB 5	405	≥41.0	≥35.7	2	C	4	3
	436	≤5.7	≤7.1				
FB 1	320	≤5.3	≤8.2	1	C	4	3
	450	12.1～20.5	9.4～26.4				
	570	32.5～42.9	28.3～49.2				
	660	31.8～41.9	27.7～48.1				
FB 3	320	≤0.1	≤0.1	1	C	4	3
	450	≤0.4	≤1.0				
	570	≤2.0	≤3.9				
	660	≤0.7	≤1.7				
	1 000	≤6.6	≤9.2				

表 9（续）

玻璃牌号	光谱特性				气泡度最高级别	条纹度最高类别	应力双折射最高类别
	波长 λ/nm	透射比 τ(λ)/%		标准厚度/nm			
		1类	2类				
GRB 1	420	≥85.0		3	C	4	4
	700	45.0～70.0					
	1 000	≤4.0					
GRB 2	450	≥83.8	≥80.0	3	D	4	4
	700	57.9～63.5	55.3～66.5				
	1 000	≤4.0	≤5.8				
GRB 3	450	≥82.0	≥82.0	2	D	4	4
	500	≥85.0	≥84.7				
	800	≤13.0	≤23.0				
HWB 1	400	≤14.2	≤17.5	1	C	4	3
	700	≤5.5	≤7.4				
	800	22.5～29.6	18.3～34.8				
	1 000	≥85.5	≥85.5				
HWB 3	400	≤0.2	≤0.5	1	C	4	3
	700	≤0.7	≤1.2				
	860	22.0～29.0	18.3～37.3				
	1 100	≥72.8	≥72.8				
HWB 4	400	≤0.1	≤0.1	1	C	4	3
	800	≤3.4	≤4.9				
	900	27.0～34.0	23.0～40.0				
	1 100	≥72.8	≥72.8				
HWB 6	800	≤1.0		4	D	4	3
	900	≥13.0					
	1 100	≥60.0					
HWB 7	1 800	≤2.0		0.7	C	4	3
	2 000	≤15.0					
	2 500	>40.0					
	2 750	>45.0					
	3 000	>40.0					
	3 500	>50.0					
HWB 8	8 000	≥65.0	≥63.0	2	C	4	3
	10 600	≥64.9	≥63.0				
	12 000	≥62.6	≥61.0				
	12 800	≥61.4	≥60.0				

表 9（续）

玻璃牌号	光谱特性				气泡度最高级别	条纹度最高类别	应力双折射最高类别
	波长 λ/nm	透射比 τ(λ)/%		标准厚度/nm			
		1 类	2 类				
PNB 586	586	≤1.0		2	D	3	3
HoB 445	445	≤5.0	≤5.0	2	D	3	3
	241.5	>0	0				

5.2.2.2 天光玻璃的光谱特性、气泡度、条纹度、应力双折射要求按表 10 规定。

表 10 天光玻璃的光谱特性、气泡度、条纹度、应力双折射要求

玻璃牌号	光谱特性				气泡度最高级别	条纹度最高类别	应力双折射最高类别
	透射比 τ(λ)	1 类 %	2 类 %	标准厚度 nm			
TB 1	τ(435)	≥85.0	≥83.0	2	C	2	3
	τ(435)～τ(500)	≥2.0	≥1.5				
	τ(600)～τ(500)	≥3.5	≥3.0				
TB 2	τ(400)	≥80.0	≥78.0	2	C	2	3
	τ(600)～τ_a	6.0±3	6.0±5				

注：表 10 中 400、435、500、600 均为波长值；τ_a 为吸收峰的透射比。

5.2.2.3 色温变换玻璃的色温变换能力、气泡度、条纹度、应力双折射要求按表 11 规定。

表 11 色温变换玻璃的色温变换能力、气泡度、条纹度、应力双折射

玻璃牌号	色温变换能力值			气泡度最高级别	条纹度最高类别	应力双折射最高类别
	1 类 mrd	2 类 mrd	标准厚度 mm			
SSB 40	−40±4	−40±5	2	C	2	3
SSB 120	−120±5	−120±12	2	C	3	3
SSB 145	−145±7	−145±15	2	C	3	3
SSB 165	−165±7	−165±16.5	2	C	3	3
SSB 200	−200±7	−200±20	2	C	4	3
SJB 20	+20±2	+20±5	2	C	2	3
SJB 80	+80±5	+80±8	2	C	2	3
SJB 100	+100±5	+100±10	2	C	2	3
SJB 120	+120±5	+120±12	2	C	3	3
SJB 140	+140±7	+140±14	2	C	3	3

5.2.3 中性型滤光玻璃

中性暗色滤光玻璃的光谱特性、气泡度、条纹度、应力双折射要求按表12规定。

表12 中性暗色滤光玻璃的光谱特性、气泡度、条纹度、应力双折射要求

玻璃牌号	光谱特性					平均绝对值 Q_p/%		厚度/mm	气泡度最高级别	条纹度最高类别	应力双折射最高类别
	平均透射比 τ_p/%			最大绝对差/%							
	标准值	1类	2类	1类	2类	1类	2类				
ZAB 00	2.0	1.0～3.0	0.1～4.0	≤5.0	≤6.0	≤10	≤15	0.5	C	4	3
ZAB 02	1.5	0.5～2.5	0.1～3.0	≤2.0	≤3.0	≤5	≤10	1	C	4	3
ZAB 2	2	2±1	0.1～3.0	≤2.0	≤3.0	≤5	≤10	2	C	4	3
ZAB 5	5	5±2	5±4	≤4.0	≤5.0	≤5	≤10	2	C	4	3
ZAB 10	10	10±3	10±6	≤8.0	≤10.0	≤10	≤15	2	C	4	3
ZAB 25	25	25±3	25±9	≤4.0	≤6.0	≤5	≤10	2	C	4	3
ZAB 30	30	30±5	30±7	≤8.0	≤10.0	≤10	≤15	2	C	4	3
ZAB 50	50	50±5	50±9	≤6.0	≤8.0	≤7	≤10	2	B	3	3
ZAB 65	65	65±3	65±7	≤5.0	≤6.0	≤10	≤15	2	B	3	3
ZAB 70	70	70±3	70±7	≤7.0	≤8.0	≤10	≤15	2	B	3	3

5.3 荧光特性

荧光特性要求按表13规定。

表13 荧光特性要求

单位为纳米

玻璃牌号	最佳激发光波长	发射荧光谱线		玻璃牌号	最佳激发光波长	发射荧光谱线	
		峰值波长	半宽度			峰值波长	半宽度
ZJB 340	245±5	425±10	105±10	QB 11	347±5	503±10	84±10
ZJB 380	240±5	454±10	100±10	QB 18	337±5	508±10	103±10
JB 450	452±5	597±10	127±10	LB 9	241±5	526±10	58±10
JB 470	480±5	631±10	125±10	LB 10	240±5	537±10	47±10
JB 490	498±5	657±10	115±10	LB 18	246±5	510±10	43±10
JB 510	510±5	635±10	144±10	HB 630	543±5	610±10	128±10
CB 535	530±5	652±10	143±10	SSB 40	250±5	400±10	48±10
CB 580	555±5	692±10	134±10	SSB 120	242±5	400±10	38±10
QB 1	337±5	479±10	68±10	SSB 200	243±5	400±10	31±10
QB 4	238±5	432±10	35±10				

5.4 耐紫外辐射稳定性

耐紫外辐射稳定性要求按表14规定。

表14 耐紫外辐射稳定性要求

玻璃牌号	波长 nm	波长处紫外透射降低滤 %	
		辐射时间5 h	辐射时间24 h
ZWB 2	356	3.0	4.7
ZWB 3	254	6.3	11.3
ZB 2	390	6.9	12.6
ZB 3	362	3.6	6.4

5.5 截止波长温度系数

截止波长温度系数值按表15的规定。

表15 截止波长温度系数

单位为纳米每摄氏度

玻璃牌号	室温～90 ℃截止波长温度系数	玻璃牌号	室温～90 ℃截止波长温度系数
ZJB 220	0.02	JB 490	0.10
ZJB 240	0.02	JB 510	0.11
ZJB 260	0.02	CB 535	0.12
ZJB 280	0.02	CB 540	0.12
ZJB 300	0.03	CB 550	0.12
ZJB 320	0.05	CB 565	0.14
ZJB 340	0.06	CB 580	0.15
ZJB 360	0.08	HB 600	0.15
ZJB 380	0.06	HB 610	0.16
JB 400	0.07	HB 630	0.17
JB 420	0.07	HB 640	0.17
JB 450	0.08	HB 650	0.17
JB 470	0.09	HB 670	0.17
HB 685	0.17	HWB 800	0.20
HB 700	0.18	HWB 830	0.23
HB 720	0.19	HWB 850	0.24
HWB 760	0.19	HWB 900	0.21
HWB 780	0.20	HWB 930	0.21

5.6 折射率、密度、化学稳定性和光谱透射比及其曲线

滤光玻璃的折射率、密度、化学稳定性值见附录A。光谱透射比值见附录B。光谱透射曲线见附录C。

6 试验方法

6.1 光谱特性按GB/T 15489.1测试。

6.2 色温变换能力按GB/T 15489.4测试。

6.3 气泡度按GB/T 15489.2测试。

6.4 条纹度试验方法按表16规定。

表16 条纹度试验方法

类　别	试　验　方　法
2	按GB/T 7962.7测试
3	100 W白炽灯照明，黑绒布为背景，向自然断面目测
4	不检验

6.5 应力双折射3类和4类按GB/T 7962.5测试，但应力双折射样品可用与滤光玻璃退火时的毛坯尺寸接近的三款无色光学玻璃试样代替，至于退火炉温差较大的三个部位(层)与滤光玻璃一起退火后测定应力双折射。5类由退火工艺保证，不检验。

6.6 荧光特性按GB/T 15489.6测试。

6.7 耐紫外辐射稳定性按GB/T 15489.8测试。

6.8 截止波长温度系数按GB/T 15489.3测试。

6.9 折射率按GB/T 7962.1测试，但深色滤光玻璃取其基质玻璃作为试样测折射率。

6.10 密度按GB/T 7962.20测试。

6.11 化学稳定性按GB/T 15489.7测试。

7 检验规则

7.1 出厂检验

7.1.1 检验项目

检验项目为：

a) 光谱特性(对色温变换玻璃则为色温变换能力)；

b) 气泡度；

c) 条纹度；

d) 应力双折射。

7.1.2 检验批

检验玻璃毛坯由同一熔炉号和退火号的玻璃组成一个检验批。

7.1.3 检验抽样方案

光谱特性、色温变换能力和应力双折射出厂检验时从退火炉温差较大的三层玻璃中各取一块试样测定，不合格试样代表的那层玻璃不能出厂。

浅色滤光玻璃(见GB/T 15489.2中表1)，其气泡度和条纹度出厂检验按GB/T 2828.1的正常检查一次抽样方案检验。取一般检查水平为Ⅱ，合格质量水平AQL为4.0。

中等深色滤光玻璃(见 GB/T 15489.2 中表 1),其气泡度和条纹度质量由检验员于工序检查时监督保证。

完全不透明深色滤光玻璃(见 GB/T 15489.2 中表 1),其气泡度质量由检验员于工序检查时监督保证,条纹度质量由搅拌工艺保证,不检验。

7.2 型式检验

7.2.1 要求型式检验的情况

有下列情况之一均需进行型式检验:

a) 新产品或老产品转厂生产的试制定型鉴定;

b) 正式生产后,如配方、材料和工艺有较大改变,可影响产品性能时;

c) 正常生产时,定期进行例行型式检验;

d) 产品长期停产后恢复生产时;

e) 出厂检验结果与上次型式检验有较大差异时;

f) 国家质量监督机构提出进行型式检验要求时。

7.2.2 型式检验项目

型式检验项目包括全部技术要求项目。

7.2.3 型式检验抽样方案

光谱特性、色温变换能力、荧光特性、耐紫外辐射稳定性、截止波长温度系数、折射率、密度和化学稳定性按 GB/T 2829 的判别水平 DL 为 I 的一次抽样方案:不合格质量水平 RQL 取为 40,样本大小 n 为 2,A_0 为 0,R_e 为 1。

气泡度、条纹度和应力双折射按 GB/T 2829 的判别水平 DL 为 I 的一次抽样方案:不合格质量水平 RQL 取为 40,样本大小 n 为 10,A_0 为 3,R_e 为 4。

8 标志、包装、运输、贮存

8.1 标志

8.1.1 产品上标志:

a) 玻璃牌号、熔炼号及退火号;

b) 合同号;

c) 质量等级。

8.1.2 包装箱上按 GB/T 6388 规定标志:

a) 制造厂名;

b) 产品名称;

c) 箱号;

d) 收货单位及地点;

e) “小心轻放”和“怕湿”等标志。

8.2 包装

8.2.1 玻璃毛坯逐块用牛皮纸或与之等效的其他材料包好,整齐装箱,用软质填充物塞紧。

8.2.2 木箱装玻璃每箱重不超过 50 kg;瓦楞纸箱装玻璃每箱不超过 25 kg。

8.2.3 每箱玻璃都应附有合格证和装箱单。合格证上注明:光谱特性或色温变换能力的等级和测量值;气泡度、条纹度及应力双折射的类、级别。装箱单上注明:玻璃名称、牌号、熔炼号、退火号、合同号、件数、重量、箱号和装箱日期。

8.3 **运输**

运输中应轻装轻卸,避免碰撞、震动。

8.4 **贮存**

玻璃应贮存在干燥通风的地方。

附 录 A
（资料性附录）
滤光玻璃折射率、密度及化学稳定性值

A.1 滤光玻璃折射率 n_d、密度及化学稳定性值见表 A.1。

表 A.1 滤光玻璃折射率、密度及化学稳定性值

玻璃牌号	折射率 n_d	密度 g/cm^3	化学稳定性	
			耐水性级别	耐酸性级别
ZJB 220	1.485	2.27	6	6
ZJB 240	1.485	2.27	6	6
ZJB 260	1.508	2.47	4	1
ZJB 280	1.512	2.52	4	1
ZJB 300	1.502	2.38	4	1
ZJB 320	1.575	3.23	3	1
ZJB 340	1.624	3.67	3	1
ZJB 360	1.643	3.72	3	1
ZJB 380	1.700*	4.22*	2	1
JB 400	1.632	3.65	1	1
JB 420	1.632*	3.69*	3	2
JB 450	1.523	2.64	3	1
JB 470	1.523	2.64	3	1
JB 490	1.523	2.64	3	1
JB 510	1.523	2.64	2	1
CB 535	1.523	2.64	2	3
CB 540	1.523	2.64	2	1
CB 550	1.523	2.64	2	3
CB 565	1.523	2.64	2	3
CB 580	1.523	2.64	2	1
HB 600	1.523	2.64	2	1
HB 610	1.523	2.64	2	1
HB 630	1.523	2.64	2	1
HB 640	1.523	2.64	2	1
HB 650	1.523	2.64	2	1
HB 670	1.523	2.64	2	1
HB 685	1.523	2.64	2	1
HB 700	1.523	2.64	2	1
HB 720	1.523	2.77	4	5

表 A.1（续）

玻璃牌号	折射率 n_d	密度 g/cm³	化学稳定性	
			耐水性级别	耐酸性级别
HWB 760	1.523	2.77	4	5
HWB 780	1.523	2.77	4	5
HWB 800	1.520	3.05	4	5
HWB 830	1.520	3.05	4	5
HWB 850	1.520	3.05	4	5
HWB 900	—	—	3	3
HWB 930	—	—	3	3
ZWB 1	1.557	2.65	4	4
ZWB 2	1.520	2.58	2	2
ZWB 3	1.540	2.84	3	2
ZB 1	1.524	2.53	3	1
ZB 2	1.495	2.40	2	1
ZB 3	1.495	2.40	2	1
QB 1	1.520	2.51	3	1
QB 2	1.520	2.51	3	1
QB 3	1.520	2.51	3	1
QB 4	1.582	2.25	3	1
QB 5	1.520	2.52	2	1
QB 10	1.529	2.63	2	1
QB 11	1.514	2.57	2	1
QB 12	1.517	2.59	2	1
QB 13	1.522	2.61	2	1
QB 16	1.520	2.64	5	6
QB 17	1.515	2.60	3	1
QB 18	1.518	2.50	3	1
QB 21	1.535	2.86	5	6
QB 22	1.535	2.93	4	2
QB 23	1.517	2.56	2	1
QB 24	1.513	2.56	3	4
QB 26	1.536	2.82	5	6
QB 29	1.517	2.56	2	1
LB 1	1.524*	2.52*	3	1
LB 2	1.524*	2.52*	2	1
LB 3	1.523	2.52	1	1

表 A.1（续）

玻璃牌号	折射率 n_d	密度 g/cm^3	化学稳定性	
			耐水性级别	耐酸性级别
LB 4	1.523	2.52	1	1
LB 6	1.534	2.83	5	6
LB 7	1.522*	2.52*	2	1
LB 8	1.523	2.52	2	1
LB 9	1.522*	2.52*	2	1
LB 10	1.522*	2.52*	3	1
LB 11	1.522*	2.52*	3	1
LB 12	1.536	2.73	4	3
LB 13	1.527	2.53	3	1
LB 14	1.527	2.53	3	1
LB 15	1.527	2.53	3	1
LB 16	1.535	2.84	5	6
LB 17	1.547	2.85	2	1
LB 18	1.547	2.85	2	1
LB 19	1.524	2.52	3	1
JB 1	1.536	2.78	3	4
JB 9	1.526	2.76	3	4
CB 1	1.523	2.55	4	3
CB 2	1.523	2.55	4	3
HB 1	1.673	4.09	1	2
HB 3	1.604	3.37	—	—
HB 5	1.591	3.26	2	2
HWB 1	1.525	2.53	3	1
HWB 3	1.525	2.53	3	1
HWB 4	1.525	2.53	3	1
HWB 6	—	—	3	3
HWB 7	—	—	2	1
HWB 8	—	—	2	1
FB 1	—	—	2	1
FB 3	—	—	2	1
GRB 1	1.510	2.54	2	3
GRB 2	1.512	2.67	3	2
GRB 3	1.512	2.55	3	2
PNB 586	1.542*	2.81*	1	2

表 A.1（续）

玻璃牌号	折射率 n_d	密度 g/cm³	化学稳定性	
			耐水性级别	耐酸性级别
HoB 445	1.523	2.65	1	1
TB 1	1.547	2.85	5	4
TB 2	1.558	2.97	3	1
SSB 40	1.521	2.58	4	2
SSB 120	1.521	2.58	4	2
SSB 145	1.521	2.58	4	2
SSB 165	1.521	2.58	4	2
SSB 200	1.521	2.58	4	2
SJB 20	1.525	2.63	3	2
SJB 80	1.525	2.63	3	2
SJB 100	1.525	2.63	3	2
SJB 120	1.525	2.63	3	2
SJB 140	1.525	2.63	3	2
ZAB 00	1.527	2.46	3	5
ZAB 02	1.514	2.43	3	5
ZAB 1	1.509	2.43	3	5
ZAB 5	1.505	2.42	4	5
ZAB 10	1.526	2.52	3	1
ZAB 25	1.502	2.42	3	5
ZAB 30	1.523	2.52	3	1
ZAB 50	1.502	2.42	3	5
ZAB 65	1.521	2.52	3	1
ZAB 70	1.502	2.42	3	5
注：表中标有*者，其值可能随生产厂不同而有差异，使用时可参照其生产厂样本所列值。				

附 录 B
（资料性附录）
滤光玻璃光谱透射比

B.1 滤光玻璃扩大 100 倍后的光谱透射比见表 B.1。

表 B.1 滤光玻璃扩大 100 倍后的光谱透射比

牌号	ZJB 220	ZJB 240	ZJB 260	ZJB 280	ZJB 300	ZJB 320	ZJB 340	ZJB 360	ZJB 380	JB 400
厚度/mm	2	2	2	2	2	2	2	2	2	2
200 nm	32.5									
220 nm	43.3	27.1								
240 nm	68.9	47.4	20.9	2.7						
250 nm	74.7	56.5	32.4	8.3						
260 nm	80.5	65.5	42.0	12.1						
280 nm	87.2	78.7	71.9	43.7	0.6					
300 nm	89.8	86.4	84.9	75.3	40.4	0.8				
320 nm	91.2	89.8	90.6	86.5	75.9	43.2	0.9			
340 nm	91.2	91.2	91.4	89.8	88.3	81.5	43.9	1.8		
350 nm	91.2	91.2	91.6	90.2	90.4	84.3	62.2	19.0		
360 nm	91.2	91.2	91.6	91.0	91.2	87.3	72.2	47.9	2.8	
380 nm	91.2	91.2	91.6	91.6	91.6	88.6	80.5	76.6	45.8	1.3
400 nm	91.2	91.2	91.6	91.6	91.9	89.5	23.6	84.7	72.8	42.1
420 nm	91.2	91.2	91.6	91.6	91.9	90.0	85.9	87.1	81.0	54.3
440 nm	91.2	91.2	91.6	91.6	91.9	90.0	88.7	87.9	84.5	70.0
450 nm	91.2	91.2	91.6	91.6	91.9	90.0	89.0	88.2	85.0	73.5
460 nm	91.2	91.2	91.6	91.6	91.9	90.0	89.0	88.2	86.7	75.2
480 nm	91.2	91.2	91.6	91.6	91.9	90.0	89.0	88.2	87.0	79.9
500 nm	91.2	91.2	91.6	91.6	91.9	90.0	89.0	88.2	87.0	82.0
520 nm	91.2	91.2	91.6	91.6	91.9	90.0	89.0	88.2	87.0	82.6
540 nm	91.2	91.2	91.6	91.6	91.9	90.0	89.0	88.2	87.0	83.8
550 nm	91.2	91.2	91.6	91.6	91.9	90.0	89.0	88.2	87.0	84.3
560 nm	91.2	91.2	91.6	91.6	91.9	90.0	89.0	88.2	87.0	86.7
580 nm	91.2	91.2	91.6	91.6	91.9	90.0	89.0	88.2	87.0	86.7
600 nm	91.2	91.2	91.6	91.6	91.9	90.0	89.0	88.2	87.0	87.1
620 nm	91.2	91.2	91.6	91.6	91.9	90.0	89.0	88.2	87.0	87.5
640 nm	91.2	91.2	91.6	91.6	91.9	90.0	89.0	88.2	87.0	87.5
650 nm	91.2	91.2	91.6	91.6	91.9	90.0	89.0	88.2	87.0	87.5
660 nm	91.2	91.2	91.6	91.6	91.9	90.0	89.0	88.2	87.0	87.5
680 nm	91.2	91.2	91.6	91.6	91.9	90.0	89.0	88.2	87.0	87.9
700 nm	91.2	91.2	91.6	91.6	91.9	90.0	89.0	88.2	87.0	87.9
720 nm	91.2	91.2	91.6	91.6	91.9	90.0	89.0	88.2	87.0	87.9
740 nm	91.2	91.2	91.6	91.6	91.9	90.0	89.0	88.2	87.0	87.9
750 nm	91.2	91.2	91.6	91.6	91.9	90.0	89.0	88.2	87.0	87.9
760 nm	91.2	91.2	91.6	91.6	91.9	90.0	89.0	88.2	87.0	88.3
780 nm	91.2	91.2	91.6	91.6	91.9	90.0	89.0	88.2	87.0	88.3

表 B.1(续)

牌号	ZJB 220	ZJB 240	ZJB 260	ZJB 280	ZJB 300	ZJB 320	ZJB 340	ZJB 360	ZJB 380	JB 400
厚度/mm	2	2	2	2	2	2	2	2	2	2
800 nm	91.2	91.2	91.6	91.6	91.9	90.0	89.0	88.2	87.0	88.3
840 nm	91.2	91.2	91.6	91.6	91.9	90.0	89.0	88.2	87.0	88.3
880 nm	91.2	91.2	91.6	91.6	91.9	90.0	89.0	88.2	87.0	88.3
920 nm	91.2	91.2	91.6	91.6	91.9	90.0	89.0	88.2	87.0	88.3
960 nm	91.2	91.2	91.6	91.6	91.9	90.0	89.0	88.2	87.0	88.3
1 000 nm	91.2	91.2	91.6	91.6	91.9	90.0	89.0	88.2	87.0	88.3
1 100 nm	91.2	91.2	91.6	91.6	91.9	90.0	89.0	88.2	87.0	88.3
1 200 nm	91.2	91.2	91.6	91.6	91.9	90.0	89.0	88.2	87.0	88.3
1 300 nm	91.2	91.2	91.6	91.6	91.6	90.0	89.0	88.2	87.0	88.3
1 400 nm	91.2	91.2	91.4	91.4	91.2	89.7	89.0	88.2	87.0	88.3
1 500 nm	89.8	89.8	91.4	91.4	90.0	89.3	89.0	88.2	87.0	88.3
1 800 nm	84.7	84.7	90.6	90.6	87.5	88.9	89.0	88.2	87.0	88.3
2 100 nm	77.1	77.1	86.5	88.9	81.7	88.5	88.7	87.9	86.7	88.3
2 400 nm	63.5	63.5	81.8	86.1	69.2	87.7	88.3	86.3	85.1	85.9
反射修正值	0.036	0.037	0.037	0.037	0.036	0.045	0.050	0.054	0.060	0.052

牌号	JB 420	JB 450	JB 470	JB 490	JB 510	CB 535	CB 540	CB 550	CB 565	CB 580
厚度/mm	2	2	2	2	2	2	2	2	2	2
200 nm										
220 nm										
240 nm										
250 nm										
260 nm										
280 nm										
300 nm										
320 nm										
340 nm										
350 nm										
360 nm										
380 nm										
400 nm	1.3									
420 nm	42.1						0.1			
440 nm	54.3	13.0					0.2			
450 nm	72.0	45.4					0.3			
460 nm	73.5	59.1	4.4				0.4			
480 nm	75.2	75.3	61.3	5.1			1.6			
500 nm	79.9	83.6	82.6	68.0	7.3		4.4			
520 nm	82.0	87.6	87.6	80.7	64.0	0.1	11.0			
540 nm	82.6	90.8	90.8	86.4	81.7	55.9	45.9	1.0		
550 nm	83.8	91.2	91.2	87.6	84.7	76.2	63.4	44.5	0.1	
560 nm	84.3	91.2	91.2	90.4	85.4	84.4	72.8	72.9	25.2	0.1
580 nm	86.7	91.5	91.2	90.8	87.6	87.6	85.9	85.5	78.0	45.4

表 B.1（续）

牌号	JB 420	JB 450	JB 470	JB 490	JB 510	CB 535	CB 540	CB 550	CB 565	CB 580
厚度/mm	2	2	2	2	2	2	2	2	2	2
600 nm	87.1	91.5	91.2	90.8	90.4	90.4	87.9	87.6	84.5	81.7
620 nm	87.5	91.5	91.2	90.8	90.4	90.8	87.9	87.9	86.4	86.4
640 nm	87.5	91.5	91.2	90.8	90.8	90.8	90.8	88.3	90.4	90.4
650 nm	87.5	91.3	90.8	90.8	90.8	90.8	88.7	90.4	90.4	90.8
660 nm	87.5	91.3	90.8	90.8	90.8	90.8	88.7	90.4	90.4	90.8
680 nm	87.9	90.8	90.4	90.4	90.8	90.8	89.1	90.0	90.4	91.2
700 nm	87.9	90.4	90.4	90.4	90.8	90.8	89.1	89.5	90.4	91.2
720 nm	87.9	90.4	90.0	90.0	90.8	90.4	89.3	89.1	90.0	91.2
740 nm	87.9	90.0	90.0	90.0	90.8	90.4	89.5	89.1	90.0	91.2
750 nm	87.9	89.5	89.5	89.5	90.4	90.0	89.5	88.7	89.5	90.8
760 nm	88.3	89.5	89.5	89.5	90.4	90.0	89.5	88.3	89.5	90.8
780 nm	88.3	89.1	89.1	89.5	90.4	80.5	89.5	87.9	89.1	90.8
800 nm	88.3	88.7	88.7	88.7	90.4	89.5	89.5	87.5	88.7	90.4
840 nm	88.3	88.4	88.4	88.4	90.2	89.2	89.3	87.0	88.4	90.0
880 nm	88.3	87.4	88.1	88.1	90.0	88.9	89.2	86.5	88.0	89.6
920 nm	88.3	87.3	87.7	87.7	89.8	88.6	89.1	86.2	87.5	89.4
960 nm	88.3	87.2	87.6	87.6	89.7	88.3	89.1	85.8	87.5	89.3
1 000 nm	88.3	87.1	87.5	87.5	89.5	87.9	89.1	85.5	87.5	89.1
1 100 nm	88.3	87.1	87.5	87.5	89.7	87.9	89.1	85.5	87.5	89.3
1 200 nm	88.3	87.1	87.5	87.5	90.0	87.9	89.1	85.5	87.5	89.5
1 300 nm	88.3	87.5	87.9	87.9	90.0	88.3	89.1	86.0	88.0	89.7
1 400 nm	88.3	87.9	88.3	88.3	90.0	88.7	89.3	86.5	88.5	89.8
1 500 nm	88.3	88.3	88.7	88.7	90.0	89.1	89.4	87.1	89.1	90.0
1 800 nm	88.3	89.5	89.5	88.5	90.0	89.1	89.5	87.9	89.1	90.0
2 100 nm	88.3	89.1	89.1	89.1	89.1	88.7	89.5	87.9	88.7	89.5
2 400 nm	85.9	87.9	87.9	87.9	85.5	87.5	89.1	87.5	87.5	88.7
反射修正值	0.052	0.038	0.038	0.038	0.038	0.038	0.038	0.038	0.038	0.038
牌号	HB 600	HB 610	HB 630	HB 640	HB 650	HB 670	HB 685	HB 700	HB 720	HWB 760
厚度/mm	2	2	2	2	2	2	2	2	3	3
200 nm										
220 nm										
240 nm										
250 nm										
260 nm										
280 nm										
300 nm										
320 nm										
340 nm										
350 nm										
360 nm										
380 nm										

表 B.1（续）

牌号	HB 600	HB 610	HB 630	HB 640	HB 650	HB 670	HB 685	HB 700	HB 720	HWB 760
厚度/mm	2	2	2	2	2	2	2	2	3	3
400 nm										
420 nm										
440 nm										
450 nm										
460 nm										
480 nm										
500 nm										
520 nm										
540 nm										
550 nm										
560 nm										
580 nm	2.5									
600 nm	44.4	5.6								
620 nm	81.7	70.4	5.8	0.1						
640 nm	87.6	84.5	73.5	44.4	10.2					
650 nm	90.0	85.5	84.4	68.0	44.9					
660 nm	90.4	86.4	85.5	78.0	69.4	2.0				
680 nm	90.4	87.6	90.4	86.4	86.3	72.6	15.2	0.2		
700 nm	90.4	90.4	90.4	87.6	88.6	84.5	71.1	42.0	1.6	
720 nm	90.4	90.4	90.4	90.4	90.4	86.3	80.7	78.9	42.0	
740 nm	90.4	90.0	90.4	90.4	91.2	89.5	83.6	81.9	79.5	14.7
750 nm	90.4	90.0	90.4	90.4	91.2	89.5	84.5	83.6	85.9	30.4
760 nm	90.0	90.0	90.0	90.4	91.2	89.5	88.7	88.3	86.8	44.8
780 nm	90.0	90.0	90.0	90.0	91.2	89.5	88.7	88.3	88.9	68.2
800 nm	89.5	89.5	90.0	90.0	90.8	89.1	88.7	88.3	90.3	88.1
840 nm	89.2	89.2	89.8	89.6	90.5	88.8	88.5	88.1	91.3	90.3
880 nm	88.9	88.9	89.6	89.2	90.2	88.5	88.4	87.8	91.4	90.3
920 nm	88.5	88.5	89.4	89.0	90.1	88.1	88.3	87.6	91.5	90.2
960 nm	88.0	88.2	89.2	88.9	90.2	87.8	88.3	87.6	91.7	90.7
1 000 nm	87.5	87.9	89.1	88.7	90.4	87.5	88.3	87.6	91.8	90.9
1 100 nm	87.7	87.9	89.3	88.7	90.4	87.6	88.3	87.6	91.8	91.2
1 200 nm	87.9	87.9	89.5	88.7	90.4	87.6	88.3	87.6	91.8	91.5
1 300 nm	88.4	88.0	89.7	88.6	90.6	88.1	88.6	88.1	91.8	91.8
1 400 nm	89.0	88.1	89.8	89.6	90.7	88.6	88.9	88.6	91.8	92.0
1 500 nm	89.5	88.2	90.0	89.5	90.8	89.1	89.1	89.1	91.4	92.0
1 800 nm	89.5	88.2	90.0	90.0	90.8	89.1	89.1	89.3	90.9	92.0
2 100 nm	89.1	88.7	89.1	89.5	90.4	88.3	88.1	88.7	89.7	90.3
2 400 nm	87.5	87.1	87.5	88.3	89.5	87.1	87.6	86.7	86.8	87.9
反射修正值	0.038	0.038	0.038	0.038	0.038	0.038	0.038	0.038	0.040	0.040

表 B.1（续）

牌号	HWB 780	HWB 800	HWB 830	HWB 850	HWB 900	HWB 930	ZWB 1	ZWB 2	ZWB 3	ZB 1
厚度/mm	3	3	3	3	6	6	1	1	2	2
200 nm										
220 nm									0.2	
240 nm							0.2		17.4	
250 nm							9.9		39.4	
260 nm							19.6		61.4	
280 nm							60.8	1.6	82.4	
300 nm							80.0	30.3	88.7	
320 nm							84.9	67.9	90.8	2.5
340 nm							84.7	82.6	90.4	29.0
350 nm							83.4	84.5	90.4	47.9
360 nm							79.8	84.9	88.7	64.9
380 nm							48.5	72.1	79.8	76.2
400 nm							0.6	13.6	45.3	72.8
420 nm							0.0	0.0	7.4	63.4
440 nm							0.0	0.0	2.9	41.3
450 nm							0.0	0.0	2.6	28.5
460 nm							0.0	0.0	2.0	15.1
480 nm							0.0	0.0	0.6	2.9
500 nm							0.0	0.0	0.2	0.1
520 nm							0.0	0.0	0.0	0.0
540 nm							0.0	0.0	0.0	0.0
550 nm							0.0	0.0	0.0	0.0
560 nm							0.0	0.0	0.0	0.0
580 nm							0.0	0.0	0.0	0.0
600 nm							0.0	0.0	0.0	0.0
620 nm							0.0	0.0	0.0	0.0
640 nm							0.0	0.0	0.1	0.0
650 nm							0.0	0.0	0.7	0.0
660 nm							0.0	0.0	3.9	0.0
680 nm							3.9	0.1	30.5	0.0
700 nm							20.1	11.5	57.6	1.1
720 nm							29.4	35.7	62.5	8.1
740 nm							21.2	48.1	57.6	12.1
750 nm	1.3						16.0	45.9	53.9	13.2
760 nm	15.1						11.1	40.0	50.3	14.5
780 nm	45.8	12.5					4.9	31.1	44.1	14.5
800 nm	69.3	44.2	1.0		7.1		2.8	24.7	39.8	14.5
840 nm	90.1	87.6	53.1	14.8	20.4		1.0	15.2	35.2	14.5
880 nm	90.3	90.4	83.9	75.7	37.0	11.3	0.6	11.5	34.4	15.9
920 nm	90.3	91.0	86.3	89.3	53.4	40.6	0.6	10.5	34.0	17.6
960 nm	90.8	92.0	87.5	89.9	67.5	68.3	0.9	10.0	35.2	21.0

表 B.1（续）

牌号	HWB 780	HWB 800	HWB 830	HWB 850	HWB 900	HWB 930	ZWB 1	ZWB 2	ZWB 3	ZB 1
厚度/mm	3	3	3	3	6	6	1	1	2	2
1 000 nm	91.0	92.0	88.1	90.1	77.8	80.9	1.7	9.4	37.7	20.5
1 100 nm	92.0	92.0	89.3	90.5	83.8	85.0	4.7	5.5	40.4	12.9
1 200 nm	92.0	92.0	89.9	92.0	85.4	85.0	1.6	2.8	27.9	6.9
1 300 nm	92.0	92.0	89.9	92.2	86.5	85.0	0.6	2.6	16.9	3.4
1 400 nm	92.0	92.0	89.9	92.4	86.6	85.0	0.4	3.5	13.2	4.9
1 500 nm	92.0	92.0	90.5	92.6	86.7	84.5	0.4	2.4	12.9	3.7
1 800 nm	92.0	92.0	90.5	92.0	86.9	84.0	0.6	2.4	20.9	12.0
2 100 nm	90.4	90.4	89.9	90.5	86.8	82.0	1.8	6.5	26.8	43.7
2 400 nm	88.2	88.7	87.5	87.5	87.5	78.0	6.2	13.2	22.9	71.1
反射修正值	0.041	0.042	0.043	0.044	0.044	0.044	0.043	0.038	0.040	0.038

牌号	ZB 2	ZB 3	QB 1	QB 2	QB 3	QB 4	QB 5	QB 10	QB 11	QB 12
厚度/mm	2	2	2	2	2	2	2	2	2	2
200 nm										
220 nm										
240 nm										
250 nm										
260 nm										
280 nm	5.5	0.2								
300 nm	35.8	21.6		3.5	0.1					
320 nm	59.4	58.5	10.3	45.5	4.0				2.9	
340 nm	73.1	74.6	55.2	71.2	26.3	0.1	4.0	11.0	43.0	12.8
350 nm	77.3	79.1	69.5	76.2	43.4	0.9	16.3	28.9	61.8	28.1
360 nm	80.5	81.3	79.8	79.1	63.6	6.7	39.9	48.0	73.3	41.8
380 nm	82.1	78.9	85.5	85.5	73.0	40.2	60.0	72.7	81.5	59.6
400 nm	77.6	67.2	87.5	87.5	76.4	62.8	64.0	78.2	85.7	68.7
420 nm	63.1	42.0	87.5	87.5	71.3	71.5	65.8	79.3	87.3	75.3
440 nm	40.2	15.6	86.7	85.2	54.1	68.3	63.4	79.3	87.7	78.6
450 nm	27.8	6.8	85.5	81.7	46.0	64.6	57.3	79.3	88.1	80.4
460 nm	16.1	0.0	83.6	76.2	31.5	59.5	50.4	79.3	88.1	81.1
480 nm	2.1	0.0	76.2	63.7	9.6	41.1	31.8	79.3	87.7	80.8
500 nm	0.1	0.0	63.4	45.5	1.6	16.4	14.5	79.3	85.0	76.1
520 nm	0.0	0.0	49.9	29.4	0.2	3.2	4.8	78.2	78.6	64.7
540 nm	0.0	0.0	45.9	28.2	0.0	0.5	2.6	75.7	69.1	48.7
550 nm	0.0	0.0	50.6	33.3	0.0	0.4	3.1	74.0	63.8	40.1
560 nm	0.0	0.0	48.1	36.5	0.0	0.7	3.6	72.0	58.0	31.7
580 nm	0.0	0.0	33.1	20.1	0.0	0.1	0.6	65.0	45.0	18.4
600 nm	0.0	0.0	27.3	14.7	0.0	0.0	0.1	58.8	34.3	9.4
620 nm	0.0	0.0	26.3	16.7	0.0	0.0	0.1	51.2	25.3	4.8
640 nm	0.0	0.0	23.0	15.1	0.0	0.0	0.0	43.8	18.1	2.2
650 nm	0.0	0.0	22.4	15.6	0.0	0.0	0.0	40.7	15.3	2.1
660 nm	0.0	0.0	24.1	20.1	0.0	0.1	0.0	37.4	13.3	1.0
680 nm	0.0	0.0	33.3	40.1	0.9	1.2	0.2	31.4	9.9	0.6

表 B.1（续）

牌号	ZB 2	ZB 3	QB 1	QB 2	QB 3	QB 4	QB 5	QB 10	QB 11	QB 12
厚度/mm	2	2	2	2	2	2	2	2	2	2
700 nm	0.3	0.0	40.0	74.9	20.1	10.0	0.8	25.6	7.9	0.3
720 nm	16.4	4.8	41.9	87.9	73.3	14.9	0.9	21.0	6.6	0.2
740 nm	56.5	43.0	42.7	91.5	87.3	16.3	0.9	16.6	5.9	0.2
750 nm	71.5	66.3	42.7	91.5	88.6	16.3	1.0	14.7	5.5	0.1
760 nm	78.7	76.8	42.7	91.5	89.8	16.8	1.0	13.2	5.5	0.0
780 nm	85.5	85.4	42.3	91.5	89.8	15.6	0.8	10.5	5.3	0.0
800 nm	86.3	86.9	42.1	91.5	89.8	14.3	0.6	8.3	5.3	0.0
840 nm	85.5	85.0	43.9	91.5	88.6	14.1	0.7	6.3	5.9	0.2
880 nm	84.0	81.1	45.5	91.5	87.3	13.6	1.0	4.8	7.1	0.2
920 nm	81.3	75.7	48.1	90.8	85.4	14.3	1.3	3.8	9.2	0.4
960 nm	77.3	67.8	50.4	90.4	82.6	15.3	1.8	3.3	12.1	0.8
1 000 nm	70.5	55.9	52.7	89.6	77.5	16.9	2.5	3.0	15.3	1.4
1 100 nm	43.9	19.2	55.2	82.8	47.8	19.6	4.0	3.0	24.8	4.1
1 200 nm	16.9	3.7	58.9	72.8	26.8	19.5	7.0	3.6	34.6	9.1
1 300 nm	7.5	1.3	63.4	72.8	16.0	10.7	10.1	5.2	45.4	17.2
1 400 nm	6.0	1.2	66.4	73.8	17.8	12.1	13.9	7.6	54.8	17.1
1 500 nm	5.2	1.0	69.5	70.2	13.6	10.8	18.7	13.2	63.3	36.2
1 800 nm	6.4	1.9	72.8	75.2	16.7	16.3	30.3	22.0	80.8	64.7
2 100 nm	23.0	15.9	76.2	88.3	45.2	56.0	47.9	26.4	87.7	78.9
2 400 nm	50.6	63.2	81.0	91.5	73.7	79.5	57.8	27.6	89.4	85.0
反射修正值	0.035	0.035	0.038	0.038	0.037	0.046	0.038	0.038	0.037	0.037

牌号	QB 13	QB 16	QB 17	QB 18	QB 21	QB 22	QB 23	QB 24	QB 26	QB 29
厚度/mm	2	2	2	2	2	2	2	2	2	2
200 nm										
220 nm										
240 nm										
250 nm										
260 nm										
280 nm										
300 nm		0.2								
320 nm		17.5	0.2	11.0	0.2			0.4		19.4
340 nm	0.1	55.2	15.0	59.1	31.7	0.6	0.9	21.1	3.8	51.5
350 nm	1.1	71.2	30.7	74.0	59.5	9.4	2.1	38.8	11.5	74.2
360 nm	4.0	82.1	47.1	81.5	77.3	34.0	7.1	51.6	20.0	87.3
380 nm	13.8	87.9	61.8	85.4	88.3	73.8	16.1	64.8	30.7	87.6
400 nm	25.3	90.0	70.7	88.1	90.0	84.4	29.6	69.3	40.2	86.2
420 nm	36.0	90.0	73.0	87.3	90.8	87.5	40.9	66.2	48.2	81.0
440 nm	45.3	90.4	74.7	87.3	90.8	87.9	51.2	58.7	56.4	71.0
450 nm	49.0	90.4	75.7	87.3	90.8	88.3	53.9	53.8	60.0	59.4
460 nm	52.3	90.4	76.8	87.7	90.8	88.3	57.7	45.0	62.9	49.5
480 nm	55.2	90.4	78.9	88.6	90.8	88.3	60.3	13.3	69.0	21.1

表 B.1（续）

牌号	QB 13	QB 16	QB 17	QB 18	QB 21	QB 22	QB 23	QB 24	QB 26	QB 29
厚度/mm	2	2	2	2	2	2	2	2	2	2
500 nm	50.8	89.6	79.7	87.7	90.0	86.7	59.7	3.6	72.8	4.9
520 nm	38.7	88.8	78.9	86.1	87.9	80.2	51.2	0.1	74.4	0.2
540 nm	22.7	87.5	77.8	82.6	82.1	64.3	29.6	0.0	71.4	0.0
550 nm	15.5	86.3	76.8	80.3	77.3	53.5	22.8	0.0	68.0	0.0
560 nm	9.7	85.5	75.4	77.5	70.5	39.4	17.7	0.0	52.6	0.2
580 nm	3.3	82.8	72.3	73.0	53.2	16.5	6.6	0.0	45.0	0.0
600 nm	0.9	79.1	68.2	64.4	34.5	4.1	2.3	0.0	27.0	0.0
620 nm	0.2	75.5	62.7	57.7	18.8	0.6	0.4	0.0	11.2	0.0
640 nm	0.0	71.2	55.6	51.7	7.7	0.0	0.3	0.0	3.7	0.0
650 nm	0.0	68.9	52.9	49.1	5.3	0.0	0.1	0.0	1.8	0.0
660 nm	0.0	67.0	48.7	46.9	2.7	0.0	0.1	0.0	0.9	0.0
680 nm	0.0	62.0	41.8	42.4	0.8	0.0	0.0	0.0	0.0	0.2
700 nm	0.0	57.8	34.9	38.6	0.2	0.0	0.0	0.4	0.0	5.7
720 nm	0.0	53.2	29.6	37.2	0.0	0.0	0.0	0.6	0.0	14.6
740 nm	0.0	49.0	25.2	36.4	0.0	0.0	0.0	0.8	0.0	15.4
750 nm	0.0	47.7	23.0	36.2	0.0	0.0	0.0	0.8	0.0	13.2
760 nm	0.0	45.8	21.0	35.9	0.0	0.0	0.0	0.8	0.0	14.6
780 nm	0.0	42.7	17.7	35.9	0.0	0.0	0.0	0.8	0.0	13.9
800 nm	0.0	39.6	15.0	36.4	0.0	0.0	0.0	0.9	0.0	12.9
840 nm	0.0	35.1	10.8	37.9	0.0	0.0	0.0	1.0	0.0	14.6
880 nm	0.0	32.4	8.4	41.0	0.0	0.0	0.0	1.0	0.0	15.4
920 nm	0.0	30.5	6.9	44.4	0.0	0.0	0.0	1.1	0.0	16.9
960 nm	0.0	29.1	6.1	48.7	0.0	0.0	0.0	1.6	0.0	20.2
1 000 nm	0.0	29.0	5.5	53.6	0.0	0.0	0.0	2.6	0.0	22.9
1 100 nm	0.1	29.8	5.4	61.8	0.0	0.0	2.3	9.5	0.0	20.5
1 200 nm	0.7	31.0	6.9	67.2	0.1	0.0	5.9	5.8	0.0	4.8
1 300 nm	2.4	33.2	10.0	70.7	0.5	0.0	11.8	4.6	1.0	3.6
1 400 nm	5.2	38.7	15.8	79.3	2.5	0.0	19.1	6.5	3.3	5.0
1 500 nm	12.5	43.9	22.3	85.4	10.3	0.1	27.9	5.7	9.7	3.6
1 800 nm	42.9	58.9	31.8	85.4	51.5	11.5	50.9	11.4	50.8	8.8
2 100 nm	67.8	58.1	36.6	85.4	63.7	36.4	66.0	43.5	67.2	40.0
2 400 nm	82.8	62.0	43.2	83.8	63.1	44.7	73.9	64.9	69.3	62.8
反射修正值	0.038	0.038	0.037	0.037	0.040	0.040	0.040	0.037	0.040	0.038
牌号	LB 1	LB 2	LB 3	LB 4	LB 6	LB 7	LB 8	LB 9	LB 10	LB 11
厚度/mm	2	2	2	2	2	2	2	2	2	2
200 nm										
220 nm										
240 nm										
250 nm										
260 nm										
280 nm										

表 B.1（续）

牌号	LB 1	LB 2	LB 3	LB 4	LB 6	LB 7	LB 8	LB 9	LB 10	LB 11
厚度/mm	2	2	2	2	2	2	2	2	2	2
300 nm										
320 nm							0.1	3.3	0.7	
340 nm			3.6	0.1			0.0	0.0	0.0	
350 nm			15.2	1.5			0.0	0.0	0.0	
360 nm			37.8	7.3			0.0	0.0	0.0	
380 nm			64.6	34.0			0.0	0.0	0.0	
400 nm			63.4	34.8	0.4		0.0	0.6	0.0	
420 nm			38.2	17.5	4.8		0.5	8.0	0.3	
440 nm	0.7		23.0	10.5	20.9		2.0	25.2	4.0	3.0
450 nm	2.3		21.0	9.8	33.2		4.0	34.8	9.6	6.6
460 nm	5.2	0.3	22.0	10.5	45.7	0.2	7.2	43.9	19.1	12.0
480 nm	15.9	2.6	29.0	16.7	68.0	3.6	15.2	58.6	40.0	30.3
500 nm	31.9	10.0	39.3	26.4	80.6	16.7	24.1	70.2	57.8	51.3
520 nm	45.9	20.0	45.9	30.3	84.8	31.8	32.5	79.4	70.8	63.4
540 nm	45.9	22.0	39.0	25.7	84.8	38.2	35.8	84.3	76.2	67.9
550 nm	40.0	19.1	33.3	20.0	83.2	38.2	36.5	84.3	76.9	67.0
560 nm	33.3	13.9	27.7	13.2	81.3	34.8	36.5	83.5	76.2	64.5
580 nm	19.2	5.2	13.8	4.6	73.2	23.0	39.3	79.1	72.8	54.7
600 nm	9.6	1.4	6.0	1.3	62.0	11.5	36.5	75.2	66.4	42.3
620 nm	4.2	0.3	2.3	0.3	50.2	7.5	33.3	72.4	59.4	30.4
640 nm	2.2	0.1	1.0	0.0	38.0	3.0	31.8	70.1	55.2	25.3
650 nm	1.8	0.0	0.6	0.0	33.2	2.5	33.3	69.5	55.2	23.0
660 nm	1.5	0.0	0.5	0.0	28.9	2.2	36.5	69.5	55.2	21.3
680 nm	1.2	0.0	0.3	0.0	21.9	1.9	48.1	71.8	60.0	20.5
700 nm	0.9	0.0	0.2	0.0	17.4	1.7	60.6	73.5	61.4	20.8
720 nm	0.7	0.0	0.1	0.0	14.5	1.8	66.4	76.2	66.4	22.0
740 nm	0.7	0.0	0.1	0.0	11.5	2.4	68.6	78.3	70.5	24.1
750 nm	0.7	0.0	0.1	0.0	10.0	3.0	69.5	80.2	72.8	25.3
760 nm	0.8	0.0	0.1	0.0	9.2	3.5	70.5	81.6	75.5	26.4
780 nm	0.8	0.0	0.2	0.0	7.0	3.8	72.2	84.3	80.2	29.0
800 nm	1.0	0.0	0.2	0.0	6.0	4.2	72.8	87.1	83.5	29.0
840 nm	1.2	0.0	0.3	0.0	4.8	4.6	72.2	87.5	85.9	30.3
880 nm	1.4	0.0	0.4	0.0	5.1	5.5	70.5	87.5	87.1	31.8
920 nm	1.8	0.0	0.5	0.0	7.0	7.3	68.6	87.5	87.5	34.8
960 nm	2.4	0.0	0.7	0.0	10.5	8.0	67.3	87.5	87.5	38.2
1 000 nm	3.3	0.2	1.1	0.0	14.5	10.5	66.4	87.5	87.5	41.9
1 100 nm	6.3	0.5	2.9	0.5	25.2	16.7	67.0	87.5	87.5	48.1
1 200 nm	13.2	2.5	6.9	1.6	34.7	25.2	69.5	87.5	87.5	57.8
1 300 nm	22.0	6.9	12.6	3.8	47.9	34.8	74.2	87.5	87.5	64.9
1 400 nm	29.6	12.3	21.0	8.0	62.8	43.9	76.2	87.5	87.5	69.5

表 B.1（续）

牌号	LB 1	LB 2	LB 3	LB 4	LB 6	LB 7	LB 8	LB 9	LB 10	LB 11
厚度/mm	2	2	2	2	2	2	2	2	2	2
1 500 nm	40.0	19.7	33.3	16.7	75.9	55.2	72.5	87.5	87.5	76.9
1 800 nm	57.0	43.9	52.7	33.3	79.1	66.4	69.5	87.8	87.5	82.4
2 100 nm	67.9	56.5	64.0	50.3	65.8	79.8	70.8	87.5	87.5	83.9
2 400 nm	71.1	63.4	68.0	60.5	45.7	83.6	71.8	86.3	87.5	82.8
反射修正值	0.038	0.038	0.038	0.038	0.040	0.038	0.038	0.038	0.038	0.038

牌号	LB 12	LB 13	LB 14	LB 15	LB 16	LB 17	LB 18	LB 19	JB 1	JB 9
厚度/nm	2	1	1	1	2	2	2	2	2	2
200 nm										
220 nm										
240 nm					4.6					
250 nm					9.5					
260 nm					14.4					
280 nm					31.6					
300 nm					50.1				13.8	
320 nm					64.8				22.9	
340 nm					70.0				0.8	
350 nm					70.0				0.1	
360 nm					68.5				0.0	
380 nm	0.6				56.7			0.2	0.3	
400 nm	14.7				36.3		3.5	0.5	15.1	
420 nm	35.4				20.0		18.5	1.3	41.6	0.2
440 nm	47.4	0.1	0.1		12.5	0.1	29.8	2.0	62.5	2.0
450 nm	54.7	0.4	0.2		12.0	1.4	32.6	2.4	71.8	6.0
460 nm	61.9	1.2	0.5		12.0	9.9	35.2	2.9	77.2	15.0
480 nm	71.8	4.9	2.0	0.4	19.1	29.4	55.7	6.2	85.5	42.0
500 nm	77.1	13.8	5.6	1.4	36.3	60.1	61.6	8.0	88.3	51.0
520 nm	81.2	20.0	10.0	2.9	61.1	68.9	64.7	8.0	89.5	57.5
540 nm	83.1	22.9	11.5	3.6	79.1	73.7	58.6	4.0	90.3	64.0
550 nm	83.5	22.0	11.0	3.4	85.5	69.3	53.6	2.0	90.3	67.2
560 nm	83.9	20.4	10.0	3.1	85.9	63.1	44.9	1.0	90.3	66.7
580 nm	83.1	14.5	8.1	2.5	83.1	51.6	31.9	0.0	89.9	65.7
600 nm	82.0	8.3	5.2	1.6	75.5	41.1	16.2	0.0	89.1	64.8
620 nm	80.5	4.1	2.3	0.7	63.6	32.3	10.6	0.0	88.7	63.7
640 nm	79.8	2.4	1.5	0.4	47.8	24.6	4.8	0.0	87.9	62.6
650 nm	79.8	2.1	1.3	0.3	41.7	21.0	4.0	0.0	88.3	62.6
660 nm	79.8	1.7	1.2	0.4	36.3	19.2	3.5	0.0	88.3	63.4
680 nm	80.9	1.9	1.6	0.6	28.8	16.8	2.0	0.0	88.7	65.1
700 nm	81.2	1.8	1.6	0.9	27.5	16.0	1.8	0.0	89.1	66.8
720 nm	82.8	1.9	1.1	1.2	28.8	16.4	1.8	0.0	89.9	70.1
740 nm	84.3	2.0	1.0	1.5	34.6	16.4	1.7	0.0	90.3	73.4
750 nm	85.1	2.2	1.0	1.5	38.0	16.8	1.8	0.0	90.3	75.0
760 nm	85.9	2.3	1.0	1.5	41.6	17.2	1.9	0.0	90.3	76.7
780 nm	87.1	2.4	1.1	1.3	52.4	17.5	1.9	0.0	90.8	80.0

表 B.1（续）

牌号	LB 12	LB 13	LB 14	LB 15	LB 16	LB 17	LB 18	LB 19	JB 1	JB 9
厚度/nm	2	1	1	1	2	2	2	2	2	2
800 nm	87.9	2.4	1.2	1.1	64.0	17.6	2.0	0.0	89.5	83.4
840 nm	88.7	2.7	1.4	1.3	78.7	18.0	2.0	0.0	89.5	86.0
880 nm	89.1	3.1	1.7	1.6	86.3	19.2	2.0	0.0	89.5	86.3
920 nm	89.5	3.8	2.1	2.1	89.5	20.1	2.9	0.2	89.5	86.5
960 nm	89.5	4.3	2.7	2.5	90.3	24.6	3.9	0.4	89.5	87.5
1 000 nm	89.5	5.8	3.1	3.0	90.3	28.5	5.7	0.4	89.5	88.5
1 100 nm	89.9	10.7	6.2	6.0	90.8	53.5	15.5	0.5	89.5	89.0
1 200 nm	89.9	17.0	11.0	10.0	90.8	60.5	24.0	0.6	89.5	90.0
1 300 nm	90.3	24.6	17.4	15.5	90.8	66.6	33.0	0.8	89.5	90.0
1 400 nm	90.3	33.2	25.7	23.0	89.9	72.8	42.4	1.8	89.5	90.2
1 500 nm	90.3	44.8	39.0	30.0	88.7	77.7	50.1	3.8	89.5	89.6
1 800 nm	90.3	55.1	46.9	34.8	81.0	86.0	66.8	18.0	89.5	88.6
2 100 nm	89.5	60.4	51.4	36.4	65.7	88.0	75.1	37.0	90.8	87.0
2 400 nm	88.7	63.2	60.4	40.8	43.6	88.0	78.4	51.8	89.1	83.0
反射修正值	0.040	0.039	0.039	0.039	0.040	0.038	0.038	0.038	0.038	0.038

牌号	CB 1	CB 2	HB 1	HB 3	HB 5	HWB 1	HWB 3	HWB 4	FB 1	FB 3
厚度/nm	2	2	2	2	2	1	1	1	1	1
200 nm										
220 nm										
240 nm										
250 nm										
260 nm										
280 nm										
300 nm		0.6								
320 nm		10.0	0.1	0.2		0.3				
340 nm	0.2	16.6	27.3	2.2	12.4	6.5			0.0	
350 nm	0.3	19.1	48.6	3.2	29.7	11.5			0.0	
360 nm	0.4	21.0	63.2	3.5	47.1	16.3			0.0	
380 nm	0.4	23.0	78.1	3.8	64.1	18.3			0.0	
400 nm	0.4	23.0	86.3	4.2	54.4	11.5			0.1	
420 nm	0.4	23.0	80.0	4.8	15.6	2.3	0.1		3.3	0.2
440 nm	0.8	26.2	76.0	4.8	2.2	0.2	0.0		11.5	0.2
450 nm	1.4	30.3	74.3	5.0	0.5	0.0	0.0		15.7	0.1
460 nm	2.3	36.5	72.6	4.6	0.1	0.0	0.0		19.1	0.1
480 nm	5.5	44.6	70.6	3.5	0.0	0.0	0.0		25.2	0.2
500 nm	11.0	55.2	70.0	1.0	0.0	0.0	0.0		28.3	0.3
520 nm	17.5	64.8	70.0	0.1	0.0	0.0	0.0		31.0	0.5
540 nm	26.7	72.8	70.9	0.1	0.0	0.0	0.0		34.3	0.8
550 nm	31.8	76.2	71.9	0.4	0.0	0.0	0.0		35.6	0.9
560 nm	36.5	78.0	72.6	1.8	0.0	0.0	0.0		37.3	1.0
580 nm	45.9	81.6	75.3	11.8	0.1	0.1	0.0		36.5	1.0

表 B.1（续）

牌号	CB 1	CB 2	HB 1	HB 3	HB 5	HWB 1	HWB 3	HWB 4	FB 1	FB 3
厚度/nm	2	2	2	2	2	1	1	1	1	1
600 nm	52.7	82.8	77.4	28.3	0.4	0.3	0.0		35.6	0.8
620 nm	57.8	83.5	78.9	42.9	0.7	0.6	0.0		34.8	0.5
640 nm	62.2	83.5	80.0	53.9	1.3	0.9	0.0		34.0	0.4
650 nm	63.4	83.5	80.7	59.4	1.6	1.2	0.0		34.8	0.4
660 nm	64.5	83.5	81.1	62.8	2.0	1.4	0.0		36.5	0.2
680 nm	66.4	83.5	82.2	68.5	3.1	2.3	0.2		43.4	0.2
700 nm	67.6	83.5	82.9	72.8	4.7	4.0	0.3		49.8	0.2
720 nm	68.5	83.1	83.7	75.5	7.1	5.8	0.9		55.2	0.2
740 nm	69.1	82.8	84.5	77.2	9.8	8.5	1.8		60.5	0.4
750 nm	69.5	82.8	84.5	78.4	11.8	10.5	2.4	0.1	61.4	0.5
760 nm	69.5	82.4	84.9	79.0	14.2	12.6	3.2	0.2	63.7	0.6
780 nm	69.5	81.6	85.3	80.5	20.6	18.7	5.9	0.8	67.9	0.6
800 nm	69.5	80.9	86.1	81.6	28.4	25.8	10.5	2.4	69.5	0.6
840 nm	69.5	80.2	86.9	83.1	45.0	37.3	19.1	7.0	72.8	0.9
880 nm	69.5	79.8	87.3	82.4	60.1	53.9	32.5	19.6	74.4	1.3
920 nm	69.5	79.8	86.1	85.5	71.9	72.8	47.0	39.1	76.2	1.7
960 nm	69.5	79.8	86.1	85.9	79.6	81.6	57.8	54.6	78.0	2.3
1 000 nm	69.5	79.8	86.1	86.7	83.7	85.5	64.8	66.4	78.9	3.5
1 100 nm	69.5	79.8	86.1	87.1	88.9	87.5	76.2	76.2	80.1	8.1
1 200 nm	70.2	79.8	86.1	87.5	88.9	87.5	81.6	82.0	80.7	11.5
1 300 nm	70.8	79.8	86.1	87.5	88.9	89.5	83.9	84.3	81.6	17.3
1 400 nm	72.8	78.9	86.1	87.9	88.9	89.5	84.1	85.1	83.3	25.2
1 500 nm	76.2	82.0	86.1	88.3	88.9	89.5	84.3	85.7	83.9	35.8
1 800 nm	79.0	83.5	87.3	88.7	88.5	89.5	84.7	85.9	85.1	52.7
2 100 nm	79.8	83.5	86.5	87.9	87.7	89.5	85.1	85.9	86.9	65.6
2 400 nm	79.8	82.8	85.3	87.5	85.3	87.5	85.5	85.5	87.9	69.5
反射修正值	0.038	0.038	0.057	0.048	0.047	0.038	0.038	0.038	0.038	0.038

牌号	GRB 1	GRB 2	GRB 3	PNB 586	HoB 445	TB 1	TB 2	SSB 40	SSB 120	SSB 145
厚度/nm	3	2	2	2	2	2	2	2	2	2
200 nm										
220 nm					2.6					
240 nm					6.8					
250 nm					11.9					
260 nm					17.0					
280 nm	8.0	6.2			39.5					
300 nm	49.1	41.4	10.1		53.5			0.1		
320 nm	78.4	71.1	48.1		77.2			11.5	8.1	4.1
340 nm	85.0	84.0	76.3		85.0	0.2	9.3	53.2	52.8	45.7
350 nm	87.0	86.8	82.3	3.4	86.3	20.0	35.5	66.8	66.3	60.0
360 nm	87.9	88.8	85.9	13.5	43.1	33.0	61.9	74.7	73.8	68.9
380 nm	88.8	89.7	87.6	78.9	89.9	59.1	82.6	84.4	79.6	75.1

表 B.1（续）

牌号	GRB 1	GRB 2	GRB 3	PNB 586	HoB 445	TB 1	TB 2	SSB 40	SSB 120	SSB 145
厚度/nm	3	2	2	2	2	2	2	2	2	2
400 nm	86.3	88.0	85.9	85.3	91.0	85.2	87.3	88.0	83.1	79.8
420 nm	85.3	86.4	84.7	87.5	75.7	87.0	88.0	85.1	72.1	67.7
440 nm	85.2	86.1	85.6	59.9	84.3	88.0	88.8	82.1	61.8	56.4
450 nm	85.2	85.7	85.2	66.3	50.2	85.8	88.9	80.6	56.8	51.3
460 nm	85.6	85.7	85.3	69.3	30.3	86.2	88.9	78.8	52.3	46.4
480 nm	86.1	86.1	86.3	57.2	89.5	87.1	88.8	75.8	45.1	39.1
500 nm	86.2	87.1	86.4	80.1	91.4	85.8	87.8	73.0	39.9	34.1
520 nm	85.8	86.8	85.9	63.5	91.2	88.0	86.9	70.3	35.3	28.9
540 nm	85.2	86.8	86.1	74.9	78.0	90.1	86.9	67.6	31.4	25.0
550 nm	85.6	86.8	86.6	87.0	88.1	90.2	87.6	67.3	31.6	25.2
560 nm	84.9	86.8	86.6	84.5	91.4	90.2	88.3	67.2	32.5	21.2
580 nm	84.2	81.7	86.1	9.5	91.5	90.2	89.1	63.9	27.9	21.6
600 nm	83.4	84.8	84.5	37.2	91.5	90.2	90.0	59.4	22.8	16.9
620 nm	80.0	80.6	79.7	88.2	91.1	90.2	90.6	56.9	20.9	15.4
640 nm	77.0	76.7	75.2	90.0	82.2	90.2	91.0	53.5	17.5	12.1
650 nm	75.0	74.1	72.6	90.3	84.6	90.3	91.5	52.3	16.5	11.4
660 nm	73.3	72.1	69.7	90.2	86.8	90.3	91.7	51.6	16.3	11.2
680 nm	68.6	66.6	60.4	82.3	91.5	90.4	91.8	52.0	18.1	12.9
700 nm	62.3	60.4	55.4	89.4	91.5	90.5	92.0	52.1	19.2	14.0
720 nm	56.4	54.3	47.3	88.2	91.5	90.7	91.5	52.1	18.6	13.4
740 nm	49.9	47.7	39.4	15.8	91.5	90.9	91.4	50.4	17.8	12.9
750 nm	46.2	45.0	35.8	20.2	91.5	91.0	91.3	50.1	17.5	12.6
760 nm	43.0	42.2	32.6	20.5	91.5	91.0	91.3	50.1	17.5	12.7
780 nm	36.8	36.4	25.9	21.1	91.5	91.2	91.5	50.1	17.6	12.8
800 nm	30.1	30.8	18.8	21.7	91.5	91.4	91.5	50.2	17.7	13.0
840 nm	20.8	21.1	10.2	75.0	91.5	91.7	91.5	50.2	19.1	14.2
880 nm	13.1	13.5	4.9	82.4	91.5	92.1	91.5	51.3	21.2	16.1
920 nm	8.1	8.2	1.7	83.8	91.5	92.4	91.5	52.8	24.1	18.8
960 nm	5.3	5.2	0.6	90.2	91.5	92.5	91.5	55.6	27.5	22.0
1 000 nm	3.5	3.5	0.0	89.7	91.5	92.6	91.5	59.0	31.1	25.6
1 100 nm	2.1	1.6	0.0	90.3	90.2	92.6	91.6	61.2	39.3	33.9
1 200 nm	1.8	1.6	0.0	89.8	89.8	92.5	91.7	66.8	47.6	42.2
1 300 nm	1.8	1.7	0.0	89.2	91.5	92.5	91.7	72.3	54.0	49.2
1 400 nm	2.1	1.9	0.0	76.6	91.5	92.4	91.8	75.8	60.5	56.2
1 500 nm	3.1	2.4	0.0	56.6	91.2	92.4	91.8	79.2	64.4	61.1
1 800 nm	7.0	8.8	1.4	74.0	90.0	91.0	91.7	81.4	75.0	72.3
2 100 nm	5.6	8.3	1.0	82.5	90.7	89.0	90.2	85.6	82.5	81.0
2 400 nm	7.0	10.8	1.2	64.7	87.1	87.0	89.2	87.2	84.8	83.5
反射修正值	0.038	0.037	0.038	0.057	0.036	0.038	0.041	0.036	0.036	0.036

表 B.1（续）

牌号	SSB 165	SSB 200	SJB 20	SJB 80	SJB 100	SJB 120	SJB 140	ZAB 00	ZAB 02	ZAB 2
厚度/mm	2	2	2	2	2	2	2	0.5	1	2
200 nm										
220 nm										
240 nm										
250 nm										
260 nm										
280 nm										
300 nm				0.2						
320 nm	1.2	0.8		3.2	1.2	0.4	0.3			
340 nm	34.4	28.2		6.3	2.9	1.3	0.7			
350 nm	51.0	44.0	0.2	6.4	2.9	1.3	0.7			
360 nm	62.0	55.1	5.8	6.4	2.9	1.3	0.7			0.1
380 nm	69.7	65.2	36.4	8.4	4.0	1.6	1.1	0.7		0.7
400 nm	76.6	72.3	60.1	16.9	10.7	5.9	3.9	1.1	0.4	1.5
420 nm	62.9	57.9	65.3	30.9	22.7	16.7	11.8	1.3	0.7	1.8
440 nm	51.3	45.3	64.9	43.4	35.1	29.1	22.9	1.5	0.9	2.0
450 nm	45.7	39.6	64.5	46.9	39.1	32.5	26.5	1.6	1.0	2.1
460 nm	40.6	34.2	64.1	48.7	41.0	34.6	28.7	1.8	1.2	2.4
480 nm	32.9	26.8	64.1	50.1	42.7	35.8	30.9	1.8	1.2	2.3
500 nm	27.9	22.2	65.2	51.9	44.7	37.9	33.7	1.9	1.2	2.1
520 nm	23.5	18.1	66.8	56.6	49.8	43.3	39.3	1.9	1.2	2.1
540 nm	20.1	14.9	69.0	63.6	57.5	51.8	48.2	2.0	1.2	2.2
550 nm	20.4	15.1	70.4	67.3	62.0	56.7	53.1	2.0	1.2	2.3
560 nm	21.3	15.9	71.9	70.9	66.7	61.6	58.2	2.0	1.2	2.2
580 nm	17.3	12.2	74.5	77.0	73.5	70.2	67.0	2.1	1.2	2.1
600 nm	13.1	8.8	76.8	81.8	79.0	76.9	74.0	2.1	1.2	2.0
620 nm	11.5	7.5	78.1	84.4	82.3	80.4	78.6	2.2	1.3	2.1
640 nm	9.0	5.5	79.1	85.2	83.7	82.0	80.7	2.1	1.5	2.2
650 nm	8.4	5.0	79.9	85.2	83.9	82.1	81.1	2.2	1.6	2.2
660 nm	8.3	4.8	80.7	85.1	83.7	81.7	80.8	2.9	1.8	2.3
680 nm	9.5	5.5	83.1	83.6	81.3	78.9	77.0	4.0	2.5	2.7
700 nm	10.3	6.1	84.9	80.6	77.9	75.4	73.1	6.1	3.5	3.2
720 nm	9.8	5.7	85.9	78.4	77.0	72.0	70.7	8.0	4.2	3.6
740 nm	9.4	5.4	86.9	76.4	74.5	69.2	67.0	9.3	4.8	3.6
750 nm	9.0	5.2	87.1	75.8	73.6	68.6	66.0	9.5	5.1	3.5
760 nm	9.1	5.2	87.4	75.9	73.7	68.7	66.2	9.9	5.2	3.2
780 nm	9.2	5.3	88.0	76.1	73.7	69.0	66.6	10.7	5.7	3.0
800 nm	9.3	5.4	88.6	76.9	73.9	70.0	67.9	11.4	6.0	2.7
840 nm	10.3	5.6	89.4	79.1	74.1	77.4	74.1	12.0	6.2	2.2
880 nm	11.9	6.9	89.9	84.0	82.4	82.2	80.9	12.0	5.7	1.8
920 nm	14.2	9.0	90.3	88.0	87.3	86.6	86.0	12.0	5.2	1.5
960 nm	17.1	11.2	90.6	90.0	89.6	88.8	88.3	12.0	4.9	1.2

表 B.1（续）

牌号	SSB 165	SSB 200	SJB 20	SJB 80	SJB 100	SJB 120	SJB 140	ZAB 00	ZAB 02	ZAB 2
厚度/mm	2	2	2	2	2	2	2	0.5	1	2
1 000 nm	20.2	14.0	90.9	90.9	90.5	89.8	89.5	12.0	4.8	1.1
1 100 nm	28.4	21.5	91.0	91.3	91.1	90.5	90.2	13.3	5.1	1.1
1 200 nm	36.5	29.1	91.0	91.5	91.5	91.3	90.9	15.8	6.5	1.2
1 300 nm	44.0	36.8	91.0	91.5	91.5	91.5	91.4	22.2	9.8	2.0
1 400 nm	51.4	44.6	91.0	91.5	91.5	91.5	91.5	27.3	13.7	4.0
1 500 nm	56.8	50.6	91.0	91.5	91.5	91.5	91.5	33.1	19.2	7.5
1 800 nm	69.5	65.0	91.0	91.5	91.5	91.5	91.5	36.8	24.4	11.5
2 100 nm	79.9	71.1	89.1	90.7	90.7	90.4	89.9	45.1	30.9	20.6
2 400 nm	82.5	81.6	87.3	88.7	88.7	87.5	88.4	55.8	44.0	28.2
反射修正值	0.036	0.036	0.038	0.038	0.038	0.038	0.038	0.036	0.036	0.036

牌号	ZAB 5	ZAB 10	ZAB 25	ZAB 30	ZAB 50	ZAB 65	ZAB 70			
厚度/mm	2	2	2	2	2	2	2			
200 nm										
220 nm										
240 nm										
250 nm										
260 nm										
280 nm										
300 nm										
320 nm							0.1			
340 nm				3.6	2.4	34.4	17.1			
350 nm		3.1	2.1	24.0	13.8	56.3	35.8			
360 nm		13.8	6.9	42.5	26.9	74.4	50.8			
380 nm		35.9	11.1	63.4	30.1	85.6	51.4			
400 nm	3.0	35.9	22.6	63.4	49.2	77.9	69.2			
420 nm	3.6	15.1	23.5	48.1	48.3	71.3	66.2			
440 nm	4.1	7.1	24.5	24.5	48.8	62.2	67.9			
450 nm	4.7	6.7	25.5	24.1	51.0	61.6	69.5			
460 nm	5.3	7.2	27.2	26.2	52.7	61.0	71.5			
480 nm	5.2	9.5	26.9	30.3	52.7	64.0	72.1			
500 nm	4.8	10.3	25.2	31.5	52.2	64.9	72.1			
520 nm	4.7	10.3	25.2	31.5	52.5	64.6	72.8			
540 nm	5.1	11.0	26.9	30.3	53.2	64.0	73.1			
550 nm	5.2	11.5	27.2	32.7	53.5	64.9	73.1			
560 nm	5.1	12.4	26.9	35.3	53.2	66.1	72.8			
580 nm	4.6	14.3	26.0	31.5	51.7	64.3	72.1			

表 B.1（续）

牌号	ZAB 5	ZAB 10	ZAB 25	ZAB 30	ZAB 50	ZAB 65	ZAB 70			
厚度/mm	2	2	2	2	2	2	2			
600 nm	4.2	10.5	25.3	29.2	51.0	62.5	71.5			
620 nm	4.4	9.2	25.6	29.0	53.0	62.2	70.5			
640 nm	4.9	7.8	25.5	27.2	51.5	61.6	70.2			
650 nm	5.2	9.5	25.2	28.7	51.2	63.1	69.8			
660 nm	5.3	13.5	25.2	33.6	51.2	64.9	69.8			
680 nm	5.8	29.2	26.4	50.8	51.7	73.7	69.2			
700 nm	8.9	46.6	28.2	63.4	52.7	78.3	68.6			
720 nm	9.8	55.4	28.2	66.4	52.2	78.3	67.3			
740 nm	9.9	57.4	26.9	68.9	50.7	82.1	65.5			
750 nm	9.8	58.0	26.3	69.5	49.7	82.1	64.3			
760 nm	9.5	58.0	25.2	71.1	48.5	81.3	62.4			
780 nm	9.1	55.6	23.2	67.9	47.3	81.3	61.1			
800 nm	8.4	47.0	21.5	63.4	42.3	78.3	58.3			
840 nm	6.6	42.3	17.6	59.2	38.9	75.4	54.5			
880 nm	5.0	39.4	14.9	57.0	35.2	74.7	51.3			
920 nm	3.7	36.2	12.2	55.2	32.0	73.3	48.1			
960 nm	2.9	34.6	10.3	52.7	29.4	72.0	45.3			
1 000 nm	2.2	33.3	8.9	52.7	27.5	71.3	43.7			
1 100 nm	1.7	33.0	7.6	48.5	25.6	71.3	41.5			
1 200 nm	2.7	33.1	7.8	49.4	26.2	74.7	42.1			
1 300 nm	6.3	35.9	10.7	56.0	33.6	74.7	49.7			
1 400 nm	12.3	38.7	16.4	57.8	42.1	74.7	57.0			
1 500 nm	16.2	40.9	22.5	58.9	48.1	76.1	62.2			
1 800 nm	24.1	40.1	30.3	60.5	55.1	74.7	72.5			
2 100 nm	31.1	45.3	37.5	60.5	60.7	77.6	78.3			
2 400 nm	11.7	44.9	45.2	62.2	61.9	74.7	72.5			
反射修正值	0.036	0.039	0.036	0.038	0.036	0.038	0.036			

B.2 滤光玻璃 HWB 6、HWB 7、HWB 8 扩大 100 倍后的光谱透射比见表 B.2。

表 B.2　滤光玻璃 HWB 6、HWB 7、HWB 8 扩大 100 倍后的光谱透射比

牌　号	HWB 6	牌　号	HWB 7	牌　号	HWB 8
厚度/mm	4	厚度/mm	0.7	厚度/mm	2
800 nm		1 600 nm		4 000 nm	64.0
820 nm	0.8	1 800 nm	1.0	4 250 nm	64.0
840 nm	3.0	2 000 nm	15.5	4 350 nm	64.0
860 nm	5.2	2 200 nm	25.5	4 500 nm	54.0
880 nm	8.4	2 400 nm	40.8	4 700 nm	62.0
900 nm	13.6	2 600 nm	54.4	4 850 nm	57.0
920 nm	18.8	2 800 nm	58.0	5 000 nm	63.5
940 nm	27.6	3 000 nm	54.0	6 000 nm	65.0
960 nm	37.6	3 100 nm	54.0	7 000 nm	65.5
980 nm	44.4	3 200 nm	57.0	8 000 nm	65.0
1 000 nm	51.8	3 300 nm	61.0	9 000 nm	65.0
1 020 nm	58.6	3 400 nm	63.6	10 000 nm	65.5
1 040 nm	63.8	3 500 nm	65.0	10 600 nm	65.2
1 060 nm	68.5	3 600 nm	63.5	11 000 nm	65.0
1 080 nm	73.4	3 700 nm	61.0	12 000 nm	63.6
1 100 nm	77.2	3 800 nm	62.0	13 000 nm	60.0
1 200 nm	80.0	3 900 nm	63.6	14 000 nm	48.0
1 300 nm	82.6	4 000 nm	65.0	14 500 nm	34.0
1 400 nm	82.6			14 700 nm	28.0
1 500 nm	82.6			15 000 nm	30.0
1 600 nm	83.0				
1 700 nm	82.6				
1 800 nm	82.0				
1 900 nm	82.0				
2 000 nm	81.8				
2 100 nm	81.2				
2 200 nm	81.0				
2 300 nm	80.8				
2 400 nm	80.5				
2 500 nm	80.0				

附　录　C
（资料性附录）
滤光玻璃光谱透射曲线

C.1　滤光玻璃光谱透射曲线见图 C.1～图 C.120。

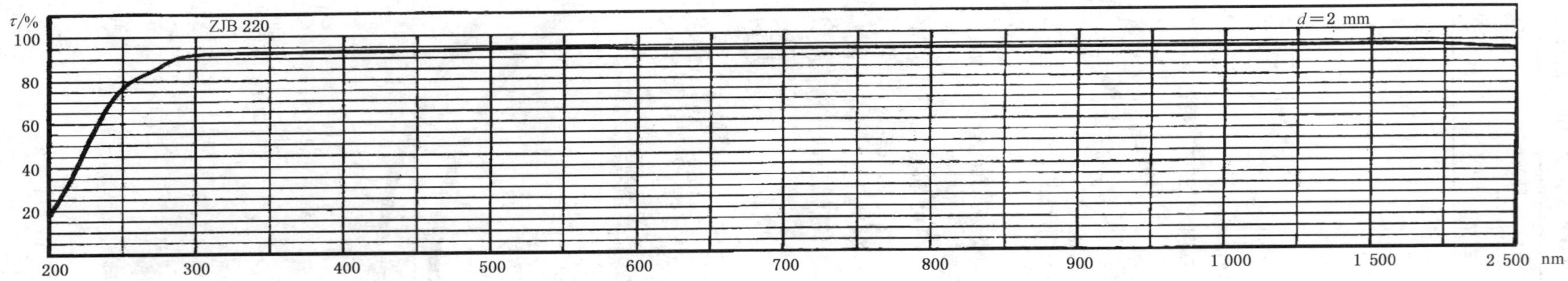

图 C.1　截止型滤光玻璃 ZJB 220 光谱透射曲线

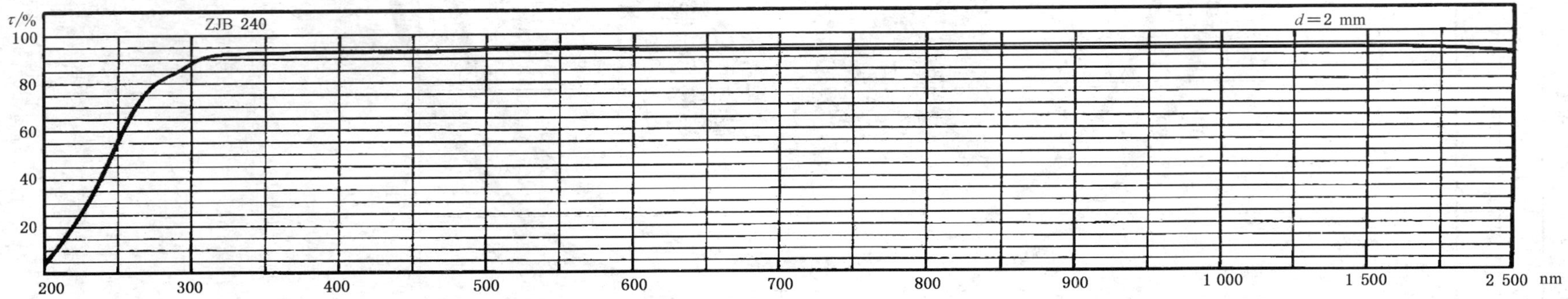

图 C.2　截止型滤光玻璃 ZJB 240 光谱透射曲线

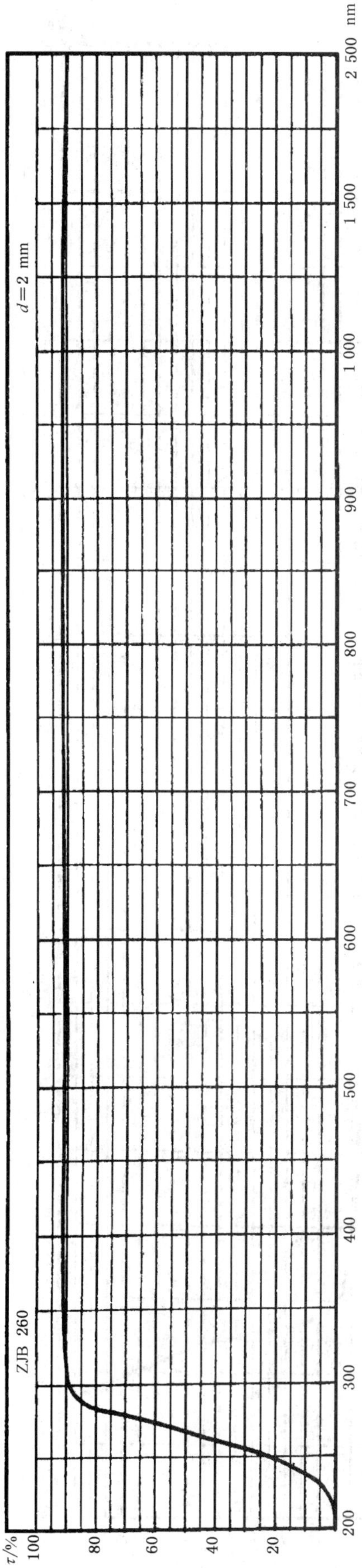

图 C.3 截止型滤光玻璃 **ZJB** 260 光谱透射曲线

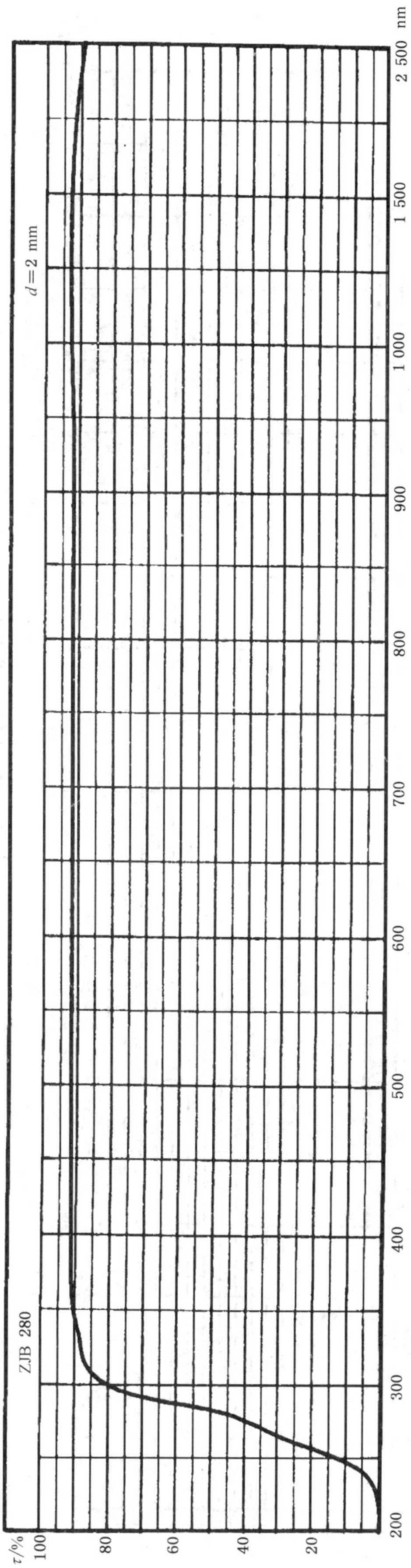

图 C.4 截止型滤光玻璃 **ZJB** 280 光谱透射曲线

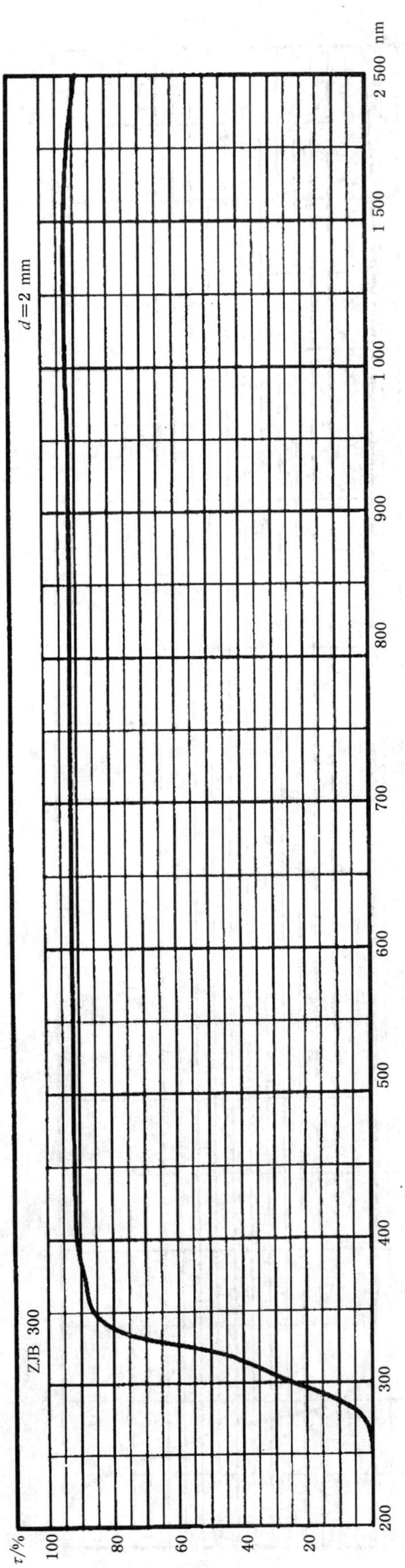

图 C.5 截止型滤光玻璃 ZJB 300 光谱透射曲线

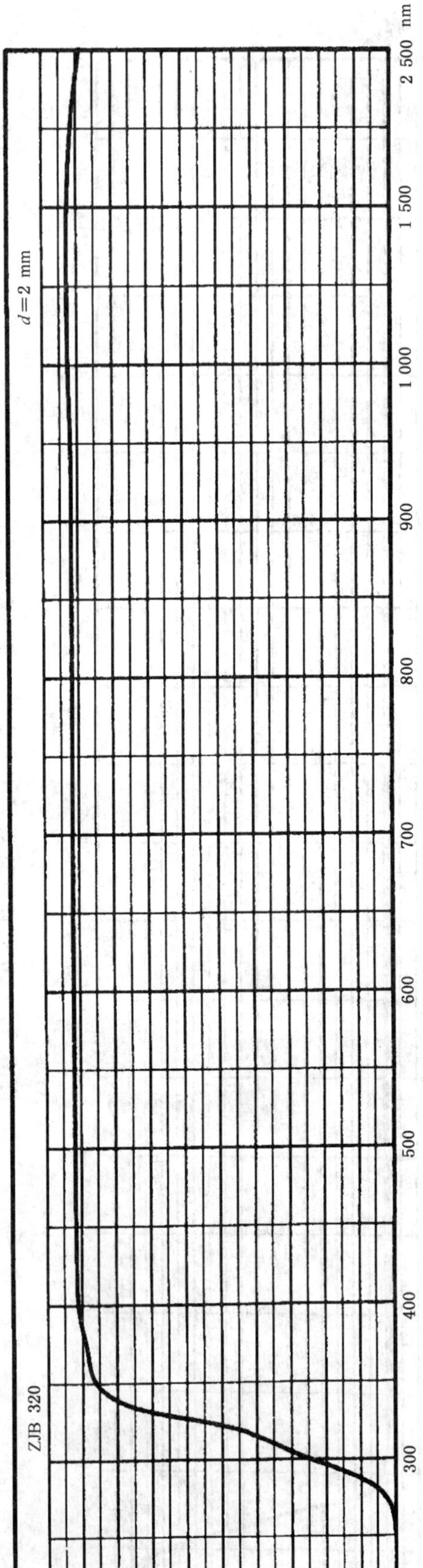

图 C.6 截止型滤光玻璃 ZJB 320 光谱透射曲线

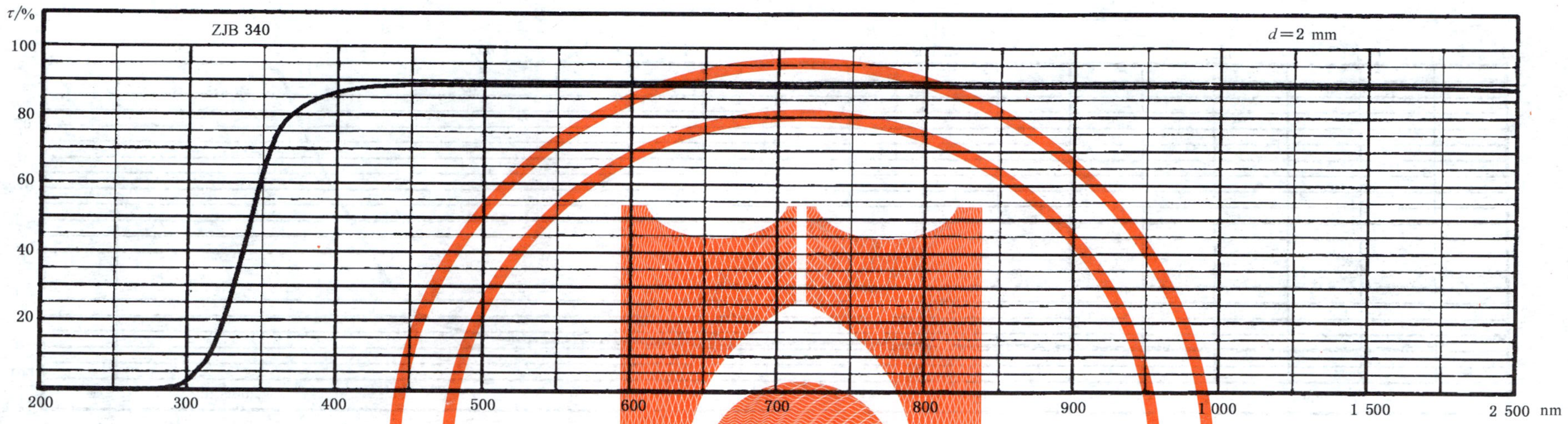

图 C.7　截止型滤光玻璃 ZJB 340 光谱透射曲线

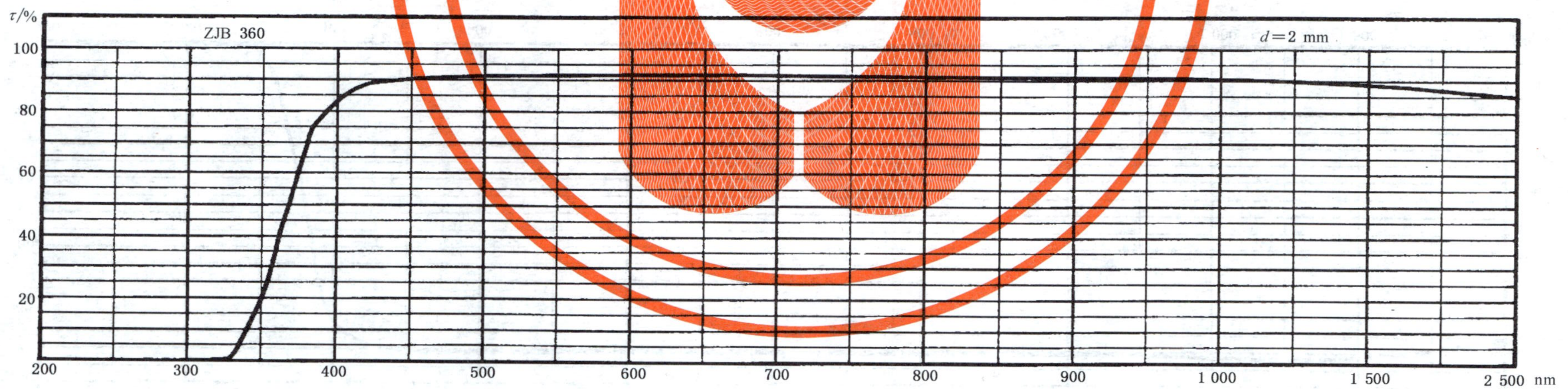

图 C.8　截止型滤光玻璃 ZJB 360 光谱透射曲线

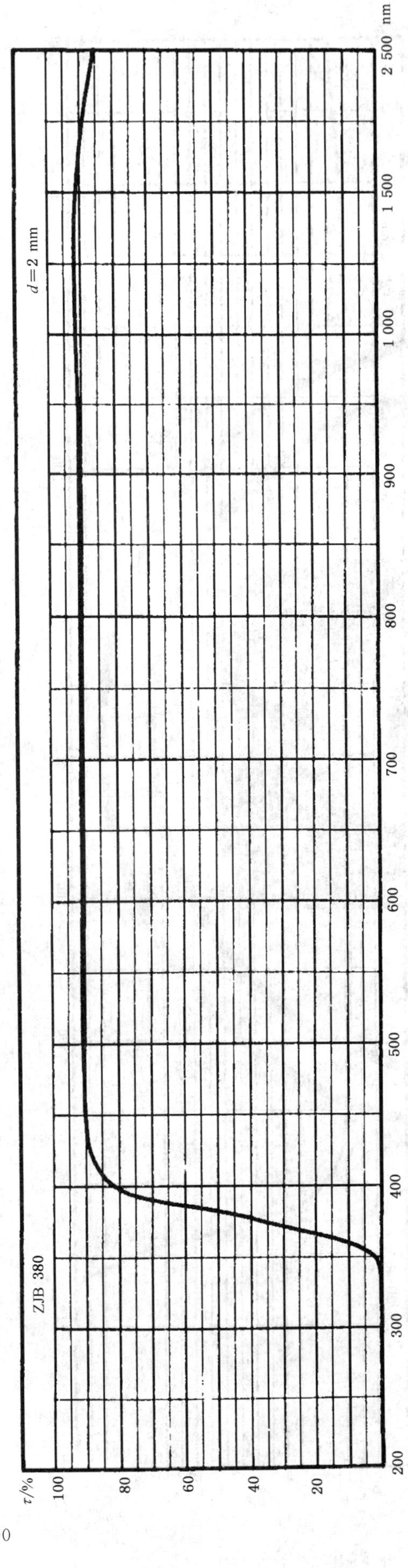

图 C.9 截止型滤光玻璃 ZJB 380 光谱透射曲线

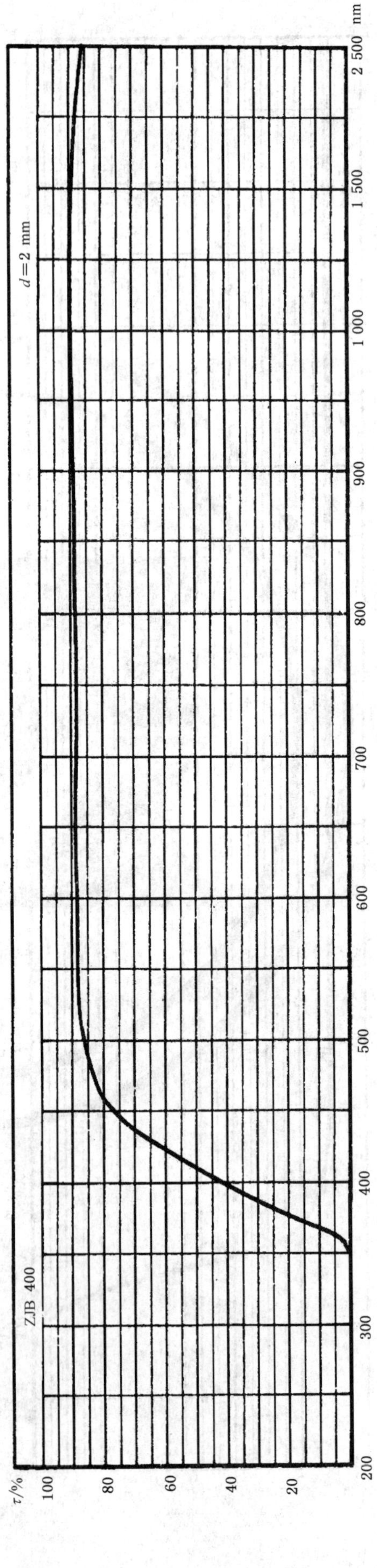

图 C.10 截止型滤光玻璃 ZJB 400 光谱透射曲线

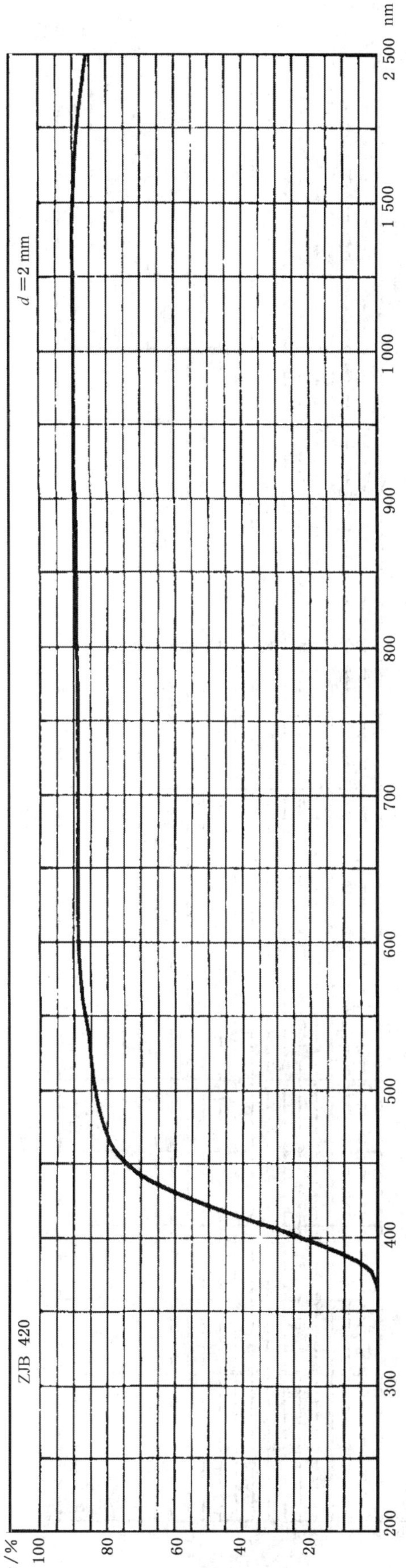

图 C.11 截止型滤光玻璃 ZJB 420 光谱透射曲线

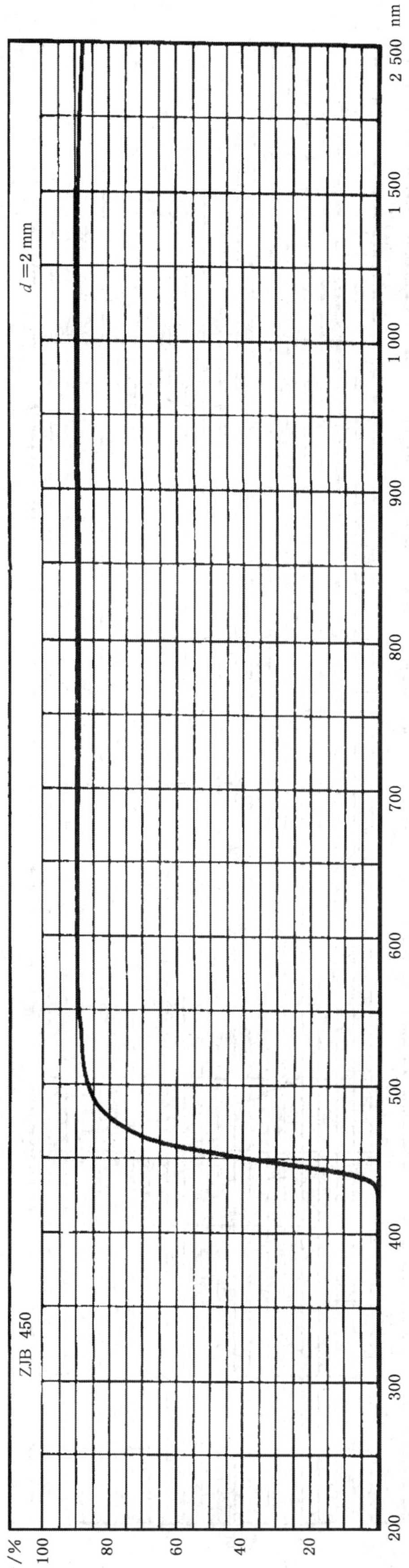

图 C.12 截止型滤光玻璃 ZJB 450 光谱透射曲线

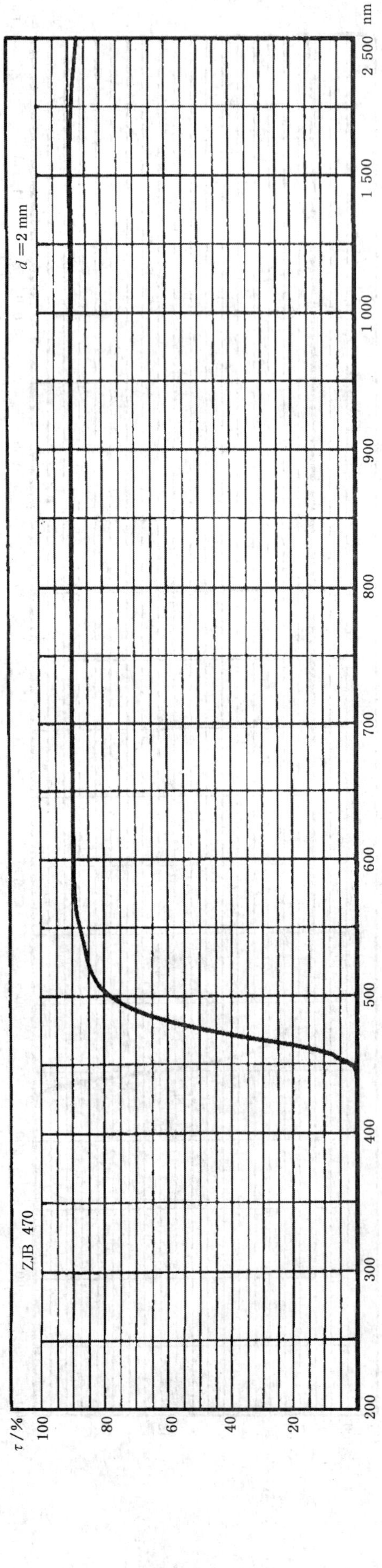

图 C.13 截止型滤光玻璃 **ZJB** 470 光谱透射曲线

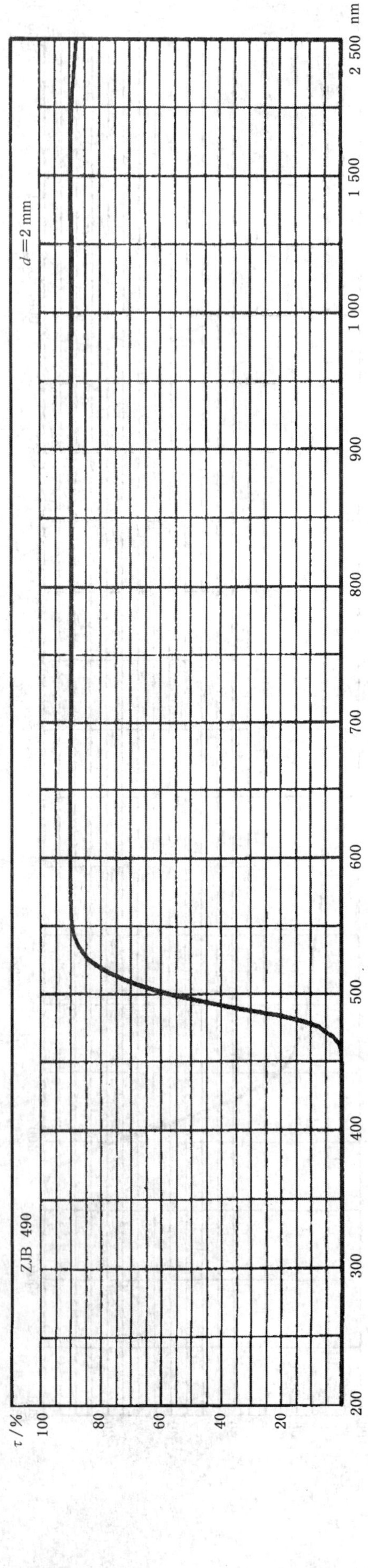

图 C.14 截止型滤光玻璃 **ZJB** 490 光谱透射曲线

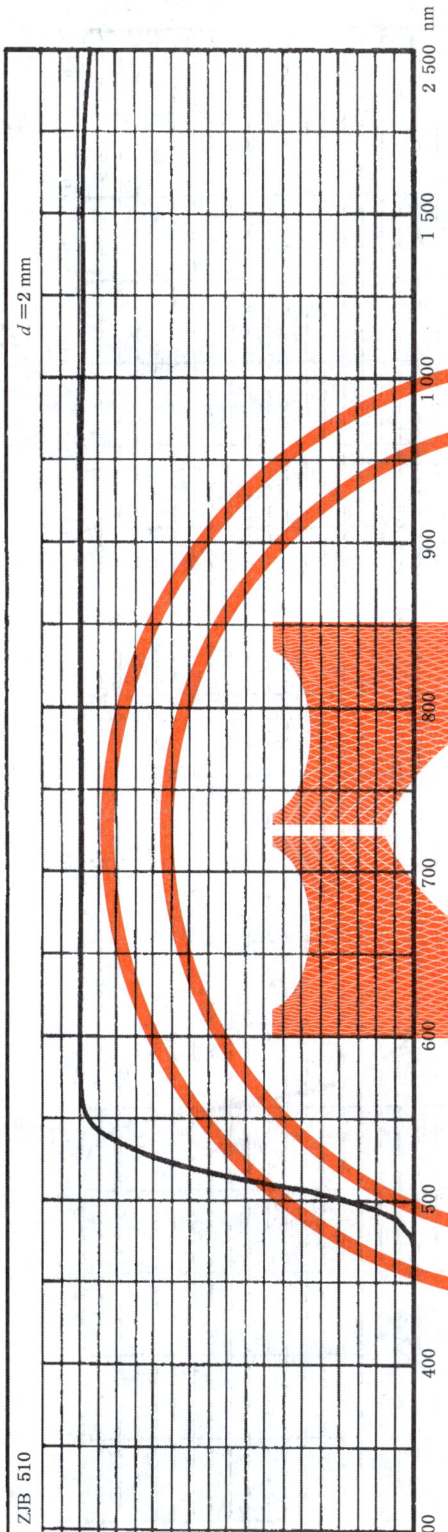

图 C.15 截止型滤光玻璃 ZJB 510 光谱透射曲线

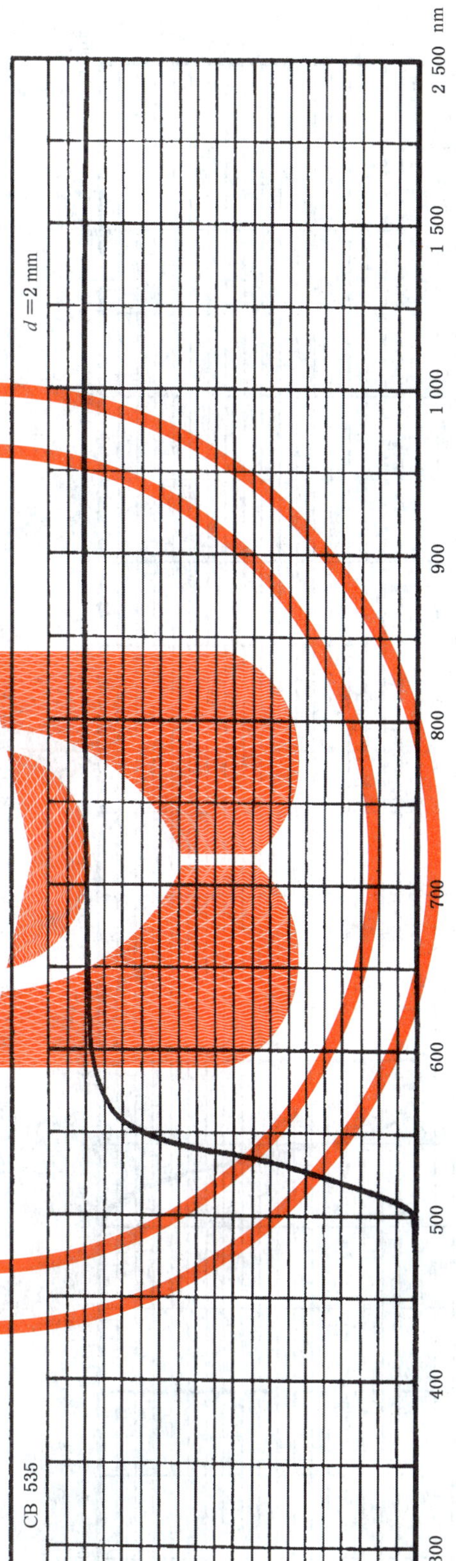

图 C.16 截止型滤光玻璃 CB 535 光谱透射曲线

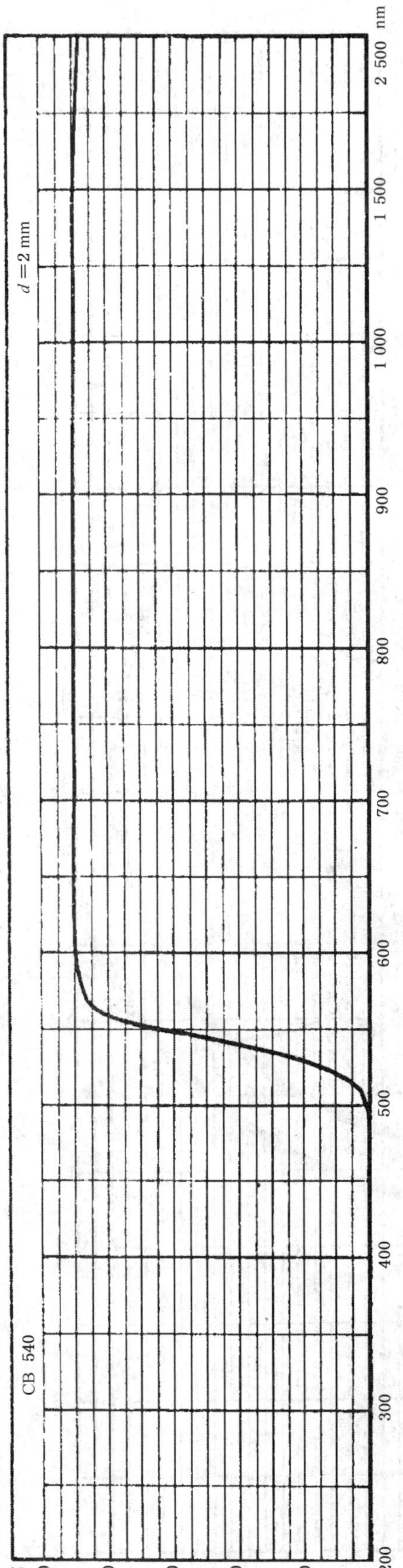

图 C.17 截止型滤光玻璃 CB 540 光谱透射曲线

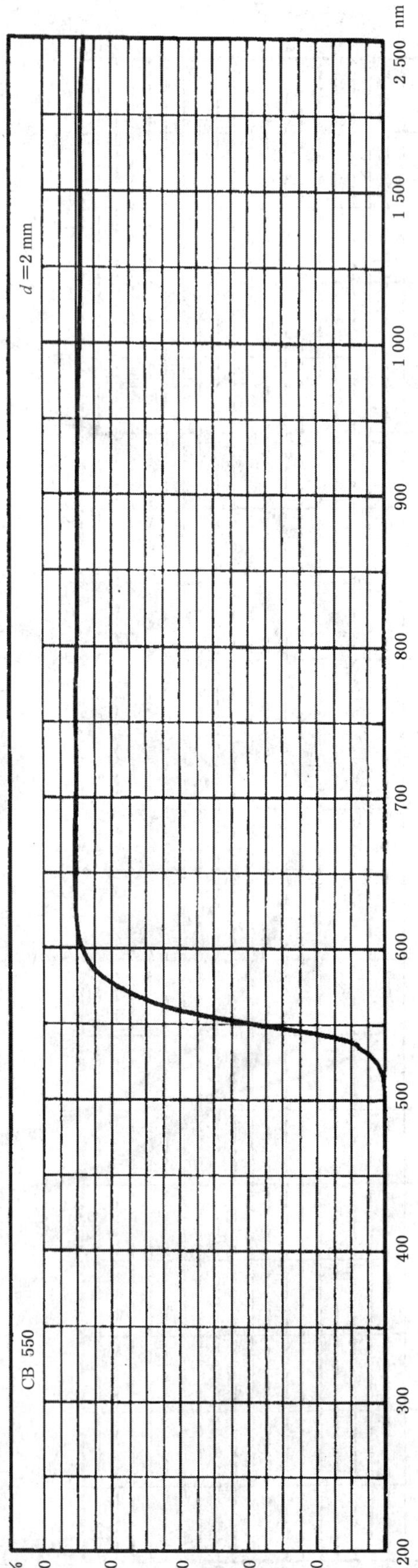

图 C.18 截止型滤光玻璃 CB 550 光谱透射曲线

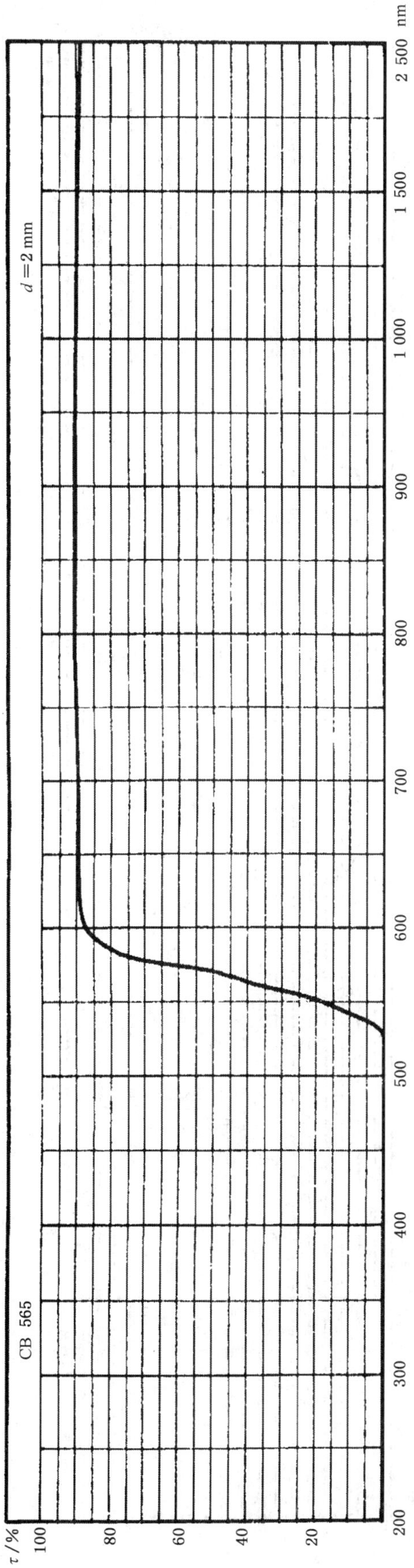

图 C.19　截止型滤光玻璃 CB 565 光谱透射曲线

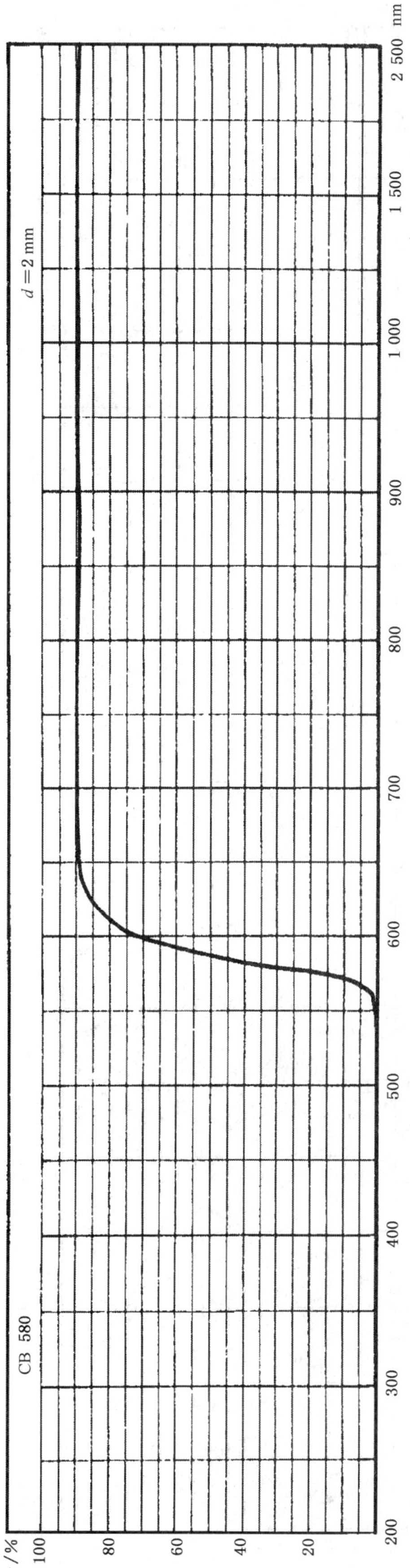

图 C.20　截止型滤光玻璃 CB 580 光谱透射曲线

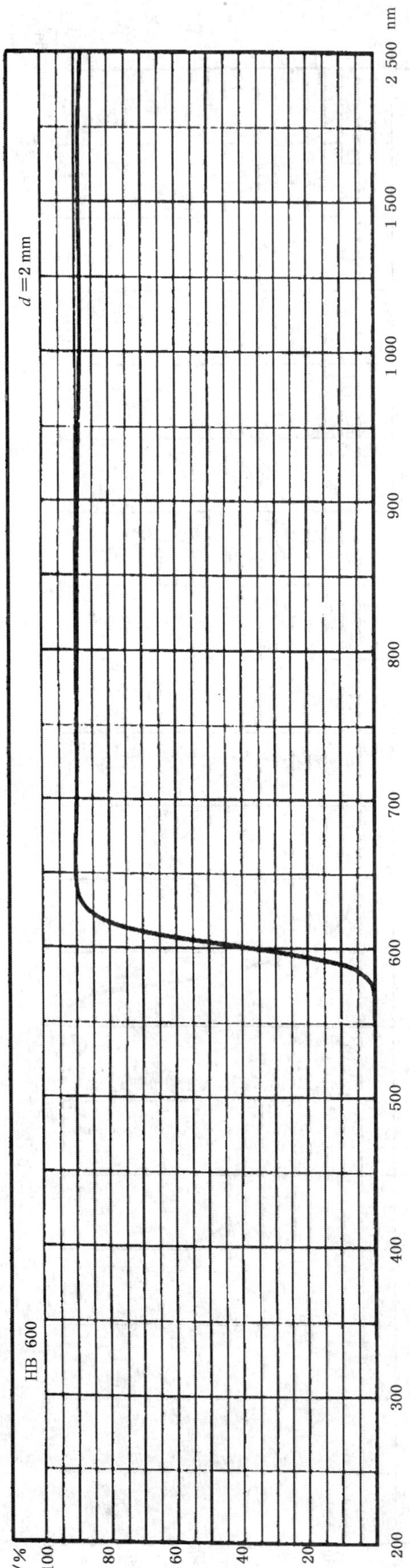

图 C.21 截止型滤光玻璃 HB 600 光谱透射曲线

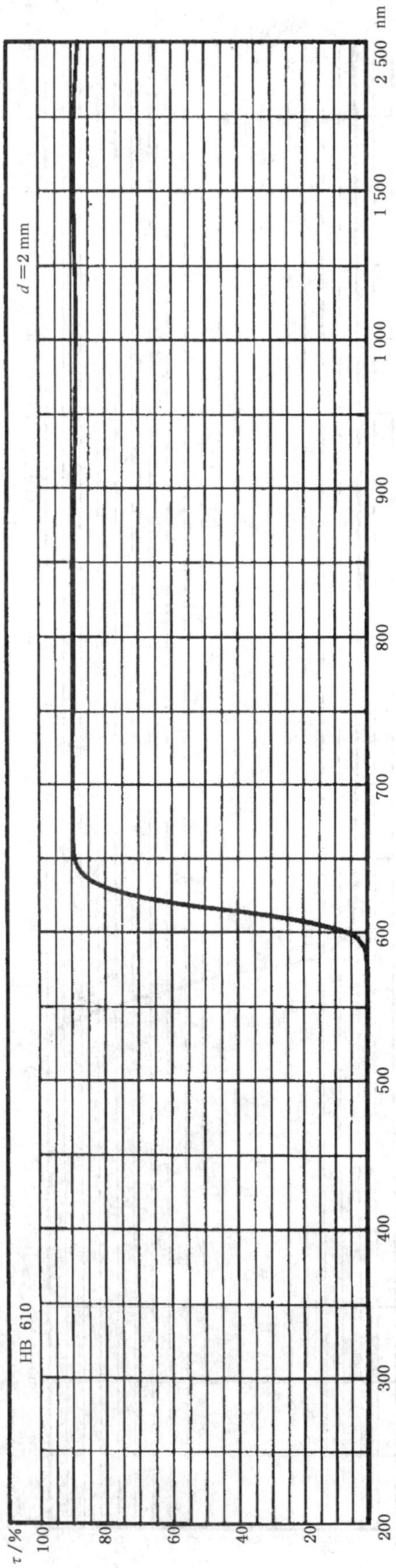

图 C.22 截止型滤光玻璃 HB 610 光谱透射曲线

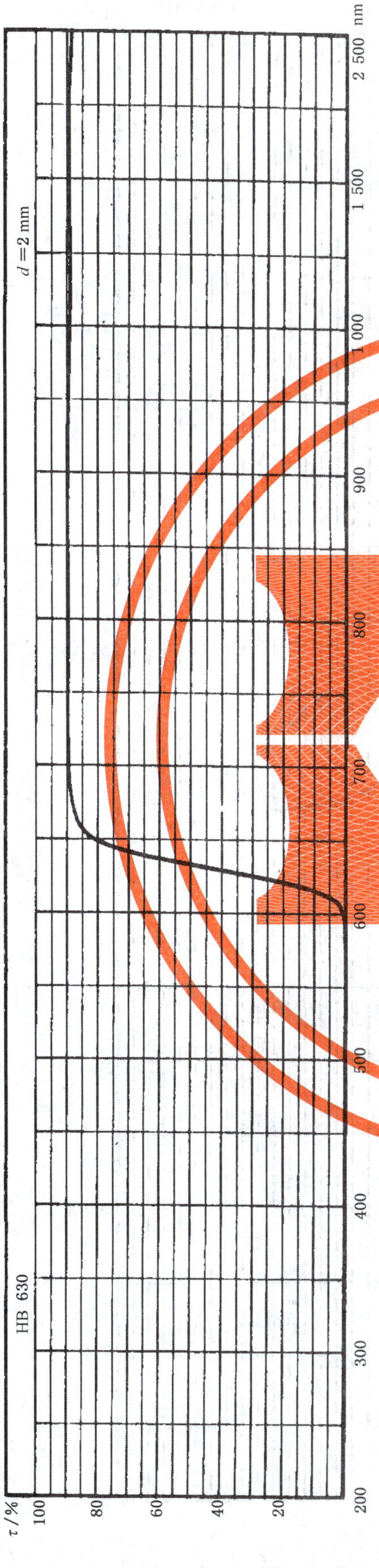

图 C.23 截止型滤光玻璃 HB 630 光谱透射曲线

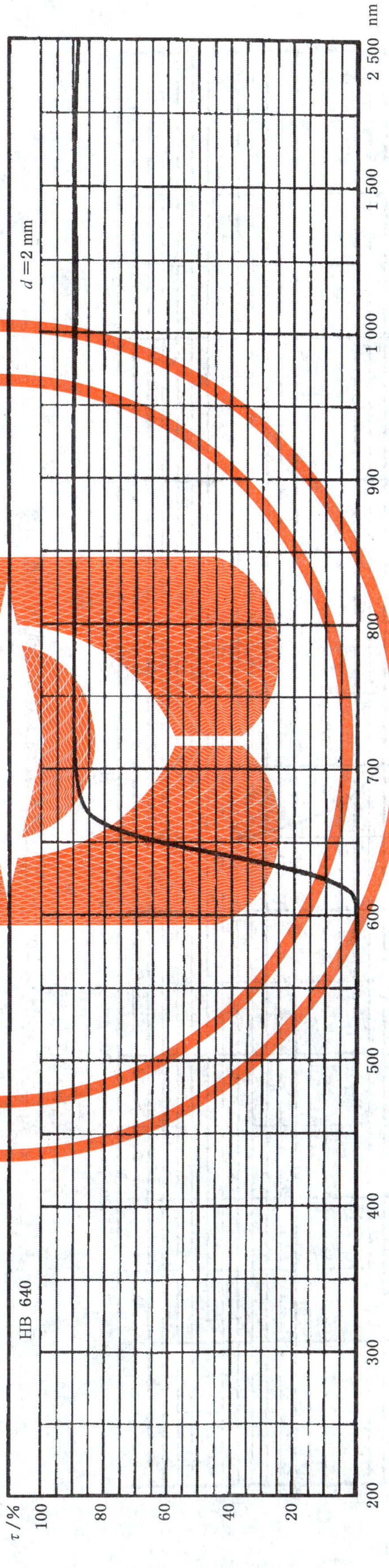

图 C.24 截止型滤光玻璃 HB 640 光谱透射曲线

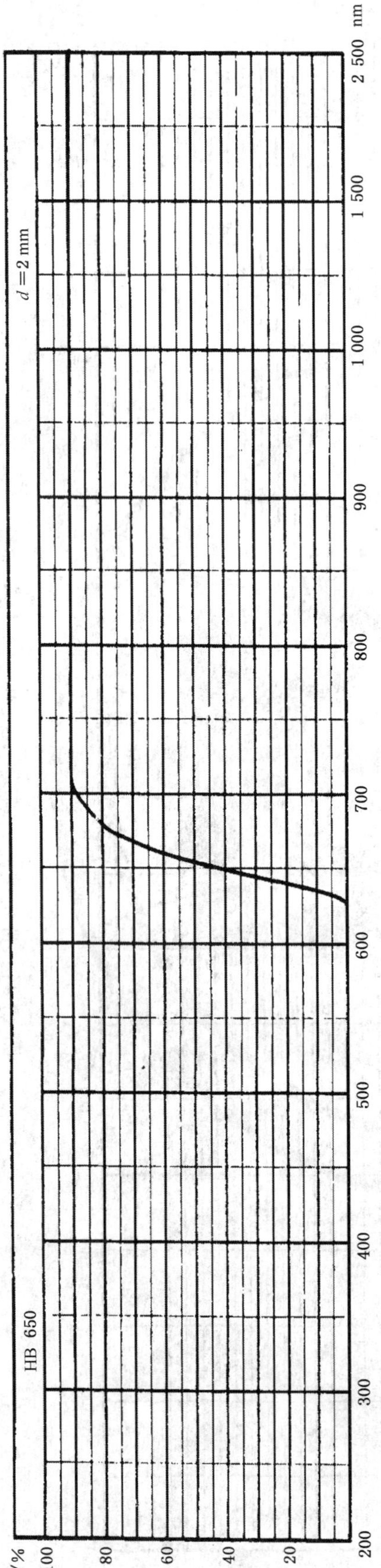

图 C.25 截止型滤光玻璃 **HB** 650 光谱透射曲线

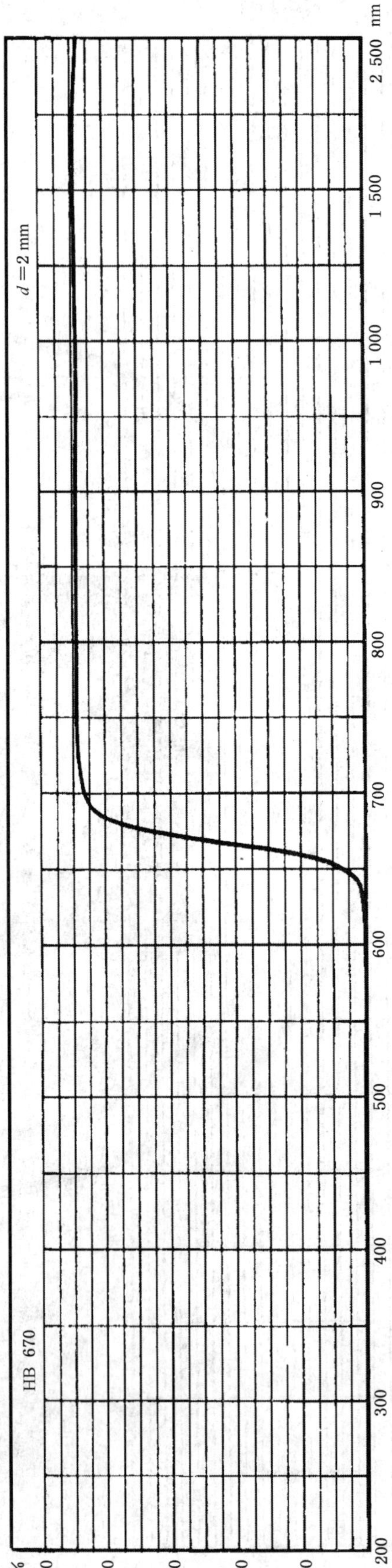

图 C.26 截止型滤光玻璃 **HB** 670 光谱透射曲线

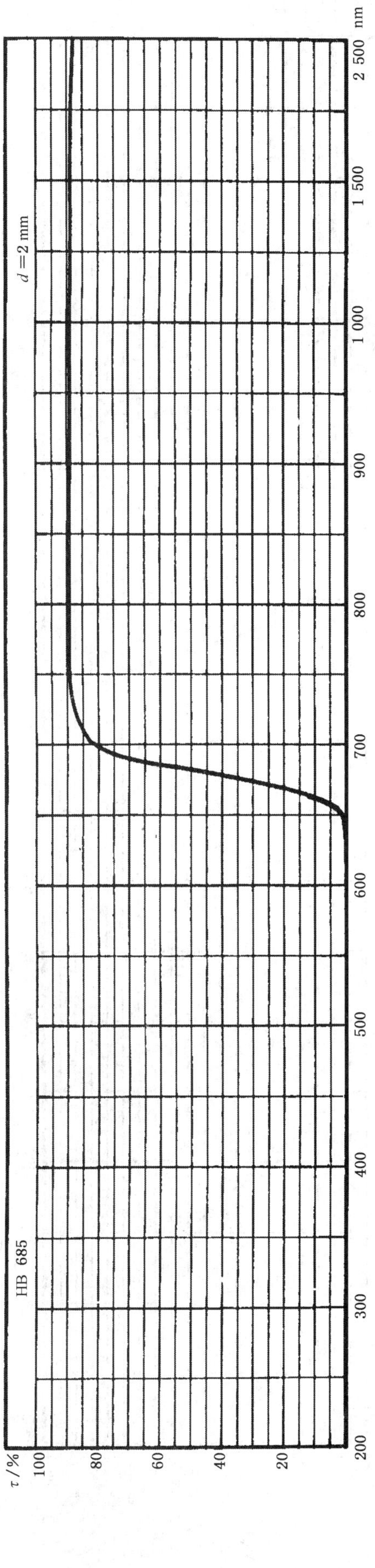

图 C.27 截止型滤光玻璃 **HB** 685 光谱透射曲线

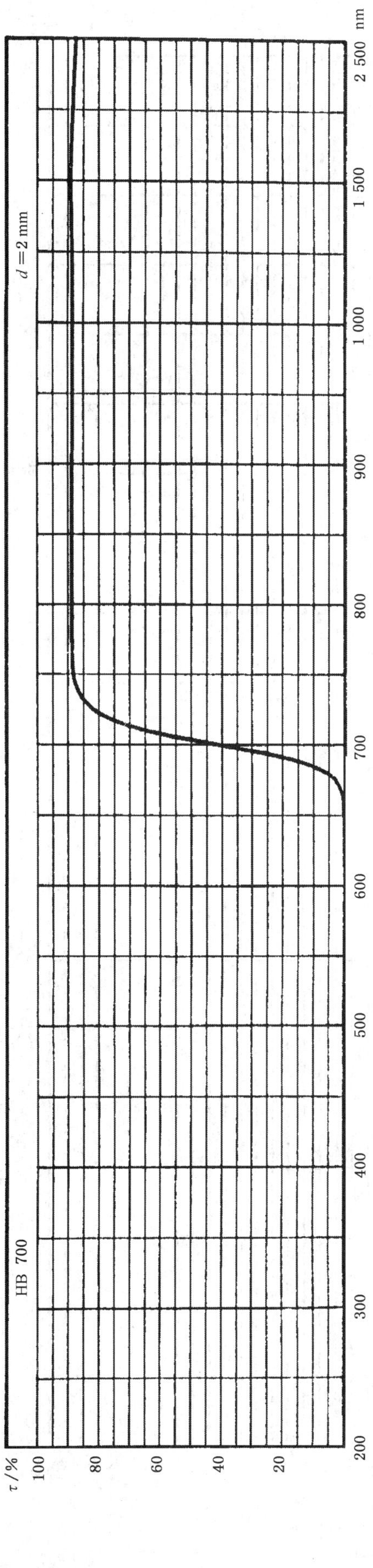

图 C.28 截止型滤光玻璃 **HB** 700 光谱透射曲线

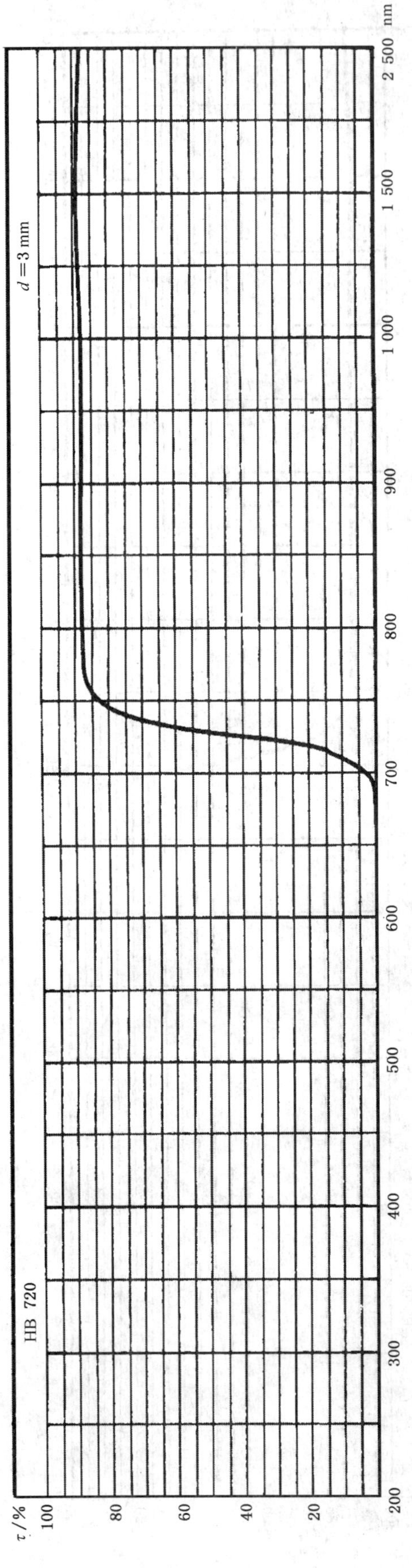

图 C.29　截止型滤光玻璃 HB 720 光谱透射曲线

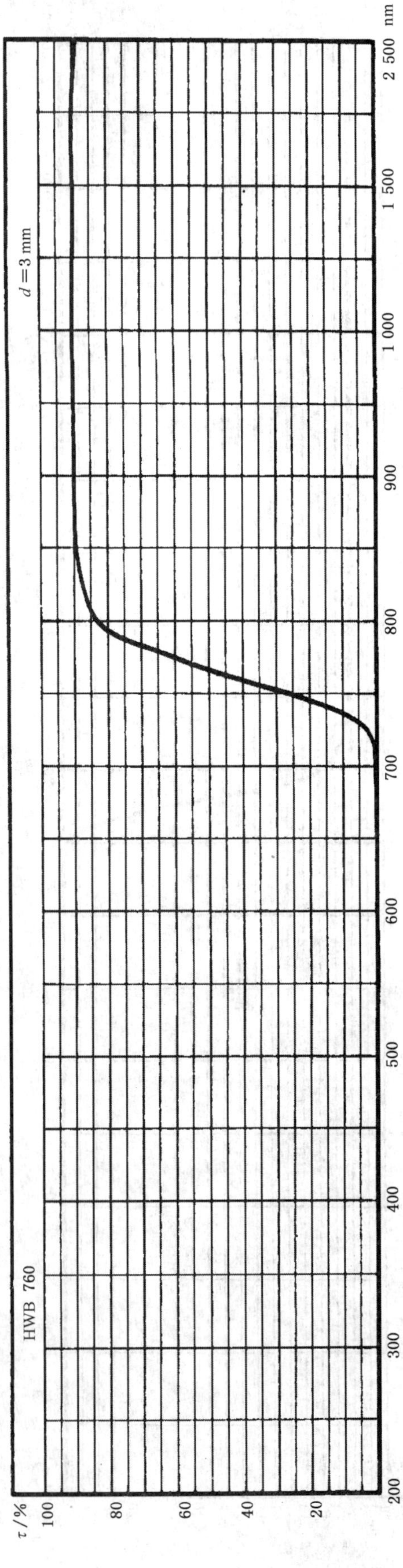

图 C.30　截止型滤光玻璃 HWB 760 光谱透射曲线

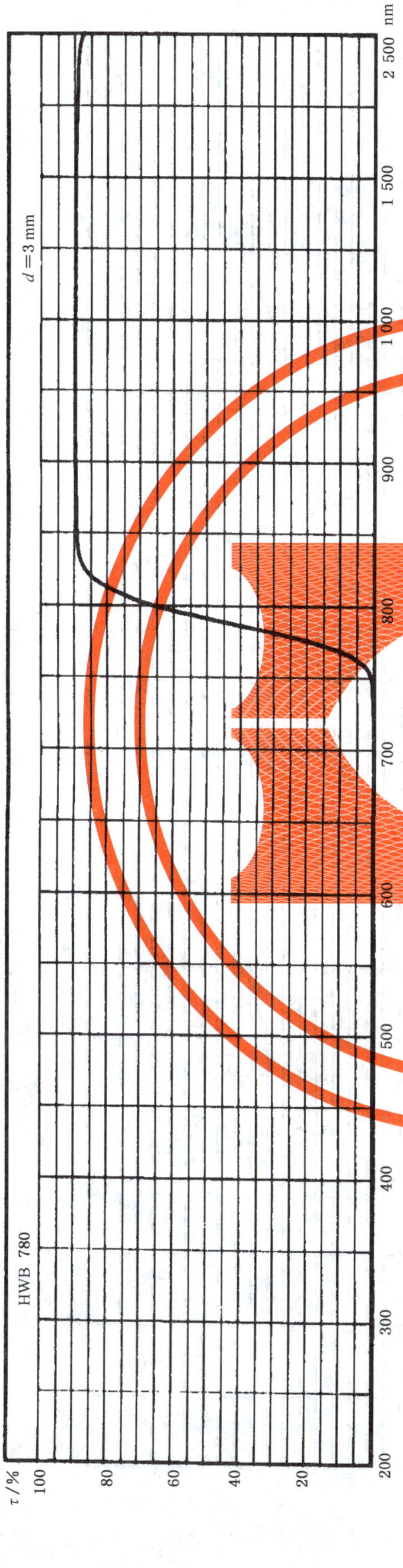

图 C.31 截止型滤光玻璃 HWB 780 光谱透射曲线

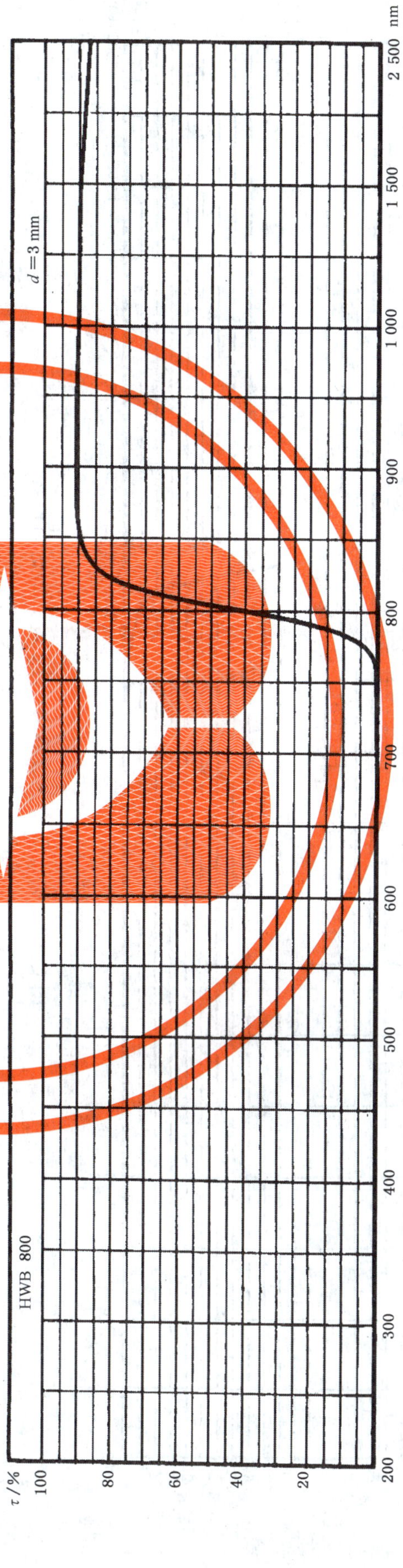

图 C.32 截止型滤光玻璃 HWB 800 光谱透射曲线

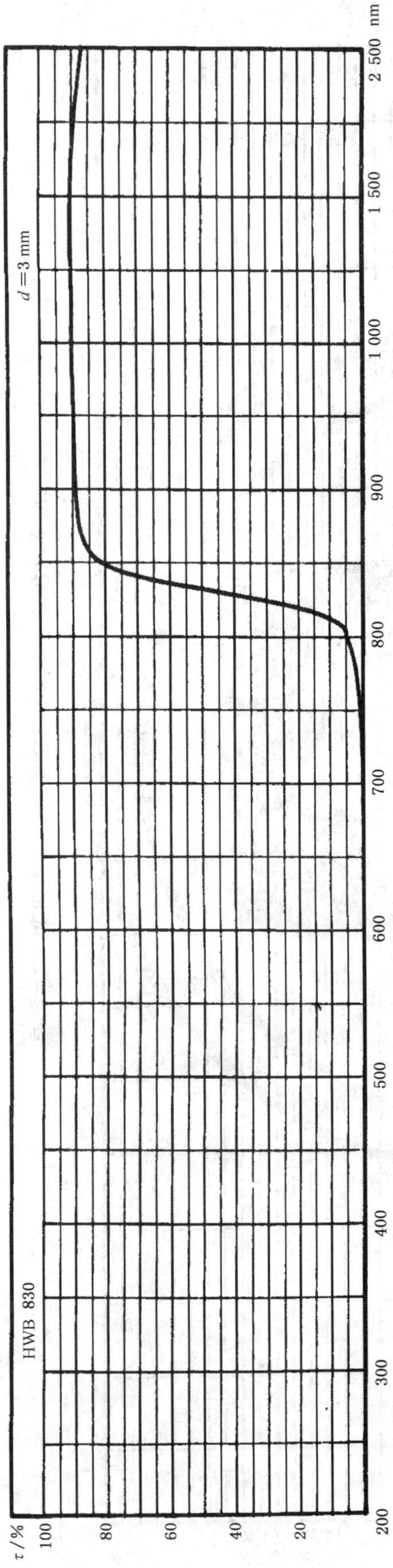

图 C.33 截止型滤光玻璃 HWB830 光谱透射曲线

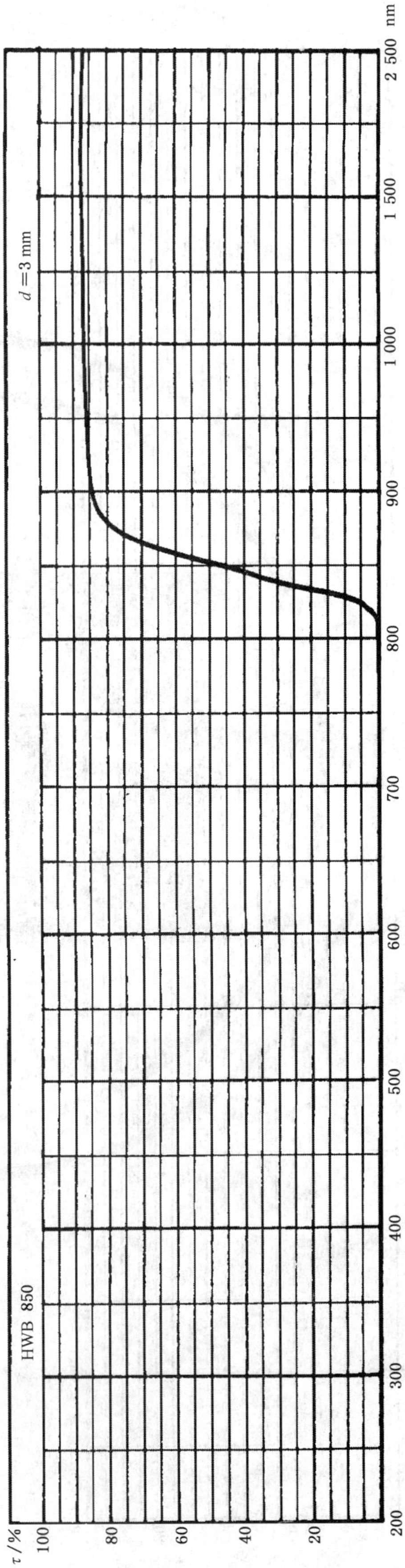

图 C.34 截止型滤光玻璃 HWB 850 光谱透射曲线

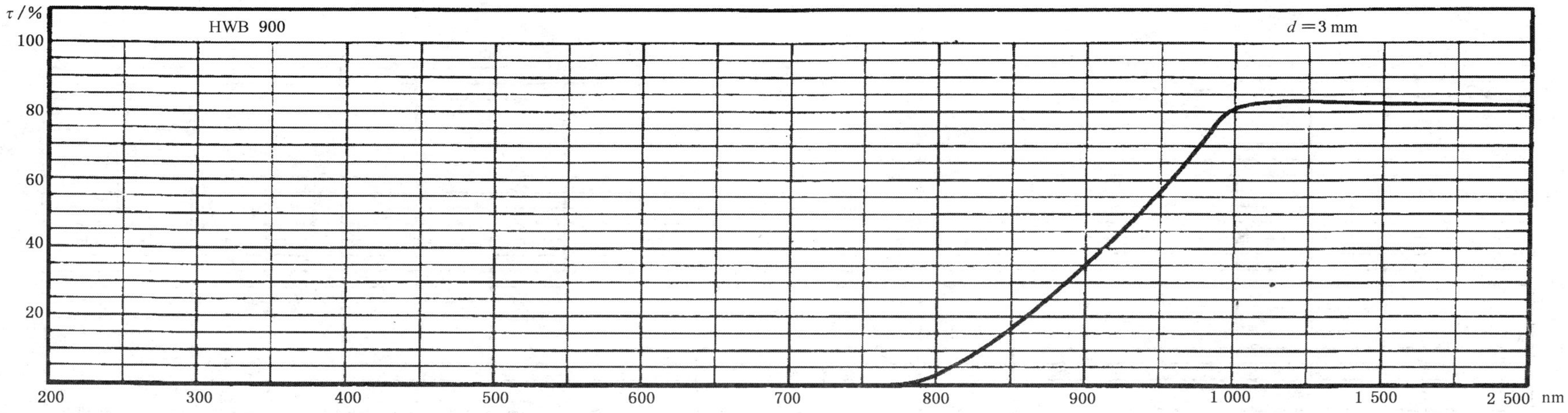

图 C. 35　截止型滤光玻璃 HWB 900 光谱透射曲线

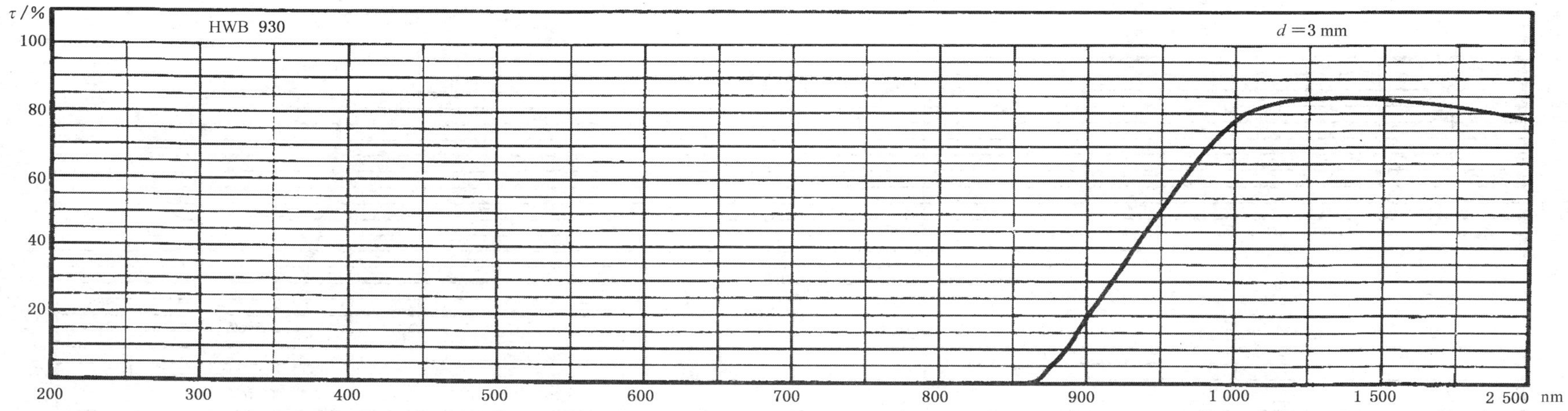

图 C. 36　截止型滤光玻璃 HWB 930 光谱透射曲线

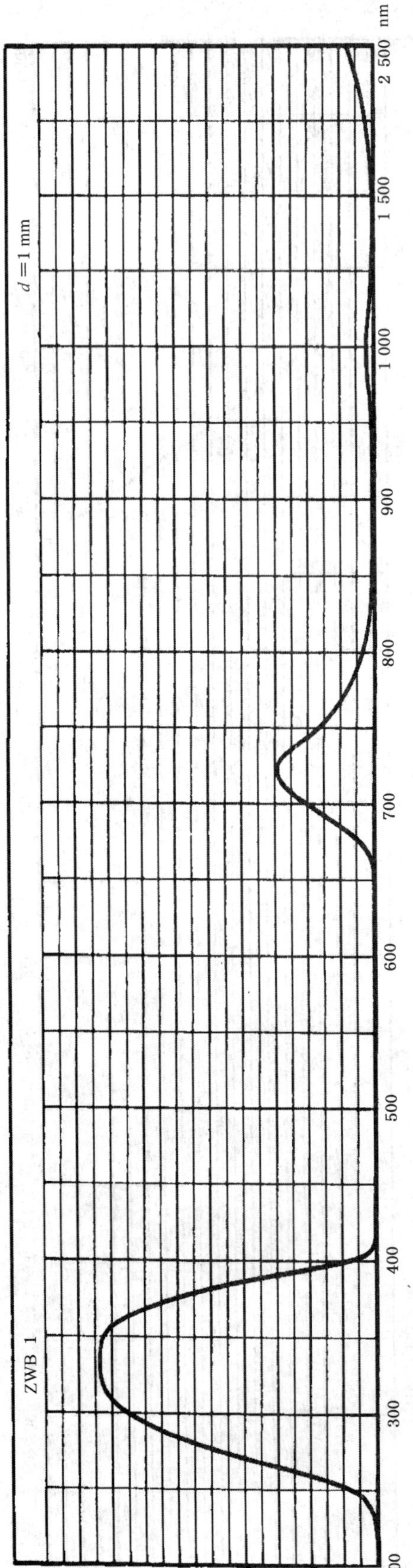

图 C.37 选择吸收型滤光玻璃 ZWB 1 光谱透射曲线

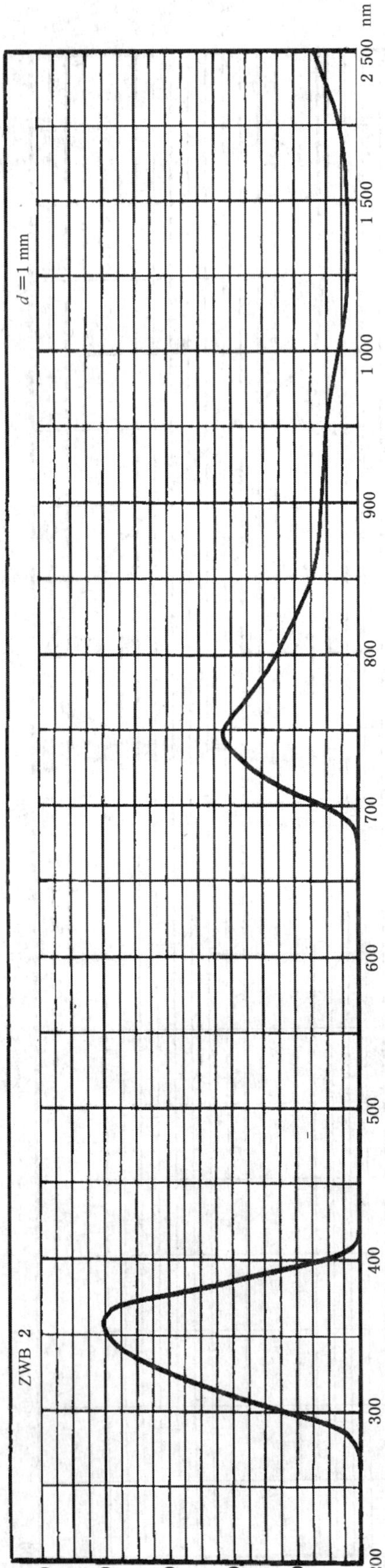

图 C.38 选择吸收型滤光玻璃 ZWB 2 光谱透射曲线

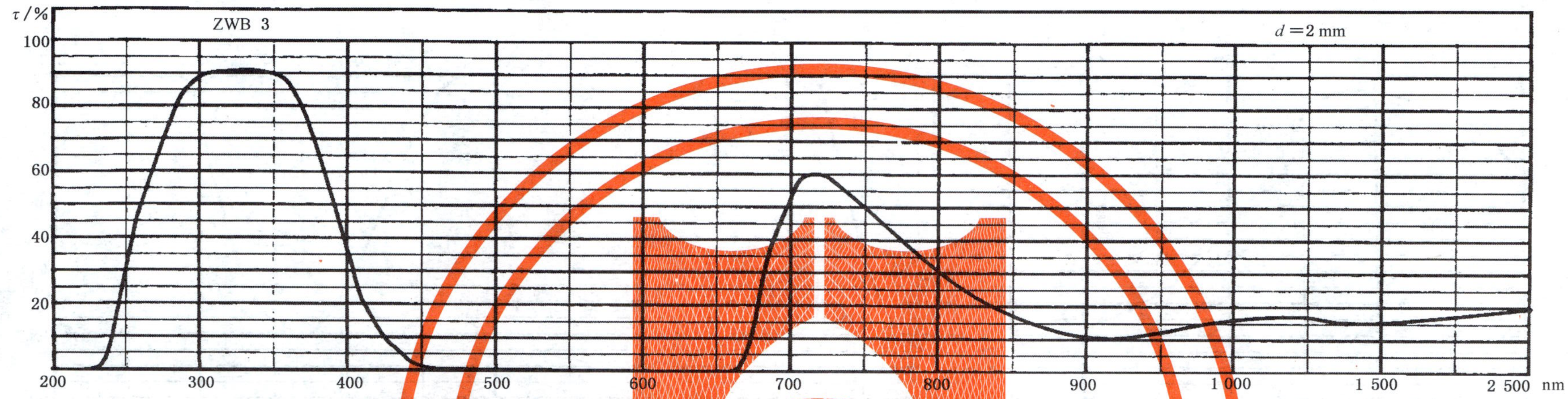

图 C. 39 选择吸收型滤光玻璃 ZWB 3 光谱透射曲线

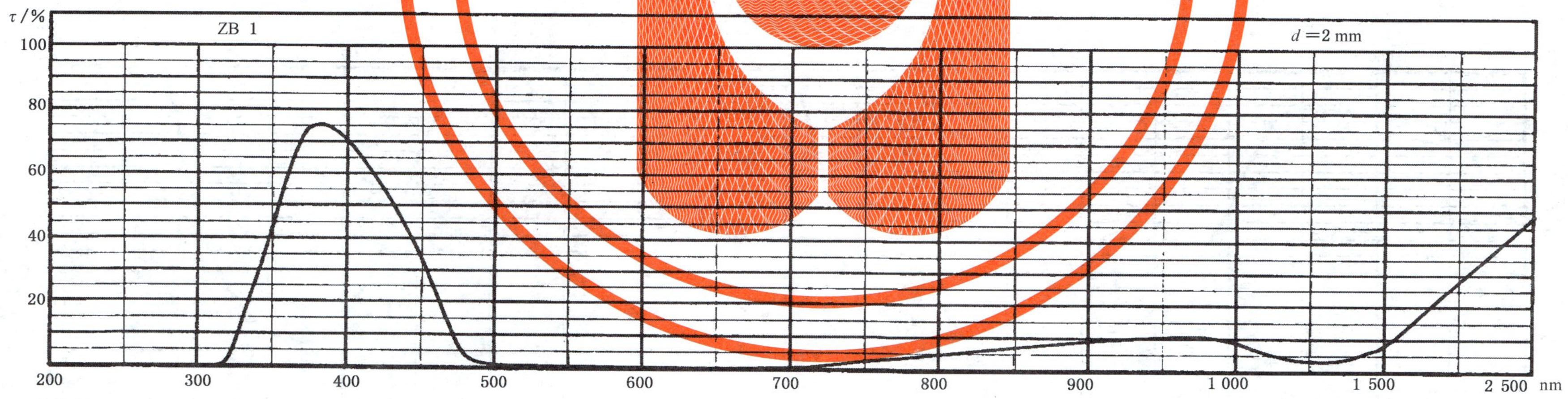

图 C. 40 选择吸收型滤光玻璃 ZB 1 光谱透射曲线

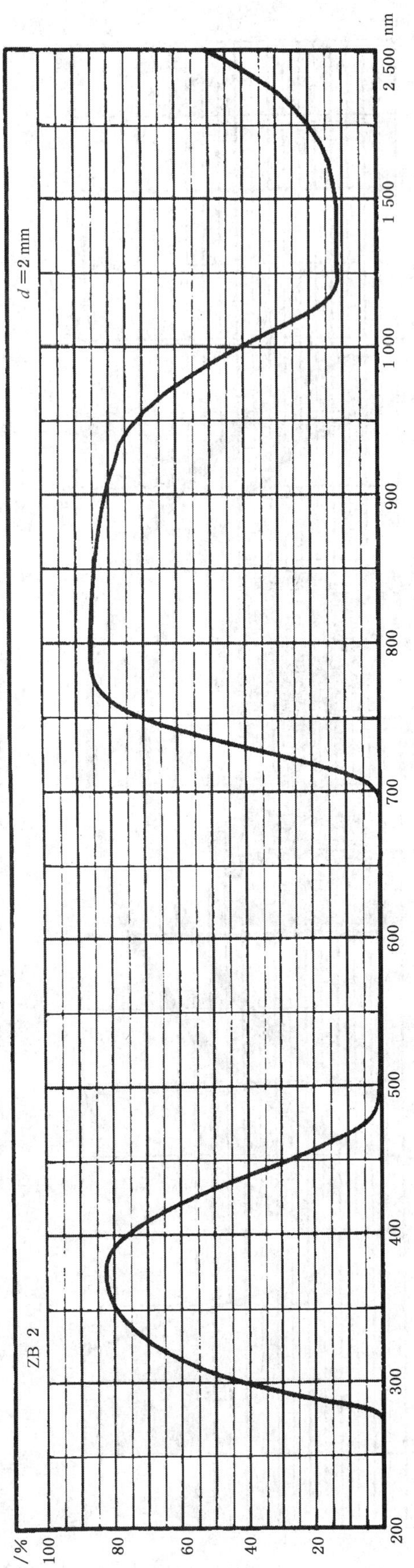

图 C.41 选择吸收型滤光玻璃 ZB 2 光谱透射曲线

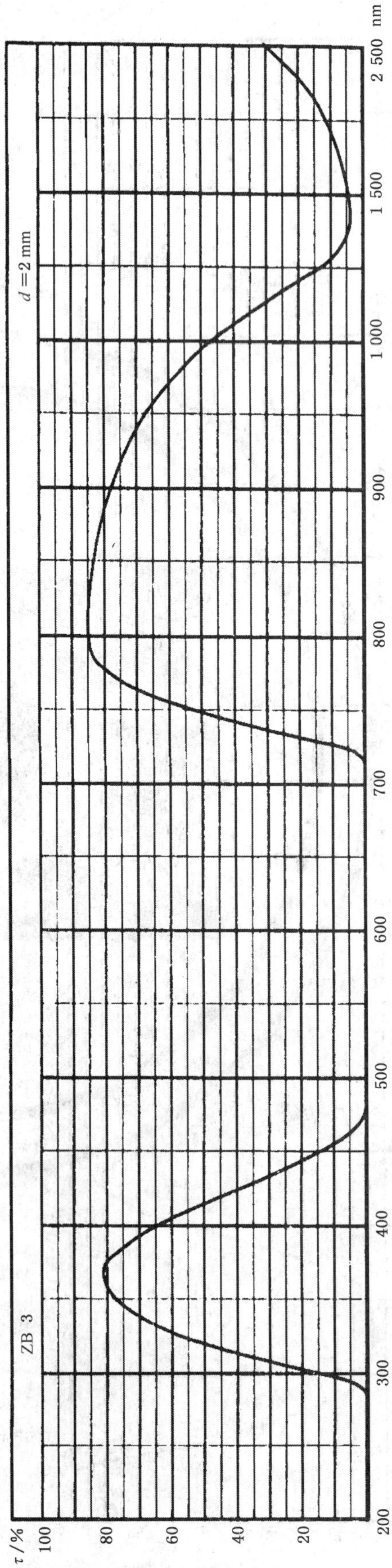

图 C.42 选择吸收型滤光玻璃 ZB 3 光谱透射曲线

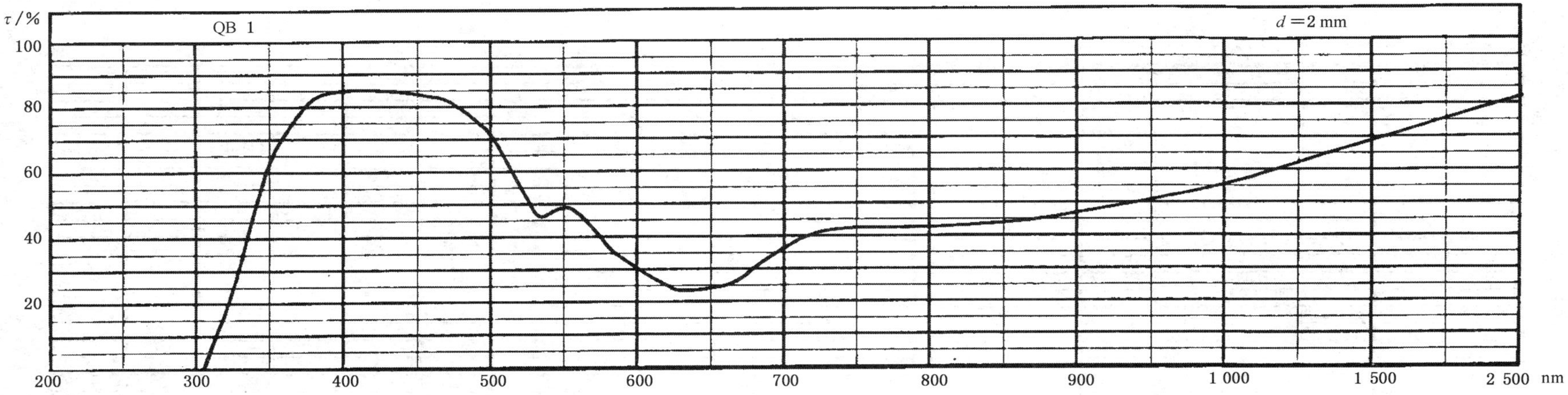

图 C.43 选择吸收型滤光玻璃 QB 1 光谱透射曲线

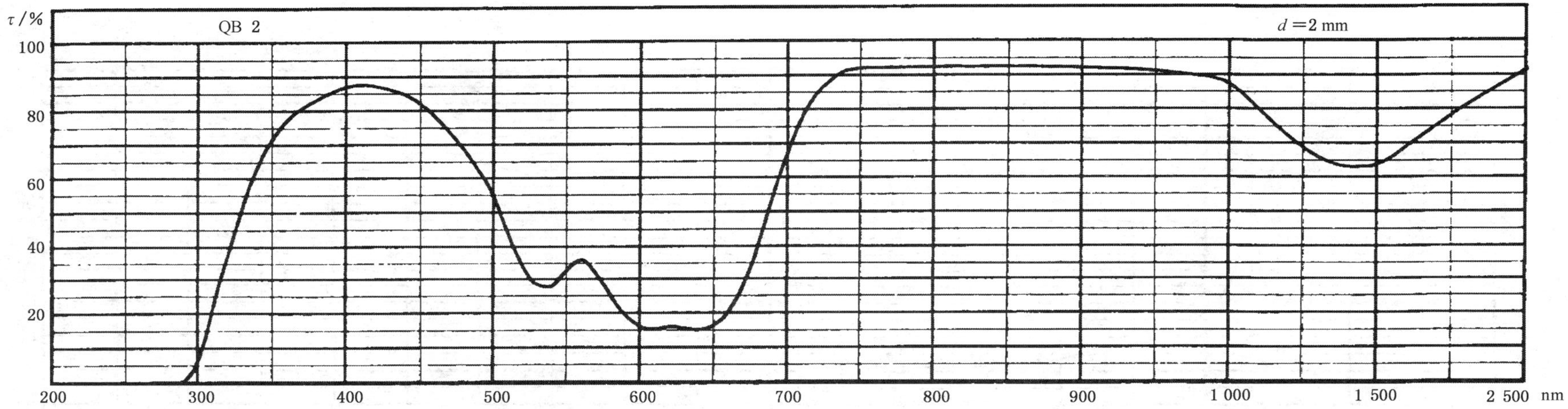

图 C.44 选择吸收型滤光玻璃 QB 2 光谱透射曲线

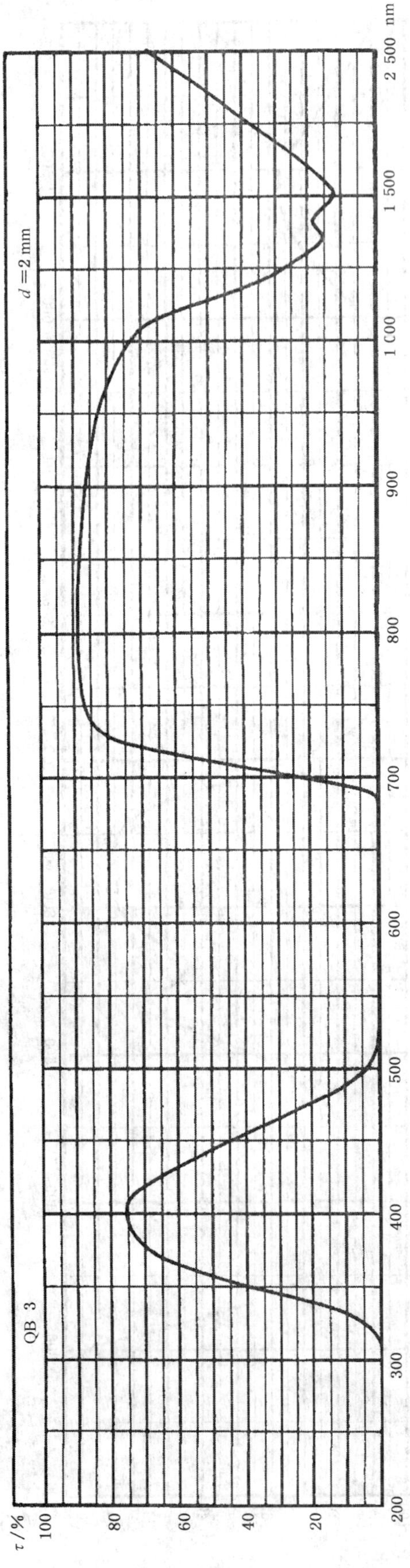

图 C.45 选择吸收型滤光玻璃 QB 3 光谱透射曲线

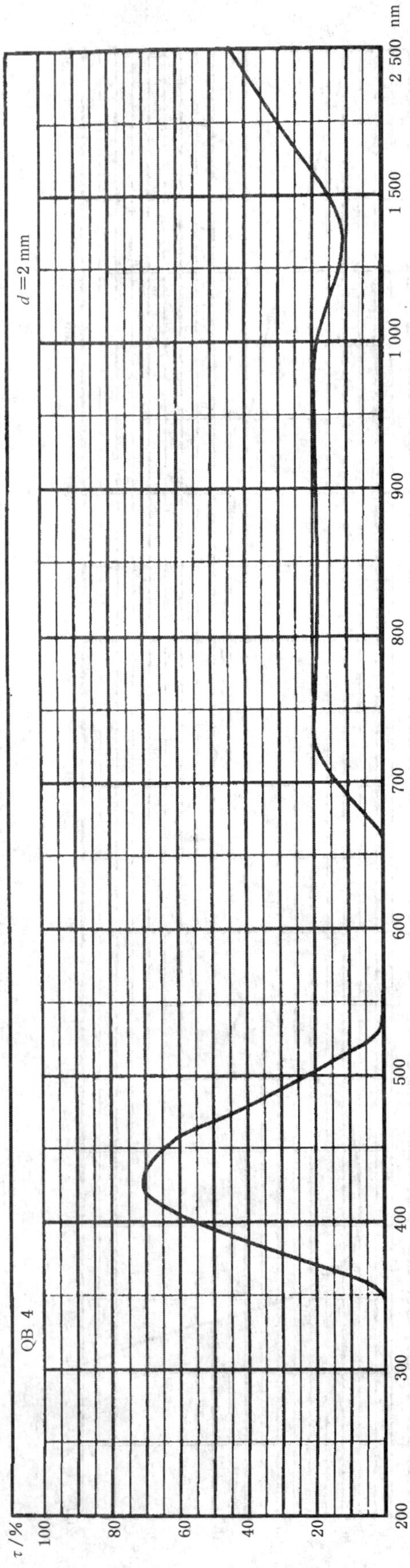

图 C.46 选择吸收型滤光玻璃 QB 4 光谱透射曲线

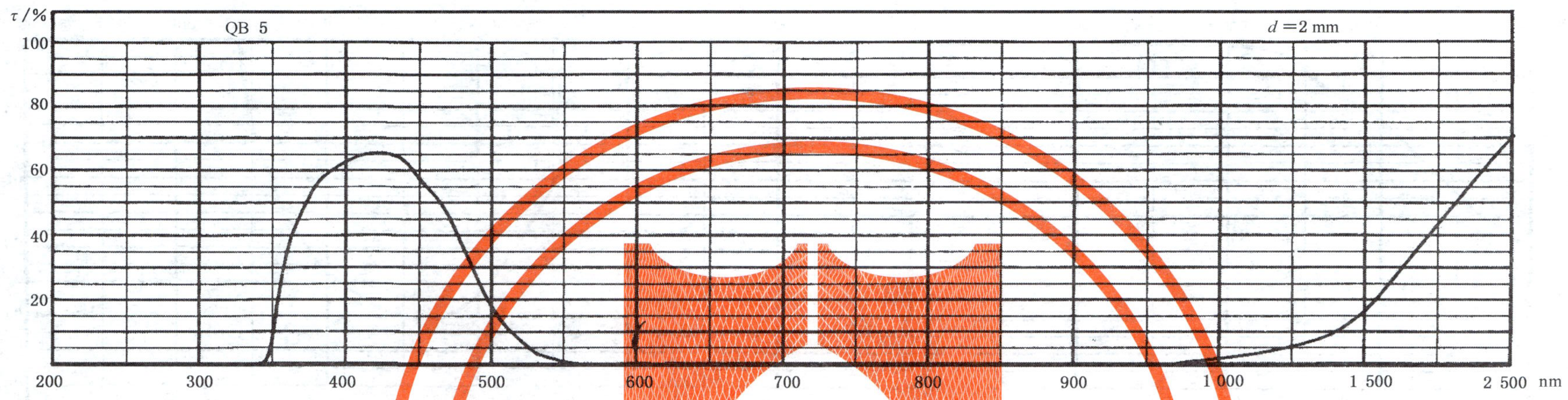

图 C.47　选择吸收型滤光玻璃 QB 5 光谱透射曲线

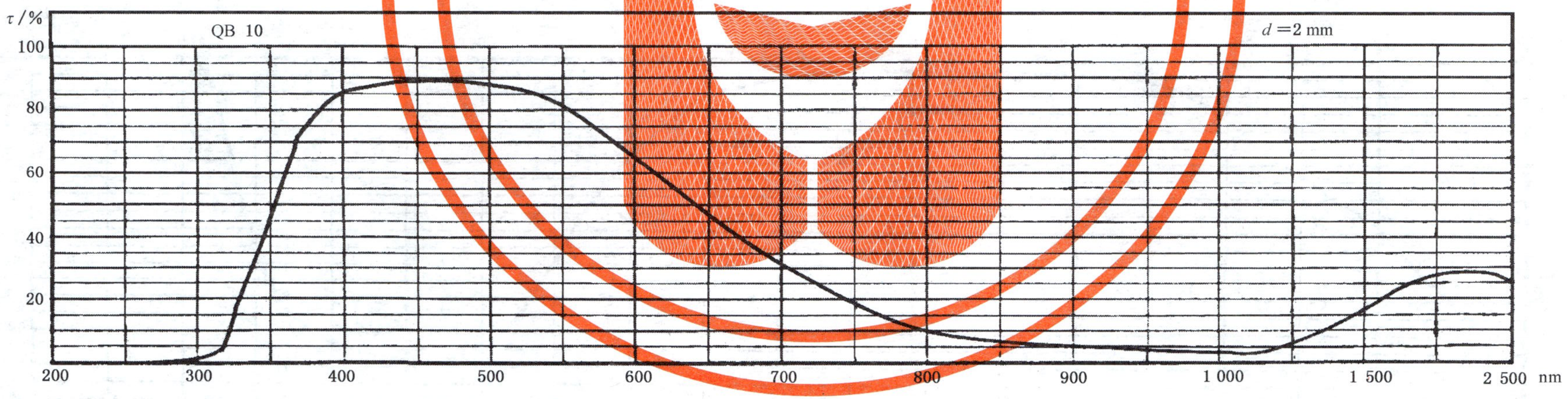

图 C.48　选择吸收型滤光玻璃 QB 10 光谱透射曲线

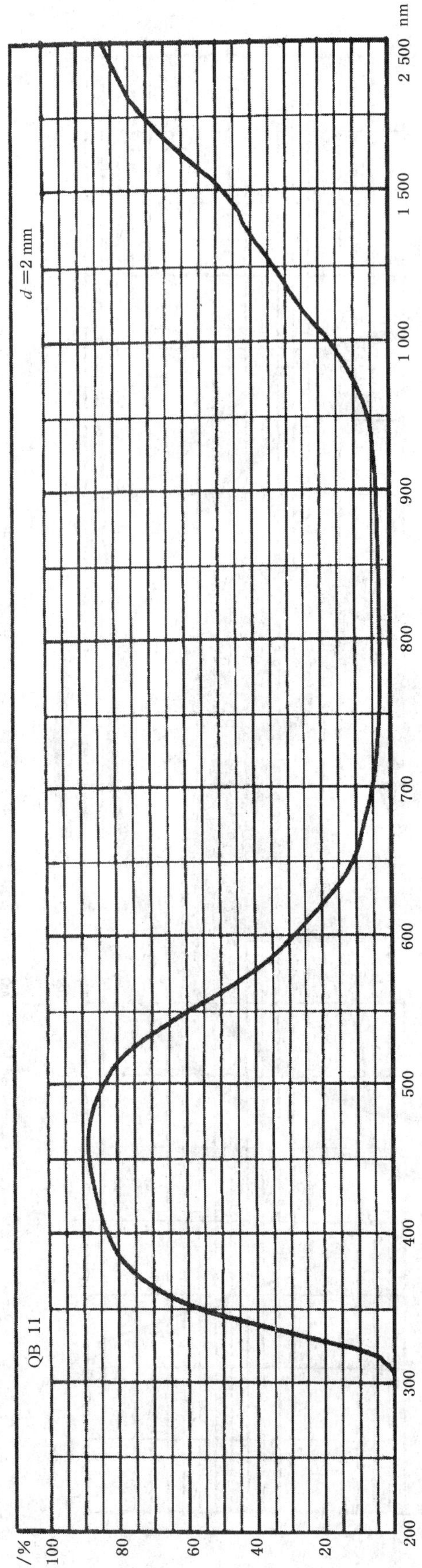

图 C.49 选择吸收型滤光玻璃 QB 11 光谱透射曲线

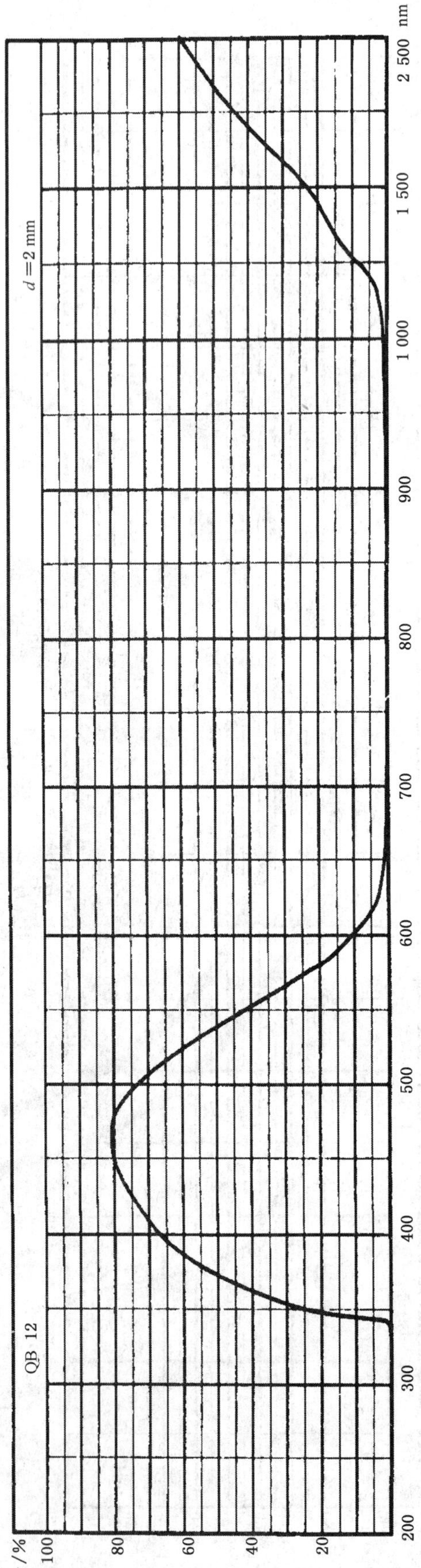

图 C.50 选择吸收型滤光玻璃 QB 12 光谱透射曲线

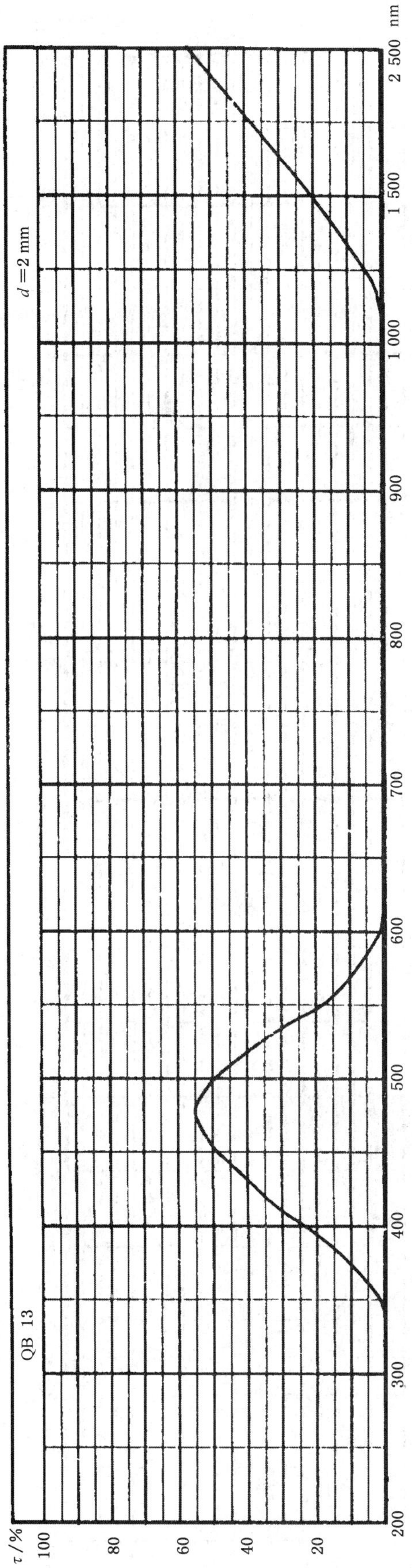

图 C.51 选择吸收型滤光玻璃 QB 13 光谱透射曲线

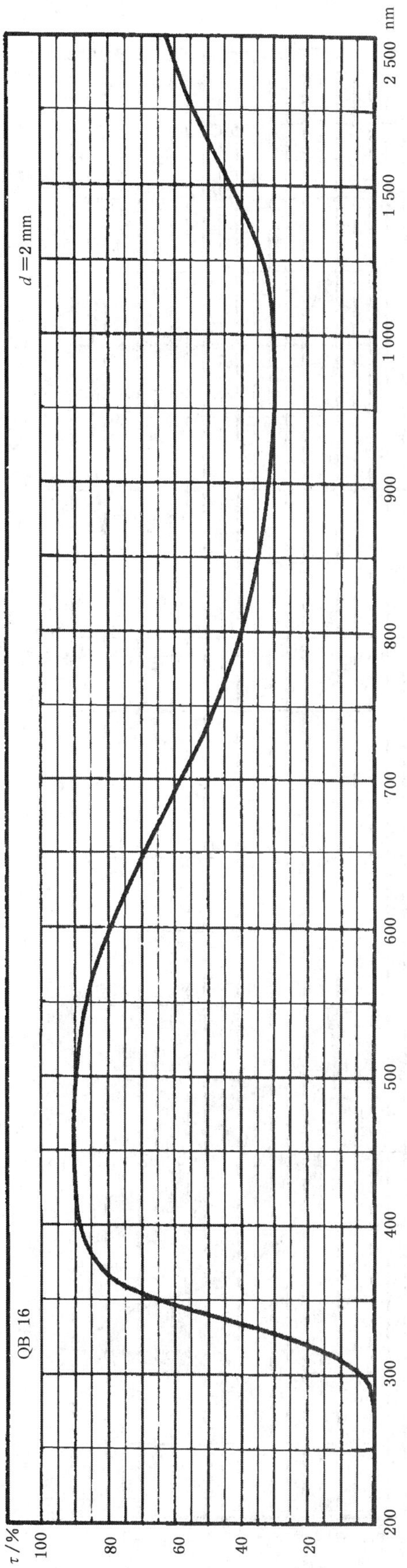

图 C.52 选择吸收型滤光玻璃 QB 16 光谱透射曲线

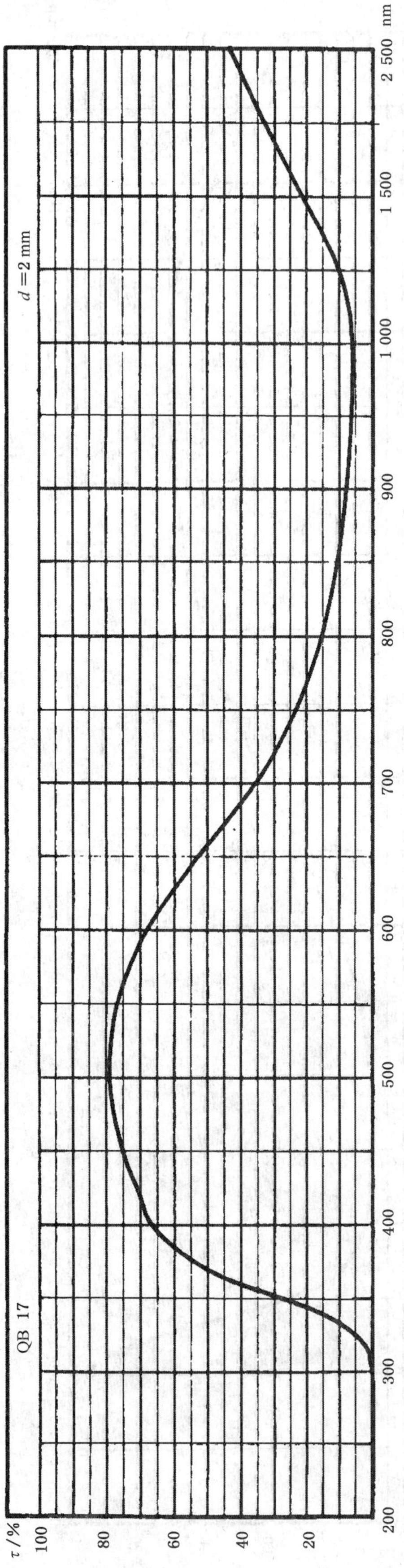

图 C.53　选择吸收型滤光玻璃 QB 17 光谱透射曲线

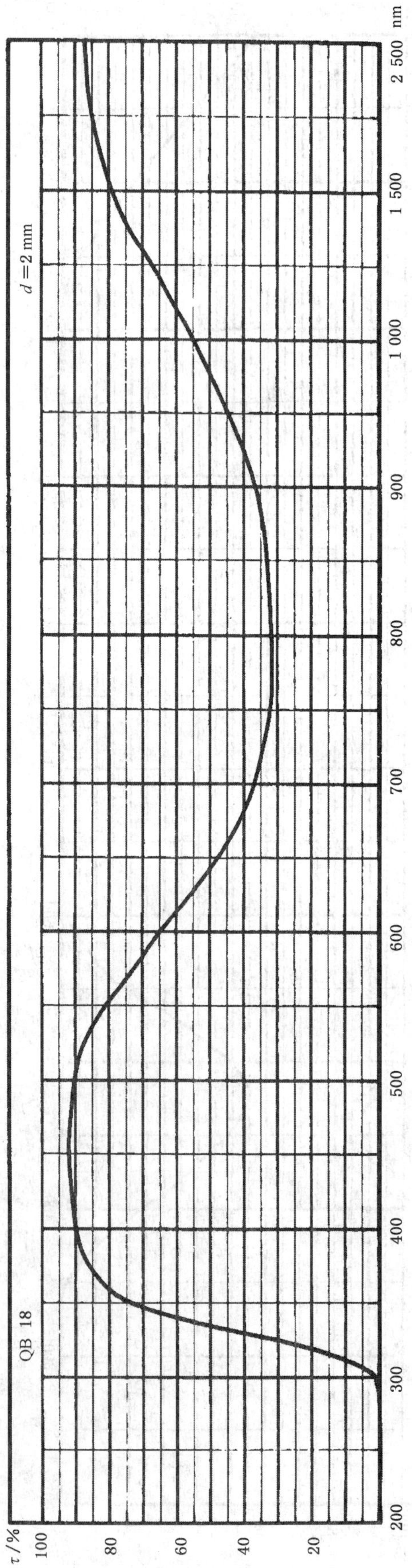

图 C.54　选择吸收型滤光玻璃 QB 18 光谱透射曲线

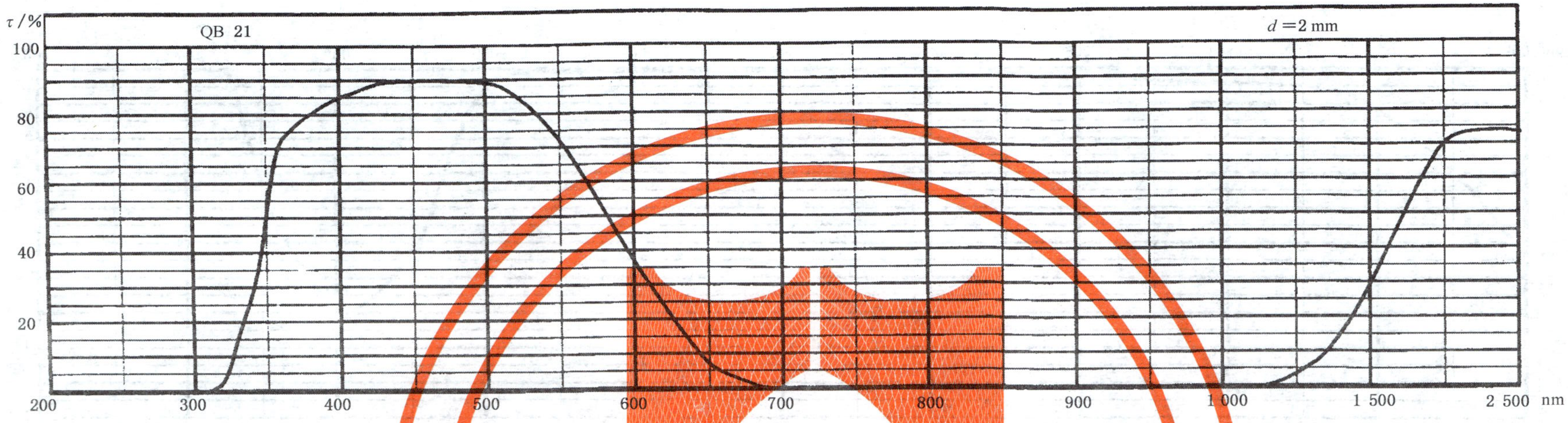

图 C.55　选择吸收型滤光玻璃 QB 21 光谱透射曲线

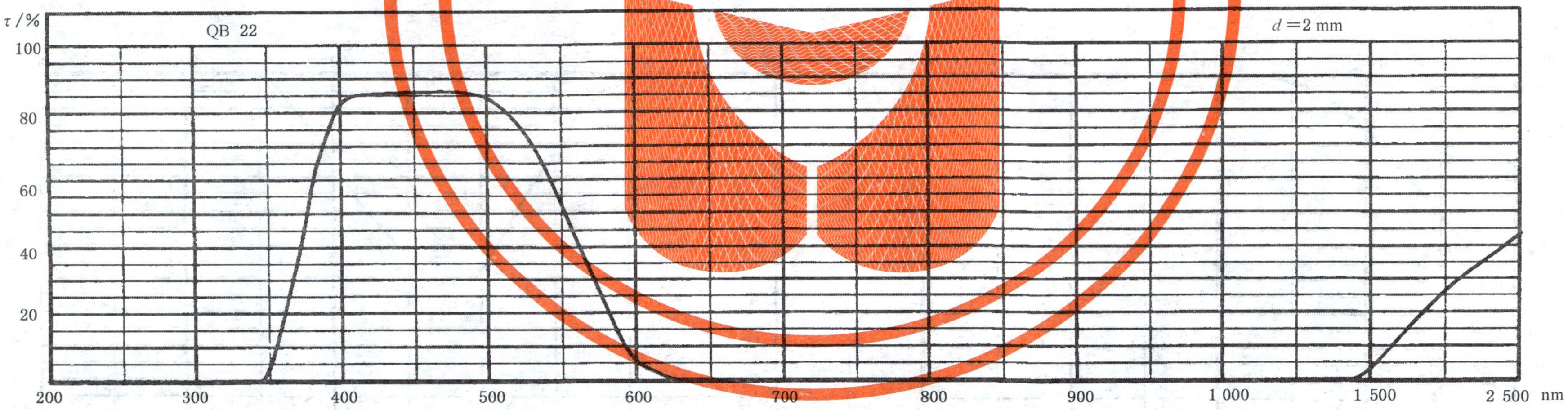

图 C.56　选择吸收型滤光玻璃 QB 22 光谱透射曲线

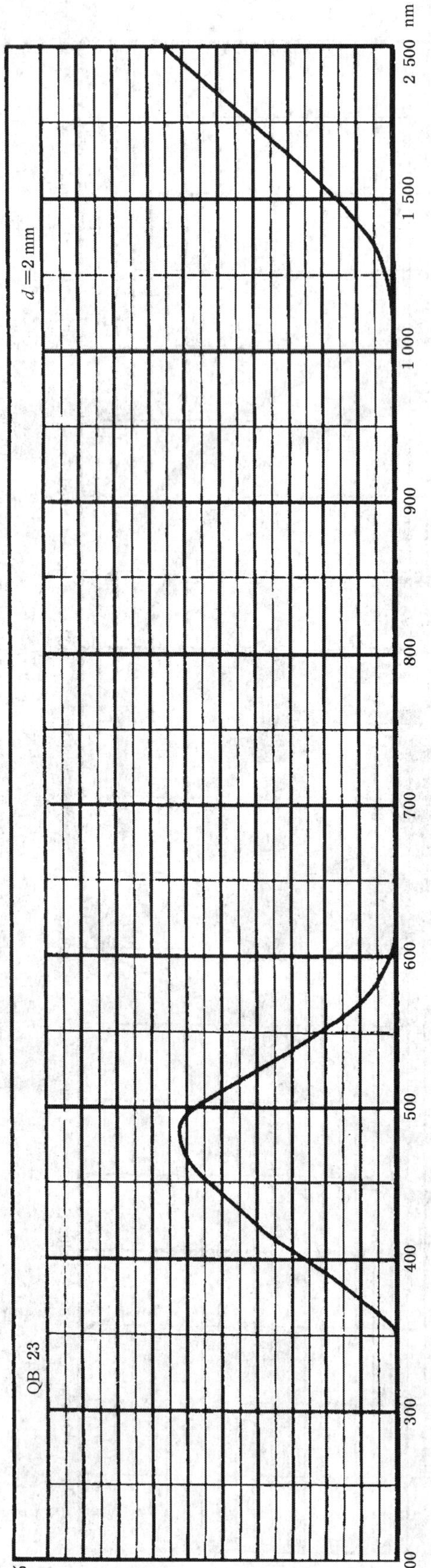

图 C.57　选择吸收型滤光玻璃 QB 23 光谱透射曲线

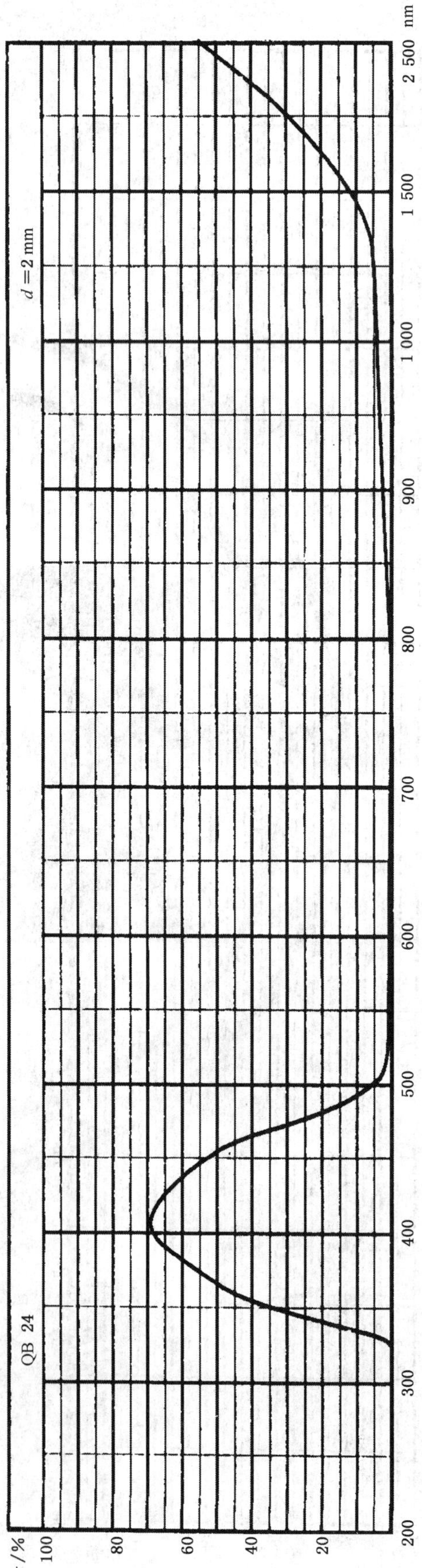

图 C.58　选择吸收型滤光玻璃 QB 24 光谱透射曲线

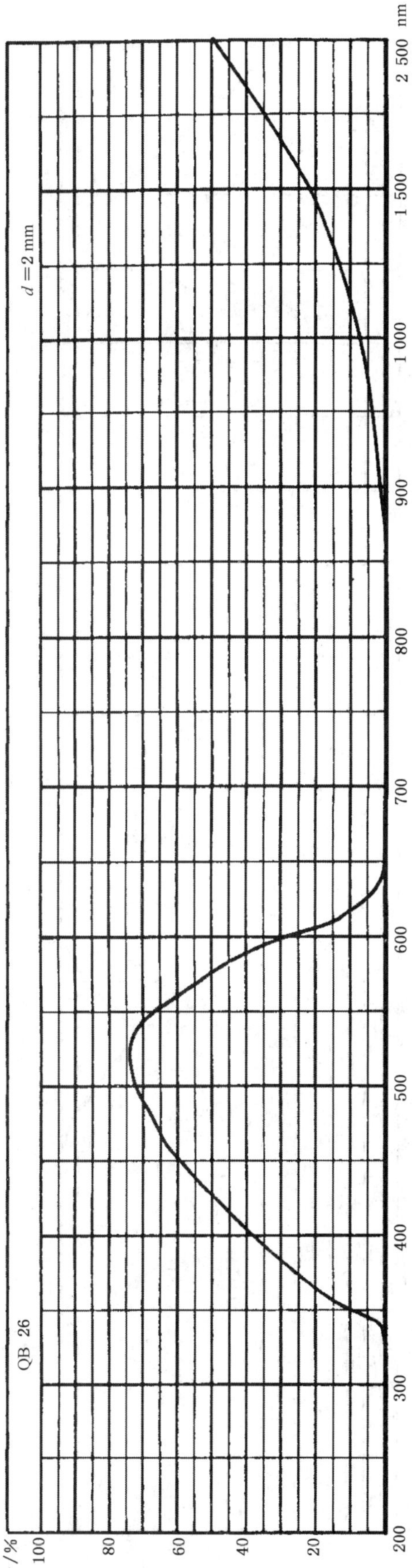

图 C.59 选择吸收型滤光玻璃 QB 26 光谱透射曲线

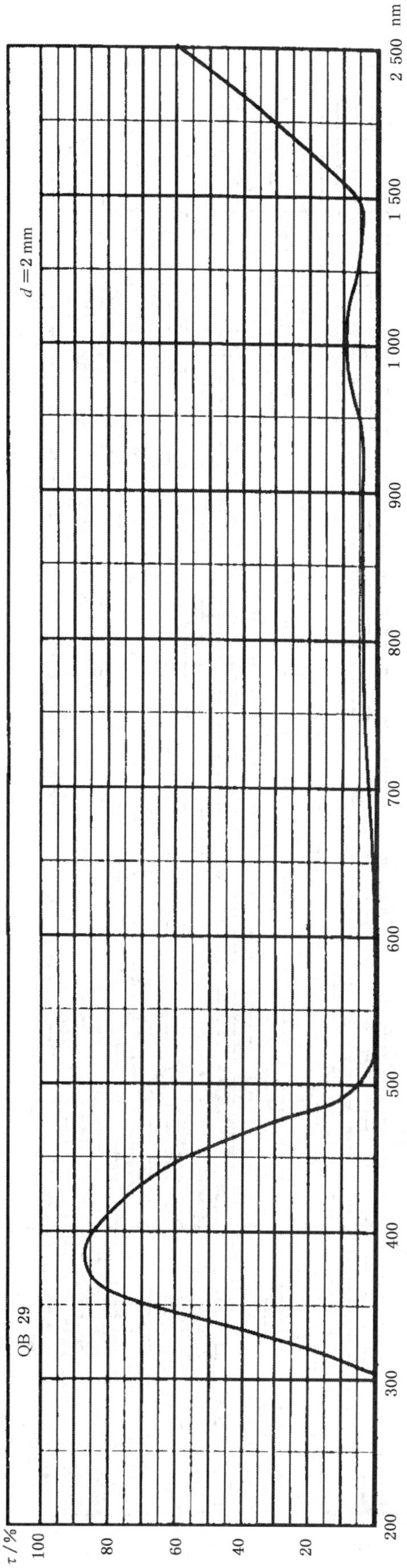

图 C.60 选择吸收型滤光玻璃 QB 29 光谱透射曲线

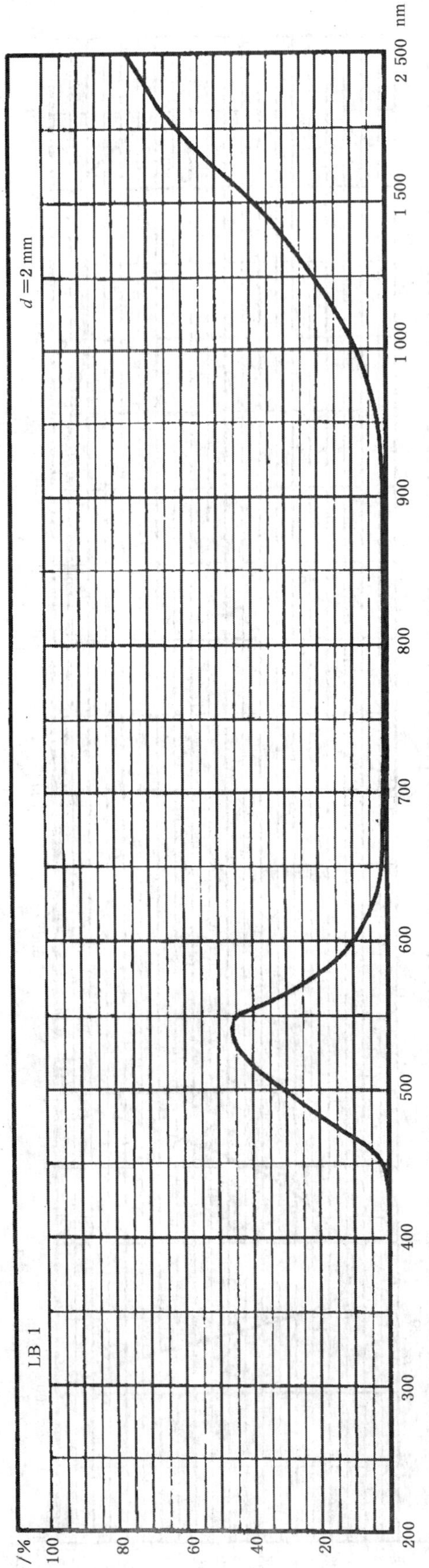

图 C.61　选择吸收型滤光玻璃 LB 1 光谱透射曲线

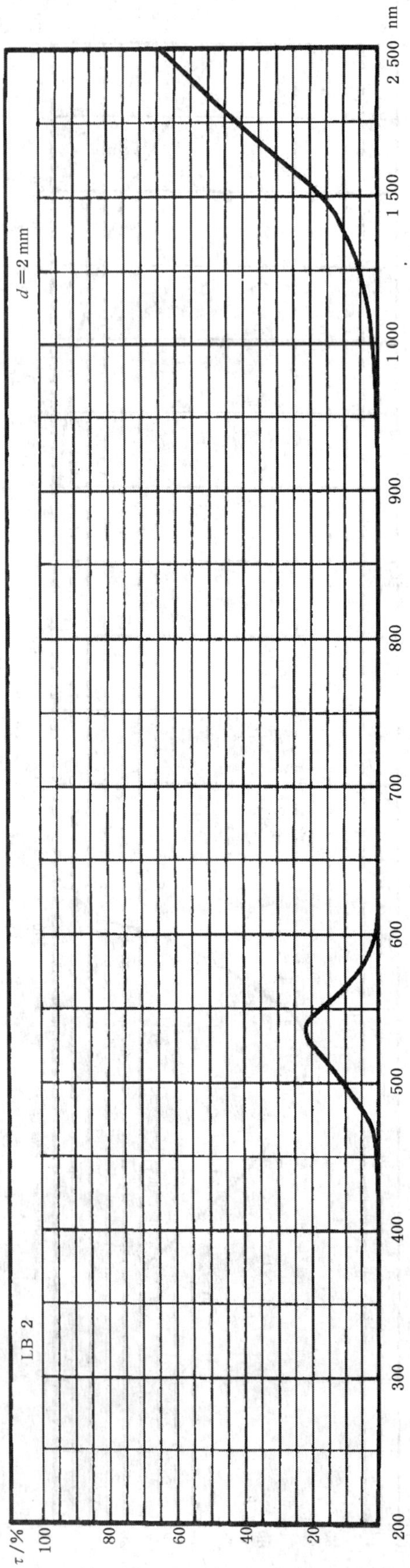

图 C.62　选择吸收型滤光玻璃 LB 2 光谱透射曲线

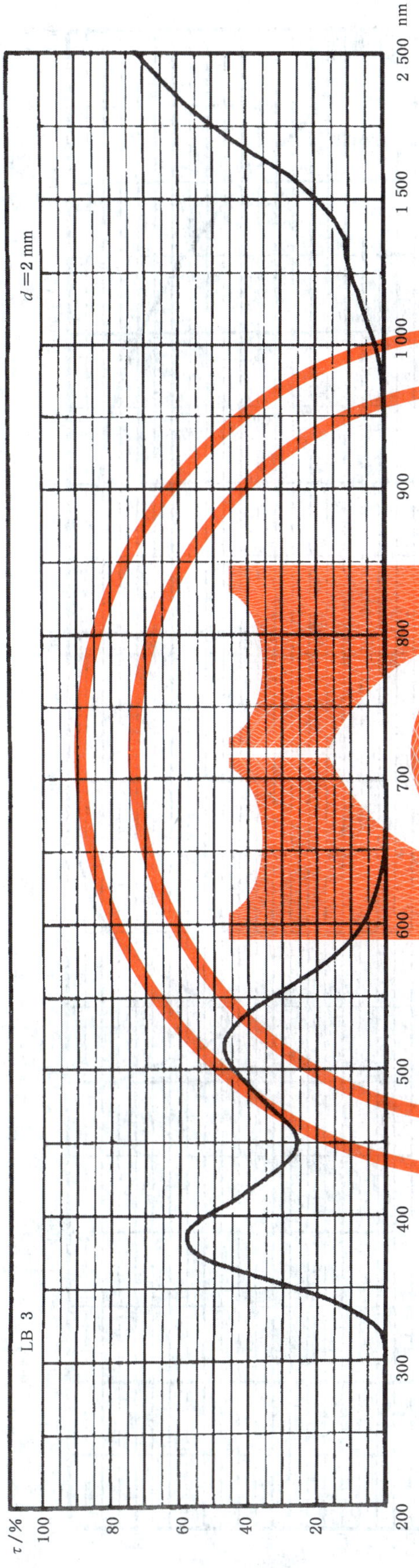

图 C.63 选择吸收型滤光玻璃 LB 3 光谱透射曲线

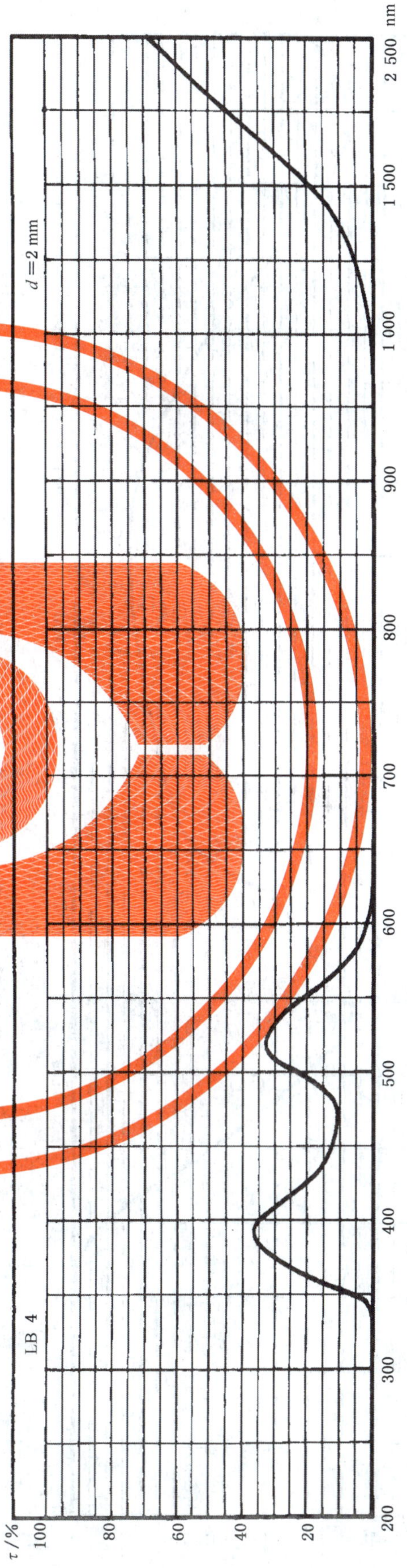

图 C.64 选择吸收型滤光玻璃 LB 4 光谱透射曲线

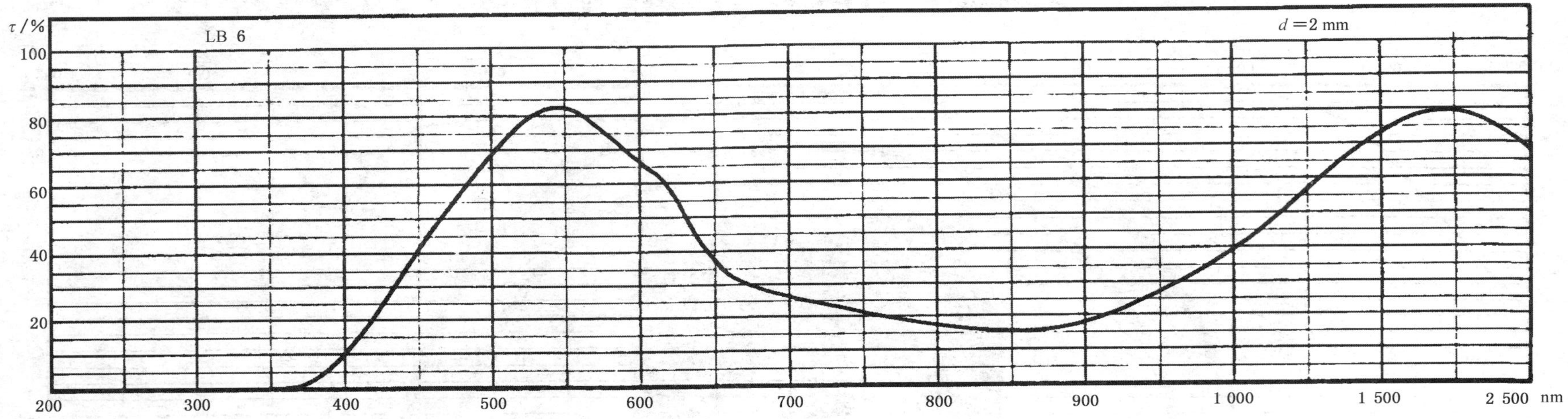

图 C.65 选择吸收型滤光玻璃 LB 6 光谱透射曲线

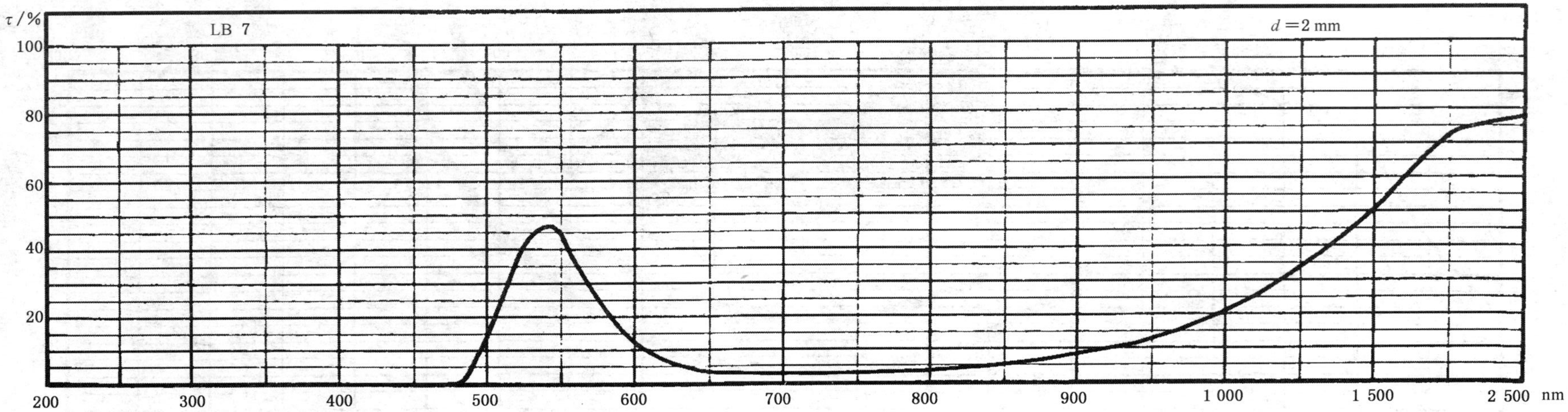

图 C.66 选择吸收型滤光玻璃 LB 7 光谱透射曲线

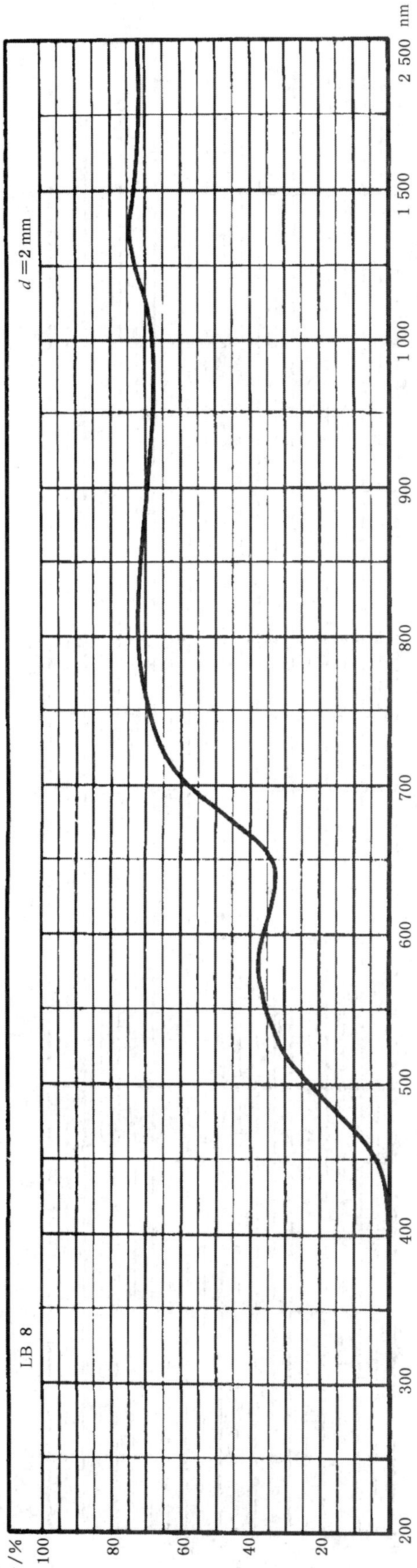

图 C.67 选择吸收型滤光玻璃 LB 8 光谱透射曲线

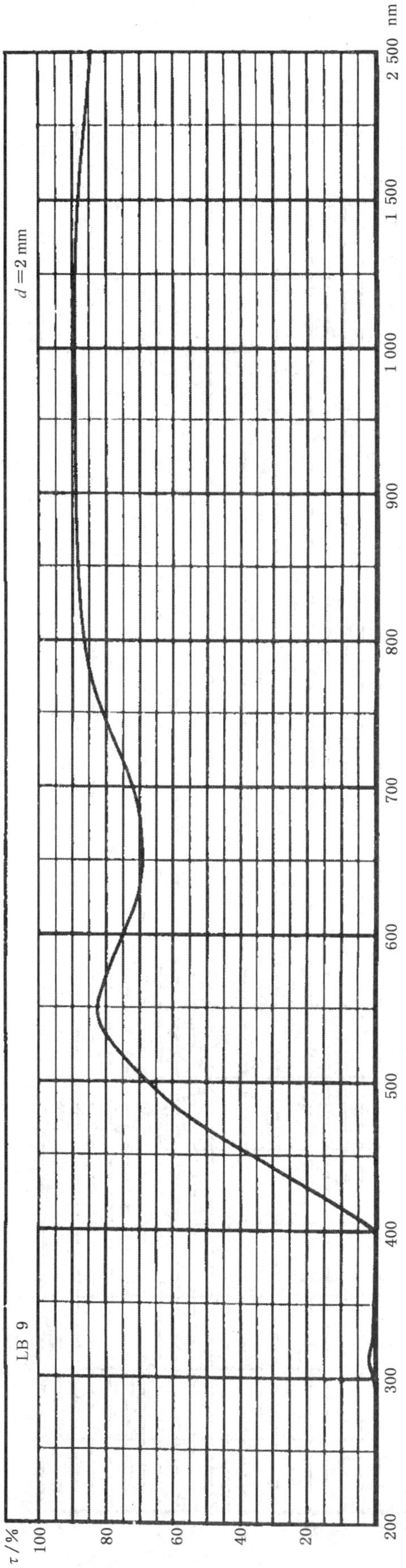

图 C.68 选择吸收型滤光玻璃 LB 9 光谱透射曲线

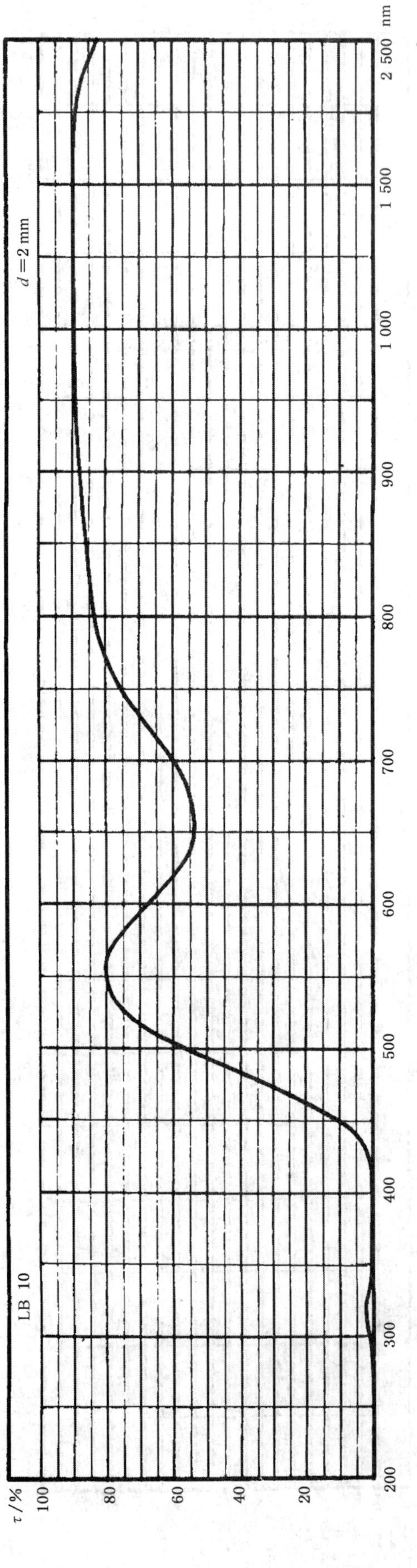

图 C.69　选择吸收型滤光玻璃 LB 10 光谱透射曲线

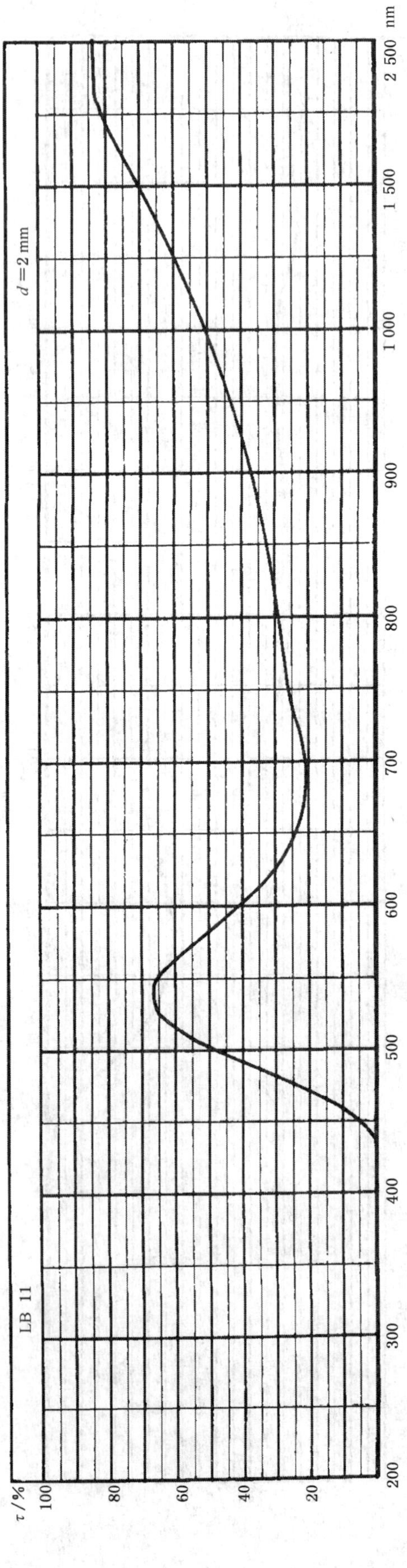

图 C.70　选择吸收型滤光玻璃 LB 11 光谱透射曲线

图 C.71　选择吸收型滤光玻璃 LB 12 光谱透射曲线

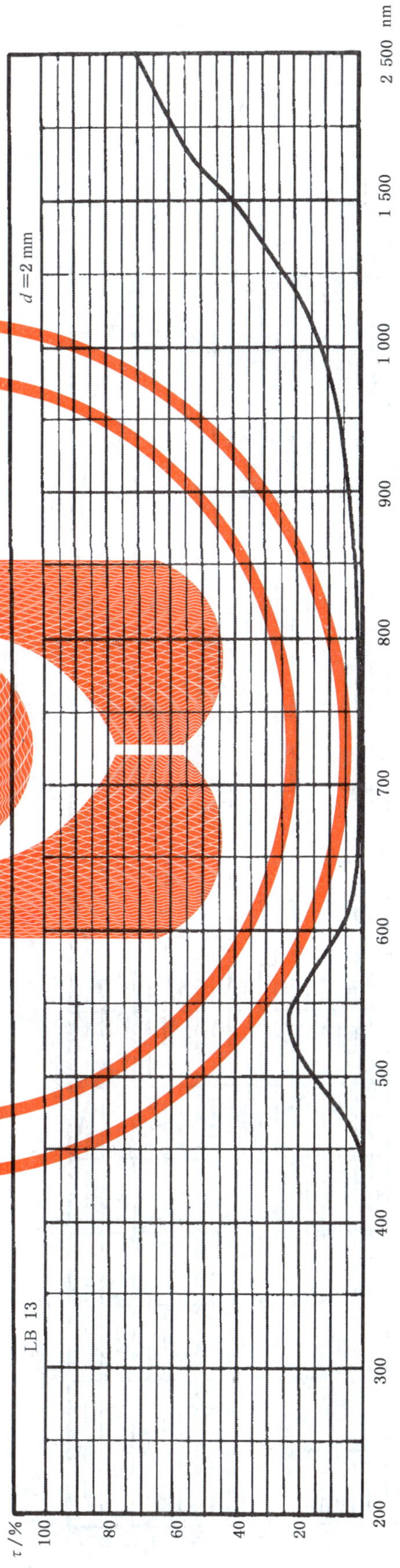

图 C.72　选择吸收型滤光玻璃 LB 13 光谱透射曲线

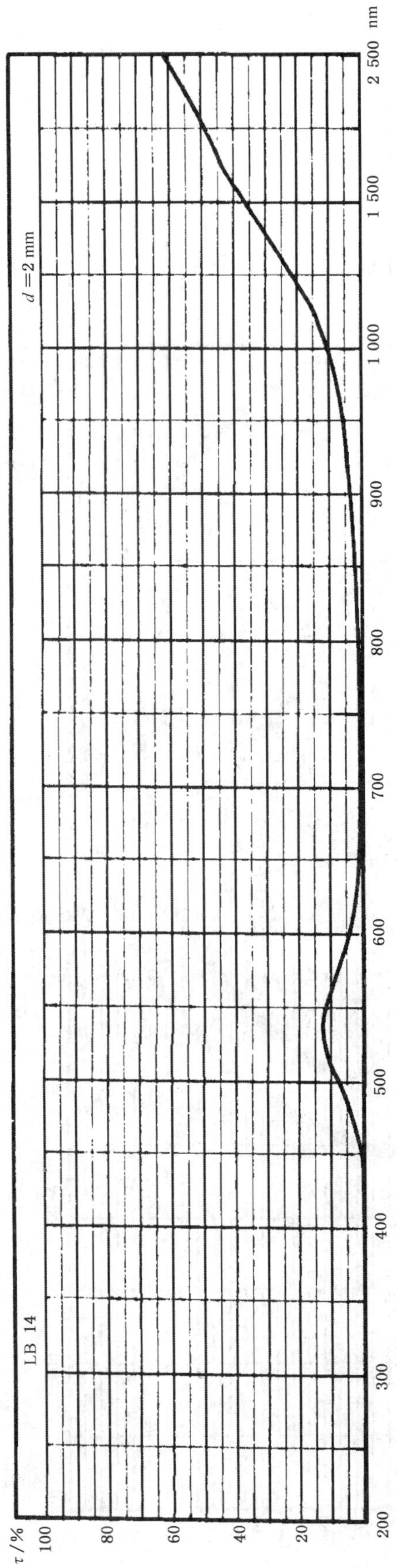

图 C.73 选择吸收型滤光玻璃 LB 14 光谱透射曲线

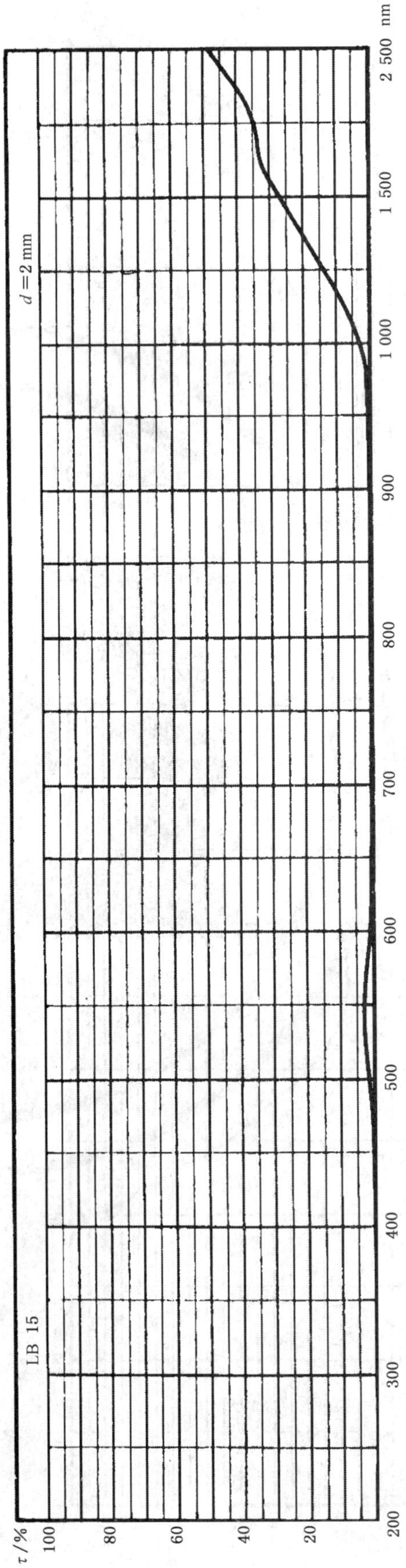

图 C.74 选择吸收型滤光玻璃 LB 15 光谱透射曲线

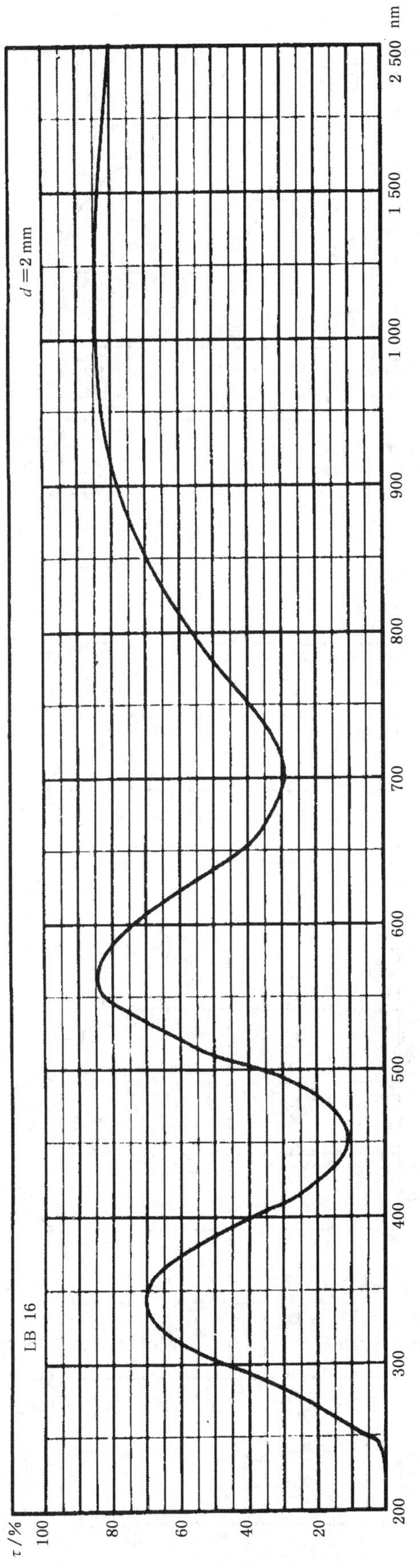

图 C.75 选择吸收型滤光玻璃 LB 16 光谱透射曲线

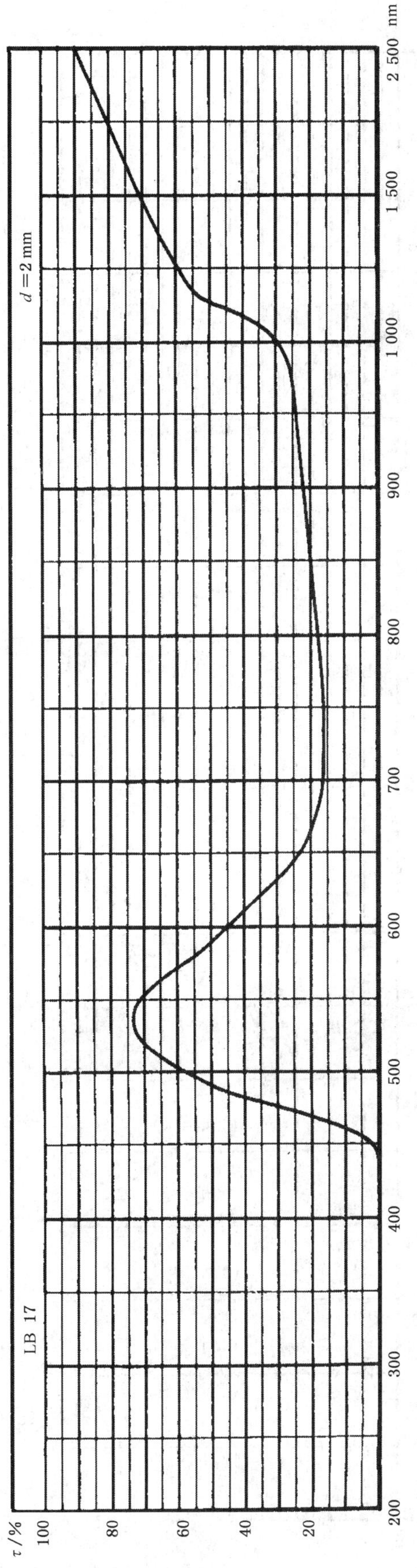

图 C.76 选择吸收型滤光玻璃 LB 17 光谱透射曲线

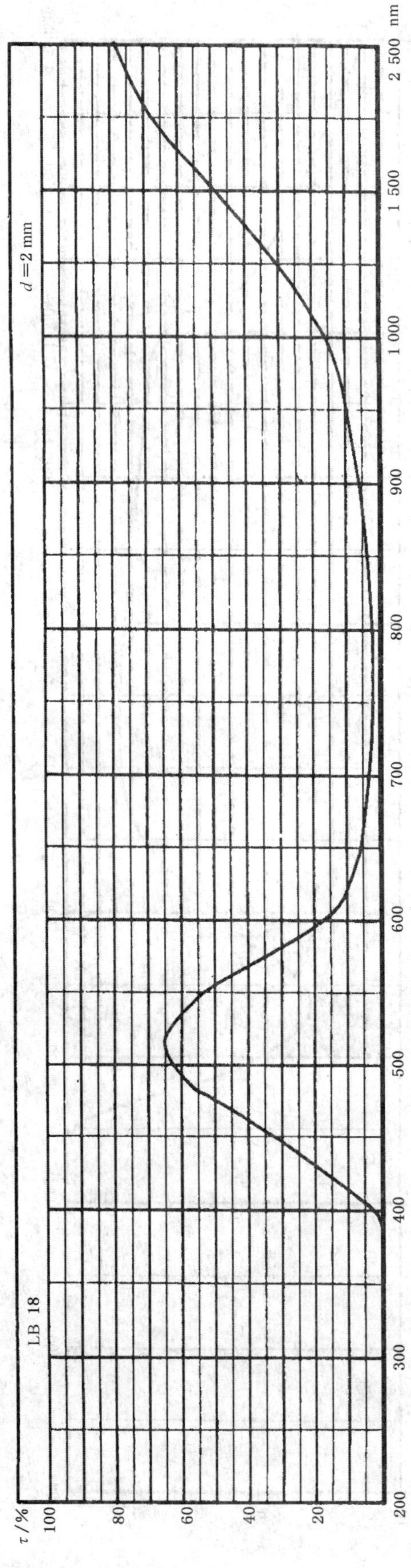

图 C.77 选择吸收型滤光玻璃 LB 18 光谱透射曲线

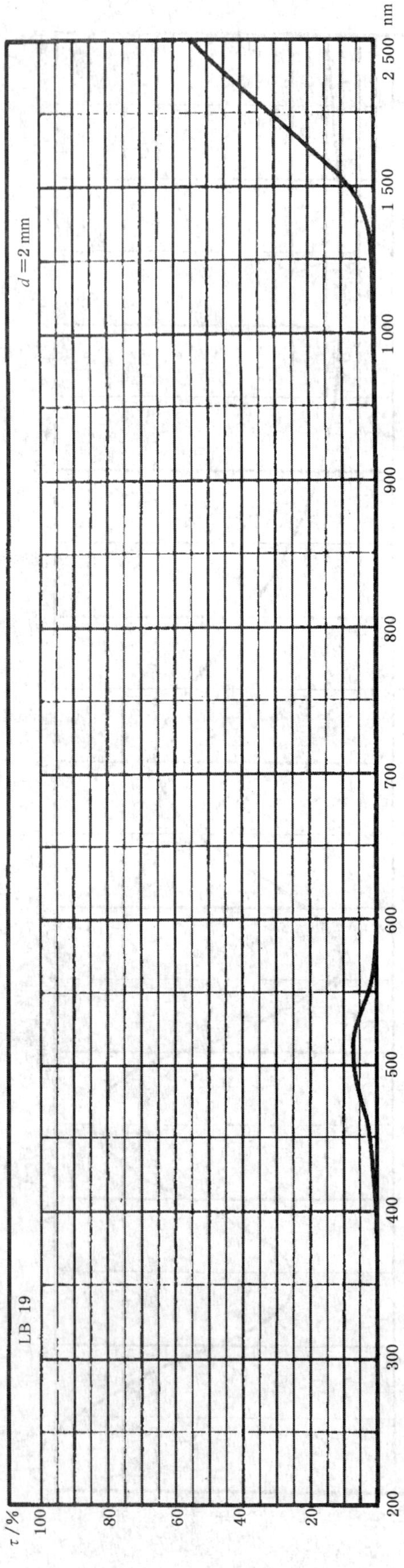

图 C.78 选择吸收型滤光玻璃 LB 19 光谱透射曲线

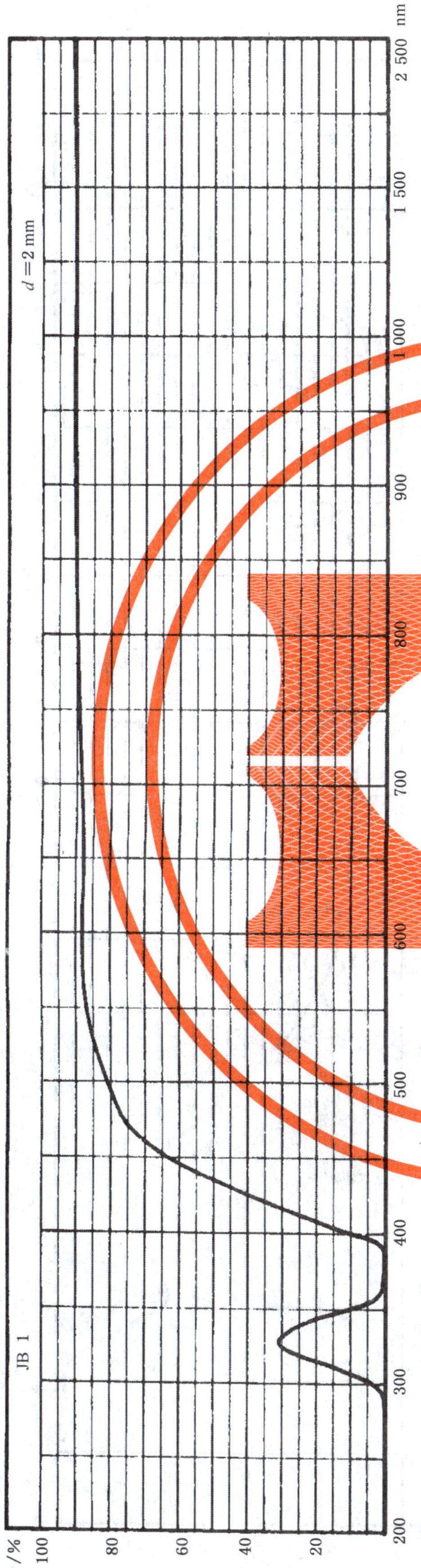

图 C.79　选择吸收型滤光玻璃 JB 1 光谱透射曲线

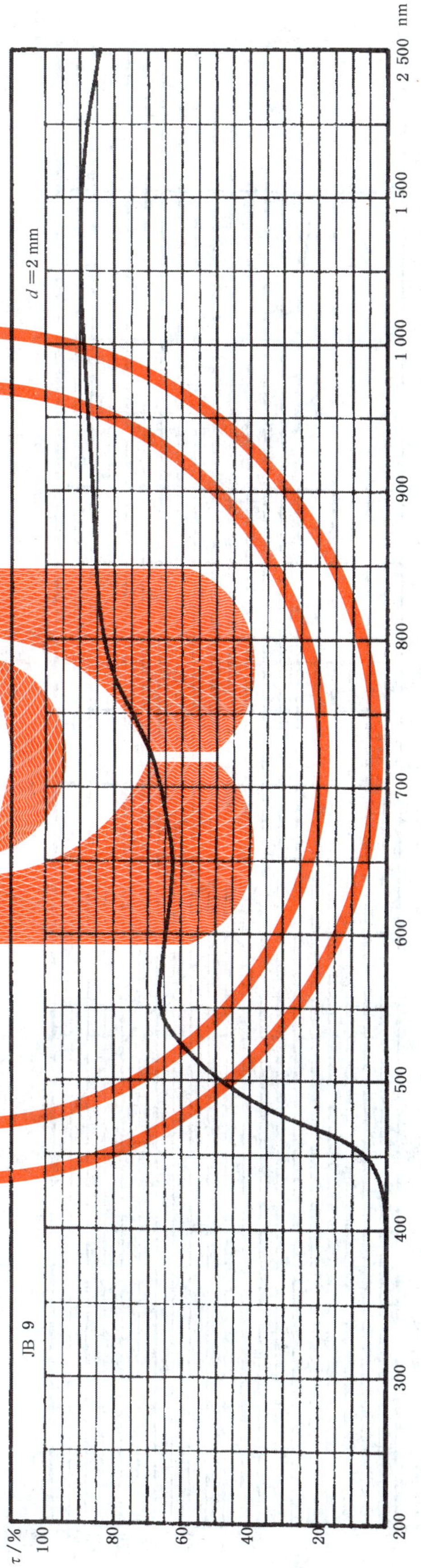

图 C.80　选择吸收型滤光玻璃 JB 9 光谱透射曲线

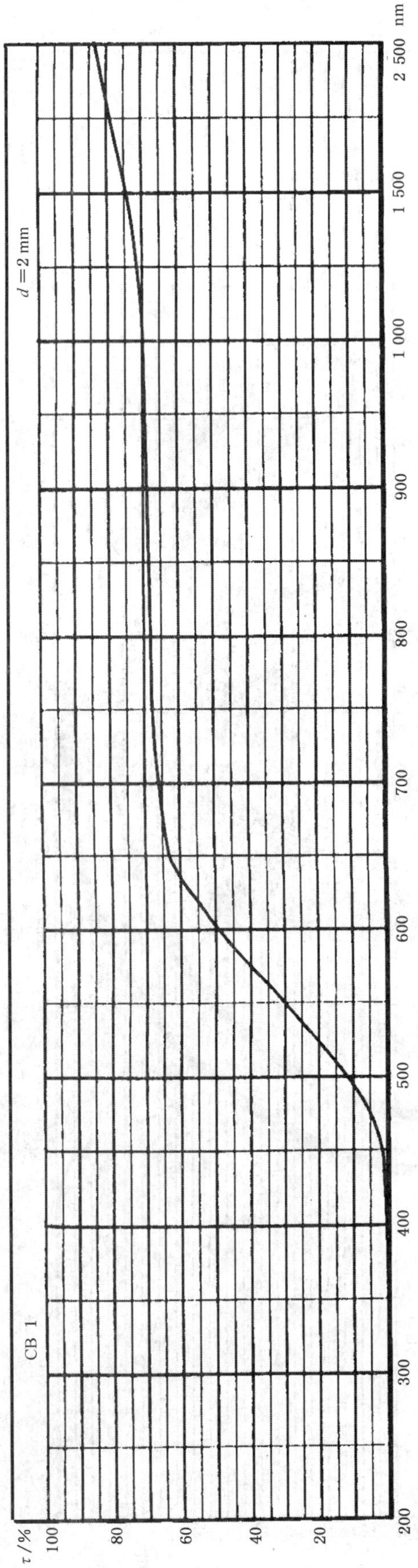

图 C.81 选择吸收型滤光玻璃 CB 1 光谱透射曲线

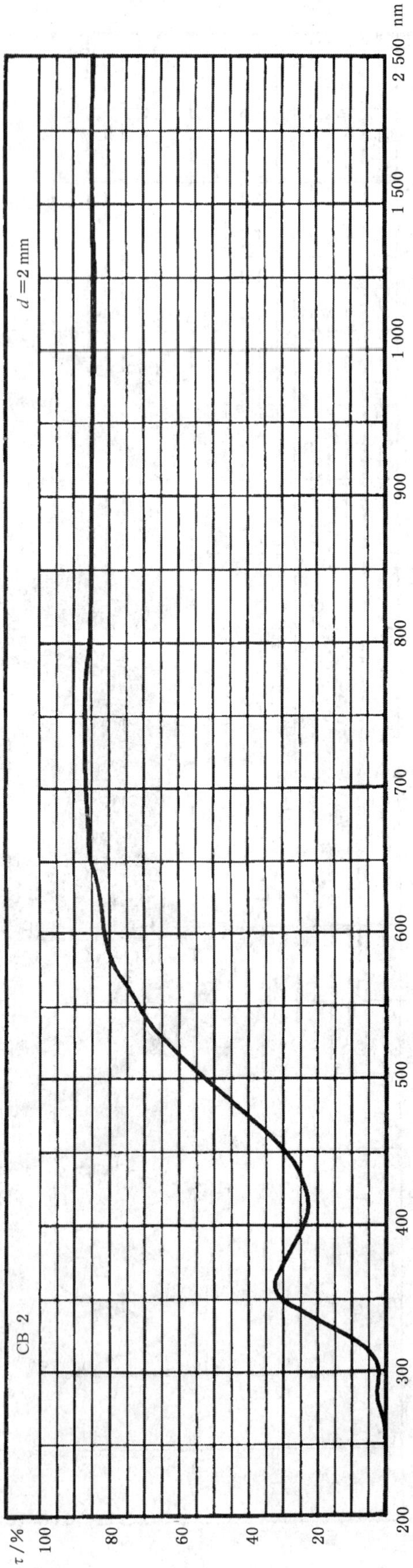

图 C.82 选择吸收型滤光玻璃 CB 2 光谱透射曲线

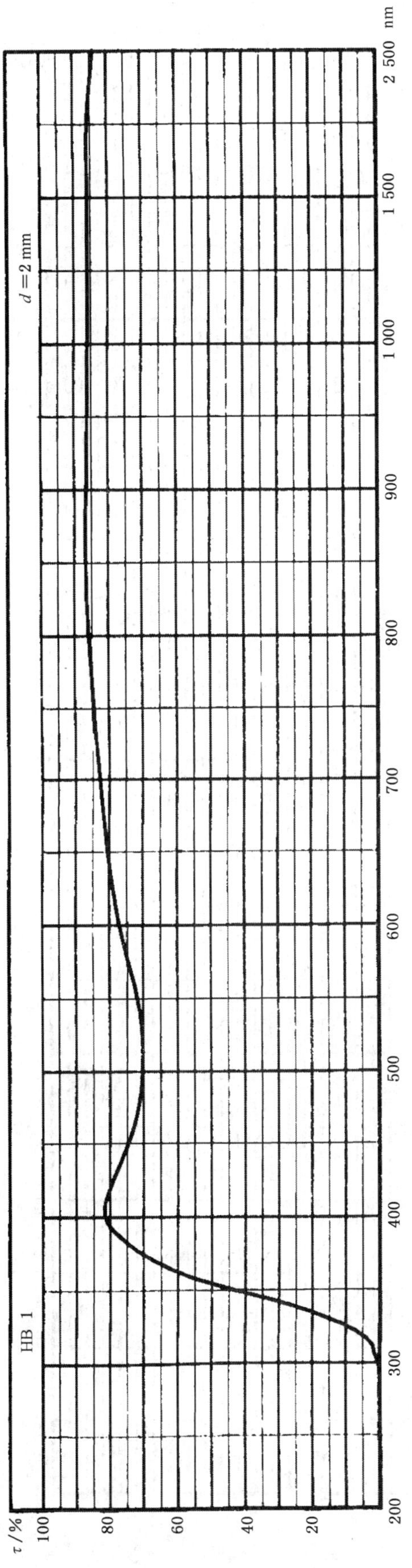

图 C.83 选择吸收型滤光玻璃 HB 1 光谱透射曲线

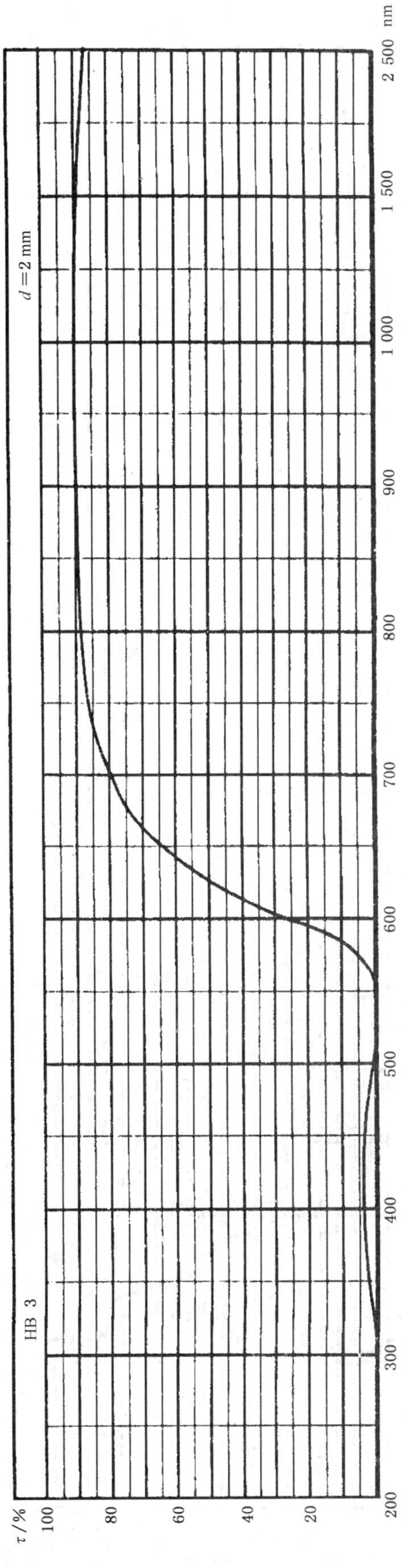

图 C.84 选择吸收型滤光玻璃 HB 3 光谱透射曲线

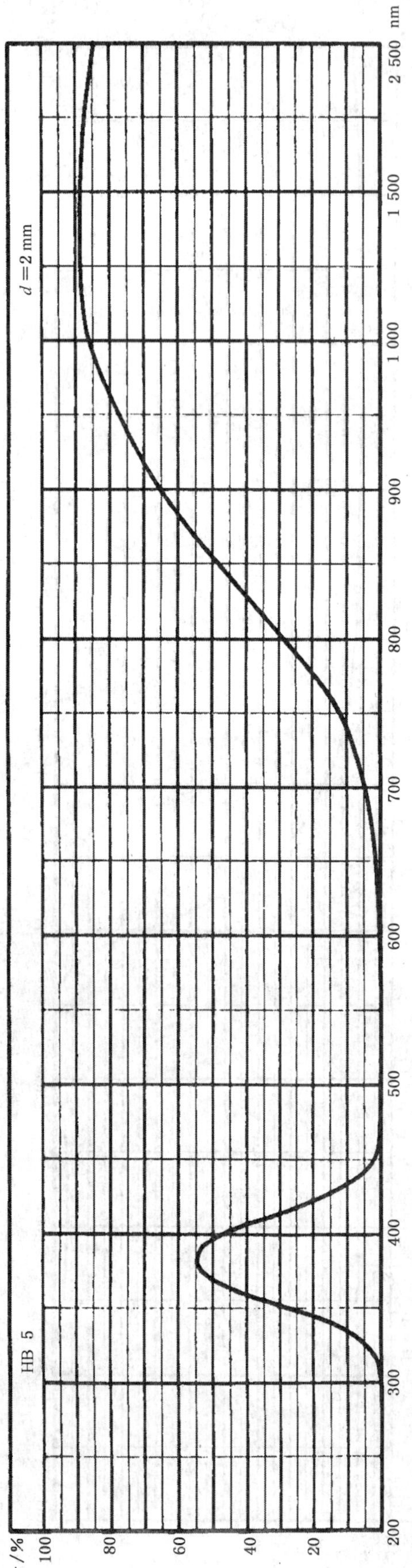

图 C.85 选择吸收型滤光玻璃 HB 5 光谱透射曲线

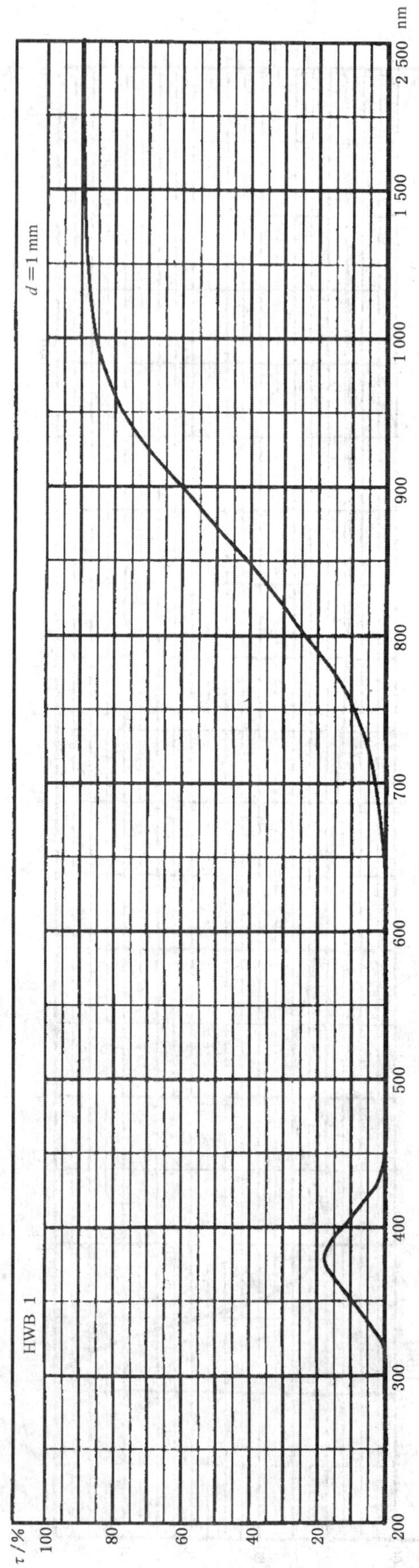

图 C.86 选择吸收型滤光玻璃 HWB 1 光谱透射曲线

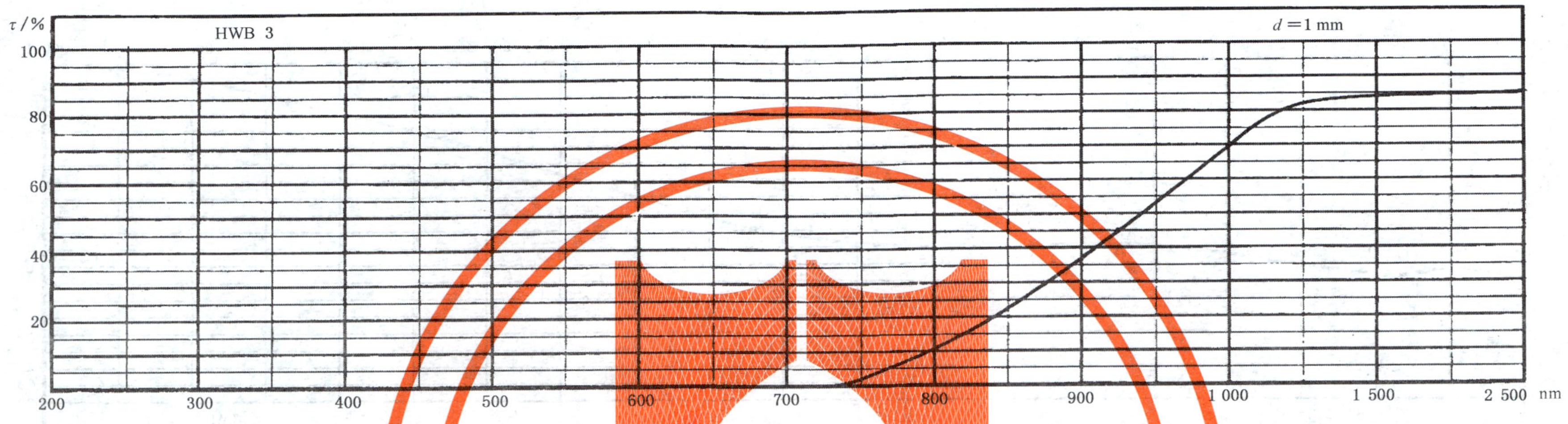

图 C.87　选择吸收型滤光玻璃 **HWB** 3 光谱透射曲线

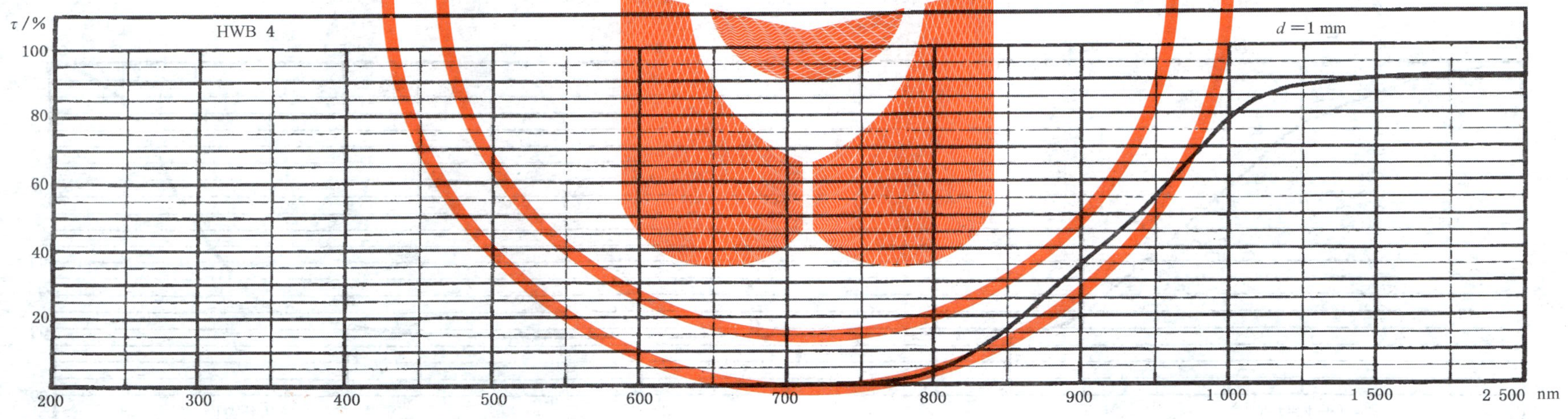

图 C.88　选择吸收型滤光玻璃 **HWB** 4 光谱透射曲线

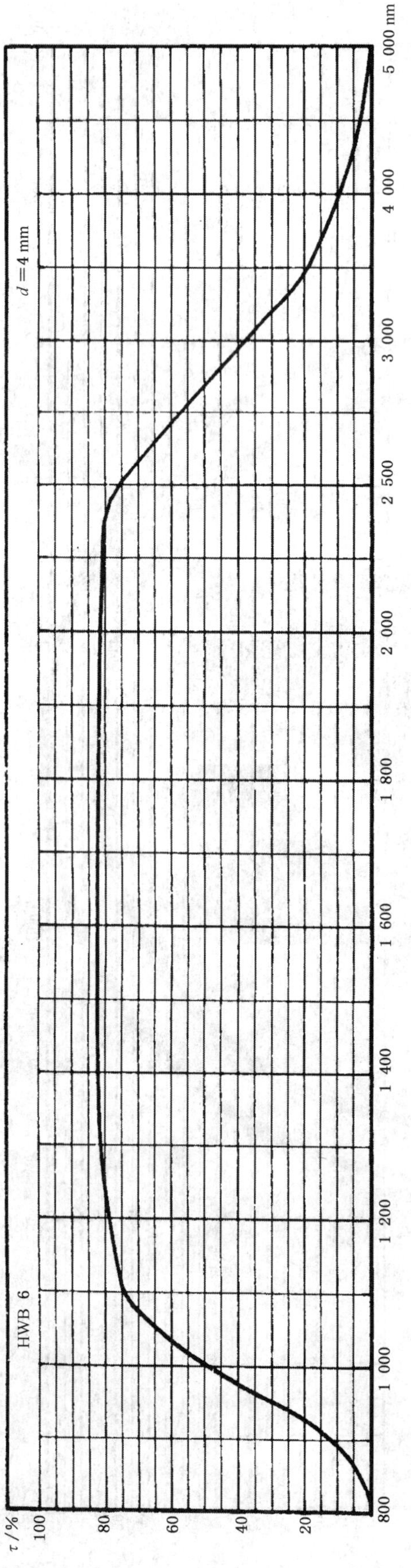

图 C.89 选择吸收型滤光玻璃 HWB 6 光谱透射曲线

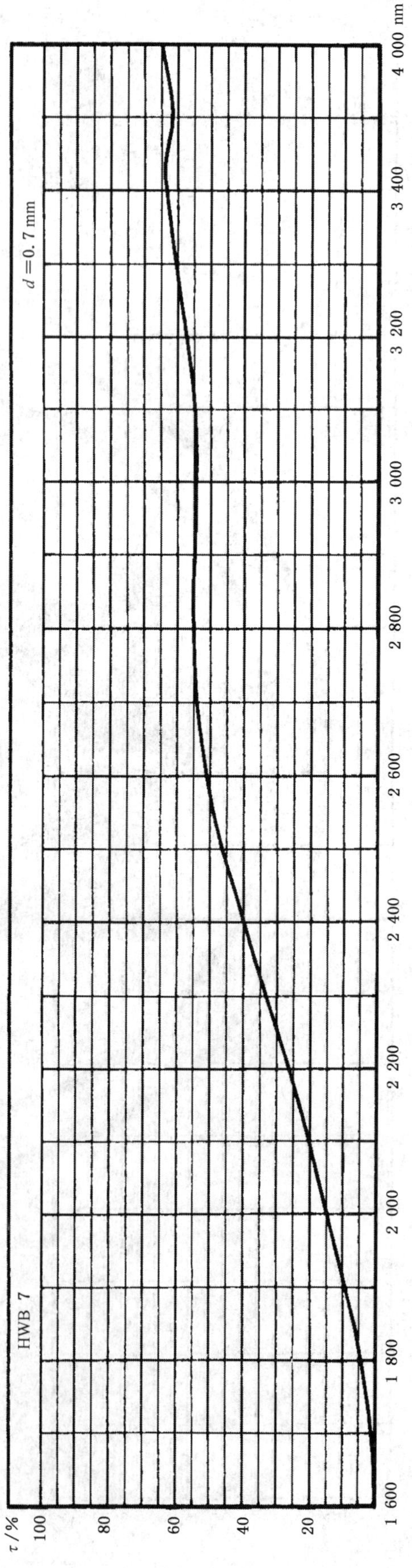

图 C.90 选择吸收型滤光玻璃 HWB 7 光谱透射曲线

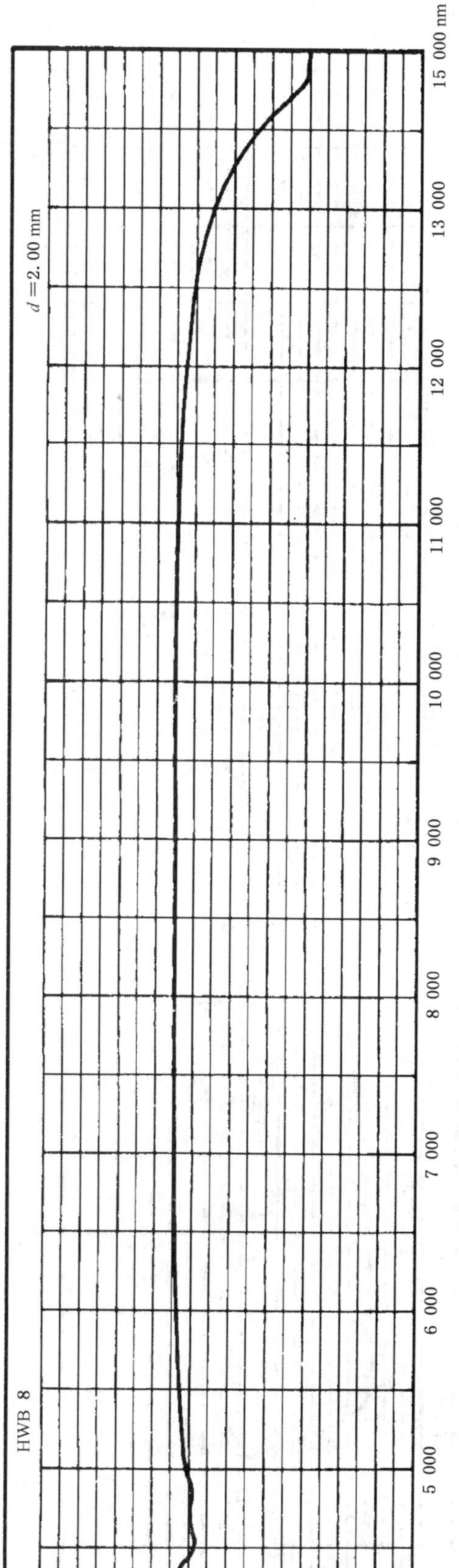

图 C.91　选择吸收型滤光玻璃 HWB 8 光谱透射曲线

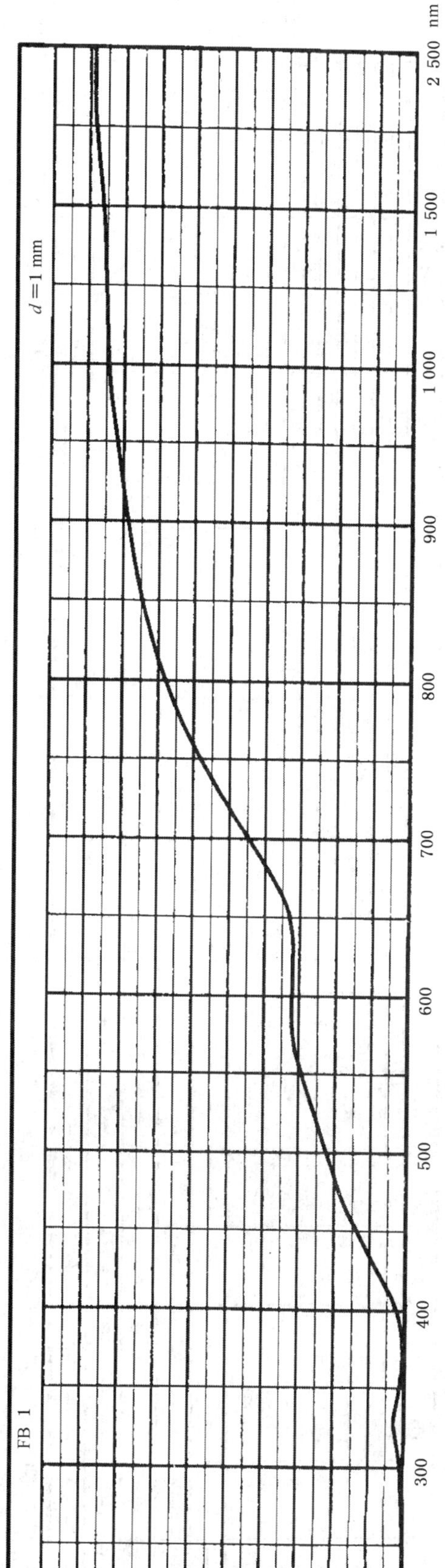

图 C.92　选择吸收型滤光玻璃 FB 1 光谱透射曲线

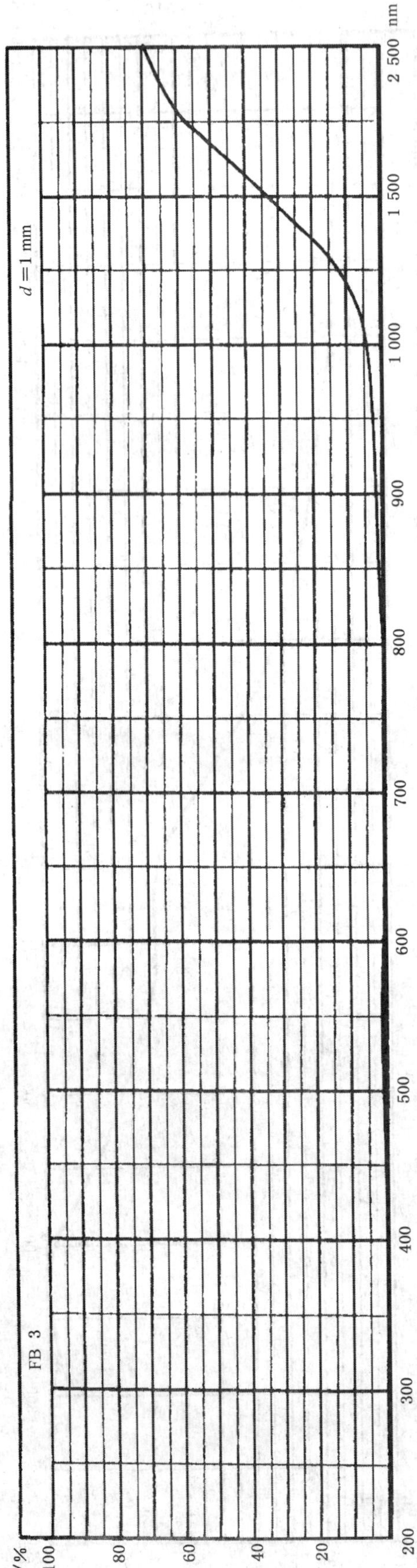

图 C.93 选择吸收型滤光玻璃 FB 3 光谱透射曲线

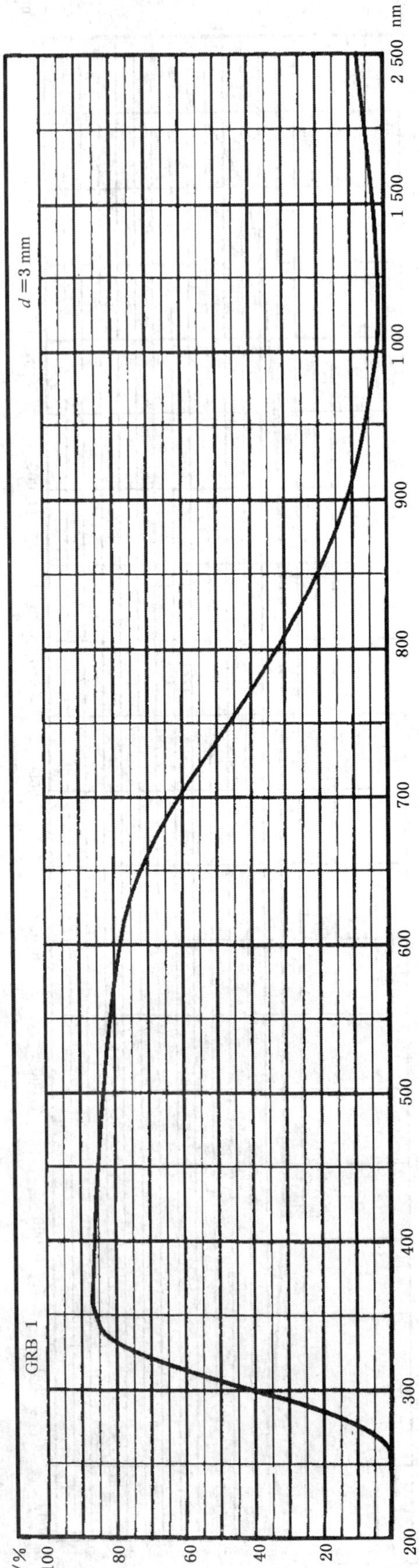

图 C.94 选择吸收型滤光玻璃 GRB 1 光谱透射曲线

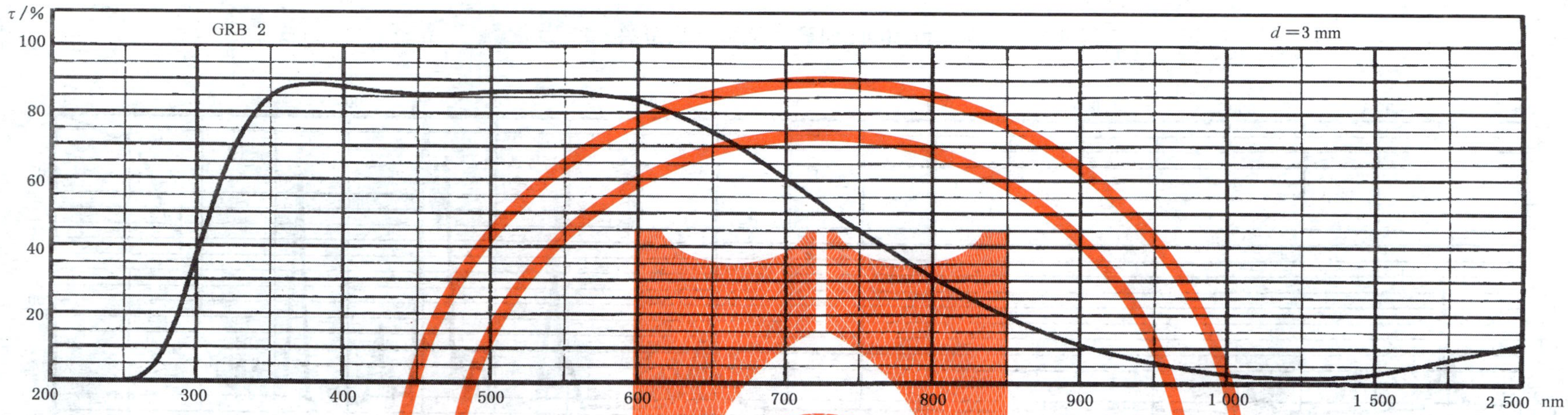

图 C.95　选择吸收型滤光玻璃 GRB 2 光谱透射曲线

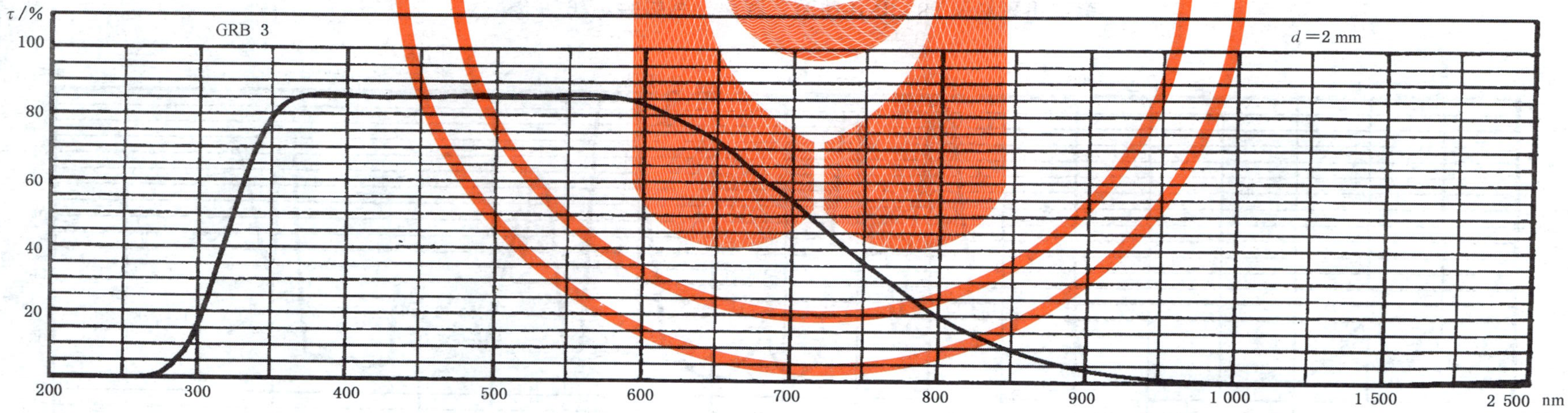

图 C.96　选择吸收型滤光玻璃 GRB 3 光谱透射曲线

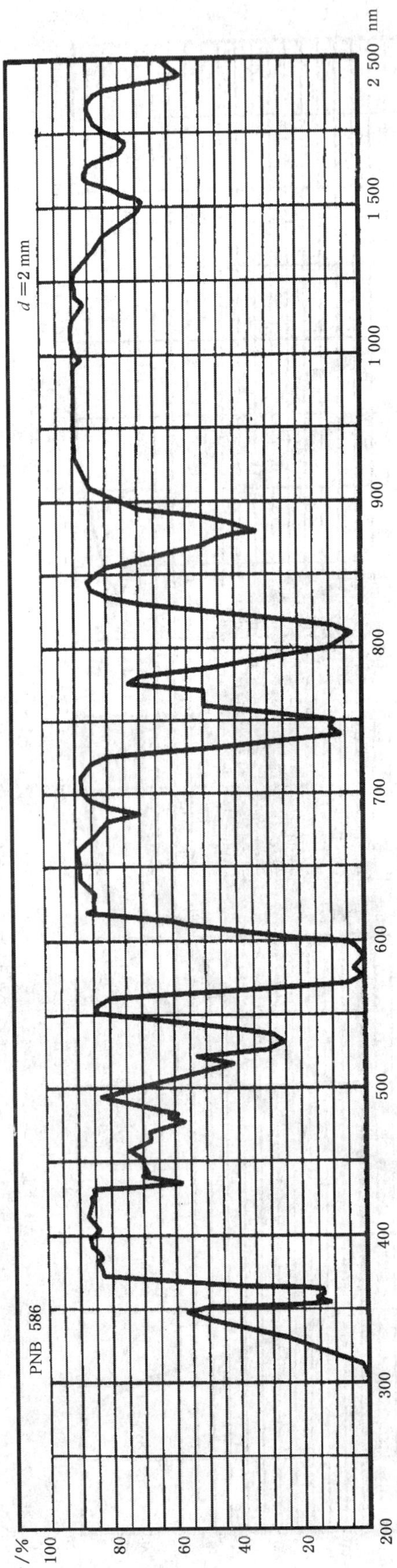

图 C.97 选择吸收型滤光玻璃 PNB 586 光谱透射曲线

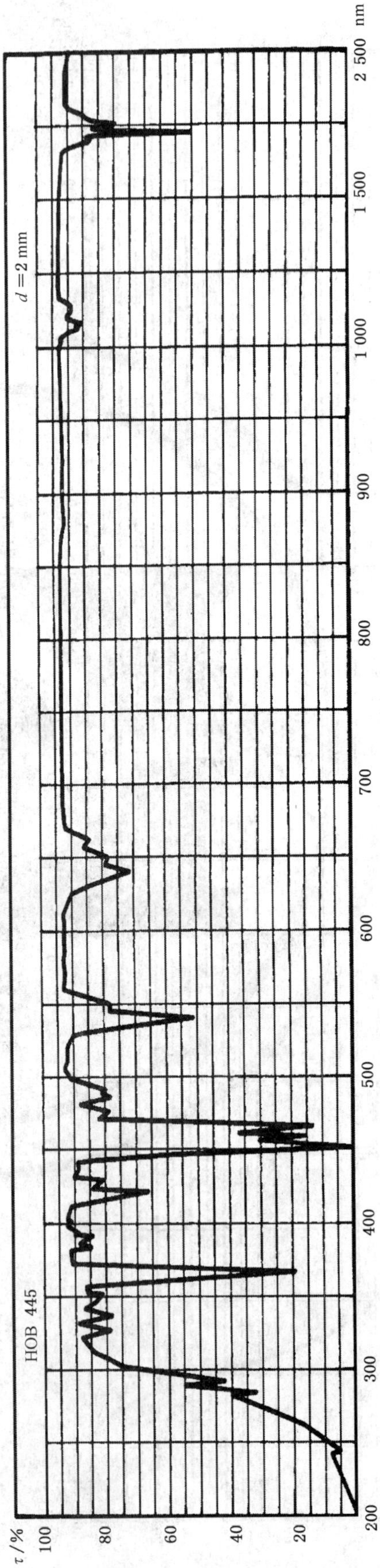

图 C.98 选择吸收型滤光玻璃 HOB 445 光谱透射曲线

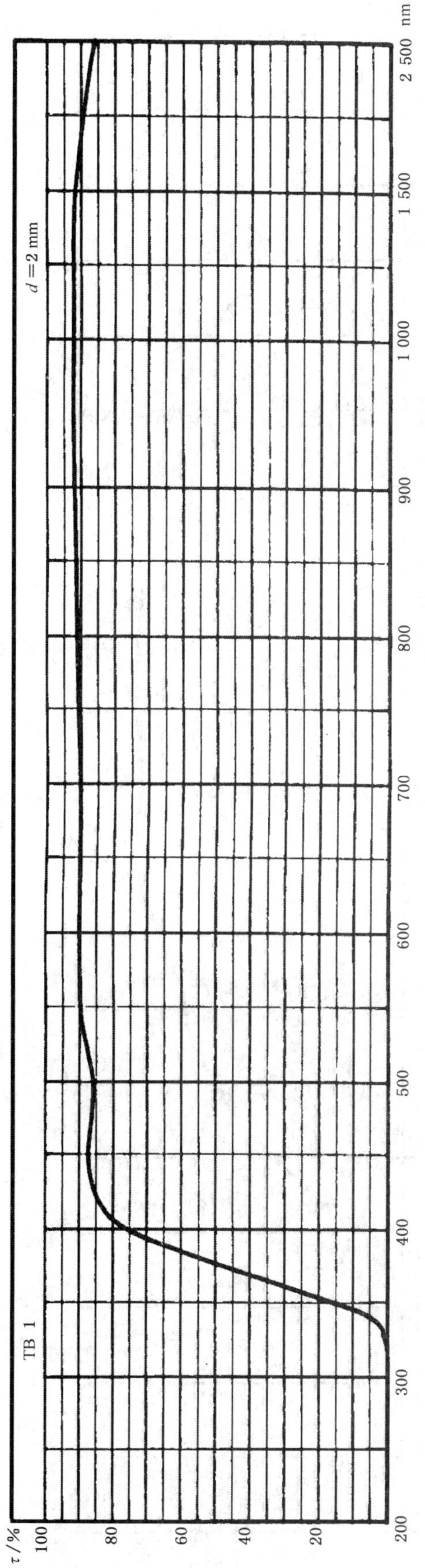

图 C.99　选择吸收型滤光玻璃 TB 1 光谱透射曲线

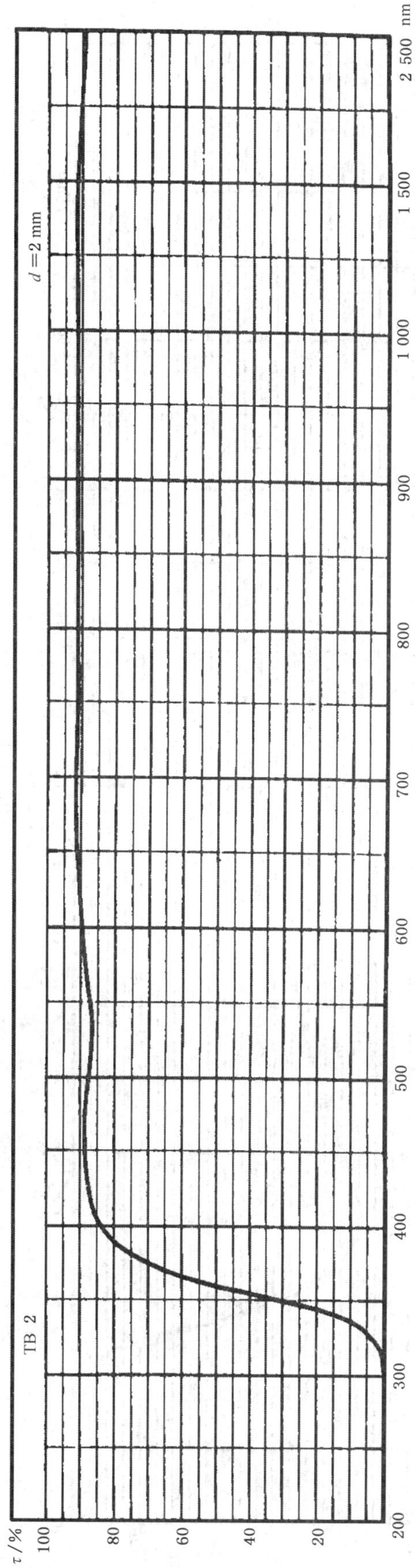

图 C.100　选择吸收型滤光玻璃 TB 2 光谱透射曲线

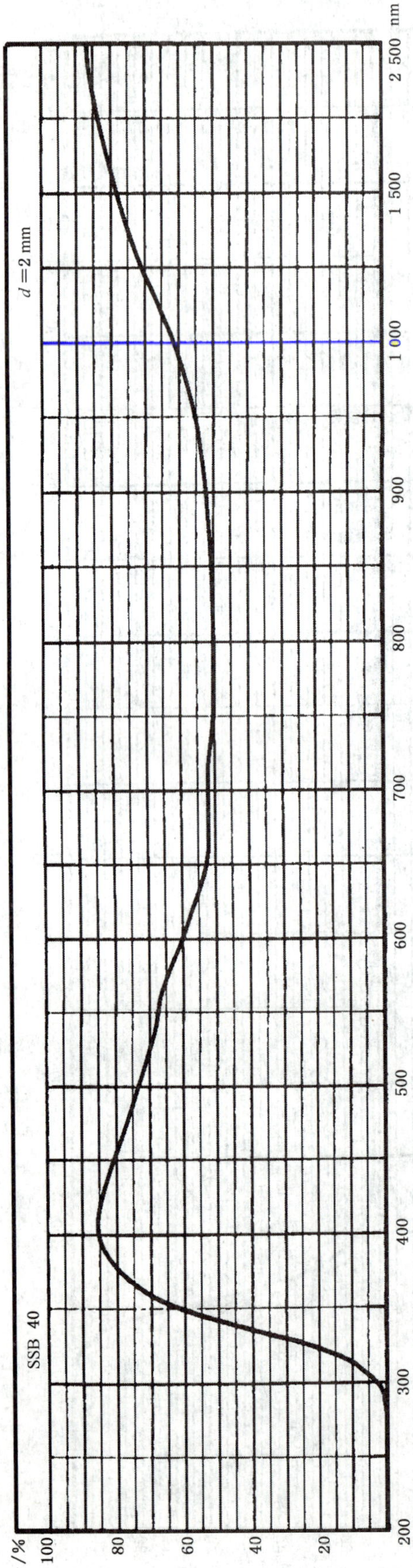

图 C.101 选择吸收型滤光玻璃 SSB 40 光谱透射曲线

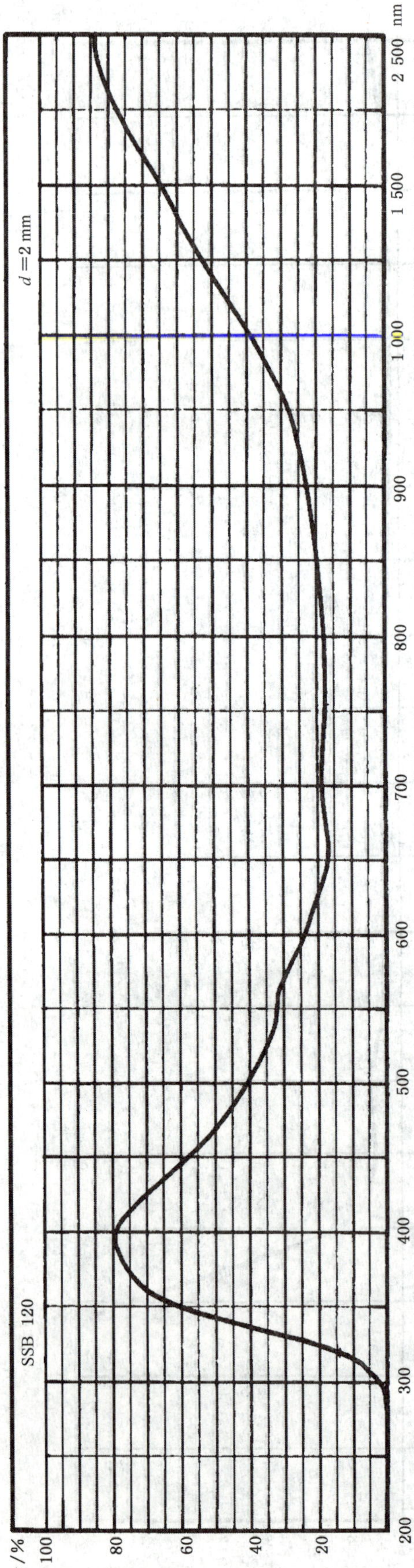

图 C.102 选择吸收型滤光玻璃 SSB 120 光谱透射曲线

图 C.103 选择吸收型滤光玻璃 SSB 145 光谱透射曲线

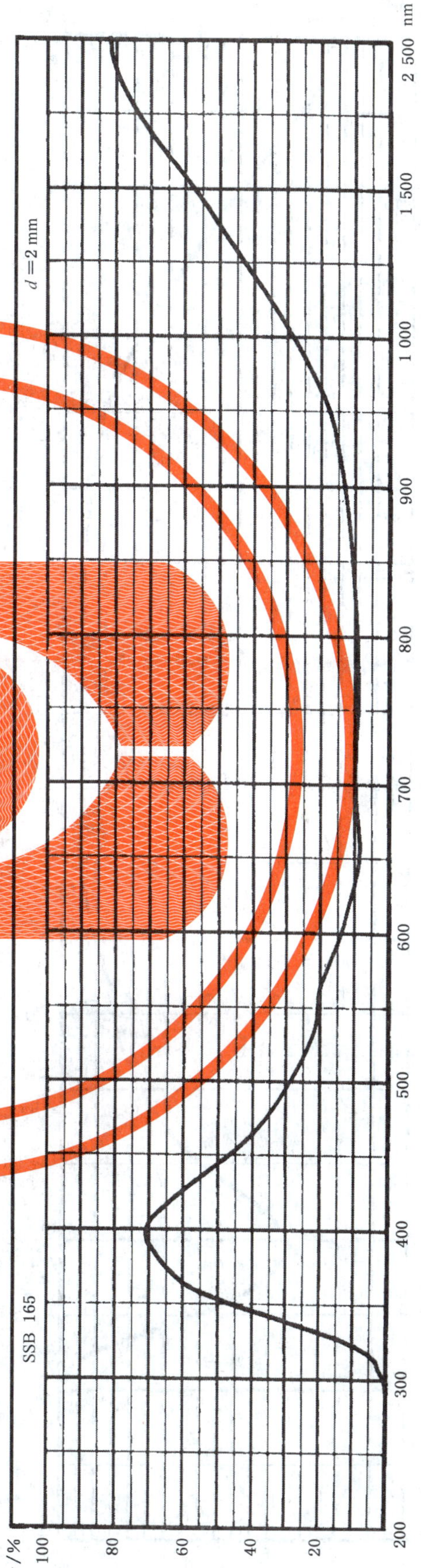

图 C.104 选择吸收型滤光玻璃 SSB 165 光谱透射曲线

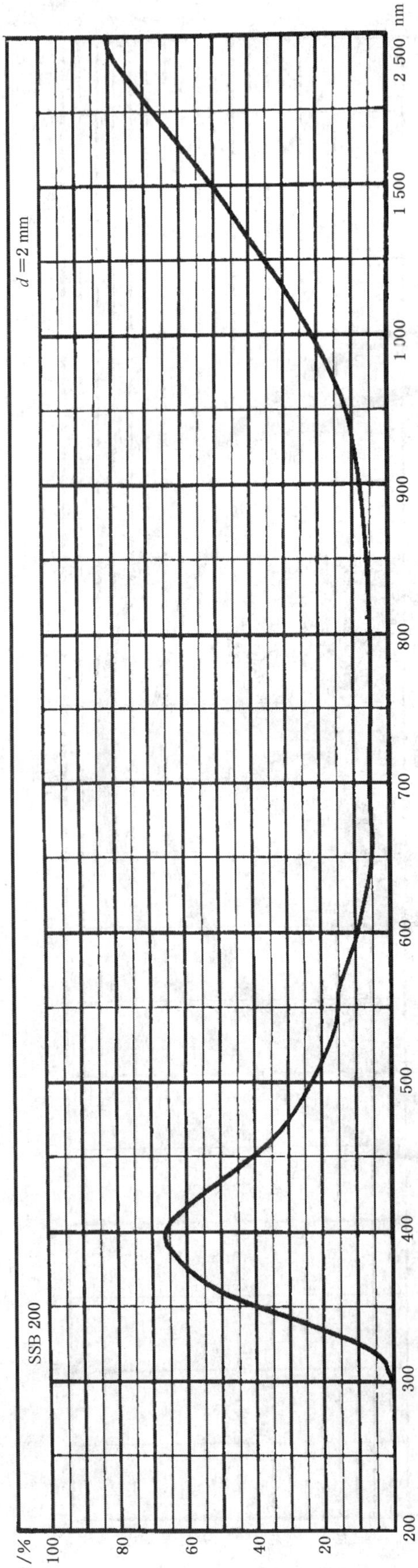

图 C.105 选择吸收型滤光玻璃 SSB 200 光谱透射曲线

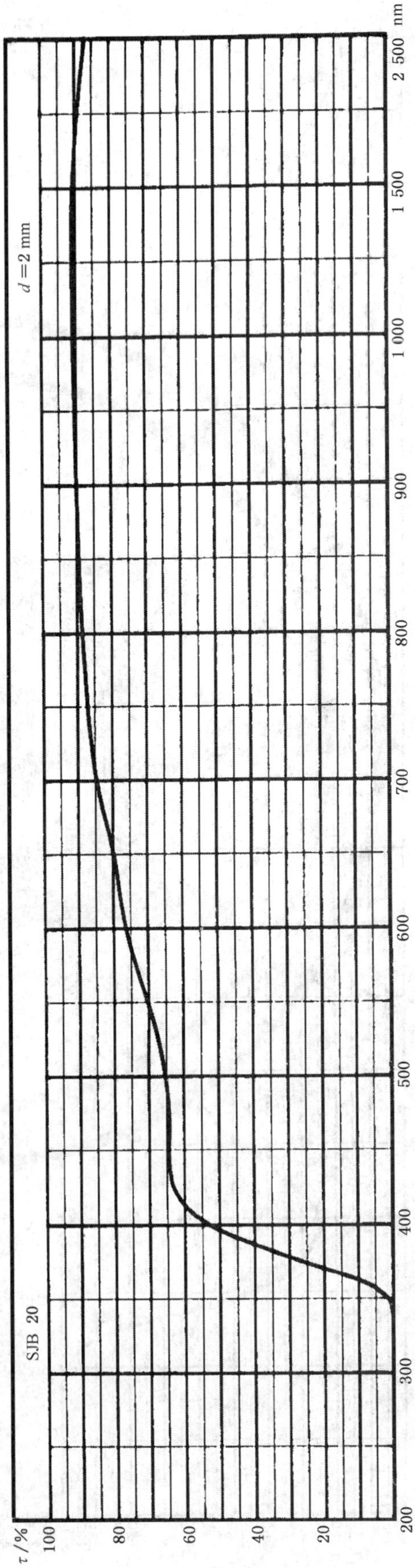

图 C.106 选择吸收型滤光玻璃 SJB 20 光谱透射曲线

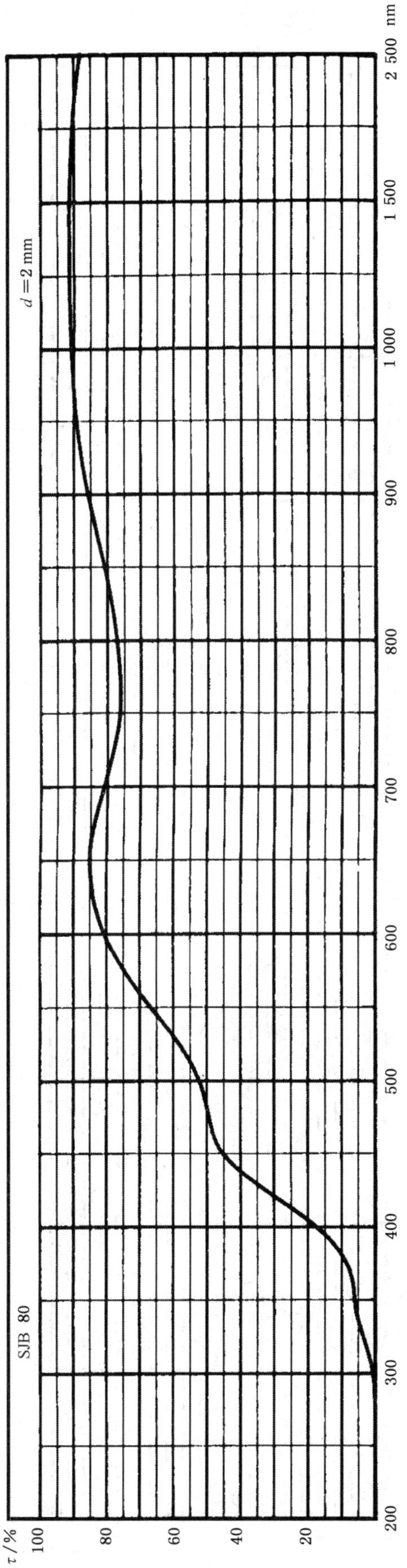

图 C.107 选择吸收型滤光玻璃 SJB 80 光谱透射曲线

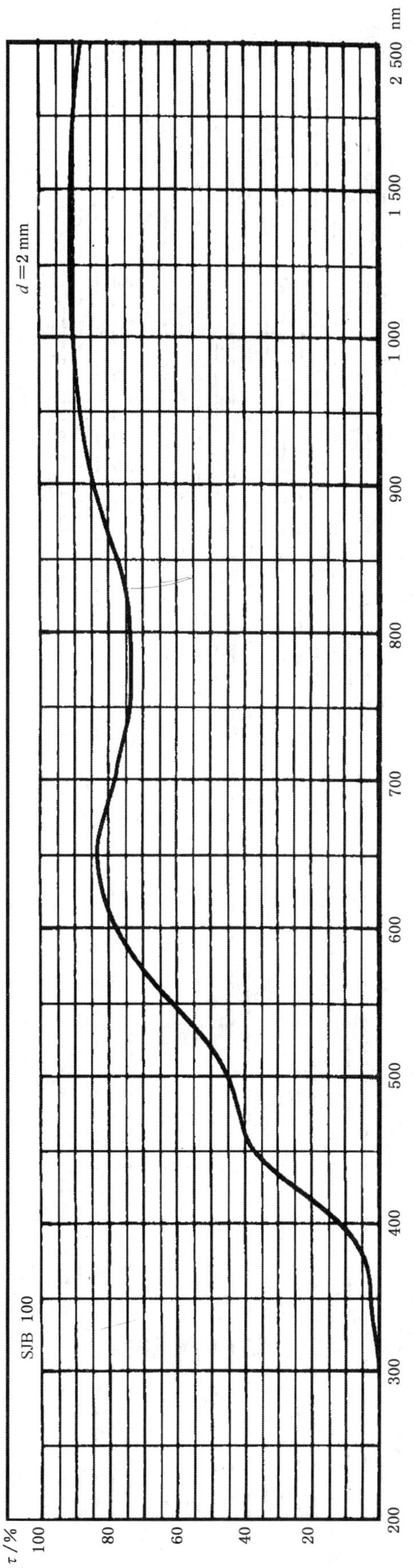

图 C.108 选择吸收型滤光玻璃 SJB 100 光谱透射曲线

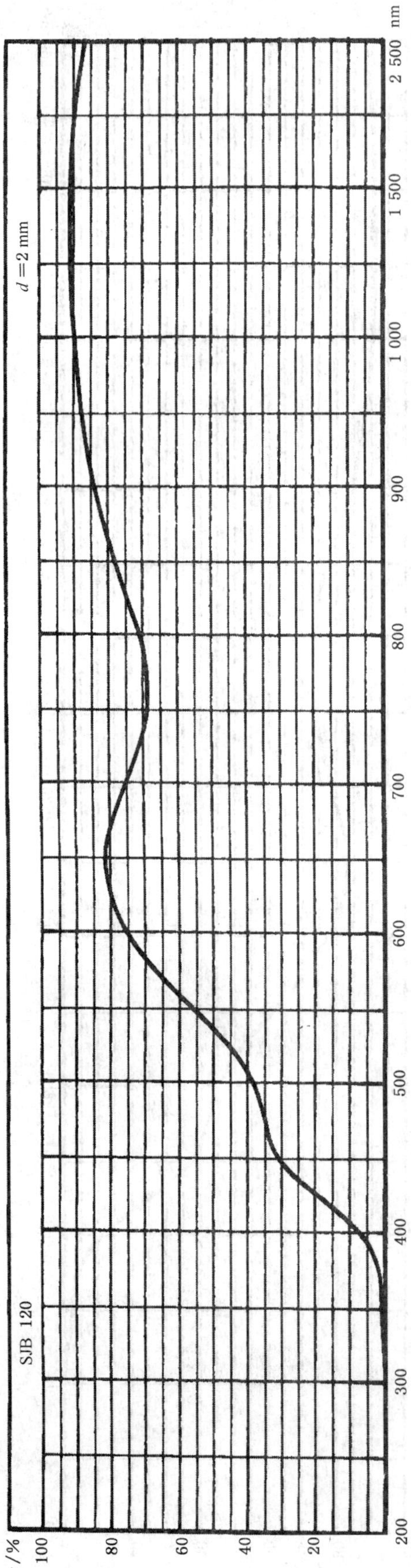

图 C.109　选择吸收型滤光玻璃 SJB 120 光谱透射曲线

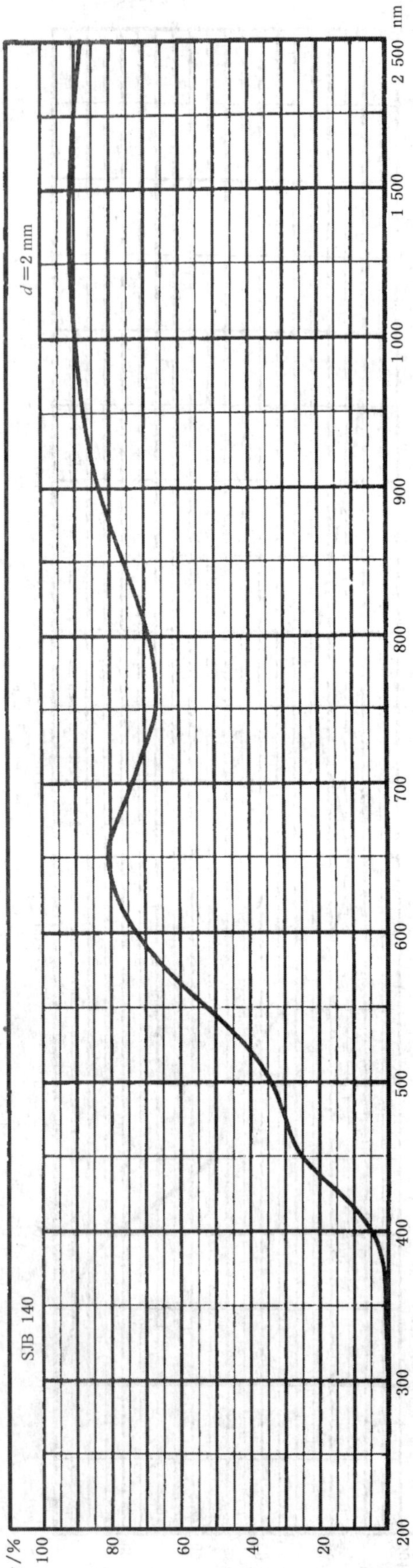

图 C.110　选择吸收型滤光玻璃 SJB 140 光谱透射曲线

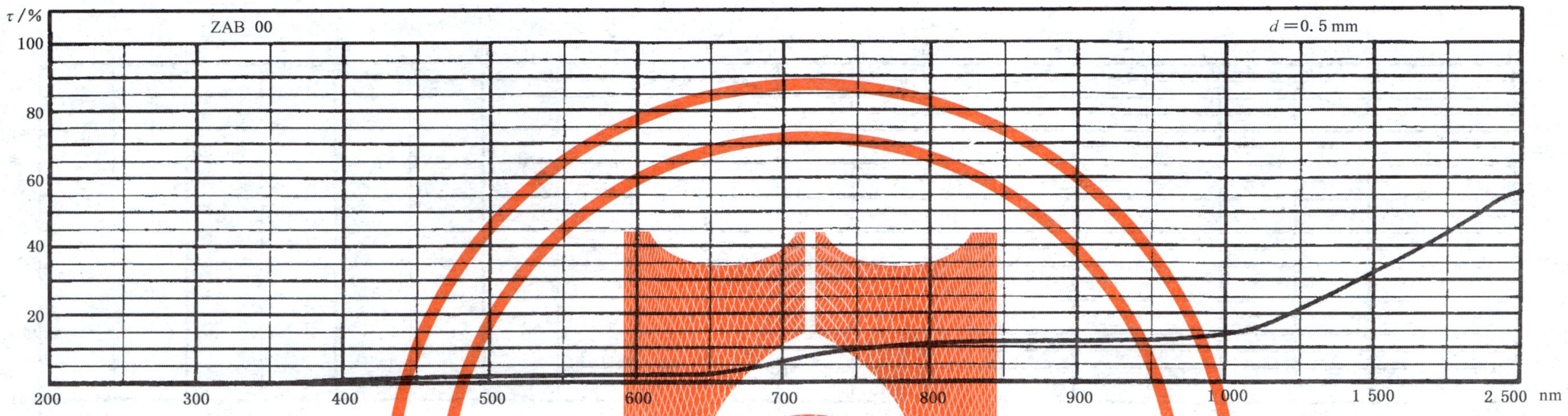

图 C.111 中性型滤光玻璃 ZAB 00 光谱透射曲线

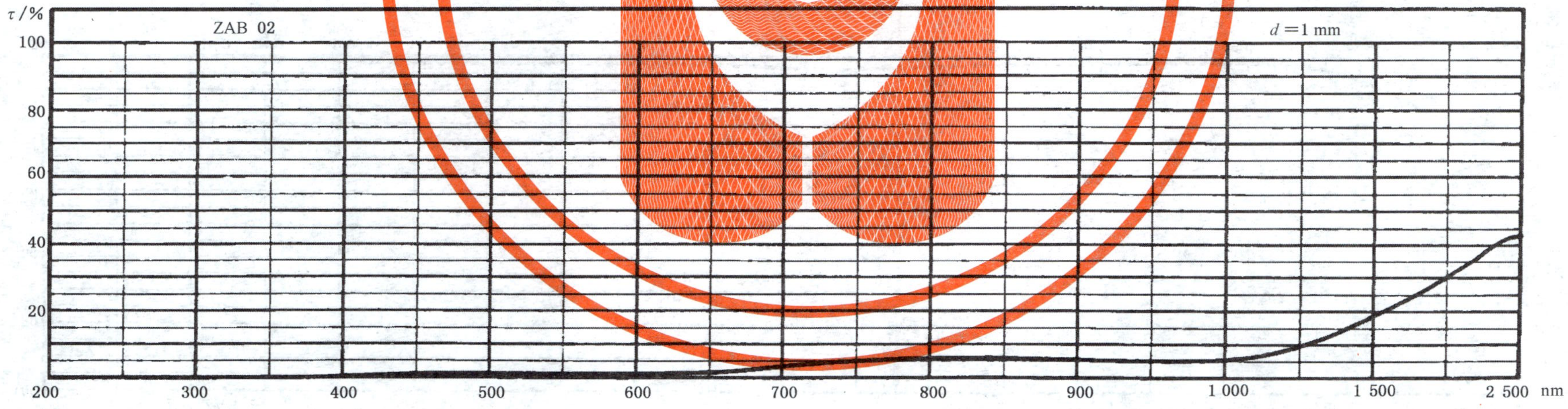

图 C.112 中性型滤光玻璃 ZAB 02 光谱透射曲线

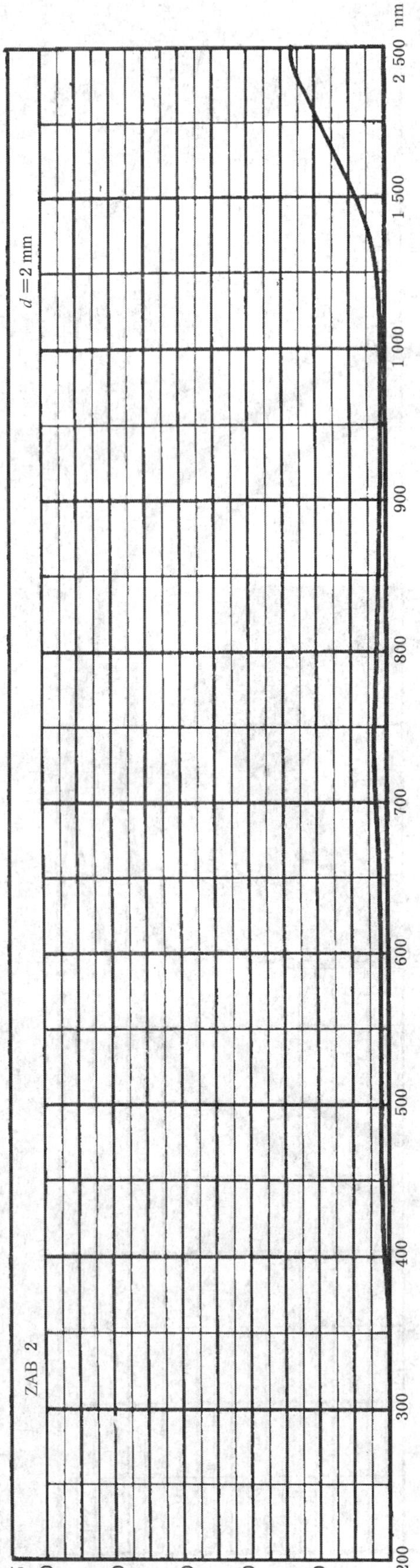

图 C.113 中性型滤光玻璃 ZAB 2 光谱透射曲线

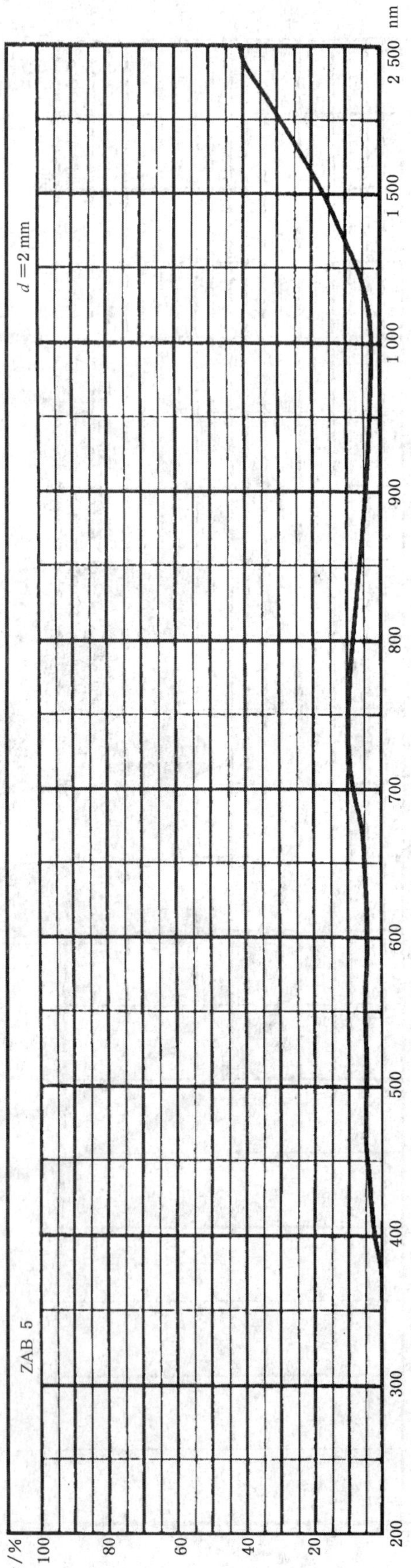

图 C.114 中性型滤光玻璃 ZAB 5 光谱透射曲线

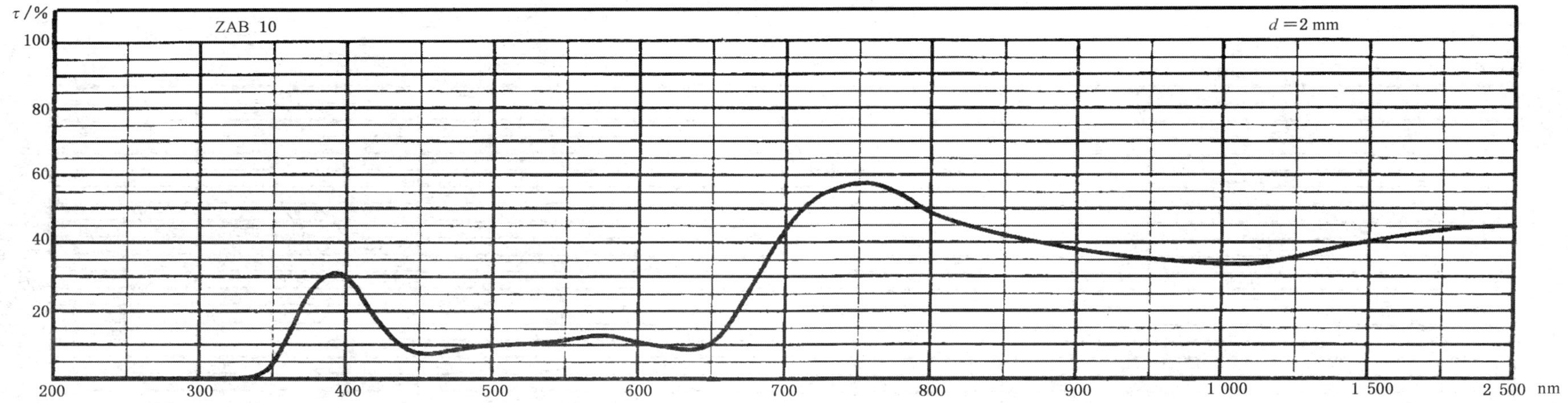

图 C.115　中性型滤光玻璃 ZAB 10 光谱透射曲线

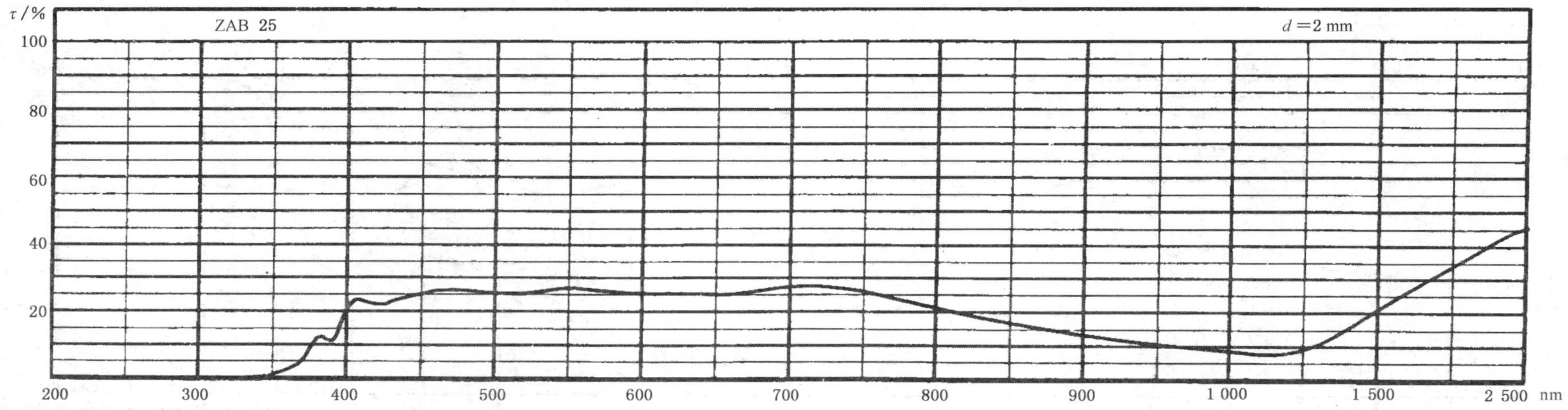

图 C.116　中性型滤光玻璃 ZAB 25 光谱透射曲线

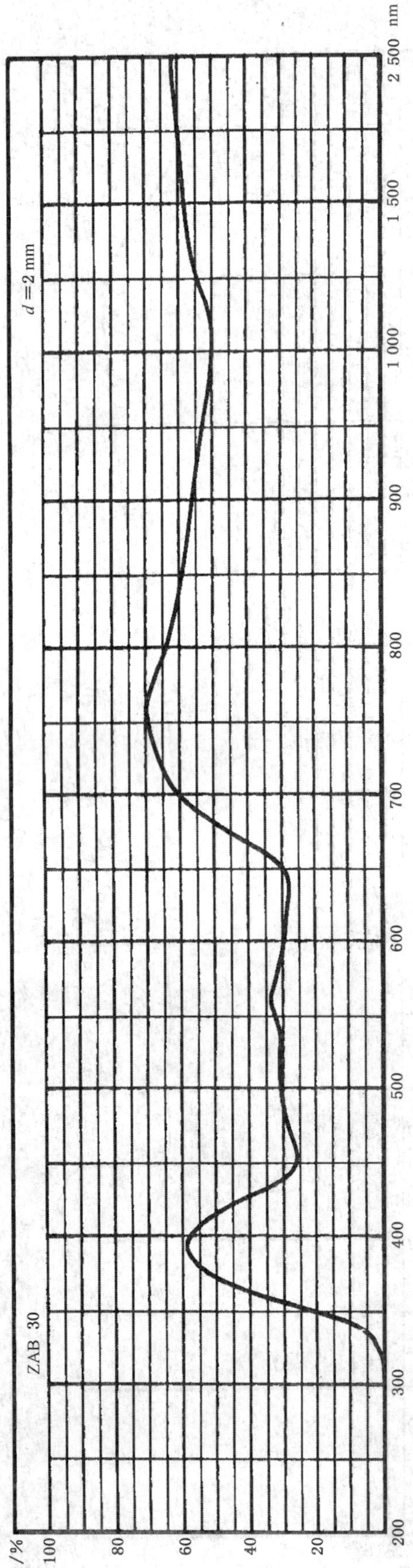

图 C.117　中性型滤光玻璃 ZAB 30 光谱透射曲线

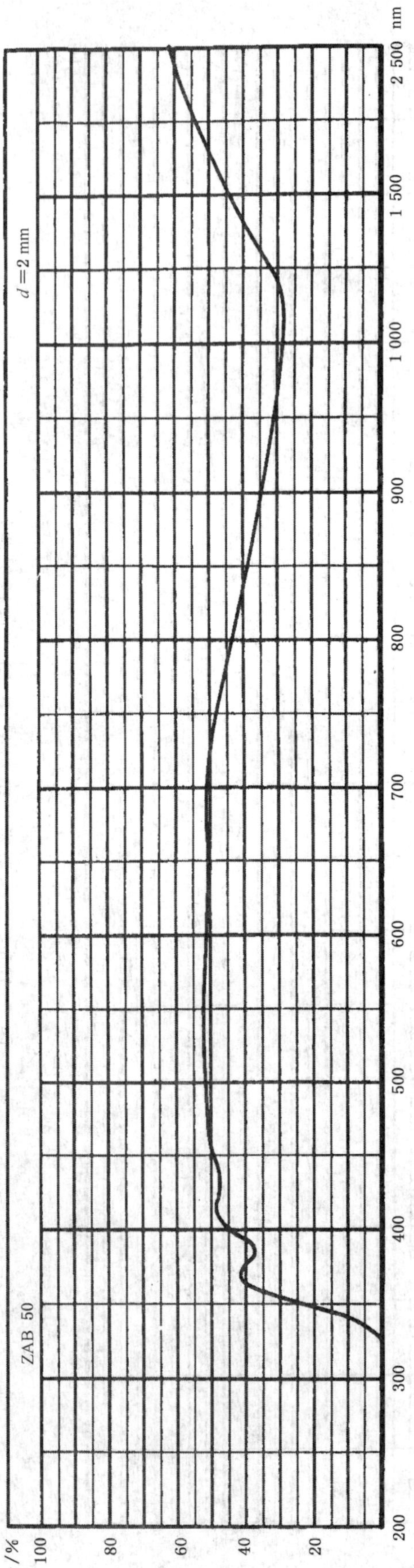

图 C.118　中性型滤光玻璃 ZAB 50 光谱透射曲线

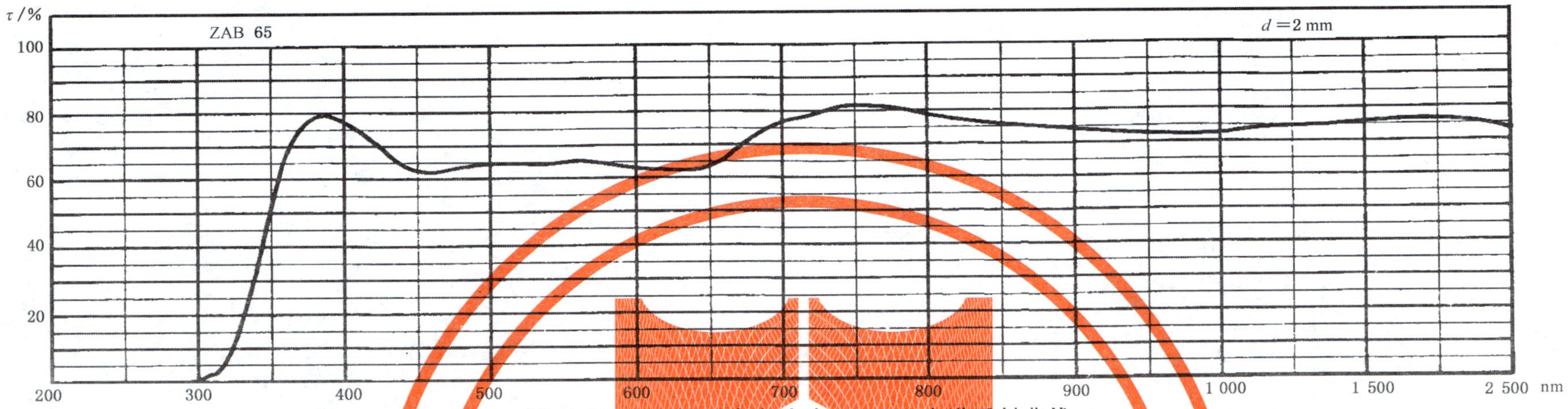

图 C.119 中性型滤光玻璃 ZAB 65 光谱透射曲线

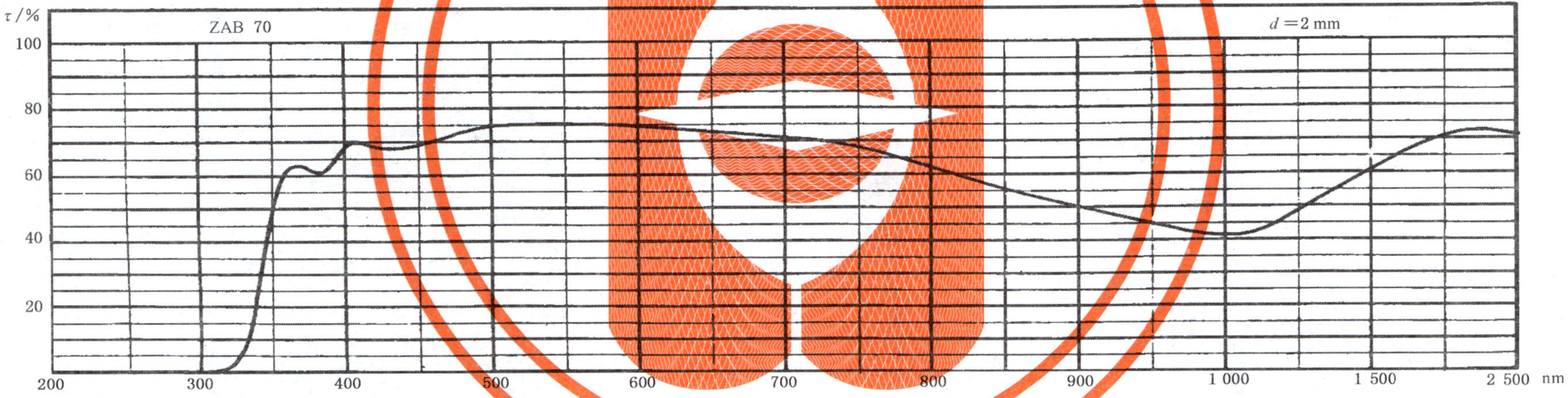

图 C.120 中性型滤光玻璃 ZAB 70 光谱透射曲线

ICS 81.040.01
N 05

中华人民共和国国家标准

GB/T 15489.6—2010
代替 GB/T 15489.6—1995

滤光玻璃测试方法 第6部分:荧光特性

Test methods of colour filter glass—Part 6:Fluorescence characteristic

2011-01-14 发布

2011-05-01 实施

中华人民共和国国家质量监督检验检疫总局
中国国家标准化管理委员会 发布

前　言

GB/T 15489《滤光玻璃测试方法》分为8个部分：
——第1部分：光谱特性；
——第2部分：气泡度；
——第3部分：截止波长温度系数；
——第4部分：色温变换能力；
——第5部分：色品；
——第6部分：荧光特性；
——第7部分：化学稳定性；
——第8部分：耐紫外辐射稳定性。

本部分为GB/T 15489的第6部分。

本部分代替GB/T 15489.6—1995《滤光玻璃测试方法　荧光特性》。

本部分与GB/T 15489.6—1995相比，主要变化如下：
——调整了标准的结构，增加了前言、规范性引用文件、术语和定义三部分内容；
——修正了原标准中的印刷错误；
——对测试仪器的结构和配置提出了更具体的要求；
——对样品要求作了具体的规定和说明，明确规定样品应制成长方体。

本部分由中国机械工业联合会提出。

本部分由全国仪表功能材料标准化技术委员会(SAC/TC 419)归口。

本部分负责起草单位：成都光明光电股份有限公司。

本部分主要起草人：田丰贵、廖林。

本部分所代替标准的历次版本发布情况为：
——GB/T 15489.6—1995。

滤光玻璃测试方法
第6部分:荧光特性

1 范围

GB/T 15489的本部分规定了滤光玻璃荧光特性的测试方法、测试仪器、测试步骤和数据处理等内容。

本部分适用于GB/T 15488滤光玻璃的荧光特性测试。

2 规范性引用文件

下列文件中的条款通过GB/T 15489的本部分的引用而成为本部分的条款。凡是注日期的引用文件,其随后所有的修改单(不包括勘误的内容)或修订版均不适用于本部分,然而,鼓励根据本部分达成协议的各方研究是否可使用这些文件的最新版本。凡是不注日期的引用文件,其最新版本适用于本部分。

GB/T 15488　滤光玻璃

3 术语和定义

下列术语和定义适用于本部分。

3.1

峰值波长　peak wavelength

λ_{EM}

被测样品受激发射荧光光谱的峰值波长。

3.2

半波峰宽度　half-wave-crest width

$\Delta\lambda$

被测样品受激发射荧光光谱的半波峰宽度。

3.3

最佳激发光波长　the best stir-up light wavelength

λ_{EX}

最容易使被测样品受激发射荧光,且发射荧光最强的激发光波长。

4 原理

根据物质的组成,部分滤光玻璃中含有一定的荧光物质。荧光物质在一定光能量的照射下,受激发射出一定波长的荧光。发射出的荧光经仪器单色器分光后由探测器接收,从而测出样品受激发射的荧光峰值波长、半波峰宽度和最佳激发光波长等有关荧光特性参数。

5 仪器

荧光分光光度计具体要求如下:

波长范围为200 nm～900 nm;

波长不确定度为±0.3 nm;

波长分辨力为 0.2 nm；

灵敏度为信噪比(S : N)不低于 20 倍；

仪器的激发光入射方向应与发射荧光被接收的方向垂直；

仪器应具有对激发光波长和样品受激发射荧光波长进行双向扫描测试的功能；

仪器应配备计算机和打印机。

6 样品

6.1 样品玻璃应无肉眼可见的条纹、气泡和结石。

6.2 样品应制成长方体，其宽度和厚度应根据仪器样品架大小和样品掺杂离子的种类及浓度等具体情况而定。

6.3 样品的激发光入射面和荧光出射面应相互垂直，并抛光，表面粗糙度 $Ra=0.05$。其余四个面细磨。

7 测试步骤

7.1 根据仪器使用说明书的要求调试和校准仪器，使仪器进入正常工作状态。

7.2 打开仪器样品室盖子，将样品装入样品架中，关上样品室盖子。

7.3 将接收波长设置在 200 nm 处，激发部分单色器设置在不分光的空挡位置。然后对接收部分进行连续的波长预扫描，探测出样品发射最强谱线的峰值波长。

7.4 将激发光波长设置在 200 nm 处，接收波长固定在 7.3 探测出的峰值波长处。然后对激发光进行连续的波长预扫描，当激发光波长扫描到快接近固定的接收波长时，停止扫描。仪器自动地探测出初始的最佳激发光波长。

7.5 将激发光波长固定在 7.4 探测出的初始最佳激发光波长处。然后对接收部分进行测试扫描，绘制出样品受激发射的荧光光谱曲线。在光谱曲线上找出最强谱线的峰值波长 λ_{EM}，同时量出半波峰宽度 $\Delta\lambda$。

7.6 将接收波长设置在 λ_{EM} 处。在小于 λ_{EM} 值的波长范围内，对激发光进行测试扫描，绘出激发光光谱曲线。然后在该曲线上找出最佳激发光波长 λ_{EX}。

8 数据处理

当测得的 λ_{EM} 与 λ_{EX} 成整倍数关系时，(即：$\lambda_{EM}/\lambda_{EX}=n, n=1,2,\cdots$)，则认为样品无荧光发射。探测到的发射光谱为样品对激发光的散射所产生的一次散射光谱或二次散射光谱。当测得的 λ_{EM} 与 λ_{EX} 不成整倍数关系，且 $\lambda_{EM}>\lambda_{EX}$ 时，则认为样品有荧光发射，且 λ_{EM} 是样品受激发射荧光最强谱线的峰值波长；$\Delta\lambda$ 是荧光谱线的半波峰宽度；λ_{EX} 是相应的最佳激发光波长。

中华人民共和国国家标准

GB 15570—2010

食品安全国家标准
食品添加剂　叶酸

2010-12-21 发布　　　　2011-02-21 实施

中华人民共和国卫生部　发布

前　言

本标准代替 GB 15570—1995《食品添加剂　叶酸》。

本标准与 GB 15570—1995 相比，主要变化如下：

——叶酸的质量分数指标由 95％～102％修改为 96％～102％；

——灼烧残渣指标由≤0.1％修改为≤0.2％；

——叶酸的测定方法取消了比色分光法，高效液相色谱的定量方法由内标法修改为外标法；

——完善了水分测定方法。

本标准的附录 A 为规范性附录，附录 B 为资料性附录。

本标准所代替标准的历次版本发布情况为：

——GB 15570—1995。

食品安全国家标准
食品添加剂 叶酸

1 范围

本标准适用于化学合成法制得的食品添加剂叶酸。

2 规范性引用文件

本标准中引用的文件对于本标准的应用是必不可少的。凡是注日期的引用文件，仅所注日期的版本适用于本标准。凡是不注日期的引用文件，其最新版本（包括所有的修改单）适用于本标准。

3 化学名称、分子式、结构式和相对分子质量

3.1 化学名称

N-{-[(2-氨基-1,4-二氢-4-氧代-6-喋啶)甲氨基]苯甲酰基}-*L*-谷氨酸

3.2 分子式

$C_{19}H_{19}N_7O_6$

3.3 结构式

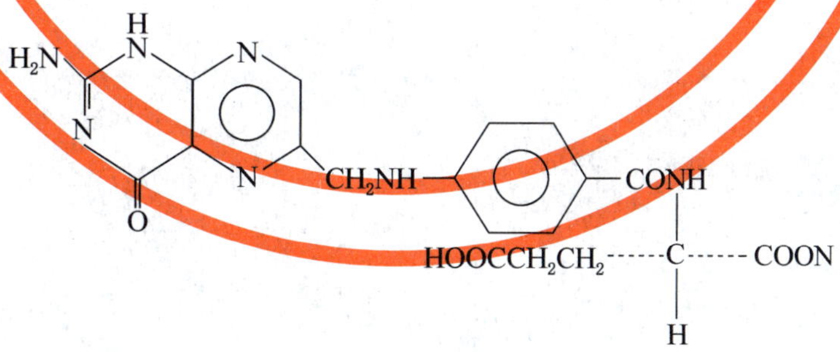

3.4 相对分子质量

441.40（按2007年国际相对原子质量）

4 技术要求

4.1 感官要求：应符合表1的规定。

表 1 感官要求

项 目	要 求	检验方法
色泽	黄色或橙黄色	取适量样品置于清洁、干燥的白瓷盘中，在自然光线下，观察其色泽和组织状态
组织状态	结晶性粉末	

4.2 理化指标：应符合表 2 的规定。

表 2 理化指标

项 目		指 标	检验方法
叶酸（$C_{19}H_{19}N_7O_6$，以干基计），w/%		96.0～102.0	附录 A 中 A.4
水分，w/%	≤	8.5	附录 A 中 A.5
灼烧残渣，w/%	≤	0.2	附录 A 中 A.6
重金属（以 Pb 计）/(mg/kg)	≤	10	附录 A 中 A.7
砷（As）/(mg/kg)	≤	3	GB/T 5009.76

附　录　A
（规范性附录）
检 验 方 法

A.1　安全提示

本标准试验方法中使用的部分试剂具有毒性或腐蚀性，按相关规定操作，操作时需小心谨慎。若溅到皮肤上应立即用水冲洗，严重者应立即治疗。在使用挥发性酸时，要在通风橱中进行。

A.2　一般规定

本标准所用试剂和水，在没有注明其他要求时，均指分析纯试剂和 GB/T 6682—2008 中规定的三级水；试验中所用标准滴定溶液和其他所需溶液，在未注明时，均按 GB/T 601、GB/T 602、GB/T 603 之规定配制。

A.3　鉴别试验

A.3.1　试剂和材料

氢氧化钠溶液：$c(NaOH)=0.1\ mol/L$。

A.3.2　仪器和设备

紫外分光光度计，附 1 cm 吸收池。

A.3.3　紫外吸收试验

称取实验室样品，加氢氧化钠溶液制成每 1 mL 中含 10 μg 实验室样品的溶液，用紫外分光光度计测定，在 256 nm±2 nm，283 nm±2 nm，365 nm±4 nm 的波长处有最大吸收，在 256 nm 与 365 nm 波长处的吸光度比值应为 2.8～3.0。

A.4　叶酸的测定

A.4.1　试剂和材料

A.4.1.1　甲醇：色谱级。
A.4.1.2　磷酸二氢钾。
A.4.1.3　氢氧化钾溶液：$c(KOH)=0.1\ mol/L$。
A.4.1.4　氨水溶液：0.5→100。
A.4.1.5　叶酸对照品。

A.4.2　仪器和设备

高效液相色谱仪。

A.4.3 色谱分析条件

推荐的色谱柱及典型色谱操作条件见表A.1,叶酸典型高效液相色谱图参见附录B,其他能达到同等分离程度和柱效的色谱柱和色谱条件均可使用。

表A.1 色谱柱和典型色谱操作条件

色谱柱	柱长25 cm,柱内径4.6 mm,十八烷基硅烷键合硅胶色谱柱
流动相	6.8 g磷酸二氢钾与70 mL氢氧化钾溶液,加水稀释至850 mL,并调节pH至6.3±0.1,加80 mL甲醇,用水稀释成1 000 mL的溶液
流速	1 mL/min
检测波长	254 nm
柱温	30 ℃,控制精度±1 ℃

A.4.4 分析步骤

A.4.4.1 对照品溶液的制备

称取约10 mg叶酸对照品,精确至0.02 mg,置50 mL容量瓶中,加30 mL氨水溶液溶解后,用水稀释至刻度,摇匀。

A.4.4.2 实验室样品溶液的制备

称取约10 mg实验室样品,精确至0.02 mg,置50 mL容量瓶中,加30 mL氨水溶液溶解后,用水稀释至刻度,摇匀。

A.4.4.3 系统适用性试验

理论塔板数按叶酸峰计算应不低于2 000,叶酸峰与相邻杂质峰的分离度应大于1.5。

A.4.4.4 测定

按表A.1色谱柱和典型色谱操作条件,精密量取10 μL实验室样品溶液注入液相色谱仪,记录色谱图;另取叶酸对照品溶液,同法测定。

A.4.5 结果计算

叶酸含量(以$C_{19}H_{19}N_7O_6$计,干基计)的质量分数以w_1计,数值以%表示,按公式(A.1)计算:

$$w_1=\frac{A_1\times m_1\times w_2}{A_2\times m\times(1-w_3)}\times 100\% \qquad \text{(A.1)}$$

式中:

m ——实验室样品的进样量的数值,单位为毫克(mg);

m_1 ——叶酸对照品的进样量的数值,单位为毫克(mg);

w_2 ——叶酸对照品(以$C_{19}H_{19}N_7O_6$计,湿基计)的质量分数的数值,%;

w_3 ——按A.5下测定实验品样品含水量的质量分数的数值,%;

A_1 ——实验室样品溶液中叶酸的峰面积的数值;

A_2 ——对照品溶液中叶酸的峰面积的数值。

取两次平行测定结果的算术平均值为测定结果,两次平行测定结果的相对偏差不大于2.0%。

A.5 水分的测定

A.5.1 试剂和材料

A.5.1.1 费休氏试液。

A.5.1.2 无水甲醇。

A.5.2 仪器和设备

费休氏水分测定仪。

A.5.3 分析步骤

按《中华人民共和国药典》2005年版二部附录Ⅷ M 水分测定法第一法A测定。称取约0.1 g实验室样品,精确至0.000 2 g,溶剂为无水甲醇,用水分测定仪直接测定,或将实验室样品置干燥的具塞玻璃瓶中,加25 mL～30 mL无水甲醇,在不断振摇(或搅拌)下用费休氏试液滴定至溶液由浅黄色变为红棕色,或用永停滴定法指示终点;另作空白试验。

A.5.4 结果计算

实验室样品中水分的质量分数以 w_3 计,数值以%表示,按公式(A.2)计算:

$$w_3=\frac{(V_1-V_0)\times F}{m}\times 100\% \quad\cdots\cdots(A.2)$$

式中:

F ——每1 mL费休氏试液相当于水的质量的数值,单位为毫克每毫升(mg/mL);

V_1 ——实验室样品消耗费休氏试液的体积的数值,单位为毫升(mL);

V_0 ——空白所消耗费休氏试液的体积的数值,单位为毫升(mL);

m ——实验室样品的质量的数值,单位为毫克(mg)。

取两次平行测定结果的算术平均值为测定结果,两次平行试验的相对偏差应小于0.2%。

A.6 灼烧残渣的测定

A.6.1 试剂和材料

硫酸。

A.6.2 分析步骤

称取约1.0 g实验室样品,精确至0.000 2 g,置已灼烧至恒重的坩埚中,缓缓灼烧至完全炭化,冷却至室温;加硫酸0.5 mL～1 mL使湿润,低温加热至硫酸蒸气除尽后,在550 ℃±50 ℃灼烧使完全灰化,移至干燥器内,冷却至室温,精确称定后,再在550 ℃±50 ℃灼烧至恒重。

A.6.3 结果计算

灼烧残渣的质量分数以 w_4 计,数值以%表示,按公式(A.3)计算:

$$w_4=\frac{m_2-m_3}{m}\times 100\% \quad\cdots\cdots(A.3)$$

式中:

m_2——恒重坩埚和残渣的质量的数值,单位为克(g);

m_3——恒重坩埚的质量的数值,单位为克(g);

m ——实验室样品的质量的数值,单位为克(g)。

取两次平行测定结果的算术平均值为测定结果,两次平行测定结果的绝对差值不大于0.02%。

A.7 重金属的测定

A.7.1 试剂和材料

A.7.1.1 硝酸。

A.7.1.2 硫酸。

A.7.1.3 盐酸。

A.7.1.4 甘油。

A.7.1.5 乙酸铵。

A.7.1.6 硝酸铅。

A.7.1.7 硫代乙酰胺。

A.7.1.8 氨试液:400→1 000。

A.7.1.9 氢氧化钠溶液:$c(NaOH)=1$ mol/L。

A.7.1.10 盐酸溶液:$c(HCl)=2$ mol/L。

A.7.1.11 盐酸溶液:$c(HCl)=7$ mol/L。

A.7.1.12 氨水溶液:$c(NH_3 \cdot H_2O)=5$ mol/L。

A.7.1.13 酚酞指示液:10 g/L乙醇溶液。

A.7.1.14 乙酸盐缓冲液(pH3.5):称取约25 g乙酸铵,加25 mL水溶解后,加7 mol/L盐酸溶液38 mL,用2 mol/L盐酸溶液或氨水溶液准确调节pH至3.5(pH计),用水稀释至100 mL,即得。

A.7.1.15 硫代乙酰胺试液:称取约4 g硫代乙酰胺,精确至0.01 g,加水使溶解成100 mL,置冰箱中保存。临用前取5.0 mL混合液(由1 mol/L 15 mL氢氧化钠溶液、5.0 mL水及20 mL甘油组成),加上述1.0 mL硫代乙酰胺溶液,置水浴上加热20 s,冷却,立即使用。

A.7.1.16 铅标准溶液:称取约0.160 g硝酸铅,精确至0.000 2 g,置于1 000 mL容量瓶中,加5 mL硝酸与50 mL水溶解后,用水稀释至刻度,摇匀,作为贮备液。临用前,移取10 mL±0.02 mL贮备液,置于100 mL容量瓶中,加水稀释至刻度,摇匀,即得(每1 mL相当于10 μg的Pb)。配置与贮存用的玻璃仪器均不得含铅。

A.7.2 分析步骤

按《中华人民共和国药典》2005年版二部附录Ⅷ H重金属检查法第二法测定,具体方法如下:

取A.6下遗留的残渣,加0.5 mL硝酸,蒸干,至氧化氮蒸气除尽后(或取实验室样品1 g,缓缓灼烧至完全炭化,冷却至室温,加0.5 mL~1.0 mL硫酸,使恰湿润,用低温加热至硫酸除尽后,加0.5 mL硝酸,蒸干,至氧化氮蒸气除尽后,冷却至室温,在500 ℃~600 ℃灼烧至完全灰化),冷却至室温,加2 mL盐酸,置水浴上蒸干后加15 mL水,滴加氨试液至对酚酞指示液显中性,再加2 mL乙酸盐缓冲液(pH3.5),微热溶解后,移置纳氏比色甲管中,加水稀释成25 mL;另取配制实验室样品溶液的试剂,置瓷皿中蒸干后,加2 mL乙酸盐缓冲液(pH3.5)与15 mL水,微热溶解后,移置纳氏比色乙管中,加1 mL±0.01 mL标准铅溶液,再用水稀释成25 mL;再在甲乙两管中分别加各2 mL硫代乙酰胺试液,摇匀,放置2min,同置白纸上,自上向下透视,甲管中显示的颜色与乙管比较,不得更深。

附 录 B
（资料性附录）
叶酸含量测定典型高效液相色谱图

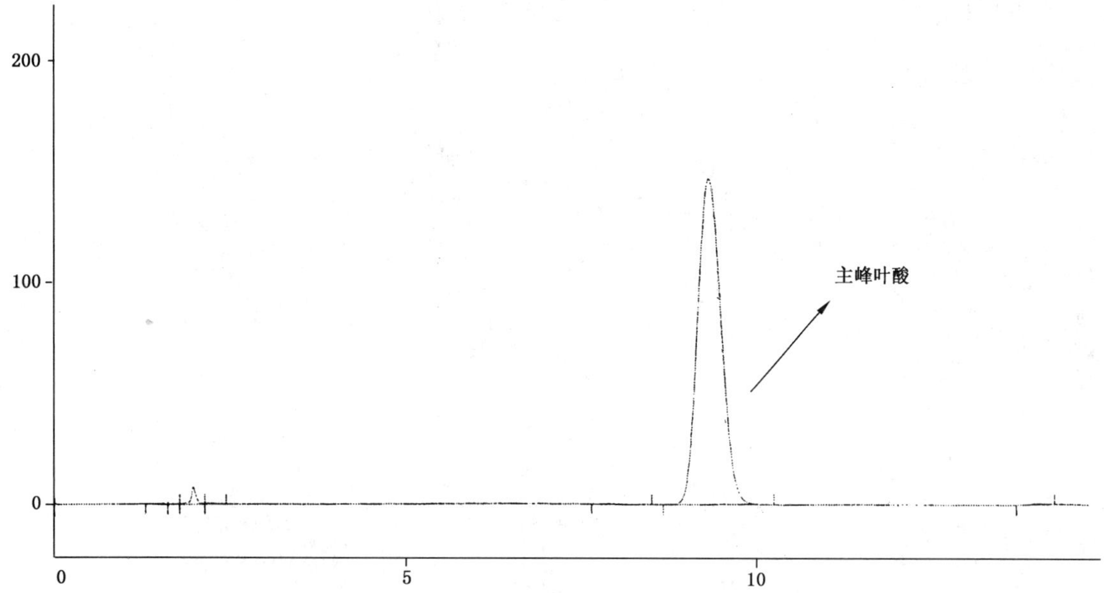

图 B.1 叶酸含量测定典型高效液相色谱图

中华人民共和国国家标准

GB 15571—2010

食品安全国家标准
食品添加剂　葡萄糖酸钙

2010-12-21 发布　　　　2011-02-21 实施

中华人民共和国卫生部　发布

前　言

本标准代替 GB 15571—1995《食品添加剂　葡萄糖酸钙》。

本标准与 GB 15571—1995 相比，主要变化如下：

——取消了三氯化铁鉴别反应；

——增加了红外吸收光谱鉴别；

——取消了砷含量试验方法的第二法；

——取消了重金属含量试验方法的第一法。

——修改了干燥减量试验方法；

——修改了还原物质的试验方法；

——修订了氯化物测定的试验方法；

——修订了硫酸盐测定的试验方法。

本标准的附录 A 和附录 B 为规范性附录。

本标准所代替标准的历次版本发布情况为：

——GB 15571—1995。

食品安全国家标准

食品添加剂　葡萄糖酸钙

1　范围

本标准适用于以淀粉为起始原料,经发酵法制得的葡萄糖与钙源反应制得的食品添加剂葡萄糖酸钙。

2　规范性引用文件

本标准中引用的文件对于本标准的应用是必不可少的。凡是注日期的引用文件,仅所注日期的版本适用于本标准。凡是不注日期的引用文件,其最新版本(包括所有的修改单)适用于本标准。

3　化学名称、分子式、结构式和相对分子质量

3.1　化学名称

D-葡萄糖酸钙盐一水合物

3.2　分子式

$C_{12}H_{22}CaO_{14} \cdot H_2O$

3.3　结构式

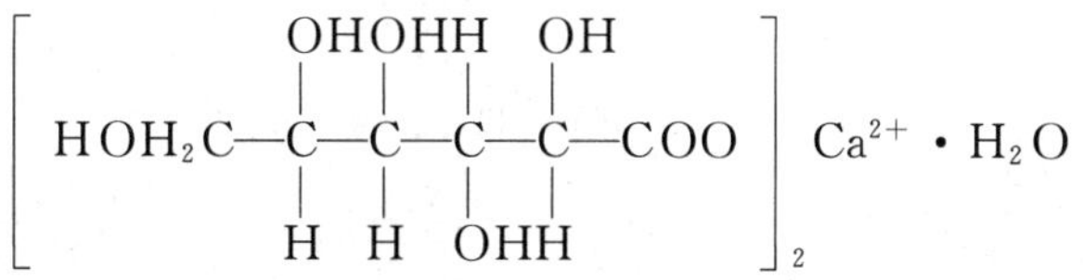

3.4　相对分子质量

448.39(按 2007 年国际相对原子质量)

4　技术要求

4.1　感官要求:应符合表 1 的规定。

表 1　感官要求

项　目	要　求	检验方法
色泽	白色	取适量样品置于清洁、干燥的白瓷盘中,在自然光线下,观察其色泽和组织状态
气味	无臭	
组织状态	结晶粉末或颗粒状粉末	

4.2 理化指标:应符合表 2 的规定。

表 2 理化指标

项　　目		指　　标	检验方法
葡萄糖酸钙(以 $C_{12}H_{22}CaO_{14} \cdot H_2O$ 计,以干基计),w/%		99.0～102.0	附录 A 中 A.4
pH(50.0 g/L 溶液)		6.0～8.0	GB/T 9724
氯化物(以 Cl 计),w/%	≤	0.05	附录 A 中 A.5
硫酸盐(以 SO_4 计),w/%	≤	0.05	附录 A 中 A.6
还原糖(以 $C_6H_{12}O_6$ 计),w/%	≤	1.0	附录 A 中 A.7
干燥减量,w/%	≤	2.0	附录 A 中 A.8
重金属(以 Pb 计)/(mg/kg)	≤	10	附录 A 中 A.9
砷(As)/(mg/kg)	≤	2	附录 A 中 A.10

附 录 A
（规范性附录）
检 验 方 法

A.1 安全提示

本标准试验方法中使用的部分试剂具有毒性或腐蚀性，按相关规定操作，使用时需小心谨慎。若溅到皮肤上应立即用水冲洗，严重者应立即治疗。在使用挥发性酸时，要在通风橱中进行。

A.2 一般规定

除非另有说明，在分析中仅使用确认为分析纯的试剂和 GB/T 6682—2008 中规定的三级水。

试验方法中所用标准滴定溶液、杂质测定用标准溶液、制剂及制品，在没有注明其他要求时，均按 GB/T 601、GB/T 602、GB/T 603 之规定制备。

A.3 鉴别

A.3.1 试剂和材料

A.3.1.1 冰乙酸。

A.3.1.2 苯肼：临用时蒸馏。

A.3.2 鉴别试验

A.3.2.1 钙盐鉴别

A.3.2.1.1 方法原理

钙盐与草酸铵试液反应，生成白色沉淀，沉淀在乙酸中不溶解，但可溶解于稀盐酸。

A.3.2.1.2 分析步骤

取约 1.0 g 实验室样品，精确至 0.01 g，加 40 mL 水溶解，必要时加热使溶解，取此溶液按《中华人民共和国药典》2005 年版二部附录Ⅲ 一般鉴别试验钙盐项下(2)，应显钙盐的鉴别反应。

A.3.2.2 葡萄糖的鉴别

A.3.2.2.1 方法原理

样品在乙酸介质中，与苯肼共热，生成黄色葡萄糖酰苯肼结晶。

A.3.2.2.2 分析步骤

取约 0.5 g 实验室样品，精确至 0.01 g，置 10 mL 试管中，加 5 mL 水，溶解（必要时加热），加 0.7 mL 冰乙酸和 1 mL 苯肼，在水浴上加热 30 min，放至室温，用玻璃棒摩擦试管内壁，则析出黄色的结晶。

A.3.2.3 红外光吸收图谱鉴别

采用溴化钾压片法测定，实验室样品的红外光吸收图谱应与对照的图谱《药品红外光谱集》465 图）一致，对照图谱见附录 B。

A.4 葡萄糖酸钙的测定

A.4.1 方法提要

以钙紫红素为指示剂,用乙二胺四乙酸二钠标准滴定液滴定样品水溶液,根据乙二胺四乙酸二钠标准滴定液的用量,计算以 $C_{12}H_{22}CaO_{14} \cdot H_2O$ 计的葡萄糖酸钙的含量。

A.4.2 试剂与材料

A.4.2.1 钙紫红素指示剂。

A.4.2.2 氢氧化钠溶液:40 g/L。

A.4.2.3 乙二胺四乙酸二钠标准滴定液:c(EDTA)=0.05 mol/L。

A.4.3 分析步骤

取约 0.5 g 实验室样品,精确至 0.000 1 g,加 100 mL 水,使溶解(必要时加热),放至室温,加15 mL 氢氧化钠溶液,0.1 g 钙紫红素指示剂,用乙二胺四乙酸二钠标准溶液滴定至溶液由紫色转变为纯蓝色,并将滴定结果用空白试验校正,每 1 mL 的乙二胺四乙酸二钠滴定液相当于 22.42 mg 的$C_{12}H_{22}CaO_{14} \cdot H_2O$。

A.4.4 结果计算

葡萄糖酸钙(以 $C_{12}H_{22}CaO_{14} \cdot H_2O$ 计)的质量分数 w_1,数值以%表示,按公式(A.1)计算:

$$w_1 = \frac{(V - V_0) \times c \times M}{m_1 \times (1 - w_3) \times 1\ 000} \times 100\% \quad \cdots\cdots (A.1)$$

式中:

V ——实验室样品消耗乙二胺四乙酸二钠标准滴定液体积的数值,单位为毫升(mL);

V_0 ——空白试验消耗乙二胺四乙酸二钠标准滴定液体积的数值,单位为毫升(mL);

c ——乙二胺四乙酸二钠标准滴定溶液浓度的准确数值,单位为摩尔每升(mol/L);

m_1 ——实验室样品质量的数值,单位为克(g);

w_3 ——按 A.8 下测定的供试品干燥减量质量分数,%;

M ——$C_{12}H_{22}CaO_{14} \cdot H_2O$ 的摩尔质量的数值,单位为克每摩尔(g/mol)(M=448.39)。

取两次平行测定结果的算术平均值为测定结果,两次平行测定结果的绝对差值不大于 0.2%。

A.5 氯化物的测定

A.5.1 试剂和材料

A.5.1.1 硝酸溶液:25→100。

A.5.1.2 硝酸银溶液:17 g/L。

A.5.1.3 氯化钠标准溶液:每毫升含 0.01 mg 的 Cl。

A.5.2 分析步骤

称取 1.0 g±0.01 g 实验室样品,置 100 mL 容量瓶中,加 80 mL 水使溶解,再用水稀释至刻度,摇匀,即为实验室样品溶液。分别吸取 10.0 mL 实验室样品溶液与 5 mL±0.05 mL 氯化钠标准溶液,按 GB/T 9729 测定。

A.6 硫酸盐的测定

A.6.1 试剂和材料

A.6.1.1 盐酸:20→100。

A.6.1.2 硫酸钾乙醇溶液:0.2 g/L。

A.6.1.3 氯化钡溶液：250 g/L。
A.6.1.4 硫酸盐标准溶液：每毫升含 0.1 mg 的 SO_4。

A.6.2 分析步骤

称取 0.5 g±0.01 g 实验室样品，加水微热溶解成约 20 mL，用此溶液，同时另取 2.5 mL±0.05 mL 硫酸盐标准溶液按 GB/T 9728 测定。

A.7 还原物质的测定

A.7.1 方法原理

还原糖将二价铜离子还原成氧化亚铜，剩余的二价铜离子在酸性条件下与碘离子反应生成定量的碘，以硫代硫酸钠标准溶液滴定生成的碘，从而计算出样品中还原糖的含量。

A.7.2 试剂和材料

A.7.2.1 碱性柠檬酸铜溶液的配制：

溶液 A：称取 173 g 柠檬酸钠（枸橼酸钠）和 100 g 无水碳酸钠，加温水使溶解成 700 mL（若溶液显浑浊过滤使澄清）。

溶液 B：称取 17.3 g 硫酸铜结晶，加水使溶解成 100 mL。

临用前取 100 mL 溶液 B，在不断振摇下，缓缓加入 700 mL 溶液 A，冷却后，加水定容至 1 000 mL。

A.7.2.2 碘标准液：$c(1/2I_2)=0.05$ mol/L。
A.7.2.3 硫代硫酸钠标准滴定溶液：0.1 mol/L。
A.7.2.4 淀粉指示液：10 g/L。
A.7.2.5 乙酸溶液：1+27。
A.7.2.6 盐酸溶液：3 mol/L。

A.7.3 分析步骤

称取约 1.0 g 实验室样品，精确至 0.001 g，置 250 mL 碘瓶中，加 20 mL 水（必要时加热）使溶解，冷却至室温，精确加入 25.0 mL 碱性柠檬酸铜溶液，瓶口用小表面皿盖住，准确微沸 5 min 后，迅速冷却至室温，加 25.0 mL 乙酸溶液，摇匀，精确加入 10.0 mL 碘标准液，密塞，摇匀，放置 10 min，加入 10.0 mL 盐酸溶液，再加 3.0 mL 淀粉指示液，立即用硫代硫酸钠标准溶液滴定至溶液显亮蓝色，并将滴定结果用空白试验校正。每毫升硫代硫酸钠标准溶液（0.1 mol/L）相当于 2.7 mg 葡萄糖。

A.7.4 结果计算

还原糖（以 $C_6H_{12}O_6$ 计）的质量分数 w_2，数值以%表示，按公式（A.2）计算：

$$w_2=\frac{(V_0-V_1)\times c\times M}{m_2\times 1\ 000}\times 100\% \qquad \text{(A.2)}$$

式中：

V_0——空白试验所消耗的硫代硫酸钠标准滴定溶液的体积的数值，单位为毫升（mL）；
V_1——滴定试验溶液所消耗的硫代硫酸钠标准滴定溶液的体积的数值，单位为毫升（mL）；
c——硫代硫酸钠标准滴定溶液实际浓度的数值，单位为摩尔每升（mol/L）；
m_2——实验室样品质量的数值，单位为克（g）；
M——还原糖（$3/20C_6H_{12}O_6$）的摩尔质量的数值，单位为克每摩尔（g/mol）（$M=27$）。

A.8 干燥减量的测定

A.8.1 仪器和设备

恒温干燥箱。

A.8.2 分析步骤

称取约1.0 g实验室样品细粉，精确至0.000 1 g，置于已经在105 ℃±2 ℃干燥至恒重的称量瓶中，精密称定，再置105 ℃±2 ℃恒温干燥箱内干燥至恒重，从减失的质量和称样量计算样品的干燥减量。

A.8.3 结果计算

葡萄糖酸钙干燥减量的质量分数 w_3，数值以%表示，按公式(A.3)计算：

$$w_3 = \frac{m_3 - m_4}{m_3 - m_0} \times 100\% \qquad \cdots\cdots\cdots\cdots (A.3)$$

式中：

m_0——称量瓶的质量的数值，单位为克(g)；

m_3——称量瓶和干燥前实验室样品质量的数值，单位为克(g)；

m_4——称量瓶和干燥后实验室样品质量的数值，单位为克(g)。

A.9 重金属的测定

A.9.1 试剂和材料

A.9.1.1 硝酸。

A.9.1.2 甘油。

A.9.1.3 乙酸铵。

A.9.1.4 硝酸铅。

A.9.1.5 硫代乙酰胺。

A.9.1.6 盐酸溶液：$c(HCl)=2$ mol/L。

A.9.1.7 氨水溶液：$c(NH_3 \cdot H_2O)=5$ mol/L。

A.9.1.8 氢氧化钠溶液：$c(NaOH)=1$ mol/L。

A.9.1.9 盐酸溶液：$c(HCl)=7$ mol/L。

A.9.1.10 乙酸盐缓冲液(pH3.5)：称取25 g乙酸铵，精确至0.01 g，加25 mL水溶解后，加7 mol/L盐酸溶液38 mL，用2 mol/L盐酸溶液或5 mol/L氨水溶液准确调节pH至3.5(pH计)，用水稀释至100 mL。

A.9.1.11 硫代乙酰胺试液：称取4 g硫代乙酰胺，精确至0.01 g，加水使溶解成100 mL，置冰箱中保存。临用前取5.0 mL混合液(由15 mL 1 mol/L氢氧化钠溶液、5.0 mL水及20 mL甘油组成)，加上述1.0 mL硫代乙酰胺溶液，置水浴上加热20 s，冷却，立即使用。

A.9.1.12 铅标准溶液：称取0.160 g硝酸铅，精确至0.000 2 g，置于1 000 mL容量瓶中，加硝酸5 mL与50 mL水溶解后，用水稀释至刻度，摇匀，作为贮备液。临用前，移取10 mL±0.02 mL贮备液，置于100 mL容量瓶中，加水稀释至刻度，摇匀，即得(每1 mL相当于10 μg的Pb)。配制与贮存用的玻璃仪器均不得含铅。

A.9.2 分析步骤

按《中华人民共和国药典》2005年版二部附录Ⅷ H 重金属检查法第一法进行。具体方法如下：

取25 mL纳氏比色管两支，甲管中加入1 mL±0.01 mL(含铅10.0 μg)铅(Pb)标准溶液与2 mL乙酸盐缓冲液后，加水稀释成25 mL，另称取1 g实验室样品，精确至0.01 g，置于纳氏比色管乙管中，加20 mL水，微热溶解后，放冷，加2 mL乙酸盐缓冲液(pH3.5)，用水稀释成25 mL，若该溶液带颜色，可在甲管中滴加少量的稀焦糖溶液或其他无干扰的有色溶液，使之与乙管一致；再在甲乙两管中分别加硫代乙酰胺试液各2 mL，摇匀，放置2 min，同置白纸上，自上向下透视，乙管中显出的颜色与甲管比较，不得更深。

A.10 砷的测定(砷斑法)

称取1 g±0.01 g实验室样品，加盐酸试剂5 mL，再加水至30 mL溶解后，按GB/T 5009.76砷斑法测定，量取2 mL±0.02 mL砷标准溶液(含砷2.0 μg)，制备砷限量标准。

附　录　B

（规范性附录）

葡萄糖酸钙红外光吸收谱

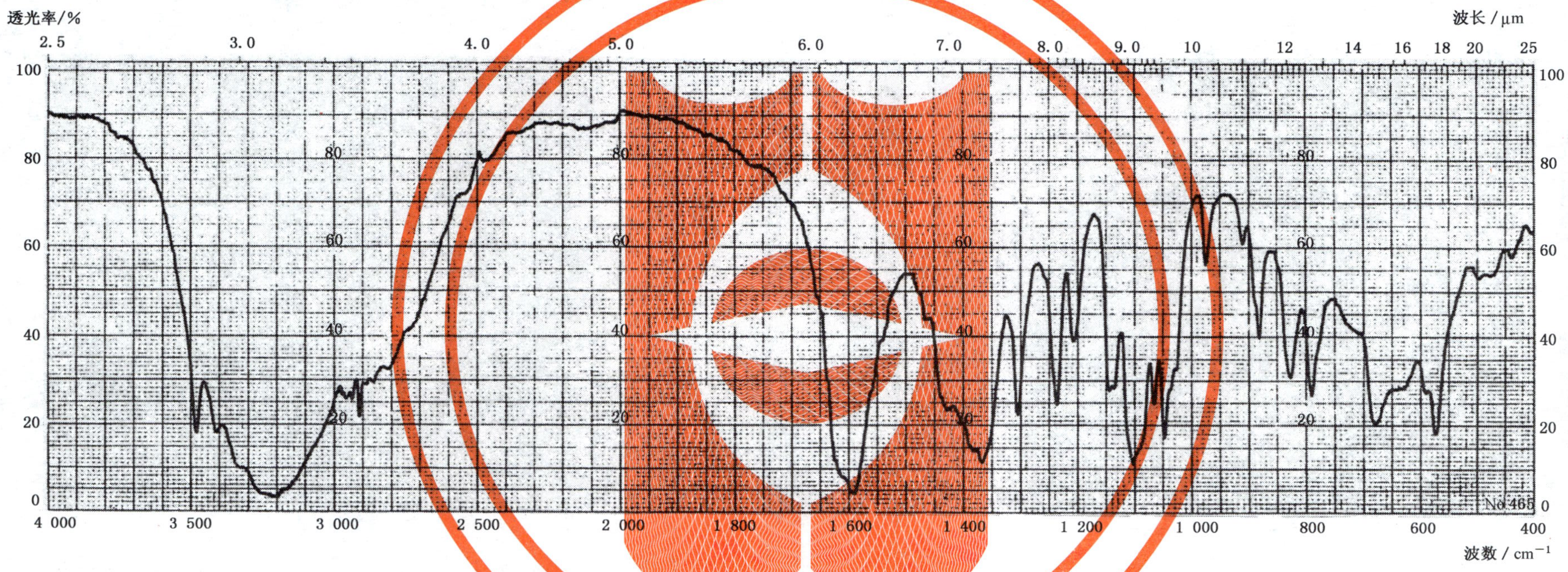

注：引自《药品红外光谱集》第一卷(1995)，中华人民共和国卫生部药典委员会编。

图 B.1　葡萄糖酸钙红外光吸收谱

ICS 83.080;83.080.20
G 32

中华人民共和国国家标准

GB/T 15594—2010
代替 GB/T 15594—1995

塑料　八羟基聚醚多元醇

Plastics—Octahydroxy polyether polyols

2010-09-26 发布　　2011-08-01 实施

中华人民共和国国家质量监督检验检疫总局
中国国家标准化管理委员会　发布

前言

本标准代替 GB/T 15594—1995《八羟基聚醚多元醇》。

本标准与 GB/T 15594—1995 相比主要差异如下：

——修改了范围内容(1995 年版的 1，本版的 1)；

——取消了 8010 产品；

——增加了 8205、8208、8306 产品；

——修改了产品要求(1995 年版的 4.2，本版的 4.2)；

——取消了不饱和度的测定(1995 年版的 5.8)；

——规定了试验方法中羟值和黏度测定的仲裁方法(本版的 5.3 和 5.8)；

——修改了组批规则(1995 年版的 6.1，本版的 6.2.1)；

——修改了抽样方案(1995 年版的 6.2，本版的 6.2.2)；

——修改了判定规则和复验规则(1995 年版的 6.3 和 6.6，本版的 6.3)；

——取消了前版使用单位的验收和仲裁要求(1995 年版的 6.5 和 6.7)；

——修改了贮存期(1995 年版的 7.4，本版的 7.4)；

——增加了资料性附录 A。

本标准的附录 A 为资料性附录。

本标准由中国石油和化学工业协会提出。

本标准由全国塑料标准化技术委员会塑料树脂通用方法和产品分会(SAC/TC 15/SC 4)归口。

本标准负责起草单位：中国石化集团资产经营管理有限公司上海高桥分公司。

本标准参加起草单位：中国石化集团资产经营管理有限公司天津石化分公司、江苏省化工研究所有限公司、江苏钟山化工有限公司、国家合成树脂质量监督检验中心。

本标准主要起草人：徐清、罗宏、宋虹霞、刘蓉、戚莉、杜新蕾、赵平。

本标准所代替标准的历次版本发布情况为：

——GB/T 15594—1995。

塑料　八羟基聚醚多元醇

1　范围

本标准规定了八羟基聚醚多元醇 8205、8208、8305、8306 的要求、试验方法、检验规则及标志、包装、运输、贮存等。

本标准适用于含有蔗糖的起始剂在催化剂作用下与环氧丙烷开环聚合制得的聚醚多元醇 8205、8208、8305、8306。

2　规范性引用文件

下列文件中的条款通过本标准的引用而成为本标准的条款。凡是注日期的引用文件，其随后所有的修改单(不包括勘误的内容)或修订版均不适用于本标准，然而，鼓励根据本标准达成协议的各方研究是否可使用这些文件的最新版本。凡是不注日期的引用文件，其最新版本适用于本标准。

GB/T 6678—2003　化工产品采样总则

GB/T 6680—2003　液体化工产品采样通则

GB/T 12008.1—2009　塑料　聚醚多元醇　第 1 部分:命名系统

GB/T 12008.2—2010　塑料　聚醚多元醇　第 2 部分:规格

GB/T 12008.3—2009　塑料　聚醚多元醇　第 3 部分:羟值的测定

GB/T 12008.4—2009　塑料　聚醚多元醇　第 4 部分:钠和钾的测定

GB/T 12008.5—2010　塑料　聚醚多元醇　第 5 部分:酸值的测定

GB/T 12008.7—2010　塑料　聚醚多元醇　第 7 部分:黏度的测定

GB/T 22295—2008　透明液体颜色测定方法(加德纳色度)(ASTM D 1544-2004,MOD)

GB/T 22313—2008　塑料　用于聚氨酯生产的多元醇　水含量的测定(ISO 14897:2002,IDT)

3　主要代表产品

八羟基聚醚多元醇按 GB/T 12008.1—2009 进行分类和命名，本标准适用的八羟基聚醚多元醇主要代表产品及其主要用途见表 1。

注：八羟基聚醚多元醇按 GB/T 12008.1—2009 进行分类和命名得到的规格与以前所使用规格的对照参见附录 A。

表 1　国内代表产品及其主要用途

规　格	主要用途
8205	聚氨酯硬质泡沫主要原料，用于夹芯板材等
8208	聚氨酯硬质泡沫主要原料，用于冰箱，冰柜，夹芯板材等
8305	聚氨酯硬质泡沫主要原料，用于冰箱，冰柜，夹芯板材等
8306	聚氨酯硬质泡沫主要原料，用于夹芯板材等

4　要求

4.1　外观

外观应符合表 2 中的规定。

表 2 外观

规格	外观
8205	浅黄色透明黏稠液体,无悬浮物
8208	浅黄色至黄棕色透明黏稠液体,无悬浮物
8305	浅黄色至黄棕色透明黏稠液体,无悬浮物
8306	浅黄色至黄棕色透明黏稠液体,无悬浮物

4.2 技术要求

八羟基聚醚多元醇技术要求应符合表 3 规定。

表 3 八羟基聚醚多元醇技术要求

规格	等级	色度 铂-钴色号 (GD 号) ≤	羟值 (以消耗 KOH 的量计) mg/g	酸值 (以消耗 KOH 的量计) mg/g ≤	水分 (质量分数) % ≤	钠 mg/kg ≤	钾 mg/kg ≤	黏度 mPa·s (25 ℃)	pH 值
8205	优等品	7	420～440	0.10	0.10	50	50	2 000～4 000	—
	合格品	9	415～445	0.15	0.15	50	50	2 000～4 000	—
8208	优等品	9	370～390	0.10	0.10	50	50	10 500～12 000	5.0～8.0
	合格品	12	365～395	0.15	0.15	50	50	10 000～12 500	5.0～8.0
8305	优等品	10	425～445	0.10	0.10	50	50	6 000～7 000	8.5～11.0
	合格品	12	420～450	0.15	0.15	50	50	5 000～7 000	8.5～11.0
8306	优等品	10	440～460	0.10	0.10	8	8	6 000～10 000	4.0～7.0
	合格品	15	435～465	0.15	0.15	20	20	6 000～10 000	4.0～7.0

5 试验方法

5.1 外观的测定

将 50 mL 试样装入 50 mL 比色管中,在透射光条件下从侧面目测。

5.2 色度的测定

加德纳色度采用 GB/T 22295—2008 中规定的方法进行测定。

5.3 羟值的测定

采用 GB/T 12008.3—2009 中规定的方法进行测定,以方法 A 为仲裁法。

5.4 钠的测定

采用 GB/T 12008.4—2009 中规定的方法进行测定。

5.5 钾的测定

采用 GB/T 12008.4—2009 中规定的方法进行测定。

5.6 酸值的测定

采用 GB/T 12008.5—2010 中规定的方法进行测定。

5.7 水分的测定

采用 GB/T 22313—2008 中规定的方法进行测定。

5.8 黏度的测定

采用 GB/T 12008.7—2010 中规定的方法进行测定,以方法 A 为仲裁法。

5.9 pH值的测定

采用GB/T 12008.2—2010附录B中规定的方法进行测定。

6 检验规则

6.1 检验分类与检验项目

聚醚多元醇产品的检验为出厂检验，本标准4.1外观、4.2表3中所有的项目均为出厂检验项目。

6.2 组批规则与抽样方案

6.2.1 组批规则

聚醚多元醇以每生产一釜或混合均匀的同一贮槽产品为一批对产品进行组批。

产品以批为单位进行检验和验收。

6.2.2 抽样方案

采样单元数按GB/T 6678—2003的规定。采样方法按GB/T 6680—2003中的规定进行。取样容器应干燥、清洁，总取样量不得少于250 mL。将取得的样品分装入干燥、清洁的两个采样瓶中密封，贴上标签，注明：产品名称、规格、批号、生产日期、取样时间，一瓶供检验，另一瓶密封后保存备查。

6.3 判定规则和复验规则

6.3.1 判定规则

聚醚多元醇应由生产厂的质量检验部门按照本标准规定的试验方法进行检验，依据检验结果和本标准中的要求对产品作出质量判定。

产品出厂时，每批产品应附有产品质量证明书，质量证明书上应注明产品名称、规格、等级、批号、分析日期、检验人员、检验结果、执行标准和生产厂名称等，并盖有出厂检验章。

6.3.2 复验规则

检验结果若某项指标不符合本标准要求时，应重新取样对该项目进行复验。以复验结果作为该批产品的质量判定依据。

7 标志、包装、运输、贮存

7.1 标志

聚醚多元醇产品的包装容器上应有清晰、牢固的标志。标志内容可包括：产品名称、规格、等级、净含量、生产日期、批号、标准号、生产厂名称和厂址等。

7.2 包装

聚醚多元醇产品包装容器为清洁干燥过的油漆镀内膜铁桶，包装容器盖要严格密封，并有外封盖，桶装产品每桶净含量200 kg，也可采用其他型式的清洁包装容器。每批产品应附有质量证明书。

7.3 运输

聚醚多元醇为非危险品。在运输过程中应防止雨淋和玷污，应小心轻放，防止和坚硬物体相撞而漏损。

7.4 贮存

聚醚多元醇产品应贮存在通风、干燥、阴凉处。产品在符合本标准规定的包装、运输和贮存条件下，自生产之日起贮存期为1年。

附 录 A
（资料性附录）
主要代表产品新旧规格的对照

A.1 表A.1给出了八羟基聚醚多元醇按GB/T 12008.1—2009进行分类和命名得到的规格与以前所使用规格的对照。

表 A.1

本标准规格	以前国内代表产品规格
8205	GR-4110G、ZS-4110A
8208	GR-750、JB-380
8305	GR-835G、ZS-835
8306	GSU-450L-I、TSU-450L

ICS 83.080.10
G 32

中华人民共和国国家标准

GB/T 15597.2—2010

塑料　聚甲基丙烯酸甲酯(PMMA)模塑和挤塑材料 第2部分:试样制备和性能测定

Plastics—Poly(methyl methacrylate)(PMMA)moulding and extrusion materials—Part 2:Preparation of test specimens and determination of properties

(ISO 8257-2:2001,MOD)

2010-09-26 发布　　　　2011-08-01 实施

中华人民共和国国家质量监督检验检疫总局
中国国家标准化管理委员会　发布

前　言

GB/T 15597—2010《塑料　聚甲基丙烯酸甲酯(PMMA)模塑和挤塑材料》分为两个部分：

——第1部分：命名系统和分类基础；

——第2部分：试样制备和性能测定。

本部分为GB/T 15597—2010的第2部分。

本部分采用重新起草方法修改采用ISO 8257-2：2001《塑料　聚甲基丙烯酸甲酯(PMMA)模塑和挤塑材料——第2部分：试样制备和性能测试》(英文版)。

本部分与ISO 8257-2：2001相比，存在以下技术性差异：

——删除了ISO 8257-2：2001的第2章；

——在不影响本标准技术内容和使用的基础上，将规范性引用文件中的标准相应地转换为我国最新版本的国家标准。

为便于使用，本部分对ISO 8257-2：2001还做了下列编辑性修改：

——把"本国际标准"一词改为"本部分"或"GB/T 15597—2010"，把"ISO 8257-2：2001的本部分"改成"GB/T 15597—2010的本部分"或"本部分"；

——删除了ISO 8257-2：2001的前言；

——增加了本部分的前言。

本部分由中国石油和化学工业协会提出。

本部分由全国塑料标准化技术委员会塑料树脂通用方法和产品分会(SAC/TC 15/SC 4)归口。

本部分负责起草单位：国家合成树脂质量监督检验中心、中蓝晨光化工研究院有限公司、广州合成材料研究院。

本部分参加起草单位：广州金发科技股份有限公司。

本部分主要起草人：黄正安、王建东、王浩江、李建军。

塑料　聚甲基丙烯酸甲酯(PMMA)
模塑和挤塑材料
第2部分:试样制备和性能测定

1　范围

1.1　GB/T 15597 的本部分规定了在规定状态下 PMMA 材料的模塑试样方法和测试性能方法。本部分所列的以及 GB/T 15597.1—2009 中涉及的所有性能都应以本部分的方法来测定。

1.2　这里均不再列出性能具体数值。对于 PMMA 模塑和挤塑材料的命名所需的那些性能在 GB/T 15597.1—2009 中给出。其他性能参照本部分的有关方法测定。

1.3　按本部分中所列方法测定的值与用不同尺寸和/或制样工艺得到的试样性能值不一定相同。因为它们也会受颜料和其他添加剂的影响。对塑料件性能值依模塑混合料、形状、试验方法和物质的各向异性而定。后者还要依浇口和模塑条件,如温度、压力或注射速率而定。还应考虑随后进行的任何处理,如状态调节或退火。

1.4　试样的热历史和内应力强烈地影响着热机械性能及耐环境应力开裂。但对电性能影响极小;电性能主要取决于模塑混合料的化学组成。

2　规范性引用文件

下列文件中的条款通过 GB/T 15597 的本部分的引用而成为本部分的条款。凡是注日期的引用文件,其随后所有的修改单(不包括勘误的内容)或修订版均不适用于本部分,然而,鼓励根据本部分达成协议的各方研究是否可使用这些文件的最新版本。凡是不注日期的引用文件,其最新版本适用于本部分。

GB/T 1033.1—2008　塑料　非泡沫塑料密度的测定　第1部分:浸渍法、液体比重瓶法和滴定法(ISO 1183-1:2004,IDT)

GB/T 1034—2008　塑料　吸水性的测定(ISO 62:2008,IDT)

GB/T 1040.2—2006　塑料　拉伸性能的测定　第2部分:模塑和挤塑塑料的试验条件(ISO 527-2:1993,IDT)

GB/T 1041—2008　塑料　压缩性能的测定(ISO 604:2002,IDT)

GB/T 1043.1—2008　塑料　简支梁冲击性能的测定　第1部分:非仪器化冲击试验(ISO 179-1:2000,IDT)

GB/T 1633—2000　热塑性塑料维卡软化温度(VST)的测定(idt ISO 306:1994)

GB/T 1634.2—2004　塑料　负荷变形温度的测定　第2部分:塑料、硬橡胶和长纤维增强复合材料(ISO 75-2:2003,IDT)

GB/T 1843—2008　塑料　悬臂梁冲击强度的测定(ISO 180:2000,IDT)

GB/T 3398.1—2008　塑料　硬度测定　第1部分:球压痕法(ISO 2039-1:2001,IDT)

GB/T 3398.2—2008　塑料　硬度测定　第2部分:洛氏硬度(ISO 2039-2:1987,IDT)

GB/T 3682—2000　热塑性塑料熔体质量流动速率和熔体体积流动速率的测定(idt ISO 1133:1997)

GB/T 9341—2008　塑料　弯曲性能的测定(ISO 178:2001,IDT)

GB/T 11547—2008　塑料　耐液体化学试剂性能的测定(ISO 175:1999,MOD)

GB/T 11997—2008 塑料 多用途试样(ISO 3167:2002,IDT)

GB/T 15597.1—2009 塑料 聚甲基丙烯酸甲酯(PMMA)模塑和挤塑材料 第1部分:命名系统和分类基础(ISO 8257-1:1998,IDT)

GB/T 17037.1—1997 热塑性塑料材料注塑试样的制备 第1部分:一般原理及多用途试样和长条试样的制备(idt ISO 294-1:1996)

ISO 489:1999 塑料 折光指数的测定

ISO 1628-6:1990 塑料 黏数和极限黏数的测定 第6部分:甲基丙烯酸甲酯聚合物

ISO 6721-2:1994 塑料 动态机械性能的测定 第2部分:扭摆法

ISO 10350-1:1998 塑料 可比单点数据的采集和表示 第1部分:模塑材料

ISO 13468-1:1996 塑料 透明材料光透射总量的测定 第1部分:单束光发射仪器

3 试样的制备

3.1 概述

采用同样的加工过程、使用同样的加工条件制备试样十分重要。所用的加工操作依赖于PMMA材料,并在下列章节中介绍。

3.2 模塑料的预干燥

加工前,模塑料应在80 ℃烘箱中预干燥24 h。有争议时,应按厂家说明书进行。

3.3 模塑试样

3.3.1 总体要求

试样按GB/T 17037.1—1997注塑方法制备;具体的工艺条件见3.3.2到3.3.6。

3.3.2 熔融温度

3.3.2.1 概述

PMMA模塑料指定使用代码(VST)表示维卡软化温度,(MFR)代码和代码(VN)表示熔体质量流动速率和黏数值。当命名中包括代码VST和MFR时,模塑样的熔融温度可以由代码MFR(3.3.2.2)确定。如果命名时,同时也包含代码VN,熔融温度可以由代码VST和VN确定。已注明模塑料MFR的值位于1 g/min(代码015)与16 g/min(代码120)之间,从VST和VN代码与MFR代码中查得计算熔融温度的参数相差值不大。若超出这个范围,则从VST和VN代码查得熔融温度。

当制备试样时,熔融温度变化应在±3 ℃之内。

3.3.2.2 从MFR代码确定熔融温度

从表1选择相应的熔融温度。

表1 熔融温度与MFR代码的关系

MFR代码	熔融温度/℃
005	270
015	260
030	250
060	240
120	230
240	220

例如:

模塑料命名:GB/T 15597.1-PMMA,MLN,108-030。

熔融温度=250 ℃。

3.3.2.3 从VST代码和VN代码确定熔融温度

根据下列等式计算出熔融温度,用摄氏度表示。

$$熔融温度 = VST代码 + 130 + \alpha_{VN}$$

式中：

α_{VN}取于表 2 中 VN 值。

表 2　α_{VN}值与 VN 代码的关系

VN 代码	α_{VN}
43	0
53	10
63	20
73	30
83	40
93	50

例如：

模塑料命名：GB/T 15597.1-PMMA，MLN，108-030-53。

熔融温度＝108＋130＋10＝248 ℃。

3.3.3　模具温度

根据下列等式计算出熔融温度，用摄氏度表示。

模具温度＝VST 代码－40

模具温度变化应在±3 ℃之内。

例如：

模塑料命名：GB/T 15597.1-PMMA，MLN，108-030-53。

模具温度＝108－40＝68 ℃。

3.3.4　平均熔融速率

通过选择合适的注射压力，使平均熔融速率 200 mm/s±100 mm/s。

3.3.5　保压

选择合适的保压压力使试样仅有极轻微条痕。

3.3.6　冷却时间

冷却时间为 50 s±5 s。

4　状态调节

在烘箱中以（VST 代码－25）℃，16 h 调节试样。状态调节温度变化应恒定在±3 ℃之内。试样在烘箱中状态调节后，应在（23±2）℃，相对湿度（50±5）%下状态调节至少 24 h。除了按表 3 和表 4 中的规定，测定某些热性能和其他性能时，烘箱取出应在干燥器中（23±2）℃至少冷却 1 h，试样从干燥器中取出应立即进行测试。

5　性能测定

按 ISO 10350-1：1998 规定的标准、补充说明、注解进行性能测定和数据表示；所有试验应在（23±2）℃，相对湿度（50±5）%下状态进行，特殊条件见表 3 和表 4。

从 ISO 10350-1：1998 收集编辑成表 3，表中列入的性能适用于 PMMA 模塑和挤塑材料。对这些性能用于不同热塑料的数据的比较。

表 4 中的这些性能没有包含在表 3 中，这些性能在 PMMA 模塑和挤塑材料使用广泛或实际描述中有特别含义。

表 3　常用性能和试验条件(从 ISO 10350-1:1998 选出)

性　　能	单位	试验方法	试样尺寸/mm	试验条件和补充说明
流变性能				
熔体质量流动速率(MFR)[a]	g/10 min	GB/T 3682—2000	模塑料	负荷 3.8 kg,温度 230 ℃[b]
熔体体积流动速率(MVR)[a]	cm^3/10 min	GB/T 3682—2000	模塑料	负荷 3.8 kg,温度 230 ℃[b]
力学性能				
拉伸模量	MPa	GB/T 1040.2—2006	1A 型	试验速度 1 mm/min
拉伸断裂强度	MPa	GB/T 1040.2—2006	1A 型	试验速度 5 mm/min
拉伸断裂应变	%	GB/T 1040.2—2006	1A 型	试验速度 5 mm/min
简支梁无缺口冲击强度	kJ/m^2	GB/T 1043.1—2008	80×10×4[c]	侧向冲击
简支梁缺口冲击强度	kJ/m^2	GB/T 1043.1—2008	80×10×4[c]	V-缺口 r=0.25 mm
热性能				
负荷变形温度	℃	GB/T 1634.2—2004	120×10×4	120 ℃/h 1.8 MPa[c]
维卡软化温度[a]	℃	GB/T 1633—2000	>10×>10×4	50 ℃/h,50 N[d]
其他性能				
在 23 ℃时吸水率	%	GB/T 1034—2008	50×50×3	24 h[d] 后
密度	kg/dm^3	GB/T 1033.1—2008	>10×>10×4	见脚注[d]

a 用于材料命名的性能符合 GB/T 15597.1—2009 中规定。

b 模塑料预先在烘箱中 80 ℃干燥至少 24 h。

c 通过切取 GB/T 11997—2008 A 型多用途试验试样中部获得试样。

d 试样在烘箱中(见第 4 章)调节后,应放入 23 ℃±2 ℃的干燥器中至少冷却 1 h。

表 4　附加性能和对 PMMA 列举有用试验条件

性　　能	单位	试验方法	试样尺寸/mm	试验条件和补充说明
流变性能				
黏数[a]	mL/g	ISO 1628-6:1990	模塑料	—
力学性能				
剪切模量	MPa	ISO 6721-2:1994	60×10×1	频率 0.1 Hz～10 Hz
力学损耗因子	—	ISO 6721-2:1994	60×10×1	频率 0.1 Hz～10 Hz
弯曲模量	MPa	GB/T 9341—2008	80×10×4[b]	试验速度 2 mm/min
弯曲破坏应力	MPa	GB/T 9341—2008	80×10×4[b]	试验速度 2 mm/min
弯曲破坏挠度	mm	GB/T 9341—2008	80×10×4[b]	试验速度 2 mm/min
悬臂梁缺口冲击强度	kJ/m^2	GB/T 1843—2008	80×10×4[b]	V-缺口 r=0.25 mm

表 4（续）

性　　能	单位	试验方法	试样尺寸/mm	试验条件和补充说明
压缩强度	MPa	GB/T 1041—2008	10×10×4	试验速度 1 mm/min
球压痕硬度	N/mm^2	GB/T 3398.1—2008	10×10×4	负荷 358 N 时间 30 s
洛氏硬度	—	GB/T 3398.2—2008	10×10×4	M 标尺
其他性能				
折光指数	—	ISO 489:1999	—	—
透光率	%	ISO 13468-1:1996	厚度 3 mm	—
液体化学试剂的影响	—	GB/T 11547—2008	—	浸泡时间 7 天[c]

[a] 用于材料命名的性能符合 GB/T 15597.1—2009 中规定。

[b] 通过切取 GB/T 11997—2008 A 型多用途试验试样中部获得试样。

[c] 试样在烘箱中(见第 4 章)调节后，允许放入 23 ℃±2 ℃的干燥器中至少冷却 1 h。

ICS 33.040.40
L 78

中华人民共和国国家标准

GB/T 15629.15—2010

信息技术 系统间远程通信和信息交换 局域网和城域网 特定要求 第15部分:低速无线个域网(WPAN)媒体访问控制和物理层规范

Information technology—Telecommunications and information exchange between systems local and metropolitan area networks—Specific requirements—Part 15: Wireless medium access control and physical layer (PHY) specification for low rate wireless personal area networks

2010-09-02 发布 2011-02-01 实施

中华人民共和国国家质量监督检验检疫总局
中国国家标准化管理委员会 发布

前　言

本部分的附录A为规范性附录、附录B、附录C、附录D为资料性附录。

本部分由全国信息技术标准化技术委员会提出并归口。

本部分主要起草单位：北京威讯紫晶科技有限公司、深圳市海思半导体有限公司、北京航空航天大学、中国电子技术标准化研究所、西安西电捷通无线网络通信有限公司等。

本部分主要起草人：郦亮、刘培、杨晨阳、卓兰、张向东、黄振海、田亚飞、张良、赵振丰、王新、肖跃雷、管勇、铁满霞、郭楠、吴东亚、徐平平、苑克龙、邢涛、赵玉萍、程宇等。

引　言

本部分规定了低速无线个域网的媒体访问控制和物理层规范，适用于固定的、便携的、移动的设备，这些设备仅用非常有限的电池电源，并主要工作在有限的个人空间。

鉴于电气和电子工程师协会(IEEE)的 IEEE 802.15.4:2006 与本部分内容范围相似。特声明如下：

a) 本部分与 IEEE 802.15.4:2006 不一致时，以本部分为准；

b) 本部分内容与 IEEE 802.15.4:2006 版的部分内容相同之处(包括章条、图、表)的对照见表 0。

表 0　本部分与 IEEE 802.15.4:2006 引用对照表

序号	本部分	IEEE 802.15.4:2006
1	第 3 章 增加"三元对等鉴别"	第 3 章 Definitions
2	第 4 章 去掉了 IEEE 802.15.4:2006 中的 ASK、AWN、BPSK、IWN、OCDM、PC、SIR、SNR，增加了 CMA 、MSC 、MPSK、ppm、SAP、SDU、TePA、WSAI、SPAP、IPAP、PAPTED、BK、ECC、ECDH、OID	第 4 章 Acronyms and abbreviations
3	图 1	图 1
4	图 2	图 2
5	图 3	图 3
6	图 4	图 4
7	图 15	图 16
8	图 16	图 17
9	表 6	表 6
10	图 68	图 67
11	图 72	图 70
12	图 73	图 71
13	图 74	图 75
14	表 82	表 88
15	表 83	表 89
16	图 76	图 74
17	图 77	图 75
18	表 89	表 95
19	表 91	表 97
20	表 92	表 98
21	表 93	表 99
22	图 80	图 78

表 0（续）

序号	本部分	IEEE 802.15.4:2006
23	图 81	图 82
24	图 82	图 82
25	图 83	图 83
26	图 84	图 84
27	图 85	图 85
28	图 86	图 86
29	图 87	图 87
30	图 88	图 88

信息技术　系统间远程通信和信息交换　局域网和城域网　特定要求　第15部分:低速无线个域网(WPAN)媒体访问控制和物理层规范

1　范围

GB/T 15629的本部分规定了低速无线个域网的物理层和媒体访问控制层的规范,这种低速无线接入适用于固定的、便携的、移动的设备,这些设备不用电池或仅用非常有限的电池电源,并主要工作在有限的个人空间(0 m～10 m)。

本部分不具体规定密码算法,密码算法的具体信息与国家密码管理局联系。本部分中提及的密码算法仅作为示例。

2　规范性引用文件

下列文件中的条款通过GB/T 15629的本部分的引用而成为本部分的条款。凡是标注日期的引用文件,其随后所有的修改单(不包括勘误的内容)或修订版均不适用于本部分,然而,鼓励根据本部分达成协议的各方研究是否可使用这些文件的最新版本。凡是不注日期的引用文件,其最新版本适用于本部分。

GB/T 15629.2—2008　信息技术　系统间远程通信和信息交换　局域网和城域网　特定要求　第2部分:逻辑链路控制

IEEE 802.15.4:2006　信息技术　系统间远程通信和信息交换　局域网和城域网　特定要求　第15.4部分:低速无线个域网(WPAN)媒体访问控制和物理层规范

IEEE 802.15.4:2003　信息技术　系统间远程通信和信息交换　局域网和城域网　特定要求　第15.4部分:低速无线个域网(WPAN)媒体访问控制和物理层规范

3　术语和定义

下列术语和定义适用于本部分。

3.1

可替换个域网(PAN)协调器　alternate personal area network (PAN) coordinator

如果个域网协调器由于任何理由退出网络,一个可以替代该个域网协调器的另一个协调器。个域网可以没有或有多个可替换协调器。

3.2

关联　association

用来在无线个域网络中建立成员之间关系的一种服务。

3.3

鉴别标签　authentication tag

可以用来验证消息真实性的信息。

3.4

有信标能力的个域网　beacon-enabled personal area network (PAN)

在个域网内所有协调器都可以发送规则信标,即信标指数小于0x0F。

3.5

块密码 block cipher

一种对固定长度串进行操作的密码函数。

3.6

块长度 block size

进行块密码操作的串长度,以比特为单位。

3.7

竞争访问周期 contention access period

CAP

直接跟在信标帧之后的时间周期,在该时间周期期望发送的设备利用CSMA-CA机制竞争信道接入。

3.8

CAP符号 CAP symbol

在CAP期间出现的周期符号。

3.9

协调器 coordinator

能转发消息的全功能设备。如果协调器是个域网(PAN)的主协调器,则它被称为个域网协调器。

3.10

数据鉴别 data authentication

接收消息的实体确证关于消息中的信息真实来源的证据的过程,从而有该消息在运输过程中没有被修改过的证据。

3.11

数据真实性 data authenticity

保证信息的来源。

3.12

设备 device

可以执行短距离无线个域网标准媒体访问控制与无线媒体的物理接口的任何实体。它可以是一个简化功能设备(RFD)或全功能设备(FFD)。

3.13

加密 encryption

把消息变换成一种新的表示形式,并且需要特权信息才能恢复原始表示。

3.14

帧 frame

按时一起发送的所聚集的来自媒体访问控制(MAC)子层的若干比特的格式。

3.15

全功能设备 full-function device

能作为协调器进行操作的设备。

3.16

组密钥 group key

仅被一组设备知道的密钥。

3.17

空闲周期 idle period

安排收发机不进行工作的持续时间。

3.18

密钥　key

可以使用的特权信息，例如，为了防止信息泄露给对该特权信息没有访问权的各方，和/或为了防止对该特权信息没有访问权的各方的信息进行不可检测的修改。

3.19

密钥建立　key establishment

两方或两个以上建立密钥的过程。

3.20

密钥材料　keying material

密钥和相关安全信息(例如，现实值)的组合。

3.21

密钥管理　key management

在系统的生存期内，建立和维护密钥关系的一系列过程(包括密钥的产生、分配、注入、验证和使用)。

3.22

密钥共享组　key sharing group

共享密钥的一组设备。

3.23

本地时钟　local clock

设备内部的符号时钟。

3.24

链路密钥　link key

只在两个特定设备间共享的密钥。

3.25

最小安全级别　minimum security level

信息运输中所需的最小保护指示。

3.26

移动设备　mobile device

在使用期间网络中的逻辑位置可以改变的设备。

3.27

m序列　m-sequence

最长线性反馈移位寄存器序列。

3.28

不用信标能力的个域网　nonbeacon-enabled personal area network

协调器不发送规则信标的个域网，即，其信标指数值等于0x0F。

3.29

现值　nonce

一个不重复的值，例如一递增的计数器，一个足够长的随机串，或者一个时间戳。

3.30

孤设备　orphaned device

与其相关联的协调器已失去联系的设备。

3.31

包　packet

通过物体媒体按时一起发送的格式化聚集的若干比特。

3.32

有效负荷数据　payload data

正在发送的数据消息的内容。

3.33

PAN 协调器　PAN coordinator

用于个域网中起主要控制作用的协调器，在一个个域网中必须有一个确定的个域网协调器。

3.34

POS 个人工作空间　personal operating space

距离人或物体 10 m 范围的空间，无论空间内的人或物体是静止还是运动状态。

3.35

明文　plain text

未加干扰的信息串。

3.36

保护　protection

在信息运输中提供的安全服务组合，例如保密性、数据真实性和/或重放保护。

3.37

简化功能设备　reduced-function device

不能作为协调器使用进行操作的设备。

3.38

无线电作用范围　radio sphere of influnce

类似无线电设备之间能够成功通信的有效空间范围。

3.39

安全级别　security level

将已声称保护应用到在运输信息的指示。

3.40

自愈　self-healing

网络的能力，能检测到在网络中或通信链路上出现的故障并且能从该故障中进行恢复。

3.41

自组织　self-organizing

网络节点和通信链路在无人干涉条件下能自行检测并能够自动组成网络的能力。

网络节点的能力，能检测到其他节点的存在并组织成结构化，功能化网络，而无需人干涉。

3.42

对称密钥　symmetric key

根据用途，在双方或多方之间用于加密/解密或完整性保护/完整性验证而共享的秘密密钥。

3.43

事务　transaction

为了成功地传输 MAC 命令或数据帧而要求的在两个对等的媒体访问控制（MAC）实体之间连续帧的交换。

3.44

事务队列　transaction queue

由给定协调器的 MAC 子层所启动的待处理事务的列表，该列表使用迂回的传输来发送，当事务在进行中时，该事务队列通过改协调器来维护，并且其长度与现实相关，但必须至少为 1。

3.45

三元对等鉴别　tri-element peer authentication

实体间的鉴别通过可信第三方作为中介来实现,鉴别协议在两个实体和可信第三方上运行。

4　缩略语

AES	advanced encryption standard 高级加密标准
AWGN	加性高斯白噪声(additive white Gaussian noise)
BE	退避指数(backoff exponent)
BER	比特差错率(bit error rate)
BI	信标间隔(beacon interval)
BK	基密钥(base key)
BLE	电池寿命扩充(battery life extension)
BO	信标指数(beacon order)
BSN	信标序列号(beacon sequence number)
CAP	竞争访问周期(contention access period)
CBC-MAC	密码块链接消息鉴别码(cipher block chaining-message authentication code)
CCA	空闲信道评估(clear channel assessment)
CMA	信道调制方式评估(channel modulation assessment)
CCM	用 CBC-MAC(操作方式)的计数(counter with CBC-MAC(操作方式))
CCM *	CCM 的扩展(extension of CCM)
CFP	非竞争周期(contention-free period)
CID	簇标识符(cluster identifier)
CLH	簇头(cluster head)
CRC	循环冗余校验(cyclic redundancy check)
CSMA-CA	带碰撞避免的载波侦听多址访问(carrier sense multiple access with collision avoidance)
CTR	计数器方式(counter mode)
CW	竞争窗口(长度)(contention window (length))
DSN	数据序列号(data sequence number)
DSSS	直接序列扩频(direct sequence spread spectrum)
ECC	椭圆曲线密码学(elliptic curve cryptography)
ECDH	基于 ECC 的 Diffie-Hellman 交换(Diffie-Hellman exchange based on ECC)
ED	能量检测(energy detection)
EIRP	有效全向辐射功率(effective isotropic radiated power)
EMC	电磁兼容性(electromagnetic compatibility)
ERP	有效辐射功率(effective radiated power)
EVM	差错向量幅度(error-vector magnitude)
FCS	帧检验序列(frame check sequence)
FFD	全功能设备(full-function device)
FH	跳频(frequency hopping)
FHSS	跳频扩频(frequency hopping spread spectrum)
GTS	保证的时隙(guaranteed time slot)
IFS	帧间间隔(inter frame space or spacing)
IPAP	基于 ID 的 WPAN 鉴别协议(identity-based WPAN authentication protocol)

ISM	工业、科学和医疗(industrial,scientific,and medical)
IUT	被测实现(implementation under test)
LIFS	帧间长间隔(long inter-frame spacing)
LLC	逻辑链路控制(logical link control)
LQI	链路质量指示(link quality indication)
LPDU	LCC 协议数据单元(LLC protocol data unit)
LR-WPAN	低速无线个域网(low-rate wireless personal area network)
LSB	最低有效位(least significant bit)
MAC	媒体访问控制(medium access control)
MCPS	MAC 公共部分子层(MAC common part sublayer)
MCPS-SAP	MAC 公共部分子层-服务访问点(MAC common part sublayer-service access point)
MFR	MAC 帧尾(MAC footer)
MHR	MAC 帧头(MAC header)
MIC	消息完整性代码(message integrity code)
MLME	MAC 子层管理实体(MAC sublayer management entity)
MLME-SAP	MAC 子层管理实体-服务访问点(MAC sublayer management entity-service access point)
MSB	最高有效位(most significant bit)
MSC	消息序列图(message sequence chart)
MPDU	MAC 协议数据单元(MAC protocol data unit)
MPSK	M 元相移键控(M-ary Phase Shift Keying)
MSDU	MAC 服务数据单元(MAC service data unit)
NB	退避(周期)数(number of backoff (periods))
OID	对象标识符(object identifier)
O-QPSK	偏置四相相移键控(offset quadrature phase-shift keying)
OSI	开放系统互连(open systems interconnection)
PAN	个域网(personal area network)
PAPTED	基于传输加密数据的 WPAN 鉴别协议(WPAN authenctation protocol based on the transportation of enciphered data)
PBP	信标后周期(post-beacon period)
PD	PHY 数据(PHY data)
PD-SAP	PHY 数据服务访问点(PHY data service access point)
PDU	协议数据单元(protocol data unit)
PER	包差错率(packet error rate)
PHR	PHY 层头(PHY header)
PHY	物理层(physical layer)
PIB	PAN 信息库(PAN information base)
PICS	协议实现一致性声明(protocol implementation conformance statement)
PLME	物理层管理实体(physical layer management entity)
PLME-SAP	物理层管理实体-服务访问点(physical layer management entity-service access point)
PN	伪随机噪声(pseudo-random noise)
POS	个人工作范围(personal operating space)
PPDU	协议数据单元(PHY protocol data unit PHY)
PSD	功率谱密度(power spectral density)

PSDU	PHY 服务数据单元(PHY service data unit)
PSSS	并行序列扩频(parallel sequence spread spectrum)
RF	射频(radio frequency)
RFD	简化功能设备(reduced-function device)
RX	接收或接收器(receive or receiver)
SAP	服务访问点(service access point)
SD	超帧持续期(superframe duration)
SDU	服务数据单元(service data unit)
SFD	帧起始定界符(start-of-frame delimiter)
SHR	同步头(synchronization header)
SIFS	帧间短间隔(short inter-frame spacing)
SO	超帧指数(superframe order)
SPAP	基于共享密钥的 WPAN 鉴别协议(shared-key WPAN authentication protocol)
SPDU	协议数据单元(SSCS protocol data units SSCS)
SRD	短距离设备(short-range device)
SSCS	特定服务汇聚子层(service specific convergence sublayer)
SUT	被测系统(system under test)
TePA	三元对等鉴别(tri-element peer authentication)
TRX	收发器(transceiver)
TX	发送或发送器(transmit or transmitter)
WLAN	无线局域网(wireless local area network)
WPAN	无线个域网(wireless personal area networks)
WSAI	WPAN 安全接入基础设施(WPAN security access infrastructure)

5 总体描述

5.1 概述

LR-WPAN 是一个低速的 WPAN,也是一个简单的、低成本的通信网络,这种网络支持有限功率、允许灵活应用的无线连接。LR-WPAN 的主要目标是在家电、传感器和监视器之间,实现易安装、数据传输可靠、短距离工作、低成本和低功耗的无线网络。同时,支持简单和灵活的网络拓扑。

5.2 LR-WPAN 支持的设备

在 LR-WPAN 中支持两种具有不同通信能力的设备,全功能设备(FFD)和简化功能设备(RFD)。FFD 之间以及 FFD 与 RFD 之间都可以通信。RFD 之间不能直接通信,只能与 FFD 通信,或者通过一个 FFD 向外转发数据,这个与 RFD 相关联的 FFD 称为该 RFD 的协调器。RFD 主要用于简单的控制应用,如灯的开关、被动式红外线传感器等,传输的数据量较低,并占有较少的传输资源和通信资源。

5.3 网络拓扑

5.3.1 网络拓扑结构

LR-WPAN 可组成星型网络或者组成对等网络,如图 1 所示。在星型网络中,所有普通设备都需要与中心设备即网络协调器通信。在这种网络中,网络协调器一般使用持续电力系统供电,而其他设备采用电池供电。星型网络适用于家庭自动化、个人计算机的外设以及个人健康护理等小范围的室内应用。

与星型网络不同,对等网络只要彼此都在对方的无线辐射范围之内,任何两个设备之间都可以直接通信。对等网络中也需要网络协调器,负责实现管理链路状况信息,鉴别设备身份等功能。对等网络方式可以支持自组织网络,允许通过多跳路由的方式在网络中传输数据。但本规范不涉及自组织网络。对等网络可以构造更复杂的网络拓扑结构,适用于设备分布范围广的应用,例如在工业控制和监视、货物库存跟踪和农业智能化等方面。

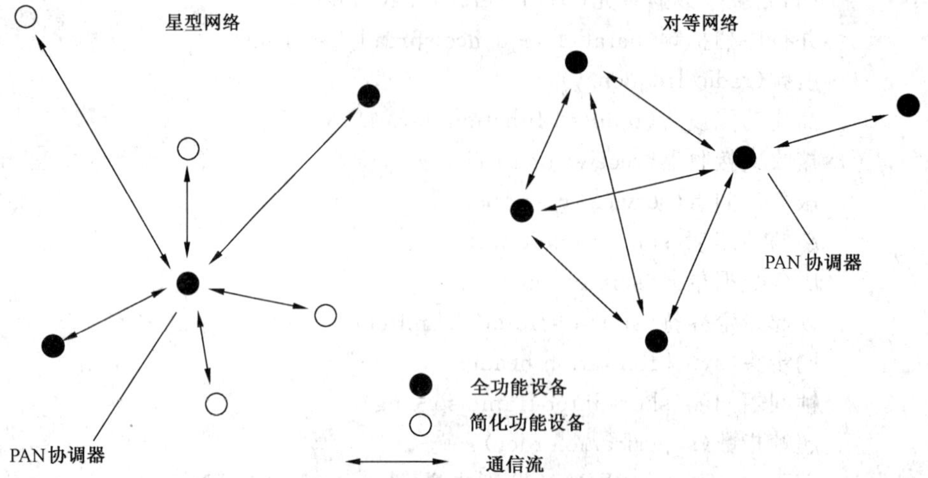

图1 星型网络和对等网络

网络的形成由邻近高层来完成，这不属于该标准的范畴。因此，5.3.2简要地描述了这两种被支持的拓扑的形成过程。

5.3.2 网络拓扑形成

5.3.2.1 星型网络的形成

星型网络以网络协调器为中心，所有设备只能与网络协调器进行通信，如图1所示。在星型网络形成过程中，一旦网络中有一个FFD被启动后，便由它来建立网络并成为网络协调器。选择一个标识符后，网络协调器就允许其他设备加入自己的网络，并为这些设备转发数据帧。

5.3.2.2 对等网络的形成

对等网络中，任意两个设备可进行直接通信。在对等网络中仍然需要一个网络协调器来完成设备注册和访问控制等网络管理功能。簇型结构网络是对等网络的一个例子，下面以簇型网络为例描述对等网络的形成过程，PAN ID n 表示多级簇树网络第n个PAN。

图2是一个多级簇型网络的例子。

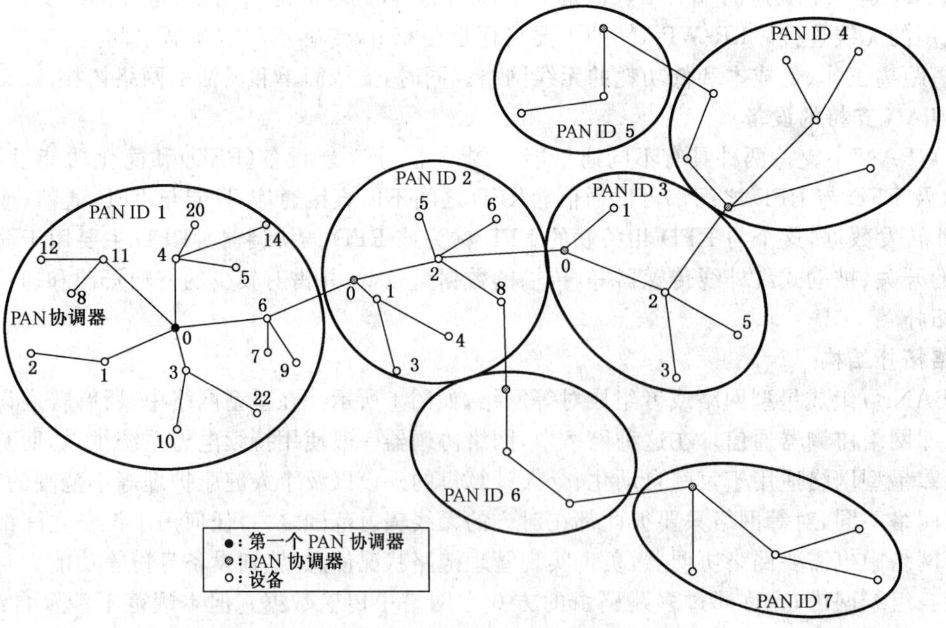

注：PAN ID n 表示多级簇型网络第n个PAN。

图2 多级簇型网络

在簇型网络中，多数设备是 FFD，而 RFD 总是作为簇型网络的叶子设备连接到网络中。任意一个 FFD 都可以作为 RFD 协调器或网络协调器，为其他设备提供同步信息。在这些协调器中，只有一个可以充当整个对等网络的网络协调器。网络协调器首先为该簇选择一个未被使用的 PAN 网络标识符，形成网络中的第一个簇。接着，网络协调器开始广播信标帧。如果存在两个或两个以上 FFD 同时申请成为簇头，则使用竞争算法，本部分不涉及网络加入算法。邻近设备收到信标帧后，就可以申请加入该簇。由网络协调器决定设备是否成为簇成员。如果请求被允许，则该设备将作为簇的子设备加入网络协调器的邻居列表。新加入的设备会将簇头作为它的父设备加入到自己的邻居列表中。

这里给出的是一个由单簇构成的最简单簇。个域网络中的网络协调器可指定另一个设备成为邻近的新簇头，以此形成更多的簇。新簇头同样可以选择其他设备成为簇头，进一步扩大网络的覆盖范围。但是过多的簇头会增加簇间消息传递的延迟和通信开销。为了减少延迟和通信开销，簇头可以选择最远的通信设备作为相邻簇的簇头。

5.4 协议栈

5.4.1 概述

LR-WPAN 网络协议栈基于开放系统互连模型，如图 3 所示，每一层都实现一部分通信功能，并向高层提供服务。

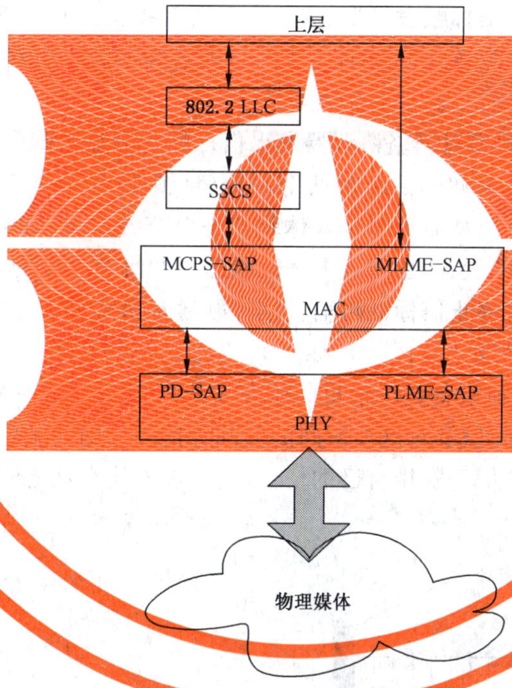

注：MCPS-SAP 见 7.1；MLME-SAP 见 5.4.3；PD-SAP 见 6.3；PLME-SAP 见 5.4.2。

图 3 LR-WPAN 设备架构

LR-WPAN 定义了物理层和数据链路层的 MAC 子层，物理层由射频收发器以及底层的控制模块构成。MAC 子层为高层访问物理信道提供对等通信的服务接口。MAC 子层以上的几个层，分别为特定服务的特定业务会聚子层(SSCS)，逻辑链路控制子层(LLC)等。SSCS 为 LR-WPAN 的 MAC 子层接入 GB/T 15629.2—2008 标准中定义的逻辑链路控制子层提供聚合服务。链路控制子层可以使用 SSCS 的服务接口访问 LR-WPAN 网络，为高层提供链路服务。

5.4.2 物理层

物理层定义了两种服务：连接到物理层管理实体(PLME)服务接入点(SAP)(称为 PLME-SAP)的 PHY 数据服务和 PHY 管理服务。PHY 数据服务在物理发射信道上收发 PHY 协议数据单元(PPDUs)。PHY 管理服务维护一个由物理相关数据组成的数据库。

PHY 数据服务包括以下 5 方面的功能：

a) 启动和休眠射频收发机；

b) 信道能量检测；

c) 检测接收数据帧的链路质量并指示；

d) 空闲信道评估；

e) 收发数据。

5.4.3 MAC 子层

MAC 子层提供两种服务：连接到 MAC 子层管理实体（MLME）服务接入点（SAP）（称为 MLME-SAP）的 MAC 层数据服务和 MAC 层管理服务，前者保证 MAC 协议数据单元在 PHY 数据服务中的正确收发，后者维护一个存储 MAC 子层协议状态相关信息的数据库。

MAC 子层主要功能包括：信标管理、信道接入、GTS 管理、帧确认、发送确认帧、关联和解关联。

5.5 功能综述

本部分主要对 LR-WPAN 网络的功能进行综述，包括超帧结构、数据传输模型、帧结构、鲁棒性、能量消耗和安全服务。

5.5.1 超帧结构

超帧的活跃期划分为 3 个阶段：信标帧发送期、竞争访问周期和非竞争周期。超帧的活跃期划分为 16 个等长的时隙，每个时隙的长度、竞争访问周期包含的时隙数等参数，均由协调器设定，并通过超帧开始时发出的信标帧广播到整个网络。

在 LR-WPAN 网络中，每个超帧都以网络协调器发出信标帧为开始（见图 4），并被平分为 16 个时隙。根据需要，也可将超帧分为活跃期和非活跃期两个部分（见图 4）。在非活跃期，个域网中的设备，如果是能量受限的将不进行互相通信，从而可以进入休眠状态以节省能量，如果是能量非受限的，除了已经成功申请在非活跃期进行通信的设备，也将进入休眠状态。在每个超帧的第一个时隙发送信标帧。如果不需要使用超帧结构，协调器将终止信标的传输。信标帧通常用来与已连接设备之间保持同步、标识个域网，以及描述超帧结构。如果设备在两个信标之间的竞争访问周期（CAP）内进行通信，那么需要采用时隙的 CSMA-CA 算法与其他设备竞争信道。所有通信事务将在下一个网络信标达到前结束。这个信标帧包含了超帧将持续的时间以及对这段时间的分配等信息。网络中的其他设备接收到超帧开始时的信标帧后，就可以根据其中的信息安排自己的任务，例如进入休眠状态直到这个超帧结束。图 5 所示为超帧结构示意图。

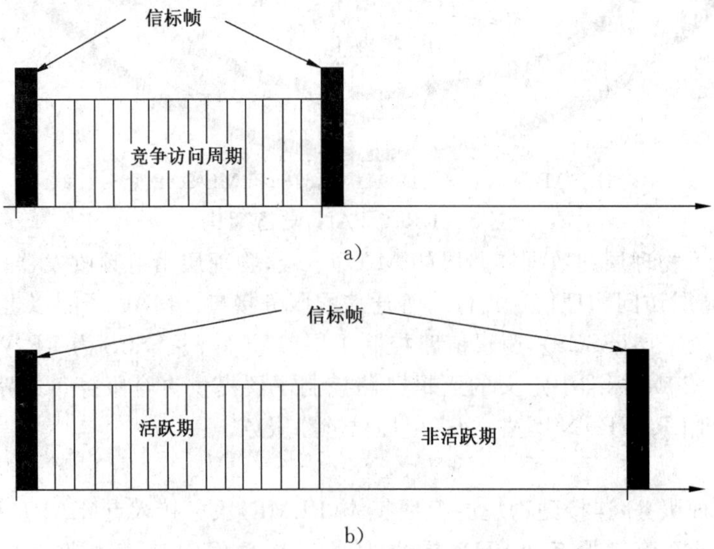

图 4 无 GTS 的超帧结构

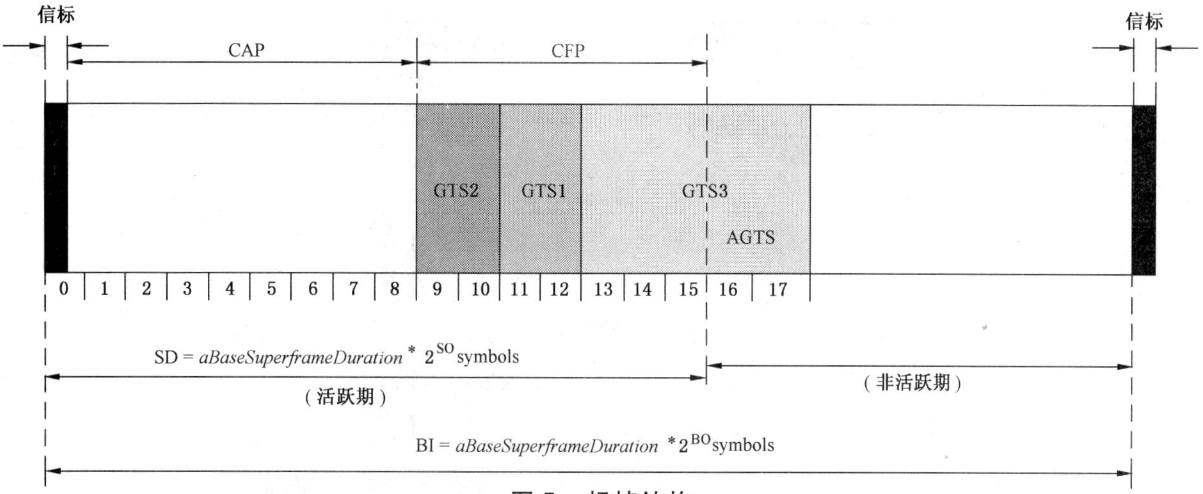

图5 超帧结构

在超帧的竞争访问周期,LR-WPAN网络设备使用带时隙的CSMA-CA访问机制,并且任何通信都应在竞争访问周期结束前完成。在非竞争期,协调器根据上一个超帧期间个域网中设备申请GTS的情况,将非竞争期划分成若干个GTS。每个GTS由若干个时隙组成,时隙数目在设备申请GTS时确定。如果申请成功,申请设备就拥有了它指定的时隙数目。图5中第1个GTS由时隙11和12构成,第2个GTS由时隙9和10构成,第3个GTS由时隙13至17构成,其中AGTS由时隙16和17构成,它作为第3个GTS的组成部分,是第3个GTS扩展到非活跃期的部分。显然,第3个GTS的申请设备是一个能量非受限设备。每个GTS中的时隙都指定分配给了时隙申请设备,因此不需要竞争信道。LR-WPAN网络中要求设备必须在自己分配的GTS内完成通信。竞争访问周期的功能包括网络设备可以自由收发数据帧,字段内设备向协调器申请GTS时段,新设备加入当前个域网等。

超帧中非竞争期应在竞争访问周期后。非竞争期由协调器指定的设备发送或接收数据帧。如果某个设备在非竞争期一直处在接收状态,那么拥有GTS使用权的设备就可以在GTS时段直接向该设备发送信息。

5.5.2 数据传输模型

LR-WPAN网络中存在着三种数据传输事务:设备发送数据给协调器、协调器发送数据给设备、对等设备之间的数据传输。星型拓扑网络中只存在前两种数据传输方式;而在对等拓扑网络中,三种数据传输方式都存在。

在LR-WPAN网络中,有两种通信方式可供选择:有信标能力通信和不用信标能力通信。

在有信标能力的网络中,网络协调器定时广播信标帧。设备之间通信使用基于时隙的CSMA-CA信道访问机制,个域网中设备都通过协调器发送的信标帧进行同步。在时隙CSMA-CA机制下,每当设备需要发送数据帧或命令帧时,它首先定位下一个时隙的边界,设备就在下一个可用时隙边界开始发送数据;如果信道忙,设备需要重新等待随机个数的时隙,再检查信道状态,重复这个过程直到有空闲信道出现。在这种机制下,确认帧的发送不需要使用CSMA-CA机制,而是紧跟接收帧发送回源设备。

在不用信标能力的通信网路中,个域网协调器不发送信标帧,各个设备使用非时隙CSMA-CA机制访问信道。该机制的通信过程如下:每当设备需要发送数据或者发送MAC命令时,它首先等待一段随机长度的时间,然后开始检测信道状态。如果信道空闲,该信道立即开始发送数据。如果信道忙,设备需要重复上面等待一段随机时间和检测信道状态的过程,直到能够发送数据。在设备接收到数据帧或命令帧而需要响应确认帧的时候,确认帧应紧跟着接收帧发送,而不使用CSMA-CA机制竞争机制。

图6中是一个有信标能力网络中某一设备传送数据给协调器的例子。该设备首先侦听网络中的信标帧,如果接收到信标帧,它就同步到以此信标帧开始的超帧上,然后应用时隙CSMA-CA机制,选择一个合适的时机,把数据帧发送给协调器。协调器成功接收到数据以后,回发一个确认帧表示成功收到该数据帧。

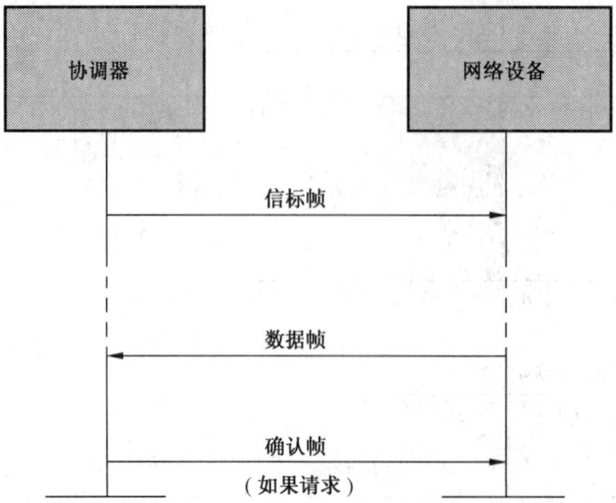

图6 在有信标能力网络中网络设备发送数据给协调器

图7是一个不用信标能力的网络设备传送数据给协调器的例子。该设备应用非时隙CSMA-CA机制,设备若需要发送数据,就发送它的数据帧。协调器确认成功接收到数据后,回发一个确认帧表示成功收到该数据。

图8为在有信标能力网络中协调器发送数据帧给网络中某个设备的例子。当协调器需要向某个设备发送数据时,就在下一个信标帧中说明协调器拥有属于某个设备的数据正在等待发送。目标设备在周期性的侦听过程中会接收到这个信标帧,从而得知属于自己的数据保存在协调器,这时就会向协调器发送请求传送数据的MAC命令。何时发送该命令帧由时隙CSMA-CA机制来确定。协调器收到请求帧后,先响应一个确认帧表明收到请求命令,然后开始传送数据。设备成功接收到数据帧后再回发一个数据确认帧,协调器接收到这个确认帧后,才将消息从自己的消息队列中移走。

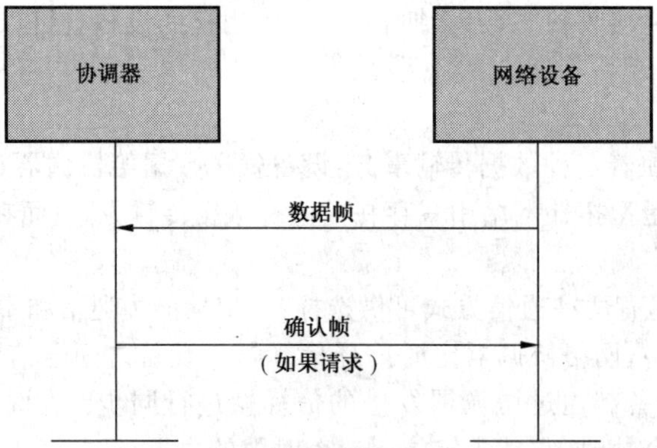

图7 在不用信标能力网络中网络设备发送数据给协调器

图9为在不用信标能力网络中协调器发送数据帧给网络中某个设备的例子。协调器只是为相关的设备存储数据,被动地等待设备来请求数据,数据帧和命令帧的传送都使用非时隙CSMA-CA机制。设备可能会根据应用事先定义好的时间间隔,周期性地向协调器发送请求数据的MAC命令帧,查询协调器是否存在属于自己的数据。协调器响应一个确认帧表示收到数据请求命令,如果有属于该设备的数据等待传送,则利用非时隙CSMA-CA机制选择时机开始传送数据帧;如果没有数据需要传送,则发送一个长度为零的数据帧给设备,表示没有属于该设备的数据。设备成功收到数据帧后,回发一个确认帧。

在对等个域网中,每个设备均可以与在其无线辐射范围内的设备通信。为了保证通信的有效性,这些设备需要保持持续接收状态或者通过某些机制实现彼此同步。如果采用持续接收方式,设备只是简单地利用CSMA-CA收发数据;如果采用同步方式,需要采用其他措施来达到同步的目的。超帧结构可以用来实现对等网络的通信,同前面提到的 GTS 监听方式,或者在竞争访问周期进行自由竞争信道都可以直接实现同步的对等网络通信。

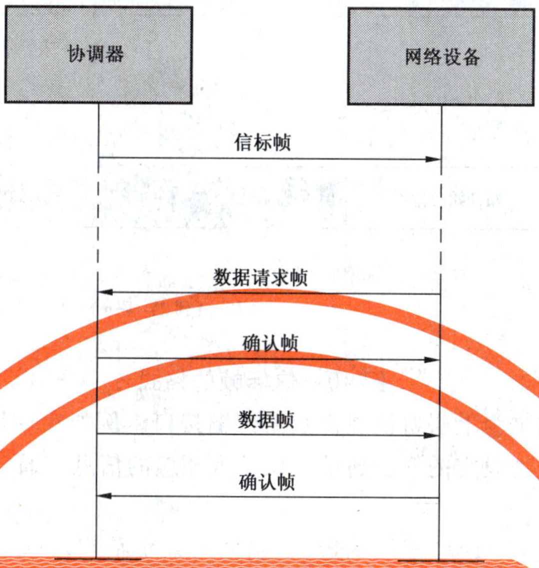

图 8 在有信标能力网络中协调器传送数据给网络设备

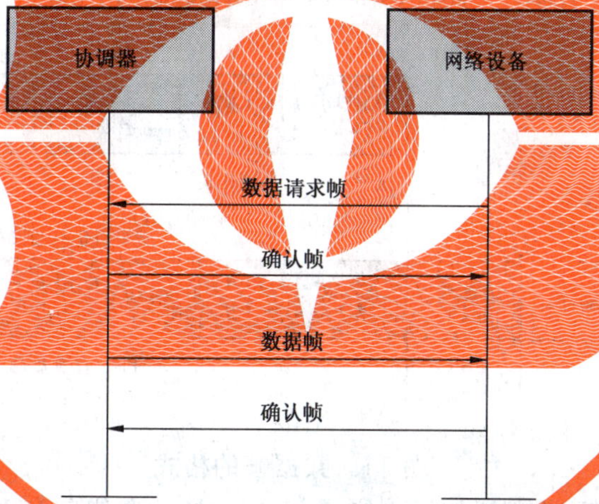

图 9 在不用信标能力网络中协调器传送数据给网络设备

5.5.3 MAC 层帧结构

MAC 层帧结构的设计目的是用最低复杂度实现在噪声无线信道环境下的可靠数据传输。

LR-WPAN 网络共定义了以下 4 种类型的帧:

a) 信标帧

信标帧在 MAC 子层产生,协调器可在有信标能力网络中发送网络信标帧。信标帧的有效负荷数据单元由四部分组成:超帧描述字段、GTS 分配字段、待处理数据目的地址字段和信标帧有效负荷数据,如图 10 所示。

信标帧中超帧描述字段规定了该超帧的持续时间,活跃期持续时间以及竞争访问周期持续时间等信息。

1) GTS 分配字段将非竞争期划分为若干个 GTS,并把每个 GTS 具体分配给各个设备。

2) 转发数据目的地址列出与协调器保存的数据相对应的设备地址。一个设备如果发现自己的地址出现在待处理数据目的地址字段里,则意味着协调器存有属于它的数据,所以它就会向协调器发出请求传送数据的 MAC 命令帧。

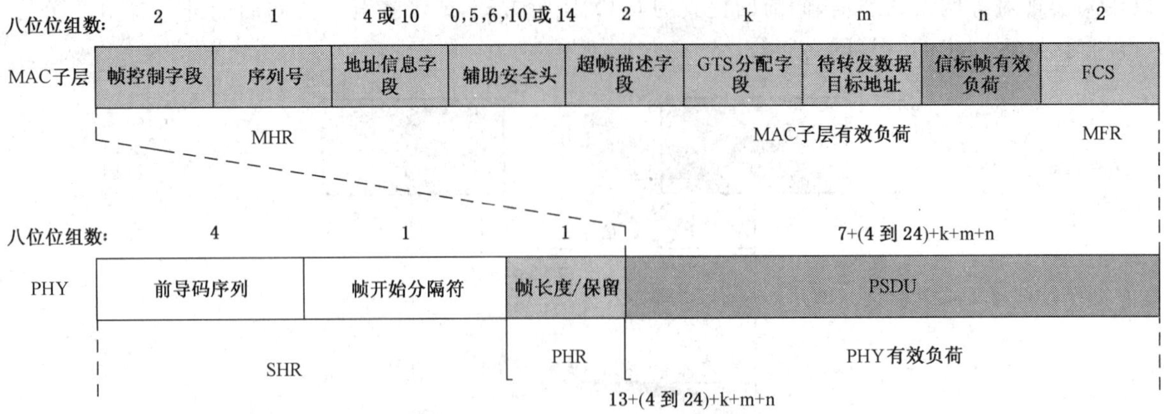

图 10　信标帧的格式

3）　信标帧有效负荷数据为上层协议提供数据传输接口。例如在使用安全机制时，该有效负荷字段将根据被通信设备设定的安全通信协议填入相应的信息。通常情况下，该字段可以忽略。

b）　数据帧

数据帧用来传输上层发到 MAC 子层的数据，它的有效负荷字段包含了上层所需要发送的数据。数据有效负荷发送至 MAC 子层时，被称为 MAC 服务数据单元(MSDU)。它的首尾被分别附加 MAC 帧头和 MAC 帧尾信息后，就构成了 MAC 帧，如图 11 所示。

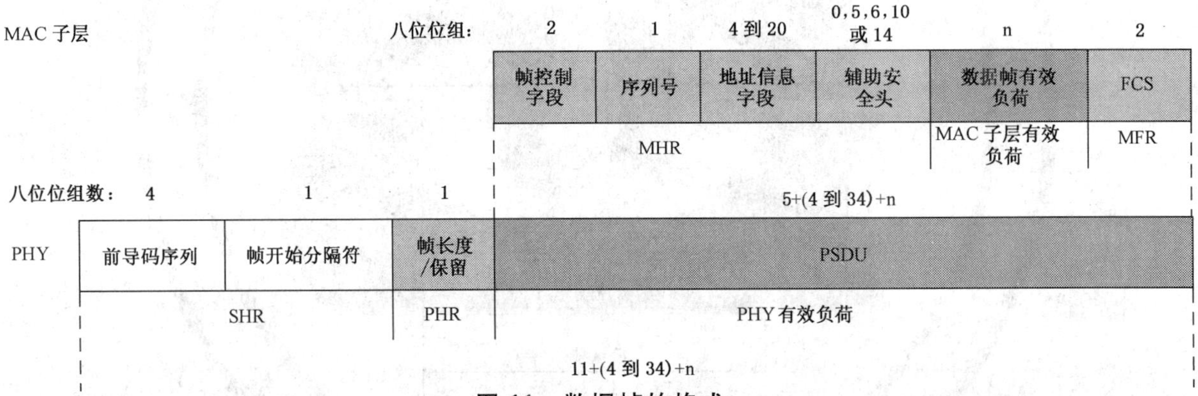

图 11　数据帧的格式

MAC 帧传送至物理层后，头部增加同步信息 SHR 和帧长度信息 PHR，就成为物理帧的有效负荷 PPDU。其中同步信息 SHR 包括用于同步的前导码和 SFD 字段，均为固定值。帧长度字段 PHR 表示 MAC 帧的长度，为一个八位位组长且其中低 7 位为有效位，所以 MAC 帧的长度不超过 127 个八位位组。

c）　确认帧

如果设备收到目的地址为其自身的数据帧或 MAC 命令帧，并且帧控制信息字段的确认请求位置为 1，设备需要响应一个确认帧，则收到的数据帧或 MAC 命令帧被称为被确认帧。确认帧的序列号应该与被确认帧的序列号相同，且有效负荷长度应该为零。确认帧紧接着被确认帧发送，不需要使用 CSMA-CA 机制竞争信道。确认帧帧格式如图 12 所示。

d）　命令帧

MAC 命令帧用于组建个域网，传输同步数据等。命令帧在格式上和其他类型的帧没有太多区别，只是帧控制字段的帧类型位有所不同，命令帧定义如图 13 所示。帧头的帧控制字段的帧类型为 011b，表示这是命令帧，命令帧的具体功能由帧的有效负荷数据表示。有效负荷数据是一个变长结构，所有命令帧有效负荷的第一个八位位组是命令类型八位位组，后面的数据针对不同的命令类型有不同的含义。

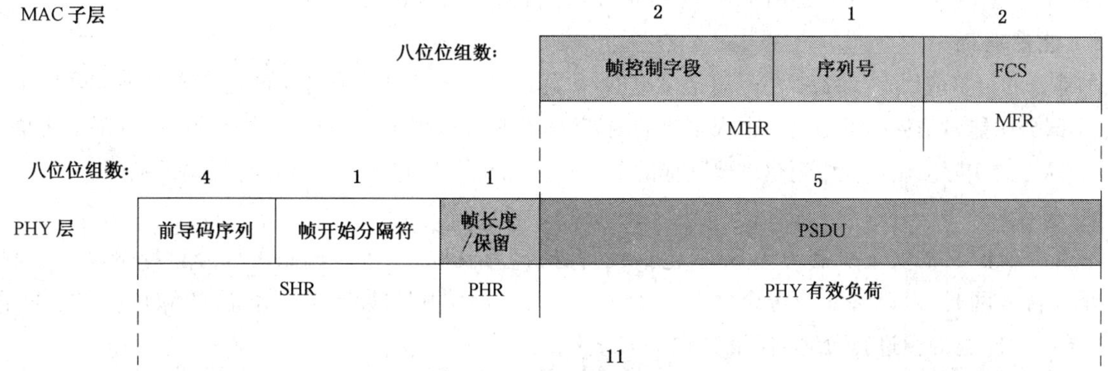

图 12 确认帧的格式

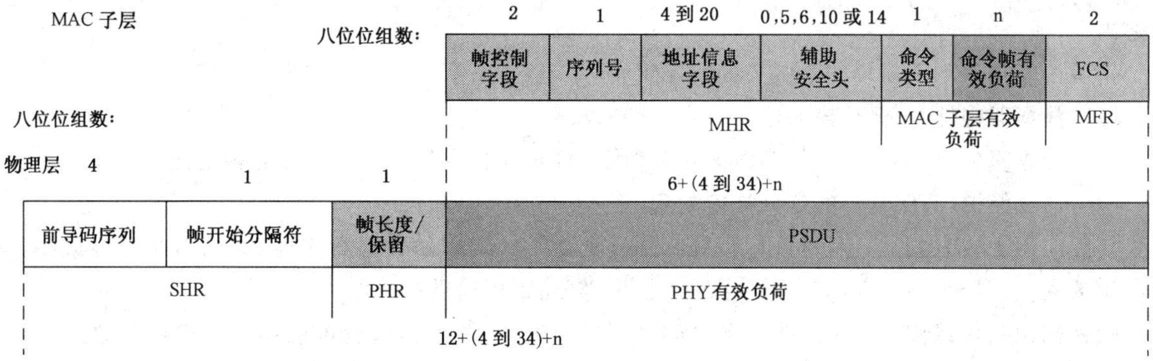

图 13 命令帧的格式

5.5.4 鲁棒性

LR-WPAN 网络采用以下机制来保证数据传送的鲁棒性:

a) CSMA-CA 机制

根据网络的结构,采用两种不同的信道访问机制。不用信标能力的 PAN 采用非时隙的 CSMA-CA 机制(见 7.5.1)。当任何一个设备想要传输数据帧或 MAC 命令时,应等待一段随机时间:若发现道信道是空闲的,在一段随机时间后就可以发送;若信道被其他设备占用,设备必须退避另一随机时间再感知信道。确认帧的发送不需要经过这一机制。

在有信标能力的 PAN 中,设备采用时隙的 CSMA-CA 机制来访问无线媒体,必须注意的是退避时隙和信标帧的发送是同时开始。此外,在同一个 PAN 中,所有设备的退避时隙由协调器排列。当一个设备要在 CAP 期间传输数据时,必须定位于下一个退避时隙的起始边界,并等待一个随机退避时间。如果感知到信道忙,在随机退避时间结束后,设备应等待另一段随机时间,然后再感知信道;如果发现信道空闲,设备则在下一个可用时隙传输数据。确认帧和信标帧的发送并不采取这一机制。

b) 帧确认机制

帧确认机制是一种可选机制,发送帧的设备可要求目的设备在成功接收数据后发送确认,也可以不要求发送。设备只对数据帧和命令帧使用帧确认机制,在任何情况下都不会为信标帧或确认帧响应确认。设备发送一帧后,如果在一定的时间内没有收到确认帧,就认为传输失败,需要重新选择时机发送该帧。对于不要求确认的数据帧,发送以后就认为发送成功,并从本地缓冲队列中删除该数据帧。

c) 数据验证机制

在 LR-WPAN 网络中有两种机制解决传输误码问题。一种机制是使用短帧格式(小于 128 个八位位组)以减少单个帧出错的概率;另一种机制是利用 MAC 帧中的验证机制验证收到的数据是否出错。

MAC 帧的校验码长 16 比特，使用 ITU 标准的 16 比特 CRC 校验生成算法产生。

5.5.5 能量消耗

本部分的很多应用中，设备都将是电池供电的，并且频繁的更换电池或者对电池充电是不切实际的。因此，在本部分中能量消耗的考虑是一个很重要的内容，标准制订过程中也一直有对能量供应有限的考虑。尽管如此，标准的实际应用过程中还是需要其他的能量管理方面的措施，这不是本部分讨论的范围。

5.5.6 安全

本部分所定义的安全机制为 WSAI，包括设备身份鉴别机制和密码机制两部分。身份鉴别机制，主要是在设备入网时，对设备的身份合法性进行验证，保证网络中的设备都是合法的和可信的。密码机制，主要是对传送的帧进行处理，保证数据的安全性。

本部分的身份鉴别机制的具体鉴别方法，通过鉴别套件的方式来实现，本部分推荐鉴别套件见附录 A。

本部分的密码机制基于对称密码系统，所用密钥由上层提供。密钥的生成和维护不在本部分的范围之内。

密码机制提供如下几种安全服务的特定组合：

a) 数据保密性：确保传输的信息只有目的对象可见；

b) 数据真实性：确保传送消息的来源(并因此确定消息在传送过程中没有被更改)；

c) 重放保护：确保重复的信息被检测到。

实际应用中，提供的帧保护可以是不同，并且允许不同级别的数据真实性(如果需要可以最小化传输的帧的安全开销)，和可选的数据机密性。如果必要，则可提供重传保护。

帧密码保护可以使用 2 个对等设备之间共享的密钥(连接密钥)，也可以用在一组设备之间共享的密钥(组密钥)，如果组密钥被用于 2 个对等设备之间的通信，则只能提供对共享组密钥以外的设备的攻击抵抗，而不能抵抗共享组密钥的设备的攻击。

在第 7 章，将给出本部分的设备身份鉴别机制和帧密码安全机制。

5.5.7 原语的概念

本条将给出服务原语概念的一个简单描述。更详细的概念见 GB/T 15629.2—2008。

某层提供的服务是指该层在下层提供的服务的基础供应上层或者子层的能力。在图 14 给出了通信双方 N-users 和它们相关的对等协议实体 N-layer(或者子层)之间的关系和服务层次。

图 14 服务原语

服务通过描述在 N-user 和 N-layer 之间传递的信息流来详细说明。这种服务提供信息流采用离散、瞬时事件来模拟。每个事件都是通过层的与 N-user 相关的 SAP 从一个层向另一个层发送服务原语。服务原语通过提供特定的服务来传达要求的信息。服务原语都是抽象的，因为它们只指定提供的服务，而不指定提供服务的方法。这个定义和其他任何的接口执行相互独立。

服务通过描述服务原语和该原语相关的参数来指定。一个服务可能有一个或者多个相关的原语，由这些原语构造特定的服务。每一个服务原语都有零个或者多个用来传递提供服务需要信息的参数。

一个原语可能是以下的4个基本原语之一：

a） Request：Request 原语从 N-user 发送给 N-layer，请求初始化一个服务；

b） Indication：Indication 原语由 N-layer 发送给 N-user，通知一个和 N-user 相关的内部 N-layer 事件。该事件可能和一个远程服务请求逻辑上相关，也可能是由一个 N-layer 内部事件引起的；

c） Response：Response 原语由 N-user 发送给 N-layer，来完成前面由通知原语调用的过程；

d） Comfirm：Comfirm 原语由 N-layer 发送给 N-user，来传达和先前服务原语相关的结果。

6 物理层规范

6.1 一般要求和定义

本章规定了一些物理层的共同要求。物理层主要作用包括：

a） 打开和关闭收发器；

b） 对当前工作信道进行能量检测；

c） 对接收到的数据包进行链路质量检测并指示；

d） 为 CSMA-CA 做信道空闲评估；

e） 信道频率选择；

f） 数据发送和接收。

注：在本章中，物理层规定的常数和维护的属性用斜体书写。所有的常数列于表 20 中，其前缀为“a”，如，*aMaxPHYPacketSize*。所有的属性列于表 21 中，其前缀为“phy”，如，*phyCurrentChannel*。

6.2 操作频率范围

本部分中规定的频段以及相应的调制和扩频方式见表 1。

表 1 频段和数据速率

频带/MHz	扩频参数		数据参数	
	码片速率(Mchip/s)	调制方法	比特速率/(kbit/s)	符号速率(ksymbol/s)
314-316	0.2	MPSK	50	12.5
430.00-432.79	0.2	MPSK	50	12.5
433.00-434.79	0.2	MPSK	50	12.5
779-787	1	MPSK（可选）	250	62.5
779-787	1	O-QPSK（可选）	250	62.5
注：780 MHz 频段标准规定了两种调制方式，采用本部分都应至少实现一种调制方式，或者同时实现这两种调制方式。				

6.2.1 信道划分

物理层总共有 32 个可用信道页。物理层 PAN 信息库中的属性 *phyPagesSupported* 表示当前 PHY 支持哪些信道页，属性 *phyCurrentPage* 表示当前 PHY 所使用的信道页。PHY PIB 的属性表示方式见表 2。

在设置 *phyCurrentPage* 时，如果新的信道页不同于当前的信道页，且当前的工作信道不在新的信道页中，则 PHY 应当把当前工作信道设置为新信道页的第一个信道，即编号最小的那个信道。

表 2　信道页和信道编号

信道页（十进制）	信道页（二进制）(b31，b30，b29，b28，b27)	信道编号（十进制）	信道编号
0	0 0 0 0 0	保留	保留
1	0 0 0 0 1	0～3	信道 0～3 工作在 315 MHz 频段，调制方式为 MPSK
		4～7	信道 4～7 工作在 430～431 MHz 频段，调制方式为 MPSK
		8～11	信道 8～11 工作在 433～434 MHz 频段，调制方式为 MPSK
信道页（十进制）	信道页（二进制）(b31，b30，b29，b28，b27)	信道编号（十进制）	信道编号
2～4	0 0 0 1 0～0 0 1 0 0	保留	保留
5	0 0 1 0 1	0～3	信道 0～3 工作在 780 MHz 频段，调制方式为 MPSK
		4～7	信道 4～7 工作在 780 MHz 频段，调制方式为 O-QPSK
		11～26	保留
6～31	0 0 1 1 0～1 1 1 1	保留	保留

例如，信道页 2 的编号为 4 的信道可以映射为比特：

0 0 0 1 0 0 0 0 0 0 0 0 0 0 0 0 0 0 0 0 0 0 0 0 0 0 0 1 0 0 0 0 信道页 0 保留，用于将来的频段。

对于信道页 1，一共有 12 个可用信道，编号为 0～11。这些信道包含 3 个频段，其中 315 MHz 频段、430 MHz 频段、433 MHz 频段内各有 4 条可用信道，这些信道的中心频率为：

a)　F_c=314.3，314.8，315.3，315.8 (MHz)；　　k=0,1,2,3

b)　F_c=430.3，430.8，431.3，431.8 (MHz)；　　k=4,5,6,7

c)　F_c=433.3，433.8，434.3，434.8 (MHz)；　　k=8,9,10,11

信道页 2～4 保留，用于将来的频段。

对于信道页 5，一共有 27 个信道，其中前 8 个信道可用，编号为 0～7。这 8 个信道在 780 MHz 频段，信道编号为 0～3 的采用 MPSK 物理层方案，信道编号为 4～7 的采用 O-QPSK 物理层方案。这些信道的中心频率为：

a)　$F_c=780+2*k$ (MHz)；　　k=0,1,2,3 (MPSK 物理层方案)

b)　$F_c=780+2*(k-4)$ (MHz)；　　k=4,5,6,7 (O-QPSK 物理层方案)

注：k 为信道编号。

信道页 6～13 保留，用于将来的频段。

对于每一种可支持的物理层方案，一个符合标准的设备，应该支持所有该设备工作区字段内规范授权的信道。

6.2.2　最小的长帧间间隔(LIFS)和短帧间间隔(SIFS)周期

每种 PHY 对应的最小长帧间间隔和短帧间间隔周期见表 3，长帧间间隔和短帧间间隔的描述、使用及图例在 7.5.13 的图 68 中示出。

表 3 最小 LIFS 和 SIFS 周期

PHY	最小长帧间间隔周期 macMinLIFSPeriod	最小短帧间间隔周期 macMinSIFSPeriod	单元
315 MHz Band MPSK	40	12	符号
430 MHz Band MPSK	40	12	符号
433 MHz Band MPSK	40	12	符号
780 MHz Band MPSK	40	12	符号
789 MHz Band O-QPSK	40	12	符号

6.2.3 射频功率测量

除非另外声明，所有的射频功率测量，不管是发射还是接收，都应在收发器到天线的接口上进行。测量时应使用与天线接口阻抗相匹配的装置或补偿可能产生的失配。对没有天线接口的设备来讲，测量应被解释为等效全向辐射功率(EIRP)(也就说，0 dBi 增益的天线)，在所有辐射的测量中，应补偿天线增益的影响。

6.2.4 发射功率

最大发射功率应遵守使用我国的相关规定，具体见附录 B。对符合本部分的设备，其标称发射功率应由其 PHY 参数 *phyTransmitPower*(见 6.5)表明。

6.2.5 带外杂散幅射

带外杂散辐射具体要求参见国家无线电管理委员会《微功率(短距离)无线电设备的技术要求》相关规定。

6.2.6 接收机灵敏度

表 4 给出了接收机灵敏度的定义，在本部分的其他章条中，凡涉及到接收机灵敏度的地方，都应参考此定义。

表 4 接收机灵敏度定义

术语	定义	条件
接收机灵敏度	产生规定 PER 时，输入信号的功率门限	——PSDU 长度 = 20 八位位组 ——PER<1% ——在天线终端上测量功率 ——不存在干扰
误包率(PER)	发射数据包被错误检测的平均比率	——PSDU 里为随机数据，取测量平均值

6.3 PHY 服务规范

PHY 包含一个管理实体，称为 PLME。这个实体提供一个 PHY 管理的服务接口，通过它可以调用 PHY 管理功能。PLME 也负责维护一个 PHY 可管理对象的数据库。这个数据库被称做 PHY 个域网信息库(PIB)。

图 15 描述了 PHY 的部件和接口。

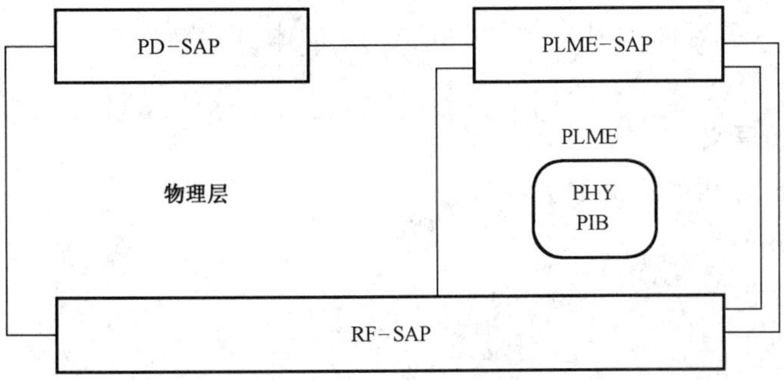

图 15 PHY 参考模型

通过访问 PHY 数据服务接入点(PD-SAP)和 PHY 管理服务接入点(PLME-SAP)两个服务接入点,PHY 可以提供两种服务:PHY 数据服务和 PHY 管理服务。

6.3.1 PHY 数据服务

PD-SAP 支持 MPDU 在 MAC 子层对等实体间的传输。表 5 列出了 PD-SAP 支持的原语,这些原语会在表 5 中所列的章条里详细描述。

表 5 PD-SAP 的原语

PD-SAP 原语	Request	Confirm	Indication
数据原语 PD-DATA	6.3.1.1	6.3.1.2	6.3.1.3

6.3.1.1 PD-DATA. request

PD-DATA. request 原语请求一个从 MAC 子层到本地 PHY 实体的 MPDU(也即是 PSDU)传输。

6.3.1.1.1 服务原语的语义

PD-DATA. request 原语的语义如下:

```
PD-DATA. request        (
                        psduLength,
                        psdu
                        )
```

表 6 规定了 PD-DATA. request 原语的参数。

表 6 PD-DATA. request 的参数

名称	类型	有效范围	描述
psduLength	无符号整型	≤*aMaxPHYPacketSize*	PHY 实体将要传输的 PSDU 中包含的八位位组数
psdu	八位位组集	—	组成 PHY 实体将要发送的 PSDU 的八位位组集

6.3.1.1.2 产生条件

当 MAC 子层实体需要传输一个 MPDU 时,产生 PD-DATA. request 原语,并发布给其 PHY 实体。

6.3.1.1.3 收后效果

收到 PD-DATA. request 原语后,PHY 实体会发送此原语所提供的 PSDU。如果发射机是打开状态(TX_ON),PHY 实体会构建一个包含所提供 PSDU 的 PPDU,然后发送这个 PPDU。发送完成后,PHY 实体会发布 PD-DATA. confirm 原语,状态参数为 SUCCESS。

如果收到 PD-DATA. request 原语时接收机是打开状态(RX_ON)或收发器是关闭状态(TRX_OFF),PHY 实体也会发布 PD-DATA. confirm 原语,状态参数分别为 RX_ON 或 TRX_OFF。

6.3.1.2 PD-DATA. confirm

PD-DATA. confirm 原语证实从本地 MAC 子层实体到另一对等 MAC 子层实体 MPDU(即 PSDU)发送的结束。

6.3.1.2.1 服务原语的语义

PD-DATA. confirm 原语的语义如下:

```
PD-DATA. confirm        (
                        status
                        )
```

表 7 规定了 PD-DATA. confirm 原语的参数。

表 7 PD-DATA. confirm 的参数

名称	类型	有效范围	描述
status	枚举	SUCCESS，RX_ON，或 TRX_OFF	发送包请求的结果

6.3.1.2.2 产生条件

当 PHY 实体响应 PD-DATA. request 原语时，产生 PD-DATA. confirm 原语，并发布给其 MAC 子层实体。PD-DATA. confirm 原语返回的状态参数可以是 SUCCESS，表示数据传输请求得到了成功执行，也可以是 RX_ON 或 TRX_OFF，表示发生了错误。产生这些状态值的原因见 6.3.1.1.3。

6.3.1.2.3 收后效果

收到 PD-DATA. confirm 原语后，MAC 子层实体获知了数据发送请求的结果。如果发送成功，状态参数为 SUCCESS，否则，状态参数会指示所发生的错误。

6.3.1.3 **PD-DATA. indication**

PD-DATA. indication 原语指示从 PHY 到本地 MAC 子层实体的一个 MPDU（也就是 PSDU）传输。

6.3.1.3.1 服务原语的语义

PD-DATA. indication 原语的语义如下：

```
PD-DATA. indication    (
                        psduLength,
                        psdu
                        ppduLinkQuality
                        )
```

表 8 规定了 PD-DATA. indication 原语的参数。

表 8 PD-DATA. indication 的参数

名称	类型	有效范围	描述
psduLength	无符号整型	≤*aMaxPHYPacketSize*	PHY 实体收到的 PSDU 中所包含的八位位组数
psdu	八位位组集	—	组成 PHY 实体收到的 PSDU 的八位位组集
ppduLinkQuality	整型	0x00-0xff	在接收 PPDU 过程中测到的链路质量（LQI）值（见 6.8.8）

6.3.1.3.2 产生条件

当 PHY 实体需要传送一个接收到的 PSDU 时，产生 PD-DATA. indication 原语，并发布给它的 MAC 子层实体。当接收到的 psduLength 的值为零或大于 *aMaxPHYPacketSize* 时，不产生此原语。

6.3.1.3.3 收后效果

收到 PD-DATA. indication 原语后，MAC 子层实体通过 PHY 数据服务获知了一个 MPDU 的到来。

6.3.2 **PHY 管理服务**

PLME-SAP 允许管理指令在 MLME 和 PLME 之间传输。表 9 列出了 PLME-SAP 支持的原语。这些原语将在表 9 中列出的条中详细讨论。

表 9 PLME-SAP 的原语

名　　称	Request	Confirm
空闲信道评估原语(PLME-CCA)	6.3.2.1	6.3.2.2
能量检测原语(PLME-ED)	6.3.2.3	6.3.2.4
读取 PHY PIB 属性原语(PLME-GET)	6.3.2.5	6.3.2.6
设置 TRX 状态原语 (PLME-SET-TRX-STATE)	6.3.2.7	6.3.2.8
写入 PHY PIB 属性原语(PLME-SET)	6.3.2.9	6.3.2.10
信道调制方式原语(PLME-CMA)	6.3.2.11	6.3.2.12

6.3.2.1 **PLME-CCA. request**

PLME-CCA. request 原语请求 PLME 执行一次 CCA,CCA 的实现见 6.8.9。

6.3.2.1.1 **服务原语的语义**

PLME-CCA. request 原语的语义如下：

PLME-CCA. request　　　　()

PLME-CCA. request 原语没有参数。

6.3.2.1.2 **产生条件**

当 CSMA-CA 算法需要对信道进行评估时,MLME 产生 PLME-CCA. request 原语,并发布给它的 PLME。

6.3.2.1.3 **收后效果**

如果收到 PLME-CCA. request 原语时接收机是打开状态,PLME 会使 PHY 执行一次 CCA。PHY 完成 CCA 后,PLME 会发布一个 PLME-CCA. confirm 原语,根据 CCA 的结果,其状态参数为 BUSY 或 IDLE。

如果收到 PLME-CCA. request 原语时收发器是关闭状态(TRX_OFF)或发射机是打开状态(TX_ON),PLME 也会发布 PLME-CCA. confirm 原语,状态参数为 TRX_OFF 或 TX_ON。

6.3.2.2 **PLME-CCA. confirm**

PLME-CCA. confirm 原语报告 CCA 的结果。

6.3.2.2.1 **服务原语的语义**

PLME-CCA. confirm 原语的语义如下：

PLME-CCA. confirm　　　　(
　　　　　　　　　　　　status
　　　　　　　　　　　　)

6.3.2.2.2 **PLME-CCA. confirm 的参数**

表 10 规定了 PLME-CCA. confirm 原语的参数。

表 10 PLME-CCA. confirm 的参数

名称	类型	有效范围	描述
status	枚举	TRX_OFF, TX_ON, BUSY, 或 IDLE	请求执行 CCA 的结果

6.3.2.2.3 **产生条件**

当 PLME 响应 PLME-CCA. request 原语时,产生 PLME-CCA. confirm 原语,并发布给它的 MLME。PLME-CCA. confirm 会返回状态参数 BUSY 或 IDLE,表示成功执行了 CCA;或者返回状态参数 TRX_OFF 或 TX_ON,表示发生了错误。产生这些状态值的原因见 6.3.2.1.3。

6.3.2.2.4 **收后效果**

收到 PLME-CCA. confirm 原语后,MLME 获知了 CCA 的结果。如果成功执行了 CCA,状态参数为 BUSY 或 IDLE。否则,状态参数会指示错误。

6.3.2.3 **PLME-ED. request**

PLME-ED. request 原语请求 PLME 执行一次 ED 测量(见 6.8)。

6.3.2.3.1 **服务原语的语义**

PLME-ED. request 原语的语义如下:

PLME-ED. request ( )

PLME-ED. request 原语没有参数。

6.3.2.3.2 **产生条件**

当 MLME 需要一个 ED 测量值时,产生 PLME-ED. request 原语,并发布给它的 PLME。

6.3.2.3.3 **收后效果**

如果收到 PLME-ED. request 原语时接收机是打开状态,PLME 会使 PHY 执行一次 ED 测量。PHY 完成 ED 测量后,PLME 会发布一个 PLME-ED. confirm 原语,状态参数为 SUCCESS。

如果收到 PLME-ED. request 原语时收发器是关闭状态(TRX_OFF)或发射机是打开状态(TX_ON),PLME 也会发布 PLME-CCA. confirm 原语,状态参数为 TRX_OFF 或 TX_ON。

6.3.2.4 **PLME-ED. confirm**

PLME-ED. confirm 原语报告 ED 测量的结果。

6.3.2.4.1 **服务原语的语义**

PLME-ED. confirm 原语的语义如下:

PLME-ED. confirm (
status,
EnergyLevel
)

表 11 规定了 PLME-ED. confirm 原语的参数。

表 11 PLME-ED. confirm 的参数

名称	类型	有效范围	描述
status	枚举	SUCCESS, TRX_OFF, 或 TX_ON	请求执行 ED 测量的结果
EnergyLevel	整型	0x00-0xff	当前信道的 ED 层级

6.3.2.4.2 **产生条件**

当 PLME 响应 PLME-ED. request 原语时,产生 PLME-ED. confirm 原语,并发布给它的 MLME。PLME-ED. confirm 会返回状态参数 SUCCESS,表示成功执行了 ED 测量;或者返回状态参数 TRX_OFF 或 TX_ON,表示发生了错误。产生这些状态值的原因见 6.3.2.3.3。

6.3.2.4.3 **收后效果**

收到 PLME-ED. confirm 原语后,MLME 获知了 ED 测量的结果。如果 ED 测量得到了成功执行,状态参数为 SUCCESS。否则,状态参数会指示相应的错误。

6.3.2.5 **PLME-GET. request**

PLME-GET. request 原语请求获知某一 PHYPIB 属性的信息。

6.3.2.5.1 **服务原语的语义**

PLME-GET. request 原语的语义如下:

PLME-GET. request (
PIBAttribute
)

表 12 规定了 PLME-GET. request 原语的参数。

表 12 PLME-GET. request 的参数

名称	类型	有效范围	描述
PIBAttribute	枚举	见表 21	要获取的 PHY PIB 属性标识符

6.3.2.5.2 产生条件

当 MLME 需要从 PHY PIB 中获得信息时，产生 PLME-GET. request 原语，并发布给它的 PLME。

6.3.2.5.3 收后效果

收到 PLME-GET. request 原语后，PLME 会在它的数据库中搜寻这个被请求的 PHY PIB 属性。如果在数据库中找不到此属性的标识，PLME 会发布一个 PLME-GET. confirm 原语，状态参数为 UNSUPPORTED_ATTRIBUTE。

如果成功获取了被请求的 PHY PIB 属性，PLME 也会发布 PLME-GET. confirm 原语，不过状态参数为 SUCCESS。

6.3.2.6 **PLME-GET. confirm**

PLME-GET. confirm 原语报告 PHY PIB 获取信息的结果。

6.3.2.6.1 服务原语的语义

PLME-GET. confirm 原语的语义如下：

```
PLME-GET. confirm          (
                           status,
                           PIBAttribute,
                           PIBAttributeValue
                           )
```

表 13 规定了 PLME-GET. confirm 原语的参数。

表 13 PLME-GET. confirm 的参数

名称	类型	有效范围	描述
status	枚举	SUCCESS 或 UNSUPPORTED_ATTRIBUTE	请求获取 PHY PIB 属性信息的结果
PIBAttribute	枚举	见表 21	请求的 PHY PIB 属性的标识符
PIBAttributeValue	多样	跟属性有关	所请求的 PHY PIB 属性的取值。当 status 参数为 UNSUPPORTED_ATTRIBUTE 时，本参数为 0

6.3.2.6.2 产生条件

当 PLME 响应 PLME-GET. request 原语时，产生 PLME-GET. confirm 原语，并发布给它的 MLME。PLME-GET. confirm 会返回状态参数 SUCCESS，表示成功读取了 PHY PIB 属性信息，或者返回错误代码 UNSUPPORTED_ATTRIBUTE。产生这些状态值的原因见 6.3.2.5.3。

6.3.2.6.3 收后效果

收到 PLME-GET. confirm 原语后，MLME 获知了它请求读取 PHYPIB 属性信息的结果。如果读取 PHY PIB 属性的请求被成功执行，状态参数为 SUCCESS。否则，状态参数会指示相应的错误。

6.3.2.7 **PLME-SET-TRX-STATE. request**

PLME-SET-TRX-STATE. request 原语请求 PHY 实体改变收发器的内部工作状态。

收发器有 3 种主要状态：

a) 收发器关闭(TRX_OFF)；

b) 发射机打开(TX_ON)；

c) 接收机打开(RX_ON)。

6.3.2.7.1 服务原语的语义

PLME-SET-TRX-STATE. request 原语的语义如下：

PLME-SET-TRX-STATE. request (
status
)

表 14 规定了 PLME-SET-TRX-STATE. request 原语的参数。

表 14 PLME-SET-TRX-STATE. request 的参数

名称	类型	有效范围	描述
status	枚举	RX_ON，TRX_OFF，FORCE_TRX_OFF，或 TX_ON	收发器配置的新状态

6.3.2.7.2 产生条件

当收发器当前的工作状态需要被改变时，MLME 生成 PLME-SET-TRX-STATE. request 原语并发布给它的 PLME。

6.3.2.7.3 收后效果

收到 PLME-SET-TRX-STATE. request 原语后，PLME 会使 PHY 转换到所请求的状态。如果状态转换被接受，PHY 会发布 PLME-SET-TRX-STATE. confirm 原语，状态参数为 SUCCESS。如果此原语所要求的状态就是收发器当前的配置状态，PHY 也会发布 PLME-SET-TRX-STATE. confirm 原语，指示当前状态的参数，如 RX_ON，TRX_OFF 或 TX_ON。如果此原语发布时包含 RX_ON 或 TRX_OFF 的变量，而 PHY 此时正在发送一个 PPDU，那么 PHY 会发布状态为 BUSY_TX 的 PLME-SET-TRX-STATE. confirm 原语并推迟状态转换直到发送结束。如果此原语发布时包含 TX_ON 或 TRX_OFF 的变量，而 PHY 此时处于 RX_ON 状态并且已经接收到一个有效的 SFD，那么物理会发布状态为 BUSY_RX 的 PLME- SET-TRX-STATE. confirm 原语并推迟状态转换直到完成 PPDU 的接收。如果此原语发布时包含的变量为 FORCE_TRX_OFF，那么 PHY 会无条件地转换到 TRX_OFF 状态，不管当前处在什么状态。

6.3.2.8 **PLME- SET-TRX-STATE. confirm**

PLME- SET-TRX-STATE. confirm 原语报告请求转换收发器内部工作状态的结果。

6.3.2.8.1 服务原语的语义

PLME-SET-TRX-STATE. confirm 原语的语义如下：

PLME-SET-TRX-STATE. confirm (
status
)

表 15 规定了 PLME-SET-TRX-STATE. confirm 原语的参数。

表 15 PLME-SET-TRX-STATE. confirm 的参数

名称	类型	有效范围	描述
status	枚举	SUCCESS，RX_ON，TRX_OFF，TX_ON，BUSY_RX 或 BUSY_TX	请求转换收发器状态的结果

6.3.2.8.2 产生条件

当 PLME 试着改变收发器的内部工作状态后，生成 PLME-SET-TRX-STATE. confirm 原语并发布给它的 MLME。

6.3.2.8.3 收后效果

收到 PLME-SET-TRX-STATE. confirm 原语后，MLME 获知了它请求转换收发器内部工作状态的结果。状态值 SUCCESS 表示转换收发器内部工作状态的请求已被接受。状态值 RX_ON，TRX_

OFF 或 TX_ON 表示收发器已经工作在它所请求转换到的状态。状态值 BUSY_TX 表示 PHY 正在发送数据却被要求转换到 RX_ON 或 TRX_OFF 状态。状态值 BUSY_RX 表示 PHY 正工作在 RX_ON 状态、并且已经收到一个有效的 SFD、却被要求转换到 TX_ON 或 TRX_OFF 状态。

6.3.2.9 **PLME-SET. request**

PLME-SET. request 原语请求设置某一 PHY PIB 属性为给定的值。

6.3.2.9.1 **服务原语的语义**

PLME-SET. request 原语的语义如下：

```
PLME-SET. request          (
                           PIBAttribute,
                           PIBAttributeValue
                           )
```

表 16 规定了 PLME-SET. request 原语的参数。

表 16 PLME-SET. request 的参数

名称	类型	有效范围	描述
PIBAttribute	枚举	见表 21	需要设置的 PIB 属性的标识符
PIBAttributeValue	多样	跟属性有关	需要设置的指定 PIB 的属性值

6.3.2.9.2 **产生条件**

当 MLME 需要改写某一 PHY PIB 属性的取值时，产生 PLME-SET. request 原语，并发布给它的 PLME。

6.3.2.9.3 **收后效果**

收到 PLME-SET. request 原语后，PLME 会试着把给定的值写入它数据库中某一指定的 PHY PIB 属性。如果在数据库中找不到 PIBAttribute 参数所指定的 PHY PIB 属性，PLME 会发布状态参数 UNSUPPORTED_ATTRIBUTE 的 PLME-SET. confirm 原语。如果 PIBAttributeValue 参数所指定的属性的值不在有效有效范围内，PLME 会发布状态参数为 INVALID_PARAMETER 的 PLME-SET. confirm 原语。

如果所请求的 PHY PIB 属性被成功写入，PLME 会发布状态参数为 SUCCESS 的 PLME-SET. confirm 原语。

6.3.2.10 **PLME-SET. confirm**

PLME-SET. confirm 原语报告设置 PIB 属性的结果。

6.3.2.10.1 **服务原语的语义**

PLME-SET. confirm 原语的语义如下：

```
PLME-SET. confirm          (
                           status,
                           PIBAttribute
                           )
```

表 17 规定了 PLME-SET. confirm 原语的参数。

表 17 PLME-SET. confirm 的参数

名称	类型	有效范围	描述
status	枚举	SUCCESS, UNSUPPORTED_ATTRIBUTE 或 INVALID_PARAMETER	尝试设置请求的 PIB 属性的结果
PIBAttribute	枚举	见表 21	被证实的 PIB 属性的标识符

6.3.2.10.2 产生条件

当 PLME 响应 PLME-SET.request 原语时，产生 PLME-SET.confirm 原语，并发布给它的 MLME。如果所要求的值被写入指定的 PHY PIB 属性，PLME-SET.confirm 会返回状态参数 SUCCESS，否则，它会返回错误代码 UNSUPPORTED_ATTRIBUTE 或 INVALID_ PARAMETER。产生这些状态值的原因见 6.3.2.9.3。

6.3.2.10.3 收后效果

收到 PLME-SET.confirm 原语后，MLME 获知了它请求设置 PHY PIB 属性的结果。如果所要求的值被写入指定的 PHY PIB 属性，状态参数为 SUCCESS。否则，状态参数会指示相应的错误。

6.3.2.11 **PLME-CMA.request**

PLME-CMA.request 原语请求 PLME 执行一次 CMA，CMA 的实现见 6.8.10。

6.3.2.11.1 服务原语的语义

PLME-CMA.request 原语的语义如下：

PLME-CMA.request ()

PLME-CMA.request 原语没有参数。

6.3.2.11.2 产生条件

需要对信道调制进行评估时，MLME 产生 PLME-CMA.request 原语，并发布给它的 PLME。

6.3.2.11.3 收后效果

如果收到 PLME-CMA.request 原语时接收机是打开状态，PLME 会使 PHY 执行一次 CMA。PHY 完成 CMA 后，PLME 会发布一个 PLME-CMA.confirm 原语，根据 CMA 的结果，其状态参数为 R-M 或 R-O。

如果收到 PLME-CMA.request 原语时收发器是关闭状态(TRX_OFF)或发射机是打开状态(TX_ON)，PLME 也会发布 PLME-CMA.confirm 原语，状态参数为 TRX_OFF 或 TX_ON。

6.3.2.12 **PLME-CMA.confirm**

PLME-CMA.confirm 原语报告 CMA 的结果。

6.3.2.12.1 服务原语的语义

PLME-CMA.confirm 原语的语义如下：

```
PLME-CMA.confirm        (
                        status
                        )
```

6.3.2.12.2 产生条件

当 PLME 响应 PLME-CMA.request 原语时，产生 PLME-CMA.confirm 原语，并发布给它的 MLME。PLME-CMA.confirm 会返回状态参数 R-M 或 R-O，表示成功执行了 CMA；或者返回状态参数 TRX_OFF 或 TX_ON，表示发生了错误。产生这些状态值的原因见 6.3.2.11.3。

6.3.2.12.3 收后效果

收到 PLME-CMA.confirm 原语后，MLME 获知了 CMA 的结果。如果成功执行了 CMA，状态参数为 R-M 或 R-O。否则，状态参数会指示错误。

6.3.3 **PHY 枚举变量描述**

表 18 给出了物理层规范中定义的 PHY 枚举变量的描述。

表 18 PHY 枚举变量描述

枚举	取值	描述
BUSY	0x00	CCA 检测到信道忙
BUSY_RX	0x01	收发器正在接收数据时被要求转换状态

表 18（续）

枚举	取值	描述
BUSY_TX	0x02	收发器正在发送数据时被要求转换状态
FORCE_TRX_OFF	0x03	收发器将要被关闭
IDLE	0x04	CCA 检测到信道空闲
INVALID_PARAMETER	0x05	SET/GET 请求被发布时，其原语中的参数不在有效范围之内
RX_ON	0x06	收发器已经在或将要被配置成接收机打开的状态
SUCCESS	0x07	成功进行了 SET/GET、ED 操作或收发器状态转换
TRX_OFF	0x08	收发器已经在或将要被配置成发射机关闭的状态
TX_ON	0x09	收发器已经在或将要被配置成发射机打开的状态
UNSUPPORTED_ATTRIBUTE	0x0a	SET/GET 请求被发布时，其中的属性标识是不被支持的
R-M	0x0b	CMA 检测到信道调制方式是 MPSK
R-O	0x0c	CMA 检测到信道调制方式是 OQPSK

6.4 PPDU 格式

6.4.1 概述

本条规定 PPDU 包的格式。

在本部分中，位于 PPDU 数据结构最左边的字段应最先被发射或接收。对所有具有多个八位位组的字段，应最先发射或接收最低位的八位位组；对每个八位位组，应最先发射或接收最低位的比特。当 PHY 和 MAC 子层之间传输数据字段时，也应遵循这样的顺序。

每个 PPDU 包由下述基本单元所组成：

a) SHR 单元，它使接收设备能够同步和锁定比特流；

b) PHR 单元，它包含帧长信息；

c) 可变长度有效负荷单元，它携带 MAC 子层的帧。

6.4.2 一般数据包的格式

PPDU 的组织结构应如图 16 所示。

<table>
<tr><td colspan="2"></td><td colspan="3">八位位组数</td></tr>
<tr><td colspan="2"></td><td colspan="2">1</td><td>可变</td></tr>
<tr><td>Preamble</td><td>SFD</td><td>帧长
(7个比特)</td><td>保留位
(1个比特)</td><td>PSDU</td></tr>
<tr><td colspan="2">SHR</td><td colspan="2">PHR</td><td>PHY有效负荷</td></tr>
</table>

图 16 PPDU 的格式

6.4.2.1 Preamble 字段

Preamble 字段被收发器用来对接收信号进行码片和符号同步。Preamble 字段应由 32 个二进制零组成。

6.4.2.2 SFD 字段

SFD 字段用来指示同步(Preamble)字段的结束和数据传输的开始。SFD 应由8个二进制零组成。

6.4.2.3 帧长字段

帧长字段由 7 个比特组成，表示 PSDU(也就是 PHY 有效负荷)中包含的八位位组数。这个数值位于 0 到 *aMaxPHYPacketSize*(见 6.5)之间。表 19 描述了有效负荷类型和帧长之间的关系。

表 19 帧的长度

帧的长度	有效负荷类型
0～4	保留
5	MPDU(Acknowledgment)
6～8	保留
9 到 *aMaxPHYPacketSize*	MPDU

6.4.2.4 PSDU 字段

PSDU 字段具有可变的长度，负责传输 PHY 数据包里的数据。对所有帧长等于 5 个八位位组或大于 7 个八位位组的数据包类型，PSDU 包含的是 MAC 子层的数据帧(也就是 MPDU)。

6.5 PHY 常数和 PIB 属性

本条规定 PHY 需要的一些常数和属性。

6.5.1 PHY 常数

表 20 列出了定义 PHY 特性的一些常数。这些常数是依赖于硬件的，不能在操作中被改变。

表 20 PHY 常数

常数	描述	取值
aMaxPHYPacketSize	PHY 应能接收的最大 PSDU 大小(八位位组)	127
aTurnaroundTime	RX-to-TX 或 TX-to RX 的最大周转时间(见 6.8.1 和 6.8.2)	12

6.5.2 PHY PIB 属性

PHYPIB 包含了管理一个设备的 PHY 所需要的属性。每个这样的属性都可以使用 PLME-GET.request 和 PLME-SET.request 原语进行读写操作。其中，以(#)标注的属性为只读参数；以(*)标注的属性为特定位只读参数。表 21 列出了 PHY PIB 所包含的属性。

表 21 PHY PIB 属性

属性	标识	类型	有效范围	描述
phyCurrentChannel	0x00	整型	0～16	所有下述发送和接收所使用的 RF 信道(见 6.2)
PhyChannelsSupported#	0x01	阵列	见描述	*phyChannelsSupported* 的 MSB 的前 15 比特(b_{17}，…，b_{31})应被保留并被设为 0，LSB 的后 17 比特(b_0，b_1，…，b_{16})应指示 17 个有效信道中每个信道的状态(1＝可用，0＝不可用)(b_k 应指示信道 k 的状态，信道 k 的定义见 6.2.1)
phyTransmitPower *	0x02	位图	0x00～0xbf	MSB 的前 2 比特表示对发射功率的误差容限： 00＝±1 dB 01＝±3 dB 10＝±6 dB LSB 的后 6 位表示一个二进制补码格式的有符号整数，对应于设备的标称发射功率 1 mW 的 dB 值。*phyTransmitPower* 的最小值应被解释为小于或等于 −32 dBm
PhyCCAMode	0x03	整型	1～3	CCA 方式(见 6.8.9)
phyCurrentPage	0x04	整型	0～31	当前使用的 PHY 信道页 与 *phyCurrentChannel* 一起唯一标识当前使用的信道

表 21（续）

属性	标识	类型	有效范围	描述
phyMaxFrameDuration#	0x05	整型	55,212,266,1064	一帧中最多能包含的符号个数＝*phySHRDuration*＋*ceiling*（[*aMaxPHYPacketSize*＋*I*]*xphySymbolsPerOctet*）
phySHRDuration#	0x06	整型	3,7,10,40	当前 PHY 所使用的同步头(SHR)间隔
phySymbolsPerOctet#	0x07	浮点型	0.4,1.6,2,8	当前 PHY 每个八位位组所含的符号个数

6.6 780 MHz 频段物理层要求

在 780 MHz 频段标准提供两种可选 PHY 规范：MPSK 和 O-QPSK。任何符合本部分的无线个域网收发机设备都应至少实现一种调制方式，或者同时实现这两种调制方式。

6.6.1 数据速率

短程无线个域网在 780 MHz 频段 PHY 的数据速率应为 250 kb/s。

6.6.2 物理层(MPSK)规范

780 MHz 可选的 MPSK 物理层使用 16 元循环移位元正交调制技术。在每个数据符号周期内，4 个信息比特用来选择待发射的 16 个正交的扩频码序列中的一个。相邻数据符号选出的扩频码序列连接在一起，序列中的码片经过相移键控(PSK)调制到载波上。

6.6.2.1 调制器参考框图

图 17 是一个功能模块框图，作为规定 315/430/780 MHz PHY 调制和扩频函数的参考。图中每个模块里的数字指出了下面描述这一函数的章条。

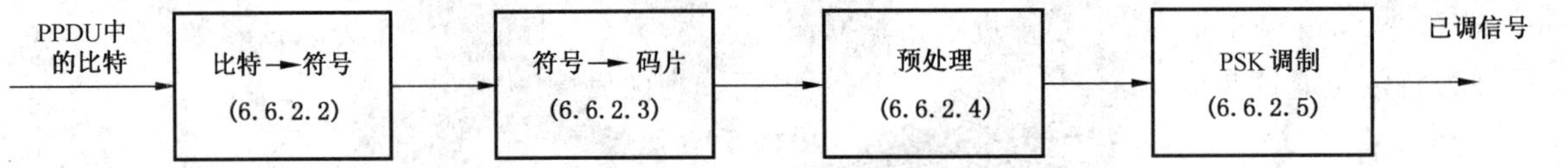

图 17 调制和扩频函数

6.6.2.2 比特到符号的映射

PPDU 中所有的二进制数据都应使用图 17 所示的调制和扩频函数进行处理。本条描述二进制信息是如何被映像成数据符号的。

每个八位位组的低 4 比特(b_0，b_1，b_2，b_3)应映像到一个数据符号，高 4 比特(b_4，b_5，b_6，b_7)应映像到下一个数据符号。PPDU 里的每个八位位组都应按顺序经过调制和扩频函数(如图 17)的处理，从 Preamble 字段开始，到 PSDU 里的最后一个八位位组结束。在每一个八位位组里，先处理低位符号(b_0，b_1，b_2，b_3)，再处理高位符号(b_4，b_5，b_6，b_7)。

6.6.2.3 符号到码片的映射

每个数据符号都应被映像成一个 16 位长的相位序列，如表 22 所示。这些相位序列之间是循环移位的关系。序列中的相位元素在 PSK 调制后，对应的基带信号称为一个码片。

表 22 符号到码片的映射

数据符号（十进制）	数据符号（二进制）(b_0，b_1，b_2，b_3)	扩频相位序列 (c_0，c_1，…，c_{14}，c_{15})
0	0000	$0,\frac{\pi}{16},\frac{\pi}{4},\frac{9\pi}{16},\pi,-\frac{7\pi}{16},\frac{\pi}{4},-\frac{15\pi}{16},0,-\frac{15\pi}{16},\frac{\pi}{4},-\frac{7\pi}{16},\pi,\frac{9\pi}{16},\frac{\pi}{4},\frac{\pi}{16}$
1	1000	$\frac{\pi}{16},0,\frac{\pi}{16},\frac{\pi}{4},\frac{9\pi}{16},\pi,-\frac{7\pi}{16},\frac{\pi}{4},-\frac{15\pi}{16},0,-\frac{15\pi}{16},\frac{\pi}{4},-\frac{7\pi}{16},\pi,\frac{9\pi}{16},\frac{\pi}{4}$

表 22（续）

数据符号（十进制）	数据符号（二进制）(b_0, b_1, b_2, b_3)	扩频相位序列 $(c_0, c_1, \cdots, c_{14}, c_{15})$
2	0 1 0 0	$\frac{\pi}{4},\frac{\pi}{16},0,\frac{\pi}{16},\frac{\pi}{4},\frac{9\pi}{16},\pi,-\frac{7\pi}{16},\frac{\pi}{4},-\frac{15\pi}{16},0,-\frac{15\pi}{16},\frac{\pi}{4},-\frac{7\pi}{16},\pi,\frac{9\pi}{16}$
3	1 1 0 0	$\frac{9\pi}{16},\frac{\pi}{4},\frac{\pi}{16},0,\frac{\pi}{16},\frac{\pi}{4},\frac{9\pi}{16},\pi,-\frac{7\pi}{16},\frac{\pi}{4},-\frac{15\pi}{16},0,-\frac{15\pi}{16},\frac{\pi}{4},-\frac{7\pi}{16},\pi$
4	0 0 1 0	$\pi,\frac{9\pi}{16},\frac{\pi}{4},\frac{\pi}{16},0,\frac{\pi}{16},\frac{\pi}{4},\frac{9\pi}{16},\pi,-\frac{7\pi}{16},\frac{\pi}{4},-\frac{15\pi}{16},0,-\frac{15\pi}{16},\frac{\pi}{4},-\frac{7\pi}{16}$
5	1 0 1 0	$-\frac{7\pi}{16},\pi,\frac{9\pi}{16},\frac{\pi}{4},\frac{\pi}{16},0,\frac{\pi}{16},\frac{\pi}{4},\frac{9\pi}{16},\pi,-\frac{7\pi}{16},\frac{\pi}{4},-\frac{15\pi}{16},0,-\frac{15\pi}{16},\frac{\pi}{4}$
6	0 1 1 0	$\frac{\pi}{4},-\frac{7\pi}{16},\pi,\frac{9\pi}{16},\frac{\pi}{4},\frac{\pi}{16},0,\frac{\pi}{16},\frac{\pi}{4},\frac{9\pi}{16},\pi,-\frac{7\pi}{16},\frac{\pi}{4},-\frac{15\pi}{6},0,-\frac{15\pi}{6}$
7	1 1 1 0	$-\frac{15\pi}{16},\frac{\pi}{4},-\frac{7\pi}{16},\pi,\frac{9\pi}{16},\frac{\pi}{4},\frac{\pi}{16},0,\frac{\pi}{16},\frac{\pi}{4},\frac{9\pi}{16},\pi,-\frac{7\pi}{16},\frac{\pi}{4},-\frac{15\pi}{16},0$
8	0 0 0 1	$0,-\frac{15\pi}{16},\frac{\pi}{4},-\frac{7\pi}{16},\pi,\frac{9\pi}{16},\frac{\pi}{4},\frac{\pi}{16},0,\frac{\pi}{16},\frac{\pi}{4},\frac{9\pi}{16},\pi,-\frac{7\pi}{16},\frac{\pi}{4},-\frac{15\pi}{16}$
9	1 0 0 1	$-\frac{15\pi}{16},0,-\frac{15\pi}{16},\frac{\pi}{4},-\frac{7\pi}{16},\pi,\frac{9\pi}{16},\frac{\pi}{4},\frac{\pi}{16},0,\frac{\pi}{16},\frac{\pi}{4},\frac{9\pi}{16},\pi,-\frac{7\pi}{16},\frac{\pi}{4}$
10	0 1 0 1	$\frac{\pi}{4},-\frac{15\pi}{16},0,-\frac{15\pi}{16},\frac{\pi}{4},-\frac{7\pi}{16},\pi,\frac{9\pi}{16},\frac{\pi}{4},\frac{\pi}{16},0,\frac{\pi}{16},\frac{\pi}{4},\frac{9\pi}{16},\pi,-\frac{7\pi}{16}$
11	1 1 0 1	$-\frac{7\pi}{16},\frac{\pi}{4},-\frac{15\pi}{16},0,-\frac{15\pi}{16},\frac{\pi}{4},-\frac{7\pi}{16},\pi,\frac{9\pi}{16},\frac{\pi}{4},\frac{\pi}{16},0,\frac{\pi}{16},\frac{\pi}{4},\frac{9\pi}{16},\pi$
12	0 0 1 1	$\pi,-\frac{7\pi}{16},\frac{\pi}{4},-\frac{15\pi}{16},0,-\frac{15\pi}{16},\frac{\pi}{4},-\frac{7\pi}{16},\pi,\frac{9\pi}{16},\frac{\pi}{4},\frac{\pi}{16},0,\frac{\pi}{16},\frac{\pi}{4},\frac{9\pi}{16}$
13	1 0 1 1	$\frac{9\pi}{16},\pi,-\frac{7\pi}{16},\frac{\pi}{4},-\frac{15\pi}{16},0,-\frac{15\pi}{16},\frac{\pi}{4},-\frac{7\pi}{16},\pi,\frac{9\pi}{16},\frac{\pi}{4},\frac{\pi}{16},0,\frac{\pi}{16},\frac{\pi}{4}$
14	0 1 1 1	$\frac{\pi}{4},\frac{9\pi}{16},\pi,-\frac{7\pi}{16},\frac{\pi}{4},-\frac{15\pi}{16},0,-\frac{15\pi}{16},\frac{\pi}{4},-\frac{7\pi}{16},\pi,\frac{9\pi}{16},\frac{\pi}{4},\frac{\pi}{16},0,\frac{\pi}{16}$
15	1 1 1 1	$\frac{\pi}{16},\frac{\pi}{4},\frac{9\pi}{16},\pi,-\frac{7\pi}{16},\frac{\pi}{4},-\frac{15\pi}{16},0,-\frac{15\pi}{16},\frac{\pi}{4},-\frac{7\pi}{16},\pi,\frac{9\pi}{16},\frac{\pi}{4},\frac{\pi}{16},0$

6.6.2.4 预处理

映射后得到码片还需要进行预处理，处理过程如图 18 所示。首先将映射得到的每个码片减去一个固定的常数 A_{DC}，这样可以去掉每个符号中的直流分量。A_{DC} 的表达式如式(1)所示：

$$A_{DC}=\frac{1}{4}\exp\left(\frac{j\pi}{4}\right) \qquad \cdots\cdots (1)$$

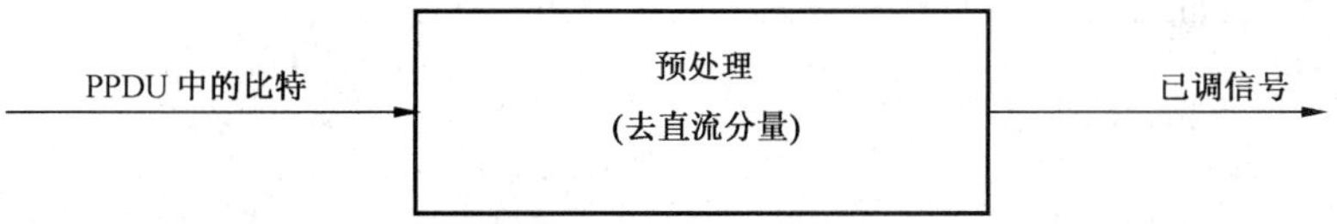

图 18 预处理图

6.6.2.5 PSK 调制

代表每个数据符号的扩频相位序列经相移键控(PSK)和升余弦滚降脉冲成形调制到载波上。因为每个符号是由 16 个码片所表示的，所以码片速率是符号速率的 16 倍。

6.6.2.6 脉冲成形

升余弦滚降脉冲被用来表示每个基带码片，其表达式如式(2)所示：

$$p(t)=\frac{\sin(\pi t/T_c)}{\pi t/T_c}\frac{\cos(r\pi t/T_c)}{1-4r^2t^2/T_c^2} \qquad (2)$$

式中：

滚降因子 $r=0.5$。

6.6.2.7 码片发射顺序

在每一个符号周期里，最先发射的码片是最低位码片 c0，最后发射的码片是最高位码片 c15。

6.6.3 物理层(O-QPSK)规范

O-QPSK 物理层技术来自 IEEE 802.15.4:2006，但工作在(314～316)MHz，(430～434)MHz 和(779～787)MHz 中一个到多个频段。

IEEE 802.15.4:2006 物理层使用 16 元准正交调制技术。在每个数据符号周期内，4 个信息比特用来选择待发射的 16 个准正交的扩频码序列中的一个。相邻数据符号选出的扩频码序列连接在一起，序列中的码片经过偏移正交相移键控(O-QPSK)调制到载波上。

6.6.3.1 调制器

图 19 是一个功能模块框图，作为规定 780 MHz PHY 调制和扩频函数的参考。图中每个模块里的数字指出了下面描述这一功能的章条。

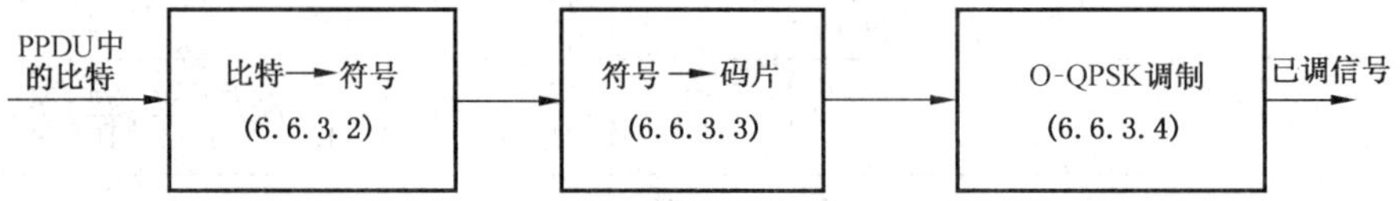

图 19 调制和扩频函数

6.6.3.2 比特到符号的映射

PPDU 中所有的二进制数据都应使用表 25 所示的调制和扩频函数进行处理。本条描述二进制信息是如何被映像成数据符号的。

每个八位位组的低 4 比特(b_0，b_1，b_2，b_3)应映像到一个数据符号，高 4 比特(b_4，b_5，b_6，b_7)应映像到下一个数据符号。PPDU 里的每个八位位组都应按顺序经过调制和扩频函数(如图 19)的处理，从 Preamble 字段开始，到 PSDU 里的最后一个八位位组结束。在每一个八位位组里，先处理低位符号(b_0，b_1，b_2，b_3)，再处理高位符号(b_4，b_5，b_6，b_7)。

6.6.3.3 符号到码片的映射

每个数据符号都应被映像成一个 16 位长的相位序列，如表 23 所示。这些相位序列之间是循环移位和/或共轭的关系。

表 23 符号到码片的映射

数据符号(十进制)	数据符号(二进制)(b_0，b_1，b_2，b_3)	扩频序列(c_0，c_1，…，c_{14}，c_{15})
0	0 0 0 0	0 0 1 1 1 1 1 0 0 0 1 0 0 1 0 1
1	1 0 0 0	0 1 0 0 1 1 1 1 1 0 0 0 1 0 0 1
2	0 1 0 0	0 1 0 1 0 0 1 1 1 1 1 0 0 0 1 0
3	1 1 0 0	1 0 0 1 0 1 0 0 1 1 1 1 1 0 0 0
4	0 0 1 0	0 0 1 0 0 1 0 1 0 0 1 1 1 1 1 0
5	1 0 1 0	1 0 0 0 1 0 0 1 0 1 0 0 1 1 1 1
6	0 1 1 0	1 1 1 0 0 0 1 0 0 1 0 1 0 0 1 1
7	1 1 1 0	1 1 1 1 1 0 0 0 1 0 0 1 0 1 0 0
8	0 0 0 1	0 1 1 0 1 0 1 1 0 1 1 1 0 0 0 0

表 23（续）

数据符号 （十进制）	数据符号（二进制） （b_0，b_1，b_2，b_3）	扩频序列 （c_0，c_1，…，c_{14}，c_{15}）
9	1 0 0 1	0 0 0 1 1 0 1 0 1 1 0 1 1 1 0 0
10	0 1 0 1	0 0 0 0 0 1 1 0 1 0 1 1 0 1 1 1
11	1 1 0 1	1 1 0 0 0 0 0 1 1 0 1 0 1 1 0 1
12	0 0 1 1	0 1 1 1 0 0 0 0 0 1 1 0 1 0 1 1
13	1 0 1 1	1 1 0 1 1 1 0 0 0 0 0 1 1 0 1 0
14	0 1 1 1	1 0 1 1 0 1 1 1 0 0 0 0 0 1 1 0
15	1 1 1 1	1 0 1 0 1 1 0 1 1 1 0 0 0 0 0 1

6.6.3.4　O-QPSK 调制

代表每个数据符号的扩频相位序列经偏移-正交相移键控（O-QPSK）和半正弦脉冲成形调制到载波上。偶数位的码片被调制到同相支路（I）载波上，而奇数的码片被调制到正交支路（Q）载波上。因为每个符号是由 16 个码片所表示的，所以码片速率是符号速率的 16 倍。为了形成在同相支路和正交支路码片调制之间的偏移，正交支路的码片比同相支路的码片有 T_c 的延迟（见图 20），其中 T_c 是符号速率的倒数。

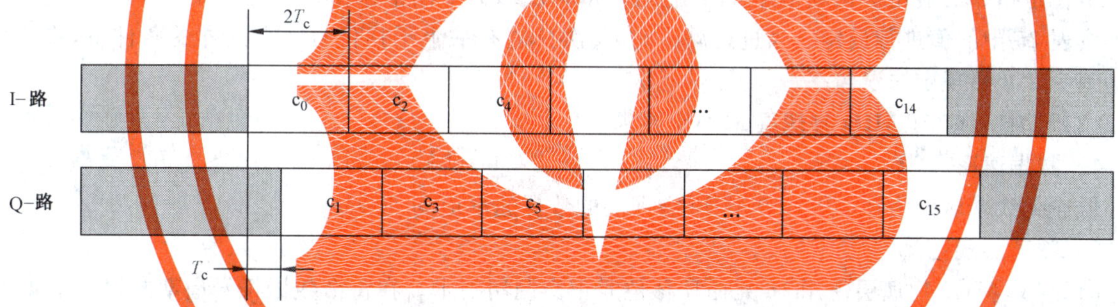

图 20　O-QPSK 调制码片偏移示意图

6.6.3.5　脉冲成形

升余弦滚降脉冲被用来表示每个基带码片，其表达式如式（3）所示：

$$p(t)=\frac{\sin(\pi t/T_c)}{\pi t/T_c}\frac{\cos(r\pi t/T_c)}{1-4r^2t^2/T_c^2} \quad \cdots\cdots\cdots\cdots (3)$$

式中：

滚降因子 $r=0.8$。

6.6.3.6　码片发射顺序

在每一个符号周期里，最先发射的码片是最低位码片 c_0，最后发射的码片是最高位码片 c_{15}。

6.6.4　780 MHz 频段射频要求

除应满足工业和信息化部无线电管理局关于短距离无线电设备的发射要求以外，操作在 780 MHz 频段的设备还应满足 6.1，6.2.3～6.2.6，6.8 的要求。

6.6.4.1　发射功率谱密度

发射信号的谱分量应小于表 24 中的限制。不管是相对限制还是绝对限制，在测量平均功率谱时应使用 100 kHz 的分辨率带宽。对相对限制来讲，参考电平应是在载波频率附近±1 MHz 范围内测量得到的最大平均功率谱。

表 24 发射功率谱密度限制

频率	相对限制	绝对限制
$\lvert f-f_c \rvert>1.2$ MHz	−20 dB	−20 dBm

6.6.4.2 符号速率

780 MHz PHY 的符号速率应为 62.5 ksymbol/s $+/-40\times10^{-6}$。

6.6.4.3 接收机灵敏度

在 6.2.6 所述条件指定下,接收机灵敏度能够达到−85 dBm 或更好。

6.6.4.4 在接收机干扰抑制

表 25 给出了接收机的最小干扰抑制能力。相邻信道是指期望信道两边与期望信道频率最接近的 2 个信道中的任一个信道,相隔信道是指相邻信道外边的 2 个信道。例如,当信道 13 是期望信道时,信道 12 和信道 14 是相邻信道,信道 11 和信道 15 是相隔信道。

表 25 790 MHz PHY 对接收机最小干扰抑制能力的要求

相邻信道抑制	相隔信道抑制
0 dB	30 dB

相邻信道抑制能力应使用下述方法进行测量。期望信号应是符合短距离无线网络中国标准 780 MHz PHY的伪随机数据信号。当期望信号输入接收机时,它的电平应比 6.6.4.3 给出的最大允许的接收机灵敏度高 3 dB。

不管是相邻信道还是相隔信道,一个符合 780 MHz PHY 的信号作为干扰输入接收机时,它的相对电平按表 25 中的值进行设定。当进行测试时,每次只能有一个干扰信号。在这样的条件下,接收机应能达到 6.2.6 所规定的误包率。

6.7 315 MHz 和 430 MHz 物理层 MPSK 要求

6.7.1 数据速率

低速无线个域网络在 315/430 MHz 物理层的数据速率应为 50 kbit/s。

6.7.2 物理层规范

315/430 MHz 物理层使用 16 元循环移位元正交调制技术。在每个数据符号周期内,4 个信息比特用来选择待发射的 16 个正交的扩频码序列中的一个。相邻数据符号选出的扩频码序列连接在一起,序列中的码片经过相移键控(PSK)调制到载波上。

6.7.2.1 调制器参考框图

图 21 是一个功能模块框图,作为规定 315/430 MHz 物理层调制和扩频函数的参考。图中每个模块里的数字指出了下面描述这一函数的章条。

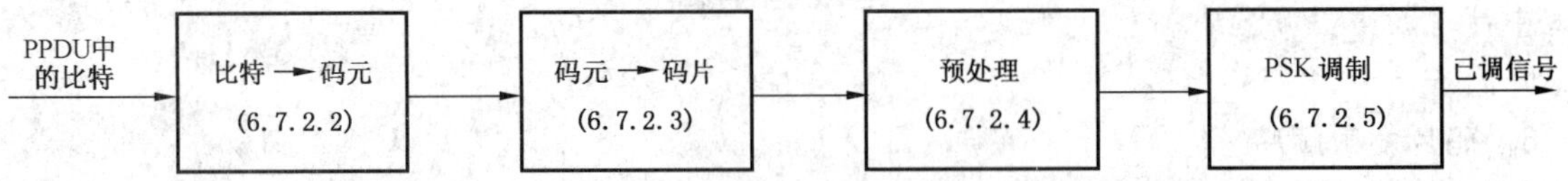

图 21 调制和扩频函数

6.7.2.2 比特到符号的映射

PPDU 中所有的二进制数据都应使用图 21 所示的调制和扩频函数进行处理。本条描述二进制信息是如何被映像成数据符号的。

每个八位位组的低 4 比特(b_0, b_1, b_2, b_3)应映像到一个数据符号,高 4 比特(b_4, b_5, b_6, b_7)应映像到下一个数据符号。PPDU 里的每个八位位组都应按顺序经过调制和扩频函数(如图 21)的处理,从 Preamble 字段开始,到 PSDU 里的最后一个八位位组结束。在每一个八位位组里,先处理低位符号(b_0, b_1, b_2, b_3),再处理高位符号(b_4, b_5, b_6, b_7)。

6.7.2.3 符号到码片的映射

每个数据符号都应被映像成一个16位长的相位序列，如表20所示。这些相位序列之间是循环移位的关系。序列中的相位元素在PSK调制后，对应的基带信号称为一个码片。

6.7.2.4 预处理

映射后得到码片还需要进行预处理，处理过程如图22所示。首先将映射得到的每个码片减去一个固定的常数A_{DC}，这样可以去掉每个符号中的直流分量。A_{DC}的表达式如式(4)所示：

$$A_{DC}=\frac{1}{4}\exp\left(\frac{j\pi}{4}\right) \quad \cdots\cdots (4)$$

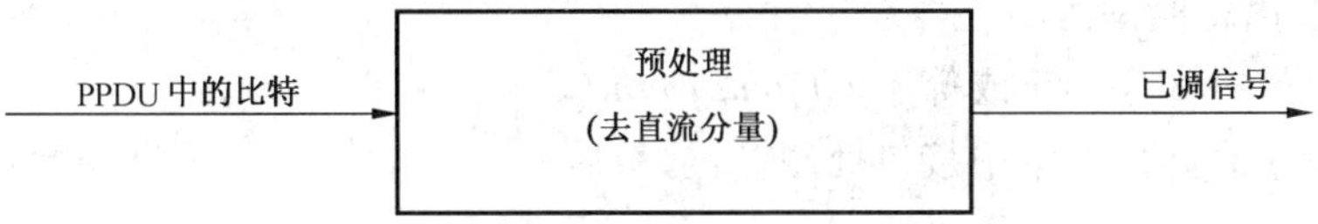

图22 预处理图

6.7.2.5 PSK调制

代表每个数据符号的扩频相位序列经相移键控(PSK)和升余弦滚降脉冲成形调制到载波上。因为每个符号是由16个码片所表示的，所以码片速率是符号速率的16倍。

6.7.2.6 脉冲成形

升余弦滚降脉冲被用来表示每个基带码片，其表达式如式(5)所示：

$$p(t)=\frac{\sin(\pi t/T_c)}{\pi t/T_c}\frac{\cos(r\pi t/T_c)}{1-4r^2t^2/T_c^2} \quad \cdots\cdots (5)$$

式中：

滚降因子$r=0.5$。

6.7.2.7 码片发射顺序

在每一个符号周期里，最先发射的码片是最低位码片c_0，最后发射的码片是最高位码片c_{15}。

6.7.3 315/430 MHz频段射频要求

除应满足无线电管理局关于短距离无线电设备的发射要求以外，操作在315/430 MHz频段的设备还应满足6.1,6.2.3～6.2.6，6.8的要求。

6.7.3.1 发射功率谱密度

发射信号的谱分量应满足表26的要求。不管是相对限制还是绝对限制，在测量平均功率谱时应使用100 kHz的分辨率带宽。对相对限制来讲，参考电平应是在载波频率附近±1 MHz范围内测量得到的最大平均功率谱。

表26 发射功率谱密度限制

频率	相对限制	绝对限制
$\lvert f-f_c\rvert>240$ kHz	−20 dB	−20 dBm

6.7.3.2 符号速率

315/430 MHz PHY的符号速率应为12.5 ksymbol/s+/-40×10^{-6}。

6.7.3.3 接收机灵敏度

符合本部分的设备应在6.2.6规定的条件下，能够达到−85 dBm或者更好的接收灵敏度。

6.7.3.4 在接收机干扰抑制

表27给出了接收机的最小干扰抑制能力。相邻信道是指期望信道两边与期望信道频率最接近的2个信道中的任一个信道，相隔信道是指相邻信道外边的两个信道。例如，当信道13是期望信道时，信道12和信道14是相邻信道，信道11和信道15是相隔信道。

表 27 315/430 MHz PHY 对接收机最小干扰抑制能力的要求

相邻信道抑制	相隔信道抑制
0 dB	30 dB

相邻信道抑制能力应使用下述方法进行测量。期望信号应是符合短距离无线网络中国标准 315/430 MHz PHY 的伪随机数据信号。当期望信号输入接收机时，它的电平应比 6.7.3.3 给出的最大允许的接收机灵敏度高 3 dB。

6.8 射频一般规范

6.8.1～6.8.10 适用于所有小于 1 GHz 频段的 PHY，而且 6.8.3 适用于所有频段的 PHY。

6.8.1 TX-to-RX 的周转时间时间

TX-to-RX 的周转时间应小于或等于 *aTurnaroundTime*(见 6.5.1)。

TX-to-RX 的周转时间应在空中接口处测量，从最后一个发射符号的尾沿开始，到接收机准备好接收下一个 PHY 数据包止。

6.8.2 RX-to-TX 的周转时间

RX-to-TX 的周转时间应小于或等于 *aTurnaroundTime*(见 6.5.1)。

RX-to-TX 的周转时间应在空中接口处测量，从接收 PPDU 的最后一个码片(最后一个符号中的)的尾沿开始，到下一个传送 PPDU 的第一个码片的前沿(第一个符号)。实际传输开始的时间由 MAC 子层加以规定。

6.8.3 误差矢量幅值(EVM)

6.8.3.1 EVM 定义

本部分发射机的调制精度由 EVM 度量来确定。为了计算 EVM 度量，需要接收并存储 N 个复数码片值($\tilde{I}_j,\tilde{Q}_j$)。对每个接收到的复数码片值进行判决以得到相应的发射复数码片值。可以选择的复数码片的理想位置(判决区字段的中心)用矢量表示为(I_j,Q_j)。定义误差矢量($\delta I_j,\delta Q_j$)为理想位置和实际接收信号点位置之间的距离(见图 23)。

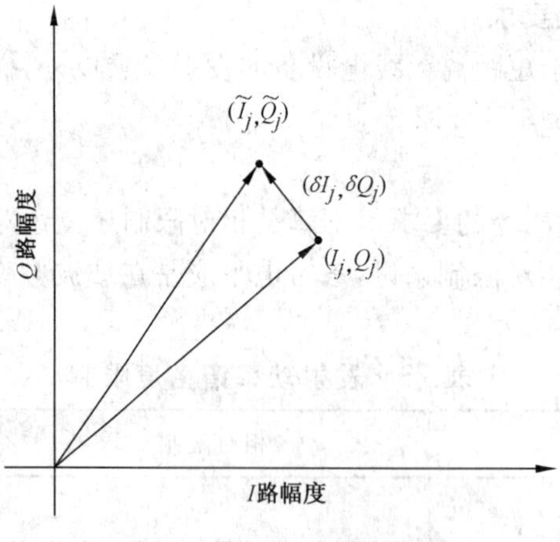

图 23 误差矢量计算

因此，接收矢量是理想矢量和误差矢量之和见式(6)：

$$(\tilde{I}_j,\tilde{Q}_j)=(I_j,Q_j)+(\delta I_j,\delta Q_j) \quad \cdots\cdots (6)$$

EVM 定义为式(7)：

$$\mathrm{EVM}=\sqrt{\frac{\frac{1}{N}\sum_{j=1}^{N}(\delta I_j^2,\delta Q_j^2)}{S^2}}\times 100\% \quad \cdots\cdots (7)$$

式中：

S——到理想星座点矢量的幅值；

$(\delta I_j, \delta Q_j)$——误差矢量。

6.8.3.2 **EVM 计算**

符合本部分的发射机，当使用 1 000 个码片进行测量时应具有小于 35% 的 EVM。误差矢量应使用基带的 I 路和 Q 路码片进行测量，这两路信号由一个参考接收机系统进行恢复。测量进行时，参考接收机应执行载波锁定、符号时间恢复以及幅度调整等功能。

6.8.4 **发射中心频率的误差容限**

发射中心频率的误差容限最大为 $\pm 40 \times 10^{-6}$。

6.8.5 **发射功率**

符合本部分的发射机应至少能发射 −3 dBm。在可能的时候，设备应降低发射功率以减少对其他设备和系统的干扰。

6.8.6 **接收机期望信号的最大输入电平**

接收机最大输入电平是指当 6.2.6 规定的误码率准则满足时，接收机输入端的期望信号的最大功率电平，它用相对 1 mW 的 dB 来表示。接收机应具有大于或等于 −20 dBm 的接收机最大输入电平。

6.8.7 **接收机 ED**

接收机 ED 测量是为网络层所使用的，作为信道选择算法的一部分。它是对处于一个短距离无线网络中国标准信道带宽内的接收信号功率的估计，并不对这一信道中的信号进行辨识或解调。ED 的时间应等于 8 个符号周期。

ED 的结果，一个 0x00 到 0xff 之间的 8 比特整数，应使用 PLME-ED.confirm 原语（见 6.3.2.4）报告给 MLME。最小的 ED 值（0）应表示接收功率小于规定的接收机灵敏度（见 6.7.3.3 和 6.8）以上 10dB 的那个值，并且 ED 应能表示至少 40dB 的接收功率范围。在这一范围内，从接收功率（以 dB 表示）到 ED 值的映像应为线性并具有 ±6 dB 以内的精度。

6.8.8 **LQI**

LQI 度量是对接收数据包强度或质量的一个表征。这一度量可以由接收机 ED、信噪比估计或这些方法的组合来实现。有关网络层或应用层对于 LQI 结果的使用，本部分不作规定。

每一个接收数据包都应测量 LQI，测量的结果，一个 0x00 到 0xff 之间的整数，应使用 PD-DATA.indication 原语（见 6.3.1.3）报告给 MAC 子层。LQI 的最小和最大值（0x00 和 0xff）应对应于接收机可检测的最低和最高质量的信号，之间的 LQI 值应在两个极限间均匀分布。LQI 至少应使用 8 个不同的值。

6.8.9 **CCA 方式**

PHY 应至少提供下述 3 种 CCA 执行方法中的一种：

a) CCA 方式 1：能量检测。当检测到能量超过 ED 门限时，CCA 应报告信道忙。

b) CCA 方式 2：载波侦听。只有当检测到具有本标准调制和扩频特性的信号时，CCA 才报告信道忙。这个信号可以高于或低于 ED 门限。

c) CCA 方式 3：载波侦听联合能量检测。只有检测到具有中国标准调制和扩频特性的信号并且其能量超过 ED 门限时，CCA 才报告信道忙。

不管是哪种 CCA 方式，如果 PHY 收到 PLME-CCA.request 原语（见 6.3.2.1）时正在接收一个 PPDU，CCA 应报告信道忙。检测到 SFD 后，PPDU 接收就被认为正在进行中，并且直到 PHR 规定的八位位组数被全部接收才告结束。

信道忙应使用状态为 BUSY 的 PLME-CCA.confirm 原语来指示。

信道空闲应使用状态为 IDLE 的 PLME-CCA.confirm 原语来指示。

PHYPIB 属性 *phyCCAMode*（见 6.5）应指示相应的工作方式。CCA 参数应遵循下述准则：

a) ED 门限不能超过规定的接收灵敏度（见 6.7.3.3）10 dB；

b） CCA 的检测时间应等于 8 个符号周期。

6.8.10 **CMA 方式**

CMA 方式：当接收机在 MPSK 接收或在 O-QPSK 接收状态上的检测能量高于 ED 门限时，CMA 应报告接收忙和 CMA 检测到信道调制方式是 MPSK（R-M）；或 CMA 检测到信道调制方式是 O-QPSK（R-O）。由此断定本信道上传输的是 MPSK 或 O-QPSK 调制信号。

如果断定使用 MPSK 调制方式，则设置 R－M＝0x01，R－O＝0x00；

如果断定使用 O-QPSK 调制方式，则设置 R－O＝0x01，R－M＝0x00。

7 MAC 子层规范

本章定义了低速个域网的 MAC 子层规范。MAC 子层提供高层访问物理无线信道的服务，并完成以下任务：

a） 协调器负责产生并发送网络信标帧；

b） 普通设备根据协调器的信标帧与协调器同步；

c） 支持 PAN 的关联和解关联操作；

d） 支持无线信道通信安全；

e） 利用 CAMA-CA 机制访问信道；

f） 支持时隙保障（GTS）机制；

g） 支持不同设备的 MAC 层间可靠传输。

7.1 MAC 层服务规范

MAC 子层提供了特定服务聚合子层（SSCS）和 PHY 的接口。MAC 子层包括了管理实体 MLME，提供服务接口，并维护和 MAC 子层相关的管理物体的数据库，即 MAC 子层信息数据库。图 24 是 MAC 子层接口和组成框图。

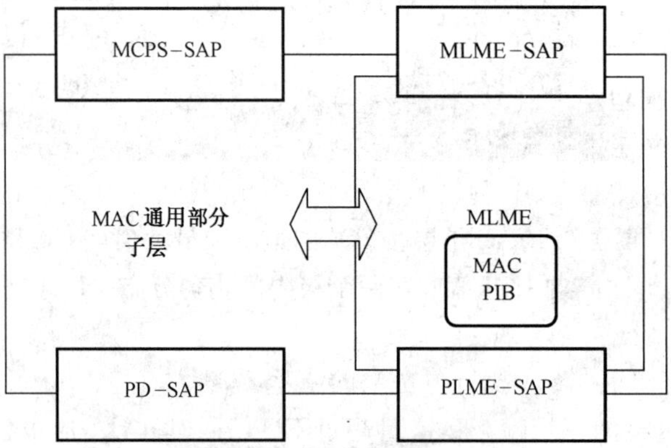

图 24 MAC 子层参考模型

MAC 子层分别通过两种服务接口（SAP）提供两种不同的服务：

a） 通过 MCPS-SAP 提供 MAC 层数据服务，该服务保证 MAC 协议数据单元在 PHY 数据服务中的正确收发；

b） 通过 MLME-SAP 提供 MAC 层管理服务，该服务维护一个存储 MAC 子层协议状态相关信息的数据库。

这两种服务分别通过 PD-SAP 和 PLME-SAP 来支持 SSCS 和 PHY 的接口，除了以上的外部接口，MLME 和 MCPS 间还存在一个接口，这个接口使得 MLME 能够获得 MAC 数据服务。

7.1.1 MAC 数据服务

MCPS-SAP 支持不同的 SSCS 间传输 SSCS 协议数据单元（SPDU）。表 28 列出了 MCPS-SAP 支持的原语，其中标有◆的可以由精简功能设备任意选择。

表 28 MCPS-SAP 原语

MCPS-SAP 原语	Request	Confirm	Indication
MCPS-DATA	7.1.1.1	7.1.1.2	7.1.1.3
MCPS-PURGE	7.1.1.4◆	7.1.1.5◆	—

7.1.1.1 MCPS-DATA.request

MCPS-DATA.request 原语请求把数据 SPDU(即 MSDU)从本地 SSCS 实体传送到单个对等 SSCS 实体。

7.1.1.1.1 服务原语的语义

MCPS-DATA.request 原语语义如下:

```
MCPS-DATA.request          (
                           SrcAddrMode,
                           DstddrMode,
                           DstPANID,
                           DstAddr,
                           msduLength,
                           msdu,
                           msduHandle,
                           TxOptions,
                           SecurityLevel,
                           KeyIdMode,
                           KeySource,
                           KeyIndex
                           )
```

表 29 列出了该原语的参数。

表 29 原语 MCPS-DATA.request 的参数

名称	类型	有效范围	描述
SrcAddrMode	整型	0x00～0x03	源地址的方式,取值如下: 0x00=无地址(忽略地址,见 7.2.1.1.8); 0x01=保留; 0x02=16 比特短地址; 0x03=64 比特扩展地址
DstAddrMode	整型	0x00～0x03	目的地址的方式,取值如下: 0x00=无地址(地址字段忽略,见 7.2.1.1.6); 0x01=保留; 0x02=16 比特短地址; 0x03=64 比特扩展地址
DstPANID	整型	0x0000～0xffff	MSDU 接收的 16 比特 PAN 标识符
DstAddr	设备地址	由参数 DstAddrMode 规定	MSDU 接收的个人设备地址
msduLength	整型	≤*aMaxMACFrameSize*	MAC 子层将要传送的 MSDU 中包含的八位位组数
msdu	八位位组集	—	MAC 子层将要传送的 MSDU 的八位位组集
msduHandle	整型	0x00～0xff	与 MAC 子层将要传送的 MSDU 相关的操作

表 29（续）

名称	类型	有效范围	描述
TxOptions	位图	3 比特字段	3 比特(b_0，b_1，b_2)指示了 MSDU 的传输选项； b_0，1 = 带确认的传输，0=无确认传输； b_1，1 = GTS 传输，0=CAP 传输(有信标能力 PAN)； b_2，1 = 间接传输，0=直接传输； 对于不用信标能力 PAN，b_1 通常为 0
SecurityLevel	整型	0x00～0x07	将要使用的安全级别(见表 89)
KeyIdMode	整型	0x00～0x03	用于标识所用密钥的方式(见表 90)。如果参数 SecurityLevel 是 0x00，则忽略该参数
KeySource	0、4 或 8 个八位位组集	由参数 KeyIdMode 规定	所用密钥的来源(见 7.6.2.4.2)。如果参数 KeyIdMode 被忽略或被置为 0x00，则忽略该参数
KeyIndex	整型	0x01～0xff	密钥索引(见 7.6.2.4.3)。如果参数 KeyIdMode 被忽略或被置为 0x00，则忽略该参数

7.1.1.1.2 原语的使用

当数据 SPDU(即 MSDU)传送到对等 SSCS 实体时，本地 SSCS 实体产生 MCPS-DATA. request 原语。

7.1.1.1.3 收后效果

当 MAC 子层收到这个原语，就开始发送 MSDU。

MAC 子层会根据原语提供的参数，构造并发送一个 MPDU。参数 SrcAddrMode 和 DstAddrMode 的标志位对应于帧控制字段(见 7.2.1.1)中的地址子字段，这些标志位用来组成 MHR 的帧控制和地址字段。如果参数 SrcAddrMode 和 DstAddrMode 都设为 0x00(即忽略地址字段)，MAC 子层将发布 MCPS-DATA. confirm 原语，状态为 INVALID_ADDRESS。

如果参数 msduLength 大于 *aMaxMACSafePayloadSize*，MAC 子层将帧控制信息的帧版本子字段设为 1。

参数 TxOptions 的信息指示了 MAC 子层数据服务如何传输已提供的 MSDU。如果参数 TxOptions 规定采用带确认的传输，帧控制的确认请求子字段就设为 1(见 7.5.6.4)。

如果参数 TxOptions 规定在 GTS 中传输，MAC 子层必须确定设备是否分配了一个有效的 GTS。如果找不到一个有效的 GTS，MAC 子层就发布原语 MCPS-DATA. confirm，状态为 INVALID_GTS。如果存在一个有效的 GTS，MAC 子层就等到该 GTS 开始时传送。如果参数 TxOptions 不要求在 GTS 中传输，对于有信标能力网络 MAC 子层将使用时隙 CSMA-CA 算法在 CAP 时段传输 MSDU，而对于不用信标能力网络 MAC 子层则使用非时隙 CSMA-CA 算法传输。如果参数 TxOptions 要求在 GTS 中传输就不考虑间接传输请求。

如果参数 TxOptions 要求间接传输，当协调器的 MAC 子层接收到此原语，就间接发送数据帧，过程如下：把数据帧添加到协调器的微处理事务列表，在设备根据 7.5.6.3 所描述的算法进行判断后，就提取该数据并发送。当向一个广播地址发送数据时，采用 7.2.1.1.3 的算法。当向单播地址发送时，相关设备根据 7.5.6.3 所描述的算法进行判断后才能提取数据发送。如果没有足够的空间来存储这些数据，MAC 子层将丢弃这个 MDSU，并发布原语 MCPS-DATA . confirm，状态 TRANSACTION_OVERFLOW。而如果有足够的空间，协调器将把相应信息加入列表。如果在 *macTransactionPersistenceTime* 内没有处理完该事务，MAC 子层将丢弃事务信息，并发布 MCPS-DATA . confirm 原语，状态 TRANSACTION_EXPIRED。事务处理过程如 7.5.5 所述。如果参数 TxOptions 要求间接传输，当原语接收设备不是协调器且目的地址不存在，或者参数 TxOptions 还要求在 GTS 内传输，就忽略间接传输选项。

如果参数 TxOptions 不要求间接传输，在有信标能力 PAN 中，MAC 子层将使用 CSMA-CA 算法在 CAP 时段传输 MSDU，而在不用信标能力 PAN，MAC 子层则直接传输。如果参数 TxOptions 规定直接传输且 MAC 子层在 *macMaxFrameRetries* 的重传时间内没有收到确认，就丢弃 MSDU，并发布 MCPS-DATA . confirm 原语，状态是 NO_ACK。

如果参数 SecurityLevel 的值不是 0x00，则表示传输的帧使用安全机制，MAC 子层将帧控制字段的安全使能子字段为 1，并且根据参数 DstAdd、SecurityLevel、KeyIdMode、KeySource 和 KeyIndex 对帧进行流出处理，具体过程见 7.5.8.2.1。如果在过程中有错误发生，MAC 子层将丢弃该帧，并发布 MCPS-DATA. confirm 原语，以及流出处理返回的错误状态。

如果请求的事务太大而不能在 CAP 或 GTS 内完成，MAC 子层会丢弃该帧，并发布原语 MCPS-DATA. confirm，状态为 FRAME_TOO_LONG。

如果整个传输使用 CSMA-CA 算法，当算法竞争信道失败，且参数 TxOptions 要求直接传输，MAC 子层会丢弃该 MSDU，并发布 MCPS-DATA. confirm 原语，状态为 CHANNEL_ACCESS_FAILURE。

如果成功发送了 MPDU，且参数 TxOptions 规定带确认的传输，MAC 子层就发布原语 MCPS-DATA. confirm，状态是 SUCCESS。

如果原语 MCPS-DATA. request 的所有参数设置都超出有效范围，或是不能被支持，MAC 子层就发布原语 MCPS-DATA. confirm，状态为 INVALID_PARAMETER。

7.1.1.2 MCPS-DATA. confirm

原语 MCPS-DATA. confirm 报告了本地 SSCS 请求传送 SPDU(MSDU)给另一个 SSCS 的结果。

7.1.1.2.1 服务原语的语义

原语 MCPS-DATA. confirm 语义如下：

```
MCPS-DATA. confirm      (
                         msduHandle,
                         status,
                         Timestamp
                         )
```

表 30 规定了原语 MCPS-DATA. confirm 的参数。

表 30 MCPS-DATA. confirm 的参数

名称	类型	有效范围	描述
msduHandle	整型	00x00～0xff	待确认 MSDU 的相关操作
status	枚举	SSUCCESS, TRANSACTION_OVERFLOW, TRANSACTION_EXPIRED, CHANNEL_ACCESS_FAILURE, INVALID_ADDRESS, INVALID_GTS, NO_ACK, COUNTER_ERROR, FRAME_TOO_LONG, UNAVAILABLE_KEY, UNSUPPORTED_SECURITY, INVALID_PARAMETER	最后一个 MSDU 的传送状态

表 30（续）

名称	类型	有效范围	描述
Timestamp	整型	0x000000～0xffffff	可选项。数据传输的时刻(以符号为单位,见 7.5.4.1)。 只有当状态是 SUCCESS 时,该项数值才认为有效;如果状态不是 SUCCESS,该参数将没有任何用处。符号的边缘由 *macSyncSymbolOffset*(见表 58)规定。 该参数是 24 比特,精确度最少为 20 比特,剩下的 4 位是最低位

7.1.1.2.2 产生条件

MAC 子层实体响应 MCPS-DATA. request 原语时,会产生 MCPS-DATA. confirm 原语。MCPS-DATA. confirm 原语返回的状态参数可以是 SUCCESS,表示数据发送请求已成功执行,也可以是错误码。状态的值在 7.1.1.1.3 有详细描述。

7.1.1.2.3 原语的使用

收到 MCPS-DATA. confirm 原语后,设备的 SSCS 获知了数据发送请求的结果。如果发送成功,状态参数设为 SUCCESS,否则,状态参数会指示错误。

7.1.1.3 MCPS-DATA. indication

原语 MCPS-DATA. indication 指示了数据 SPDU(即 MPDU)从 MAC 子层到本地 SSCS 实体的发送状况。

7.1.1.3.1 服务原语的语义

原语 MCPS-DATA. indication 语义如下：

```
MCPS-DATA. indication    (
                          SrcAddrMode,
                          SrcPANId,
                          SrcAddr,
                          DstAddrMode,
                          DstPANID
                          DstAddr,
                          msduLength,
                          msdu,
                          mpduLinkQuality,
                          DSN,
                          Timestamp,
                          SecurityLevel,
                          KeyIdMode,
                          KeySource,
                          KeyIndex
                          )
```

表 31 规定了 MCPS-DATA. indication 原语的参数。

7.1.1.3.2 产生条件

当本地 MAC 子层实体收到数据帧,经过相应的消息过滤过程(见 7.5.6.2),本地 MAC 子层实体会向 SSCS 发布原语 MCPS-DATA. indication。

7.1.1.3.3 原语的使用

收到原语 MCPS-DATA. indication,SSCS 就获知了数据已传输到目的设备。如果 MAC 子层处于混杂方式(见 7.5.6.2),收到原语后参数的设置见 7.5.6.4。

表 31 MCPS-DATA. indication 的参数

名称	类型	有效范围	描述
SrcAddrMode	整型	0x00～0x03	接收到的 MPDU 的源地址方式,取值如下: 0x00＝无地址(忽略地址字段); 0x01＝保留; 0x02＝16 比特短地址; 0x03＝64 比特扩展地址
SrcPANId	整型	0x0000～0xffff	MSDU 发送设备的 16 比特 PAN 标识符
SrcAddr	设备地址	由参数 SrcAddrMode 规定	MSDU 发送设备的个人设备地址
DstAddrMode	整型	0x00～0x03	MPDU 的目的地址方式,取值如下: 0x00＝无地址(忽略地址字段); 0x01＝保留; 0x02＝16 比特短地址; 0x03＝64 比特扩展地址
DstPANID	整型	0x0000～0xffff	MSDU 接收设备的 16 比特 PAN 标识符
DstAddr	设备地址	由参数 DstAddrMode 规定	MSDU 接收设备的个人设备地址
msduLength	整型	≤ aMaxMACFrameSize	MAC 子层收到 MSDU 中包含的八位位组数
msdu	八位位组集	—	MAC 子层收到 MSDU 中的八位位组集
mpduLinkQuality	整型	0x00～0xff	在接收 MPDU 过程中评估 LQI。值越低表示 LQI 越小(见 6.8.8)
SecurityLevel	整型	0x00～0x07	接收数据帧所要使用的安全级别(见表 89)
DSN	整型	0x00～0xff	接收数据帧的数据序列号
Timestamp	整型	0x000000～0xffffff	可选项。数据传输的时刻(以符号为单位,见 7.5.4.1)。符号的边缘由 *macSyncSymbolOffset* (见表 80)来描述。 该参数是 24 比特,精确度最少为 20 比特,最低 4 位是最低位
SecurityLevel	整型	0x00～0x07	接收的数据帧声称使用的安全级别(见表 89)
KeyIdMode	整型	0x00～0x03	用于标识接收帧发起者声称所使用的密钥方式(见表 90)。如果参数 SecurityLevel 是 0x00,则该参数无效
KeySource	0、4 或 8 个八位位组集	由参数 KeyIdMode 规定	接收帧发起者声称所使用的密钥的来源(见 7.6.2.4.2)。如果参数 KeyIdMode 无效或被置为 0x00,则该参数无效
KeyIndex	整型	0x01～0xff	接收帧发起者声称所使用的密钥的索引(见 7.6.2.4.3)。如果参数 KeyIdMode 无效或置为 0x00,则该参数无效

7.1.1.4 **MCPS-PURGE. request**

原语 MCPS-PURGE. request 允许邻近高层从事务队列里清除一个 MSDU。该原语对 RFD 是可选的。

7.1.1.4.1 **服务原语的语义**

原语 MCPS-PURGE. request 语义如下：

MCPS-PURGE. request (
msduHandle
)

表 32 规定了原语 MCPS-PURGE. request 的参数。

表 32 MCPS-PURGE. request 的参数

名称	类型	有效范围	描述
msduHandle	整型	0x00～0xff	从事务队列里清除 MSDU 的操作

7.1.1.4.2 **原语的使用**

当要从事务队列清除 MSDU 时，邻近高层就发布 MCPS-PURGE. request 原语。

7.1.1.4.3 **收后效果**

收到 MCPS-PURGE. request 原语后，MAC 子层就在事务队列中查找原语中 msduHandle 标识 MSDU。如果该 MSDU 已离开队列，就不会进行相关操作。如果找到了相匹配的 MSDU，MAC 子层将该 MSDU 会从事务队列中删除，并发布 MCPSPURGE. confirm 原语，状态为 SUCCESS。如果找不到匹配的 MSDU，MAC 子层就发布 MCPSPURGE. confirm 原语，状态为 INVALID_HANDLE。

7.1.1.5 **MCPS-PURGE. confirm**

MAC 子层发布原语 MCPS-PURGE. confirm 向邻近高层报告请求从事物队列中删除 MSDU 的结果。

该原语对于 RFD 是可选的。

7.1.1.5.1 **服务原语的语义**

原语 MCPS-PURGE. confirm 语义如下：

MCPS-PURGE. confirm (
msduHandle,
status
)

表 33 规定了原语 MCPS-PURGE. confirm 的参数。

表 33 MCPS-PURGE. confirm 的参数

名称	类型	有效范围	描述
msduHandle	整型	0x00～0xff	请求从事务队列里清除 MSDU 的操作
status	枚举	SUCCESS 或 INVALID_HANDLE	请求从事务队列清除 MSDU 的状态

7.1.1.5.2 **产生条件**

为响应原语 MCPS-PURGE. request，MAC 子层就会发布原语 MCPS-PURGE. confirm。原语 MCPS-PURGE. confirm 返回的状态可以是 SUCCESS，表示成功执行清除请求，也可以 INVALID_HANDLE，表示发生了错误。状态的值在 7.1.1.4.3 有详细描述。

7.1.1.5.3 **原语的使用**

收到原语 MCPS-PURGE. confirm 后，邻近高层就获知了请求从事务队列清除 MSDU 的结果。如果清除请求成功，状态参数就设为 SUCCESS，否则状态的值标识有错误。

7.1.1.6　数据服务消息序列图

图 25 是两个设备间数据成功传输的序列示意图。图 86 和图 87（见 7.7）同样是消息序列图，其中包括 PHY 需要进行的操作。

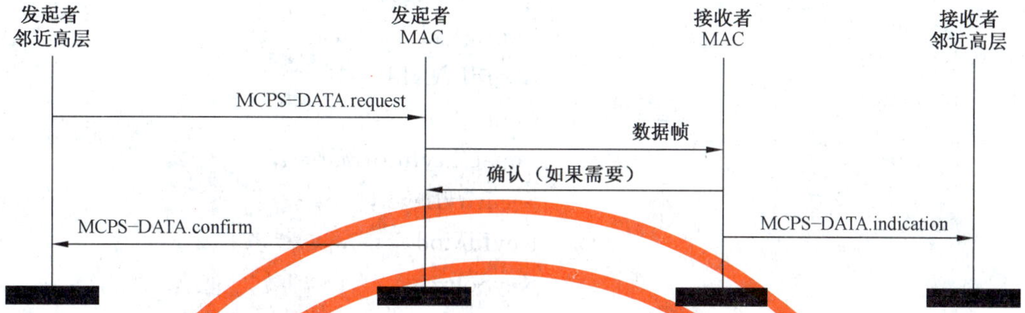

图 25　MAC 数据服务的消息序列图

7.1.2　MAC 管理服务

MLME-SAP 允许在 MLME 和邻近高层之间传输管理命令。表 34 中总结了 MLME 支持的通过 MLME-SAP 接口传输的原语。其中有（◆）标记的原语对 RFD 是可选的，而标有（＊）则是对 FFD 和 RFD 都是可选的。

表 34　通过 MCPS-SAP 接口传输的原语

名称	Request	Indication	Respone	Confirm
MLME-ASSOCIATE	7.1.3.1 ◆	7.1.3.2 ◆	7.1.3.3 ◆	7.1.3.4 ◆
MLME-DISASSOCIATE	7.1.4.1 ◆	7.1.4.2		7.1.4.3
MLME-BEACON-NOTIFY		7.1.5.1		
MLME-GET	7.1.6.1			7.1.6.2
MLME-GTS	7.1.7.1 ＊	7.1.7.3 ＊		7.1.7.2 ＊
MLME-ORPHAN		7.1.8.1 ◆	7.1.8.2 ◆	
MLME-RESET	7.1.9.1			7.1.9.2
MLME-RX-ENABLE	7.1.10.1 ＊			7.1.10.2 ＊
MLME-SCAN	7.1.11.1			7.1.11.2
MLME-COMM-STATUS		7.1.12.1		
MLME-SET	7.1.13.1			7.1.13.2
MLME-START	7.1.14.1 ◆			7.1.14.2 ◆
MLME-SYNC	7.1.15.1 ＊			
MLME-SYNC-LOSS		7.1.15.2		
MLME-POLL	7.1.16.1			7.1.16.2
MLME-AUTHENTICATION	7.1.17.1	7.1.17.2	7.1.17.3	7.1.17.4

7.1.3　关联原语

MLME-SAP 关联原语定义设备如何与 PAN 建立连接。

所有设备为请求和证实关联的原语提供接口。指示和响应关联原语对 RFD 是可选的。

7.1.3.1　MLME-ASSOCIATE.request

原语 MLME-ASSOCIATE.request 允许设备请求与协调器关联。

7.1.3.1.1 **服务原语的语义**

原语 MLME-ASSOCIATE.request 语义如下：

MLME-ASSOCIATE.request (
LogicalChannel,
ChannelPage,
CoordAddrMode,
CoordPANId,
CoordAddress,
CapabilityInformation,
SecurityLevel,
KeyIdMode,
KeySource,
KeyIndex
)

表 35 规定了原语 MLME-ASSOCIATE.request 的参数。

表 35 MLME-ASSOCIATE.request 的参数

名　称	类型	有效范围	描述
LogicalChannel	整型	选自 PHY 支持的可用逻辑信道(见 6.2.1)	试图在此信道进行关联
ChannelPage	整型	选自 PHY 支持的可用逻辑信道页(见 6.2.1)	试图在此信道页进行关联
CoordAddrMode	整型	0x02～0x03	该原语和后续 MPDU 的协调器寻址方式。取值如下： 0x02 表示 16 比特短地址； 0x03 表示 64 比特扩展地址
CoordPANId	整型	0x0000～0xffff	所要关联的 PAN 的标识符
CoordAddress	设备地址	由参数 CoordAddrMode 规定	所要关联的协调器的地址
CapabilityInformation	位图	见 7.3.1.2	规定了提出关联请求设备的运作能力
SecurityLevel	整型	0x00～0x07	使用的安全级别(见表 89)
KeyIdMode	整型	0x00～0x03	用于标识所用密钥的方式(见表 90)。如果参数 SecurityLevel 是 0x00,则忽略该参数
KeySource	0、4 或 8 个八位位组集	由参数 KeyIdMode 规定	所用密钥的来源(见 7.6.2.4.2)。如果参数 KeyIdMode 被忽略或被置为 0x00,则忽略该参数
KeyIndex	整型	0x01～0xff	密钥索引(见 7.6.2.4.3)。如果参数 KeyIdMode 被忽略或被置为 0x00,则忽略该参数

7.1.3.1.2 **原语的使用**

未关联设备的邻近高层向 MLME 发布原语 MLME-ASSOCIATE.request,请求通过协调器与 PAN 关联。在有信标能力 PAN 中,如果设备希望通过协调器进行关联,MLME 需要在发布该原语之前跟踪协调器的信标,这是可选的。

7.1.3.1.3 **收后效果**

收到 MLME-ASSOCIATE. request 原语，未关联设备的 MLME 首先更新 PHY 和 MAC PIB 的相关属性，然后产生关联请求命令，具体过程见 7.5.3.1 的关联流程。

参数 *SecurityLevel* 规定了对关联请求命令提供的安全级别。一般来说，不需要对关联请求命令提供安全机制。然而，如果请求关联的设备与协调器共享一个密钥，这时将可以提供安全机制。

如果参数 SecurityLevel 设为有效值但不等于 0x00，则表明该帧需要采用安全机制，MLME 会将帧控制字段中的安全使能子字段设为 1，MAC 子层就利用参数 CoordAddress、SecurityLevel、KeyIdMode、KeySource 和 KeyIndex 对帧进行流出处理（见 7.5.8.2.1）。一旦处理过程中出现错误，MLME 将丢弃该帧，并发布 MLME-ASSOCIATE. confirm 原语，以及处理流程返回的错误状态。

如果由于 CSMA-CA 算法竞争信道失败，即信道忙时，关联请求命令无法发送给协调器，MLME 将发布 MLME-ASSOCIATE. confirm 原语，状态为 CHANNEL_ACCESS_FAILURE。

如果 MLME 成功发送关联请求命令，MLME 将希望收到对方发返回的确认。如果没有收到确认，MLME 就发布 MLME-ASSOCIATE. confirm 原语，状态为 NO_ACK（见 7.5.6.4.1）。

如果未关联设备的 MLME 成功接收到关联请求命令的确认，MLME 将等待请求的响应（见 7.5.3.1）。如果没有收到相应，MLME 就发布原语 MLME-ASSOCIATE. confirm，状态为 NO_DATA。

如果设备的 MLME 得到了来自协调器的连接响应命令帧，将发布原语 MLME-ASSOCIATE. confirm，状态和关联相应命令（见 7.3.2.3）中关联状态字段的设置相同。

当收到关联请求命令，协调器的 MLME 将发布 MLME-ASSOCIATE. indication 原语。

如果原语 MLME-ASSOCIATE. request 中任何参数的设置不被支持或者超出有效范围，MLME 将发布 MLME-ASSOCIATE. confirm 原语，状态为 INVALID_PARAMETER。

7.1.3.2 **MLME-ASSOCIATE. indication**

原语 MLME-ASSOCIATE. indication 指示收到关联请求命令。

7.1.3.2.1 **服务原语的语义**

原语 MLME-ASSOCIATE. indication 语义如下：

```
MLME-ASSOCIATE. indication      (
                                DeviceAddress,
                                CapabilityInformation,
                                SecurityLevel,
                                KeyIdMode,
                                KeySource,
                                KeyIndex
                                )
```

表 36 规定了原语 MLME-ASSOCIATE. indication 的参数。

表 36 MLME-ASSOCIATE. indication 的参数

名称	类型	有效范围	描述
DeviceAddress	设备地址	扩展的 64 比特地址	关联请求设备的地址
CapabilityInformation	位图	见 7.3.1.2	连接关联设备的运作能力
SecurityLevel	整型	0x00～0x07	收到的 MAC 命令帧使用的安全级别（见表 89）
KeyIdMode	整型	0x00～0x03	用于标识接收帧发起者声称所使用的密钥方式（见表 90）。如果参数 SecurityLevel 是 0x00，则该参数无效

表 36（续）

名称	类型	有效范围	描述
KeySource	0、4 或 8 个八位位组集	由参数 KeyIdMode 规定	接收帧发起者声称所使用的密钥的来源(见 7.6.2.4.2)。如果参数 KeyIdMode 无效或被置为 0x00,则该参数无效
KeyIndex	整型	0x01～0xff	接收帧发起者声称所使用的密钥的索引(见 7.6.2.4.3)。如果参数 KeyIdMode 无效或置为 0x00,则该参数无效

7.1.3.2.2 产生条件

协调器的 MLME 发布原语 MLME-ASSOCIATE. indication,向邻近高层显示已接收到关联请求命令(见 7.3.1)。

7.1.3.2.3 原语的使用

当协调器的邻近高层接收到 MLME-ASSOCIATE. indication 原语,协调器决定是否接受这个未关联设备,相关的算法超出了本规范的范围。然后协调器的邻近高层向 MLME 发 MLME-ASSOCIATE. response。

是否关联的决定和响应在时间 macResponseWaitTime 内是有效的,可用的(见 7.5.3.1)。超过这段时间,提出关联请求的设备就向协调器提取关联响应命令帧,来判断关联是否成功,使用的方法如 7.5.6.3 所描述。

7.1.3.3 MLME-ASSOCIATE. response

原语 MLME-ASSOCIATE. response 用于回应原语 MLME-ASSOCIATE. indication。

7.1.3.3.1 服务原语的语义

原语 MLME-ASSOCIATE. response 语义如下：

```
MLME-ASSOCIATE. response    (
                            DeviceAddress,
                            AssocShortAddress,
                            status,
                            SecurityLevel,
                            KeyIdMode,
                            KeySource,
                            KeyIndex
                            )
```

表 37 描述了原语 MLME-ASSOCIATE. response 的参数。

表 37 MLME-ASSOCIATE. response 的参数

名称	类型	有效范围	描述
DeviceAddress	设备地址	扩展的 64 比特地址	关联请求设备的地址
AssocShortAddress	整型	0x0000～0xffff	成功关联后协调器分配的 16 比特短地址。当关联失败,该参数设为 0xffff
status	枚举	见 7.3.2.3	关联的状态
SecurityLevel	整型	0x00～0x07	使用的安全级别(见表 89)
KeyIdMode	整型	0x00～0x03	用于标识所用密钥的方式(见表 90)。如果参数 SecurityLevel 是 0x00,则忽略该参数

表 37（续）

名称	类型	有效范围	描述
KeySource	0、4 或 8 个八位位组集	由参数 KeyIdMode 规定	所用密钥的来源（见 7.6.2.4.2）。如果参数 KeyIdMode 被忽略或被置为 0x00，则忽略该参数
KeyIndex	整型	0x01～0xff	密钥索引（见 7.6.2.4.3）。如果参数 KeyIdMode 被忽略或被置为 0x00，则忽略该参数

7.1.3.3.2　**原语的使用**

协调器的邻近高层向 MLME 发布 MLME-ASSOCIATE. response 原语，以响应原语 MLME-ASSOCIATE. indication。

7.1.3.3.3　**收后效果**

当收到 MLME-ASSOCIATE. response 原语，协调器的 MLME 产生关联响应命令（见 7.3.2），并发送给关联请求设备，具体过程为：把命令帧添加到协调器的待处理事务列表中，请求设备做出判断后就提取该命令，相关的方法见 7.5.6.3。

如果参数 SecurityLevel 设置为不等于 0x00 的有效值，则表明对该帧使用安全机制，MLME 将帧控制字段的安全使能子字段设为 1。MAC 子层根据帧参数 DeviceAddress、SecurityLevel、KeyIdMode、KeySource 和 KeyIndex 对帧进行流出处理，具体过程见 7.5.8.2.1。如果处理过程中有错误发生，MLME 将丢弃该帧，并发布 MLME-COMM-STATUS . indication 原语，以及处理过程返回的错误状态。

收到 MLME-ASSOCIATE. response 原语后，协调器就尝试将该原语中的信息添加到待处理事务列表中。如果没有足够空间存储事务，MAC 子层丢弃该帧，并发布原语 MLME-COMM-STATUS. indication，状态为 TRANSACTION_OVERFLOW。如果有足够空间，协调器就把信息加到列表中。如果在 macTransactionPersistenceTime 内没有处理这个事务，就丢弃该事务信息，MAC 子层将发布 MLME-COMM-STATUS. indication 原语，状态为 TRANSACTION_EXPIRED。事务处理过程如 7.5.5 所描述。

如果帧传输成功，并且在要求的情况下收到确认，MAC 子层发布原语 MLME-COMM-STATUS. indication，状态为 SUCCESS。

如果原语 MLME-ASSOCIATE. response 中任何参数的设置不被支持或者超出有效范围，MAC 子层将发布 MLME-COMM-STATUS. indication 原语，状态为 INVALID_PARAMETER。

7.1.3.4　**MLME-ASSOCIATE. confirm**

原语 MLME-ASSOCIATE. confirm 用于向邻近高层报告关联请求是否成功。

7.1.3.4.1　**服务原语的语义**

原语 MLME-ASSOCIATE. confirm 语义如下：

```
MLME-ASSOCIATE. confirm    (
                           AssocShortAddress,
                           status,
                           Security,
                           KeyIdMode,
                           KeyIndex
                           )
```

表 38 描述了原语 MLME-ASSOCIATE. confirm 的参数。

7.1.3.4.2　**产生条件**

为相应 MLME-ASSOCIATE. request 原语，MLME 向邻近高层发布原语 MLME-ASSOCIATE.

confirm。如果请求成功,关联相应命令的参数 status 指示关联成功。否则,参数 status 指示关联响应命令中的错误码,或者表 38 中的错误码。参数 status 的值在 7.1.3.1.3 有详细描述。

表 38 MLME-ASSOCIATE.confirm 的参数

名称	类型	有效范围	描述
AssocShort-Address	整型	0x0000～0xffff	关联成功后,协调器分配给设备的短地址。当关联失败时该参数为 0xffff
status	枚举	关联相应命令中 status 字段的值(见 7.3.2.3), SUCCESS, CHANNEL_ACCESS_FAILURE, NO_ACK, NO_DATA, COUNTER_ERROR, FRAME_TOO_LONG, IMPROPER_KEY_TYPE, IMPROPER_SECURITY_LEVEL, SECURITY_ERROR,UNAVAILABLE_KEY, UNSUPPORTED_LEGACY, UNSUPPORTED_SECURITY, INVALID_PARAMETER	关联请求的状态
SecurityLevel	整型	0x00～0x07	如果关联请求命令的流出处理失败后产生这个原语,所用的安全级别见表 89。 如果接收关联响应命令后产生这个原语,接收到的帧使用的安全级别见表 89
KeyIdMode	整型	0x00～0x03	如果关联请求命令的流出处理失败后产生这个原语,所用密钥的标识方式见表 90。当参数 SecurityLevel 被忽略或设为 0x00,忽略该参数。 如果接收关联响应命令后产生这个原语,发送设备所用密钥的标识方式见表 90。当参数 SecurityLevel 设为 0x00,该参数无效
KeySource	0、4 或 8 八位位组集	由参数 KeyIdMode 规定	如果关联请求命令的流出处理失败后产生这个原语,密钥的生成设备见 7.6.2.4.2。当参数 KeyIdMode 被忽略或设为 0x00,忽略该参数。 如果接收关联响应命令后产生这个原语,密钥生成者见 7.6.2.4.2。当参数 KeyIdMode 无效或设为 0x00,该参数无效

表 38（续）

名称	类型	有效范围	描述
KeyIndex	整型	0x01～0xff	如果关联请求命令的流出处理失败后产生这个原语，所用密钥索引见7.6.2.4.3。当参数 KeyIdMode 被忽略或设为 0x00，忽略该参数 如果接收关联响应命令后产生这个原语，密钥生成者所用的密钥索引见7.6.2.4.3。当参数 KeyIdMode 无效或设为 0x00，该参数无效

7.1.3.4.3 **原语的使用**

接收到 MLME-ASSOCIATE. confirm 原语之后，发起设备的邻近高层就获知了其与协调器关联请求的结果。如果关联成功，参数 status 将指示关联成功，与关联响应命令的关联状态字段一致，并且发起设备将获得一个 16 比特短地址（见表 81）。如果关联请求失败，地址将为 0xffff，并且参数 status 将指示相应的错误。

7.1.3.5 **关联消息序列图**

图 26 描述了不跟踪协调器信标的设备用于成功与协调器关联的消息序列。图 81 和图 82（见 7.7）描述了类似的场景。

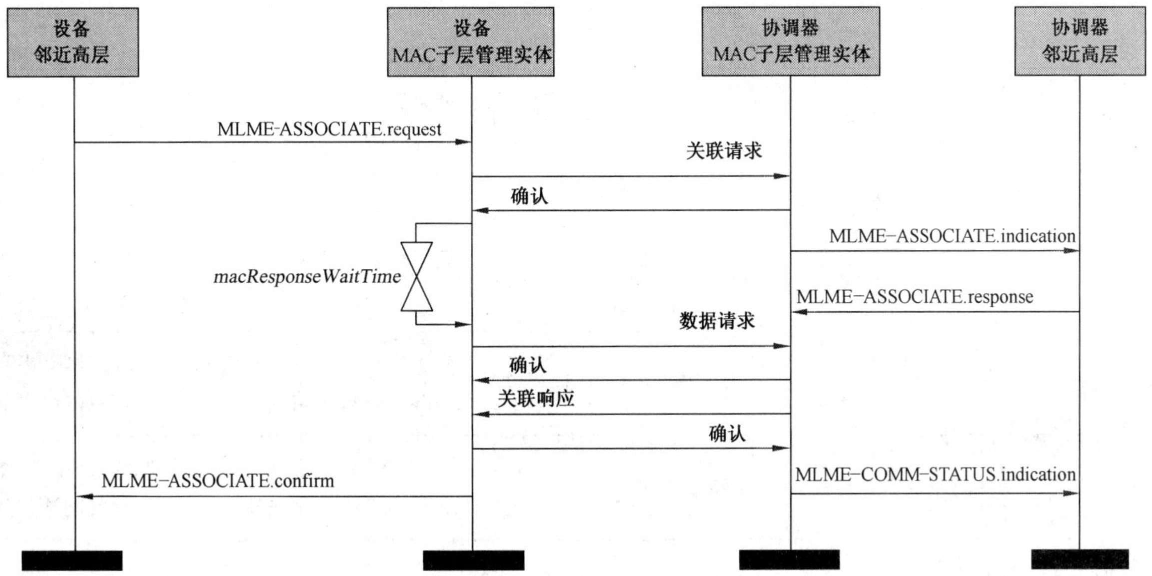

图 26 关联消息序列图

7.1.4 **解关联原语**

MLME-SAP 解关联原语定义设备的解关联。

所有的设备必须提供解关联原语的接口。

7.1.4.1 **MLME-DISASSOCIATE. request**

原语 MLME-DISASSOCIATE. request 用于已关联设备要求离开 PAN。也可以用于协调器要求关联设备离开 PAN。

7.1.4.1.1 **服务原语语义**

原语 MLME-DISASSOCIATE. request 语义如下：

```
MLME-DISASSOCIATE.request          (
                                   DeviceAddrMode,
                                   DevicePANId,
                                   DeviceAddress,
                                   DisassociateReason,
                                   TxIndirect,
                                   SecurityLevel,
                                   KeyIdMode,
                                   KeySource,
                                   KeyIndex
                                   )
```

表 39 描述了原语 MLME-DISASSOCIATE.request 的参数。

表 39 MLME-DISASSOCIATE.request 的参数

名称	类型	有效范围	描述
DeviceAddrMode	整型	0x02～0x03	解关联通知命令接收设备的地址方式
DevicePANId	整型	0x0000～0xffff	解关联通知命令接收设备的 PAN 标识符
DeviceAddress	设备地址	由参数 DeviceAddrMode 规定	解关联通知命令接收设备的地址
DisassociateReason	整型	0x00～0xff	解关联的原因（见 7.3.3.2）
TxIndirect	布尔型	TRUE 或 FALSE	如果解关联通知命令采用间接发送方式，该参数设为 TRUE
SecurityLevel	整型	0x00～0x07	安全级别(见表 89)
KeyIdMode	整型	0x00～0x03	用于标识所用密钥的方式(见表 90)。如果参数 SecurityLevel 是 0x00，则忽略该参数
KeySource	0、4 或 8 个八位位组集	由参数 KeyIdMode 规定	所用密钥的来源(见 7.6.2.4.2)。如果参数 KeyIdMode 被忽略或被置为 0x00，则忽略该参数
KeyIndex	整型	0x01～0xff	密钥索引(见 7.6.2.4.3)。如果参数 KeyIdMode 被忽略或被置为 0x00，则忽略该参数

7.1.4.1.2 原语使用

原语 MLME-DISASSOCIATE.request 由已关联设备的邻近高层产生并发布给其 MLME，要求从 PAN 中解关联。也可由协调器的邻近高层产生并发布给其 MLME，要求已关联设备离开 PAN。

7.1.4.1.3 收后效果

接收到 MLME-DISASSOCIATE.request 原语后，MLME 对参数 DevicePANId 和 macPANId 进行比较。如果两者不等，MLME 发布原语 MLME-DISASSOCIATE.confirm，其状态参数为 INVALID_PARAMETER。如果相等，MLME 检查原语的地址字段。

如果参数 DeviceAddrMode 等于 0x02，且参数 DeviceAddress 与 macCoordShortAddress 相等，或者参数 DeviceAddrMode 等于 0x03，且 DeviceAddress 与 macCoordExtendedAddress 相等，忽略参数 TxIndirect，且 MLME 在 CAP 时段(有信标能力 PAN)或者立即(不用信标能力的 PAN)向其协调器发

送解关联通知命令(见 7.3.3)。

如果参数 DeviceAddrMode 等于 0x02,且参数 DeviceAddress 与 macCoordShortAddress 不相等,或者 DeviceAddrMode 参数等于 0x03,且参数 DeviceAddress 与 macCoordExtendedAddress 不相等,并且协调器的 MLME 接收到的该原语的参数 TxIndirect 为 TRUE,那么解关联通知命令将采用间接传输的方式发送,即命令帧被添加到协调器的待处理事务列表中,相应的设备根据 7.5.6.3 的方法从协调器中提取命令帧。

如果参数 DeviceAddrMode 等于 0x02,且参数 DeviceAddress 与 macCoordShortAddress 不相等,或者参数 DeviceAddrMode 等于 0x03,且参数 DeviceAddress 与 macCoordExtendedAddress 不相等,并且协调器的 MLME 接收到的该原语的参数 TxIndirect 为 FALSE,那么 MLME 将在 CAP 时段内(有信标能力 PAN)或者立即(不用信标能力的 PAN)发送解关联通知命令。

除以上情况,MLME 发布原语 MLME-DISASSOCIATE. confirm,其状态为 INVALID_PARAMETER,且不产生解关联通知命令。

如果解关联通知命令采用间接传输的方式发送,且没有足够的空间存储该事务,那么 MLME 将丢弃该帧,并发布原语 MLME-DISASSOCIATE. confirm,其状态为 TRANSACTION_OVERFLOW。而如果有足够空间存储该事务,协调器将把该事务的相关信息添加到列表中。如果该事务在 macTransactionPersistenceTime 时间内没有被处理,该事务相关信息将被丢弃,且 MLME 将发布原语 MLME-DISASSOCIATE. confirm,其状态为 TRANSACTION_EXPIRED。事务处理过程见 7.5.5。

如果解关联通知命令的发送失败是由于 CSMA-CA 算法失败引起的,且该原语是由协调器的 MLME 接收的(原语参数 TxIndirect 为 FALSE),或是是由设备的 MLME 接收的,则 MLME 将发布原语 MLME-DISASSOCIATE. confirm,其状态为 CHANNEL_ACCESS_FAILURE。

如果参数 SecurityLevel 被设为一个不等于 0x00 的有效值(指示该帧需要进行安全处理),则 MLME 将设置帧控制字段中的安全使能子字段为 1。MAC 子层将基于参数 DeviceAddress、SecurityLevel、KeyIdMode、KeySource 以及 KeyIndex 对该帧进行流出处理 7.5.8.2.1)。如果流出处理过程出现任何错误,MLME 将丢弃该帧,并发布 MLME-DISASSOCIATE. confirm 原语,携带处理过程返回的错误状态。

如果 MLME 成功发送了解关联通知命令,MLME 等待一个回复确认。如果没有收到回复确认,且是协调器的 MLME 接收的该原语(参数 TxIndirect 被设为 FALSE),或者是由设备的 MLME 接收的该原语,MLME 就发布 MLME-DISASSOCIATE. confirm 原语,其状态为 NO_ACK。

如果 MLME 成功发送了解关联通知命令,并且收到了回复确认,MLME 将发布原语 MLME-DISASSOCIATE. confirm,其状态为 SUCCESS。

接收到解关联通知命令后,接收者的 MLME 将发布 MLME-DISASSOCIATE. indication 原语。

如果原语 MLME-DISASSOCIATE. request 任何参数不被支持或超出有效范围,MLME 就发布 MLME-DISASSOCIATE. Confirm,其状态为 INVALID_PARAMETER。

7.1.4.2 MLME-DISASSOCIATE. indication

原语 MLME-DISASSOCIATE. indication 指示接收到一个解关联通知命令。

7.1.4.2.1 服务原语语义

原语 MLME-DISASSOCIATE. indication 的语义如下:

```
MLME-DISASSOCIATE. indication    (
                                 DeviceAddress,
                                 DisassociateReason,
                                 SecurityLevel,
```

KeyIdMode,
KeySource,
KeyIndex
)

表 40 描述了原语 MLME-DISASSOCIATE. indication 的参数。

表 40 MLME-DISASSOCIATE. indication 的参数

名称	类型	有效范围	描述
DeviceAddress	设备地址	扩展的 64 比特 IEEE 地址	请求解关联的设备的地址
DisassociateReason	整型	0x00～0xff	解关联的原因（见 7.3.3.2）
SecurityLevel	整型	0x00～0x07	接收到的 MAC 命令帧使用的安全级别(见表 89)
KeyIdMode	整型	0x00～0x03	用于标识接收帧发起者声称所使用的密钥方式(见表 90)。如果参数 SecurityLevel 是 0x00,则该参数无效
KeySource	0、4 或 8 个八位位组集	由参数 KeyIdMode 规定	接收帧发起者声称所使用的密钥的来源(见 7.6.2.4.2)。如果参数 KeyIdMode 无效或被置为 0x00,则该参数无效
KeyIndex	整型	0x01～0xff	接收帧发起者声称所使用的密钥的索引(见 7.6.2.4.3)。如果参数 KeyIdMode 无效或置为 0x00,则该参数无效

7.1.4.2.2 产生条件

接收到解关联命令后,MLME 产生并向其邻近高层发布 MLME-DISASSOCIATE. indication 原语。

7.1.4.2.3 原语使用

该原语告知邻近高层解关联的原因。

7.1.4.3 MLME-DISASSOCIATE. confirm

原语 MLME-DISASSOCIATE. confirm 报告原语 MLME-DISASSOCIATE. request 的结果。

7.1.4.3.1 服务原语语义

原语 MLME-DISASSOCIATE. confirm 的语义如下:

MLME-DISASSOCIATE. confirm (
status,
DeviceAddrMode,
DevicePANId,
DeviceAddress
)

表 41 描述了原语 MLME-DISASSOCIATE. confirm 的参数。

7.1.4.3.2 产生条件

原语 MLME-DISASSOCIATE. confirm 由 MLME 产生并向其邻近高层发布,用于响应原语

MLME-DISASSOCIATE. request。该原语返回状态 SUCCESS,表示解关联请求成功,或者相应的错误码。状态的值完整定义见 7.1.4.1.3。

7.1.4.3.3 原语使用

接收到 MLME-DISASSOCIATE. confirm 原语后,发起设备的邻近高层就获知了解关联请求的结果。如果解关联成功,参数 status 设为 SUCCESS,否则状态参数指示相应错误。

表 41 MLME-DISASSOCIATE. confirm 的参数

名称	类型	有效范围	描述
status	枚举	SUCCESS, TRANSACTION_OVERFLOW, TRANSACTION_EXPIRED, NO_ACK, CHANNEL_ACCESS_FAILURE, COUNTER_ERROR, FRAME_TOO_LONG, UNAVAILABLE_KEY, UNSUPPORTED_SECURITY 或 INVALID_PARAMETER	解关联的状态
DeviceAddrMode	整型	0x02～0x03	请求解关联或被协调器通知解关联的设备的地址方式
DevicePANId	整型	0x0000～0xffff	请求解关联或被协调器通知解关联的设备的 PAN 标识符
DeviceAddress	设备地址	由参数 DeviceAddrMode 规定	请求解关联或被协调器通知解关联的设备的地址

7.1.4.4 解关联消息序列图

解关联请求可以由设备发起,也可以由设备关联的协调器发起。图 27 描述了设备成功从 PAN 解关联的消息序列。

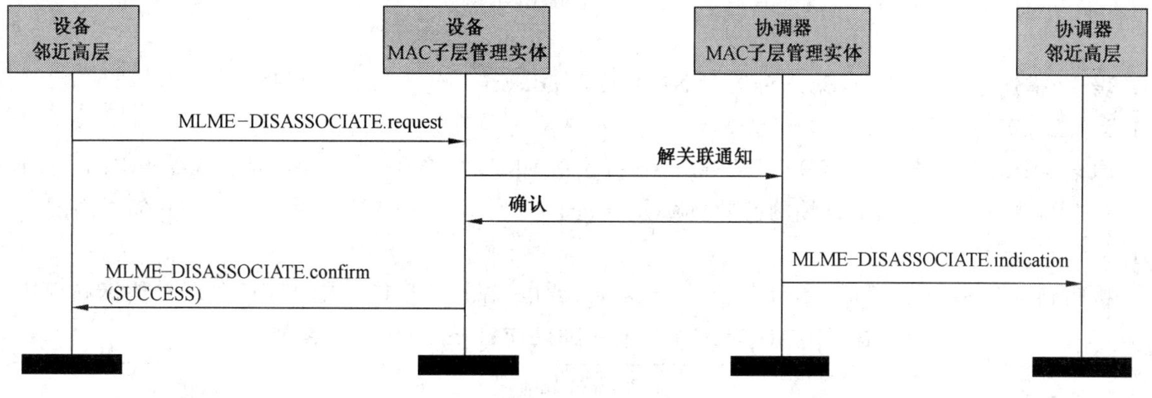

图 27 设备发起的解关联消息序列图

图 28 描述了有信标能力的 PAN 中的协调器利用间接传输方式成功将设备从 PAN 中解关联的消息序列。

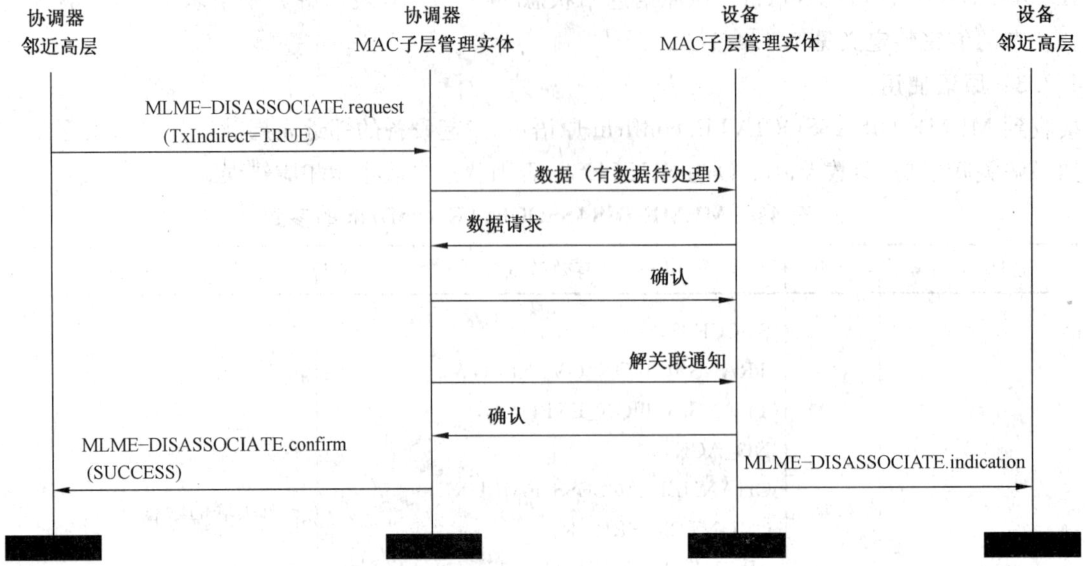

图 28　有信标能力的 PAN 中的协调器发起的利用间接传输方式的解关联的消息序列图

7.1.5　信标通知原语

MLME-SAP 信标通知原语，定义在正常工作状态下收到信标帧时如何通知设备。

所有设备都要为信标帧通知原语提供合适的接口。

7.1.5.1　MLME-BEACON-NOTIFY. indication

原语 MLME-BEACON-NOTIFY. indication 将包含在 MAC 子层接收的信标帧内的相关参数发送到邻近高层。该原语也用于发送 LQI 的测量值和信标接收时间。

7.1.5.1.1　服务原语语义

原语 MLME-BEACON-NOTIFY. indication 语义如下：

```
MLME-BEACON-NOTIFY. indication    (
                                  BSN,
                                  PANDescriptor,
                                  PendAddrSpec,
                                  AddrList,
                                  sduLength,
                                  sdu
                                  )
```

表 42 描述了原语 MLME-BEACON-NOTIFY. indication 的参数。

7.1.5.1.2　产生条件

原语 MLME-BEACON-NOTIFY. indication 由 MLME 在接收到信标帧，且 macAutoRequest 属性为 FALSE，或者接收到的信标帧的有效负荷大于等于一个八位位组时，产生并发布给其邻近高层。

7.1.5.1.3　原语使用

接收到 MLME-BEACON-NOTIFY. indication 原语，邻近高层就获知 MAC 子层有信标帧到达。

表 42　MLME-BEACON-NOTIFY. indication 的参数

名称	类型	有效范围	描述
BSN	整型	0x00～0xff	信标帧序列号
PANDescriptor	PANDescriptor 值	见表 43	接收到信标的 PANDescriptor
PendAddrSpec	位图	见 7.2.2.1.6	信标待处理地址规范

表 42（续）

名称	类型	有效范围	描述
AddrList	设备地址列表	—	信标源有其数据的设备地址列表
sduLength	整型	0-*aMaxBeaconPayload Length*	MAC 子层接收到的信标帧的有效负荷中所包含的八位位组数
sdu	八位位组集	—	MAC 子层传送给其邻近高层的包含信标有效负荷的八位位组集

表 43 列出了 PANDescriptor 的组成元素。

表 43　PANDescriptor 的组成元素

名称	类型	有效范围	描述
CoordAddrMode	整型	0x02～0x03	发送信标帧的协调器的地址方式。取如下值： 0x02 表示 16 比特短地址。 0x03 表示 64 比特扩展地址
CoordPANId	整型	0x0000～0xffff	接收到的信标帧指示的协调器的 PAN 标识
CoordAddress	设备地址	由参数 CoordAddr-Mode 规定	接收到的信标帧指示的协调器地址
LogicalChannel	整型	选自 PHY 支持的可用逻辑信道（见 6.2.1）	当前网络占用的逻辑信道
ChannelPage	整型	选自 PHY 支持的可用逻辑信道页（见 6.2.1）	当前网络占用的逻辑信道页
SuperframeSpec	位图	见 7.2.2.1.2	接收到的信标帧指示的超帧规范
GTSPermit	布尔型	TRUE 或 FALSE	如果信标是由当前可以接受 GTS 请求的 PAN 协调器发出的，该参数为 TRUE
LinkQuality	整型	0x00～0xff	网络信标接收的 LQI 值。该值越低表示 LQI 的值越低(见 6.8.8)
TimeStamp	整型	0x000000～0xffffff	用符号表示的信标接收时间。该值等于信标接收时的时间戳，见 7.5.4.1 该值为 24 比特，其精度最小为 20 比特，且最低 4 位是最低有效位
SecurityFailure	枚举型	SUCCESS, COUNTER_ERROR, IMPROPER_KEY_TYPE, IMPROPER_SECURITY_LEVEL, SECURITY_ERROR, UNAVAILABLE_KEY, UNSUPPORTED_LEGACY, UNSUPPORTED_SECURITY	如果在帧的安全处理过程中没有错误发生，该参数为 TRUE；否则，其他状态码分别指示一个安全处理过程中发生的错误
SecurityLevel	整型	0x00～0x07	接收信标帧使用的安全级别(见表 89)

表 43（续）

名称	类型	有效范围	描述
KeyIdMode	整型	0x00～0x03	用于标识接收帧发起者声称所使用的密钥方式(见表 90)。如果参数 SecurityLevel 是 0x00,则该参数无效
KeySource	0、4 或 8 个八位位组集	由参数 KeyIdMode 规定	接收帧发起者声称所使用的密钥的来源(见 7.6.2.4.2)。如果参数 KeyIdMode 无效或被置为 0x00,则该参数无效
KeyIndex	整型	0x01～0xff	接收帧发起者声称所使用的密钥的索引(见 7.6.2.4.3)。如果参数 KeyIdMode 无效或置为 0x00,则该参数无效
AuthenticationNeed	布尔	TRUE 或 FALSE	接收到的信标帧的鉴别需求字段。TRUE,标识发送信标帧的协调器支持鉴别功能;FALSE,标识发送信标帧的协调器不支持鉴别功能
UnAuthenPermit	布尔	TRUE 或 FALSE	接收到的信标帧的未经鉴别许可字段。TRUE,标识发送信标帧的协调器允许不支持鉴别的设备与它建立关联;FALSE,标识发送信标帧的协调器不允许不支持鉴别的设备与它建立关联
AuthenticationSuiteTable	0～9 个八位位组	根据接收到的信标帧有效负荷中的鉴别套件字段内容进行设定	发送信标帧的协调器支持的鉴别套件表。如果参数 AuthenticationNeed 为 FALSE,该参数无效

7.1.6 PIB 属性读取原语

MLME-SAP 的获取原语定义如何读取 PIB 属性。

所有设备必须为 PIB 属性获取原语提供接口。

7.1.6.1 MLME-GET.request

原语 MLME-GET.request 用于请求指定 PIB 属性的信息。

7.1.6.1.1 服务原语语义

原语 MLME-GET.request 的语义如下：

```
MLME-GET.request    (
                    PIBAttribute,
                    PIBAttributeIndex
                    )
```

表 44 描述了原语 MLME-GET.request 的参数。

表 44 MLME-GET.request 的参数

名称	类型	有效范围	描述
PIBAttribute	整型	见表 80 和表 82	特定 PIB 属性的标识
PIBAttributeIndex	整型	属性定义,见表 82	特定 PIB 属性的表的索引。该参数只对 MAC PIB 属性中的表格属性有效。当访问 PHYPIB 属性时,忽略该参数

7.1.6.1.2 原语使用

原语 MLME-GET.request 由邻近高层产生并发布给其 MLME,用以从 PIB 中获取信息。

7.1.6.1.3 收后效果

接收到 MLME-GET.request 原语后,MLME 检查并判断要读取的 PIB 属性是 MAC PIB 属性还是 PHY PIB 属性。如果所请求的属性是 MAC 属性,MLME 将从其数据库中取得该 MAC PIB 属性值。如果在数据库中找不到该 PIB 属性的标识,MLME 将发布 MLME-GET.confirm 原语,其状态为 UNSUPPORTED_ATTRIBUTE。如果参数 PIBAttributeIndex 指示的表格索引超出有效取值范围,MLME 将发布 MLME-GET.confirm 原语,其状态为 INVALID_INDEX。如果成功获取请求的 MAC PIB 属性,MLME 将发布 MLME-GET.confirm 原语,其状态为 SUCCESS。

如果所请求的属性是 PHY PIB 属性,该请求将通过发布 PLME-GET.request 原语传递给 PHY。MLME 接收到 PLME-GET.confirm 原语后,由于 PHY 使用的状态值与 MLME 使用的不同(比如,在 MAC 和 PHY 的枚举表格中,状态 SUCCESS 的值分别是 0x00 和 0x07),MLME 将对接收的状态值进行转换,然后向邻近高层发布 MLME-GET.confirm 原语,且包含从 PLME 原语中返回的参数 PIBAttribute 和 PIBAttributeValue 对应的值。

7.1.6.2 **MLME-GET.confirm**

原语 MLME-GET.confirm 用于报告 PIB 信息获取请求的结果。

7.1.6.2.1 服务原语语义

原语 MLME-GET.confirm 的语义如下:

```
MLME-GET.confirm          (
                          status,
                          PIBAttribute,
                          PIBAttributeIndex,
                          PIBAttributeValue
                          )
```

表 45 描述了原语 MLME-GET.confirm 的参数。

表 45 MLME-GET.confirm 的参数

名称	类型	有效范围	描述
status	枚举	SUCCESS, UNSUPPORTED_ATTRIBUTE INVALID_INDEX	PIB 属性信息获取请求的结果
PIBAttribute	整型	见表 85 和表 87	特定 PIB 属性的标识
PIBAttributeIndex	整型	属性索引,定义见表 87	特定 PIB 属性的表的索引。该参数只对 MAC PIB 属性中的表格或阵列有效。当访问 PHY PIB 属性时,忽略该参数
PIBAttributeValue	可变	属性定义;见表 85 和表 87	特定 PIB 属性的值。 当参数 status 设为 UNSUPPORTED_ATTRIBUTE 时,该参数长度为 0

7.1.6.2.2 产生条件

原语 MLME-GET.confirm 由 MLME 产生并发布给其邻近高层,用于响应原语 MLME-GET.request。该原语返回状态 SUCCESS,指示读取指定 PIB 属性的请求成功,或者返回一个错误码 UNSUPPORTED_ATTRIBUTE。当返回 UNSUPPORTED_ATTRIBUTE 时,参数 PIBAttribute 的

值设为长度零。status 值的完整定义见 7.1.6.1.3。

7.1.6.2.3 原语使用

接收到 MLME-GET.confirm 原语后，邻近高层就获知了其 PIB 属性读取请求的结果。如果请求成功，参数 status 为 SUCCESS，否则参数 status 将指示发生的错误。

7.1.7 GTS 管理原语

MLME-SAP 的 GTS 管理原语定义如何请求和维护 GTS。要使用这些原语和 GTS 的设备将跟踪它的 PAN 协调器的信标帧。

GTS 管理原语是可选的。

7.1.7.1 MLME-GTS.request

原语 MLME-GTS.request 允许设备向 PAN 协调器发送请求，申请分配一个新的 GTS 或者取消一个已有 GTS。PAN 协调器也可利用该原语发起取消一个已分配的 GTS。

7.1.7.1.1 服务原语语义

原语 MLME-GTS.request 的语义如下：

```
MLME-GTS.request    (
                    GTSCharacteristics,
                    SecurityLevel,
                    KeyIdMode,
                    KeySource,
                    KeyIndex
                    )
```

表 46 描述了原语 MLME-GTS.request 的参数。

表 46 MLME-GTS.request 的参数

名称	类型	有效范围	描述
GTSCharacteristics	GTS 特性	见 7.3.9.2	GTS 请求的特性，包括该请求是申请一个新的 GTS 还是取消一个已有的 GTS
SecurityLevel	整型	0x00～0x07	要使用的安全级别(见表 89)
KeyIdMode	整型	0x00～0x03	用于标识所用密钥的方式(见表 89)。如果参数 SecurityLevel 是 0x00，则忽略该参数
KeySource	0、4 或 8 个八位位组集	由参数 KeyIdMode 规定	所用密钥的来源(见 7.6.2.4.2)。如果参数 KeyIdMode 被忽略或被置为 0x00，则忽略该参数
KeyIndex	整型	0x01～0xff	密钥索引(见 7.6.2.4.3)。如果参数 KeyIdMode 被忽略或被置为 0x00，则忽略该参数

7.1.7.1.2 原语使用

原语 MLME-GTS.request 由设备的邻近高层产生并发布给其 MLME，请求分配一个新 GTS 或请求取消一个已有的 GTS。也可由 PAN 协调器的邻近高层产生并发布给其 MLME，请求取消一个已有的 GTS。

7.1.7.1.3 收后效果

设备接收到 MLME-GTS.request 后，其 MLME 尝试产生一个 GTS 请求命令(见 7.3.9)，并且请求命令中包含该原语携带的信息，如果产生成功，就发给 PAN 协调器。

如果 macShortAddress 的值是 0xfffe 或 0xffff,则不允许该设备申请 GTS。这时,MLME 将发布原语 MLME-GTS. confirm,其状态为 NO_SHORT_ADDRESS。

如果参数 SecurityLevel 为一个不等于 0x00 的有效值,指示该帧需要采用安全机制,MLME 将设置帧控制字段中的安全使能子字段为 1。MAC 子层将基于参数 macCoordExtendedAddress、SecurityLevel、KeyIdMode、KeySource 以及 KeyIndex 对该帧进行流出处理,相关过程见 7.5.8.2.1。如果流出处理过程中出现任何错误,MLME 将丢弃该帧,并发布 MLME-DISASSOCIATE. confirm 原语,其状态为从帧流出处理过程返回的错误状态。

如果因为 CSMA-CA 算法失败而无法发送 GTS 请求命令,MLME 将丢弃该帧,并发布原语 MLME-GTS. confirm,其状态为 CHANNEL_ACCESS_FAILURE。

如果 MLME 成功发送 GTS 请求命令,就等待收到回复确认。如果没有收到回复确认,MLME 将发布 MLME-GTS. confirm 原语,其状态为 NO_ACK。

如果 GTS 正在被分配,且已经收到了请求的确认,设备将等待通过 PAN 协调器的信标帧指定的 GTS 描述符指示的确认。如果 PAN 协调器 MLME 能够分配所请求的 GTS,它将发布原语 MLME-GTS. indication,携带所分配的 GTS 的特征,并生成一个 GTS 描述符,该描述符包含分配的 GTS 特征和请求设备的 16 比特短地址。如果 PAN 协调器的 MLME 不能分配所请求的 GTS,就生成一个 GTS 描述符,该描述符起始时隙为零,包含请求设备的短地址。

如果设备接收到来自 PAN 协调器的信标帧,且信标帧中的 GTS 描述符包含的 16 比特短地址与其 macShortAddress 匹配,设备将处理该描述符。如果没有收到该设备的描述符,MLME 将发布原语 MLME-GTS. confirm,其状态为 NO_DATA。

如果收到一个描述符,且其包含的特征与请求的特征相符(PAN 协调器同意了 GTS 的分配请求),设备的 MLME 将发布 MLME-GTS. confirm 原语,其状态为 SUCCESS,且包含 GTSCharacteristics 参数,参数的特征类型等于 1,表明分配了一个 GTS。

如果收到一个描述符,且其起始时隙为 0(PAN 协调器拒绝了 GTS 的分配请求),请求 GTS 的设备将发布 MLME-GTS. confirm 原语,其状态为 DENIED,指示将忽略参数 GTSCharacteristics。

如果在设备的请求下一个 GTS 正在被取消,且 PAN 协调器已经对请求的进行了确认,设备将发布原语 MLME-GTS. confirm,其状态为 SUCCESS,以及参数 GTSCharacteristics,且参数中的特征类型为 0,指示取消了 GTS。当收到请求取消一个 GTS 的 GTS 请求命令,PAN 协调器对该帧进行确认,并取消该 GTS。PAN 协调器的 MLME 将发布 MLME-GTS. indication 原语,包含相应的 GTS 特征。如果 PAN 协调器没有收到取消 GTS 的请求,协调器将采用相应的对策以保证 GTS 的连续性(见 7.5.7.6)。

如果 PAN 协调器的 MLME 收到 MLME-GTS. request 原语,请求取消已分配的 GTS,协调器将取消相应的 GTS,并发布 MLME-GTS. confirm 原语,其状态为 SUCCESS,其包含参数 GTSCharacteristics,参数中的特征类型等于 0。

如果设备收到 PAN 协调器的信标帧,帧中 GTS 描述符包含的短地址与 macShortAddress 匹配,且起始时隙为 0,设备会立即停止使用该 GTS。设备的 MLME 发布原语 MLME-GTS. indication 通知其邻近高层 GTS 的取消,原语的 GTSCharacteristics 参数包含所取消 GTS 的特征。

如果 MLME-GTS. request 原语中任何参数的取值不被支持或超出范围,MLME 将发布原语 MLME-GTS. confirm,其状态为 INVALID_PARAMETER。

7.1.7.2 MLME-GTS. confirm

原语 MLME-GTS. confirm 用于报告分配一个新 GTS 或者取消一个已存在 GTS 的请求的结果。

7.1.7.2.1 服务原语语义

原语 MLME-GTS. confirm 的语义如下:

```
MLME-GTS. confirm      (
                        GTSCharacteristics,
                        status
```

)

表 47 描述了 MLME-GTS. confirm 的参数。

7.1.7.2.2 产生条件

原语 MLME-GTS. confirm 由 MLME 产生并发布给其邻近高层，用以响应先前发布的原语 MLME-GTS. request。

如果申请或取消 GTS 的请求成功，该原语将返回状态 SUCCESS，并且 GTSCharacteristics 参数的特征类型域将分别设为 1 或 0。否则参数 status 将指示错误码。status 取值的原因描述见7.1.7.1.3。

表 47 MLME-GTS. confirm 的参数

名称	类型	有效范围	描述
GTSCharacteristics	GTS 特征	见 7.3.9.2	GTS 的特征
status	枚举	SUCCESS， DENIED， NO_SHORT_ADDRESS， CHANNEL_ACCESS_FAILURE， NO_ACK， NO_DATA， COUNTER_ERROR， FRAME_TOO_LONG， UNAVAILABLE_KEY， UNSUPPORTED_SECURITY 或 INVALID_PARAMETER	GTS 请求的状态

7.1.7.2.3 原语使用

收到 MLME-GTS. confirm 原语，邻近高层就获知请求分配或取消一个 GTS 的结果。如果请求成功，参数 status 将指示一个成功的 GTS 操作。否则参数 status 将指示相应的错误。

7.1.7.3 **MLME-GTS. indication**

原语 MLME-GTS. indication 用于指示一个 GTS 已经被分配或者取消。

7.1.7.3.1 服务原语语义

原语 MLME-GTS. indication 的语义如下：

```
MLME-GTS. indication        (
                            DeviceAddress,
                            GTSCharacteristics,
                            SecurityLevel,
                            KeyIdMode,
                            KeySource,
                            KeyIndex
                            )
```

表 48 描述了 MLME-GTS. indication 的参数。

7.1.7.3.2 产生条件

在 MLME 收到 GTS 请求命令后（见 7.3.9），无论是分配还是取消了一个 GTS，PAN 协调器的 MLME 都将产生并向其邻近高层发布 MLME-GTS. indication 原语。当 GTS 取消命令由 PAN 协调器发起时，PAN 协调器的 MLME 也会产生该原语。如果分配了一个 GTS，参数 GTSCharacteristics 的特征类型字段将为 1，如果取消了一个 GTS 时为 0。

当 PAN 协调器已取消了一个 GTS，设备的 MLME 也会产生并向其邻近高层发布该原语。此时，参数 GTSCharacteristics 的特征类型字段将为 0。

7.1.7.3.3 原语使用

收到 MLME-GTS.indication 原语,邻近高层就获知已分配或取消了一个 GTS。

表 48 MLME-GTS.indication 的参数

名称	类型	有效范围	描述
DeviceAddress	设备地址	0x0000~0xfffd	已分配或取消一个 GTS 的设备的 16 比特短地址
GTSCharacteristics	GTS 特征	见 7.3.9.2	GTS 的特性
SecurityLevel	整型	0x00~0x07	如果是在 PAN 协调器发起取消 GTS 时产生该原语,安全级别为 0x00。 如果是接收到 GTS 请求命令后,分配或取消了一个 GTS 时产生该原语,该参数指示接收到的 MAC 命令帧使用的安全级别(见表 89)
KeyIdMode	整型	0x00~0x03	如果是在 PAN 协调器发起取消 GTS 时产生该原语,忽略该参数。 如果是接收到 GTS 请求命令后,分配或取消了一个 GTS 时产生该原语,该参数为接收帧的发送方所使用的密钥方式,(见表 90)。如果参数 SecurityLevel 为 0x00,该参数无效
KeySource	0、4 或 8 个八位位组集	由参数 KeyIdMode 规定	如果是 PAN 协调器发起取消 GTS 时产生该原语,忽略该参数。 如果是接收到 GTS 请求命令后,分配或取消了一个 GTS 的时,产生该原语,该参数为接收帧的发起者使用的密钥来源。如果参数 KeyIdMode 无效或为 0x00,该参数无效
KeyIndex	整型	0x00~0xff	如果是 PAN 协调器发起取消 GTS 时产生该原语,忽略该参数。 如果是接收到 GTS 请求命令后,分配或取消了一个 GTS 时,产生该原语,该参数为接收帧的发起者使用的密钥索引。如果参数 KeyIdMode 无效或为 0x00,该参数无效

7.1.7.3.4 GTS 管理消息序列图

图 29 是成功的 GTS 管理的消息序列图。图 30 是设备发起的 GTS 分配的消息序列流程,图 30 表示取消 GTS 的两种情况,在图 30a)中由设备发起,在图 30b)中则由 PAN 协调器发起。

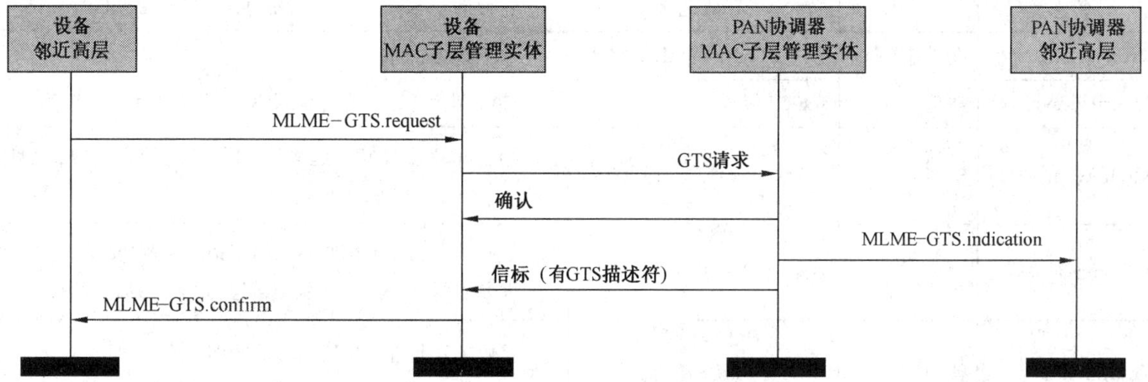

图 29 设备发起的 GTS 分配消息序列图

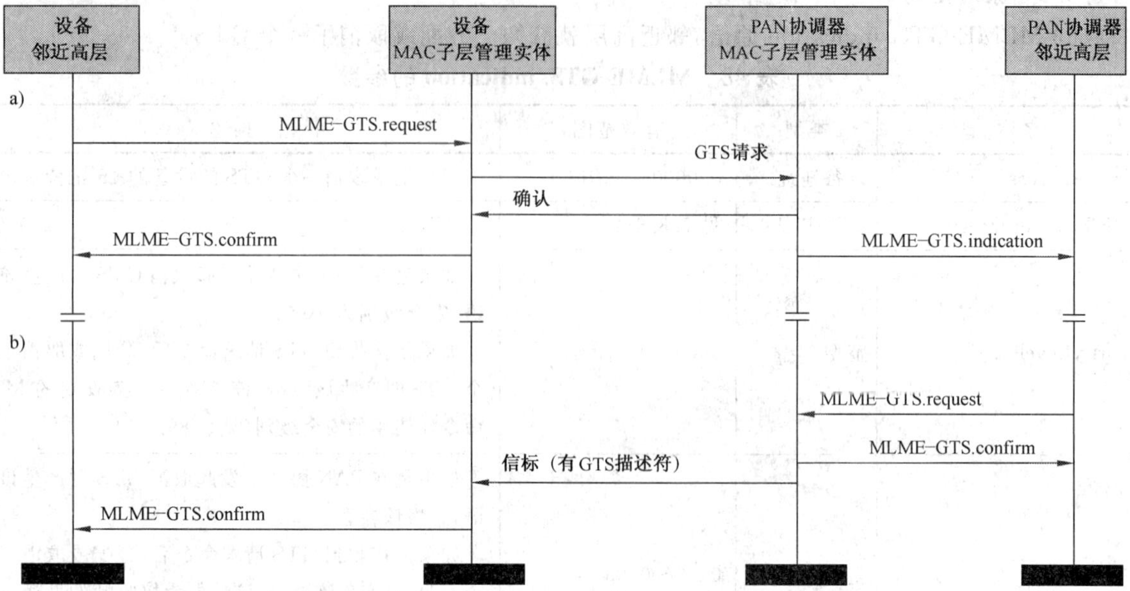

图 30　设备发起的 a)和 PAN 协调器发起的 b)GTS 取消分配消息序列图

7.1.8　孤立设备通知原语

MLME-SAP 的孤立设备通知原语定义协调器如何发布存在孤立设备的通知。

这些原语对于 RFD 是可选的。

7.1.8.1　**MLME-ORPHAN. indication**

原语 MLME-ORPHAN. indication 允许协调器的 MLME 通知其邻近高层孤立设备的出现。

7.1.8.1.1　服务原语语义

原语 MLME-ORPHAN. indication 的语义如下：

```
MLME-ORPHAN. indication    (
                           OrphanAddress,
                           SecurityLevel,
                           KeyIdMode,
                           KeySource,
                           KeyIndex
                           )
```

表 49 描述了 MLME-ORPHAN. indication 的参数。

表 49　**MLME-ORPHAN. indication 的参数**

名称	类型	有效范围	描述
OrphanAddress	设备地址	扩展的 64 比特 IEEE 地址	孤立设备的地址
SecurityLevel	整型	0x00～0x07	接收到的 MAC 命令帧使用的安全级别(见表 89)
KeyIdMode	整型	0x00～0x03	用于标识接收帧发起者声称所使用的密钥方式(见表 90)。如果参数 SecurityLevel 是 0x00,则该参数无效
KeySource	0、4 或 8 个八位位组集	由参数 KeyIdMode 规定	接收帧发起者声称所使用的密钥的来源(见 7.6.2.4.2)。如果参数 KeyIdMode 无效或被置为 0x00,则该参数无效
KeyIndex	整型	0x01～0xff	接收帧发起者声称所使用的密钥的索引(见 7.6.4.2.3)。如果参数 KeyIdMode 无效或置为 0x00,则该参数无效

7.1.8.1.2 产生条件

当接收到孤立设备通知命令(见 7.3.6)时,协调器的 MLME 生成并向其邻近高层发布 MLME-ORPHAN.indication 原语。

7.1.8.1.3 原语使用

接收到 MLME-ORPHAN.indication 原语,邻近高层就获知了孤立设备的存在。高层将判断该设备是否是一个已经关联的设备,并判断是否向 MLME 发布 MLME-ORPHAN.response 原语。

如果该设备之前和协调器关联,MLME 就发布 MLME-ORPHAN.response 原语,其中参数 AssociatedMember 设为 TRUE,参数 ShortAddress 设为分配给该设备的 16 比特短地址。如果该设备未曾与协调器关联,MLME 发布 MLME-ORPHAN.response 原语,参数 AssociatedMember 设为 FALSE。

7.1.8.2 **MLME-ORPHAN.response**

原语 MLME-ORPHAN.response 允许协调器的邻近高层响应 MLME-ORPHAN.indication 原语。

7.1.8.2.1 服务原语语义

原语 MLME-ORPHAN.response 的语义如下:

```
MLME-ORPHAN.response    (
                         OrphanAddress,
                         ShortAddress,
                         AssociatedMember,
                         SecurityLevel,
                         KeyIdMode,
                         KeySource,
                         KeyIndex
                         )
```

表 50 描述了 MLME-ORPHAN.response 的参数。

表 50 MLME-ORPHAN.response 的参数

名称	类型	有效范围	描述
OrphanAddress	设备地址	扩展的 64 比特 IEEE 地址	孤立设备的地址
ShortAddress	整型	0x0000～0xffff	如果孤立设备曾经与协调器关联,该参数是分配给孤立设备的 16 比特短地址。如果为 0xfffe,则表示未分配短地址,设备在通信中将使用 64 比特扩展地址。如果孤立设备未曾与协调器关联,该参数为 0xffff,接收时将被忽略
AssociatedMember	布尔型	TRUE 或 FALSE	如果孤立设备曾经与协调器关联,该参数设为 TRUE,否则为 FALSE
SecurityLevel	整型	0x00～0x07	安全级别(见表 89)
KeyIdMode	整型	0x00～0x03	用于标识所用密钥的方式(见表 90)。如果参数 SecurityLevel 是 0x00,则忽略该参数
KeySource	0、4 或 8 个八位位组集	由参数 KeyIdMode 规定	所用密钥的来源(见 7.6.2.4.2)。如果参数 KeyIdMode 被忽略或被置为 0x00,则忽略该参数
KeyIndex	整型	0x01～0xff	密钥索引(见 7.6.2.4.3)。如果参数 KeyIdMode 被忽略或被置为 0x00,则忽略该参数

7.1.8.2.2 **原语使用**

邻近高层对原语 MLME-ORPHAN. indication 中指示的孤立设备是否与协调器关联作出判断后，就生成并向 MLME 发布 MLME-ORPHAN. response 原语。

7.1.8.2.3 **收后效果**

如果参数 AssociatedMember 被设为 TRUE，则说明孤立设备曾与协调器关联。这时，MLME 将生成协调器重关联命令（见 7.3.8），并发送给孤立设备，命令中含有 ShortAddress 字段的值。如果是有信标能力的 PAN，该命令将在 CAP 时段发送，否则立即发送。如果 AssociatedMember 被设为 FALSE，则孤立设备未曾与协调器关联，就忽略该原语。如果孤立设备通知命令发送后的 macResponseWaitTime 内，孤立设备仍没有收到协调器的重关联命令，它将认为在自己的通信范围内没有和任何协调器关联。

如果参数 SecurityLevel 为不等于 0x00 的有效值，则表明该帧需要采用安全机制，MLME 会将帧控制字段中的安全使能子字段设为 1。MAC 子层将使用参数 OrphanAddress、SecurityLevel、KeyIdMode、KeySource 和 KeyIndex 对帧进行流出处理，相关过程如 7.5.8.2.1 所述。如果帧流出处理过程出现错误，MLME 将丢弃该帧，并发布 MLME-COMM-STATUS. indication 原语，其状态为帧流出处理过程返回的错误状态。

如果因为信道的不利条件使得 CSMA-CA 算法失败，MAC 子层将丢弃该帧，并发布原语 MLME-COMM-STATUS. indication，其状态为 CHANNEL_ACCESS_FAILURE。

MAC 子层在发送帧后立即打开接收机，等待接收方的确认。如果 MAC 子层没收到接收方的确认，它将丢弃该帧，并发布 MLME-COMM-STATUS. indication 原语，其状态为 NO_ACK。

如果成功发送帧并收到接收方回复的确认（如果要求确认），MAC 子层就发布原语 MLME-COMM-STATUS. indication，其状态为 SUCCESS。

如果原语 MLME-ORPHAN. response 的参数设置不被支持或超出有效范围，MAC 子层将发布 MLME-COMM-STATUS. indication 原语，其状态为 INVALID_PARAMETER。

7.1.8.3 **孤设备通知消息序列图**

图 31 是协调器发布孤设备通知的消息序列图。

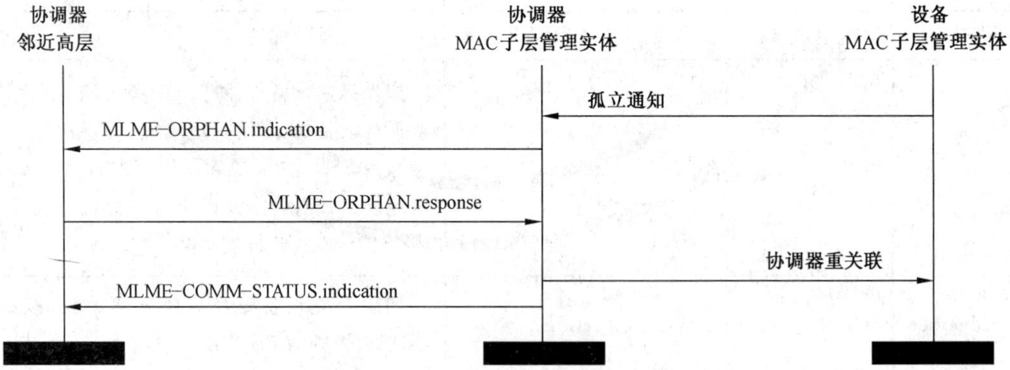

图 31 孤立通知的消息序列图

7.1.9 **MAC 子层复位原语**

MLME-SAP 复位原语定义如何将 MAC 子层复位，恢复默认值。

所有设备都要为复位原语提供接口。

7.1.9.1 **MLME-RESET. request**

原语 MLME-RESET. request 允许邻近高层请求 MLME 完成复位操作。

7.1.9.1.1 **服务原语语义**

原语 MLME-RESET. request 的语义如下：

MLME-RESET. request　　　　(
　　　　SetDefaultPIB
　　　　)

表 51 描述了 MLME-RESET. request 的参数。

表 51　MLME-RESET. request 的参数

名称	类型	有效范围	描述
SetDefaultPIB	布尔型	TRUE 或 FALSE	如果该参数为 TURE,则表示 MAC 子层复位,所有 MAC PIB 属性设为默认值。如果为 FALSE,则表示 MAC 复位,但所有 MAC PIB 属性保持原语 MLME-RESET. request 产生前的值

7.1.9.1.2　原语使用

邻近高层产生并发布 MLME-RESET. request 原语,请求 MLME 将 MAC 子层复位到初始状态。在使用原语 MLME-START. request 或 MLME-ASSOCIATE. request 之前,先发布原语 MLME-RESET. request。

7.1.9.1.3　收后效果

收到 MLME-RESET. request 原语后,MLME 发布 PLME-SET-TRX-STATE. request 原语,其状态为 FORCE_TRX_OFF。收到 PLME-SET-TRX-STATE. confirm 原语后,MAC 子层将恢复到初始状态,将所有内部参数恢复为默认值。如果参数 SetDefaultPIB 设为 TRUE,MAC PIB 属性设为默认值。

完成复位后,发布原语 MLME-RESET. confirm,其状态为 SUCCESS。

7.1.9.2　MLME-RESET. confirm

原语 MLME-RESET. confirm 报告复位操作的结果。

7.1.9.2.1　服务原语语义

原语 MLME-RESET. confirm 的语义如下:

MLME-RESET. confirm　　　　(
　　　　status
　　　　)

表 52 描述了 MLME-RESET. confirm 的参数。

表 52　MLME-RESET. confirm 的参数

名称	类型	有效范围	描述
status	枚举	SUCCESS	复位操作的结果

7.1.9.2.2　产生条件

收到 PLME-SET-TRXSTATE. confirm 原语后,MLME 产生原语 MLME-RESET. confirm 并发布给其邻近高层,作为 MLME-RESET. request 原语的响应。

7.1.9.2.3　原语使用

邻近高层收到 MLME-RESET. confirm 原语就获知了请求复位 MAC 子层的结果。该原语返回状态 SUCCESS,表明 MAC 子层复位成功。

7.1.10　接收机使能时间指定原语

MLME-SAP 接收机状态原语定义了设备如何在指定时间打开或关闭接收机。

这些接收机状态原语是可选的。

7.1.10.1　MLME-RX-ENABLE. request

原语 MLME-RX-ENABLE. request 允许邻近高层请求接收机在限定的时间内打开或者关闭。

7.1.10.1.1　服务原语语义

原语 MLME-RX-ENABLE. request 的语义如下：

MLME-RX-ENABLE. request　　(
DeferPermit,
RxOnTime,
RxOnDuration
)

表 53 描述了 MLME-RX-ENABLE. request 的参数。

表 53　MLME-RX-ENABLE. request 的参数

名称	类型	有效范围	描述
DeferPermit	布尔型	TRUE 或 FALSE	如果规定时间已过时，请求的操作可以推迟直到下一超帧，该参数设为 TRUE。如果请求的操作只能在当前超帧内进行，该参数设为 FALSE。对于不用信标能力的 PAN，该参数被忽略。 如果发起设备是 PAN 协调器，提到的超帧指的是它的超帧，否则指的是设备所关联的协调器的超帧
RxOnTime	整型	0x000000～0xffffff	该参数是指接收机打开或关闭时距离超帧起始处的符号数。该参数是 24 比特，精度最少为 20 比特，最低 4 比特是最低有效位。对于不用信标能力的 PAN，该参数被忽略。 如果发起设备是 PAN 协调器，超帧指的是它自己的超帧，否则是设备所关联的协调器的超帧
RxOnDuration	整型	0x000000～0xffffff	接收机打开的符号数。如果该参数等于 0x000000，那么接收机被关闭

7.1.10.1.2　原语使用

邻近高层产生并向 MLME 发布 MLME-RX-ENABLE. request 原语，打开接收机。在有信标能力的 PAN 中，在当前或下一个超帧起始时打开接收机，而在不使用信标能力的 PAN 中则立即打开接收机。该原语也可以用于取消先前打开接收机的请求。每次原语的请求都只能打开或关闭接收机一次。

7.1.10.1.3　收后效果

MLME 处理打开或关闭接收机请求的优先级低于设备的其他任务(例如：GTS、协调器信标跟踪和信标传输)。如果发布该原语用以打开接收机，设备将打开接收机，直到设备出现了冲突或者超过 RxOnDuration 定义的时间。如果有与之冲突的任务，设备将暂停接收操作。中断结束后，需要检查 RxOnDuration 以确定时间是否结束。如果是，结束操作。如果没有，设备将再次打开接收机，直到出现另一个冲突或者超过持续时间。如果发布该原语是关闭接收机，设备将关闭接收机，除非设备出现冲突。

在不用信标能力的 PAN 中，MLME 将忽略参数 DeferPermit 和 RxOnTime，并请求 PHY 立即打开或关闭接收机。如果请求打开接收机，接收机的打开状态要保持 RxOnDuration 个符号。

在有信标能力的 PAN 中，MLME 会在打开接收机之前，先判断(RxOnTime + RxOnDuration)是否小于由 macBeaconOrder 定义的信标间隔。如果(RxOnTime + RxOnDuration)不小于信标间隔，MLME 将发布 MLME-RXENABLE. confirm 原语，其状态为 ON_TIME_TOO_LONG。

然后 MLME 将判断能否在当前超帧内打开接收机。发布该原语的 PAN 协调器根据自己的超帧作出判断。不是 PAN 协调器的设备则根据其所关联的协调器的超帧作出判断。如果从超帧开始到当前时刻的符号数目小于(RxOnTime-aTurnaroundTime),MLME将尝试在当前超帧打开接收机。从超帧开始到当前时刻的符号数目大于等于(RxOnTime-aTurnaroundTime),并且DeferPermit为TRUE,MLME将延迟到下一个超帧打开接收机。否则,如果MLME既不能在当前超帧内打开接收机,同时又不允许延迟到下一个超帧,MLME将发布MLME-RX-ENABLE.confirm原语,其状态为PAST_TIME。

如果参数RxOnDuration等于0,MLME将请求PHY关闭接收机。

如果MLME-RX-ENABLE.request原语中的参数设置不被支持或超出有效范围,MAC子层将发布MLME-RXENABLE.confirm原语,其状态为INVALID_PARAMETER。

如果打开或关闭接收机的请求成功,MLME将发布MLME-RXENABLE.confirm原语,其状态为SUCCESS。

7.1.10.2 MLME-RX-ENABLE.confirm

原语MLME-RX-ENABLE.confirm报告打开或关闭接收机请求的结果。

7.1.10.2.1 服务原语语义

原语MLME-RX-ENABLE.confirm的语义如下：

```
MLME-RX-ENABLE.confirm      (
                             status
                             )
```

表54描述了MLME-RX-ENABLE.confirm的参数。

表54 MLME-RX-ENABLE.confirm的参数

名称	类型	有效范围	描述
status	枚举	SUCCESS,PAST_TIME, ON_TIME_TOO_LONG或INVALID_PARAMETER	请求打开或关闭接收机的结果

7.1.10.2.2 产生条件

为响应原语MLME-RX-ENABLE.request,MLME产生并向其邻近高层发布原语MLME-RX-ENABLE.confirm。

7.1.10.2.3 原语使用

收到原语MLME-RX-ENABLE.confirm后,邻近高层就获知了其打开或关闭接收机请求的结果。如果请求成功,该原语返回状态SUCCESS,否则返回相应的错误码。状态的值完整描述见7.1.10.1.3。

7.1.10.3 接收机状态转换消息序列图

图32描述了在没有中断的情况下,设备打开其接收机并保持一段时间的消息序列图。图32a)部分描述了在有信标能力的PAN中,MLME接收到MLME-RXENABLE.request原语但在当前超帧中没有足够时间来打开接收机,并且DeferPermit参数为TRUE的情况下的接收机状态转换的消息序列图。而图32b)部分,描述的则是在不使用信标能力的PAN中立即打开接收机的消息序列图。

7.1.11 信道扫描原语

MLME-SAP信道扫描原语定义在一个通信信道上设备的能量使用,以及在此信道上是否存在PAN。

所有设备都为扫描原语提供接口。

7.1.11.1 MLME-SCAN.request

MLME-SCAN.request用于启动针对给定信道列表的扫描。设备可以通过信道扫描来检测信道上的能量,查找关联的协调器,或者查找扫描设备POS内的发送信标的所有协调器。

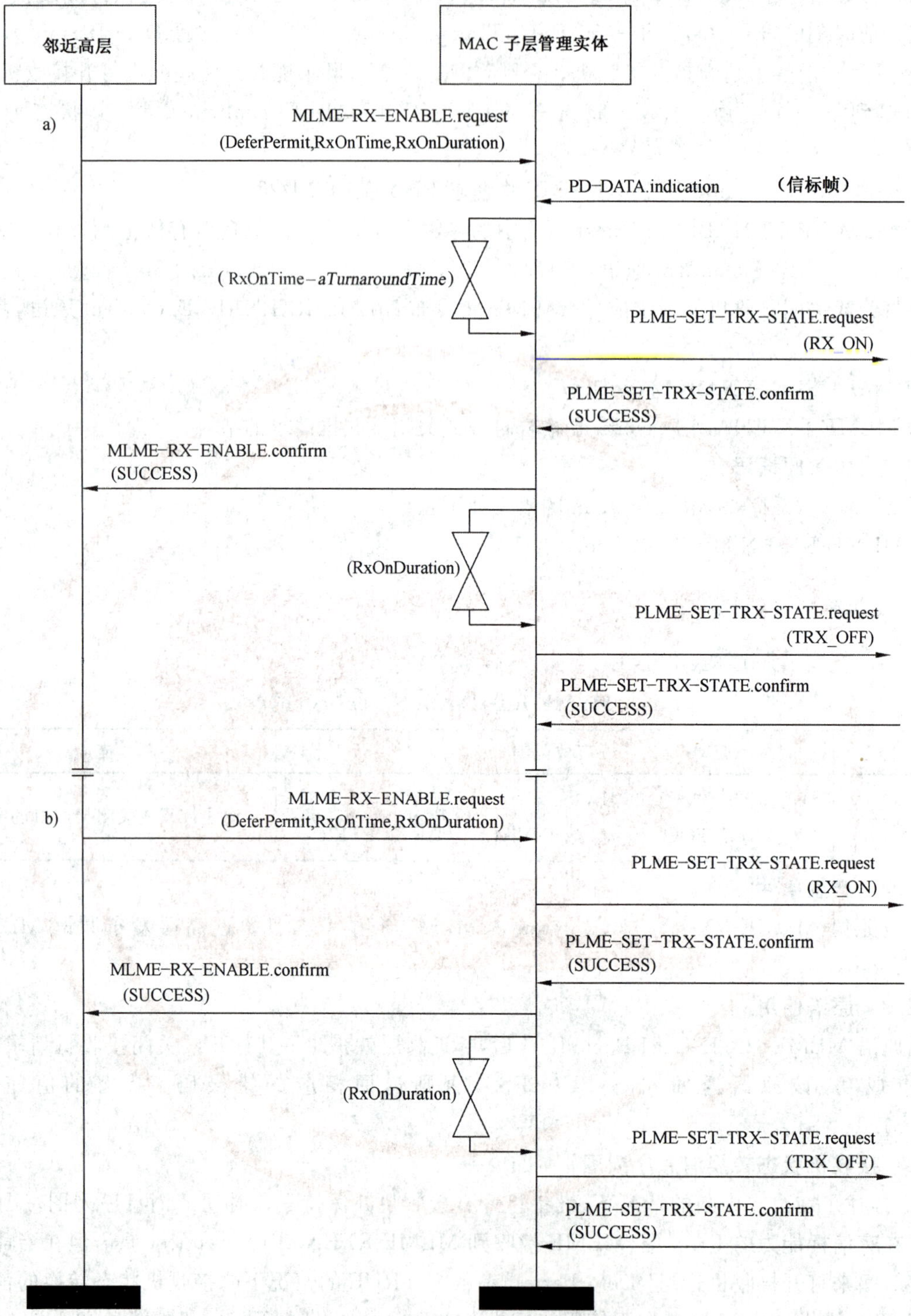

图 32 接收机状态转换消息序列图

7.1.11.1.1 服务原语语义

原语 MLME-SCAN. request 的语义如下：

MLME-SCAN. request (
ScanType,
ScanChannels,
ScanDuration,

ChannelPage,
SecurityLevel,
KeyIdMode,
KeySource,
KeyIndex
)

表 55 描述了 MLME-SCAN. request 的参数。

表 55 MLME-SCAN. request 的参数

名称	类型	有效范围	描述
ScanType	整型	0x00～0x03	指示扫描的类型: 0x00 表示 ED 扫描(对于 RFD 可选); 0x01 表示主动扫描(对于 RFD 可选); 0x02 表示被动扫描; 0x03 表示孤立扫描
ScanChannels	位图	27 比特字段	该 27 比特(b_0, b_1,…, b_{26})指示参数 ChannelPage 支持的 27 个将要扫描的信道(1 表示扫描,0 表示不扫描)
ScanDuration	整型	0～14	该参数用于计算每个信道的 ED、主动或被动扫描所需的时间长度。孤立扫描时忽略该参数。每个信道的扫描时间为:[aBaseSuperframeDuration * (2^n+ 1)]个符号,其中 n 表示参数 ScanDuration 的值
ChannelPage	整型	0～31	扫描的信道页(见 6.2.1)
SecurityLevel	整型	0x00～0x07	安全级别(见表 89)
KeyIdMode	整型	0x00～0x03	用于标识所用密钥的方式(见表 90)。如果参数 SecurityLevel 是 0x00,则忽略该参数
KeySource	0、4 或 8 个八位位组集	由参数 KeyIdMode 规定	所用密钥的来源(见 7.6.2.4.2)。如果参数 KeyIdMode 被忽略或被置为 0x00,则忽略该参数
KeyIndex	整型	0x01～0xff	密钥索引(见 7.6.2.4.3)。如果参数 KeyIdMode 被忽略或被置为 0x00,则忽略该参数

7.1.11.1.2 原语使用

邻近高层产生 MLME-SCAN. request 原语,并发布给 MLME,请求进行信道扫描,搜索设备 POS 范围内的相关活动。该原语可以用于进行 ED 扫描来判断信道使用情况,进行主动扫描或被动扫描来定位包含 PAN 标识符的信标帧,或是孤立扫描来定位设备目前关联的 PAN。每种扫描的详细描述见 7.5.2.1。

所有设备都须能执行被动和孤立扫描;ED 扫描和主动扫描对于 RFD 是可选的,然而一个 RFD 可以支持主动扫描来加入到不用信标能力的网络中。

7.1.11.1.3 收后效果

如果 MLME 收到 MLME-SCAN. request 原语时,仍在进行上一次扫描操作,将发布原语 MLME-SCAN. confirm,其状态为 SCAN_IN_PROGRESS。否则,MLME 将对参数 ScanChannels 指定的所有信道进行扫描。

MLME 反复向 PHY 发布原语 PLME-ED. request 到 PHY 来实现对每个信道的 ED 扫描,持续时间是[aBaseSuperframeDuration * (2^n+ 1)]个符号,其中 n 是参数 ScanDuration 的值。MLME 记录

能量的最大值，然后转移到信道列表中的下一个信道。ED信道扫描过程的细节见7.5.2.1.1。

对每个信道的主动扫描首先由MLME发送信标请求命令(见7.3.7)开始。然后MLME打开接收机，并记录下每个接收到的PAN描述符结构(见7.1.5.1.3中的表43)中信标帧携带的信息。当存储的PAN描述符个数等于所指定最大值时，或扫描时间已持续[aBaseSuperframeDuration * (2^n+1)]个符号，这里n是参数ScanDuration的值，将停止在指定信道上的主动扫描。主动信道扫描过程的细节见7.5.2.1.2。

每个信道的被动扫描是由MLME打开接收机，并记录下每个接收到的PAN描述符结构(见7.1.5.1.3中的表43)中信标帧携带的信息来实现的。当存储的PAN描述符个数等于所指定最大值时，或扫描时间已持续[aBaseSuperframeDuration * (2^n+1)]个符号，这里n是参数ScanDuration的值，将停止在指定信道上的被动扫描。被动信道扫描过程的细节见7.5.2.1.3。

每个信道的孤立扫描首先由MLME发送孤立设备通知命令(见7.3.6)来开始。如果收到回复的协调器重关联命令，MLME将关闭接收机。否则继续在信道列表中的下一个信道上进行扫描。孤立信道扫描过程的细节见7.5.2.1.4。

只有孤立扫描用到了参数SecurityLevel、KeyIdMode、KeySource和KeyIndex。

如果参数SecurityLevel被设为不等于0x00的有效值，表明该帧要求采用安全机制，MLME将设置帧控制字段中的安全使能子字段为1。MAC子层基于参数macCoordExtendedAddress、SecurityLevel、KeyIdMode、KeySource和KeyIndex对帧进行流出处理，如7.5.8.2.1所述。如果帧流出处理过程中出现错误，MLME将丢弃该帧，并发布MLME-SCAN.confirm原语，其状态为帧流出处理过程返回的错误状态。

ED扫描的结果记录在ED值列表中，并通过MLME-SCAN.confirm原语向邻近高层报告，原语状态为SUCCESS。

主动扫描和被动扫描的结果通过MLME-SCAN.confirm原语报告给邻近高层。如果扫描成功且macAutoRequest设为TRUE，原语的结果会包括PAN描述符的值集。如果扫描成功但macAutoRequest设为FALSE，原语结果包含PAN描述符值的空集，每个PAN描述符的值将通过单独的MLME-BEACON-NOTIFY原语(见7.1.5.1)分别发送给邻近高层。在以上两种情况下，MLME-SCAN.confirm原语都将包含未扫描信道的列表和状态SUCCESS。

如果在主动扫描期间，因为信道接入失败，使得MLME无法在参数ScanChannels指定的信道上发送信标请求命令，则将该信道记录在原语MLME-SCAN.confirm返回的未扫描信道列表中。如果MLME能在其中至少一个信道上发送信标请求命令，但未找到任何信标，那么无论macAutoRequest取何值，MLME-SCAN.confirm原语将包含PAN描述符值的空集和状态NO_BEACON。

孤立扫描的结果通过MLME-SCAN.confirm原语报告给邻近高层。如果成功，原语MLME-SCAN.confirm携带的状态为SUCCESS。如果信道接入失败，使得MLME无法在参数ScanChannels指定的信道上发送孤立设备通知命令，就将该信道记录在原语MLME-SCAN.confirm返回的未扫描信道的列表中。如果MLME能够在其中至少一个信道上发送孤立设备通知命令，但未收到协调器重关联命令，原语MLME-SCAN.confirm携带的状态为NO_BEACON。这时，原语MLME-SCAN.confirm中的PANDescriptorList和EnergyDetectList为空。

如果在ED扫描、主动扫描或被动扫描期间，已扫描的信道个数达到了指定的最大值就中止扫描，MAC子层发布原语MLME-SCAN.confirm，其状态为LIMIT_REACHED。

如果MLME-SCAN.request原语中的参数设置不被支持或超出了有效范围，MAC子层将发布MLME-SCAN.confirm原语，其状态为INVALID_PARAMETER。

7.1.11.2 MLME-SCAN.confirm

原语MLME-SCAN.confirm报告信道扫描请求的结果。

7.1.11.2.1 服务原语语义

原语 MLME-SCAN.confirm 的语义如下：

```
MLME-SCAN.confirm    (
                      status,
                      ScanType,
                      ChannelPage,
                      UnscannedChannels,
                      ResultListSize,
                      EnergyDetectList,
                      PANDescriptorList
                      )
```

表 56 描述了 MLME-SCAN.confirm 的参数。

7.1.11.2.2 产生条件

当由 MLME-SCAN.request 发起的信道扫描结束后，MLME 产生并向邻近高层发布原语 MLME-SCAN.confirm。如果 MLME-SCAN.request 原语请求执行主动、被动或孤立扫描，参数 EnergyDetectList 将为空。如果 MLME-SCAN.request 原语请求执行 ED 扫描或孤立扫描，参数 PANDescriptorList 将为空，同样，如果 MLME-SCAN.request 原语请求执行主动或被动扫描且参数 macAutoRequest 设为 FALSE，参数 PANDescriptorList 也将为空。如果原语请求执行孤立扫描，参数 ResultListSize 将设为 0。

MLME-SCAN.confirm 原语返回状态 SUCCESS，表明扫描请求成功，或者相应的错误码。状态的值完整描述见 7.1.11.1.3。

表 56 MLME-SCAN.confirm 的参数

名称	类型	有效范围	描述
Status	枚举型	SUCCESS，LIMIT_REACHED，NO_BEACON，SCAN_IN_PROGRESS，COUNTER_ERROR FRAME_TOO_LONG，UNAVAILABLE_KEY，UNSUPPORTED_SECURITY 或 INVALID_PARAMETER	扫描请求的状态
ScanType	整型	0x00～0x03	扫描的类型： 0x00 表示 ED 扫描（RFD 可选）； 0x01 表示主动扫描（RFD 可选）； 0x02 表示被动扫描； 0x03 表示孤立扫描
ChannelPage	整型	0～31	信道扫描所在的信道页（见 6.2.1）
Unscanned-Channels	位图	27 比特字段	请求扫描的信道中没有被扫描的信道（1=没有扫描，0 表示扫描过或没有要求扫描）。该参数对 ED 扫描无效
ResultListSize	整型	执行细节	返回的结果列表中元素的个数。如果是孤立扫描，该参数为 0
Energy-DetectList	整数列表	每个整数的范围均为 0x00～0xff	ED 扫描期间每个信道的能量测量的列表。对于主动、被动和孤立扫描，该参数为空

表 56（续）

名称	类型	有效范围	描述
PANDescriptorList	PAN 描述符列表	见表 43	PAN 描述符列表，如果 macAutoRequest 设为 TRUE，列表中的每个 PAN 描述符对应于在主动、被动扫描中查找到的信标。主动或被动扫描中 macAutoRequest 设为 FALSE 时，或在 ED 扫描和孤立扫描中，该参数为空

7.1.11.2.3 **原语使用**

邻近高层收到 MLME-SCAN. confirm 原语后就获知了扫描的结果。如果请求扫描成功，参数 status 将设为 SUCCESS，否则 status 参数指示相应的错误。

7.1.11.3 **信道扫描消息序列图**

图 80、图 81、图 84 和图 87（见 7.7）分别是完成 ED 扫描、被动扫描、主动扫描和孤立扫描的消息序列图。图中包括 PHY 的操作。

7.1.12 **通信状态原语**

MLME-SAP 通信状态原语定义了 MLME 如何向邻近高层报告传输状态（当传输是由响应原语发起时），或者流入帧的安全错误。

所有设备都须为通信状态原语提供接口。

7.1.12.1 **MLME-COMM-STATUS. indication**

原语 MLME-COMM-STATUS. indication 允许 MLME 指示通信状态。

7.1.12.1.1 **服务原语语义**

原语 MLME-COMM-STATUS. indication 的语义如下：

```
MLME-COMM-STATUS. indication      (
                                   PANId,
                                   SrcAddrMode,
                                   SrcAddr,
                                   DstAddrMode,
                                   DstAddr,
                                   Status,
                                   SecurityLevel,
                                   KeyIdMode,
                                   KeySource,
                                   KeyIndex
                                   )
```

表 57 描述了 MLME-COMM-STATUS. indication 的参数。

表 57 **MLME-STATUS. indication 的参数**

名称	类型	有效范围	描述
PANId	整型	0x0000～0xffff	帧的发送者或者接收者的 PAN 标识符
SrcAddrMode	整型	0x00～0x03	原语的源地址的方式，取值如下： 0x00 表示无地址（忽略地址域）； 0x01 表示保留； 0x02 表示 16 比特短地址； 0x03 表示 64 比特扩展地址

表 57（续）

名称	类型	有效范围	描述
SrcAddr	设备地址	由参数 SrcAddrMode 规定	引起错误的帧的发起者的独立设备地址
DstAddrMode	整型	0x00～0x03	原语的目的地址的方式，取值如下： 0x00 表示无地址(忽略地址域)； 0x01 表示保留； 0x02 表示 16 比特短地址； 0x03 表示 64 比特扩展地址
DstAddr	设备地址	由 DstAddrMode 参数规定	帧接收设备的独立设备地址
Status	枚举	SUCCESS， TRANSACTION_OVERFLOW， TRANSACTION_EXPIRED， CHANNEL_ACCESS_FAILURE， NO_ACK，COUNTER_ERROR， FRAME_TOO_LONG， IMPROPER_KEY_TYPE， IMPROPER_SECURITY_LEVEL SECURITY_ERROR， UNAVAILABLE_KEY， UNSUPPORTED_LEGACY， UNSUPPORTED_SECURITY 或 INVALID_PARAMETER	通信状态
SecurityLevel	整型	0x00～0x07	如果该原语在响应原语发起的传输之后产生，该参数指示安全级别(见表 89)。 如果该原语在接收到在其安全处理过程中发生错误的帧之后产生，该参数指示接收的帧使用的安全级别
KeyIdMode	整型	0x00～0x03	如果该原语在响应原语发起的传输之后产生，该参数指示密钥方式(见表 90)。如果 SecurityLevel 参数为 0x00，该参数被忽略。 如果该原语在接收到在其安全处理过程中发生错误的帧之后产生，该参数指示接收帧的发起者使用的密钥方式(见表 90)
KeySource	0、4、8 个八位位组集	由参数 KeyIdMode 规定	如果该原语在响应原语发起的传输之后产生，该参数指示密钥来源。如果 KeyIdMode 被忽略或者为 0x00，该参数被忽略。 如果该原语在接收到在其安全处理过程中发生错误的帧之后产生，该参数指示接收帧的发起者使用的密钥来源。如果参数 KeyIdMode 无效或者为 0x00，该参数无效

表 57（续）

名称	类型	有效范围	描述
KeyIndex	整型	0x00～0xff	如果该原语在响应原语发起的传输之后产生，该参数指示密钥索引。如果 KeyIdMode 被忽略或者为 0x00，该参数被忽略。 如果该原语在接收到在其安全处理过程中发生错误的帧之后产生，该参数指示接收帧的发起者使用的密钥索引。如果参数 KeyIdMode 无效或者为 0x00，该参数无效

7.1.12.1.2 产生条件

MLME-COMM-STATUS. indication 原语由 MLME 在响应原语发起的传输之后，或者接收到的在其安全处理过程中出现错误的帧之后，产生并向 MLME 的邻近高层发布。

在处理完 MLME-ASSOCIATE. response 原语或 MLME-ORPHAN. response 原语之后，MAC 子层将产生和发布 MLME-COMM-STATUS. indication 原语。该原语返回的状态可以是 SUCCESS，表明传输请求成功，也可以是 TRANSACTION_OVERFLOW，TRANSACTION_EXPIRED，CHANNEL_ACCESS_FAILURE，NO_ACK 或 INVALID_PARAMETER（状态参数见 7.1.3.3.3 和 7.1.8.2.3），或者安全处理流程返回的错误代码（状态参数见 7.5.8.2.1 和 7.5.8.2.2）。

7.1.12.1.3 原语使用

邻近高层收到 MLME-COMM-STATUS. indication 原语就获知了传输过程的通信状态或流入帧的安全处理过程中发生的错误。

7.1.13 PIB 属性设置原语

MLME-SAP 设置原语定义了如何写入 PIB 属性。

所有设备都为这些设置原语提供接口。

7.1.13.1 MLME-SET. request

原语 MLME-SET. request 用于向指定的 PIB 属性中写入给定的参数值。

7.1.13.1.1 服务原语语义

原语 MLME-SET. request 的语义如下：

```
MLME-SET. request    (
                     PIBAttribute,
                     PIBAttributeIndex,
                     PIBAttributeValue
                     )
```

表 58 描述了 MLME-SET. request 的参数。

表 58 MLME-SET. request 的参数

名称	类型	有效范围	描述
PIBAttribute	整型	见表 80 和表 82	写入值的 PIB 属性的标识
PIBAttributeIndex	整型	指定属性 见表 82	在写入值的指定 PIB 属性表中索引。该参数只有对是表的 MAC PIB 属性有效；如果要访问 PHY PIB 属性，该参数将被忽略

表 58（续）

名称	类型	有效范围	描述
PIBAttributeValue	可变	指定属性 见 MAC PIB 是管理设备 MAC 子层必须的属性。MAC PIB 中所包含的属性见表 80。标有(*)的属性(即只能由 MAC 子层来设置)是只读属性,邻近高层只能通过 MLME-GET. request 原语读取。对于其他属性,邻近高层可以分别通过原语 MLME-GET. request 和 MLME-SET. request 进行读写。标有(◆)的属性表示对 RFD 可选,标有(*)的属性表示对 RFD 和 FFD 均是可选。 只读属性 macAckWaitDuration 取决于常量的组合和 PHY PIB 属性。常量和属性的关联公式见式(8),属性 macMaxTotalFrameTxTime 由邻近高层设置,并取决于 PHY 和 MAC PIB 属性和常量的组合公式见式(9)。 见表 80 和表 82	写入 PIB 属性的值

7.1.13.1.2 **原语使用**

邻近高层产生 MLME-SET. request 原语并发布给 MLME,要求设置指定的 PIB 属性,即写入数据。

7.1.13.1.3 **收后效果**

收到 MLME-SET. request 原语后,MLME 需要校验指定的 PIB 属性是 MAC PIB 属性还是 PHY PIB 属性。如果是 MAC PIB 属性,MLME 就尝试将给定值写入它的数据库中的指定 MAC PIB 属性。如果参数 PIBAttribute 指定的属性是只读的(见表 80 和表 82),MLME 就发布原语 MLME-SET. confirm,其状态为 READ_ONLY。如果参数 PIBAttribute 指定的属性在数据库中找不到,MLME 将发布 MLME-SET. confirm 原语,其状态为 UNSUPPORTED_ATTRIBUTE。如果参数 PIBAttribute 指定的表格索引超出范围,MLME 就发布 MLME-SET. confirm 原语,其状态为 INVALID_INDEX。如果参数 PIBAttribute 指定的值超出指定属性值的有效范围,MLME 就发布 MLME-SET. confirm,其状态为 INVALID_PARAMETER。如果成功写入,MLME 将发布 MLME-SET. confirm 原语,其状态为 SUCCESS。

如果参数 PIBAttribute 指示要设置 *macBeaconPayloadLength*,且信标帧长度超过了 aMax-PHYPacketSize(例如,由于安全处理需要的额外开销),MAC 子层就不能更新 macBeaconPayloadLength,并发布 MLME-GET. confirm 原语,其状态为 INVALID_PARAMETER。

如果请求的属性是 PHY PIB 属性,就发布 PLME-SET. request 原语,把请求传递给 PHY。一旦 MLME 收到 PLME-SET. confirm 原语,就将收到的状态值进行转换,这是因为 PHY 和 MLME 使用的状态值不相同(例如状态 SUCCESS 的值在 MAC 和 PHY 的枚举表中的值分别是 0x00 和 0x07)。转换后,MLME 就向邻近高层发布原语 MLME-SET. confirm,其状态为转换后的值,且包含 PLME 原语返回的 PIBAttribute。

7.1.13.2 **MLME-SET. confirm**

原语 MLME-SET. confirm 用于报告尝试向 PIB 属性写入值的结果。

7.1.13.2.1 **服务原语语义**

原语 MLME-SET. confirm 的语义如下:

MLME-SET. confirm (
status,
PIBAttribute,
PIBAttributeIndex
)

表 59 描述了 MLME-SET. confirm 的参数。

表 59 MLME-SET. confirm 的参数

名称	类型	有效范围	描述
status	枚举	SUCCESS,READ_ONLY, UNSUPPORTED_ATTRIBUTE, INVALID_INDEX 或 INVALID_PARAMETER	请求向 PIB 属性写入值的结果
PIBAttribute	整型	见 MAC PIB 是管理设备 MAC 子层必须的属性。MAC PIB 中所包含的属性见表 80。标有(*)的属性(即只能由 MAC 子层来设置)是只读属性,邻近高层只能通过 MLME-GET. request 原语读取。对于其他属性,邻近高层可以分别通过原语 MLME-GET. request 和 MLME-SET. request 进行读写。标有(◆)的属性表示对 RFD 可选,标有(*)的属性表示对 RFD 和 FFD 均是可选。 只读属性 macAckWaitDuration 取决于常量的组合和 PHY PIB 属性。常量和属性的关联公式见式(8),属性 macMaxTotalFrameTxTime 由邻近高层设置,并取决于 PHY 和 MAC PIB 属性和常量的组合公式见式(9)。 见表 80 和表 82	指定写入值的 PIB 属性的标识符
PIBAttributeIndex	整型	属性规定; 见表 82	在写入值的 PIB 属性表中的索引。该参数只对 MAC PIB 属性中的表格属性有效。当访问 PHY PIB 属性时,忽略该参数

7.1.13.2.2 **产生条件**

MLME 产生并向邻近高层发布 MLME-SET. confirm 原语,用以响应 MLME-SET. request 原语。MLME-SET. confirm 原语返回状态 SUCCESS,指示请求数值已写入 PIB 属性,或者返回相应的错误代码。状态值的完整定义见 7.1.13.1.3。

7.1.13.2.3 **原语使用**

邻近高层收到 MLME-SET. confirm 原语后就获知设置 PIB 属性请求的结果。如果请求值被写入指定的 PIB 属性中,参数 status 将被设为 SUCCESS,否则 status 参数指示相应的错误。

7.1.14 **超帧配置更新原语**

MLME-SAP 开始原语定义 FFD 如何请求开始使用新的超帧配置,用以建立一个新的 PAN,或者开始在现有 PAN 中发送信标,以方便设备发现,或停止信标传输。这些开始原语对于 RFD 是可选的。

7.1.14.1 **MLME-START. request**

原语 MLME-START. request 允许 PAN 协调器初始化一个新的 PAN,或者在现有 PAN 中启用新的超帧配置。也可以被已经关联的设备用于配置一个新的超帧。

7.1.14.1.1 服务原语语义

原语 MLME-START. request 的语义如下：

```
MLME-START. request    (
                        PANId,
                        LogicalChannel,
                        ChannelPage,
                        StartTime,
                        BeaconOrder,
                        SuperframeOrder,
                        PANCoordinator,
                        BatteryLifeExtension,
                        CoordRealignment,
                        CoordRealignSecurityLevel,
                        CoordRealignKeyIdMode,
                        CoordRealignKeySource,
                        CoordRealignKeyIndex,
                        BeaconSecurityLevel,
                        BeaconKeyIdMode,
                        BeaconKeyISource,
                        BeaconKeyIndex
                        )
```

表 60 描述了 MLME-START. request 的参数。

7.1.14.1.2 原语使用

邻近高层产生并向其 MLME 发布 MLME-START. request 原语，用于请求设备配置一个新的超帧。

表 60 MLME-START. request 的参数

名称	类型	有效范围	描述
PANId	整型	0x0000～0xffff	设备使用的 PAN 标识符
LogicalChannel	整型	选自参数 ChannelPage 指定的可用逻辑信道	新配置的超帧的逻辑信道
ChannelPage	整型	选自 PHY 支持的可用信道页(见 6.2.1)	新配置的超帧的信道页
StartTime	整型	0x000000～0xffffff	信标发射的起始时间。如果该参数为 0x000000，信标将立即开始发射。否则，该参数指定的时间为与接收到信标的相对时间，信标由设备同步的协调器发送。 如果 BeaconOrder 等于 15 或 PANCoordinator 为 TRUE，忽略该参数。 时间以符号为单位，并在退避时隙边缘开始。 该参数是 24 比特，精度最少为 20 比特，最低 4 比特是最低有效位
BeaconOrder	整型	0～15	该参数指信标发送的频率。值等于 15 表示协调器将不发送信标。 信标顺序和信标间隔之间的关系见 7.5.1.1

表 60（续）

名称	类型	有效范围	描述
SuperframeOrder	整型	0～BO 或 15	包括信标在内的超帧活跃部分的长度。如果参数 BeaconOrder 为 15，忽略该参数。 超帧顺序和超帧长度间的关系见 7.5.1.1
PANCoordinator	布尔型	TRUE 或 FALSE	如果为 TRUE，设备将成为新 PAN 的网络协调器。如果为 FALSE，设备将在已关联的 PAN 中启动新超帧结构
BatteryLifeExtension	布尔型	TRUE 或 FALSE	如果为 TRUE，设备接收到信标，等待一个 IFS 后关闭接收机，持续时间是 macBattLifeExt Periods 个退避阶段。如果为 FALSE，信标接收设备的接收机在整个 CAP 内都保持使能状态。 如果参数 BeaconOrder 等于 15，忽略该参数
CoordRealignment	布尔型	TRUE 或 FALSE	如果在改变超帧的配置之前发送协调器重关联命令，参数就为 TRUE，否则为 FALSE
CoordRealignSecurityLevel	整型	0x00～0x07	协调器重关联命令帧使用的安全级别（见表 89）
CoordRealignKeyIdMode	整型	0x00～0x03	所用密钥的标识方式。如果参数 CoordRealignSecurityLevel 为 0x00，忽略该参数
CoordRealignKeySource	0、4 或 8 个八位位组集	由参数 CoordRealignKeyIdMode 规定	所用密钥的生成设备。如果参数 CoordRealignKeyIdMode 被忽略或为 0x00，忽略该参数
CoordRealignKeyIndex	整型	0x00～0xff	密钥索引。如果参数 CoordRealignKeyIdMode 被忽略或为 0x00，忽略该参数
BeaconSecurityLevel	整型	0x00～0x07	信标帧所用的安全级别
BeaconKeyIdMode	整型	0x00～0x03	用于标识所用密钥的方式（见表 90）。如果参数 BeaconSecurityLevel 是 0x00，则忽略该参数
BeaconKeySource	0、4 或 8 个八位位组集	由参数 BeaconKeyIdMode 规定	所用密钥的来源（见 7.6.2.4.2）。如果参数 BeaconKeyIdMode 被忽略或被置为 0x00，则忽略该参数
BeaconKeyIndex	整型	0x01～0xff	密钥索引（见 7.6.2.4.3）。如果参数 BeaconKeyIdMode 被忽略或被置为 0x00，则忽略该参数

7.1.14.1.3 收后效果

当 macShortAddress 为 0xffff 时，如果收到 MLME-START. request 原语，MLME 将发布原语 MLME-START. confirm，状态为 NO_SHORT_ADDRESS。

当参数 CoordRealignment 设为 TRUE，协调器就尝试发送协调器解关联命令帧（见 7.5.2.3.2）。如果由于信道访问失败而无法发送该命令帧，MLME 就不会改变超帧结构（例如不会改变任何一个 PIB 属性），并发布原语 MLME-START. confirm，状态为 CHANNEL_ACCESS_FAILURE。如果成功发送命令，MLME 就根据参数 BeaconOrder、SuperframeOrder、PANId、ChannelPage 和

LogicalChannel 更新相应的 PIB 属性，同时发布原语 MLME-START. confirm，状态为 SUCCESS。

当参数 CoordRealignment 设为 FALSE，MLME 就根据参数 BeaconOrder、SuperframeOrder、PANId、ChannelPage 和 LogicalChannel 更新相应的 PIB 属性。

协调器在信标帧中使用的地址方式由参数 macShortAddress 的当前值决定，该参数的值是在原语发布前由上一高层设置的。如果参数 BeaconOrder 小于 15，MLME 就将 macBattLifeExt 设为参数 BatteryLifeExtension 的值。如果 BeaconOrder 等于 15，忽略参数 BatteryLifeExtension。

如果参数 SecurityLevel 设为不等于 0x00 的有效值，则指示该帧需要采用安全机制，MLME 将帧控制域中的安全使能子域设为 1。MAC 子层对帧进行流出处理，如 7.5.8.2.1 所述。如果参数 CoordRealignment 设为 TRUE，在处理 MAC 命令帧时要用到参数 CoordRealignSecurityLevel、CoordRealignKeyIdMode 和 CoordRealignKeyIndex。如果参数 BeaconOrder 指示当前是有信标能力的网络，在处理信标帧时要用到参数 BeaconSecurityLevel、BeaconKeyIdMode、BeaconKeySource 和 BeaconKeyIndex。如果在帧流出处理中出现错误，MLME 将丢弃该帧，发布 MLME-START. confirm 原语，以及处理过程中返回的错误状态。

如果信标帧的长度超过了 aMaxPHYPacketSize（例如，安全处理会增加额外的负载），MAC 子层就丢弃该信标帧，同时发布原语 MLME-START. confirm，状态为 FRAME_TOO_LONG。

如果参数 BeaconOrder 等于 15，显示这是一个非信标使能 PAN，MLME 将忽略参数 StartTime。如果参数 BeaconOrder 小于 15，MLME 将检查参数 StartTime 以决定传输信标帧的时间；时间以符号为单位，并在退避时隙边缘开始。如果参数 PANCoordinator 设为 TRUE，MLME 将忽略参数 StartTime 并立即传输信标帧。如果 StartTime 设为 0x000000，MLME 也会立即传输信标。当 MLME 收到与之连接的协调器发来的信标时，如果参数 PANCoordinator 设为 FALSE，且 StartTime 非 0，MLME 把 StartTime 个符号加到本地时钟取得的时间加上，计算信标传输时间，其中，本地时钟是设备接收到所关联的协调器的信标帧时开始计时。如果计算得到的时间造成流出超帧与流入超帧重迭，MLME 就不会发送信标帧。在这种情况下，MLME 发布 MLME-START. confirm 原语，状态为 SUPERFRAME_OVERLAP。否则，当本地时钟的当前时间和计算得到的时间相同时，MLME 将开始传输信标。

如果参数 StartTime 非 0，且此时 MLME 未跟踪与之关联协调器的信标，MLME 将发布原语 MLME-START. confirm，状态为 TRACKING_OFF。

结束该过程后，MLME 发布 MLME-START. confirm 原语作为响应。如果成功启用新的超帧结构，状态设为 SUCCESS。如果原语中任何一个参数的设置不被支持或超过有效范围，状态将设为 INVALID_PARAMETER。

7.1.14.2 MLME-START. confirm

原语 MLME-START. confirm 报告请求启用新超帧结构的结果。

7.1.14.2.1 服务原语语义

原语 MLME-START. confirm 的语义如下：

```
MLME-START. confirm     (
                        status
                        )
```

表 61 描述了 MLME-START. confirm 原语的参数。

7.1.14.2.2 产生条件

MLME 向其邻近高层发布 MLME-START. confirm 原语，以响应原语 MLME-START. request。MLME-START. confirm 原语返回状态可以是 SUCCESS，显示 MAC 子层已成功启用新的超帧结构，也可以是错误码。状态的值可参考 7.1.14.1.3。

7.1.14.2.3 原语的使用

邻近高层收到 MLME-START.confirm 原语就获知请求使用新的超帧结构的结果。如果成功，参数 status 将设为 SUCCESS，否则参数的其他值表明有错误。

7.1.14.2.4 更新超帧结构的消息序列图

图 33 是一个 FFD 发起信标传输的消息序列图。图 33(见 7.7)是 PAN 协调器在一个新 PAN 中开始发送信标的消息序列图，该图中包括 PHY 的操作。

表 61 MLME-START.confirm 的参数

名称	类型	有效范围	描述
status	枚举	SUCCESS， NO_SHORT_ADDRESS， SUPERFRAME_OVERLAP， TRACKING_OFF， INVALID_PARAMETER， COUNTER_ERROR， FRAME_TOO_LONG， UNAVAILABLE_KEY， UNSUPPORTED_SECURITY 或 CHANNEL_ACCESS_FAILURE	请求启用新超帧结构的结果

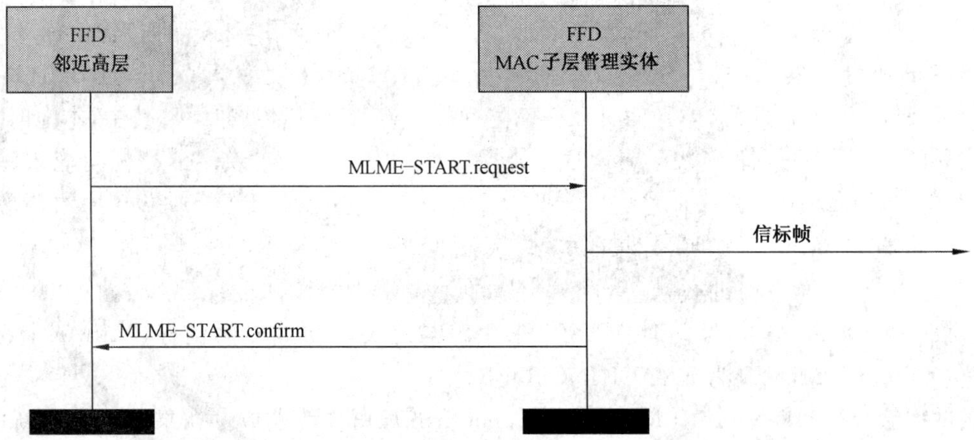

图 33 更新超帧结构的消息序列图

7.1.15 与协调器同步原语

MLME-SAP 同步原语定义如何实现与协调器的同步，以及在失去同步时，如何向邻近高层报告。

7.1.15.1 MLME-SYNC.request

原语 MLME-SYNC.request 用于请求与协调器同步，通过获得和跟踪(要求时)协调器的信标实现。

7.1.15.1.1 服务原语语义

原语 MLME-SYNC.request 的语义如下：

```
MLME-SYNC.request        (
                          LogicalChannel,
                          ChannelPage,
                          TrackBeacon
                          )
```

表 62 描述了 MLME-SYNC.request 的参数。

表 62 MLME-SYNC. request 的参数

名称	类型	有效范围	描述
LogicalChannel	整型	选自 PHY 支持的可用逻辑信道	将在其上尝试协调器同步的逻辑信道
ChannelPage	整型	选自 PHY 支持的可用信道页(见 6.2.1)	将在其上尝试协调器同步的逻辑信道页
TrackBeacon	布尔型	TRUE 或 FALSE	如果 MLME 将与下一个信标同步，并尝试跟踪以后的信标，该参数为 TRUE。如果 MLME 只与下一个信标同步，该参数为 FALSE

7.1.15.1.2 原语使用

原语 MLME-SYNC. request 由有信标能力的 PAN 中的设备的邻近高层产生，并发布给其 MLME，用于与协调器同步。

7.1.15.1.3 收后效果

如果 MLME-SYNC. request 原语被有信标能力的 PAN 中的 MLME 接收到，该 MLME 将首先通过发布 PLME-SET. request 原语，把参数 phyChannelPage 和 phyCurrentChannel 分别更新为原语中参数 ChannelPage 和 LogicalChannel 的值。如果参数 TrackBeacon 为 TRUE，MLME 将跟踪信标，即在每个信标预期时间之前打开其接收机，使每个信标都能被处理。如果 TrackBeacon 为 FALSE，MLME 将定位信标，但不会继续跟踪。

如果正在跟踪信标时收到该原语，MLME 将不会丢弃该原语，而是将此原语当作一个新的同步请求。

如果在初始查找阶段或者后续跟踪阶段都无法正确定位信标，MLME 将发布原语 MLME-SYNC-LOSS. indication，其同步失去原因为 BEACON_LOST。

7.1.15.2 MLME-SYNC-LOSS. indication

原语 MLME-SYNC-LOSS. indication 表明与协调器失去同步。

7.1.15.2.1 服务原语语义

原语 MLME-SYNC-LOSS. indication 的语义如下：

```
MLME-SYNC-LOSS. indication    (
                              LossReason,
                              PANId,
                              LogicalChannel,
                              ChannelPage,
                              SecurityLevel,
                              KeyIdMode,
                              KeySource,
                              KeyIndex
                              )
```

表 63 规定了 MLME-SYNC-LOSS. indication 原语的参数。

表 63 MLME-SYNC-LOSS. indication 的参数

名称	类型	有效范围	描述
LossReason	枚举	PAN_ID_CONFLICT，REALIGNMENT 或 BEACON_LOST	失去同步的原因

表 63（续）

名称	类型	有效范围	描述
PANId	整型	0x0000～0xffff	设备与其失去同步的协调器或与其重新关联的协调器的 PAN 的标识
LogicalChannel	整型	选自 PHY 支持的可用逻辑信道(见 6.2.1)	设备在其上失去同步的或者重新关联的逻辑信道
ChannelPage	整型	选自 PHY 支持的可用逻辑信道页(见 6.2.1)	设备在其上失去同步的或者重新关联的逻辑信道页
SecurityLevel	整型	0x00～0x07	如果该原语是在设备失去同步之后由设备自己产生，或者是由 PAN 协调器在检测到 PAN ID 冲突之后由 PAN 协调器产生，安全级别为 0x00。 如果该原语是在接收到一个协调器重新关联命令或者 PAN ID 冲突通知命令后产生，该参数指示接收的 MAC 帧使用的安全级别(见表 89)
KeyIdMode	整型	0x00～0x03	如果该原语是由设备在失去同步后产生，或者由 PAN 协调器在检测到 PAN ID 冲突后产生，该参数被忽略。 如果该原语是在接收到一个协调器重新关联命令或者 PAN ID 冲突通知命令之后产生，该参数指示接收的帧的发起者使用的密钥方式(见表 89)。如果 SecurityLevel 参数为 0x00，该参数无效
KeySource	0、4 或 8 八位位组集	由参数 KeyIdMode 规定	如果该原语是由设备在失去同步后产生，或者由 PAN 协调器在检测到 PAN ID 冲突后产生，该参数被忽略。 如果该原语是在接收到一个协调器重新关联命令或者 PAN ID 冲突通知命令之后产生，该参数指示接收的帧的发起者使用的密钥来源(见 7.6.2.4.2)。如果 KeyIdMode 参数无效或者为 0x00，该参数无效
KeyIndex	整型	0x00～0xff	如果该原语是由设备在失去同步后产生，或者由 PAN 协调器在检测到 PAN ID 冲突后产生，该参数被忽略。 如果该原语是在接收到一个协调器重新关联命令或者 PAN ID 冲突通知命令之后产生，该参数指示接收的帧的发起者使用的密钥索引(见 7.6.2.4.3)。如果 KeyIdMode 参数无效或者为 0x00，该参数无效

7.1.15.2.2 产生条件

原语 MLME-SYNC-LOSS.indication 由设备的 MLME 在设备与协调器失去同步时产生，并向其邻近高层发布。也可以由 PAN 协调器的 MLME 在检测到 PAN ID 冲突时产生，并向其邻近高层发布。

如果与 PAN 协调器关联的设备检测到 PAN 标识符冲突，并且要通知给 PAN 协调器，则设备的

MLME 将发布该原语，并设置参数 LossReason 为 PAN_ID_CONFLICT。同样，如果 PAN 协调器接收到 PAN ID 冲突通知命令(见 7.3.5)，其 MLME 将发布该原语，并设置参数 LossReason 为 PAN_ID_CONFLICT。

如果设备接收到它与之关联的协调器发送的协调器重新关联命令(见 7.3.8)，并且设备的 MLME 不是正在进行孤立设备扫描，则设备的 MLME 将发布该原语，设置参数 LossReason 为 REALIGNMENT，并根据 7.5.2.3.3 的描述设置参数 PANId、LogicalChannel、ChannelPage 以及安全参数。

无论是在初始查找信标阶段还是在后续信标跟踪阶段，如果设备在发布 MLME-SYNC.request 原语之后的 aMaxLostBeacons 个连续超帧内，设备一直都没有监听到信标，设备的 MLME 将发布该原语，参数 LossReason 设置为 BEACON_LOST，参数 PANId、LogicalChannel 和 ChannelPage 须根据与之失去同步的协调器设置。SecurityLevel 参数须设置为零，参数 KeyIdMode、KeySource 和 KeyIndex 须被忽略。如果正在跟踪信标，MLME 将不再尝试跟踪信标。

7.1.15.2.3 原语使用

收到 MLME-SYNC-LOSS.indication 原语后，邻近高层就获知了失去同步的信息。

7.1.15.3 与协调器同步的消息序列图

图 34 描述的是设备与协调器同步的消息序列图。在图 34a)中只发布了一个同步请求。MLME 然后查找信标，如果找到，就判断协调器中是否有自己的数据等待处理。如果有，就按照 7.5.6.3 所描述的过程请求提取数据。在图 34b)中发布了跟踪同步请求。MLME 然后查找信标，如果找到，就通过定时器的方式尝试跟踪查找到的信标，该定时器刚好在下一个信标的预期时间前达到最大值并循环。

在图 34a)和图 34b)的例子中，接收到的信标帧均不包括有效负荷，并且 *macAutoRequest* 被设为 TRUE。收到信标帧后，设备的 MLME 还会检查协调器中是否有自己的数据等待处理。

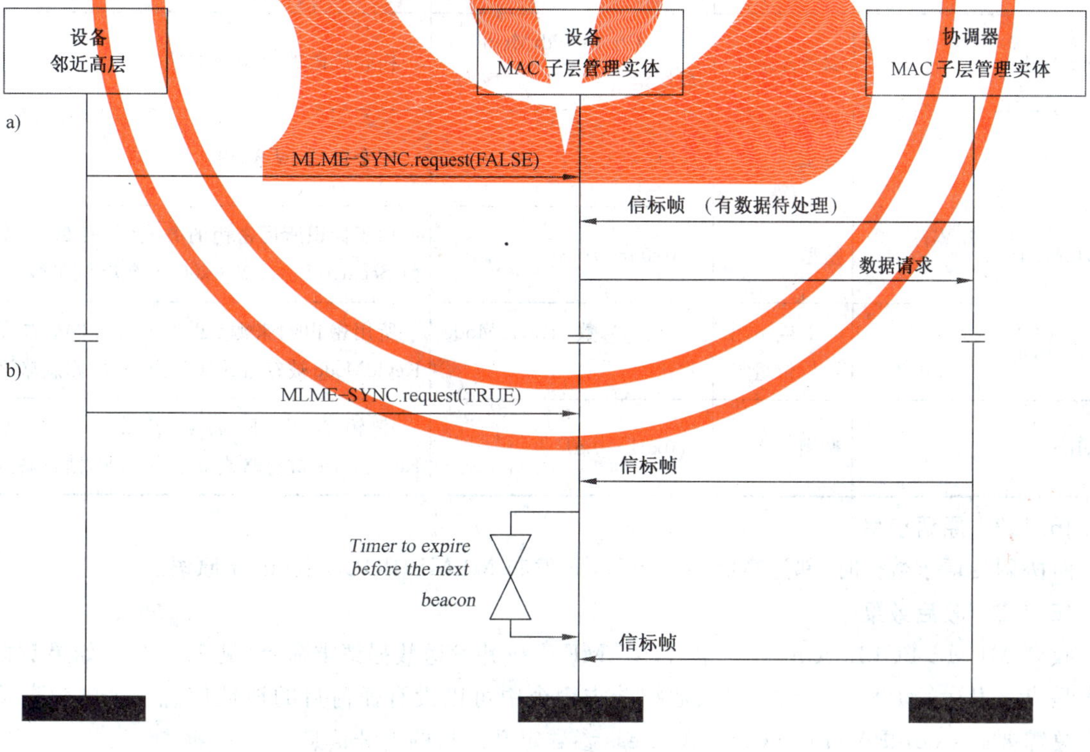

图 34 在有信标能力的 PAN 中与协调器同步的消息序列图

7.1.16 数据请求原语

MLME-SAP 数据请求原语定义设备向协调器请求数据的方式。

所有设备都为数据请求原语提供接口。

7.1.16.1 **MLME-POLL.request**

原语 MLME-POLL.request 促使设备从协调器请求数据。

7.1.16.1.1 **服务原语语义**

原语 MLME-POLL.request 的语义如下：

MLME-POLL.request (
CoordAddrMode,
CoordPANId,
CoordAddress,
SecurityLevel,
KeyIdMode,
KeySource,
KeyIndex
)

表 64 描述了 MLME-POLL.request 的参数。

表 64 MLME-POLL.request 的参数

名称	类型	有效范围	描述
CoordAddrMode	整型	0x02～0x03	接收原语的协调器的地址方式。取值如下： 0x02 表示 16 比特短地址； 0x03 表示 64 比特扩展地址
CoordPANId	整型	0x0000～0xfffe	接收原语的协调器的 PAN 标识符
CoordAddress	设备地址	由 CoordAddrMode 参数规定	接收原语的协调器的地址
SecurityLevel	整型	0x00～0x07	安全级别(见表 89)
KeyIdMode	整型	0x00～0x03	用于标识所用密钥的方式(见表 90)。如果参数 SecurityLevel 是 0x00,则忽略该参数
KeySource	0、4 或 8 个八位位组集	由参数 KeyIdMode 规定	所用密钥的来源(见 7.6.2.4.2)。如果参数 KeyIdMode 被忽略或被置为 0x00,则忽略该参数
KeyIndex	整型	0x01～0xff	密钥索引(见 7.6.2.4.3)。如果参数 KeyIdMode 被忽略或被置为 0x00,则忽略该参数

7.1.16.1.2 **原语使用**

向协调器请求数据时,邻近高层向其 MLME 发布 MLME-POLL.request 原语。

7.1.16.1.3 **收后效果**

收到 MLME-POLL.request 原语后,MLME 生成并发送数据请求命令(见 7.3.4)。如果数据请求命令是直接发送给 PAN 协调器,那么数据请求命令中可以没有任何目的地址信息。否则数据请求命令中总需要有 CoordPANId 和 CoordAddress 参数定义的目的地址信息。

如果参数 SecurityLevel 为不等于 0x00 的有效值,则指示该帧需要采用安全机制，MLME 将帧控制字段中的安全使能子字段设为 1。MAC 子层利用参数 CoordAddress、SecurityLevel、KeyIdMode、KeySource 和 KeyIndex 对帧进行流出处理,如 7.5.8.2.1 所述。如果流出帧处理过程中出现错误，

MLME 将丢弃该帧，并发布 MLME-POLL. confirm 原语，状态为流出帧处理过程返回的错误状态。

如果 CSMA-CA 算法失败而无法发送数据请求命令，MAC 子层会丢弃该帧，并发布原语 MLME-POLL. confirm，状态为 CHANNEL_ACCESS_FAILURE。

如果 MLME 成功发送数据请求命令，MLME 等待对方确认。如果没有收到确认，MLME 将发布 MLME-POLL. confirm 原语，状态为 NO_ACK。

如果收到对方确认，并且确认帧的帧待处理子字段为 1，MLME 将请求 PHY 打开接收机。如果确认帧的帧待处理子字段为 0，MLME 将发布 MLME-POLL. confirm 原语，状态为 NO_DATA。

如果来自协调器的帧有效负荷为 0，或帧为 MAC 命令帧，MLME 将发布 MLME-POLL. confirm 原语，状态为 NO_DATA。如果帧有效负荷非 0，MLME 将发布 MLME-POLL. confirm 原语，状态为 SUCCESS。这时，数据通过 MCPS-DATA. indication（见 7.1.1.3）原语发给邻近高层。

无论是有信标能力 PAN 还是不用信标能力 PAN，如果在 *macMaxTotalFrameWaitTime* 符号之内仍未收到数据帧，即时数据请求命令的确认帧的帧待处理子字段为 1，MLME 仍将发布原语 MLME-POLL. confirm，状态为 NO_DATA。

如果原语 MLME-POLL. request 中的参数设置不被支持或超出有效范围，MLME 将发布 MLME-POLL. confirm 原语，状态为 INVALID_PARAMETER。

7.1.16.2 MLME-POLL. confirm

原语 MLME-POLL. confirm 向协调器报告数据请求的结果。

7.1.16.2.1 服务原语语义

原语 MLME-POLL. confirm 的语义如下：

```
MLME-POLL. confirm      (
                         status
                         )
```

表 65 描述了 MLME-POLL. confirm 的参数。

7.1.16.2.2 产生条件

MLME 向邻近高层发布 MLME-POLL. confirm 原语以响应 MLME-POLL. request 原语。如果请求成功，参数 status 将为 SUCCESS，表明请求数据成功。否则参数的其他值表明有错误。参数的值见 7.1.16.1.3。

表 65 MLME-POLL. confirm 的参数

名称	类型	有效范围	描述
status	枚举	SUCCESS， CHANNEL_ACCESS_FAILURE， NO_ACK， NO_DATA， COUNTER_ERROR， FRAME_TOO_LONG， UNAVAILABLE_KEY， UNSUPPORTED_SECURITY 或 INVALID_PARAMETER	数据请求的状态

7.1.16.2.3 原语使用

邻近高层收到 MLME-POLL. confirm 原语后获知向协调器数据请求的状态。

7.1.16.3 从协调器请求数据的消息序列图

图 35 是设备向协调器请求数据的消息序列图，图中包括设备的层操作以及射频接口。

在图 35a)和图 35b)中，MLME 收到询问请求后，向协调器发送数据请求命令。在图 35a)部分，确认帧的帧待处理字段为 0，同时 MLME 立刻发布数据请求的确认。在图 35b)部分，确认帧的帧待处理字段为 1，MLME 打开接收机接收协调器发送的数据。收到数据帧后，MLME 会向邻近高层发布数据请求确认，同时上传收到的数据。

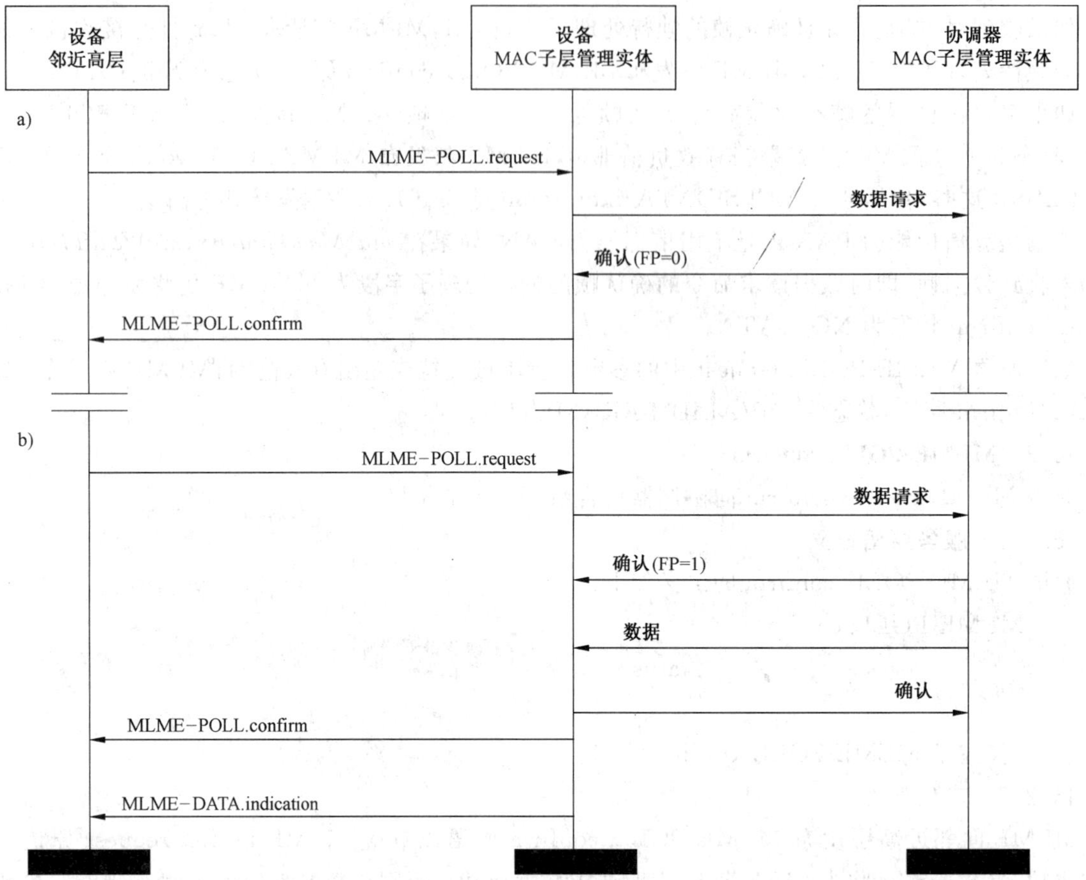

图 35 向协调器请求数据的消息序列图

7.1.17 鉴别原语

MLME-SAP 的鉴别原语定义设备与协调器关联过程中的鉴别过程。所有设备都应提供请求和确认鉴别原语接口。而指示和响应原语接口对 RFD 设备是可选的。

7.1.17.1 MLME-AUTHENTICATION. request

MLME-AUTHENTICATION. request 原语允许设备向协调器发起鉴别请求。

7.1.17.1.1 服务原语语义

MLME-AUTHENTICATION. request (
LogicalChannel,
ChannelPage,
CoordAddrMode,
CoordPANId,
CoordAddress,
CapabilityInformation,
AuthenticationSuite,
SecurityLevel,
KeyIdMode,

KeySource,
KeyIndex
)

表 66 描述了 MLME-AUTHENTICATION. request 原语的参数。

表 66 MLME-AUTHENTICATION. request 原语参数

名称	类型	范围	描述
LogicalChannel	整型	选自 PHY 支持的可用逻辑信道(见 6.2.1)	在此信道上进行鉴别
ChannelPage	整型	选自 PHY 支持的可用逻辑信道页(见 6.2.1)	在此信道页上进行鉴别
CoordAddrMode	整型	0x02～0x03	该原语和后续 MPDU 的协调器寻址方式。取值如下: 2 表示 16 比特短地址; 3 表示 64 比特扩展地址
CoordPANId	整型	0x0000～0xffff	所要鉴别的 PAN 的标识符
CoordAddress	设备地址	由 CoordAddrMode 规定	所要鉴别的协调器的地址
CapabilityInformation	位图	见 7.3.1.2	鉴别请求的设备的运作能力
AuthenticationSuite	整型	0x00～0x0f	存储上层指定的鉴别套件标识
SecurityLevel	整型	0x00～0x07	安全级别(见表 89)
KeyIdMode	整型	0x00～0x03	用于标识所用密钥的方式(见表 90)。如果参数 SecurityLevel 是 0x00,则忽略该参数
KeySource	0、4 或 8 个八位位组集	由参数 KeyIdMode 规定	所用密钥的来源(见 7.6.2.4.2)。如果参数 KeyIdMode 被忽略或被置为 0x00,则忽略该参数
KeyIndex	整型	0x01～0xff	密钥索引(见 7.6.2.4.3)。如果参数 KeyIdMode 被忽略或被置为 0x00,则忽略该参数

7.1.17.1.2 原语使用

未鉴别设备的邻近高层向其 MLME 发布原语 MLME-AUTHENTICATION. request,向协调器请求鉴别。在有信标能力的 PAN 中,如果设备希望通过协调器进行关联,MLME 需要在发布该原语之前跟踪协调器的信标,这是可选的。

7.1.17.1.3 收后效果

接收到 MLME-AUTHENTICATIN. request 原语,产生一个鉴别请求命令,开始鉴别过程,具体过程见 7.5.3.1 关联过程中的鉴别过程。

参数 SecurityLevel 指定了鉴别请求帧所要使用的安全级别。一般的,不应该对鉴别请求命令帧提供安全机制,但是,如果请求鉴别的设备和协调器之间共享一个密钥,就可以对鉴别请求命令提供安全机制。

如果参数 SecurityLevel 为一个非 0x00 的有效值,表明需要对该帧做安全处理,那么,MLME 就把帧控制域的安全使能子字段设为 1,MAC 子层就使用参数 CoordAddress,SecurityLevel,KeyIdMode,KeySource 以及 KeyIndex 来对帧进行帧流出处理(见 7.5.8.2)。如果帧流出处理中发生任何错误,MLME 就将丢弃该帧,并发送 MLME. AUTHENTICATION. confirm 原语,其状态为输出帧处理过程返回的错误状态。

如果用 CSMA-CA 算法竞争信道失败即信道忙,导致鉴别请求帧发送失败,MLME 将发送

MLME-AUTHENTICATION. confirm 原语，其状态为 CHANNEL_ACCESS_FAILURE。

如果 MLME 成功发送了鉴别请求命令，就等待对方确认。如果没有收到确认，MLME 就发送一个 MLME-ASSOCIATION. confirm 原语，其状态为 NO-ACK。

如果未鉴别设备的 MLME 成功接收了对它鉴别请求的确认，那么其 MLME 将等待对其鉴别请求的响应。如果 MLME 没有收到响应，它将发送 MLME-AUTHENTICATION. confirm 原语，其状态为 NO_DATA。

如果设备的 MLME 接收到来自协调器的鉴别响应命令帧，它将发送 MLME-AUTHENTICATION. confirm 原语，其状态与鉴别响应命令帧的鉴别状态字段内容一致(见 7.3.11.2)。

协调器的 MLME 在接收到鉴别请求命令之后，将按照鉴别请求命令帧中指示的鉴别套件开始执行鉴别过程。

如果原语 MLME-AUTHENTICATION. request 中的任何参数不被支持或者超出有效范围，MLME 将发布 MLME-AUTHENTICATION. confirm 原语，其状态为 INVALID_PARAMETER。

7.1.17.2 MLME-AUTHENTICATION. indication

MLME-AUTHENTICATION. indication 原语用来指示鉴别的结果。

7.1.17.2.1 服务原语的语义

MLME-AUTHENTICATION. indication 原语语义如下：

```
MLME-AUTHENTICATION. indication    (
                                   DeviceAddress,
                                   CapabilityInformation,
                                   AuthenticationSuite,
                                   AuthenticationResult
                                   )
```

表 67 详细说明了 MLME-AUTHENTICATION. indication 原语的参数。

表 67 MLME-AUTHENTICATION. indication 的参数

名称	类型	有效范围	描述
DeviceAddress	设备地址	扩展的 64 比特 IEEE 地址	鉴别请求设备的地址
CapabilityInformation	位图	见 7.3.1.2	鉴别设备的运作能力
AuthenticationSuite	整型	0x00～0x0f	鉴别请求设备选择的鉴别套件信息
AuthenticationResult	布尔型	TRUE 或者 FALSE	指示鉴别结果信息。鉴别通过，该值为 TRUE；否则，为 FALSE

7.1.17.2.2 产生条件

协调器的 MLME 发送原语 MLME-AUTHENTICATION. indication，向其邻近高层指示鉴别过程选择的鉴别套件信息和鉴别结果。

7.1.17.2.3 原语使用

协调器的邻近高层收到 MLME-AUTHENTICATION. indication 原语后，将获知鉴别请求设备选择的鉴别套件信息，然后根据 AuthenticationResult 信息，产生并向其 MLME 发布 MLME-AUTHENTICATION. response 原语。

协调器端要在鉴别套件定义的鉴别过程完成之后的 *macResponseWaitTime* 符号时间内，做出鉴别结果的响应。这个时间之后，请求鉴别的设备就尝试从协调器读取鉴别响应帧以确定鉴别是否成功，见 7.5.6.3。

7.1.17.3 **MLME-AUTHENTICATION. response**

MLME-AUTHENTICATION. response 原语用来发起对 MLME-AUTHENTICATION. indication 原语的响应。

7.1.17.3.1 **服务原语语义**

MLME-AUTHENTICATION. response 原语的语义如下：

```
MLME-AUTHENTICATION. response    (
                                  DeviceAddress,
                                  status,
                                  SecurityLevel,
                                  KeyIdMode
                                  KeySource
                                  KeyIndex
                                  )
```

表 68 详细说明了 MLME-AUTHENTICATION. response 原语的参数。

表 68 MLME-AUTHENTICATION. response 的参数

名称	类型	有效范围	描述
DeviceAddress	设备地址	扩展的 64 比特 IEEE 地址	请求鉴别的设备的地址
status	枚举	见 7.3.11.2	鉴别请求的状态
SecurityLevel	整型	0x00～0x07	安全级别(见表 89)
KeyIdMode	整型	0x00～0x03	用于标识所用密钥的方式(见表 90)。如果参数 SecurityLevel 是 0x00,则忽略该参数
KeySource	0、4 或 8 个八位位组集	由参数 KeyIdMode 规定	所用密钥的来源(见 7.6.2.4.2)。如果参数 KeyIdMode 被忽略或被置为 0x00,则忽略该参数
KeyIndex	整型	0x01～0xff	密钥索引(见 7.6.2.4.3)。如果参数 KeyIdMode 被忽略或被置为 0x00,则忽略该参数

7.1.17.3.2 **原语使用**

MLME-AUTHENTICATION. response 由协调器邻近高层产生,并发布给它的 MLME,响应 MLME-AUTHENTICATION. indication 原语。

7.1.17.3.3 **收后效果**

接收到 MLME-AUTHENTICAITON. response 原语后,协调器的 MLME 产生一个鉴别响应命令,并把该鉴别响应以间接的方式发送给请求鉴别的设备,即,把命令帧添加到协调器待处理的事务列表中,然后由设备判断后读取,见 7.5.6.3。

如果参数 SecurityLevel 为一个非 0x00 的有效值,表明需要对该帧进行安全处理,那么 MLME 将帧控制字段的安全使能子字段设为 1。MAC 子层使用参数 DeviceAddress,SecurityLevel,KeyIdMode,KeySource 以及 KeyIndex 对该帧进行帧流出处理(见 7.5.8.2.1)。如果帧流出处理中发生任何错误,那么 MLME 将丢弃该帧,并发送 MLME-COMM-STATUS. indication 原语,其参数为帧流出处理返回的错误状态。

接收到 MLME-AUTHENTICATION. response 原语之后,协调器把原语中包含的信息添加到其待处理的事务列表中。如果没有足够的空间来存储该事务,MAC 子层将丢弃该帧,并发送 MLME-COMM-STATUS. indication 原语,其状态为 TRANSACTION_OVERFLOW。如果有足够的空间,协调器将这些信息添加到其事务列表中。如果该事务在鉴别套件定义的鉴别过程完成之后的 *macTransactionPersistenceTime* 时间内没有被处理,该事务信息将被丢弃,并且 MAC 子层将发送 MLME-COMM-STATUS. indication 原语,其状态为 TRANSACTINO_EXPIRED。事务处理过程见 7.5.5。

如果鉴别响应帧被成功传递,并且也收到了确认信息(如果需要),MAC 子层将发送 MLME-COMM-STATUS. indication 原语,其状态为 SUCCESS。

如果 MLME-AUTHENTICATION. response 原语的任何参数不被支持或超出有效范围,MAC 子层将发送 MLME-COMM-STATUS 原语,其状态为 INVALID_PARAMETER。

7.1.17.4 MLME-AUTHENTICATION. confirm

MLME-AUTHENTICATION. confirm 原语用来通知源设备的邻近高层鉴别请求结果。

7.1.17.4.1 服务原语语义

MLME-ASSOCIATE. confirm 原语的语义如下:

```
MLME-AUTHENTICATION. confirm    (
                                status,
                                SecurityLevel,
                                KeyIdMode,
                                KeySource,
                                KeyIndex
                                )
```

表 69 详细描述了 MLME-AUTHENTICATION. confirm 原语的参数。

表 69 MLME-AUTHENTICATION. confirm 的参数

名称	类型	有效范围	描述
status	枚举	鉴别响应命令帧状态字段的值:(见 7.3.11.2), SUCCESS, CHANNEL_ACCESS_FAILURE, NO_ACK, NO_DATA, COUNTER_ERROR, FRAME_TOO_LONG, IMPROPER_KEY_TYPE, IMPROPER_SECURITY_LEVEL, SECURITY_ERROR, UNAVAILABLE_KEY, UNSUPPORTED_LEGACY, UNSUPPORTED_SECURITY, INVALID_PARAMETER	鉴别请求的状态
SecurityLevel	整型	0x00～0x07	安全级别(见表 89)
KeyIdMode	整型	0x00～0x03	用于标识所用密钥的方式(见表 90)。如果参数 SecurityLevel 是 0x00,则忽略该参数

表 69（续）

名称	类型	有效范围	描述
KeySource	0、4 或 8 个八位位组集	由参数 KeyIdMode 规定	所用密钥的来源(见 7.6.2.4.2)。如果参数 KeyIdMode 被忽略或被置为 0x00,则忽略该参数
KeyIndex	整型	0x01～0xff	密钥索引(见 7.6.2.4.3)。如果参数 KeyIdMode 被忽略或被置为 0x00,则忽略该参数

7.1.17.4.2　**产生条件**

MLME-AUTHENTICATION.confirm 原语由鉴别发起设备的 MLME 产生,并发布给其邻近高层以响应 MLME-AUTHENTICATION.request 原语。如果响应是成功的,那么状态参数就标识一个成功的鉴别,该状态包含在鉴别响应命令帧的状态字段中;否则,状态参数标识接收的鉴别响应命令帧返回的错误码,或者包含表 69 中的鉴别错误码。状态值的完整描述见 7.1.17.1.3。

7.1.17.4.3　**原语使用**

接收到 MLME-AUTHENTICATION.confirm 原语之后,鉴别发起设备的邻近高层就获知了来自协调器的鉴别结果。如果鉴别请求成功,状态参数将标识鉴别成功,该状态包含在鉴别响应命令帧的状态字段中;否则,状态参数就标识错误。

7.1.17.4.4　**鉴别消息序列图**

鉴别消息序列图见图 36。

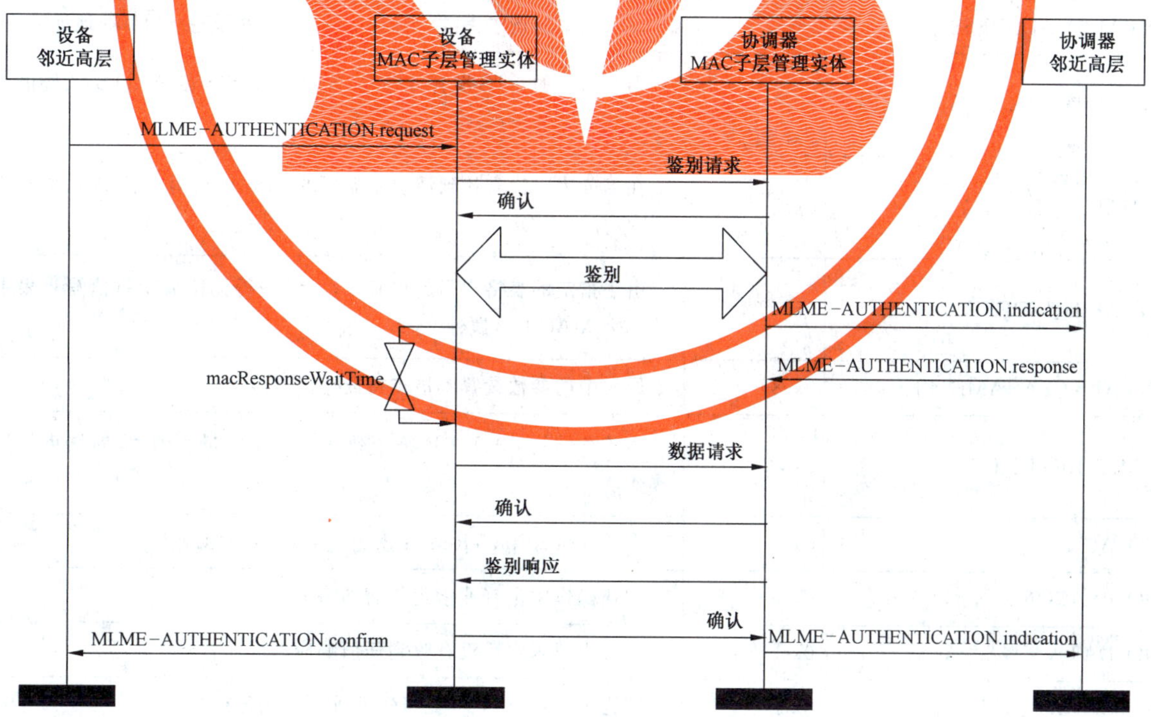

图 36　鉴别消息序列图

7.1.18　**枚举型参数**

本条详细描述在 MAC 子层定义的原语中使用到的枚举参数。表 70 描述了 MAC 层定义的枚举型参数值的含义。

表 70　MAC 枚举型参数值的含义

名称	取值	描述
SUCCESS	0x00	请求的操作成功完成。对于一个传输请求，该值显示传输成功
—	0x01～0xda，0xfe～0xff	为 MAC 命令状态和原因代码值保留
—	0x80～0xdf	保留
BEACON_LOSS	0xe0	请求同步后丢失信标
CHANNEL_ACCESS_FAILURE	0xe1	由于信道忙，无法进行传输，例如 CSMA-CA 算法失败
COUNTER_ERROR	0xdb	发送帧的设备所使用的帧计数器无效
DENIED	0xe2	PAN 协调器拒绝 GTS 请求
DISABLE_TRX_FAILURE	0xe3	关闭收发器的请求失败
FRAME_TOO_LONG	0xe5	处理后帧长度超过 *aMaxPHYPacketSize* 或者请求的传输事务太大而不适合在 CAP 或 GTS 中进行
IMPROPER_KEY_TYPE	0xdc	由于接收者的密钥使用策略，使得不能对接收的帧使用发送者的密钥
IMPROPER_SECURITY_LEVEL	0xdd	发送者采用的安全级别不满足接收端对接收帧所要求的最小安全级别
INVALID_ADDRESS	0xf5	发送数据的请求失败，且原因不在于缺少源地址和目的地址
INVALID_GTS	0xe6	因为指定的 GTS 没有传输 GTS 的方向，或未定义 GTS，致使请求的 GTS 传输失败
INVALID_HANDLE	0xe7	在事务表中没有找到请求所需要的 MSDU 句柄，就请求从事务队列中清除 MSDU
INVALID_INDEX	0xf9	由于指定的表格索引超出有效范围，使得无法成功将值写入表中的一个 MAC PIB 属性
INVALID_PARAMETER	0xe8	原语中的参数设置不被支持或超出有效范围
LIMIT_REACHED	0xfa	由于存储的 PAN 描述符个数达到指定的最大值，提前结束扫描操作
NO_ACK	0xe9	在 macMaxFrameRetries 次重发后，仍未收到确认
NO_BEACON	0xea	扫描操作中没有搜索到任何网络信标
NO_DATA	0xeb	在发出请求之后没有收到任何响应
NO_SHORT_ADDRESS	0xec	因为没有分配到 16 比特短地址而无法进行操作
ON_TIME_TOO_LONG	0xf6	因为指定的符号个数大于信标间隔，造成打开接收机的请求失败
OUT_OF_CAP	0xed	由于打开接收机的请求无法在 CAP 内完成，致使请求失败
PAN_ID_CONFLICT	0xee	检测到 PAN 标识符冲突，并通知 PAN 协调器

表 70（续）

名称	取值	描述
PAST_TIME	0xf7	因为无法在当前超帧完成，且不允许推迟到下一个超帧，使得打开接收机的请求失败
READ_ONLY	0xfb	标识属性设置为只读的 SET/GET(写或读)请求
REALIGNMENT	0xef	收到协调器重关联命令
SCAN_IN_PROGRESS	0xfc	由于 MLME 还在执行先前发起的操作，使得扫描请求失败
SECURITY_ERROR	0xe4	对接收的安全帧加密失败
SUPERFRAME_OVERLAP	0xfd	基于协调器的计时器，通知设备开始发送信标帧，但传输时间和协调器的传输时间重叠
TRACKING_OFF	0xf8	基于协调器的计时器，通知设备开始发送信标帧，但设备当前并没有跟踪协调器的信标
TRANSACTION_EXPIRED	0xf0	事务停止，相应信息被丢弃
TRANSACTION_OVERFLOW	0xf1	没有足够空间存储事务
TX_ACTIVE	0xf2	接收帧的发起者所用的密钥是不可获得的。若可以获得，则接收帧的发起者是不可知的，或是被列入黑名单的
UNAVAILABLE_KEY	0xf3	发布的读或写请求中含有不被支持的 PIB 属性的标识
UNSUPPORTED_ATTRIBUTE	0xf4	接收帧所用的安全处理不被支持
UNSUPPORTED_LEGACY	0xde	接收帧的发起者所用的安全处理不被支持
UNSUPPORTED_SECURITY	0xdf	接收帧的发起者所用的密钥是不可获得的。若可以获得，则接收帧的发起者是不可知的，或是被列入黑名单的

7.2 MAC 帧格式

本条详细描述了 MAC 帧(MPDU)的格式。每个 MAC 帧包括以下几个基本组成：

a) 帧头，包括帧控制信息、帧序列号、地址信息和安全信息；

b) 有效负荷，长度可变，具体内容由帧类型决定。确认帧不包含有效负荷；

c) 帧尾，含有校验序列 FCS。

MAC 帧是一系列字段的特定排列。所有帧的格式都是按照 PHY 的发送顺序进行描述，从左到右，最左边的首先发送。在每个字段中，比特位从 0(最左边、最低位)到 k-1(最右边、最高位)编号，总长度为 k 比特。对于长度大于 1 个八位位组的字段，发送给 PHY 时，按照从小到大的八位位组编号进行。

对于所有帧中的保留位，发送时设为 0，接收时则忽略。

7.2.1 MAC 帧的通用格式

每个 MAC 帧格式都由帧头、有效负荷和帧尾 3 部分组成。其中帧头具有固定的字段排列顺序，但并不是所有的帧都包含地址字段。MAC 帧的一般格式如图 37 所示。

7.2.1.1 帧控制字段

帧控制字段长度为 2 个八位位组，包含的信息有帧类型、地址信息和其他控制标记。帧控制字段格式图 38。

7.2.1.1.1 帧类型子字段

帧类型子字段长度为 3 比特，设置见表 71。

<table>
<tr><td>八位位组:2</td><td>1</td><td>0/2</td><td>0/2/8</td><td>0/2</td><td>0/2/8</td><td>0/5/6/10/14</td><td>可变</td><td>2</td></tr>
<tr><td rowspan="2">帧控制信息</td><td rowspan="2">帧序列号</td><td>目的设备PAN标识符</td><td>目的地址</td><td>源设备PAN标识符</td><td>源设备地址</td><td>辅助安全头</td><td rowspan="2">帧有效负荷</td><td rowspan="2">FCS校验码</td></tr>
<tr><td colspan="5">地址信息</td></tr>
<tr><td colspan="7">帧头</td><td>MAC有效负荷</td><td>帧尾</td></tr>
</table>

图 37　MAC 帧的通用格式

比特:0～2	3	4	5	6	7～9	10～11	12～13	14～15
帧类型	安全使能	帧待处理	Ack 请求	PAN ID 的压缩	保留	目的地址方式	帧版本	源地址方式

图 38　帧控制字段格式

表 71　帧类型子字段的设置

帧类型值 b_2 b_1 b_0	描述
000	信标
001	数据
010	确认
011	MAC 命令
100～111	保留

7.2.1.1.2　安全使能子字段

安全使能子字段长度为 1 比特,若帧受到 MAC 子层的保护,则设为 1,否则设为 0。仅当设为1 时,MHR 的辅助安全头才存在。

7.2.1.1.3　帧待处理子字段

帧待处理子字段长度为 1 比特,若当前帧发送完后设备还有数据发送给接收方,则该子字段设为 1,否则就设为 0(见 7.5.6.3)。

仅当是信标帧,或是在有信标能力 PAN 中 CAP 时段的发送帧,或是在不用信标能力 PAN 中任意时刻的发送帧时,该子字段才启用。

在其他情况下,发送时将该子字段设为 0,接收时忽略。

7.2.1.1.4　确认请求子字段

确认请求子字段长度为 1 个比特,它定义了当接收设备收到数据帧或 MAC 命令帧时,是否需要回复确认帧。如果设为 1,仅当接收到的帧通过第 3 层过滤(见 7.5.6.2)时接收设备才发送确认帧;如果设为 0,接收设备将不会发送确认帧。

7.2.1.1.5　PAN ID 压缩子字段

PAN ID 压缩子字段长度为 1 比特,它定义了当 MAC 帧中同时含有源地址和目标地址时,却只有一个 PAN 标识符信息的情况下,是否发送 MAC 帧。如果该子字段为 1,且目的地址和源地址都存在,则帧中将只包含目的 PAN 标识符信息,且认为源 PAN 标识符和目的 PAN 标识符相同。如果为 0,且目的地址和源地址都存在,帧将同时包含目的和源 PAN 标识符信息。如果仅有一个地址存在,将设为 0,帧将含有和地址相应的 PAN 标识符。如果帧中不含有地址信息,该子字段设为 0,帧就不含有 PAN 标识符。

7.2.1.1.6　目的地址方式子字段

目的地址方式子字段长度为 2 比特,设置(非保留值)见表 72。

如果该子字段为 0,且帧类型子字段也没定义帧是确认帧还是信标帧,源地址方式子字段将为非 0,意味着帧是直接发给 PAN 协调器的,同时携带有 PAN 标识符(由源 PAN 标识符字段定义)。

表 72　目的地址和源地址方式的可能取值

地方式值 b_1 b_0	描述
00	PAN 标识和地址字段都不存在
01	保留
10	地址字段包含 16 比特短地址
11	地址字段包含 64 比特扩展地址

7.2.1.1.7　帧版本子字段

帧版本子字段长度为 2 比特，它定义了帧所对应的版本号。

当设为 0x00，则表明该帧和标准 IEEE 802.15.4b：2006 兼容，若设为 0x01，则是一个中国标准版本的提高版。其他值则是保留的。帧的兼容性见 7.2.3。

7.2.1.1.8　源地址方式子字段

源地址方式子字段长度为 2 比特，设置见表 72。

如果该子字段为 0，且帧类型子字段没有定义该帧是确认帧，目的地址方式子字段将为非 0，意味着该帧是 PAN 协调器发送的，同时包含 PAN 标识（由目的 PAN 标识符字段定义）。

7.2.1.2　序列号字段

序列号字段长度为 1 个八位位组，它定义了帧的序列标识。

对于信标帧，帧序列号字段定义的是信标帧序列号（BSN）。对于数据帧、确认帧或者 MAC 命令帧，序列号字段将定义的是数据序列号（DSN），用于判断确认帧对应于数据帧或 MAC 命令帧。

7.2.1.3　目的 PAN 标识符字段

如果帧中有目的 PAN 标识符字段，它有 2 个八位位组，定义了预期接收帧设备的唯一的 PAN 标识符。如果设为 0xffff，则表示广播 PAN 标识，所有正在听信道的设备将认为这是一个有效的 PAN 标识符。

仅当帧控制字段的目的地址方式非 0 时，MAC 帧才包含该字段。

7.2.1.4　目的地址字段

如果存在，目的地址字段的长度为 2 或 8 个八位位组，具体长度由帧控制字段（见 7.2.1.1.6）的目的地址方式子字段的值决定，定义了帧接收设备的地址。如果设为 16 比特的 0xffff，表示是广播短地址，所有正在侦听信道的设备认为这是一个有效的 16 比特短地址。

仅当帧控制字段的目的地址方式子字段非 0 时，MAC 帧才包含该字段。

7.2.1.5　源 PAN 标识符字段

如果存在，源 PAN 标识字段长度为 2 个八位位组，定义了帧发送端的唯一的 PAN 标识符。仅当帧控制字段的目的地址方式子字段非零，且 PAN ID 压缩子字段为 0 时，MAC 帧才包含该字段。

在关联一个 PAN 时设备的 PAN 标识符是确定的，但可以在 PAN 标识冲突解决过程中发生改变（见 7.5.2.2）。

7.2.1.6　源地址字段

如果存在，源地址字段长度为 2 或 8 个八位位组，具体长度由帧控制字段（见 7.2.1.1.8）的目的地址方式决定，定义了发送端设备的地址。

仅当帧控制字段的源地址方式子字段非 0 时，MAC 帧才包含该字段。

7.2.1.7　辅助安全头字段

辅助安全头字段长度可变，定义了安全处理需要的信息，包括帧如何被保护（安全级别）以及从 MAC 安全 PIB 中选择哪种密钥材料（见 7.6.1）。仅当安全使能子字段为 1 时，该字段才存在。

7.2.1.8　帧有效负荷字段

帧有效负荷字段长度可变，包括了独立帧类型的相关信息。如果安全使能子字段为 1 时，帧有效负荷被保护。

7.2.1.9 **FCS字段**

FCS字段长度为2个八位位组,包含16比特ITU-T CRC,是通过计算帧头和MAC有效负荷得到的。FCS是通过16位标准生成多项式计算而得:

$$G_{16}(x)=x^{16}+x^{12}+x^{5}+1$$

传输前需要计算FCS,算法如下:

——用多项式 $M(x)=b_0x^{k-1}+b_1x^{k-2}+\cdots+b_{k-2}x+b_{k-1}$ 表示需要进行运算的比特序列。

——将 $M(x)$ 式乘以 x^{16},得到多项式 $x^{16}\times M(x)$。

——$x^{16}\times M(x)$ 被生成多项式 $G_{16}(x)$ 模2除,得到余子式。

$$R(x)=r_0x^{15}+r_1x^{14}+K+r_{14}x+r_{15}$$

——FCS字段取余子式 $R(x)$ 的各项系数。

其中,二进制多项式就代表字符串,多项式的最高位是字符串的第1位。

以一个确认帧为例,其中含有3个八位位组的帧头,不含有效负荷:

0100 0000 0000 0000 0101 0110　　［最左边比特位(b_0)首先被传输］

b_0…………………………………………b_{23}

这时,FCS将按如下进行:

0010 0111 1001 1110

r_0……………………………r_{15}　［最左边比特位(r_0)首先被传输］

典型计算过程如图39所示。

CRC-16生成多项式:$G(x)=x^{16}+x^{12}+x^{5}+1$

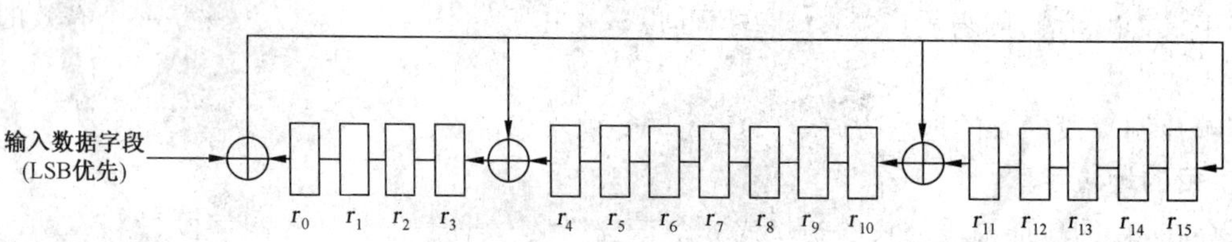

图39 FCS的典型计算过程

a) 将余子式寄存器(从 r_0 到 r_{15})初始化为0;

b) 按照传输的顺序(LSB先发送)将帧头和有效负荷移位;

c) 当数据字段的最后一位移到除法器,余子式寄存器中数值即为FCS;

d) FCS加到数据字段中,故首先发送 r_0。

7.2.2 **4种类型的帧格式**

定义了4种类型的帧:信标帧、数据帧、确认帧和MAC命令帧。

7.2.2.1 **信标帧格式**

信标帧格式见图40所示。

八位位组:2	1	4/10	0/5/6/10/14	2	可变	可变	可变	2
帧控制	序列号	地址信息字段	辅助安全头	超帧定义	GTS字段(图41)	待处理地址字段(见图42)	信标有效负荷	FCS
MHR				MAC有效负荷				MFR

图40 信标帧格式

GTS 字段的格式见图 41,待处理地址字段的格式见图 42。

八位位组:1	0/1	可变
GTS 规范	GTS 方向	GTS 列表

图 41 GTS 字段的格式

八位位组:1	可变
待处理地址定义	地址列表

图 42 待处理地址字段的格式

信标帧各个子字段的顺序和 MAC 帧的一般格式相同。

7.2.2.1.1 信标帧的 MHR 字段

信标帧的 MHR 包括帧控制、帧序列号、源 PAN 标识符和源地址。

在帧控制字段中,帧类型子字段的设置指示为信标帧(见表 71),源地址方式子字段设为发送信标帧的协调器的地址。如果要保护信标帧,安全使能子字段设为 1。只有当安全使能子字段设为 1 时,帧版本子字段设为 1。如果协调器中有待处理的广播数据帧或命令帧,帧待处理子字段将设为 1。其他子字段将设为 0,接收时忽略。

序列号字段包含了 *macBSN* 的当前值。

地址字段仅包含源地址。源 PAN 标识符和源地址字段将分别包含信标发送设备的 PAN 标识符和地址。

如果存在,辅助安全头包含信标帧安全处理的信息,见 7.2.1.7。

7.2.2.1.2 超帧规范字段

超帧规范字段长度为 16bit,格式见图 43。

单位为比特

0～3	4～7	8～11	12	13	14	15
信标顺序	超帧顺序	CAP 的最后一个时隙	电池寿命扩展(BLE)	保留	PAN 协调器	关联许可

图 43 超帧定义字段的格式

信标顺序子字段长度为 4bit,定义信标的传输间隔。在 7.5.1.1 阐述了信标顺序和信标间隔的关系。

超帧顺序子字段长度为 4bit,定义超帧处于活跃(例如,接收机处于使能状态)状态的时间,其中包括信标帧发送时间。超帧指数和超帧长度的关系见 7.5.1.1。

CAP 的最后一个时隙子字段长度为 4bit,定义 CAP 最后一个可用时隙,同时表明,CAP 的长度必须大于或等于 *aMinCAPLength* 规定的值。例外情况是,为了维护 GTS 需要暂时增加信标帧的长度,这会导致 CAP 长度缩短。

电池寿命扩展(BLE)子字段长度为 1bit。如果在 CAP 期间有帧发向信标设备,并要求在收到信标后的 IFS 之后的 *macBattLifeExtPeriods* 个退避时隙内或之前开始发送,该子字段设为 1,否则设为 0。

PAN 协调器子字段长度为 1bit,如果 PAN 协调器正在发送信标帧,该子字段设为 1,否则设为 0。

关联许可子字段长度为 1bit,如果参数 *macAssociationPermit* 设为 TRUE(例如,协调器正在接收与 PAN 关联的请求),该子字段设为 1。如果协调器当前关联请求,就设为 0。

7.2.2.1.3 GTS 规范字段

GTS 规范字段长度为 8bit,其格式见图 44。

单位为比特

0~2	3	4	5~6	7
GTS 描述符个数	鉴别需求	未经鉴别许可	保留	GTS 许可

图 44 GTS 规格字段的格式

GTS 描述符个数子字段长度为 3 个八位位组,记录了信标帧的 GTS 列表中 3 个八位位组 GTS 描述符的个数。如果值大于 0,则使信标帧长度增加,此时允许 CAP 的长度略小于 aMinCAPLength。如果该子字段数值为 0,信标帧将不包含 GTS 方向和 GTS 列表。

鉴别需求子字段 1bit,如果 *macAuthenticationNeed* 设为 TRUE,就设为 1,否则设为 0。

未经鉴别许可子字段 1bit,如果 *macUnAuthenPermit* 设为 TRUE,就设为 1,否则设为 0。

GTS 许可子字段长度为 1bit,如果 *macGTSPermit* 设为 TRUE(例如,PAN 协调器正在接收 GTS 请求),就设为 1,否则为 0。

7.2.2.1.4 GTS 方向字段

GTS 方向字段长度为 8 个把位位组,其格式见图 45。

单位为比特

0~6	7
GTS 方向标识	保留

图 45 GTS 方向的格式

GTS 方向标识子字段长度为 7 个八位字组,包含超帧中 GTS 方向的标识。标识的最低位对应着信标帧 GTS 列表字段中第一个 GTS 的方向,并以此类推。如果一个 GTS 只是接收 GTS,则每一个标识位都为 1,如果一个 GTS 只是发送 GTS 则都为 0。GTS 方向由设备传输数据帧的方向所决定。

7.2.2.1.5 GTS 列表字段

GTS 列表字段的大小由信标帧中 GTS 规范字段的数值决定。GTS 列表包含的是 GTS 描述符,每一个描述符代表被维护的 GTS。列表中描述符的个数至多是 7。

每个 GTS 描述符有 24bit,其格式见图 46。

单位为比特

0~15	16~19	20~23
设备短地址	GTS 起始时隙	GTS 长度

图 46 GTS 描述符的格式

设备短地址子字段长度为 16bit,是分配到 GTS 描述符的设备的短地址。

GTS 起始时隙子字段长度为 4bit,包含了该 GTS 起始的超帧时隙。

GTS 长度子字段长度为 4bit,包含了该 GTS 占用的超帧时隙数。

7.2.2.1.6 待处理地址规范字段

待处理地址规范字段的格式见图 47。

单位为比特

0~2	3	4~6	7
待处理短地址个数	保留	待处理扩展地址个数	保留

图 47 待处理地址规范字段的格式

待处理短地址的个数有 3bit,指示了信标帧地址列表中的 16bit 短地址的个数。

待处理扩展地址个数有 3bit,指示了信标帧地址列表中的 64bit 扩展地址的个数。

7.2.2.1.7 地址列表字段

地址列表字段的大小由信标帧待处理地址规范字段中的数值决定,包含了在协调器中有待处理数据的所有设备的地址列表。地址列表不包括广播短地址 0xffff。

待处理地址最多7个，也可能同时包括设备的短地址或扩展地址。列表中扩展地址紧跟在短地址后面。如果协调器能保存7个以上的事务，按照先到先服务的原则进行处理，以确保信标中最多包含7个地址。

7.2.2.1.8 **信标有效负荷字段**

信标有效负荷字段可选，长度可变，最多可达 *macBeaconPayloadLength* 个八位位组。具体内容由相邻高层定义。macBeaconPayload 中包含的八位位组集将复制到该字段中。

支持鉴别的协调器，需要在其信标有效负荷中包含鉴别套件字段。鉴别套件字段格式，见图48。

比特:4	比特:4	…	比特:4	比特:4
鉴别套件数目	鉴别套件1	…	鉴别套件 *n*	推荐鉴别套件

图48 鉴别套件字段格式

鉴别套件数目字段长度为4个八位位组，指示发送信标帧的协调器所能支持的鉴别套件的数目。

鉴别套件1到鉴别套件 *n* 字段，分别列出协调器所支持的所有鉴别套件的标识。鉴别套件标识见表73。

推荐鉴别套件字段，指示协调器推荐使用的鉴别套件标识。

表73给出了本标准推荐的所有鉴别套件及对应的鉴别套件标识。

表73 鉴别套件

鉴别套件标识符	鉴别套件描述	鉴别套件标识符	鉴别套件描述
0000	SPAP	0010	PAPTED
0001	IPAP	0011~1111	保留

7.2.2.2 **数据帧格式**

数据帧格式见图49。

八位位组:2	1	(见7.2.2.2.1)	0/5/6/10/14	可变	2
帧控制	序列号	地址字段	辅助安全头	数据有效负荷	FCS
MHR				MAC有效负荷	MFR

图49 数据帧格式

数据帧各字段的顺序和一般的MAC帧顺序相同。

7.2.2.2.1 **数据帧MHR字段**

数据帧的帧头包括帧控制信息、序列号、目的PAN标识符/地址信息、和/或源PAN标识符/地址信息。

在帧控制字段中，帧类型子字段的数值指示为数据帧(见表71)。如果数据需要保护，安全使能子字段将设为1。只有当安全使能子字段设为1，或MAC有效负荷大于aMaxMACSafePayloadSize，帧版本子号就设为1。其他所有子字段的设置则根据数据帧的使用目的进行合理设置。保留字段将设为0，接收时忽略。

序列号的值为macBSN当前值。

地址字段包含目的地址字段和/或源地址字段，决定于帧控制字段的设置。

如果存在，辅助安全头包含数据帧安全处理所需的信息(见7.2.1.7)。

7.2.2.2.2 **数据有效负荷字段**

数据帧的有效负荷是邻近高层请求MAC子层发送的八位位组序列。

7.2.2.3 **确认帧格式**

确认帧格式如图50所示。

八位位组:2	1	2
帧控制	序列号	FCS
MHR		MFR

图 50　确认帧格式

确认帧中各字段的顺序和 MAC 帧的一般顺序一致,见图 37。

7.2.2.3.1　确认帧 MHR 字段

确认帧的 MHR 只包括帧控制信息和帧序列号。

在帧控制字段中,帧类型子字段的数值指示该帧为确认帧(见表 71)。如果是响应已接收的数据请求命令,设备将发送确认帧并判断是否有待处理的数据。如果在发送确认帧之前能做出判断(见 7.5.6.4.2),设备就根据判断来设置帧待处理子字段,否则帧待处理子字段设为 1。如果为了响应数据帧或 MAC 命令帧,设备将帧待处理子字段设为 0。

其他子字段将设为 0,接收时忽略。

如果设备收到需要发送确认帧的帧,确认帧的序列号为接收帧的序列号。

7.2.2.4　MAC 命令帧格式

MAC 命令帧格式参见图 51。

八位位组:2	1	(见 7.2.2.4.1)	0/5/6/10/14	1	可变	2
帧控制	序列号	地址	辅助安全头	命令帧标识	命令有效负荷	FCS
MHR				MAC 有效负荷		MFR

图 51　MAC 命令帧格式

MAC 命令帧各个字段的顺序和 MAC 层一般帧一致。

7.2.2.4.1　MAC 命令帧 MHR 字段

MAC 命令帧的 MHR 包括帧控制、序列号、目的 PAN 标识符/地址,和/或源 PAN 标识符/地址。

在帧控制字段中,帧类型子字段的数值指示为 MAC 命令帧(见表 71),如果该帧需要保护,帧控制字段的安全使能子字段将设为 1,对应的安全处理见 7.5.8.1.3。否则设为 0。

其他所有子字段的设置则要根据 MAC 命令帧的使用目的。保留字段将设为 0,接收时忽略。

序列号为 macBSN 当前值。

地址字段包含目的地址和/或源地址,这取决于帧控制字段的设置。

如果存在辅助安全头,包含 MAC 命令帧安全处理所需信息,见 7.2.1.7。

7.2.2.4.2　命令帧标识符字段

命令帧标识符字段标识了正在使用的 MAC 命令帧。设置值见表 75 列出的非保留值。

7.2.2.4.3　命令有效负荷字段

命令有效负荷字段包含相应的 MAC 命令。每个命令的格式详见 7.3。

7.2.3　帧兼容性

本部分规定的非安全帧和 IEEE 802.15.4:2006 的非安全帧是兼容的。但有两个例外:含有信道页的协调器重关联命令帧(见 7.3.8)和 MAC 有效负荷大于 *aMaxMACSafePayloadSize* 的所有帧。

表 74　与 IEEE 802.15.4:2003 的帧兼容性

帧控制域比特设置		功　能
安全使能 b_3	帧版本　$b_{13}b_{12}$	
0	00	适用于 IEEE 802.15.4:2003 和 IEEE P802.15.4REVb/D5 的非安全帧

表 74（续）

帧控制域比特设置		功　能
安全使能 b_3	帧版本　$b_{13}b_{12}$	
0	01	不适用于 IEEE 802.15.4:2003 和 IEEE P802.15.4REVb/D5 的非安全帧
1	00	IEEE 802.15.4:2003 格式的安全帧。IEEE P802.15.4REVb/D5 不支持该类型帧
1	01	IEEE P802.15.4REVb/D5 格式的安全帧

7.3　MAC 命令帧

MAC 子层定义的命令帧见表 75。FFD 可以传输和接收所有类型的命令帧，例外情况是 GTS 请求命令。RFD 能传输和接收的命令帧会有一定的限制，见表中有 X 的命令帧。在有信标能力 PAN 中，只能在 CAP 时段发送 MAC 命令帧，而在不用信标能力 PAN 中任何时刻都可以。

7.3.1～7.3.12 阐述了 MLME 如何构造各命令帧，MAC 命令帧的接收则要遵循 7.5.6.2 所述规则。

表 75　MAC 命令帧

命令帧标识符	命令名称	RFD		章条号
		Tx	Rx	
0x01	关联请求	X		7.3.1
0x02	关联响应		X	7.3.2
0x03	解关联通知	X	X	7.3.3
0x04	数据请求	X		7.3.4
0x05	PAN ID 冲突通知	X		7.3.5
0x06	孤立设备通知	X		7.3.6
0x07	信标请求			7.3.7
0x08	协调器重关联		X	7.3.8
0x09	GTS 请求			7.3.9
0x0a	鉴别请求	X		7.3.10
0x0b	鉴别响应		X	7.3.11
0x0c	鉴别通用命令	X	X	7.3.12
0x0d～0xff	保留			—

7.3.1　关联请求命令

关联请求命令允许设备通过 PAN 协调器或协调器请求与 PAN 关联。

当未关联设备希望与 PAN 关联时发送该命令。设备只能通过 PAN 协调器或协调器与允许关联的 PAN 关联，并且事先要进行信道扫描。

所有设备都能发送该命令，而 RFD 不能接收该命令。

管理请求命令的格式见图 52。

八位位组：(见 7.2.2.4)	1	1
MHR	命令帧标识(见表 75)	性能信息

图 52　关联请求命令格式

7.3.1.1 **MHR 字段**

帧控制字段的源地址方式子字段设为3(64bit扩展地址)。目的地址方式子字段与协调器发送的信标帧所指示的方式相同。

帧控制字段的帧待处理子字段设为0,接收时忽略,确认请求设为1。

目的PAN标识符字段含有所要关联的PAN标识符。目的地址为发送信标帧的协调器的地址,即关联请求命令的接收设备。源PAN标识符是广播PAN标识符(例如,0xffff)。源地址为*aExtendedAddress*。

7.3.1.2 **性能信息字段**

性能信息字段格式见图53。

单位为比特

0	1	2	3	4	5	6	7
备用PAN协调器	设备类型	能源	空闲时打开接收机	是否通过鉴别	保留	安全性能	分配地址

图53 性能信息字段的格式

备用PAN协调器子字段长度为1bit,如果设备能成为PAN协调器,该子字段将设为1,否则设为0。

设备类型子字段长度为1bit,如果设备是FFD,该子字段设为1,否则设为0,指示是RFD。

能源子字段长度为1bit,如果设备使用交流电,该子字段设为1,否则设为0。

空闲时打开接收机子字段长度为1bit,如果设备不能在空闲期间关闭接收机以节省能量,该子字段设为1,否则设为0。

是否通过鉴别字段长度为1bit,如果请求设备通过鉴别,该子字段设为1,否则设为0。

安全性能子字段长度为1bit,如果设备能够发送和接收加密的MAC帧(见7.5.8.2),该子字段设为1,否则设为0。

分配地址子字段长度为1bit,如果设备希望协调器在关联后分配一个16bit短地址,该子字段设为1,否则设为0。

7.3.2 **关联响应命令**

关联响应允许PAN协调器或协调器将关联请求结果发送给请求设备。该命令只能由PAN协调器或协调器发给当前请求关联的设备。

不要求RFD能发送该命令,但所有设备都能接收该命令。

关联响应命令的格式见图54。

八位位组:(见7.2.2.4)	1	2	1
MHR	命令帧标识符(见表75)	短地址	关联状态

图54 关联响应命令格式

7.3.2.1 **MHR 字段**

帧控制字段的目的地址方式和源地址方式均设为3(64bit扩展地址)。

帧控制字段的帧待处理子字段设为0,接收时忽略,确认请求设为1。

帧控制字段的PAN ID压缩子字段设为1。根据PAN ID压缩的值,目的PAN标识包含*macPANId*的值,忽略源PAN标识。目的地址为请求关联设备的扩展地址。源地址为*aExtendedAddress*。

7.3.2.2 **短地址字段**

如果协调器无法将请求设备关联到PAN,短地址将设为0xffff,关联状态为失败原因。如果协调器能将该设备关联到PAN,该字段为关联后在PAN内通信使用的短地址,直至解关联。

短地址字段为0xfffe,则表明设备已成功和PAN关联,但还未分配到短地址。这时,设备仍使用

64bit 扩展地址在网内进行通信。

7.3.2.3 **关联状态字段**

关联状态的取值见表 76。

表 76 关联状态的有效值

连接状态	描述
0x00	关联成功
0x01	PAN 容量饱和
0x02	PAN 访问被拒绝
0x03～0x7f	保留
0x80～0xff	为 MAC 枚举型参数保留

7.3.3 **解关联通知命令**

PAN 协调器,协调器或已关联设备都可以发送解关联通知命令。

所有设备都能处理该命令。

解关联通知命令的格式见图 55。

八位位组:(见 7.2.2.4)	1	1
MHR	命令帧标识(见表 75)	解关联原因

图 55 解关联通知命令格式

7.3.3.1 **MHR 字段**

根据相应的原语定义的地址方式来设置帧控制字段的目的地址方式。而源地址方式设为 3(64bit 扩展地址)。

帧控制字段的帧待处理子字段设为 0,接收时忽略,确认请求设为 1。

帧控制字段的 PAN ID 压缩子字段设为 1。根据该子字段的设置,目的 PAN 标识符将包含 *macPANId* 值,同时忽略源 PAN 标识。如果协调器希望一个已关联设备离开 PAN,目的地址为该已关联设备的地址。如果一个已关联设备希望离开 PAN,目的地址为 *macCoordShortAddress*(目的地址方式为 2)或 *macCoordExtendedAddress*(目的地址方式为 3),源地址字段等于 *aExtendedAddress*。

7.3.3.2 **解关联原因字段**

解关联原因的取值见表 77。

表 77 解关联原因的有效值

解关联原因	描述
0x00	保留
0x01	协调器希望设备脱离 PAN
0x02	设备希望脱离 PAN
0x03～0x7f	保留
0x80～0xff	为 MAC 枚举型参数保留

7.3.4 **数据请求命令**

设备发送数据请求命令向 PAN 协调器或协调器请求数据。

在以下 3 种情况中会发送该命令。第 1 种情况是,在有信标能力 APN 中,当 *macAutoRequest* 为 TRUE,且协调器的信标帧指使自己有待处理数据,设备将发送该命令。如果设备有待处理数据,协调器就会把设备的地址添加到信标帧的地址列表来指使相应的设备。第 2 种情况是,收到来自邻近高层的 MLME-POLL. request 原语后，也将发送该命令。第 3 种情况，收到关联请求命令的确认帧后，设备等待 macResponseWaitTime 后，就向协调器发送该命令。

所有设备都能发送该命令。不要求 RFD 能接收该命令。

数据请求命令的格式见图 56。

八位位组见 7.2.2.4	1
MHR	命令帧标识(见表 75)

图 56　数据请求命令格式

收到的信标帧指示设备有待处理数据时，设备就发送数据请求命令作为响应，如果信标帧的超帧规范字段(见 7.2.2.1.2)显示该信标来自 PAN 协调器(见 7.2.1.1.6)，数据请求命令的目的地址方式设为 0(即表示目的地址信息不存在)，否则，就根据目的协调器的特性来设置地址方式。如果数据请求命令包含目的地址信息，则根据 macCoordShortAddress 来设置目的地址方式。如果 macCoordShortAddress 为 0xfffe，即使用扩展位址，目的地址方式将设为 3，目的地址为 macCoordExtendedAddress 的值。否则，将使用短地址，目的地址方式设为 2，目的地址为 macCoordShortAddress 的值。

收到的信标帧指示设备有待处理数据时，设备就发送数据请求命令作为响应，其中源地址方式根据待处理地址方式来设置。如果源地址方式为 2，即使用短地址，源地址为 macShortAddress 的值。否则，将使用扩展地址，源地址方式设为 3，源地址为 aExtendedAddress 的值。

当邻近高层发布 MLME-POLL. request 原语，设备也会发送数据请求命令，这时命令中的目的地址信息由原语规定，并根据 macShortAddress 的值来设置源地址方式。如果 macShortAddress 小于 0xfffe，就使用短地址，否则使用扩展地址。

如果收到的是关联请求命令的确认帧，设备也会发送数据请求命令，根据接收命令的协调器来设置目的地址方式。如果 macCoordShortAddress 为 0xfffe，将使用扩展地址，否则将使用短地址。

如果目的地址方式设为 0(即不存在目的地址信息)，PAN ID 压缩子字段将设为 0，源 PAN 标识设为 macPANId 的值。否则 PAN ID 压缩子字段将设为 1，在这种情况下，目的 PAN 标识设为 macPANId 的值，而源 PAN 标识将被忽略。

帧控制字段的帧待处理子字段将设为 0，接收时忽略，确认请求设为 1。

7.3.5　PAN ID 冲突通知命令

当检测到 PAN 标识冲突时，设备会向 PAN 协调器发送 PAN ID 冲突通知命令。

所有设备都能发送该命令。不要求 RFD 能接收该命令。

PANID 冲突通知命令的格式见图 57。

八位位组见 7.2.2.4	1
MHR	命令帧标识(见表 75)

图 57　PAN ID 冲突通知命令格式

帧控制字段的目的地址方式和源地址方式设为 3(即为 64bit 扩展地址)。

帧控制字段的帧待处理子字段 0，接收时忽略，确认请求设为 1。

帧控制字段的 PAN ID 压缩子字段将设为 1，相应地，目的 PAN 标识为 macPANId 的值，而源 PAN 标识将被忽略。目的地址为 macCoordExtendedAddress 的值，源地址为 aExtendedAddress 的值。

7.3.6　孤设备通知命令

当已关联设备与协调器失去同步时，孤立设备将发送该命令。

所有设备都能发送该命。不要求 RFD 能接收该命令。

孤设备通知命令的格式见图 58。

八位位组:15	1
MHR	命令帧标识(见表 75)

图 58 孤设备通知命令格式

帧控制字段的源地址方式子设为 3(即 64bit 扩展地址)。目的地址方式子设为 2(即 16bit 短地址)。

帧控制字段的帧待处理子字段和确认请求子字段均设为 0,接收时忽略。

帧控制字段的 PAN ID 压缩子字段设为 1,相应地,目的 PAN 标识为广播 PAN 标识(即 0xffff),而忽略源 PAN 标识。目的地址为广播短地址(即 0xffff)。源地址为 *aExtendedAddress* 的值。

7.3.7 信标请求命令

在主动扫描期间,设备需要定位 POS 内所有协调器,则必须发送信标请求命令。该命令对 RFD 可选。

信标请求命令的格式见图 59。

八位位组:7	1
MHR	命令帧标识(见表 75)

图 59 信标请求命令格式

目的地址方式设为 2(即 16bit 短地址),源地址方式子字段设为 0(即不存在源地址信息)。

帧控制字段的帧待处理子字段设为 0,接收时忽略,确认请求子字段和安全使能子字段设为 0。

目的 PAN 标识为广播 PAN 标识(即 0xffff)。目的地址为广播短地址(即 0xffff)。

7.3.8 协调器重关联命令

对于 PAN 协调器或协调器,当收到所在 PAN 的设备发送的孤立设备通知命令,或由于收到原语 MLME-START.request 改变了 PAN 配置属性时,就会发送协调器重关联命令。

如果收到孤立设备通知命令后发送协调器重关联命令,该命令将直接发给孤立设备。如果 PAN 配置属性(即 PAN 标识、短地址、逻辑信道或信道页)发生改变而发送该命令,则该命令是 PAN 内的广播命令。

所有设备都能接收该命令。并不要求 RFD 能发送该命令。

协调器重关联命令的格式见图 60。

八位位组:17/18/23/24	1	2	2	1	2	0/1
MHR	命令帧标识(见表 75)	PAN 标识符	协调器短地址	逻辑信道	短地址	信道页

图 60 协调器重关联命令格式

7.3.8.1 MHR 字段

如果该命令是发给孤立设备,帧控制字段的目的地址方式设为 3(即 64bit 扩展地址),而如果是向 PAN 广播,则设为 2(即 16bit 短地址)。源地址方式子字段设为 3(即 64bit 扩展地址)。

帧控制字段的帧待处理子字段为 0,接收时忽略。

如果该命令是发给孤立设备,确认请求子字段设为 1,如果是向 PAN 广播,则设为 0。

如果信道页字段存在,帧版本将设为 0x01,否则将按照 7.2.3 的内容来设置。

目的 PAN 标识符为广播 PAN 标识(例如,0xffff)。如果该命令是发给孤立设备,目的地址为孤立设备的扩展地址,否则设为广播短地址(例如,0xffff)。源 PAN 标识为 *macPANId* 的值,源地址是 *aExtendedAddress* 的值。

7.3.8.2 **PAN 标识符字段**

PAN 标识符是协调器在以后通信中要使用的 PAN 标识符。

7.3.8.3 **协调器短地址字段**

协调器短地址是 *macShortAddress* 的值。

7.3.8.4 **逻辑信道字段**

该字段的信息是协调器在以后通信中要使用的逻辑信道。

7.3.8.5 **短地址字段**

如果协调器重关联命令向 PAN 广播，短地址将设为 0xffff，接收时忽略。

如果协调器重关联接命令是发给孤立设备，短地址是设备在 PAN 内通信所使用的短地址。如果设备没有短地址，使用 64bit 扩展地址，该字段设为 0xfffe。

7.3.8.6 **信道页字段**

如果存在信道页子字段，就设为协调器在以后的通信中要使用的信道页。如果新信道页与之前的信道页相同，忽略该子字段。

7.3.9 **GTS 请求命令**

当已关联设备要求分配一个新 GTS 或取消已分配的 GTS，就发送 GTS 请求命令，但条件是设备的 16bit 短地址必须小于 0xfffe。该命令是可选的。

GTS 请求命令的格式见图 61。

八位位组:7	1	3
MHR	命令帧标识(见表 75)	GTS 特征

图 61 GTS 请求命令格式

7.3.9.1 **MHR 字段**

帧控制字段的目的地址方式设为 0(即不存在目的地址信息)，源地址方式设为 2(即 16bit 短地址)。

帧控制字段的帧待处理子字段 0，接收时忽略，确认请求子字段设为 1。

源 PAN 标识是 *macPANId* 的值，源地址是 *macShortAddress* 的值。

7.3.9.2 **GTS 特征字段**

GTS 特征的格式见图 62。

单位为比特

0～3	4	5	6～9	10～13	14～18	19	20～23
GTS 长度	GTS 方向	特征类型	突发长度	数据到达速率	时延要求	分配类型	保留

图 62 GTS 特征字段格式

GTS 长度是所请求 GTS 占据的超帧时隙的个数。

如果请求的 GTS 只用于接收，GTS 方向将设为 1。相反，如果只用于发送，将设为 0。设备传输数据帧的方向决定了 GTS 方向。

如果请求分配 GTS，特征类型设为 1，而如果是请求取消已分配的 GTS，则设为 0。

分配类型子字段长度为 1 个 bit，如果 GTS 请求设备允许与其他设备共享 GTS，分配类型设为 1。相反，如果不支持共享，则设为 0。如果分配类型设为 0 或 GTS 方向设为 1，GTS 请求命令帧不包含突发长度子字段、数据到达速率子字段和时延要求子字段。

突发长度子字段长度为 4 个 bit，是设备在所请求的 GTS 中将要发送的突发数据的长度(以 bit 为单位)。

数据到达速率子字段长度为 4 个 bit，是设备发送突发数据的速率(以 kbit/s 为单位)。

时延要求子字段长度为 5 个 bit，是设备对在所请求的 GTS 中传输数据允许的最大时延(以毫秒为单位)。

7.3.10 **鉴别请求命令**

如果一个支持鉴别的设备希望与一个支持鉴别的协调器关联，它就要发送鉴别请求命令，来向协调器请求鉴别。只有通过鉴别，才允许进行进一步的关联操作。

所有设备都能发送该命令，不要求 RFD 能接收该命令。

鉴别请求命令的格式如图 63。

八位位组见 7.2.2.4	1	可变
MHR 字段	命令帧标识(见表 75)	鉴别信息

图 63　鉴别请求命令的帧格式

7.3.10.1 **MHR 字段**

帧的帧控制字段的源地址方式应设置为 3(用 64bit 扩展地址)。目的地址方式与接收到的信标帧所指示的地址方式相同。

帧控制字段的待处理帧子字段为 0，接收到后被忽略。

确认要求子字段为 1。目的 PAN 标识子字段包含要加入的 PAN 的标识符。目的地址字段包含它接收到的信标帧中指示的协调器地址，该信标帧是由接收该鉴别请求命令的协调器广播的。源 PAN 标识字段包含广播的 PAN 标识(比如，0xffff)。源地址字段包含 *aExtendedAddess*。

7.3.10.2 **鉴别信息字段**

该字段长度根据鉴别信息长度可变，但是帧的总长度不能超过协议帧长度限制。设备将其选定的鉴别套件标识通过此字段传递出去。

7.3.11 **鉴别响应命令**

只有支持鉴别的协调器才会发送该命令帧，并且该命令只能由 PAN 协调器或协调器向请求鉴别的设备发送，用来返回一个鉴别请求的鉴别结果。

不要求 RFD 能发送该命令，但要求所有的设备能接收该命令。

鉴别响应命令的格式如图 64。

八位位组见 7.2.2.4	1	可变
MHR	命令帧标识(见表 75)	鉴别状态

图 64　鉴别响应命令的格式

7.3.11.1 **MHR 字段**

帧控制字段的目的地址方式和源地址方式都设置为 3(也就是用 64 位扩展地址)。待处理帧子字段设为 0，接收时会被忽略。确认要求子字段设为 1。PAN ID 压缩子字段应该设置为 1，并且与此相对应的目的 PAN 标识子字段应该包含值 *macPANId*，而源 PAN 标识子字段应该被忽略。目的地址字段应该包含请求鉴别的设备的扩展地址。源地址应该设置为 *aExtendedAddress*。

7.3.11.2 **鉴别状态字段**

该字段返回鉴别结果，大致状态有两种：鉴别成功和鉴别失败。鉴别状态的有效值如表 78。

表 78　鉴别状态的有效值

鉴别状态	描　述
0x00	鉴别成功
0x01	鉴别失败
0x02～0x7f	Reserved 保留
0x80～0xff	保留的 MAC 原始枚举状态

7.3.12 鉴别通用命令

为实现各鉴别套件具体鉴别过程的信息交互,定义了通用命令帧,见图 65。支持鉴别的设备,都能发送和接收该命令。

八位位组见 7.2.2.4	1	1	可变
MHR	命令帧标识(见表 75)	消息标识	鉴别信息

图 65 鉴别通用命令帧

7.3.12.1 MHR 字段

帧控制字段的目的地址方式和源地址方式都设置为 3(也就是用 64 位扩展地址)。待处理帧子字段设为 0,接收时会被忽略。确认要求子字段设为 1。PAN ID 压缩子字段设为 1,并且与此相对应的目的 PAN 标识字段应该包含值 *macPANId*,而源 PAN 标识子字段应该被忽略。目的地址字段应该包含请求鉴别的设备的扩展地址。源地址应该设置为 *aExtendedAddress*。

7.3.12.2 消息标识字段

消息标识子字段,是各鉴别套件针对其具体鉴别过程的各个消息进行的编号。各套件需要定义接收到某个标识的消息之后,需要进行的操作和进行的反应。

7.3.12.3 鉴别信息字段

鉴别套件具体鉴别过程需要的鉴别信息。

7.4 MAC 常量和 PIB 属性

本条详细描述了 MAC 子层定义的常量和属性。

7.4.1 MAC 常量

MAC 子层所涉及到的特征常量见表 79。

表 79 MAC 子层常量

常 量	描 述	取 值
aBaseSlotDuration	当超帧顺序为 0 时,一个超帧时隙包含的符号数(见 7.5.1.1)	60
aBaseSuperframeDuration	当超帧指数等于 0 时,一个超帧包含的符号数	aBaseSlotDuration * aNumSuperframeSlots
aExtendedAddress	分配给设备的 64bit 扩展地址	由设备定义
aGTSDescPersistenceTime	PAN 协调器信标帧中含有 GTS 描述符的超帧个数	4
aMaxBeaconOverhead	MAC 子层能在信标帧 MAC 有效负荷添加的最大八位位组数	75
aMaxBeaconPayloadLength	信标有效负荷的最大八位位组数	aMaxPHYPacketSize-aMaxBeaconOverhead
aMaxLostBeacons	接收设备连续丢失的信标个数达到该值,MAC 子层就报告和网络和失去同步	4

表 79（续）

常　量	描　述	取　值
aMaxMACSafePayloadSize	未保护的 MAC 帧能容纳的最大 MAC 有效负荷八位位组数，但要保证 MAC 帧长度不超过 *aMaxPHYPacketSize*	aMaxPHYPacketSize-aMaxMPDUUnsecuredOverhead
aMaxMACPayloadSize	MAC 有效负荷能容纳的最大八位位组数	aMaxPHYPacketSize-aMinMPDUOverhead
aMaxMPDUUnsecuredOverhead	除了安全信息，MAC 子层向 PSDU 所能添加的最大八位位组数	25
aMaxSIFSFrameSize	一个 MPDU 的最大八位位组数，在 MPDU 后紧随一个 SIFS	18
aMinCAPLength	形成 CAP 的最少符号数。 该参数确保在使用 GTS 时，MAC 命令能顺利地发送给设备。例外情况是，为了维护 GTS，需要暂时增加信标帧长度(见 7.2.2.1.3)，允许 CAP 长度小于该参数值	440
aMinMPDUOverhead	MAC 能在 PSDU 中添加的最小八位位组数	9
aNumSuperframeSlots	一个超帧的时隙个数	16
aUnitBackoffPeriod	CSMA-CA 算法需要的基本符号数	20

7.4.2 MAC PIB 属性

MAC PIB 是管理设备 MAC 子层必须的属性。MAC PIB 中所包含的属性见表 80。标有(＊)的属性(即只能由 MAC 子层来设置)是只读属性，邻近高层只能通过 MLME-GET.request 原语读取。对于其他属性，邻近高层可以分别通过原语 MLME-GET.request 和 MLME-SET.request 进行读写。标有(◆)的属性表示对 RFD 可选，标有(＊)的属性表示对 RFD 和 FFD 均是可选。

只读属性 *macAckWaitDuration* 取决于常量的组合和 PHY PIB 属性。常量和属性的关联公式见式(8)，属性 *macMaxTotalFrameWaitTime* 由邻近高层设置，并取决于 PHY 和 MAC PIB 属性和常量的组合公式见式(9)。

$$macAckWaitDuration = aUnitBackoffPeriod + aTurnaroundTime + phySHRDuration + \lceil 6 \times phySymbolsPerOctet \rceil \quad \cdots\cdots (8)$$

$$macMaxTotalFrameWaitTime = \left[\left(\sum_{k=0}^{m-1}\left[2^{macMinBE+k} - 1\right]\right) + \left(2^{macMaxBE} - 1\right) \times \left(macMaxCSMABackoffs - m\right)\right] \times aUnitBackoffPeriod + phyMaxFrameDuration \quad \cdots\cdots (9)$$

式中：$m = \min(macMaxBE\text{-}macMinBE, macMaxCSMABackoffs)$

表 80 MAC PIB 属性

属性	标识符	类型	有效范围	描述	默认值
macAckWait-Duration *	0x40	整型	见式(8)	在传输数据帧完成后，确认帧的最大等待时间。该值由所支持的 PHY 决定，即取决于所选的逻辑信道和信道页。该参数值是 ACK 的开始传输时间和 ACK 帧的长度之和，开始传输时间见 7.5.6.4.2	由所支持的 PHY 决定，主要是参数 *phyCurrentPage*
macAssociated-PAN Coord	0x56	布尔型	TRUE 或 FALSE	该参数显示设备是否通过 PAN 协调器和 PAN 关联。如果设备已通过 PAN 协调器和 PAN 关联，参数为 TRUE；否则为 FALSE	FALSE
macAssociation-Permit◆	0x41	布尔型	TRUE 或 FALSE	该参数显示协调器当前是否允许关联。如果允许，则参数为 TRUE	FALSE
macAutoRequest	0x42	布尔型	TRUE 或 FALSE	该参数指示了当信标帧中包含设备地址时，设备是否能自动发送数据请求命令。如果可以自动发送数据请求命令，则为 TRUE	TRUE
macBattLifeExt	0x43	布尔型	TRUE 或 FALSE	该参数指示是否通过减少协调器接收机 CAP 时段的运作时间来延长电源寿命。如果为 TRUE，则使用电池寿命扩展机制。该参数还会影响 CSMA-CA 算法中的退避指数，见 7.5.1.4	FALSE
macBattLifeExt-Periods	0x44	整型	6～41	在电池寿命扩展方式中，紧随信标的 IFS 后接收机处于使能状态的退避次数，在这段时间，该参数值由所支持的 PHY 决定，是以下三个部分的和： 1：(2^x-1)，式中 x 等于 2，电源寿命扩展方式下 *macMinBE* 的最大值，即 3 次退避 2：第一个竞争窗口的长度，因此这部分等于 2 次。 3：PHY 前导码和 SFD 的长度加起来，凑成整数个退避时隙	取决于当前选择的 PHY，参数 *phyCurrentPage* 指示了当前 PHY 的设置
macBeaconPay-load◆	0x45	八位位组集	—	信标有效负荷的内容	NULL
macBeaconPay-loadLength◆	0x46	整型	0-*aMaxBeaconPayloadLength*	信标有效负荷的长度(八位位组数)	0

表 80（续）

属性	标识符	类型	有效范围	描述	默认值
macBeaconOrd-er *◆	0x47	整型	0～15	协调器的信标发送间隔。如果BO=15，协调器将不发送信标。信标顺序和信标间隔的关系见7.5.1.1	15
macBeaconTx-Time *◆	0x48	整型	0x000000～0xffffff	设备发送最后一个信标帧的时间，以符号为单位。对于每个信标帧的发送时间，都在帧内同一个符号边缘开始计时，该位置与具体实现有关。 该参数是24bit，精度最少为20bit，后4位是最低位	0x000000
macBSN◆	0x49	整型	0x00～0xff	加到发送信标帧的帧序列号	在有效范围内的随机数值
macCoordExten-dedAd-dress	0x4a	IEEE 地址	64bit 扩展地址	与设备关联的协调器的64bit扩展地址	—
macCoordShort-Address	0x4b	整型	0x0000～0xffff	与设备关联的协调器的16bit短地址。0xfffe 表示协调器只使用64bit扩展地址。0xffff 表示该值未知	0xffff
macDSN	0x4c	整型	0x00～0xff	发送数据帧或MAC命令帧时帧的序列号	在有效范围内的随机数值
macGTSPermit *	0x4d	布尔型	TRUE 或 FALSE	如果PAN网协调器接受GTS请求，参数为TRUE，否则为FALSE	TRUE
macMaxBE	0x57	整型	3～8	CSMA-CA 算法中退避指数BE的最大值。BE的详细内容见7.5.1.4	5
macMaxCSMA-Backoffs	0x4e	整型	0～5	CSMA-CA 算法中最大退避次数，如果退避达到该值，则信道竞争失败	4
macMaxFrameTotalWait-Time	0x58	整型	见式(9)	等待帧的最大时间。帧是数据请求帧的确认帧，或是紧随帧待处理设为1的信标后的广播帧。等待时间以符号为单位，在有信标能力PAN中是CAP的最大符号数，而在不用信标能力PAN中则是最大的符号数。属性只能由邻近高层来设置，取值由*macMinBE*、*macMaxCSMABackoffs*、*macMaxBE*以及每个八位位组的符号数决定。见7.4.2	取决于当前选择的PHY，参数*phyCurrent-Page*指示了当前PHY的设置

表 80（续）

属性	标识符	类型	有效范围	描述	默认值
macMaxFrame-Retries	0x59	整型	0～7	传输失败后允许重传的最大次数	3
macMinBE	0x4f	整型	0-macMaxBE	CSMA-CA 算法中 BE 的最小值。详见 7.5.1.4	3
macMinLIFSPeriod *		整型	见第 6 章	构成 LIFS 的最小符号数	取决于当前选择的 PHY，参数 *phyCurrent-Page* 指示了当前 PHY 的设置
macMinSIFSPeriod *		整型	见第 6 章表 5	构成 SIFS 的最小符号数	取决于当前选择的 PHY，参数 *phyCurrent-Page* 指示了当前 PHY 的设置
macPANId	0x50	整型	0x0000～0xffff	设备所在 PAN 的 16bit 标识符。如果为 0xffff，则表示该设备未关联	0xffff
macPromiscuousMode◆	0x51	布尔型	TRUE 或 FALSE	指示 MAC 子层是否处于混杂方式。如果为 TRUE，说明 MAC 子层将接收所有 PHY 收到的帧	FALSE
macResponseWaitTime	0x5a	整型	2～64	在发送请求命令帧后，设备就等待有效的响应命令帧。最大等待时间是 *aBaseSuperframeDuration* 的倍数	32
macRxOnWhen-Idle	0x52	布尔型	TRUE 或 FALSE	该参数表示在空闲期间 MAC 子层是否需要打开接收机。在有信标能力 PAN，该参数只应用于流入超帧的 CAP 内	FALSE
macSecurity-Enabled	0x5d	布尔型	TRUE 或 FALSE	指示 MAC 子层是否启用安全措施	FALSE
macShort-Address	0x53	整型	0x0000～0xffff	设备在 PAN 内通信用的 16bit 短地址。如果设备是 PAN 协调器，该值在建立 PAN 前就已确定。否则是在关联时由协调器分配。0xfffe 表示设备已关联，但未分配短地址，0xffff 表示设备没有短地址	0xffff

表 80（续）

属性	标识符	类型	有效范围	描述	默认值
macSuperframeOrder ＊◆	0x54	整型	0～15	该参数定义了流出超帧活跃部分的长度(包括信标帧)。如果 SO＝15,超帧中的活跃部分只有信标。超帧指数和超帧长度的关系见 7.5.2.1.1	15
macSyncSymbolOffset ＊	0x5b	整型	315 或 430 MHz PHY,0x000～0x100；780 MHzPHY 0x000～0x100	MLME 在某符号边界发送或接收帧的时间,和第一个经过 SFD 的符号时间之间的差值,以符号为单位	由实际情况决定
macTimestamp-Supported ＊	0x5c	布尔型	TRUE 或 FALSE	该参数表示 MAC 子层是否支持流入和流出数据帧的可选时间戳特性	由实际情况决定
macTransactionPersistenceTime◆	0x55	整型	0x0000～0xffff	协调器存储一个事务和并在信标中指示的最大时间,以单位阶段计。这个单位阶段取决于参数 *macBeaconOrder*,BO。当 0≤BO≤14,单位阶段是 *aBaseSuperframeDuration* ＊ 2^{BO}。当 BO＝15,单位阶段是 *aBaseSuperframeDuration*	0x01f4
macAuthenticationNeed	0x5e	布尔	TRUE 或 FALSE	该参数表明设备或者协调器是否支持鉴别过程。TRUE 表明支持鉴别过程；FALSE 表明不支持鉴别过程	TRUE
macUnAuthPermit	0x5f	布尔	TRUE 或 FALSE	对于协调器而言,该参数表明协调器是否允许不支持鉴别的设备与之关联。TRUE 表明允许不支持鉴别的设备与之关联；FALSE 表明不允许不支持鉴别的设备与之关联。 对于设备而言,该参数用于记录该设备是否通过了鉴别。TRUE 表明该设备没有通过了协调器的鉴别；FALSE 表明该设备通过了协调器的鉴别	TRUE

7.5 MAC 功能概述

本条详细描述 MAC 的功能。在 7.5.1 中描述两种信道访问机制:基于竞争的访问机制和非竞争的访问机制,前者是设备以完全分布式的形式利用 CSMA-CA 退避算法来访问信道,而后者是由 PAN 协调器分配 GTS 来实现。

在 7.5.2 中描述如何生成并维护一个 PAN 的机制。设备通过扫描信道获得信道当前的状况,并在自身的个人操作空间(POS)内定位所有的信标帧,或定位一个自己失去同步的信标。在生成一个新的 PAN 前,先利用信道扫描的结果选择一个恰当的逻辑信道,以及未被其他 PAN 使用的 PAN ID。由于具有相同 PAN ID 两个 PAN 的 POS 会重叠,所以必须有相应的程序来解决这一问题。在扫描信道并选择恰当的 PAN ID 后,由一个全功能设备(FFD)作为 PAN 协调器。

在 7.5.3 中描述设备和 PAN 的关联或解关联机制。

在 7.5.4 中描述设备如何和协调器同步。

在 7.5.5 中描述协调器如何控制多个数据收发。

在 7.5.6 中描述发送、接收以及确认帧的机制,其中包括如何间接地发送和重传。

在 7.5.7 中描述 GTS 的分配和取消,而在取消过程中会导致 GTS 中出现缺口,即无法使用的时隙。

在 7.5.8 中描述帧的流入和流出机制。

7.5.1 信道的访问

本条描述物理无线信道的访问机制。

7.5.1.1 超帧结构

PAN 中的协调器能够利用超帧结构来限制带宽。协调器发送的信标帧规定了超帧的结构,它由活跃期和非活跃期 2 部分组成。在非活跃期间,除了已经申请了需要在非活跃期进行传输的能源非受限设备,其他设备进入休眠状态以省能量。

MAC 的 2 个 PIB 属性 *macBeaconOrder* 和 *macSuperframeOrder* 描述了超帧的结构。前者描述了协调器发送信标帧的间隔,后者描述了超帧活跃期的持续时间(包括信标帧的长度)。*macBeaconOrder* 的值 BO 和与信标帧发送间隔 BI 的关系为:当 $0 \leqslant BO \leqslant 14$, BI = *aBaseSuperframeDuration* * 2^{BO} 符号。如果 BO=15,协调器将不会发送信标帧(除非被要求发送信标帧,如:协调器收到信标帧请求命令),且忽略 *macSuperframeOrder* 的值。

MAC PIB 属性 *macSuperframeOrder* 描述了超帧活跃期的长度(包括信标帧)。*macSuperframeOrder* 的值,即 SO,与超帧持续时间 SD 的关系为:当 $0 \leqslant SO \leqslant BO \leqslant 14$,SD=*aBaseSuperframeDuration* * 2^{SO} 符号。如果 SO=15,紧跟在信标帧后的超帧活跃期长度为 0。如果 BO=15,就不存在超帧(*macSuperframeOrder* 的值被忽略),*macRxOnWhenIdle* 的值将指示当设备不进行收发时接收机是否处于使能状态。

每个超帧的活跃期有 3 部分组成:信标帧、竞争时段(CAP)和非竞争时段(CFP),它们被划分成 aNumSuperframeSlots 个等长的时隙,每个时隙的持续时间为 2^{SO} * aBaseSlotDuration。信标帧的传输在时隙 0 的起始处,且不使用 CSMA 算法,CAP 阶段紧跟在信标帧后。时隙 0 的起始定义为信标帧 PPDU 的第一个符号被传输的那一刻。如果超帧中存在 CFP,它紧跟在 CAP 后面,并持续到超帧活跃期结束。所有分配的 GTS 构成了 CFP。

MAC 子层必须保证超帧计时的完整性,例如要补偿时钟的偏移。

在使用超帧的 PAN 中(可以认为是有信标能力 PAN),*macBeaconOrder* 的取值为 0-14,

macSuperframeOrder 的取值为 0-*macBeaconOrder*。而在不使用超帧的 PAN 中(可以认为是不用信标能力 PAN),两者的值均为 15,在这种情况下,如果协调器没有收到信标帧请求命令就不发送信标帧。除了确认帧和紧随数据请求命令的确认帧后发送的数据帧,所有帧的发送都采用非时隙的 CSMA-CA 机制,且不支持 GTS。

图 66 是超帧结构的示意图,图 66 中,CFP 阶段包含 3 个 GTS,其中 GTS3 对应的设备为能源非受限设备,且允许其申请的 GTS3 扩展到非活跃期,扩展到非活跃期的部分 AGTS 长度为 2 个时隙。

7.5.1.1.1 CAP

CAP 紧随信标帧,并在 CFP 开始前的时隙边缘结束。如果没有 CFP,CAP 持续到超帧的活跃期结束。CAP 的最小长度为 aMinCAPLength,特殊情况是为了维护 GTS(见 7.2.2.1.3)需要增加信标帧的长度,相应地,必须减少 CAP 的长度,而且能根据 CFP 的大小自适应地增加或减少 CAP 的长度。

除了确认帧和紧随数据请求命令的确认帧后发送的数据帧，在 CAP 阶段发送任何帧都必须采用时隙的 CSMA-CA 机制，设备必须确保在 CAP 结束前的一个 IFS 之前完成事务的处理（包括所有确认帧的接收），当无法实现时，设备就将发送推迟到下一个超帧的 CAP 阶段。

MAC 命令帧一般是在 CAP 阶段发送。

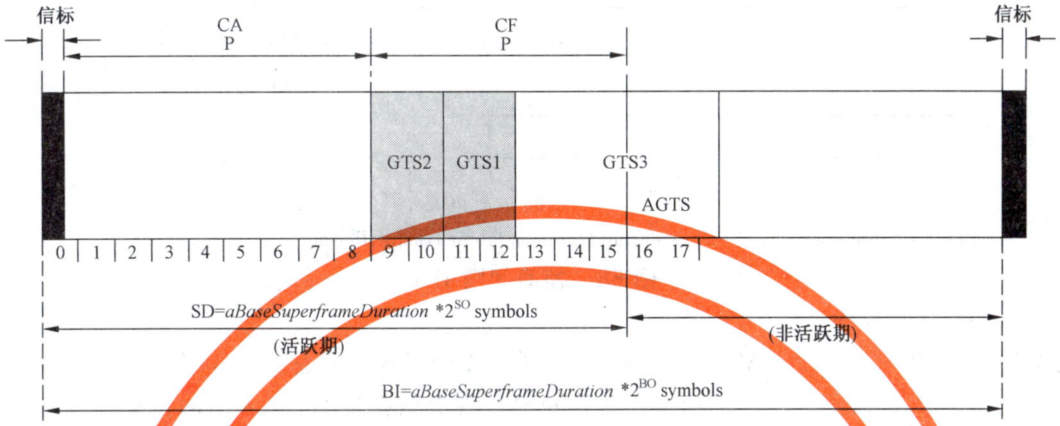

图 66 超帧结构示意图

7.5.1.1.2 CFP

超帧中规定 CFP 必须跟在 CAP 后面，并在超帧结束前的一个 IFS 时段（见 7.5.1.3）前完成收发操作。在 CFP 时段，PAN 协调器根据当前超帧中能够用于 GTS 分配的剩余时隙数目以及 PAN 网络中设备申请 GTS 的情况，将 CFP 划分成若干个 GTS，并决定是否在设备间共享 GTS，每个 GTS 由若干个连续时隙组成，所以 CFP 的持续时间取决于所有 GTS 的长度。

在 CFP 中收发数据无需使用 CSMA-CA 算法来竞争信道。但设备必须确保在自己的 GTS 结束前的一个 IFS 时段（见 7.5.1.3）前完成收发操作。

7.5.1.2 流入超帧和流出超帧的计时

在有信标能力的 PAN 中，不是 PAN 协调器的协调器必须同时维护它的 PAN 协调器发送信标的超帧（流入超帧）的计时，以及自己信标的超帧（流出超帧）的计时。MLME-START. request 原语中的参数 StartTime 定义了这两种超帧计时的相关信息。两种帧的联系如图 67 所示。

在 PAN 中，所有超帧的信标帧顺序和超帧顺序是相等的。所有设备只能在超帧的活跃期和 PAN 联系。

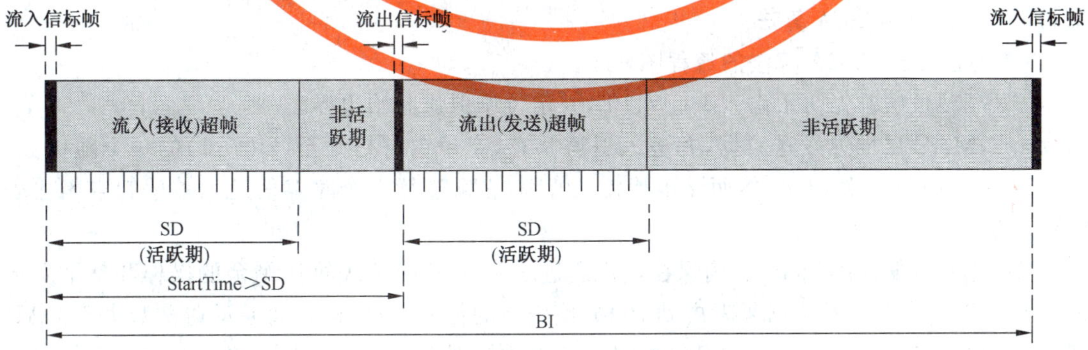

图 67 流入信标帧和流出信标帧的联系图

7.5.1.3 帧间间隔 IFS

MAC 子层需要一定的时间来处理 PHY 收到的数据，所以在连续发送两个帧时，至少要隔开一个 IFS（帧间间隔）时段；当邻近帧需要确认时，确认帧和下一要发送的帧也至少要隔开一个 IFS。IFS 的大小取决于发送的邻近帧的长度。当帧(如 MPDU)的长度达到 aMaxSIFSFrameSize 个八位位组时,跟随的帧间间隔为一个 SIFS,且长度至少是 aMinSIFSPeriod;而帧长度大于 aMaxSIFSFrameSize 时,帧间间隔为一个 LIFS,最小长度是 aMinLIFSPeriod。具体如图 68 所示。

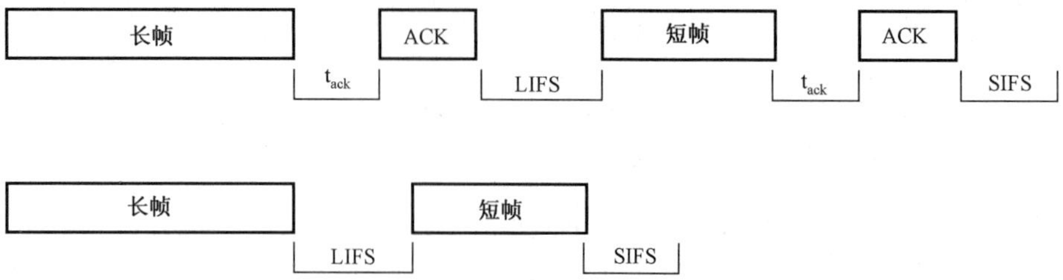

注：aTurnaroundTime≤t_{ack}≤(aTurnaroundTime + aUnitBackoffPeriod)

图 68 帧间间隔 IFS

7.5.1.4 CSMA-CA 算法

在 CAP 期间传输数据帧或 MAC 命令帧时,要采用 CSMA-CA 算法来竞争信道,但当帧能够被快速发送并得到及时确认,则可以不采用这一访问机制。在有信标能力 PAN 中的信标帧、响应帧以及 CFP 期间发送的数据帧均不使用 CSMA-CA 算法,可以直接访问信道。

如果在某个 PAN 中使用了周期的信标帧,在 CAP 期间进行数据收发时必须采用时隙的 CSMA-CA 算法;相反地,如果没有使用周期的信标帧,或是无法定位信标帧,则采用非时隙的 CSMA-CA 算法。在两种情况下,实现算法时都以退避时段为单位,退避时段定义为一个 *aUnitBackoffPeriod* 符号。

在基于时隙 CSMA-CA 的 PAN 中,每个设备的退避时间的起始必须和协调器的超帧一致,即设备开始退避和协调器发送信标帧必须同时开始。此外,MAC 层必须确保在退避开始时,PHY 也开始传输数据。在非时隙 CSMA-CA 的 PAN 中,每个设备的退避时间没有关联。

在 CSMA-CA 算法中,每个设备必须维护 3 个重要的参数:*NB*(退避次数)、CW(竞争窗口,仅用于时隙 CSMA-CA)、*BE*(退避指数)。*NB* 是退避次数,在发起新的数据传输时初始化为 0。CW 是竞争窗口长度,仅用于时隙 CSMA-CA,是每次传输开始前感知信道状态的退避阶段,初始化值是 2,每次感知信道忙时,重新设为 2。*BE* 是退避指数,和设备在访问信道前需等待的退避次数有关。在非时隙系统或 BLE 子字段设为 0 的时隙系统中,*BE* 初始化为 *macMinBE*。当在时隙系统中,BLE 子字段设为 1 时,*BE* 则取 2 和 *macMinBE* 的最小值。需要注意的是,如果 *macMinBE* 设为 0,在第一次执行算法时是无法避免冲突的。

即使在算法的 CCA 阶段接收端处于使能状态,设备也会丢弃在此期间接收到的任何帧。

7.5.1.4.1 时隙 CSMA-CA 算法

图 69 是时隙 CSMA-CA 算法的流程图。

在 step1,MAC 层首先初始化 NB、CW、BE,并定位于退避起始边界。

在 step2,MAC 层推迟发送数据,并进入退避状态,竞争窗口是 0 至($2^{BE}-1$)的一个随机数,并在 step3 请求 PHY 执行一次 CCA,然而该步骤较为特别,必须连续 2 个时隙信道均被感知空闲才表示此次 CCA 成功。

如果 BLE 子字段为 0,MAC 层确保在随机退避之后,CSMA-CA 算法剩余的操作和整个发送过程必须在 CAP 结束前完成,然而必须考虑到 PHY 使用到的任何填补 bit。如果退避次数大于 CAP 中的剩余的退避次数,MAC 子层将在 CAP 结束时中止退避计时器,并在下一个超帧的 CAP 开始时继续退避。如果退避次数小于 CAP 中的剩余的退避次数,MAC 子层推迟退避,并计算是否可以完成退避。如果 CSMA-CA 算法的剩余步骤(例如,两次 CCA 分析)、数据帧的传输和确认帧能在 CAP 结束之前完成,MAC 子层就继续退避,并请求 PHY 在当前超帧中执行 CCA。如果 MAC 子层无法继续退避,就等待下一个超帧的 CAP 阶段,重新开始新一轮的随机退避(step2)。

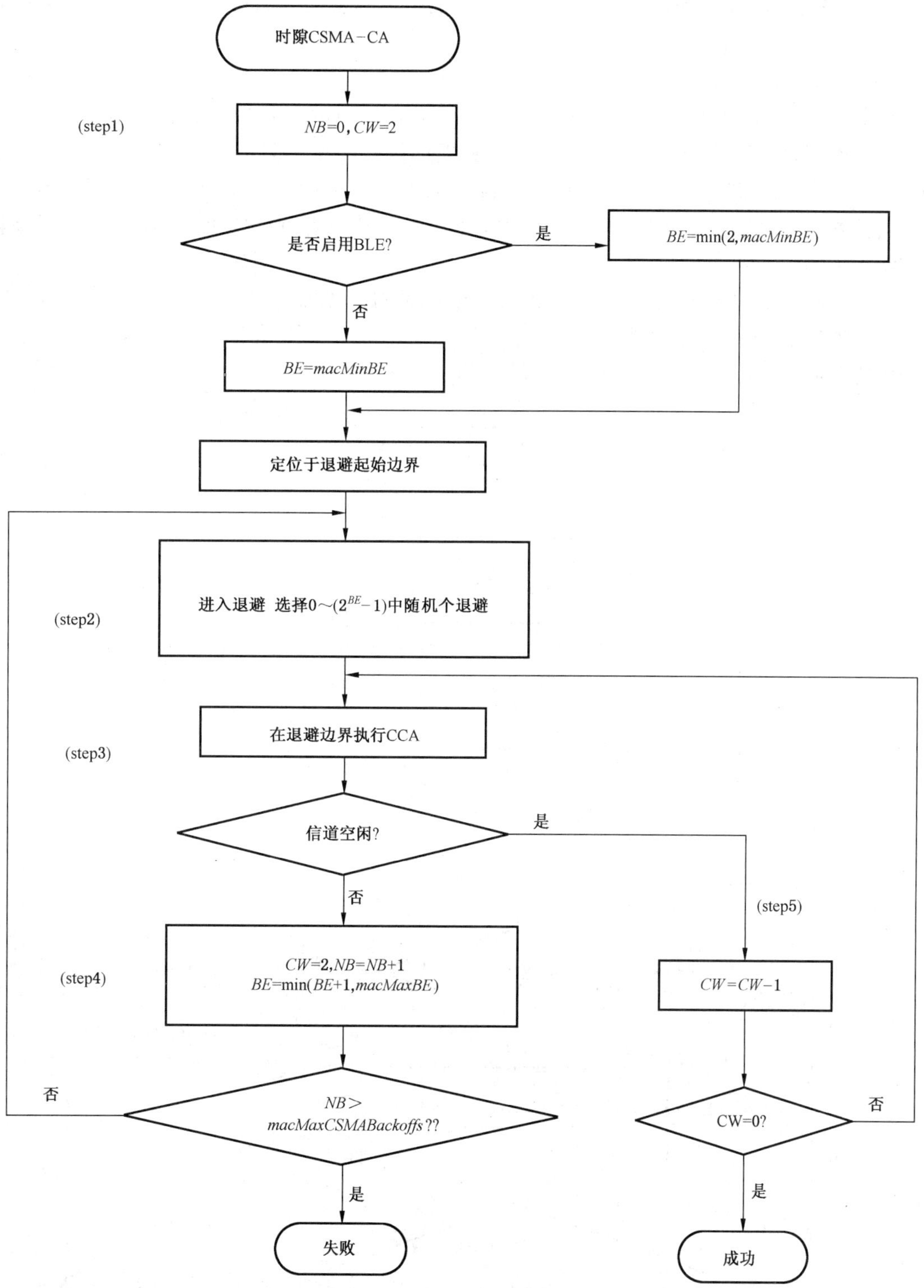

图 69　时隙 CSMA-CA 的流程图

如果 BLE 子字段为 1，MAC 层确保在随机退避之后，CSMA-CA 算法剩余的操作和整个发送过程必须能在 CAP 结束前完成。退避计时器只有在信标帧的 IFS 后的第一个 macBattLifeExtPeriods 退避间隔期间进行计时。如果 CSMA-CA 算法的剩余步骤(例如，2 次 CCA 分析)、帧传输和确认帧能在 CAP 结束之前完成，并且帧的传输在紧随信标的 IFS 之后的第一个 *macBattLifeExtPeriods* 退避间隔内进行，MAC子层就继续CSMA-CA算法，这时，要求PHY在当前超帧内执行CCA。如果MAC子层无法继续CSMA-CA算法，就推迟到下一个超帧的CAP，并在判断是否继续算法前，再一次延迟退避(step2)。

在step4，如果感知到信道忙，MAC层将*NB*和*BE*的值加1，以确保*BE*和*macMaxBE*相等，并将CW设为2。如果*NB*的值小于或等于*macMaxCSMACBackoffs*，算法将回到step2；如果*NB*的值大于*macMaxCSMACBackoffs*，算法将自动中止，并返回信道竞争失败。

在step5，如果感知到信道空闲，MAC层在发送数据前必须确保竞争窗口为0。为保证这一点，MAC子层首先CW减1，并判断其是否为0。如果不为0，算法回到step3。如果为0，MAC子层就在下一退避阶段的起始边缘发送帧。

对该算法的评估，本部分推荐一种网络吞吐率的估计方法，见附录C。

7.5.1.4.2 非时隙CSMA-CA算法

图70是非时隙CSMA-CA算法的流程图。

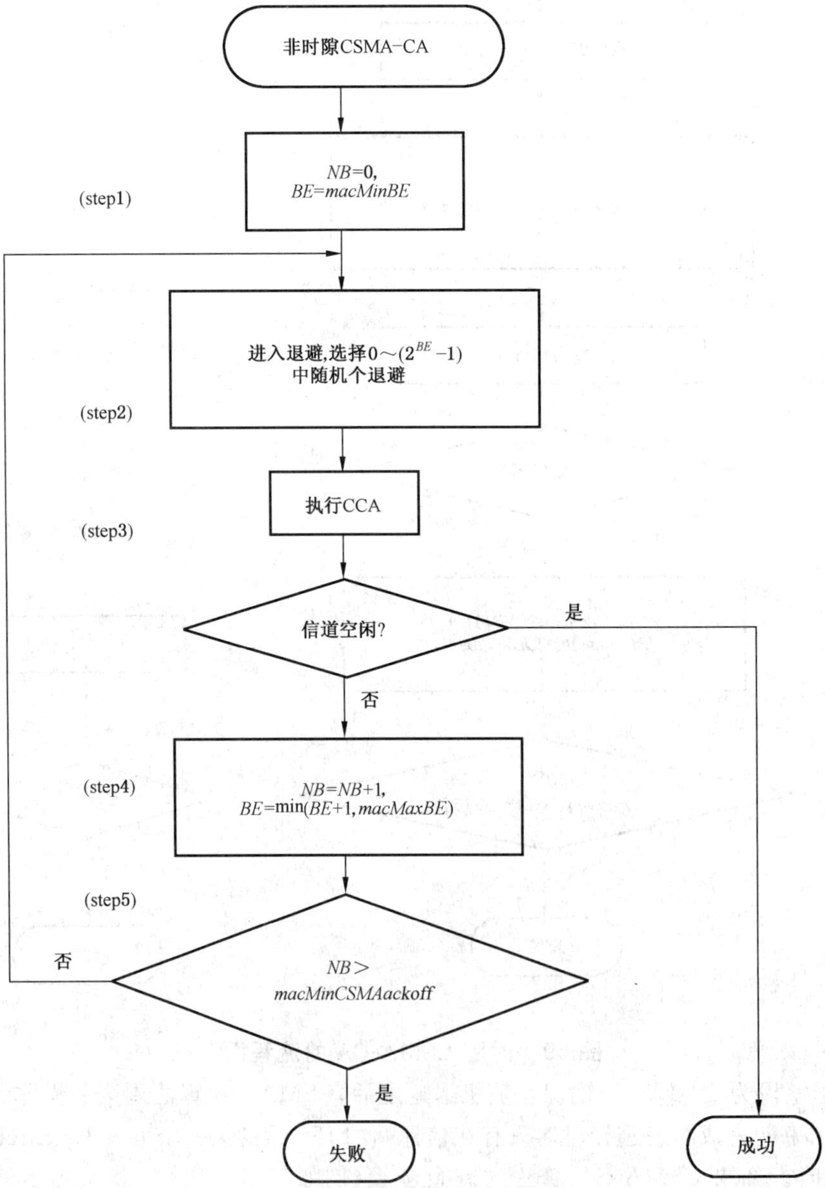

图70 非时隙CSMA-CA的流程图

在 step1，MAC 层初始化 NB、CW、BE，和时隙 CSMA-CA 不同的是，完成初始化后，直接进入 step2。

在 step2，MAC 层将旋子一个随机退避时间，退避次数的范围是 0 至($2^{BE}-1$)，并在 step3 请求 PHY 执行 CCA。

在 step4，如果感知到信道忙，MAC 层将 NB 和 BE 的值加 1，以确保 BE 和 macMaxBE 相等。相反，如果信道空闲，设备开始发送数据。

在 step5，如果 NB 的值小于或等于 *macMaxCSMACBackoffs*，则信道竞争失败，相反，就返回 step2。

7.5.2 PAN 的建立和维护

7.5.2.1 信道的扫描

所有的设备都能够对指定的信道进行被动扫描和孤立节点扫描，而 FFD 设备还能进行信道能量检测和主动信道扫描。参数 phyChannelsSupported 指明了设备能扫描的信道。

原语 MLME-SCAN. request 产生后，设备就按信道的编号从小到大扫描信道。在扫描期间，设备必须推迟发送信标帧，并且只能接收通过 PHY 数据服务得到的帧，一般这些帧和正在执行的扫描操作有关。得到扫描结果后，设备就重新发送信标帧，并通过 MLME-SCAN. confirm 原语返回扫描结果。

7.5.2.1.1 信道能量检测(ED)扫描

设备对每个指定的信道进行 ED 扫描，就能获得该信道的峰值能量。在产生一个新的 PAN 前，可能成为 PAN 协调器的设备会指定几个信道，所有设备通过能量检测获得这些信道的峰值能量。扫描期间 MAC 子层丢弃所有通过 PHY 数据服务接收的帧。

对指定的逻辑信道进行 ED 扫描是由原语 MLME-SCAN. request 发起的，必须将参数 ScanType 设置为 ED 扫描。MLME 首先通过设置 *phyCurrentChannel* 和 *phyChannelPage* 切换到该逻辑信道上，然后反复进行 ED 度量，持续时间是[*aBaseSuperframeDuration* * (2^n+1)]，其中 *n* 是原语中参数 ScanDuration 的值。MLME 发布原语 PLME-ED. request 来实现 ED 度量，并返回一个有效值。在进入下一个信道扫描时，必须保存扫描过程中获得的最大 ED 度量值，设备的存储个数的有效范围是 1 至指定扫描的信道个数。

当存储的数目等于要求的信道数或者已经完成每个指定逻辑信道的能量度量，停止 ED 扫描。

7.5.2.1.2 主动信道扫描

设备通过主动信道扫描，能够搜索到自己 POS 内可以发送信标帧的所有协调器。

预期的 PAN 协调器可利用这一结果在建立新的 PAN 前选择一个 PAN ID，普通设备则利用扫描结果进行关联。

扫描期间 MAC 子层只接收通过 PHY 数据服务接收到的信标帧。当设备收到信标帧，且帧中为处理地址列表中有自己的地址，设备就不能提取待处理数据。

在主动扫描前，MAC 子层必须存储 *macPANID* 的属性值，并在扫描期间设为 0xffff 以便接收机滤波器接收所有的信标帧，而不局限于设备所在 PAN 的信标帧(见 7.5.6.2)。扫描结束后，*macPANID* 恢复扫描前的设置。

将原语 MLME-SCAN. request 的参数 ScanType 设置为主动扫描，就能对指定的逻辑信道进行主动扫描。扫描过程：首先通过设置 *phyCurrentChannel* 和 *phyCurrentPage* 的属性切换到相应的逻辑信道，并发送信标帧请求命令(见 7.3.7)；发送成功后，设备就打开接收机，使能状态的持续时间不能大于规定的最大时间，即[*aBaseSuperframeDuration* * (2^n+1)]，其中 n 是参数 ScanDuration 的属性值，即扫描的持续时间。扫描过程中，设备只接收信标帧，并记录 PAN 描述符结构(见 7.1.13.1.2 的表 60)中信标帧的信息。在参数 *macAutoRequest* 设置为 TRUE 的前提下，当收到信标帧，MAC 子层就存储 PAN 描述符结构列表，直至扫描结束，再利用原语 MLME-SCAN. confirm 参数 *PANDescriptor* 把它递交给邻近高层。设备的存储能力的有效范围是 1 至规定的 PAN 描述符的最大个数。如果接收到的信标帧含有一个 PAN 标识符和一个源地址，且在当前扫描信道中还没找到该地址，就认为该信标帧是唯一的。相反，当参数 *macAutoRequest* 是 FALSE 时，接收到信标帧后，就通过独立原语 MLME-BEACON-NOTIFY. indication 把每一个保存的 PAN 描述符递交给邻近高层。当接收的信标帧含有 1 个或多个八位位组的有效负荷时，设备也会执行如上的操作。

如果接收到被保护的信标帧，即帧控制字段的安全使能设为 1，设备就对信标帧进行解安全(见 7.5.8.2.2)。

和信标帧对应的 PAN 描述符的安全参数和解安全后信标帧中的对应参数相同。如果解安全返回的状态是 SUCCESS，PAN 描述符的元素 SecurityFailure 就设置为 SUCCESS，否则，设置为其他的状态代码来指示安全处理过程中存在错误。

即使解安全返回的状态表示有错误存在，解安全帧的信息仍要保存在 PAN 描述符中。

在有信标能力 PAN 中，协调器会忽略收到的信标请求命令，并继续发送周期性信标帧。而在不用信标能力 PAN 中，协调器就会采用非时隙的 CSMA-CA 算法发送一个单独的信标帧。

如果 *macAutoRequest* 是 TRUE，当发现的信标帧个数等于规定的最大值(即设备一次能够进行扫描的信道的最大个数)，或是对某信道的扫描时间达到了规定的扫描持续时间，就中止对该信道的主动扫描。而如果 *macAutoRequest* 是 FALSE，只有在达到扫描时间后，才能中止对某一特定信道的主动扫描，相反，就认为该信道还没有进行扫描。

当 *macAutoRequest* 是 TRUE 时，保存的 PAN 描述符的数目等于规定的最大值(即设备一次能够进行扫描的信道的最大个数)，或是指定的可用信道均已扫描完毕，整个主动信道扫描程序才会中止。如果 *macAutoRequest* 是 FALSE，只有在对每个信道进行主动扫描后，才会结束主动扫描程序。

7.5.2.1.3 被动信道扫描

和主动信道扫描一样，设备通过被动信道扫描搜索自己通信范围内可以发送信标帧的所有协调器。不同的是，设备并不发送信标帧请求命令。在关联之前设备可以使用被动信道扫描。

在扫描期间，MAC 子层只接收通过 PHY 数据服务得到的信标帧。如果扫描设备发现信标帧的待处理地址列表中含有自己的地址，就不会提取待处理数据。

在被动扫描前，MAC 子层必须存储 *macPANID* 的属性值，并在扫描期间设为 0xffff 以便接收机滤波器接收所有的信标帧，而不局限于设备所在 PAN 的信标帧(见 7.5.6.2)。扫描结束后，*macPANID* 恢复扫描前的设置。

将原语 MLME-SCAN. request 的参数 ScanType 设置为被动扫描，设备就能对指定的逻辑信道进行被动扫描。扫描过程为：设备首先通过设置 *phyCurrentChannel* 和 *phyCurrentPage* 的属性切换到相应的逻辑信道，然后打开接收机，且使能状态的持续时间不能大于规定的最大时间，即[$aBaseSuperframeDuration * (2^n+1)$]，其中 n 是参数 ScanDuration 的属性值，即扫描的持续时间。扫描过程中，设备丢弃收到的非信标帧，并记录 PAN 描述符结构(见 7.1.13.2.1 的表 59)中所有特定信标帧的信息。在参数 *macAutoRequest* 设置为 TRUE 的前提下，当收到信标帧，MAC 子层就存储 PAN 描述符结构列表，直至扫描结束后，再利用原语 MLME-SCAN. confirm 中的参数 PANDescriptor 把它递交给邻近高层。设备的存储能力的有效范围是 1 至规定的 PAN 描述符的最大个数。如果接收到的信标帧含有一个 PAN 标识符和一个源地址，且在当前扫描信道中还没找到该地址，就认为该信标帧是唯一的。相反，当参数 *macAutoRequest* 是 FALSE 时，接收到信标帧后，设备就通过独立原语 MLME-BEACON-NOTIFY. indication 把每一个保存的 PAN 描述符递交给邻近高层。扫描一结束，就向邻近高层发布原语 MLME-SCAN. confirm，返回一个无效的 PANDescriptorList。当接收的信标帧含有1 个或多个八位位组的有效负荷时，就发布原语 MLME-BEACON-NOTIFY. indication 向邻近高层递交 PAN 描述符。

如果接收到被保护的信标帧，即帧控制字段的安全使能设为 1，设备就对信标帧进行解安全(见 7.5.8.2.2)。

和信标帧对应的PAN描述符的安全参数和解安全后信标帧中的对应参数相同。如果解安全返回的状态是SUCCESS,PAN描述符的元素SecurityFailure就设置为SUCCESS,否则,设置为其他的状态代码来指示安全处理过程中存在的错误。

即使解安全返回的状态表示有错误存在,解安全帧的信息仍要保存在PAN描述符中。

如果*macAutoRequest*是TRUE,当发现的信标帧个数等于规定的最大值(即设备一次能够进行扫描的信道的最大个数),或是对某信道的扫描时间达到了规定的扫描持续时间,就中止对该信道的被动扫描。而如果*macAutoRequest*是FALSE,只有在扫描时间结束后,才能中止对某一特定信道的被动扫描,相反,扫描时间没有达到最大值,就认为该信道还没有进行扫描。

当*macAutoRequest*是TRUE时,保存的PAN描述符的数目等于规定的最大值(即设备一次能够进行扫描的信道的最大个数),或是指定的每个可用信道均已扫描完毕,整个被动信道扫描程序才会中止。如果*macAutoRequest*是FALSE,只有在对每个信道进行被动扫描后,才会结束被动扫描程序。

7.5.2.1.4 孤立设备信道扫描

设备通过孤立设备信道扫描,重新定位失去同步的协调器,扫描期间只接收由PHY数据服务得到的协调器发出的重关联命令帧。

将原语MLME-SCAN.request的参数ScanType设置为孤立设备信道扫描,设备就能对指定的逻辑信道进行孤立设备信道扫描。扫描过程为:设备首先通过设置*phyCurrentChannel*和*phyCurrentPage*的属性切换到相应的逻辑信道,然后发送孤立设备信道扫描的通知命令(见7.3.6)。成功发送后,设备打开接收机,保持到*macResponseWaitTime*结束。如果在这期间,设备成功接收到协调器的重关联命令(见7.3.8),就中止孤立设备信道扫描。

协调器收到孤立设备信道扫描通知命令,MLME就向邻近高层发布MLME-ORPHAN.indiacation原语。高层收到原语后,就在地址列表中搜索原语中指示的设备地址。如果找到该设备的相关信息,就通过MLME-ORPHAN.response原语向这个孤立设备发送协调器重关联命令。要注意一点,设备的搜索过程和协调器重关联命令必须在*macResponseWaitTime*内完成。协调器重关联命令包含有当前网络的PAN标识符,即*macPANID*,当前的逻辑信道和信道记录,以及孤立设备的16bit段地址。而如果协调器没有找到孤立设备的相关信息,就忽略收到的MLME-ORPHAN.indiacation,且不发送MLME-ORPHAN.response原语,相应地,协调器的MLME就不会发送协调器重关联命令。

当设备收到协调器重新关联命令,或是已经扫描了所有指定的逻辑信道,设备就中止孤立设备信道扫描。

7.5.2.2 PAN ID的冲突处理

在相同通信范围内的2个PAN使用同一个PAN ID,就产生了冲突,相应地,PAN协调器和设备就必须执行冲突处理程序,而这一过程对于RFD是任选的。

7.5.2.2.1 冲突的检测

当以下情况发生时,PAN协调器就判断PAN ID产生冲突:

a) 所收信标帧,其中PAN coordinator位设为1(见7.2.2.1.2),且PAN ID等于macPANID;

b) 收到PAN中关联设备发出的PAN ID冲突通知命令(见7.3.5)。

和PAN协调器关联的设备则在如下条件判断PAN ID冲突:

信标帧的PAN coordinator位设为1,且PAN ID等于macPANID,但地址既不为*macCoordShort-Address*也不为*macCoordExtendedAddress*。

当设备和不是PAN协调器的协调器关联时,无法检测到PAN ID产生冲突。

7.5.2.2.2 冲突的处理

PAN中的设备发现PAN ID产生冲突后,就向PAN协调器发送PAN ID冲突的通知命令(见7.3.5)。由于命令中包含确认请求(见7.3.3.1),协调器收到命令后立即给设备发送确认帧。设备收到确认帧后，MLME 发布 MLME-SYNC-LOSS. indication 原语，其中参数 LossReason 设置为 PAN_ID_CONFLICT。若设备没有及时收到确认，MLME 不会将 PAN ID 冲突告知邻近高层。

PAN 协调器检测到 PAN ID 产生冲突，MLME 就向邻近高层发布原语 MLME-SYNC-LOSS. indication，其中参数 LossReason 设置为 PAN_ID_CONFLICT。高层就会进行主动信道扫描，并利用扫描结果选择一个新的 PAN ID，然后通过 MLME-START. request 原语，参数 CoordRealignment 设为 TRUE，以便重组 PAN（见 7.5.2.3）。

7.5.2.3 建立和重组 PAN

本条内容规定了 PAN 协调器如何建立和重组 PAN，以及网络内部设备的重关联。

7.5.2.3.1 建立 PAN

PAN 的产生只能由 FFD 完成：FFD 产生 MLME-RESET. request，原语的参数 SetDfaultPIB 设置为 TRUE，来复位 MAC 层，并执行主动信道扫描，选择合适的 PAN ID。要注意一点，FFD 在设置 *macShortAddress* 时，属性值必须小于 0xffff。从利用主动信道扫描返回的 PAN 描述符列表中选择合适的 PAN ID 的算法不在标准的范围内。

PAN 建立后，FFD 就通过 MLME-START. request 原语（PANCoordinator 设为 TRUE，CoordRealigment 设为 FALSE）控制该 PAN。MAC 子层收到 MLME-START. request 原语后，就更新超帧的结构和信道参数（见 7.5.2.4），然后向 FFD 发布 MLME-START. confirm 原语，且返回状态是 SUCCESS，该 FFD 就作为 PAN 的协调器。

7.5.2.3.2 重组 PAN

当协调器收到原语 MLME-START. request，参数 CoordRealignment 设为 TRUE，就发送重组命令，命令中携带 PAN ID，逻辑信道和信道记录（如果存在）的新信息。

如果协调器已经发送了信标帧，而且参数 CoordRealignment 设为 TRUE，下一个信标帧就必须使用当前的超帧结构，且帧控制字段的帧待处理子字段设置为 1。信标发送完毕后就在当前信道采用 CSMA-CA 机制发送重组命令。

如果协调器没有发送信标帧，且参数 CoordRealignment 设为 TRUE，就必须立即采用 CSMA-CA 机制在当前信道发送重组命令。

如果信道竞争失败而无法成功发送重组命令，MLME 就向邻近高层发布原语 MLME-START. confirm，状态为 CHANNEL_ACCESS_FAILURE。邻近高层收到后可能会重新发布 MLME-START. request 原语。

如果重组命令发送成功，就会在下一信标中采用新的超帧结构和新的信道参数或是立即采用新参数（前提是协调器还没有没有发送信标帧），相应地，MAC 子层发布原语 MLME-START. confirm，状态是 SUCCESS。

7.5.2.3.3 PAN 内部结构的重组

设备收到来自和其关联协调器的重组命令，且此时 MLME 没有进行孤立设备信道扫描，MLME 就会发布原语 MLME-SYNC-LOSS. indication，参数 LossReason 设置为 REALIGNMENT，PANId、LogicalChannel、ChannelPage 以及安全相关参数和重组命令帧中对应参数的设置相同。协调器的邻近高层会发布 MLME-SYNC-LOSS. indication 原语，且参数 CoordRealignment 设置为 TRUE；相应地，不是协调器的设备高层会根据 MLME-SET. request 原语改变超帧结构和信道参数。

7.5.2.4 更新超帧结构和信道 PIB 属性

为了能及时更新超帧结构和信道属性，MLME 将根据原语 MLME-START. request 的参数来设置相应的 PIB 属性，例如：MLME 根据参数 BeaconOrder 的属性来设置 *macBeaconOrder*，如果 *macBeaconOrder* 为 15，*macSuperframeOrder* 也设为 15。在这种情况下，原语构造一个不用信标能力 PAN。如果 *macBeaconOrder* 的值小于 15，MAC 子层就会根据参数 SuperframeOrder 的属性来设置 *macSuperframeOrder*。此外，MAC 子层也要分别根据参数 PANId、ChannelPage 和 LogicalChannel 的属性

及时更新 *macPANID*、*phyCurrentPage* 和 *phyCurrentChannel*，这一过程要连续两次发布原语 PLME-SET. request 来实现。

7.5.2.5 信标帧的生成

只要设备的 *macShortAddress* 不是 0xfffff，就能够发送信标帧。

只有当 BeaconOrder 的值小于 15，FFD 通过原语 MLME-START. request 开始发送信标帧。

FFD 既可以作为新建 PAN 的 PAN 协调器发起信标帧，也可以作为已建 PAN 的普通设备发起信标帧，而这取决于参数 PANCoordinator 的值(见 7.1.14.1)。FFD 只有成功关联到一个已建 PAN 后，才能在 PAN 中传输信标帧。

若 FFD 是 PAN 协调器(PANCoordinator 设为 TRUE)，MAC 子层就忽略参数 StartTime 的值，并立即发送信标帧。而 StartTime 为 0 时，也会促使 MAC 子层执行相同的操作。如果 FFD 不是 PAN 协调器，且 StartTime 不为 0，就需要采用以下方法计算信标帧的发送时间：首先将参数 StartTime 和退避时隙边缘一致，当 MAC 子层收到关联的协调器发送的信标帧，就把接收时刻加到参数 StartTime 上。当本地时钟和所计算的时间相同，MAC 子层就发送信标帧。为了计算信标帧的发送时间，MAC 子层首先要跟踪关联协调器的信标帧。如果发布了原语 MLME-START. request，参数 StartTime 不为 0，MAC 子层此时也并未跟踪协调器的信标帧，MLME 就不会发送信标帧，而是发布原语 MLME-START. confirm，状态设置为 TRACKING_OFF。

如果设备连续错过了 1 至(*aMaxLostBeacons*-1)个来自其协调器的信标帧，设备将根据 *macBeaconOrder*(见 7.5.2.4)和本地时钟继续发送自己的信标帧。如果设备发送自己的信标帧后收到协调器的信标帧，说明设备没有失去同步，就根据参数 StartTime 和流入信标重新发送自己的信标帧。如果设备与协调器失去了同步，设备的 MLME 将向邻近高层发布原语 MLME-SYNC-LOSS. indication，并立即停止发送自己的信标帧。不论何时收到原语 MLME-SYNC-LOSS. indication 之后，邻近高层可能发布新的 MLME-START. request 原语来重新传输信标帧。

收到 MLME-START. request 原语后，MAC 子层将 PAN 标识符保存到 *macPANId*，且在信标帧的源 PAN 标识符字段中使用该属性值。如果 *macShortAddress* 等于 0xfffe，信标帧源地址字段的地址将为 *aExtendedAddress*，否则为 *macShortAddress*。

信标帧的最新发送时间保存在 *macBeaconTxTime* 中，为了确保在每个信标帧中的保存位置都是相同的符号边缘，必须计算信标帧的发送时间。属性 *macSyncSymbolOffset* 详细规定了符号边缘，它和流入信标帧的时间戳有相同的用法(见 7.5.4.1)。

每个信标帧都在超帧的开始处发送，且发送间隔是 *aBaseSuperframeDuration* * 2^n 个符号，其中 n 是 *macBeaconOrder* 的值(信标帧的结构见 7.2.2.1)。

信标帧的发送优先级高于其他收发操作。

7.5.2.6 设备的发现

所有协调器通过发送信标帧向其他设备表明自己的存在，这也使其他设备能执行设备发现操作。

当协调器不是 PAN 协调器时，只有在和 PAN 成功关联后，才能发送信标帧，其他设备则通过原语 MLME-START. request(PANCoordinator 设为 FALSE)开始发送信标帧，过程如下：MLME 收到 MLME-START. request，就根据参数 StartTime 的值发送一个信标帧，在该过程中要用到以下参数：关联 PAN 的 *macPANId* 以及设备的地址信息。如果 *macShortAddress* 为 0xffff，就采用扩展地址 *aExtendedAddress*，否则，就采用短地址 *macShortAddress*。每隔 *aBaseSuperframeDuration* * 2^n 个符号就发送一个信标帧，其中 n 是 *macBeaconOrder* 的值。

7.5.3 关联和解关联

7.5.3.1 关联

设备通过发布原语 MLME-RESET. request(SetDefaultPIB 为 TRUE)对 MAC 子层复位，并进行主动或被动信道扫描后，才能和 PAN 关联，其中信道扫描的结果用于选择 PAN，但如何选择 PAN 不在标准讨论范围之内。

选择要关联的 PAN 后，邻近高层就通过原语 MLME-ASSOCIAT. request 请求 MLME 设置 PHY 和 MAC 层的 PIB 属性以便关联：

a) *phyCurrentChannel* 和原语 MLME-ASSOCIAT. request 的参数 LogicalChannel 相同；

b) *phyCurrentPage* 和原语 MLME-ASSOCIAT. request 的参数 ChannelPage 相同；

c) *macPANId* 和原语 MLME-ASSOCIAT. request 的参数 CoordPABNId 相同；

d) *macCoordExtendedAddress* 或 *macCoordShorAddress* 取决于欲关联的协调器发送的信标帧，它和 *MLME-ASSOCIATE. request* 的参数 *CoordAddress* 相同。

只有协调器的 *macAssociationPermit* 属性为 TRUE 时，它才允许关联。同样，设备只能通过允许关联的协调器和一个 PAN 建立关联。*macAssociationPermit* 为 FALSE 的协调器，会忽略收到的关联请求命令。在信道扫描结果中将会指示协调器是否允许关联。

为了优化有信标能力网络的关联过程，设备可以跟踪欲关联的协调器发送的信标帧。这一过程是通过邻近高层发布原语 MLME-SYNC. request(TrackBeacon 为 TRUE)实现的。

原语 MLME-ASSOCIATE. request 指示设备和已存在的 PAN 关联，而不是产生自己的 PAN。

设备从接收到的信标帧中获取协调器的信息(信标中包含的协调器的 *macAuthenticationNeed* 属性值)，判断协调器是否支持鉴别过程：如果协调器不支持鉴别过程，设备的 MAC 子层向协调器发送关联请求来开始关联操作；如果协调器支持鉴别过程，设备判断自身是否支持鉴别过程(主要是自身的 *macAuthenticationNeed* 属性值)：如果设备支持鉴别过程，则设备需要在信标帧的有效负荷中提取协调器支持和推荐的鉴别套件信息，并选择相应鉴别套件，执行鉴别过程；如果设备不支持鉴别过程，判断协调器是否允许不支持鉴别过程的设备通过它加入网络(通过信标帧中包含的协调器的 *macUnAuthPermit* 属性值)：如果允许，设备向协调器发送关联请求开始关联操作；如果不允许，返回并结束关联过程。

未关联设备通过其 MAC 子层向协调器发送鉴别请求帧启动鉴别过程；如果由于信道访问失败而无法成功发送鉴别请求，MAC 子层需要通知邻近高层。鉴别请求帧中包含确认请求，所以协调器需要发送一个确认帧对其收到的鉴别请求帧进行确认。

收到对鉴别请求帧的确认并不意味着已经通过鉴别。协调器的上层需要时间进行鉴别判断，并且协调器的邻近高层必须在选定的鉴别套件定义的具体鉴别过程完成之后的 *macResponseWaitTime* 个信号内作出上述判断。如果协调器的邻近高层发现请求设备已经和它的 PAN 建立了关联，它就会删除所有已得到的该设备相关信息。如果鉴别失败，协调器的邻近高层需要通知其 MAC 子层，MLME 需要产生一个鉴别响应帧指示失败信息。鉴别响应帧通过间接传递的方式发送，也就是，鉴别响应帧被添加到协调器的待处理事务列表中，然后由设备提取。鉴别响应帧的提取和关联响应帧的提取方法类似，见下面关联响应帧的提取方法。

设备接收到鉴别响应帧，如果鉴别通过，就开始下面的关联过程。否则就结束关联过程。

未关联设备的 MAC 子层向已生成的 PAN 的网络协调器发送关联请求来开始关联操作；如果由于信道接入失败而无法成功发送关联请求，MAC 子层就通知邻近高层。协调器必须对收到的关联请求发送确认帧。

协调器接收到关联请求帧之后，协调器判断自身(根据其属性 *macAuthenticationNeed*)是否支持鉴别过程。若支持鉴别，则根据关联请求帧相应的状态判断请求设备是否通过了鉴别，如果通过了鉴别，根据协调器自身保存的设备鉴别信息判断请求设备是否真的通过鉴别：如果真的通过鉴别，就进行下面的根据协调器自身资源判断是否允许关联的过程；如果没有通过鉴别，就发送关联响应帧，拒绝关联请求。若不支持鉴别，则就进行下面的根据自身资源状况判断是否允许关联的过程。

对关联请求的确认并不意味着允许关联，因为协调器的邻近高层需要时间来判断目前 PAN 的资源是否足够允许设备关联，且必须在 *macResponseWaitTime* 个符号内作出决定。如果协调器的邻近高层发现设备已经和PAN关联，就会删除得到的信息。如果有足够可利用的资源，协调器的邻近高层就会给设备分配一个16bit的短地址，而且MAC子层产生关联响应命令，关联响应命令中包含这个新地址并指示关联成功；相反，如果没有足够可利用的资源，就不能进行关联，协调器的邻近高层将通知MAC子层，相应地，产生关联响应命令指示关联失败。关联响应命令将间接地发送给请求关联的设备。

若关联请求帧里地址位为1，协调器将根据支持的地址方式，在地址范围内选择一个16 bit短地址，否则地址为0xfffe，在这种情况下，设备虽然已经成功关联但并没有获得一个16 bit短地址，但在PAN中只能使用64 bit的扩展地址来标识自己。

设备在收到关联请求的确认帧之后，必须等待*macResponseWaitTime*个信号时间以便协调器做关联请求判断。PIB属性*macResponseWaitTime*是一个与网络拓扑相关的参数，其值必须符合设备所要关联的网络的特定要求。如果设备正在跟踪信标帧，当收到的信标帧中指示有它的数据时，设备就尝试从协调器提取关联响应帧；如果设备没有跟踪信标帧，设备在*macResponseWaitTime*信号时间之后才尝试从协调器提取关联响应帧。如果设备在*macResponseWaitTime*信号时间内没有从协调器提取到关联响应帧，MLME就要向邻近高层发送原语MLME-ASSOCIATION. confirm，状态为NO-DATA，关联请求失败。这时，设备的邻近高层通过发送一个参数TrackBeacon为FALSE的原语MLME-SYNC. request来终止对信标帧的跟踪。

由于关联响应命令中包含确认请求，请求关联的设备必须回复一个确认帧。如果命令帧的关联状态字段的值指示关联成功，设备将命令帧中的16 bit短地址字段内的地址信息保存到*macShortAddress*；设备利用短地址在PAN中的通信方式取决于参数*macShortAddress*的有效范围。如果扫描后用于关联的信标帧携带了协调器的短地址，关联响应命令帧的MHR字段的协调器扩展地址将保存到*macCoordExtendedAddress*。

如果关联相应命令的关联状态字段显示关联失败，设备将*macPANId*设为默认值0ffff。

表81　16 bit短地址的利用

*macShortAddress*的值	描述
0x0000～0xfffd	如果含有源地址，对于信标帧和数据帧，采用短地址，而对于MAC命令帧采用其他合适的寻址方式(见7.3)
0xfffe	如果含有源地址，对于信标帧和数据帧，采用扩展地址，而对于MAC命令帧采用其他合适的寻址方式(见7.3)
0xffff	设备不能关联，所以进行任何的数据收发。而对于MAC命令帧采用合适的源地址寻址方式(见7.3)

7.5.3.2　解关联

当邻近高层向MLME发布MLME-DISASSOCIATE. request原语，MAC就执行解关联程序。

如果协调器希望某个已关联的设备离开PAN，协调器的MLME子层将发送解关联通告命令，发送该命令的方式取决于邻近高层已发送的MLME-DISASSOCIATE. request原语中的参数TxIndirect。如果TxIndirect为TRUE，协调器将使用非直接传输方式发送解关联通告命令给设备，这意味着解关联通告命令帧将添加到协调器的待处理事务列表，接收设备将采用7.5.6.3所描述的方法来提取解关联通告命令，即使接收设备无法成功提取解关联通告命令，协调器也认为设备已经解关联。如果TxIndirect为FALSE，协调器将解关联通告命令直接发送给设备，在这种情况下，若信道竞争失败而无法成功发送该命令，MAC子层就会通知邻近高层。

解关联通告命令中包含确认请求(见7.3.3.1)，接收设备必须回复一个确认帧。然而，即使未收到确认帧，协调期也认为解关联成功。

如果已关联设备希望脱离 PAN，设备的 MLME 将向协调器发送解关联通告命令。若信道竞争失败而无法成功发送命令，MAC 子层就会通知邻近高层。由于解关联通告命令中包含确认请求(见 7.3.3.1)，协调器回复发送确认帧。然而，即使未收到确认帧，设备也认为解关联成功，自己已经脱离该 PAN。

如果解关联通告命令中的源地址是 *macCoordExtendedAddress*，设备认为自己已经和 PAN 解关联。如果协调器收到解关联命令，且源地址不等于 *macCoordExtendedAddress*，协调器将验证源地址对应的设备是否已关联设备；如果是，协调器将认为该设备已解关联。若以上条件均不满足，协调器就丢弃该命令帧。

已关联设备通过删除和 PAN 相关的所有相关信息来解关联；MLME 将参数 *macPANId*、*macShortAddress*、*macAssociatedPANCoord*、*macCoordShortAddress* 和 *macCoordExtendedAddress* 设置为默认值。协调器通过删除设备的所有相关信息来和设备解关联。

请求解关联设备的邻近高层将通过 MLME-DISASSOCIATE.confirm 原语获得解关联的结果。

7.5.4 同步

本条规定了协调器如何生成信标帧以及设备节点如何与协调器进行同步。对于支持信标帧的 PAN，通过接收信标帧并解码来实现同步；对于不支持信标帧的 PAN，则通过向协调器请求数据来实现同步。

7.5.4.1 信标同步

在有信标能力的 PAN(即 *macBeaconOrder*<15)中，为了检测所有待处理数据或跟踪信标帧，所有设备将执行信标同步。只有当信标帧的 PAN 标识符和参数 *macPANId* 规定的相同时，设备才能与该信标帧进行同步。如果 *macPANId* 设置为广播 PAN 标识符(0xffff)，设备不执行信标同步。

原语 MLME-SYNC.request 指示设备跟踪信标帧。如果原语定义了跟踪，设备将获取信标帧，并周期性地打开接收机以跟踪信标帧保持同步。如果未定义跟踪，设备会在下一信标帧到来时中止同步。

为了与信标同步，设备打开接收机搜索信标帧，时间不能超过规定的最长时间：

[$aBaseSuperframeDuration*(2^n+1)$]，式中 n 是 *macBeaconOrder* 的值，若未能收到携带设备所在 PAN 的 PANId 的信标帧，MLME 就重复搜索过程。一旦未收到的信标数达到 *aMaxLostBeacons*，MLME 将向邻近高层发布 MLME-SYNC-LOSS.indication 原语，状态参数为 BEACON_LOSS。

MLME 在收到的信标帧的相同码元边缘处计时，位置的选择 *macSyncSymbolOffset* 的属性决定，同时该位置也与流出信标帧计时的码元边缘位置一样，后者取决于 *maxBeaconTxTime* 的属性。计时的数值等于当设备处于码元边缘位置的时间值，所以它是相对时间，不过也可以根据需要变换为绝对时间。

如果收到被保护的信标帧(即帧控制字段的安全使能子字段设为 1)，设备将使用 7.5.8.2.2 描述的解安全操作对信标帧实行解安全。如果解安全过程返回的状态不是 SUCCESS，MLME 将发布原语 MLME-COMM-STATUS.indication，其中状态参数设置为解安全过程返回的状态。

信标帧中的 PAN 描述符(见表 43)中的安全相关参数对应解安全返回的相关参数。如果解安全返回的状态为 SUCCESS，PAN 描述符中的 SecurityFailure 将设为 FALSE，否则设为其他状态，指示安全错误。

收到信标后，MLME 将提取源地址以及 MAC 帧头中的源 PANId 字段的信息，并分别与协调器的源地址(源地址是 *macShortAddress* 还是 *macCoordShortAddress* 取决于寻址方式)和 PANId (*macPANId*)进行对比，若不匹配，就丢弃该信标帧。

若收到有效信标帧，且 *macAutoRequest* 为 FALSE，MLME 就通过原语 MLME-BEACON-NOTIFY.indication 向上层传送信标帧参数。

当收到有有效负荷的信标帧，而 *macAutoRequest* 为 TRUE，MLME 首先发布原语 MLME-BEACON-NOTIFY.indication，并将自己的地址与信标帧中的地址列表的地址进行比较。如果列表中包含设备的16bit短地址或是64bit扩展地址，且源PANId和*macPANId*匹配，MLME就从协调器提取剩余的数据，相关过程见7.5.6.3。

如果网络处于信标跟踪状态，MLME会在下一信标帧传输之前，即在下一个超帧开始之前打开接收机。如果连续不能收到*aMaxLostBeacons*个信标帧，MLME将向邻近高层发布MLME-SYNC-LOSS.indication原语，状态参数为BEACON_LOST。

7.5.4.2 非信标同步

在不用信标能力PAN(即*macBeaconOrder*=15)中，设备的邻近高层可以根据需要向协调器提取数据。

当设备的MLME收到MLME-POLL.request原语，即可从协调器获得数据。收到原语后，MLME会从协调器提取待处理的数据，相关过程见7.5.6.3。

7.5.4.3 孤立设备重关联

如果邻近高层请求发送数据之后，屡次被通告通信失败，设备将判断自己成为孤立设备。当设备事务没有到达协调器，即重复*macMaxFrameRetries*次发送数据后仍未收到确认，将意味着这次通信失败。判定自己为孤立设备后，邻近高层可能会通知MLME重新加入一个PAN，或者对MAC子层进行复位以进行关联操作。

如果邻近高层决定执行孤立设备重关联，就发布原语MLME-SCAN.request，且参数ScanType设为孤立设备信道扫描，ScanChannel参数列出了所要扫描的信道。收到该原语后，MAC子层将开始孤立设备信道扫描，见7.5.2.1.4。

如果孤立设备信道扫描成功(即已定位到PAN)，设备将根据协调器重关联命令(见7.3.8)中包含的PAN信息更新MAC的PIB属性。

7.5.5 事务处理

本条主要针对低成本设备，即设备一般使用电池供电，因此事务的处理请求来自设备而不是协调器，且数据传输一般采用间接方式，即协调器必须在信标帧中指示设备有待处理的数据，或由设备询问协调器是否有其尚待处理的事务。

当协调器的邻近高层发布原语MCPS-DATA.request，或是MLME请求发送MAC命令(一般MAC命令由邻近高层发布的原语产生，如MLME-ASSOCIATE.request，见7.1.3.1)，协调器开始处理事务。事务处理完毕，MAC子层就给邻近高层返回状态值。如果请求原语发起间接传输，就要使用相应的确认原语返回状态值。相反，如果响应原语发起间接传输，就要使用原语MLME-COMM-STATUS.indication来返回状态值。要注意的是，必须检查目标地址的信息，使原语MLME-COMM-STATUS.indication和其对应的相应原语关联。

间接数据传输请求里包含的信息构成了一个事务，协调器至少要能储存一个事务。当协调器收到请求而没有足够的存储空间，MAC子层就向邻近高层发布相应的原语，返回状态TRANSACTION-OVERFLOW。在收到间接数据传输请求后进行事务处理。

若协调器有足够的存储空间，则确保同一个设备的事务按照它们到达MAC子层的顺序进行传输。如果所传输的事务不是最后一个，MAC层就把帧中的帧待处理子字段设为1，指示还有需要处理的事务。

每个事务在协调器中的停留最长时间为*macTransactionPersistenceTime*，若超过，MAC层将丢弃该事务的信息，且向邻近高层发布一个相应的原语，返回TRANSACTION_EXPIRED状态。为确保每个事务都能成功提取，设备必须对接收的事务回复确认帧。

如果成功处理某个事务，MAC子层就删除该事务的所有信息，并通过相应的原语向邻近高层返回状态SUCCESS。

协调器在发送信标帧时，则应在地址列表中列出事务相关设备的地址，且在待处理地址字段中说明地址的数目。若协调器能储存7个以上的事务，则按照先到先服的原则在信标帧中指明，确保帧中包含的地址不超过 7 个。对用 GTS 进行传输的事务，信标帧不包含对应设备的地址，协调器只是在分配给设备的 GTS 中进行传输。

在有信标能力网络里，如果有发往广播地址的事务，帧中控制字段中的帧待处理子字段设置为 1，且紧跟在信标传输结束后采用 CSMA-CA 机制发送待处理事务，如果还有类似的事务，必须推迟到下一超帧中发送，即每个超帧只能间接传输一个事务。

在有信标能力 PAN 中，设备收到包含自身地址的信标帧就将向协调器提取数据，而在非信标识使能 PAN 里，设备在收到 MLME-POLL. request 原语后向协调器提取数据。设备提取待处理数据的过程见 7.5.6.3。如果设备收到的信标帧中待处理子字段的值为 1，设备的接收机会保持打开状态来接收来自协调器的广播数据，持续时间是 *macMaxFrameTotalWaitTime* 个符号。

7.5.6 发送、接收和确认

本条描述了发送、接收和确认的基本过程。

7.5.6.1 发送

每个设备都将其当前的 DSN 存储在 MAC PIB 属性 *macDSN* 中，并将其初始化为一个随机数，选择随机数的算法不在规范的制订范围。每当生成一个新的数据帧或 MAC 命令帧，MAC 子层都将 *macDSN* 的值复制到流出帧的 MHR 的对应字段中，再将 *macDSN* 加 1。不论设备要和哪几个设备通信，都只会产生一个 DSN。又因为 *macDSN* 长度有限，达到最大值后，要重新复位，因此允许 *macDSN* 循环使用。

而对于协调器，则要把自己当前的信标序列号(BSN)存储在 MAC PIB 属性 macDSN 中，并将其初始化为一个随机数；随机数的选择也不在规范的制订范围。每生成一个信标帧，MAC 层将 macBSN 的值复制到流出帧的 MHR 的对应字段中，并将 macBSN 加 1。同样也允许 macBSN 循环使用。

要注意的是，DSN 和 BSN 都只有 8bit，对于邻近高层而言，其利用范围是极其有限的，如 DSN，一般用于检测重传的帧。

若帧中有源地址字段，字段值应携带发送设备的地址。当一个设备已经关联，并分配有一个 16bit 的短地址(*macShorAddress* 不是 0xfffe 或 0xffff)，短地址的使用优先级高于 64bit 的扩展地址(即 *aExtendedAddress*)。而如果设备还没有和 PAN 关联或 *macShorAddress* 是 0xffff，设备就要在所有要求源地址的通信中使用 64bit 的扩展地址。如果帧中不存在源地址字段，帧来自 PAN 协调器，目的地址字段中包含接收设备的地址。

如果帧中存在目的地址字段，应携带接收设备的地址，该地址可以是 16bit 短地址，也可以是 64bit 扩展地址。如果目的地址字段不存在，可以认为接收帧的设备是 PAN 协调器，源地址字段中包含发送设备的地址。

如果目的地址信息和源地址信息均存在，MAC 子层就将目的 PAN 标识符和源 PAN 标识符进行对比：如果相同，帧控制字段的 PAN ID 子字段设为 1，并忽略发送帧中的源 PAN 标识符；如果不相同，帧控制字段的 PAN ID 子字段设为 0，发送帧包含两者的信息。如果只存在一个地址信息，帧控制字段的 PAN ID 子字段设为 0，帧中包含地址所在网络的 PAN 标识符。

在有信标能力 PAN 中传输帧时，设备必须在帧发送前找到信标帧。如果未跟踪到信标帧(见 7.5.4.1)而无法预知信标帧将何时出现，设备将打开接收机来搜索信标帧，搜索时间为[$aBaseSuperframeDuration * (2^n + 1)$]个符号，这里 n 是 *macBeaconOrder* 的值。如果在这段时间内找不到信标帧，设备采用非时隙的 CSMA-CA 算法竞争信道，并在信道竞争成功后发送帧。如果已经搜索到或正在跟踪信标帧，设备就在超帧内发送帧。要想在 CAP 阶段传输，则必须采用时隙 CSMA-CA 算法成功竞争信道(见 7.5.4.1)，如果是在 GTS 中传输则不需使用 CSMA-CA 算法。

如果是在不用信标能力 PAN 中传输帧，设备必须使用非时隙的 CSMA-CA 算法(见 7.5.1.4)成功竞争信道后发送帧。

无论是有信标能力 PAN 还是不用信标能力 PAN，若采用直接传输方式，当使用 CSMA-CA 算法没有成功竞争到信道时,必须通知邻近高层。而如果采用了间接传输方式,信道竞争失败时,帧会停留在事务队列中,直至要求重新发送或是队列已满时,才会发送出去。

设备采用流出帧的安全程序来处理帧(见 7.5.8.2.1)。

如果流出帧的安全程序返回的状态不是 SUCCESS,MLME 就会发布对应的确认原语或 MLME-COMM-STATUS.indication,其中状态参数设为返回的状态值,来指示错误。

为了发送帧,MAC 子层首先要打开发射机,方法是:向 PHY 发布原语 PLME-SET-TRX-STATE.request,状态为 TX_ON。接收到 PLME-SET-TRX-STATE.confirm 原语后,不管状态为 SUCCESS 还是 TX_ON,生成的帧将通过 PD-DATA.request 原语发送出去。当收到 PD-DATA.confirm 原语后,MAC 子层将关闭发射机,方法是:向 PHY 发布原语 PLME-SET-TRX-STATE.request,状态为 RX_ON 或 TRX_OFF,这取决于传输之后接收机是否处于使能状态。如果帧控制字段中确认请求子字段设置为 1,在成功发送帧后,MAC 子层向 PHY 发布 PLME-SET-TRX-STATE.request 原语(状态为 RX_ON)来打开接收机。

7.5.6.2 接收和拒收

在空闲阶段,每个设备的 MAC 子层都要选择是否让接收机保持使能状态,因为 MAC 子层仍要处理来自邻近高层的收发请求。收发任务可以是带有确认(如果要求)的发送请求,也可以是接收请求。

每完成一个收发任务,MAC 子层将根据 *macBeaconOrder* 和 *macRxOnWhenIdle* 值来请求 PHY 打开或关闭接收机。如果 *macBeaconOrder* 小于 15,仅在下一超帧 CAP 的空闲期间才考虑 *macRxOnWhenIdle* 的值。如果 *macBeaconOrder* 等于 15,总是需要考虑 *macRxOnWhenIdle* 的值。

由于无线通信的特性,接收机处于使能状态的设备不仅能接收来自同一信道和 POS 内的数据并对其译码,也能处理其他设备的干扰,其中数据都是遵从本部分的设备发送的。因此,MAC 子层必须能够过滤流入的数据帧,并提交发往邻近高层的数据帧。

经过第 1 层过滤,MAC 子层将根据 7.2.1.9 描述的算法,丢弃所有 MFR 中 FCS 字段值不正确的帧。接收端根据接收帧的 MAC 帧头和帧有效负荷计算帧校验值,并和帧中携带的 FCS 值进行对比。若相同,就接收,否则丢弃。

第 2 层过滤则取决于 MAC 子层是否工作在混合方式。若是,MAC 子层把所有通过第 1 层过滤的帧直接传送到邻近高层,不需要再进行任何过滤或处理。当 *macPromiscuousMode* 设为 TRUE,MAC 子层的工作方式为混合方式。

如果 MAC 子层不处于混合方式(即 *macPromiscuousMode* 设为 FALSE),它将只接收通过第 3 层过滤的帧:

a) 帧类型子字段不含保留帧类型。
b) 帧版本子字段不含保留值。
c) 如果帧中包含目的 PAN 标识符,它应和 *macPANId* 相匹配,或是广播 PAN 标识符(0xffff)。
d) 如果帧中含有目的设备的短地址,它应和 *macShorAddress* 匹配,或是广播地址(0xffff)。相反,如果包含的是扩展地址,必须和 *aExtendedAddress* 匹配。
e) 如果接收帧是信标帧,源 PAN 标识符应和 *macPANId* 匹配,而当 *macPANId* 是 0xffff 时,忽略源 PAN 标识符并接收该信标帧。

如果数据帧或 MAC 命令帧只包含源地址字段,仅当设备是 PAN 协调器,并且源 PAN 标识符与 *macPANId* 匹配时,才接收帧。

如果不满足第 3 层的过滤条件,MAC 子层就丢弃接收的帧。通过第 3 层过滤的帧被认为是有效帧,才能进一步处理。对于非广播的有效帧,如果是数据帧或 MAC 命令帧,且帧控制字段的确认请求字段置为 1,MAC 子层需要回复确认帧,且确认帧的序列值和所收数据帧或 MAC 命令帧的序列值相同,这样做的目的在于使发送数据帧或 MAC 命令帧的设备收到确认帧后,可以判定接收的确认帧是发给自己的。

如果帧中包含目的地址和源地址的信息，且帧控制字段的 PAN ID 压缩子字段设为 1，MAC 子层就认为被忽略的源 PAN 标识符和目的 PAN 标识符相同。

设备采用流入帧的安全程序对帧作进一步处理，见 7.5.8.2.2。

如果返回的状态不是 SUCCESS，MLME 就会发布相应的确认原语，或 MLME-COMM-STATUS. indication 原语(状态参数的值和返回的状态值相同)来指示错误，其中相关的安全参数设置为解安全处理返回的对应参数。

如果该有效帧是数据帧，MAC 子层将发布 MCPS-DATA. indication 原语，把帧的相关信息传递给邻近高层。其中 MCPS-DATA. indication 原语中的安全参数为解安全后返回的相应安全参数。

如果该有效帧是 MAC 命令帧或信标帧，MAC 子层就作进一步处理，并向邻近高层发送相应的确认或指示原语，原语中的安全参数也是和解安全返回的相应参数值相同。

7.5.6.3 从协调器提取待处理数据

有信标能力 PAN 中的设备能够通过检查收到信标帧的内容来判断是否有待处理的帧，见 7.5.4.1。如果信标帧的地址列表中包含设备的地址，且 *macAutoRequest* 是 TRUE，设备的 MLME 将在超帧的 CAP 阶段向协调器发送数据请求命令(见 7.3.2.1)，并将帧控制字段的确认字段设为 1。唯一例外的情况是，当设备进行主动或被动信道扫描，接收到信标帧后并不进行以上所述的操作(见 7.5.2.1)。在这两种情况下，设备的 MLME 向协调器发送数据请求：第 1 种情况是，MLME 收到邻近高层的 MLME-POLL. request 原语；第 2 种情况是，MLME 收到数据请求命令的确认帧后并等待规定的最大时间，即 *macResponseWaitTime* 个符号，例如在关联过程中。如果数据请求是发往 PAN 协调器，忽略目的地址信息。

如果数据请求命令由 MLME-POLL. request 原语产生的，MLME 将根据原语 MLME-POLL. request 中的 3 个参数：SecurityLevel、KeyIdMode 和 KeyId，对数据请求命令进行安全处理，见 7.5.8.2.1。否则，MLME 将根据 PIB 的 3 个属性：*macAutoRequestSecurityLevel*、*macAutoRequestKeyIdMode* 和 *macAutoRequestKeyId*，对数据请求命令进行安全处理，见 7.5.8.2.1。

成功收到数据请求命令后，协调器将回复确认帧给发送设备以确认收到该命令。如果在发送确认帧(见 7.5.6.4.2)之前，协调器有足够时间判断设备是否有待处理的帧，它将根据判断结果设置确认帧的帧控制字段中的帧待处理子字段。如果没有足够时间，协调器将确认帧的帧控制字段中的帧待处理子字段设为 1。

如果确认帧的帧待处理子字段为 0，设备就判断协调器中没有需要处理的数据。

如果确认帧的帧待处理子字段为 1，设备将打开接收机，并持续规定的最大时间，即 *macMaxFrameTotalWaitTime* 个 CAP 符号，以接收来自协调器的数据帧。如果协调器中的确有请求设备的待处理数据，协调器将使用本条描述的方法向设备发送数据帧。如果没有，协调器将向设备发送无需确认的数据帧，且帧有效负荷为空，指示目前没有要处理的数据，其中传输方式也采用本条描述的方法。

对数据请求命令进行应答后，将选择如下方法之一发送数据帧：

a) 不使用 CSMA-CA 算法，前提是 MAC 子层能在退避时隙边缘处 *aTurnaroundTime* 和 (*aTurnaroundTime*＋*aUnitBackoffPeriod*) 符号之间传输数据帧，以及在 CAP 中传输消息、一定的 IFS 和确认帧(见 6.5.1 关于 *aTurnAroundTime* 的阐述)。如果在数据帧发送完毕后没有收到确认帧，就按照收到一个新数据请求命令的流程重新开始。

b) 使用 CSMA-CA 算法。

如果请求设备在 *macMaxFrameTotalWaitTime* 个码元后没有收到来自协调器的数据帧，或者收到的数据帧的有效负荷为零，设备判定协调器中没有自己待处理的数据。收到来自协调器的数据帧，请求设备将根据协调器的要求发送确认帧以确认收到数据。

如果数据帧的帧控制字段中的帧待处理子字段设为 1，说明协调器中还有待处理数据，设备将重新向协调器发送数据请求命令来提取数据。

7.5.6.4 确认和重传的应用

在发送数据帧或 MAC 命令帧时，将根据需要恰当地设置帧控制字段的确认请求子字段，而对于信标帧或确认帧，确认请求子字段设为 0，同样的，所有广播帧的确认请求子字段设为 0。

7.5.6.4.1 无确认

如果发送帧的确认请求子字段设为 0，接收方将不回复确认帧，且发送设备也会认为帧已发送成功。图 71 是无确认时的数据成功传输流程图。在这种情况下，发送的数据帧的帧控制字段的确认请求(AR)子字段为 0。

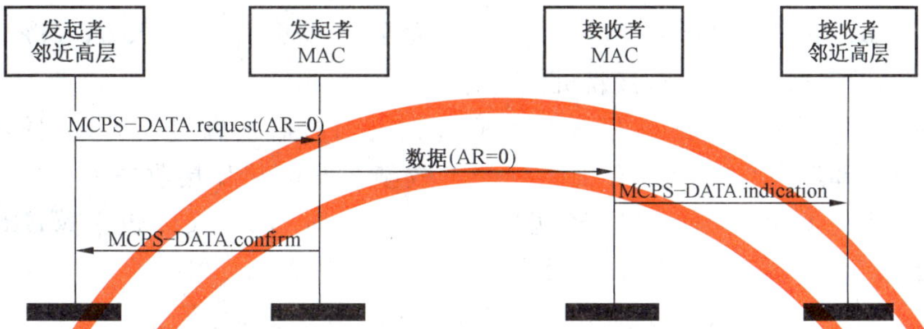

图 71 无确认的数据成功传输流程图

7.5.6.4.2 确认

如果帧控制字段的确认请求子字段是 1，接收端就必须回复一个确认帧。正确接收帧后，接收设备将生成并发送确认帧，且确认帧中包含的 DSN 与接收的数据帧或 MAC 命令帧的 DSN 相同。

在信标非使能 PAN 中或在 CFP 阶段，完成数据帧或 MAC 命令帧的接收后经过 *aTurnaroundTime* 个符号，设备开始发送确认帧。在 CAP 阶段，要等待 *aTurnaroundTime* 个符号，或是在退避时隙边缘开始发送确认帧。如果是后一种情况，确认帧要在 *aTurnaroundTime* 个符号与(*aTurnaroundTime* + *aUnitBackoffPeriod*)个符号之间的某时刻发送。常量 *aTurnaroundTime* 的定义见表 20(见 6.5.1)。图 72 是带确认帧的数据成功传输流程图，在这种情况下，发送设备发送数据帧时，将帧控制字段的确认请求子字段设为 1 来要求接收设备回复确认帧。

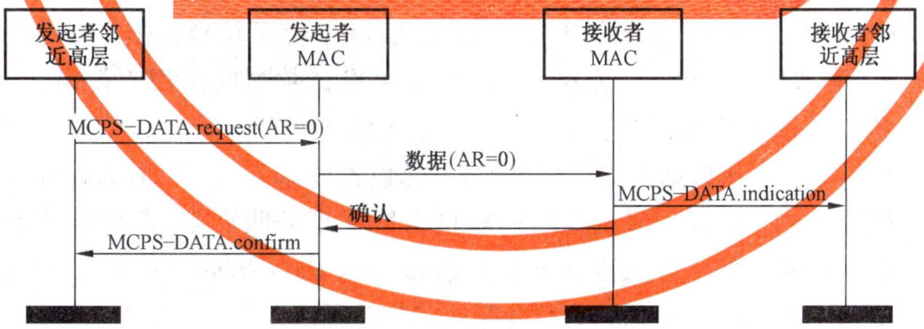

图 72 带确认帧的数据成功传输流程图

7.5.6.4.3 重传

当设备发送的帧不要求确认(帧控制字段的确认请求子字段为 0)，它总是认为接收端能够成功接收，所以不会进行重传。

当设备发送的是数据帧或 MAC 命令帧，且要求确认(帧控制字段的确认请求子字段为 1)，就要等待相应的确认帧。如果在规定的最大时间内，即 *macAckWaitDurationge* 个符号，收到确认帧，且 DSN 与所发送帧的 DSN 相同，发送设备判定发送成功；如果规定时间内没有接收到确认帧，或是确认帧的 DSN 和发送帧的 DSN 不相同，设备判定此次发送失败。

当协调器发送数据帧或 MAC 命令帧时，若采用间接传输方式，且没有成功接收，不会进行重传。相反，若采用直接传输方式，该帧将保留在协调器的事务队列中，并且只在收到新的数据请求命令后，才提取该帧进行重传，要注意的是，重传时使用的 DSN 与第一次发送时使用的 DSN 相同。

当设备发送数据帧或 MAC 命令帧时，若采用直接传输方式，且没有发送成功，设备就会重传该帧，并等待相应的确认帧，直到达到最大重复次数 *macMaxFrameRetries*。其中，重传的帧和第一次发送的帧具有相同的 DSN，而且，重传只能在超帧中的同一阶段进行，即第一次传输若是在 CAP 期间，重传也只能在该阶段进行。而如果此时没有足够的时间，重传推迟到下一超帧。当重传次数达到 *macMaxFrameRetries* 后仍未收到确认帧，MAC 子层就判定此次发送失败，并将这一信息报告给邻近高层。

7.5.6.5 混杂方式

设备通过设置 *macPromiscuousMode* 来启动混杂方式。当 MLME 收到请求将 *macPromiscuousMode* 设置为 TRUE 后，就向 PHY 发布 PLME-SET-TRX-STATE. request 原语，其中状态为 RX_ON，即请求 PHY 打开接收机。

设备处于混杂方式时，MAC 子层根据 7.5.6.2 内容对接收的帧进行处理，并利用原语 MCPS-DATA. indication 向邻近高层递交所有接收到的有效帧。发送端和接收方的寻址方式参数设置为 0x00，MSDU 参数要包含 MAC 帧头 MHR(见图 31)，且参数 *msduLength* 包含 MHR 和 MAC 有效负荷的所有八位位组数。*mpduLinkQuality* 设为有效。

如果 *macPromiscuousMode* 为 FALSE，MLME 就向 PHY 发布原语。

PLME-SET-TRX-STATE. request，并相应地改变状态，以要求 PHY 根据 *macRxOnWhenIdle* 来改变接收机的状态。

7.5.6.6 传输场景

由于无线信道的固有缺陷，传输的帧不一定总能到达目的设备。图 73 展示了 3 种数据传输场景：

a) 数据传输成功。发送设备的 MAC 子层通过 PHY 数据服务向接收设备发送数据帧。发送结束后，发送设备 MAC 子层等待确认并开始计时，计时器达到 *macAckWaitDuration* 个符号后就停止。接收设备的 MAC 子层收到数据帧后，向发送设备回复确认帧，并将数据帧传递给邻近高层。如果发送设备 MAC 子层在计时器停止前收到接收设备的确认，将停止计时，并复位计时器。这时数据传输完成，发送设备的 MAC 子层向邻近高层发布数据发送成功的确认原语。

b) 数据帧丢失。发送设备的 MAC 子层通过 PHY 数据服务向接收设备发送数据帧。发送结束后，发送设备 MAC 子层等待确认并开始计时，计时器达到 *macAckWaitDuration* 个符号后就停止。接收设备的 MAC 子层没有收到数据帧，就不会回复确认帧。发送设备在计时器停止前没有收到确认帧，就判定数据传输失败。如果发送数据时采用直接传输，发送设备就重传数据，而整个流程不能超过规定的最大重传次数 *macMaxFrameRetries*；如果第(1＋*macMaxFrameRetries*)次数据传输仍然失败，发送设备的 MAC 子层向邻近高层发布一个传输失败的确认原语。如果是间接传输，数据帧将保留在事务队列中，直至接收到新的数据请求和相应的确认帧，或是保留时间达到 *macTransaction-PersistenceTime*。一旦保留时间达 *macTransactionPersistenceTime*，就丢弃传输信息，MAC 子层向邻近高层发布传输失败的确认原语。

c) 确认帧丢失。发送设备的 MAC 子层通过 PHY 数据服务向接收设备发送数据帧。发送结束后，发送设备 MAC 子层等待确认并开始计时，计时器达到 *macAckWaitDuration* 个符号后就停止。接收设备的 MAC 子层收到数据帧后，向发送设备回复确认帧，并将数据帧传递给邻近高层。发送设备在计时器停止时没有收到确认帧，就判定数据传输失败。如果发送数据时采用直接传输，发送设备就重传数据，而整个流程不能超过规定的最大重传次数 *macMaxFrameRetries*；如果第(1＋*macMaxFrameRetries*)次数据传输仍然失败，发送设备的 MAC 子层向邻近高层发布一个传输失败的确认原语。如果是间接传输，数据帧将保留在事务队列中，直至接收到新的数据请求和相应的确认帧，或是保留时间达到 *macTransactionPersistenceTime*。一旦保留时间达到 *macTransactionPersistenceTime*，就丢弃传输信息，MAC 子层向邻近高层发布传输失败的确认原语。

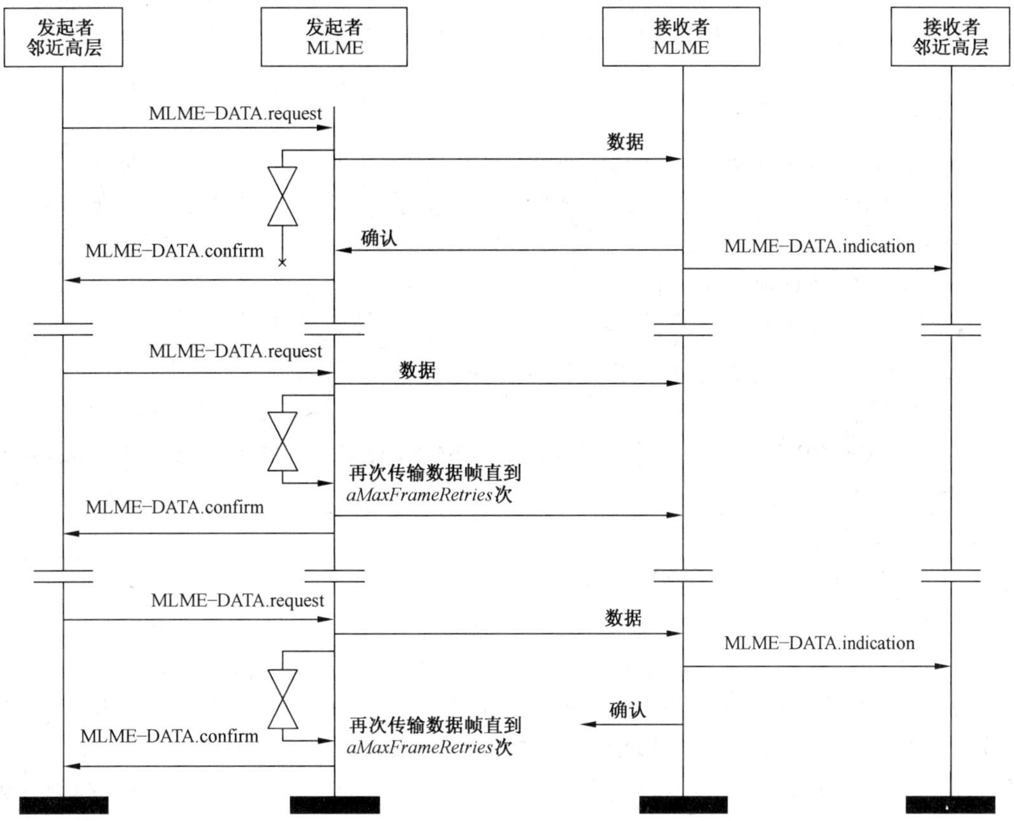

图 73　采用直接传输方式的传输场景(为保证帧的可靠传输)

7.5.7　GTS 的分配和管理

一个 GTS 可使某个设备或若干个设备共享在超帧中的特定时间收发数据。GTS 只能由协调器来分配,并且仅用于 PAN 协调器和设备节点之间的通信,其中必须是通过协调器和 PAN 关联的设备。为保证超帧有足够容量及比较高的利用率,PAN 协调器一次最多只能分配 7 个 GTS 并允许设备间共享 GTS。

PAN 协调器根据 GTS 的申请情况和超帧当前的容量来分配 GTS。GTS 的分配遵循先到先服务的原则和共享的原则,前者用于超帧容量足够时,而后者用于超帧容量不足时。所有 GTS 将连续地排列在超帧中 CAP 的后面,设备间共享的 GTS 将由这些设备在连续的超帧中同一 GTS 期间轮流使用。当不再需要一个 GTS,就取消该 GTS,同时,可以根据 PAN 协调器或申请 GTS 的设备的要求,随时取消分配 GTS。已分配了 GTS 的设备仍可在 CAP 期间进行收发操作。

在 GTS 内传输数据帧只能使用短地址。

PAN 协调器对 GTS 进行管理。为方便管理,协调器会保存已分配的 GTS 的必要信息。对于每个 GTS,协调器都会保存它的起始时隙、长度、方向和关联设备的地址。

GTS 的方向,即为发送或接收,与拥有 GTS 设备的数据流有关。因此,设备的地址和方向就唯一定义了一个 GTS。

每个设备可能请求一个发送 GTS 和/或一个接收 GTS。对分配到的每个 GTS,设备都会保存其起始时隙、长度和方向。如果已分配了一个接收 GTS,设备将保持接收机的使能状态,并持续整个 GTS。同样地,如果设备已分配了一个发送 GTS,PAN 协调器将在整个 GTS 打开自己的接收机。如果在接收 GTS 内收到一个数据帧,并需要确认,设备就发送确认帧。同样地,设备也能在发送 GTS 内接收确认帧。

只有当设备在跟踪信标时,才会尝试分配并使用一个 GTS。如果 MLME 收到邻近高层发布的

MLME-SYNC. request 原语，且 TrackBeacon 参数设为 TRUE，就开始跟踪信标帧。如果设备和 PAN 协调器失去同步，将丢失分配给自己的所有 GTS。

GTS 的使用是可选的。

7.5.7.1 CAP 的维护

PAN 协调器保存参数 *aMinCAPLength* 的值，即最小 CAP 长度，且当无法满足 CAP 的最小长度时，协调器会采取预防性的措施。然而，也有例外的情况，就是为了保证 GTS 需要增加信标帧的长度，则必须缩短 CAP 的时间长度。如果 CAP 的最小长度不能满足，可以采取如下措施：

a） 限制信标中待处理地址的个数。

b） 信标帧不包含有效负荷字段。

c） 取消一个或多个 GTS。

7.5.7.2 CAP 的性能评估

本部分采用一种 CAP 时期网络性能的完全分布式方法，使网络吞吐率接近理论极限，并有效改善网络能量利用率，具体流程参见附录 C。

7.5.7.3 GTS 的分配

通过原语 MLME-GTS. request，设备可以申请分配一个新 GTS，并根据 GTS 申请原语的要求设置 GTS 相应的特性。

为了请求分配一个新 GTS，GTS 请求设备的 MLME 必须向 PAN 协调器发送 GTS 请求命令（见 7.3.9）。请求命令中 GTS 特征字段的特征类型子字段设为 1（表示分配 GTS），长度和方向子字段根据要求来设置，如果请求设备允许与其他设备共享 GTS，GTS 特征字段的分配类型子字段设为 1，并需相应地设置突发长度子字段、数据到达速率子字段和时延要求子字段；如果设备不支持共享，分配类型子字段设为 0。因为 GTS 请求命令包含确认请求（见 7.3.3.1），PAN 协调器回复确认帧以确认接收到命令。

收到申请 GTS 的请求命令后，PAN 协调器首先根据 CAP 剩下的长度和请求 GTS 的长度，检查当前超帧是否有足够的可用容量。如果 GTS 个数没有达到最大值，且分配请求 GTS 的长度后不会使 CAP 的长度小于 *aMinCAPLength*，超帧中就还有足够的可用容量。如果有足够的可用带宽，PAN 协调器根据先到先服务的原则分配 GTS：每个申请 GTS 的设备分别分配到各自独立的 GTS。如果没有足够的可用带宽，PAN 协调器根据共享的原则分配 GTS：首先，PAN 协调器检查 GTS 请求命令帧中的分配类型位，若为 0（设备不支持共享），拒绝该 GTS 申请请求；若为 1（设备支持共享），提取命令帧中的突发长度子字段、数据到达速率子字段和延时要求子字段的信息，然后将这些信息结合当前已分配的 GTS 信息判断是否满足 GTS 共享条件，若满足，则该请求设备和其他设备共享 GTS，最后利用这些信息判断共享设备间的先后使用顺序；若不满足，则拒绝该 GTS 申请请求。

判断是否满足 GTS 共享条件的过程是：首先，协调器检测当前已分配 GTS 的各设备的 GTS 利用率，然后按照 GTS 利用率由低到高的顺序选择一个或一个以上的设备作为共享设备：判断 GTS 利用率最低的设备所分配的 GTS 中包含的时隙数是否满足 GTS 请求要求，若满足，则选择该设备为共享设备；否则，判断 GTS 利用率最低的设备与 GTS 利用率次低的设备所分配的时隙数之和是否满足 GTS 请求要求，若满足，则选择上述两个设备为共享设备；若仍不满足，则进一步检测其他设备，直至满足 GTS 请求的要求。上述判断选择的设备是否满足 GTS 请求要求的过程是：首先，协调器根据从命令帧中提取的突发长度信息，获取 GTS 请求设备以及共享设备的服务延迟，并且分别判断发起 GTS 请求的设备以及共享设备的服务延迟是否小于或等于各自的时延要求；若小于或等于，则进一步判断发起 GTS 请求的设备以及共享设备的数据到达率之和是否小于共享设备已分配的 GTS 相对带宽，若小于，则分配发起 GTS 请求的设备与共享设备共享使用该 GTS 发送数据。而 PAN 协调器必须在 *aGTSDescPersistenceTime* 个超帧内作出决定是否要分配 GTS。

收到 GTS 请求命令的确认后，设备将继续跟踪信标，并等待规定的最大时间，即 *aGTSDescPersis*

tenceTime 个超帧。如果这段时间内，信标帧中没有请求设备的 GTS 描述符，设备的 MLME 就发布原语 MLME-GTS. confirm，状态为 NO_DATA(见 7.1.7.2)，向邻近高层报告 GTS 申请失败。

在 PAN 协调器使用先到先服务原则和共享原则来分配请求的 GTS 时，会生成 GTS 描述符，描述符中携带有申请设备的要求信息和 16bit 短地址。如果 GTS 分配成功，PAN 协调器将根据超帧中的时隙，在 GTS 描述符中设置起始时隙和 GTS 的长度。另外，MLME 发布 MLME-GTS. indication 原语，向邻近高层报告分配了一个新的 GTS(见 7.1.7.3)，其中原语中携带已分配 GTS 的特征。如果没有足够容量来分配 GTS，而经过共享 GTS 条件判断后 GTS 分配成功，PAN 协调器将根据超帧中的共享的时隙，在 GTS 描述符中设置起始时隙和 GTS 的长度，此时，共享该 GTS 的设备轮流占用 GTS，其先后顺序由 GTS 描述符中的 16bit 短地址表征。如果 GTS 分配失败，PAN 协调器将起始时隙设为 0，长度设置为当前支持的最大 GTS 长度。PAN 协调器发送的信标帧将包含这个 GTS 描述符，并相应地更新信标帧中的 GTS 规范字段。最后，PAN 协调器更新信标帧中超帧规范字段的 CAP 最终时隙子字段，指示 CAP 可用的时隙个数。GTS 描述符在信标帧中的停留时间是 *aGTSDescPersistenceTime* 个超帧，然后将被自动删除。由于信标帧包含了 GTS 描述符，导致长度暂时增加，允许 CAP 长度小于 *aMinCAPLength*。

当设备收到含有 GTS 描述符的信标帧，且对应自己的 *macShortAddress*，设备就处理该描述符。不论是否成功申请到 GTS，MLME 都会发布 MLME-GTS. confirm 原语来向邻近高层报告，状态参数为 SUCCESS(如果 GTS 描述符的起始时隙大于 0)或 DENIED(如果起始时隙等于 0 或长度与请求的长度不相同)。

如果申请 GTS 的设备为能源非受限设备，且协调器可以分配给该设备 GTS，则尽量将分配给该设备的 GTS 设置在与非活跃时段相邻的位置。相应地，由于新的 GTS 的分配和位置设置，使得原来分配的 GTS 的位置都相应发生了变化，所以，协调器必须在信标中将相应信息通知相应设备。如果超帧中与非活跃期相邻的 GTS 所对应的设备已经为能源非受限设备，则只要该 GTS 没有终止或取消，其他能源非受限设备申请和分配的 GTS 不能设置在与非活跃期相邻的位置，换句话说，对于能源非受限设备而言，获得与非活跃期相邻的 GTS 的位置，也遵从先到先得的原则。

7.5.7.4 GTS 的使用

如果设备不是 PAN 协调器，当 MAC 子层收到 MCPS-DATA. request 原语(见 7.1.1.1)，参数 TxOptions 显示为传输 GTS，设备就判断自己是否有有效的发送 GTS。如果找到一个有效的 GTS，则在该 GTS 内传输数据。这时，为保证数据的传输在 GTS 结束前完成，MAC 子层立即传输 MPDU，且不使用 CSMA-CA 算法。如果不能在 GTS 结束前完成，MAC 子层将推迟到下一个超帧规定的 GTS 内才进行。如果设备为能源非受限设备，且选择发送数据的 GTS 允许扩展到非活跃期，同样，为保证数据的传输在 GTS 和 AGTS 规定时间结束前完成，MAC 子层立即传输 MPDU，且不使用 CSMA-CA 算法，如果不能在 GTS 和 AGTS 规定时间结束前完成，MAC 子层将推迟到下一个超帧规定的 GTS 内才进行。要注意一点，MAC 层在做出推迟发送的决定时，必须考虑 PHY 有效负荷过重(见 6.6.2.2)。

如果设备有接收 GTS，MAC 子层应在 GTS 开始前打开接收机，并持续到接收 GTS 结束。

如果设备需要接收 AGTS，MAC 子层应在 GTS 开始前打开接收机，并持续到接收 AGTS 结束。

当 PAN 协调器的 MAC 子层收到 MCPS-DATA. request 原语，参数 TxOptions 显示为传输 GTS，协调器要判断是否有对应于请求设备的有效接收 GTS。如果有这样的 GTS，PAN 协调器推迟传输到接收 GTS 开始。这时，申请 GTS 的设备的地址不会添加到信标帧的待处理地址列表(见 7.5.5)。在接收 GTS 开始时，为保证能在 GTS 结束之前完成数据发送，MAC 子层将不使用 CSMA-CA 算法。如果不能在 GTS 结束之前完成，MAC 子层将传输推迟到下一个超帧规定的 GTS 内才进行。

对于所有已分配的发送 GTS(与设备相关)，PAN 协调器的 MAC 子层必须在 GTS 开始前打开接收机，并在整个 GTS 期间保持使能状态。对于已分配的发送 AGTS(与设备相关)，PAN 协调器的 MAC 子层必须在与 AGTS 对应的 GTS 开始前打开发射机，并在整个 GTS 及 AGTS 期间保持使能状态。

对于要在GTS中收发的所有设备，必须在GTS开始前确保能够在GTS结束前完成数据传输，接收到相应的确认帧(如果要求)以及与数据帧大小匹配的IFS。对于要在AGTS中收发的所有设备，必须在相应的GTS开始前确保能够在GTS及AGTS结束前完成数据传输，接收到相应的确认帧(如果要求)以及与数据帧大小匹配的IFS。

如果设备错过了信标帧，就不能使用GTS，直至再次正确收到信标。如果丢失信标帧而导致失去同步，设备就认为分配给自己的GTS将被全部取消。

7.5.7.5 **GTS的取消**

设备通过MLME-GTS.request原语(见7.1.7.1)来取消已分配的GTS，原语携带其取消的GTS的特征。一旦原语产生，设备就不能再使用该GTS，其保存的特征也将被复位。

为了请求取消已分配的GTS，MLME将向PAN协调器发送GTS请求命令(见7.3.9)。请求命令中GTS特征字段的特征类型子字段设为0(表示取消GTS)，长度和方向子字段将根据要取消的GTS进行设置。GTS请求命令包含确认请求(见7.3.3.1)，PAN协调器必须向请求设备回复确认帧。收到GTS请求命令的确认帧后，MLME就通知邻近高层：发布原语MLME-GTS.confirm(见7.1.7.2)，状态参数为SUCCESS，GTS特征参数的特征类型子字段设为0。如果PAN协调器没有正确收到GTS请求命令，协调器将判断设备已经采用7.5.7.7的机制中止使用GTS。

收到GTS请求命令，其中GTS特征字段的特征类型子字段设为0(表示取消GTS)，PAN协调器将试图取消已分配的GTS。如果请求命令中的GTS特征与已知GTS的特征不匹配，协调器将忽略该请求。若匹配，协调器的MLME将取消已分配的GTS，并通知邻近高层，即发布MLME-GTS.indication原语(见7.1.7.3)，其中GTS特征参数包含所取消GTS的特征，且特征类型子字段为0。此外，协调器还要更新信标帧中超帧规格字段的CAP最终时隙子字段，且不必在信标帧中添加描述符来表示GTS的取消。

PAN协调器也可以发起GTS的取消，一般的情况是协调器的邻近高层产生取消GTS的请求，或是GTS到期(见7.5.7.7)，也可以是为了保证CAP最小长度aMinCAPLength(见7.5.7.1)。

若是协调器的邻近高层发起GTS的取消，MLME会收到MLME-GTS.request原语，请求原语的GTS特征字段设为0(即取消GTS)，长度和方向子字段将根据要取消的GTS来设置。

当GTS到期或为了维护CAP，PAN协调器要求取消GTS，且MLME向邻近高层报告：发布MLME-GTS.indication原语，GTS特征参数包含要取消的GTS的特征，并且特征类型子字段设为0。

当由PAN协调器发起取消GTS，协调器取消GTS后，还会在信标帧中添加GTS描述符，但起始时隙设置为0。描述符在信标帧的停留时间是aGTSDescPersistenceTime个超帧。由于添加了GTS描述符导致信标帧长度暂时增加，所以协调器允许CAP的长度小于aMinCAPLength。

收到的信标帧包含对应*macShortAddress*的GTS描述符，且开始时隙为0，设备立即停止使用该GTS。设备的MLME会通知邻近高层取消GTS，发布MLME-GTS.indication原语，GTS特征参数包含要取消的GTS的特征，且特征类型子字段设为0。

如果GTS对应有AGTS，则当该GTS取消时，相应的AGTS也随之取消。

7.5.7.6 **GTS的重新分配**

GTS的取消可能会导致超帧变成几个碎片。图74是含有GTS的超帧结构变化图。在阶段1中，超帧中分配了3个GTS，起始时隙分别是14、10和8。在阶段2中，如果取消GTS2，超帧中将出现一个无用的缺口。为解决这类问题，必须移动GTS3填补这个缺口，并增加了CAP的大小(阶段3)。

由于取消GTS导致CFP中出现缺口，所以PAN协调器必须移除缺口来增加CAP的长度。

当PAN协调器发起GTS的取消，协调器将在信标帧中添加一个GTS描述符，表明该GTS已被取消。如果由设备发起GTS的取消分配，PAN协调器就不会在信标帧中添加GTS描述符。对于每个分配有GTS的设备，如果其GTS起始时隙小于要被取消GTS的起始时隙，PAN协调器更新这些GTS，设置新的起始时隙，并针对所作的调整在信标帧中添加一个GTS描述符。需要精确计算新的起始时隙,以保证该 GTS 和 CFP 的末端没有缺口(如果该 GTS 是 CFP 中最后一个),或是两个连续的 GTS 间没有缺口。

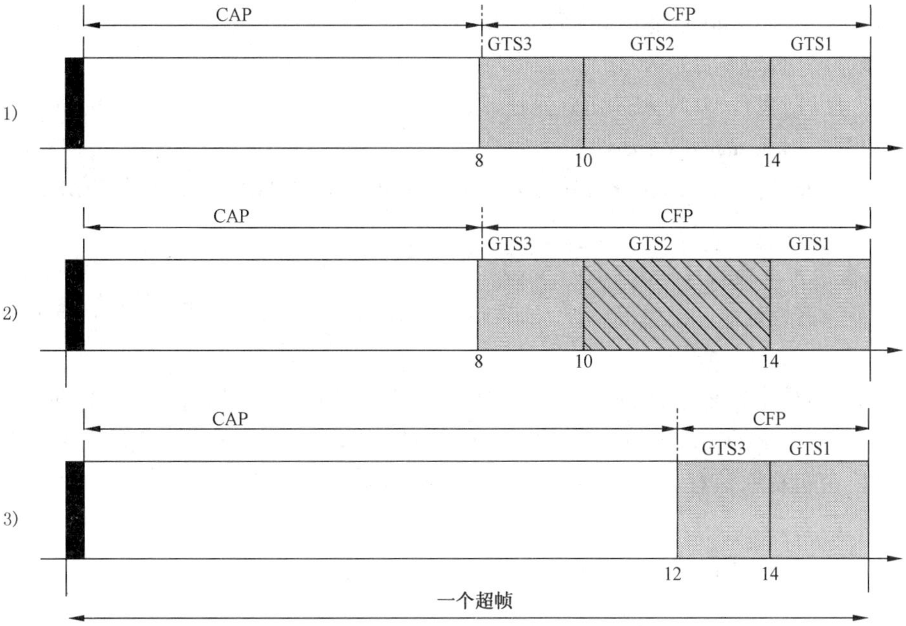

图 74　取消 GTS 后的 CFP 碎片整理

当同时有多个 GTS 的重新分配,PAN 协调器会按步骤来完成。每个 GTS 的描述符都要保留在信标帧中,保留时间是 aGTSDescPersistenceTime 个超帧。

设备收到信标帧后,若发现包含的 GTS 描述符对应自己的 macShortAddress,并且方向和长度与自己拥有的某个 GTS 相匹配,设备就根据 GTS 描述符的信息调整该 GTS 的起始时隙,并立即使用。

当必须在信标帧中添加一个 GTS 描述符时,允许 PAN 协调器减少 CAP 长度并小于 aMinCAPLength,来适应信标帧长度的暂时性增加。保留时间超过 aGTSDescPersistenceTime 个超帧后,协调器会移除该 GTS 描述符。

7.5.7.7　GTS 的终止

PAN 协调器的 MLME 必须能够检测到这一情况,即设备采用以下规则停止了一个 GTS 的使用:

a)　对于发送 GTS,如果在 $2*n$ 个超帧内没有收到设备发送的数据帧,PAN 协调器的 MLME 就判定设备已经停止使用该 GTS。

b)　对于接收 GTS,如果在 $2*n$ 个超帧内没有收到设备发送的确认帧,PAN 协调器的 MLME 就判定设备已经停止使用该 GTS。如果在 GTS 中发送的数据帧不需要确认,PAN 协调器的 MLME 就无法检测到设备是否在使用接收 GTS。然而,PAN 协调器可以随时取消已分配的 GTS。

上述变量 n 的定义是:

$n=2^{(8-macBeaconOrder)}$　　　　$0 \leqslant macBeaconOrder \leqslant 8$

$n=1$　　　　$9 \leqslant macBeaconOrder \leqslant 14$

7.5.8　帧的安全

当邻近高层有安全要求时,MAC 子层负责对流入帧和流出帧提供安全服务。本部分支持以下安全服务(见 5.5.6　定义):

a)　数据的机密性;

b)　数据的真实性;

c)　重传保护。

PIB的安全相关参数提供了(见表82)如何安全服务的信息。

7.5.8.1 MAC PIB的安全相关属性

MAC PIB的相关安全属性包括：

a) 密钥表(*macKeyTable*, *macKeyTableEntries*)；

b) 设备表(*macDeviceTable*, *macDeviceTableEntries*)；

c) 最低安全级别表(*macMinSecurityLevelTable*, *macMinSecurityLevelTableEntries*)；

d) 帧计数器(*macFrameCounter*)；

e) 自动请求参数(*macAutoRequestSecurityLevel*、*macAutoRequestKeyIdMode*、*macAutoRequestKeyId*)；

f) 默认的密钥来源(*macDefaultKeySource*)；

g) PAN协调器地址(*macPANCoordExtendedAddress*, *macPANCoordShortAddress*)。

7.5.8.1.1 密钥表

密钥表中保存的是密钥描述(密钥以及相关规定信息),这些标识符用于流出帧和流入帧的安全处理过程。根据包含在请求原语或者接收到的帧中的信息,来确定密钥表中的相应的密钥规定信息,具体过程可见,流出帧密钥获取流程(见7.5.8.2.1),或者流入帧安全信息获取流程(见7.5.8.2.3),或者密钥描述符查找流程(见7.5.8.2.4)。

邻近高层的责任是确保密钥表中密钥标识的唯一性。

7.5.8.1.2 设备表

设备表保存的是设备描述符(指定设备寻址信息和安全相关信息),这些设备描述符和密钥表中的密钥信息一起,就可用提供加密流出帧和解密流入帧所需要的所有密钥信息。根据帧的发送设备或特定密钥信息来标识设备表中的设备特定信息,前者可用参考设备描述符查找流程(见7.5.8.2.6),后者可用参考名单核查流程(见7.5.8.2.5)。

7.5.8.1.3 最小安全级别表

最小安全级别表保存的信息是,设备要求帧的发送端所要应用的最小安全级别,这由帧的类型和命令帧标识符(如果帧是命令帧)来决定。如果帧没有被适当保护,流入帧的安全处理就会失败,相关内容见流入帧安全处理过程(见7.5.8.2.2),以及流入帧安全级别校验流程(见7.5.8.2.7)。

7.5.8.1.4 帧计数器

帧计数器长度为4个八位位组,用来提供重传保护,和用于流出帧安全处理的密码生成块的语义安全。帧计数器在每个安全帧中都存在,并且它是接收方进行解安全操作必须的元素。进行一次流出帧安全处理,帧计数器就增加1,相关内容见流出帧安全处理过程(见7.5.8.2.1)。当帧计数器达到其最大值0xffffffff时,相关的加密材料就不能再使用了,要求更新所有设备相关的密钥。这个机制保证了每个帧使用的密钥材料都是唯一的。

7.5.8.1.5 自动请求属性

自动请求属性含有用于保护流出帧的信息,这些流出帧都是自动生成的,并不是邻近高层发布原语的结果。比如自动数据请求的情况。

7.5.8.1.6 默认的密钥来源

默认的密钥来源是安全帧的发送方和接收方之间共享的信息。这些信息和包含在请求原语或接收到的帧中的其他信息相结合,允许发送方或接收方确定相应的用于帧安全或者解安全的密钥。这提供了一种在特定应用中减少安全帧中安全开销的机制(见7.5.8.2.1和7.5.8.2.3)。

7.5.8.1.7 PAN协调器的地址

在同一个PAN中的设备可以共享PAN协调器的地址信息,当地址信息和请求原语(或接收帧)中的信息相结合时,就使得向PAN协调器发送帧的发送设备或PAN协调器发送帧的接收设备决定使用哪个密钥和相关的安全信息来对帧进行安全和解安全处理(见7.5.8.2.1和7.5.8.2.3)。

7.5.8.2 功能概述

处理过程输入的是要保护的帧，以及来自发起原语或者自动请求 PIB 属性的 SecurityLevel、KeyIdMode、KeySource 和 KeyIndex 等参数；其输出是处理状态值和安全帧（如果状态值为 SUCCESS）。

流出帧的安全处理过程包括以下步骤：

a) 对于需要保护的帧，如果帧控制字段的安全使能子字段是 0，安全处理时把安全级别设为 0。（对于需要保护的帧，如果其帧控制字段的安全使能子字段为 0，该过程就把安全级别设为 0。）

b) 对于需要保护的帧，如果帧控制字段的安全使能子字段是 1，根据参数 SecurityLevel 设置安全级别。如果最后的安全级别是 0，处理后返回 UNSUPPORTED_SECURITY。（对于需要保护的帧，如果其帧控制字段的安全使能子字段为 1，该过程就根据参数 SecurityLevel 设置安全级别。如果最后的安全级别是 1，该过程就结束，并返回状态 UNSUPPORTED_SECURITY。）

c) 如果属性 *macSecurityEnabled* 是 FALSE，且安全级别不是 0，处理后返回的状态是 UNSUPPORTED_SECURITY。（如果属性 *macSeurityEnabled* 是 FALSE，而安全级别不等于 0，该过程就结束，并返回状态 UNSUPPORT_SECURITY。）

d) 在对帧进行安全处理时要判断该帧是否满足 MAC 帧最大长度的限制，如：

   1) 当安全级别是 0，处理过程就把帧的确定字段的长度置为 0，否则，就根据安全级别和表 89 来设置。（如果安全级别等于 0，该过程就把鉴别字段长度 M 设为 0；否则，该过程就根据安全级别和表 89 确定 M 值。鉴别字段长度 M 值的单位是八位位组。）

   2) 处理过程利用参数 KeyIdMode 和安全级别设置辅助安全头的长度 AuxLen（见 7.6.2）。（该过程利用参数 KeyIdMode 和安全级别，确定以八位位组为单位的辅助安全头的长度 AuxLen。）

   3) 处理过程决定将数据扩展为 AuxLen+M。

   4) 处理过程序把要保护的帧的长度和 *aMaxPHYacketSize* 进行比较，其中帧得长度包括数据扩展和帧校验序列。如果长度大于 *aMaxPHYacketSize*，该过程结束并返回状态 FRAME_TOO_LONG。

e) 如果安全级别是 0，就把帧设置为安全帧，该过程结束并返回状态 SUCCESS。

f) 处理过程把帧计数器设置为 *macFrameCounter* 的属性值。如果帧计数器的值是 0xffffffff，处理过程结束并返回状态 COUNTER_ERROR。

g) 通过流出帧的密钥获取流程，安全处理过程能够获得密钥标识符和密钥（见 7.5.8.2.1）。如果获取过程失败，处理过程结束并返回状态 UNAVAILABLE_KEY。

h) 安全处理过程把辅助安全头插到帧中，主要是按照如下规则设置帧：

   1) 帧控制字段中安全级别子字段设置为安全级别。

   2) 帧控制字段的密钥标识符方式子字段设置为参数 KeyIdMode 的值。

   3) 帧计数器字段设置为帧计数器的值。

   4) 如果参数 KeyIdMode 不是 0，帧标识符字段中的密钥来源和密钥索引分别设置为 KeySource 和 KeyIndex。

i) 安全处理过程利用 *aExtendedAddress*、帧计数器、安全级别和密钥来生成安全帧，生成过程参考 CCM* 转换过程（见 7.6.3.4）。

   1) 如果参数 SecurityLevel 详细规定了加密的使用方法（如果参数 SecurityLevel 指定了要应用加密）（见表 89），加密过程就只能在 MAC 有效负荷的实际有效负荷内进行（加密过程只能对 MAC 有效负荷的实际有效负荷进行），例如，信标帧有效负荷（见 7.2.2.1.8），命令帧有效负荷字段（见 7.2.2.4.3）或是数据有效负荷字段（见 7.2.2.2.2），这都取决于帧的类型。相应的有效负荷字段就作为待保护的有效负荷传到 CCM* 转换处理（见表 89）。加密过的有效负荷就替代原有的有效负荷。

2）MAC 有效负荷中的其他部分就作为非有效负荷字段进行 CCM* 转换处理(见表 91)。

3）加密和完整性操作的顺序和方式，以及最后的加密数据或完整性代码在 MAC 有效负荷的放置可以见 7.6.3.4。

j）安全处理过程把帧计数器加 1，并把结果设置给 *macFrameCounter*。

k）安全处理过程返回安全帧，以及状态 SUCCESS。

7.5.8.2.1 流出帧密钥的获取流程

进行处理时输入的是要保护的帧，以及发起原语的参数 KeyIdMode、KeySource 和 KeyIndex，返回的是成功或失败状态，以及密钥和密钥标识符(当返回成功时)。

流出帧密钥获取流程包括如下步骤：

a）如果参数 KeyIdMode 设置为 0x00(含蓄的密钥标识)，流程根据如下方法决定密钥查找数据和查找长度：

1）如果帧控制字段的目的地址寻址方式设为 0x00，且 *macPANCoordShortAddress* 的值是 0x0000～0xfffd 中的一个(即使用短地址)，密钥查找数据由 2 个八位位组的源 PAN ID，2 个八位位组的 *macPANCoordShortAddress* 和 1 个八位位组的 0x00 组成。密钥查找长度设置为 5。

2）如果目的地址寻址方式设为 0x00，且 *macPANCoordShortAddress* 是 0xfffe(使用扩展地址)，密钥查找数据由 8 个八位位组的 *macPANCoordExtendedAddress* 和 1 个八位位组的 0x00 组成。密钥查找长度设置为 9。

3）如果目的地址寻址方式设为 0x02，密钥查找数据就由 2 个八位位组的目的 PAN ID，2 个八位位组的目的地址和 1 个八位位组的 0x00 组成。密钥查找长度是 5。

4）如果目的地址寻址方式设为 0x03，查找数据就由 8 个八位位组的目的地址和 1 个八位位组的 0x00 组成。密钥查找长度是 9。

b）如果 KeyIdMode 参数被设为一个非 0x00 的值(显示的密钥标识)，流程根据如下方法确定密钥查找数据和长度：

1）如果参数 KeyIdMode 被设为 0x01，查找数据由 8 个八位位组的 *macDefaultKeySource* 属性和 1 个八位位组的 KeyIndex 参数。查找长度为 9。

2）如果参数 KeyIdMode 被设为 0x02，查找数据由 4 个八位位组的 KeySource 参数和 1 个八位位组的 KeyIndex 参数组成。查找长度为 5。

3）如果 KeyMode 被设为 0x03，查找数据由 8 个八位位组的 KeySource 参数和 1 个八位位组的 KeyIndex 参数。查找长度为 9。

c）将密钥查找数据和查找长度传给 KeyDescripttor 查找流程(见 7.5.8.2.4)，就能获得 KeyDescritptor。如果 KeyDescripttor 查找流程返回失败，本流程也结束，并返回失败状态。

d）MAC 子层把密钥设置给 KeyDescriptor 的密钥元素。

e）流程获得密钥标识符和密钥后，就结束并返回通过状态。

注：对于广播帧，如果使用含蓄的密钥标识符，流出帧密钥获取流程就会失败，所以广播帧要使用明确的密钥标识符。

7.5.8.2.2 流入帧的安全处理流程

流程的输入是待解安全的帧，流程的输出是解安全的帧、安全级别、密钥标识符方式、密钥来源、密钥索引和流程返回的状态。流程的这些输出如果没有在流程中被明确的设置，就被认为是无效的。流程认为，那些把 *macKeyTable* 中的 KeyDescriptor 和一个单独、唯一的设备，或是和一组设备(组密钥)联系起来的 PIB 属性，都已经由邻近高层建立起来了。

流入帧的安全处理流程包括如下步骤：

a）对于待解安全的帧，如果帧控制字段的安全使能子字段设置为 0，流程就把安全级别设为 0。

b) 对于待解安全的帧,如果帧控制字段的安全使能子字段设置为1,且帧版本号为0,流程就把要输出的解安全帧设置为该输入的待解安全的帧,流程结束并返回上述解安全帧和安全级别、密钥标识符方式、密钥来源、密钥索引以及状态 UNSUPPORTED_LEGACY。

c) 对于待解安全的帧,如果帧控制字段的安全使能子字段设置为1,就用待解安全的帧的辅助安全包头字段的安全控制字段的相应子字段来设置参数安全级别和密钥标识方式,而如果该待解安全的帧的辅助安全包头字段的密钥标识字段存在,就用该密钥标识字段的相应子字段来设置参数密钥来源和密钥索引。如果最后的安全级别是0,流程就把要输出的解安全帧设置为待解安全的帧,流程结束并返回上述解安全帧和安全级别、密钥标识符方式、密钥来源、密钥索引以及状态 UNSUPPORTED_SECURITY。

d) 如果属性 *macSecurityEnabled* 是 FALSE,流程就把不安全帧设置为待解安全帧,并返回这个帧、安全级别、密钥标识符方式、密钥来源、密钥索引和状态 SUCCESS(如果安全级别是0),否则,状态是 UNSUPPORTED_SECURITY。

e) 流程对帧进行安全处理时,要进行如下判断:传递安全级别和帧类型参数来判断帧是否满足最小安全级别,以及将该帧 MAC 有效负荷的第一个八位位组输入流入帧安全级别校验程序判断是否是 MAC 命令帧。如果流入帧安全级别校验程序失败,本流程就返回解安全帧、安全级别、密钥标识符方式、密钥来源、密钥索引和状态 IMPRORPER_SECURITY_LEVEL。

f) 如果安全级别是0,流程就把不安全帧设置为待解安全帧并返回,以及安全级别、密钥标识符方式、密钥来源、密钥索引和状态 SUCCESS。

g) 通过安全材料获取流程(见7.5.8.2.3),本流程就能获得参数 KeyDescriptor、DeviceDescriptor 和 KeyDeciceDescriptor。若安全材料获取流程失败,本流程就把不安全帧设置为待解安全帧并返回,以及安全级别、密钥标识符方式、密钥来源、密钥索引和状态 UNAVAILABLE_KEY。

h) 流程对帧进行安全处理时,要进行如下判断:传递参数 KeyDescriptor 和帧类型来判断帧是否密钥使用规范,以及将该帧 MAC 有效负荷的第一个八位位组输入流入帧密钥使用规范的校验流程判断是否是 MAC 命令帧。如果流入帧密钥使用规范的校验流程失败,本流程就把不安全帧设置为待解安全帧并返回,以及安全级别、密钥标识符方式、密钥来源、密钥索引和状态 IMPROPER_KEY_TYPE。

i) 流程需要校验参数 DeviceDescriptor 的构成元素 Exempt。如果 Exempt 是 FALSE,且流入帧安全级别校验流程的步骤 e)返回的是"条件性通过",流程就把不安全帧设置为待解安全帧并返回,以及安全级别、密钥标识符方式、密钥来源、密钥索引和状态 IMPROPER_SECURITY_LEVEL。

j) 流程把帧计数器的值置于辅助安全头的帧计数器子字段中。如果帧计数器的值是 0xffffffff,流程就把不安全帧设置为待解安全帧并返回,以及安全级别、密钥标识符方式、密钥来源、密钥索引和状态 COUNTER_ERROR。

k) 流程需要判断帧计数器的值是否大于 DeviceDescriptor 的构成元素 FrameCounter。如果前者小于后者,流程就把不安全帧设置为待解安全帧并返回,以及安全级别、密钥标识符方式、密钥来源、密钥索引和状态 COUNTER_ERROR。

l) 流程利用 DeviceDescriptor 的构成元素 ExtAddress、帧计数器、安全级别和 KeyDescriptor 的构成元素 Key,并根据 CCM* 逆变换来生成不安全帧。

   1) 如果安全级别规定了加密的操作(见表89),只能对 MAC 有效负荷的实际有效负荷进行解密,例如信标帧有效负荷(见7.2.2.1.8),命令有效负荷(见7.2.2.4.3),或者是数据有效负荷(见7.2.2.2.2),这都取决于帧的类型。解密后的有效负荷就作为安全有效负荷传递给 CCM* 逆变换过程。

2) MAC 有效负荷的声誉部分作为非有效负荷传递给 CCM* 逆变换过程。

m) 如果 CCM* 逆变换失败,流程把不安全帧设置为待解安全帧并返回,以及安全级别、密钥标识符方式、密钥来源、密钥索引和状态 SECURITY_ERROR。

n) 在处理过程中,把帧计数器加 1,并将 DeviceDescriptor 的 FrameCounter 设置为流程结果。

o) 如果 FrameCounter 是 0xffffffff,流程就要设置 KeyDeviceDescriptor 的元素 blacklisted 的值。

p) 流程结束后返回一个解安全帧、安全级别、密钥标识符方式、密钥来源、密钥索引和状态 SUCCESS。

7.5.8.2.3 流入帧安全材料获取流程

流程的输入是待解安全的帧。输出是通过或失败状态,如果是通过,同时返回参数 KeyDescriptor, DeviceDescriptor 和 KeyDeviceDescriptor。

流入帧安全材料获取过程包括如下步骤:

a) 对于输入的帧,若辅助安全头的帧控制字段的密钥标识符方式设置为 0x00,流程根据如下条件设置密钥查找数据和大小:

  1) 如果辅助安全头的帧控制字段的密钥标识符方式设置为 0x00,属性 *macPANCoordShortAddress* 的值是在 0x0000～0xfffd 范围内(使用短地址),密钥查找数据由 2 个八位位组的源 PAN ID, 2 个八位位组的 *macPANCoordShortAddress* 和 1 个八位位组的 0x00 组成。密钥查找长度设置为 5;

  2) 如果帧控制字段的源地址寻址方式设为 0x00,且 *macPANCoordShortAddress* 是 0xfffe (使用扩展地址),密钥查找数据设置为 8 个八位位组的 *macPANCoordExtendedAddress* 和 1 个八位位组的 0x00 组成。密钥查找长度设置为 9;

  3) 如果帧控制字段的源地址寻址方式设为 0x02,密钥查找数据就设为 2 个八位位组的 PAN ID,而如果 PAN ID 压缩子字段是 1,密钥查找数据由 2 个八位位组的目标 PAN ID,2 个八位位组的源地址和 1 个八位位组 0x00 组成。密钥查找长度设置为 5。

b) 如果密钥标识符方式不是 0x00,流程根据如下条件设置密钥查找数据和大小:

  1) 如果密钥标识符方式为 0x01,密钥查找数据由 8 个八位位组的 *macDefaultKeySource*,1 个八位位组的密钥索引组成。密钥查找长度设置为 9;

  2) 如果密钥标识符方式为 0x02,密钥查找数据设置为 4 个八位位组的密钥来源和 1 个八位位组密钥索引组成。密钥查找长度设置为 5;

  3) 如果密钥标识符方式为 0x03,密钥查找数据设置为 8 个八位位组的密钥来源和 1 个八位位组密钥索引组成。密钥查找长度设置为 9。

c) 流程把密钥查找数据和查找长度传递给 KeyDescriptor 查找流程来获得参数 KeyDescriptor。如果 KeyDescriptor 查找流程返回失败状态,本流程也返回失败。

d) 流程根据如下方法决定设备查找数据和大小:

  1) 如果帧控制字段的源地址方式设为 0x00,且属性 *macPANCoordShortAddress* 的值在 0x0000～0xfffd 范围内(使用短地址),设备查找数据由 2 个八位位组目的 PAN ID,和 2 个八位位组的 *macPANCoordShortAddress* 组成。设备查找长度设为 4。

  2) 如果帧控制字段的源地址方式设为 0x00,且属性 *macPANCoordShortAddress* 的值是 0xfffe(使用扩展地址),设备查找数据由 8 个八位位组 *macPANCoordExtendedAddress* 组成。设备查找长度设为 8。

  3) 如果帧控制字段的源地址方式设为 0x02,设备查找数据由 2 个八位位组源 PAN ID 和 2 个八位位组源地址组成,而如果 PAN ID 压缩子字段设为 1,就用 2 个八位位组目的 PAN ID 代替 2 个八位位组源 PAN ID。设备查找长度设为 4。

  4) 如果帧控制字段的源地址方式设为 0x03,设备查找数据设为 8 个八位位组源地址。设备查找长度设为 8。

e) 流程把参数 KeyDescriptor、设备查找数据和大小传递给列表校验流程(见 7.5.8.2.5)来获得 DeviceDescriptor 和 KeyDeviceDescriptor。如果校验流程返回失败,本流程也返回失败。

f) 获得 KeyDescriptor、DeviceDescriptor 和 KeyDeviceDescriptor 后,流程返回通过状态。

7.5.8.2.4 **KeyDescriptor 查找流程**

流程输入的参数是密钥查找数据和大小。输出的是通过或失败状态,如果是通过,还有一个 KeyDescriptor。

KeyDescriptor 查找流程包括如下步骤:

a) 对于在 *macKeyTable* 中的每个 KeyDescriptor,以及 KeyDescriptor 的 KeyIdLookupList 中的每个 KeyIdLookupDescriptor,流程需要校验 KeyIdLookupDescriptor 的 LookupDataSize 和密钥查找长度是否有相同的整数值(见表 88),以及 KeyIdLookupDescriptor 的 LookupData 和密钥查找数据相同。若校验通过,流程就返回这个匹配的 KeyDescriptor 和通过状态。

b) 在其他条件下,流程返回失败。

7.5.8.2.5 **Blacklist 校验流程**

流程输入的是 KeyDescriptor、设备查找数据和查找长度。输出的是通过或失败状态,如果通过,还有一个 DeviceDescriptor 和 KeyDeviceDescriptor。

流程包括如下步骤:

a) KeyDescriptor 的 KeyDeviceList 中的每个 KeyDeviceDescriptor:

  1) 流程利用 KeyDeviceDescriptor 的元素 DeviceDescriptorHandle 获得 DeviceDescriptor;

  2) 如果 KeyDeviceDescriptor 的元素 UniqueDevice 是 TRUE,流程返回 DeviceDescriptor 和 KeyDeviceDescriptor,同时如果 KeyDeviceDescriptor 的元素 BlackList 设为 FALSE,就返回通过,否则返回失败;

  3) 如果 KeyDeviceDescriptor 的元素 UniqueDevice 设为 FALSE,流程就输入参数:设备查找数据和大小,执行 DeviceDescriptor 查找流程(见 7.5.8.2.6)。若查找流程返回通过,本流程就返回 DeviceDescriptor 和 KeyDeviceDescriptor,同时如果 BlackList 是 FALSE,就返回通过,否则就返回失败。

b) 在其他条件下,流程返回失败。

7.5.8.2.6 **DeviceDescriptor 查找流程**

本流程的输入时 DeviceDescriptor、设备查找数据和大小,输出是通过或失败。

流程包括如下步骤:

a) 如果设备查找长度是 4,且设备查找数据由 DeviceDescriptor 的 PAN ID 和 ShortAddress 组成,流程就返回通过。

b) 如果设备查找长度是 8,且设备查找数据和 DeviceDescriptor 的 ExtendedAddress 相同,流程就返回通过。

c) 在其他条件下,流程返回失败。

7.5.8.2.7 **流入帧安全级别校验流程**

流程的输入是流入安全级别、帧类型和命令帧标识。流程的输出是通过、失败或条件性通过。

流程包括如下步骤:

a) 对于属性 *macSecurityLevelTable* 中的 SecurityLevelDescriptor:

  1) 如果帧类型不是 0x03,且值和 SecurityLevelDescriptor 的元素 FrameType 相同,流程根据 7.6.2.2.1 中的算法把流入安全级别和 SecurityLevelDescriptor 的 SecurityMinimum 进行比较。如果比较结果是 FALSE,当 SecurityLevelDescriptor 的元素 DeviceOverrideSecurityMinimum 是 FALSE,流程返回失败,否则返回条件性通过。

2） 如果帧类型是 0x03，和 SecurityLevelDescriptor 的元素 FrameType 相同，且命令帧标识符和 SecurityLevelDescriptor 的元素 CommandFrameIdentifier 相同，流程根据 7.6.2.2.1 中的算法把流入安全级别和 SecurityLevelDescriptor 的 SecurityMinimum 进行比较。如果比较结果是 FALSE，当 SecurityLevelDescriptor 的元素 DeviceOverrideSecurityMinimum 是 FALSE，流程返回失败，否则返回条件性通过。

b） 在其他条件下，流程返回通过。

7.5.8.2.8 流入密钥使用策略校验流程

流程的输入是 KeyDescriptor、帧类型和命令帧标识符。输出是通过或失败。

流程包括如下步骤：

a） 对于 KeyDescriptor 的 KeyUsageList 中的每一个 KeyUsageDescriptor：

1） 如果帧类型不是 0x03，且值和 KeyUsageDescriptor 的元素 FrameType 相同，流程就返回通过。

2） 如果帧类型是 0x03，值和 KeyUsageDescriptor 的元素 FrameType 相同，且命令帧标识符和 KeyUsageDescriptor 的 CommandFrameIdentifier 相同，流程就返回通过。

b） 在其他条件下，流程返回失败。

7.6 安全规范

7.6.1 PIB 安全属性

PIB 的安全相关参数列在表 82、表 78、表 85 中。

表 82 MAC PIB 的安全相关参数

属性	标识符	类型	有效范围	描述	默认值
macKeyTable	0x71	KeyDescriptors 的列表（见表 82）	—	KeyDescriptors 的条目表，每个包含密钥和用于安全通信的相关信息	（空）
macKeyTableEntries	0x72	整型	由具体实现决定	macKeyTable 的条目个数	0
macDeviceTable	0x73	DeviceDescriptors 的列表（见表 86）	—	DeviceDescriptors 条目表，每个都指示了与该设备进行安全通信的远程设备	（空）
macDeviceTable-Entries	0x74	整型	由具体实现决定	*macDeviceTable* 的条目个数	0
macSecurityLevel-Table	0x75	SecurityLevel-Descriptors 的列表（见表 85）	—	SecurityLevelDescriptors 的列表，决定帧类型和子类型	（空）
macSecurityLevel-TableEntries	0x76	整型	由具体实现决定	macSecurityLevelTable 的条目个数	0
macFrameCounter	0x77	整型	0x00000000～0xffffffff	流出帧的计数器	0x00000000
macAutoRequest-SecurityLevel	0x78	整型	0x00～0x07	自动数据请求使用的安全级别	0x06
macAutoRequest-KeyIdMode	0x79	整型	0x00～0x03	自动数据请求使用的密钥标识符方式	0x00

表 82（续）

属性	标识符	类型	有效范围	描述	默认值
macAutoRequest-KeySource	0x7a	由参数 macAutoRequest-KeyIdMode 规定	—	自动数据请求使用的组密钥的生成设备。如果属性 macAutoRequestKeyIdMode 无效或设为 0x00，该属性就无效	所有八位位组都为 0xff
macAutoRequest-KeyIndex	0x7b	整型	0x00～0xff	自动数据请求使用的组密钥的索引。如果属性 macAutoRequest-KeyIdMode 无效或设为 0x00，该属性就无效	所有八位位组都为 0xff
macDefaultKey-Source	0x7c	8 个八位位组集	—	密钥标识方式是 0x01 时，默认的组密钥的生成设备	所有八位位组都为 0xff
macPANCoordExtendedAddress	0x7d	IEEE 地址	扩展 64bit IEEE 地址	PAN 协调器的 64bit 扩展地址	—
macPANCoord-ShortAddress	0x7e	整型	0x0000～0xffff	分配给 PAN 协调器的 16bit 短地址。设置为 0x0000 表示协调器只使 64bit 扩展地址，设置为 oxffff 则表示未知地址	0x0000

表 83 **KeyDescriptor 的构成元素**

名称	类型	有效范围	描述
KeyIdLookupList	KeyIdLookupDescriptors 条目列表（见表 88）	—	KeyIdLookupDescriptors 列表，用于标识该 KeyDescriptor
KeyIdLookupListEntries	整型	由具体实现决定	KeyIdLookupList 条目个数
KeyDeviceList	KeyDeviceDescriptors 的列表（见表 84）	—	KeyDeviceDescriptors 的列表，只是当前有哪些设备使用该密钥，以及这些设备是否已列入黑名单
KeyDeviceListEntries	整型	由具体实现决定	KeyDeviceList 条目个数
KeyUsageList	KeyUsageDescriptor 列表（见表 83）	—	KeyUsageDescriptor 列表，指示该密钥适用的帧类型
KeyUsageListEntries	整型		KeyUsageList 中条目个数
Key	长度为 16 的八位位组集	—	密钥的实际值

表 84 **KeyUsageDescriptor 的构成元素**

名称	类型	有效范围	描述
FrameType	整型	0x00～0x03	见 7.2.1.1.1
CommandFrameIdentifier	整型	0x00～0x09	见表 75

表 85 KeyDeviceDescriptor 的构成元素

名称	类型	有效范围	描述
DeviceDescriptorHandle	整型	由具体实现决定	与 DeviceDescriptor 相关设备的句柄(见表 87)
UniqueDevice	布尔型	TRUE 或 FALSE	该参数表明 DeviceDescriptor-Handle 所指示的设备与 KeyDescriptor 的关联是否是唯一的。即是链路密钥而不是组密钥
BlackListed	布尔型	TRUE 或 FALSE	该参数表示 DeviceDescriptor-Handle 所指示的设备在帧计数器超时之前，是否曾使用该链路密钥进行通信。如果为 TRUE，说明该设备不应再使用该密钥，因为与该密钥相关的帧计数器已停止

7.6.2 辅助安全头

辅助安全头长度可变，内容是安全处理所需要的一些信息，包括安全控制字段，帧计数器字段和密钥标识符字段。只有帧控制字段的安全使能子字段为 1 时，辅助安全头才会出现，并且其各子字段按照表 86 所示的格式进行组织。

7.6.2.1 整数和八位位组表示

辅助安全头是 MAC 帧的一个字段(见 7.2.1.7)，因此，也按照 7.2 给出的表示规范进行描述。

表 86 SecurityLevelDescriptor 的构成元素

名称	类型	有效范围	描述
FrameType	整型	0x00～0x03	见 7.2.1.1.1
CommandFrameIdentifier	整型	0x00～0x09	见表 75
SecurityMinimum	整型	0x00～0x07	根据流入的 MAC 帧的类型，所要求的最低安全级别。(见表 88)
DeviceOverrideSecurityMinimum	布尔型	TRUE 或 FALSE	该参数指示了对于设置了 Exempt 标志的设备，若 SecurityMinimum 设为 0x00，能否被接受。如果为 TRUE，表明处于 Exempt 的设备能够接受所有流入的安全等级，而在其他情况下，使用 SecurityMinimum 的初始值

表 87 DeviceDescriptor 的构成元素

名称	类型	有效范围	描述
PANId	设备 PAN ID	0x0000～0xffff	DeviceDescriptor 所指设备的 16bit PAN 标识符。
ShortAddress	设备短地址	0x0000～0xffff	DeviceDescriptor 所指设备的 16bit 短地址。取值 0xfffe 说明设备只使用扩展地址，值 0xffff 说明是未知地址
ExtAddress	IEEE 地址	任何有效的 64bit 地址	DeviceDescriptor 所指设备的 64bit 扩展地址。对流入帧解安全时也用到该参数
FrameCounter	整型	0x00000000～0xffffffff	DeviceDescriptor 所指设备的流入帧计数器，用于确保帧的连续
Exempt	布尔型	TRUE 或 FALSE	指示是否设备可以超越最小安全等级(见表 85)

表 88 KeyIdLookupDescriptor 的构成元素

名称	类型	有效范围	描述
LookupData	5 或 9 个八位位组	—	标识密钥的数据
LookupDataSize	整型	0x00～0x01	值 0x00 指长度为 5 个八位位组；值 0x01 指长度为 9 个八位位组

八位位组：1	4	0/1/5/9
安全控制	帧计数器	密钥标识符

图 75 辅助安全头的格式

7.6.2.2 安全控制字段

安全控制字段的长度是 1 个八位位组，包含的信息是对帧采取的保护措施。安全控制字段的格式见图 76。

单位为比特

0～2	3～4	5～7
安全级别	密钥标识符方式	（保留）

图 76 安全控制字段的格式

7.6.2.2.1 安全级别(Security Level)子字段

该子字段长度为 3bit，包含了实际提供的帧保护信息。该域值可以据帧的不同而变化，并允许有不同等级的数据真实性(根据需要可以最大程度缩小传输帧的安全开销)和可选的数据机密性。不同的安全级别提供不同的加密保护，可以参看表 89。当需要很高的安全保护时，必须提供重放攻击保护。

安全级别根据相应的加密保护排序。例如，对于安全级别 SEC1 和 SEC2，如果根据数据机密性和真实性，SEC1 提供的最低保护和 SEC2 提供的安全保护相同，就认为 SEC1 的等级高于或等于 SEC2。但是只有满足如下条件时，才能得出以上的论断：

a) SEC1 中的 b_2 位高于或等于 SEC2 的 b_2 位(加密 OFF＜加密 ON)。

b) SEC1 中 b_1b_0 的整数值大于或等于 SEC2 中 b_1b_0 的值(整数值的增加表示数据真实性级别的提高，如 MIC-0＜MIC-32＜MIC-64＜MIC-128)。

否则，这个描述就为 FALSE。

例如，ENC-MIC-64＞＝ MIC-64 是 TRUE，由于 ENC-MIC-64 和 MIC-64 提供相同的数据真实性保护，就增加了机密性。另外，MIC-128＞＝ENC-MIC-64 是 FALSE，虽然 MIC-128 比 ENC-MIC-64 提供更高的数据真实性保护，它还是无法保证数据的机密性。

7.6.2.2.2 密钥标识符方式子字段

该子字段长度为 2 个八位位组，说明用于帧保护的密钥是通过显式的方式还是通过或者隐式的方式得到；并且，如果是通过显示的方式得到，该子字段还进一步说明标识符字段的详细表述(见 7.6.2.4)。只有该子字段的值非 0x00 时，辅助安全头的密钥标识符字段才会出现(见 7.6.2.4)。

表 89 MAC 子层提供的不同安全级别服务

安全级别标识符	安全控制字段(图 76) b_2 b_1 b_0	安全属性	数据机密性	数据真实性（包括长度为 M 字节的鉴别标签）
0x00	‘000’	无	OFF	NO(M=0)
0x01	‘001’	MIC-32	OFF	YES(M=4)
0x02	‘010’	MIC-64	OFF	YES(M=8)
0x03	‘011’	MIC-128	OFF	YES(M=16)

表 89（续）

安全级别标识符	安全控制字段(图 76) b2 b1 b0	安全属性	数据机密性	数据真实性（包括长度为 M 字节的鉴别标签）
0x04	‘100’	ENC	ON	NO(M=0)
0x05	‘101’	ENC-MIC-32	ON	YES(M=4)
0x06	‘110’	ENC-MIC-64	ON	YES(M=8)
0x07	‘111’	ENC-MIC-128	ON	YES(M=16)

表 90　密钥标识符方式的设置

密钥标识符方式	密钥标识符方式子字段 b1 b0	描述	密钥标识域长度(八位位组)
0x00	‘00’	帧的发送设备和接收设备决定密钥，在帧头中指示	0
0x01	‘01’	辅助安全头中密钥标识的1个八位位组的密钥索引子字段，以及参数 macDefaultKeySource 共同决定了该密钥	1
0x02	‘10’	辅助安全头中密钥标识中的 1 个八位位组的密钥索引子字段，以及 4 个八位位组的密钥来源子字段显式地决定了该密钥	5
0x03	‘11’	辅助安全头中密钥标识中的一个 1 个八位位组的密钥索引子字段，以及 8 个八位位组的密钥来源子字段显式地决定了该密钥	9

7.6.2.3　帧计数器字段

帧计数器字段长度为 4 个八位位组，包含了生成保护帧发送设备的 macFrameCounter。该字段的信息为提供加密机制的语义安全，其中加密机制用于保护帧和提供重放攻击保护。

7.6.2.4　密钥标识符字段

7.6.2.4.1　定义

密钥标识符字段的长度可变，用来显式或者和其他隐含信息一起，确定对流出帧进行安全保护的密钥。辅助安全头的安全控制字段的密钥标识方式子字段非 0x00 时，该密钥标识符字段才会存在。密钥标识符字段的格式如图 77 所示。

八位位组:0/4/8	1
密钥来源	密钥索引

图 77　密钥标识符字段格式

7.6.2.4.2　密钥来源子字段

密钥来源子字段由安全控制字段密钥标识符方式字段确定，如果存在，长度为 4 个八位位组或 8 个八位位组，用来指示组密钥来源。

7.6.2.4.3 **密钥索引子字段**

该子域的长度是1个八位位组,其值唯一标识同一密钥来源的不同密钥。

密钥来源必须保证给它所发布的每个组密钥分配唯一的密钥索引,且这些索引不是0x00。

7.6.3 **安全操作**

本条描述了CCM* 安全操作的参数,参见IEEE 802.15.4:2006附录B。

7.6.3.1 **整数和八位位组表示**

本条采用IEEE 802.15.4:2006附录B中指定的整数和八位位组表示规范。

7.6.3.2 **CCM* 现值**

CCM* 现值是13个八位位组的字符串,在AES-CCM* 操作方式中使用,格式如图78所示。格式中最左端的字段定义为现值的第一个八位位组,最右边的字段定义为现值的最后一个八位位组。

八位位组:8	4	1
源地址	帧计数器	安全级别

图78 CCM* 现值

源地址字段设置为帧发送设备的扩展地址aExtendedAddress,帧计数器的值设置为辅助安全头中对应字段的值(见7.6.2),安全级别设置为与辅助安全头的帧控制字段中安全级别子字段相应的安全级别标识符。以上三个子字段按照7.6.3.1的规范来描述。

7.6.3.3 **CCM* 的前提条件**

帧的安全保护操作包括CCM* 方式的加密和鉴别变换,相应地,帧的解除安全操作包括CCM* 解密和鉴别校验流程。CCM* 变换和逆变换的前提条件如下:

a) 采用AES加密算法构造块密码;

b) 比特顺序见7.6.3.1;

c) 长度字段L的长度是2个八位位组;

d) 鉴别字段M的长度根据要求设置为0,4,8和16个八位位组。

7.6.3.3.1 **鉴别字段的长度**

CCM* 变换和逆变换中的鉴别字段长度M根据表89确定,所需信息见辅助安全头中安全控制字段的安全级别子字段。

7.6.3.4 **CCM* 变换的数据表述**

本条描述了CCM* 变换的输入参数和返回值,定义见IEEE 802.15.4:2006附录B。

输入参数是:

a) 密钥;

b) 现值;

c) a数据;

d) m数据。

返回结果:c数据。

7.6.3.4.1 **密钥和现值**

为流出帧提供保护的CCM* 变换所使用的密钥数据见7.6.8.2描述。CCM* 变换所使用现值的构造见7.6.3.2。

7.6.3.4.2 **a数据和m数据**

在CCM* 变换过程中,数据字段的使用见表91。

7.6.3.4.3 **c数据**

在CCM* 变换过程中所涉及的数字段或者右连接后的数据字段用八位位组串表示。

右连接在鉴别标签的被保护的有效负荷替代原有的未被保护的有效负荷,生成有安全保护的帧(见表91)。

表 91　适用于所有安全级别的 a 数据和 m 数据

安全等级标识符	a 数据	m 数据
0x00	无	无
0x01	MHR‖辅助安全头‖非有效负荷字段‖带安全保护的有效负荷字段	无
0x02	MHR‖辅助安全头‖非有效负荷字段‖带安全保护的有效负荷字段	无
0x03	MHR‖辅助安全头‖非有效负荷字段‖带安全保护的有效负荷字段	无
0x04	无	不带安全保护的有效负荷字段
0x05	MHR‖辅助安全头‖非有效负荷字段	不带安全保护的有效负荷字段
0x06	MHR‖辅助安全头‖非有效负荷字段	不带安全保护的有效负荷字段
0x07	MHR‖辅助安全头‖非有效负荷字段	不带安全保护的有效负荷字段

表 92　适用于所有安全级别的 c 数据

安全等级标识符	c 数据
0x00	无
0x01	MIC-32
0x02	MIC-64
0x03	MIC-128
0x04	带有安全保护的有效负荷字段
0x05	带有安全保护的有效负荷字段 ‖ MIC-32
0x06	带有安全保护的有效负荷字段 ‖ MIC-64
0x07	带有安全保护的有效负荷字段 ‖ MIC-128

7.6.3.5　CCM* 逆变换的数据表述

本条描述了 CCM* 逆变换的输入参数和返回值，定义见 IEEE 802.15.4:2006 附录 B。

输入参数是：

a)　密钥；

b)　现值；

c)　c 数据；

d)　a 数据。

返回结果：m 数据。

7.6.3.5.1　密钥和现值

为流入帧提供保护的 CCM* 变换所使用的密钥数据见(见 7.5.8.2.2)描述。CCM* 逆变换所使用现值的构造见 7.6.3.2。

7.6.3.5.2　c 数据和 a 数据

在 CCM* 逆变换中使用的数据字段见表 93。

表 93　适用于所有安全级别的 c 数据和 a 数据

安全等级标识符	c 数据	a 数据
0x00	无	无
0x01	MIC-32	MHR ‖ 辅助安全头 ‖ 非有效负荷字段 ‖ 带安全保护的有效负荷字段
0x02	MIC-64	MHR ‖ 辅助安全头 ‖ 非有效负荷字段 ‖ 带安全保护的有效负荷字段
0x03	MIC-128	MHR ‖ 辅助安全头 ‖ 非有效负荷字段 ‖ 带安全保护的有效负荷字段
0x04	带安全保护的有效负荷字段	MHR ‖ 辅助安全头 ‖ 非有效负荷字段
0x05	带安全保护的有效负荷字段 ‖ MIC-32	MHR ‖ 辅助安全头 ‖ 非有效负荷字段
0x06	带安全保护的有效负荷字段 ‖ MIC-64	MHR ‖ 辅助安全头 ‖ 非有效负荷字段
0x07	带安全保护的有效负荷字段 ‖ MIC-128	MHR ‖ 辅助安全头 ‖ 非有效负荷字段

7.6.3.5.3　m 数据

m 数据被用于替换有安全保护帧中的安全有效负荷字段和鉴证标签，生成没有安全保护的帧。

7.7　MAC 层和 PHY 交互的消息序列图

本条举例说明了本规范规定的主要任务。通过消息序列图定义每一个任务，且图例详细展示了各个步骤。

PAN 协调器构造一个 PAN 必须要用到的相关原语见图 79。在复位 MAC 子层后，邻近高层发起扫描以搜索在区域内的其他 PAN。当采用主动扫描时，可选择是否执行 ED 扫描。主动扫描和 ED 扫描的具体步骤如图 84 和图 80 所示。

建立起新的 PAN 后，PAN 协调器就开始接收其他设备的加入请求。设备请求关联时的所需的原语见图 81，协调器关联过程消息序列见图 82。而协调器允许关联的步骤见 7.5.3.1。在加入 PAN 过程中，请求关联的设备执行主动或被动信道扫描，以确定该区域的哪一个 PAN 允许关联。图 83 和图 84 分别展示出被动扫描和主动扫描所需的原语。

设备传输数据包的步骤如图 85 所示，而接收设备的接收过程如图 86 所示。

当设备不能与其协调器通信，设备执行孤立扫描来重新搜索协调器，相关原语见图 87。

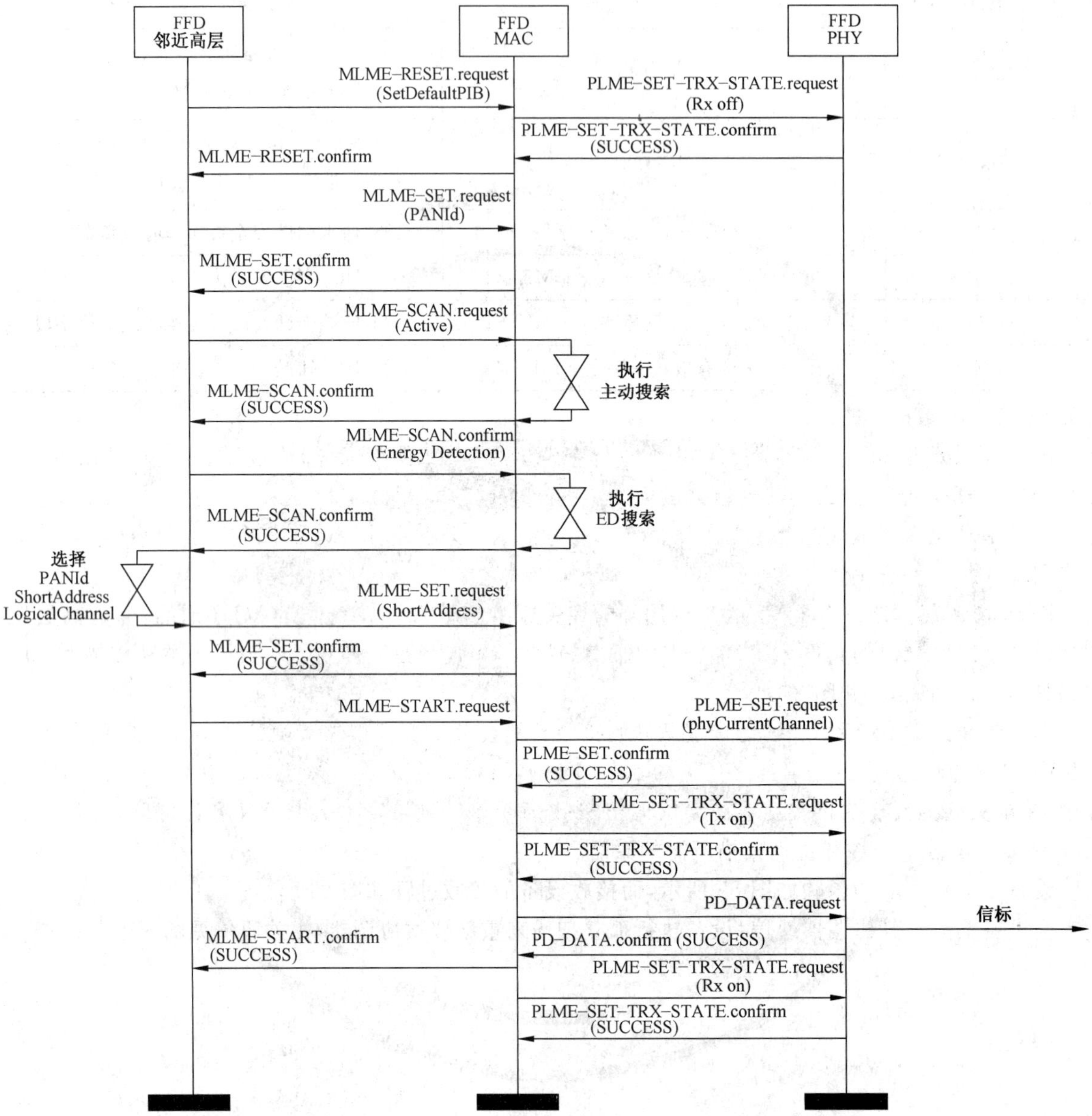

注 1：ED 扫描是可选的。

注 2：MLME-START. confirm 和 PLME-SET-TRX-STATE. request 的顺序并不总是如图所示。

图 79　PAN 起始消息序列图——PAN 协调器

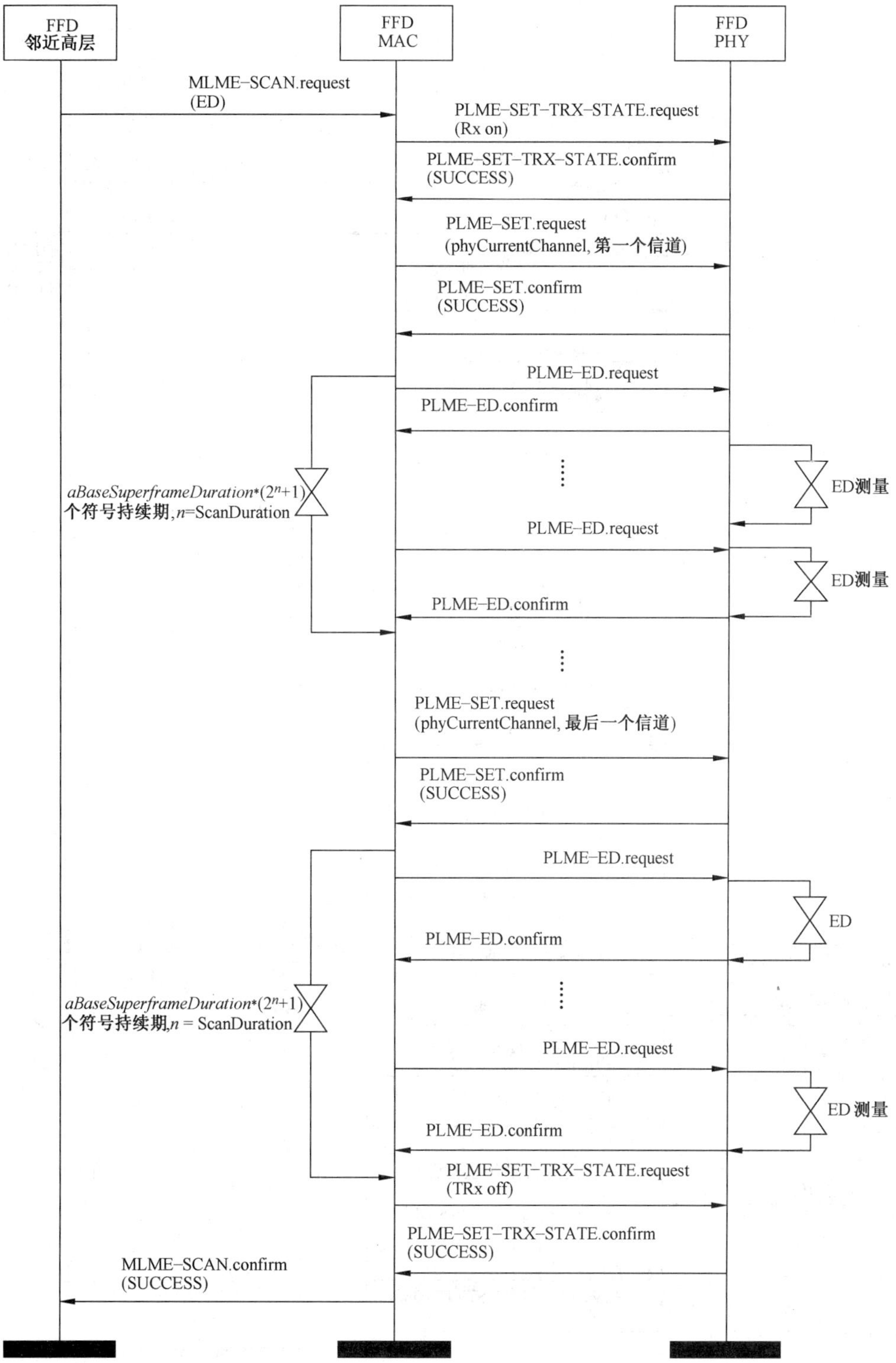

图 80 ED 扫描消息序列图

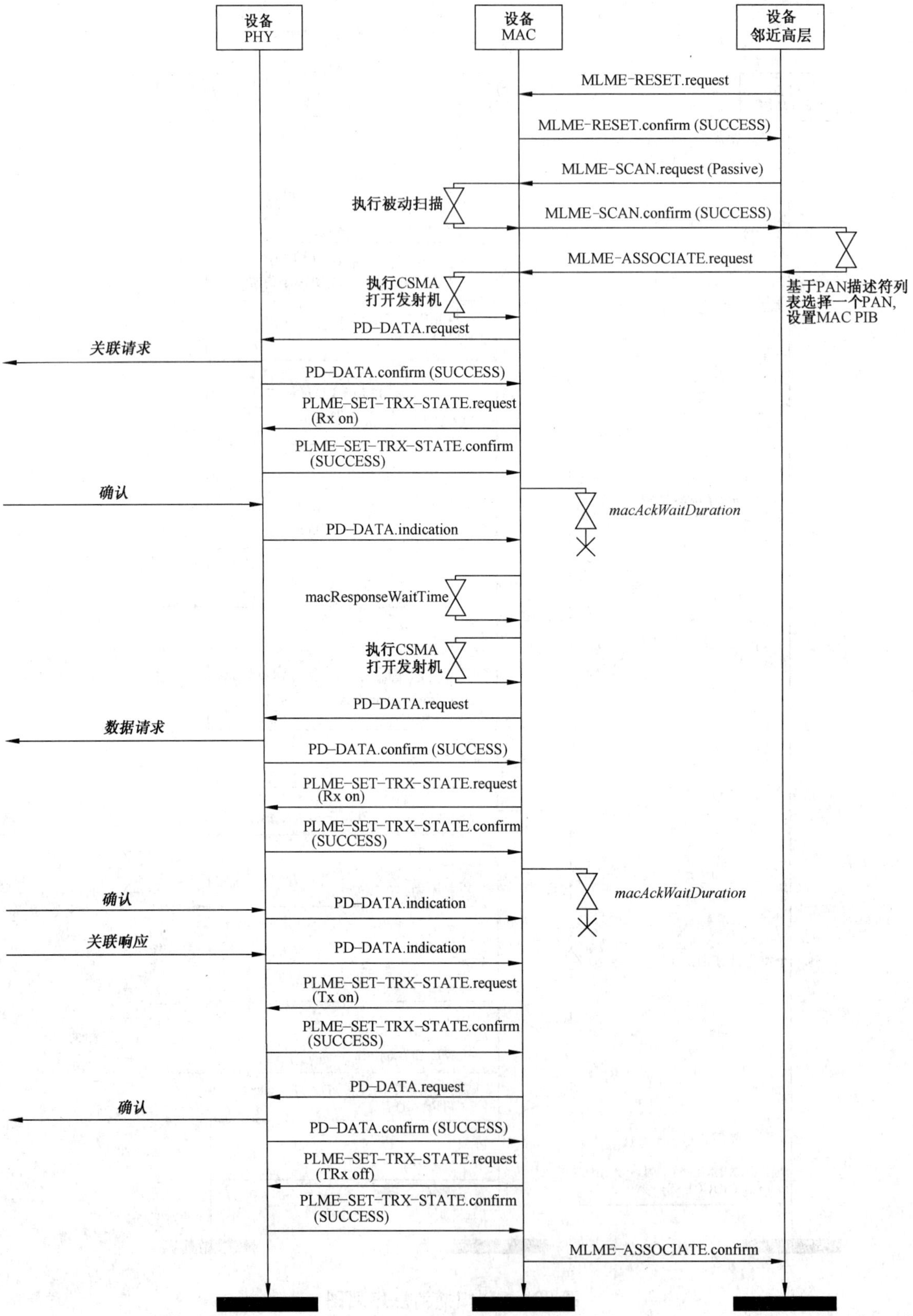

图 81　关联过程的消息序列图——设备

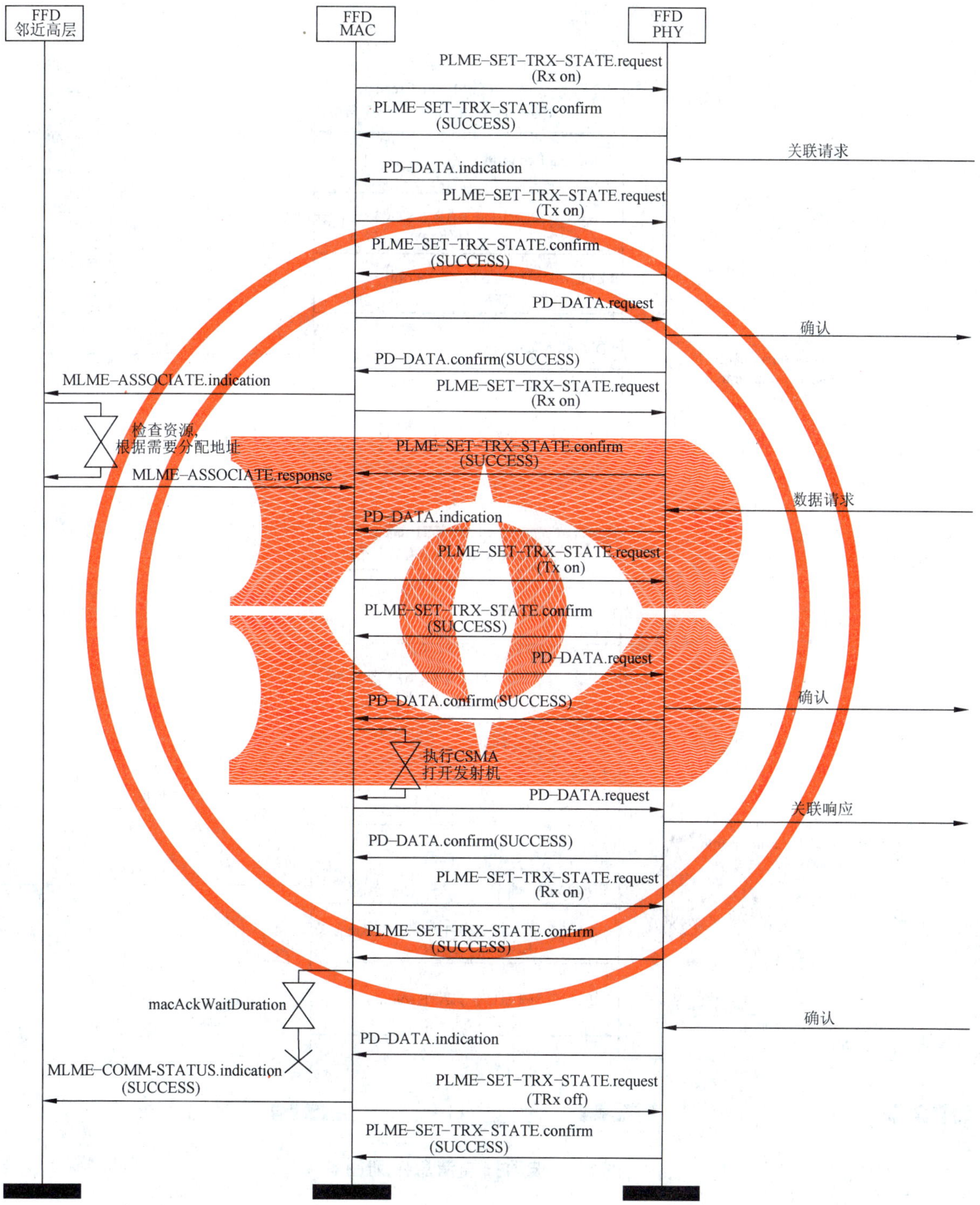

图 82　关联过程消息序列图——协调器

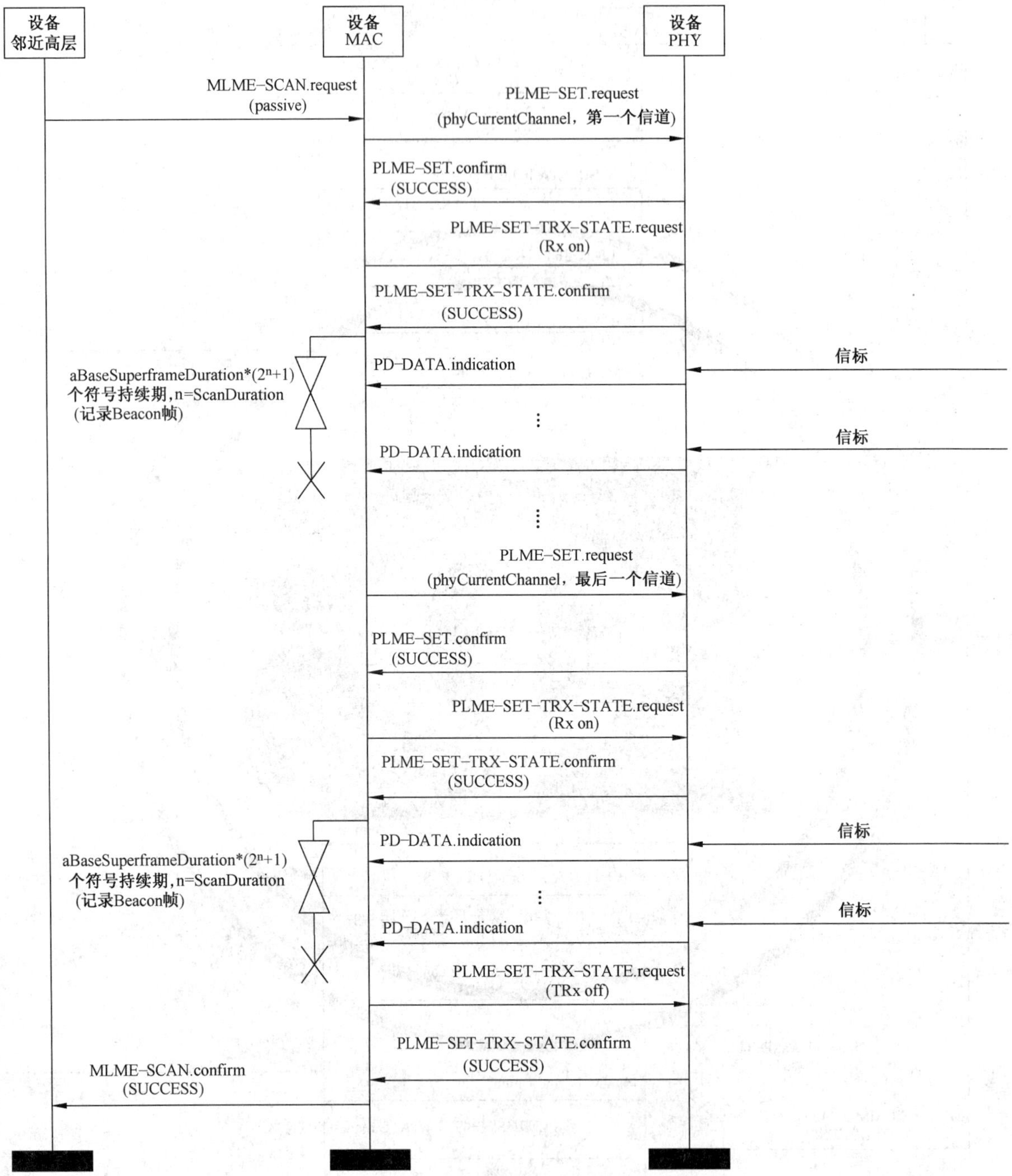

图 83 被动扫描消息序列图

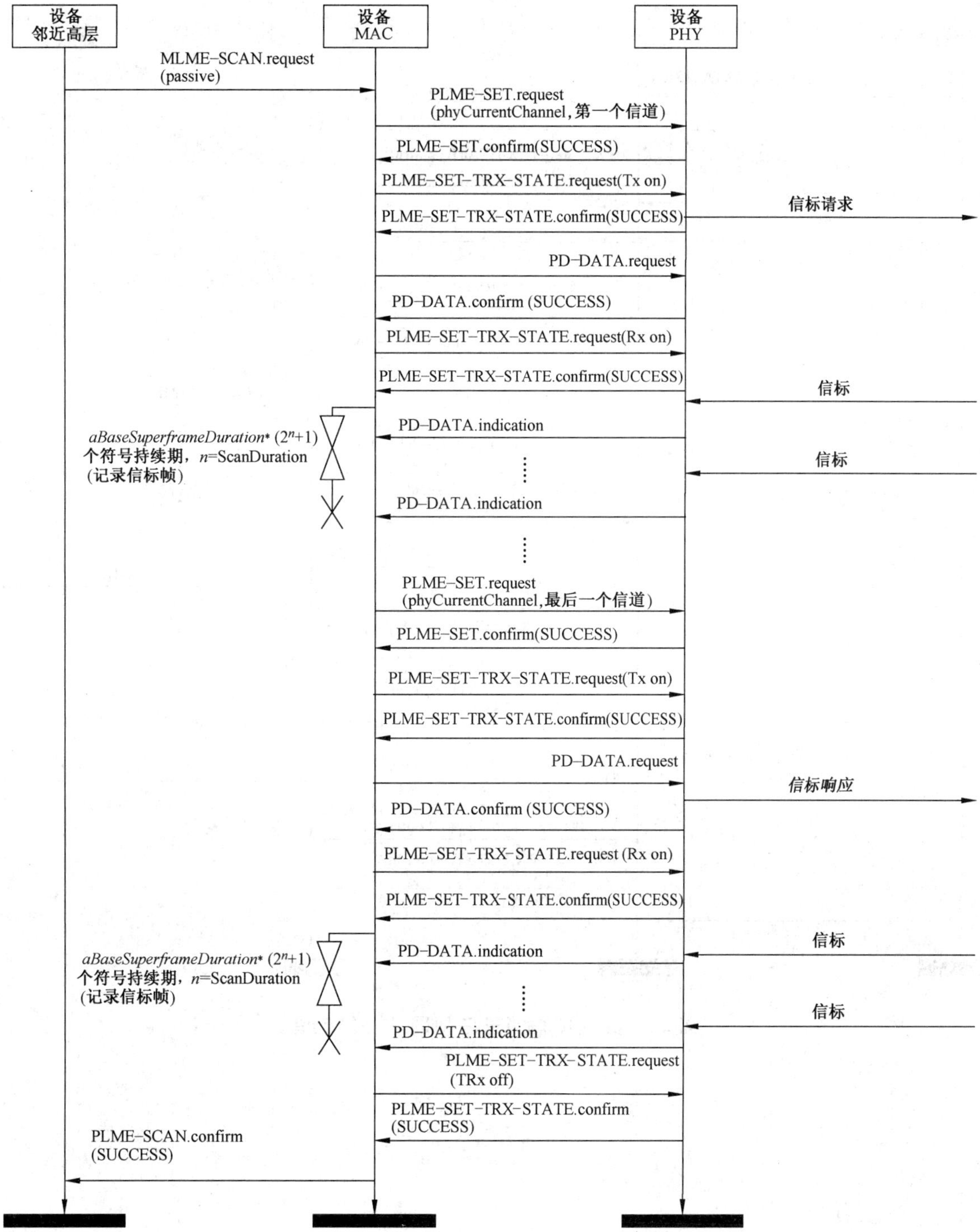

图 84　主动扫描消息序列图

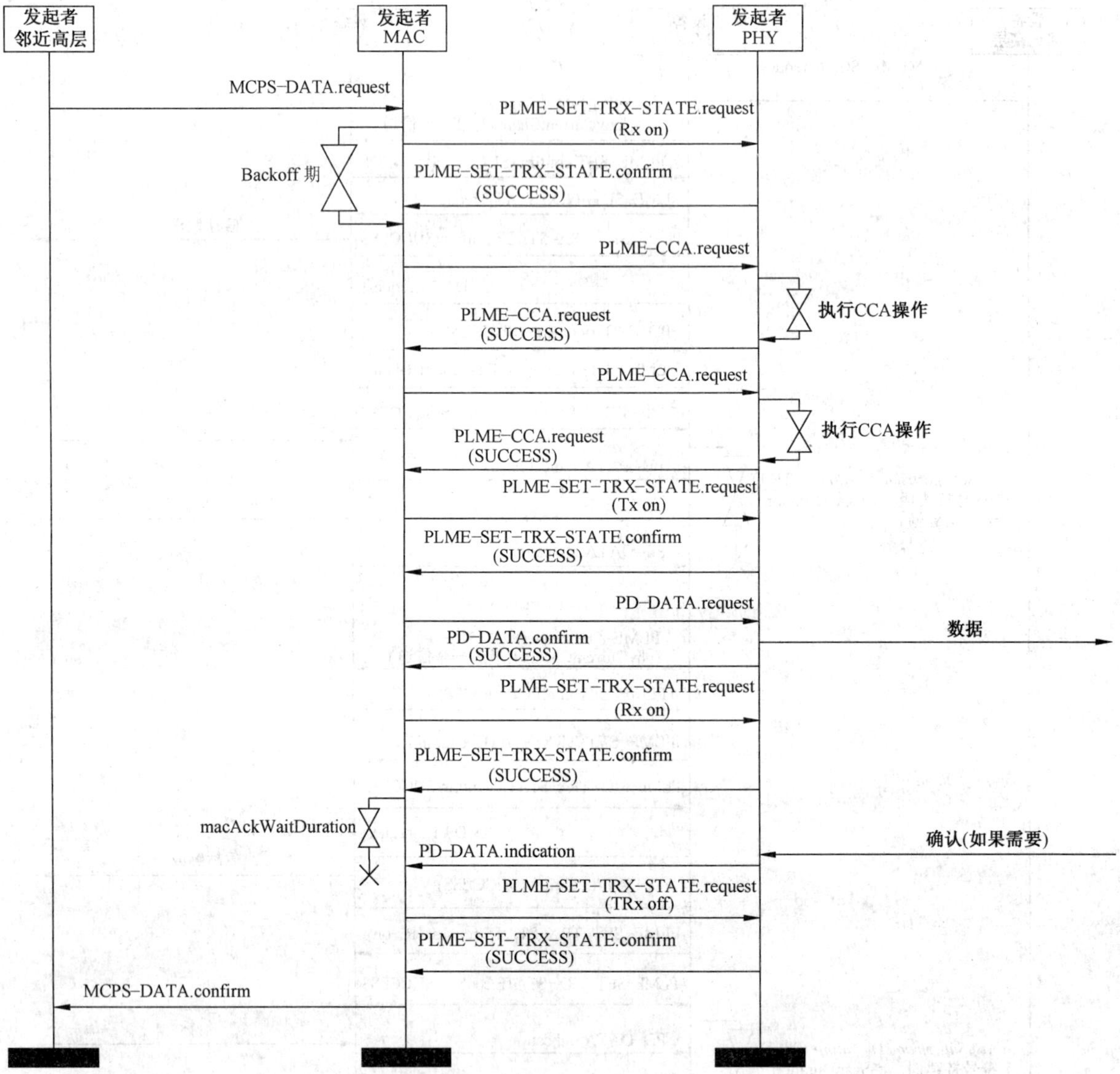

图 85 数据传输消息序列图——发起者

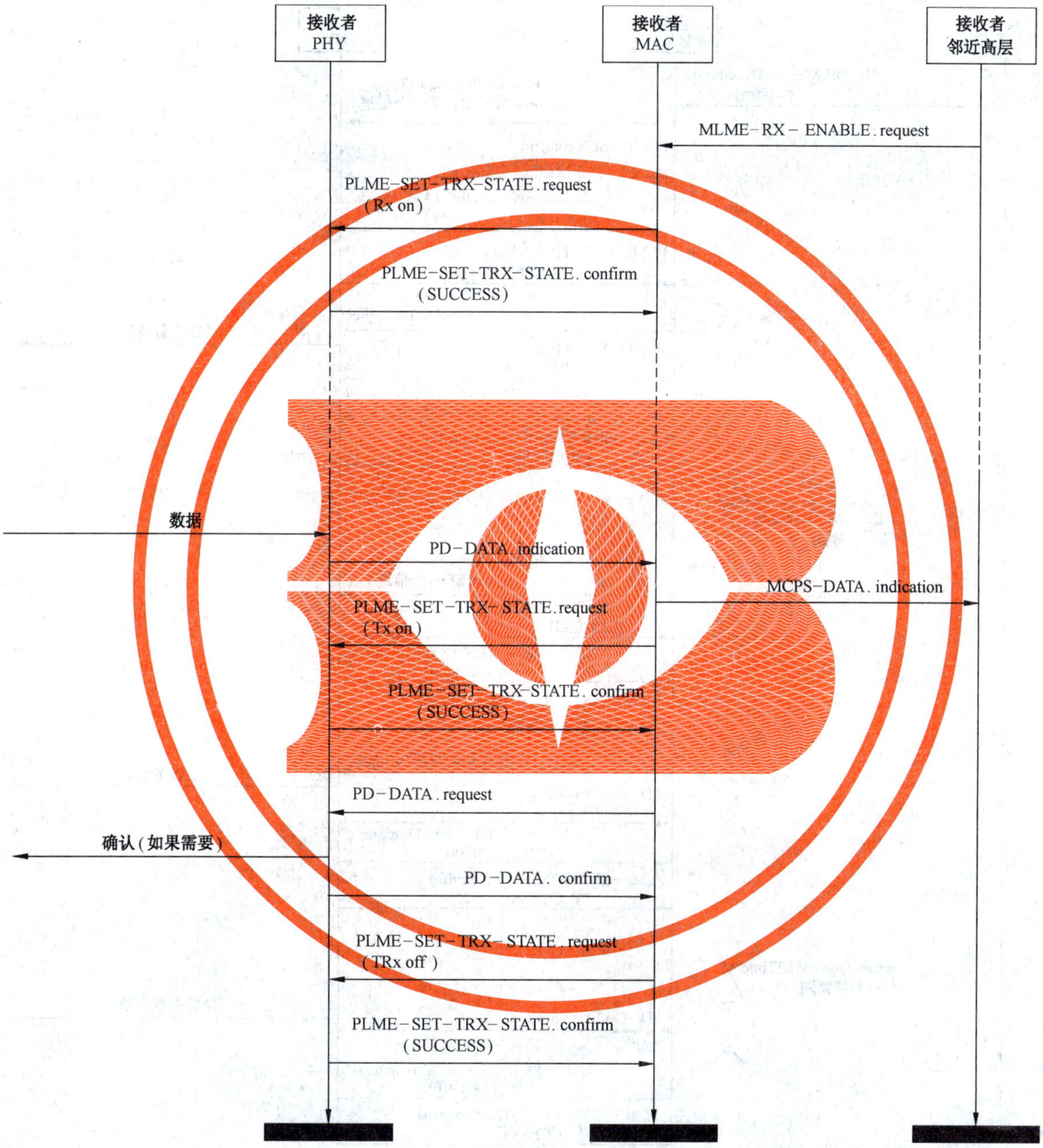

图 86 数据传输消息序列图——接收者

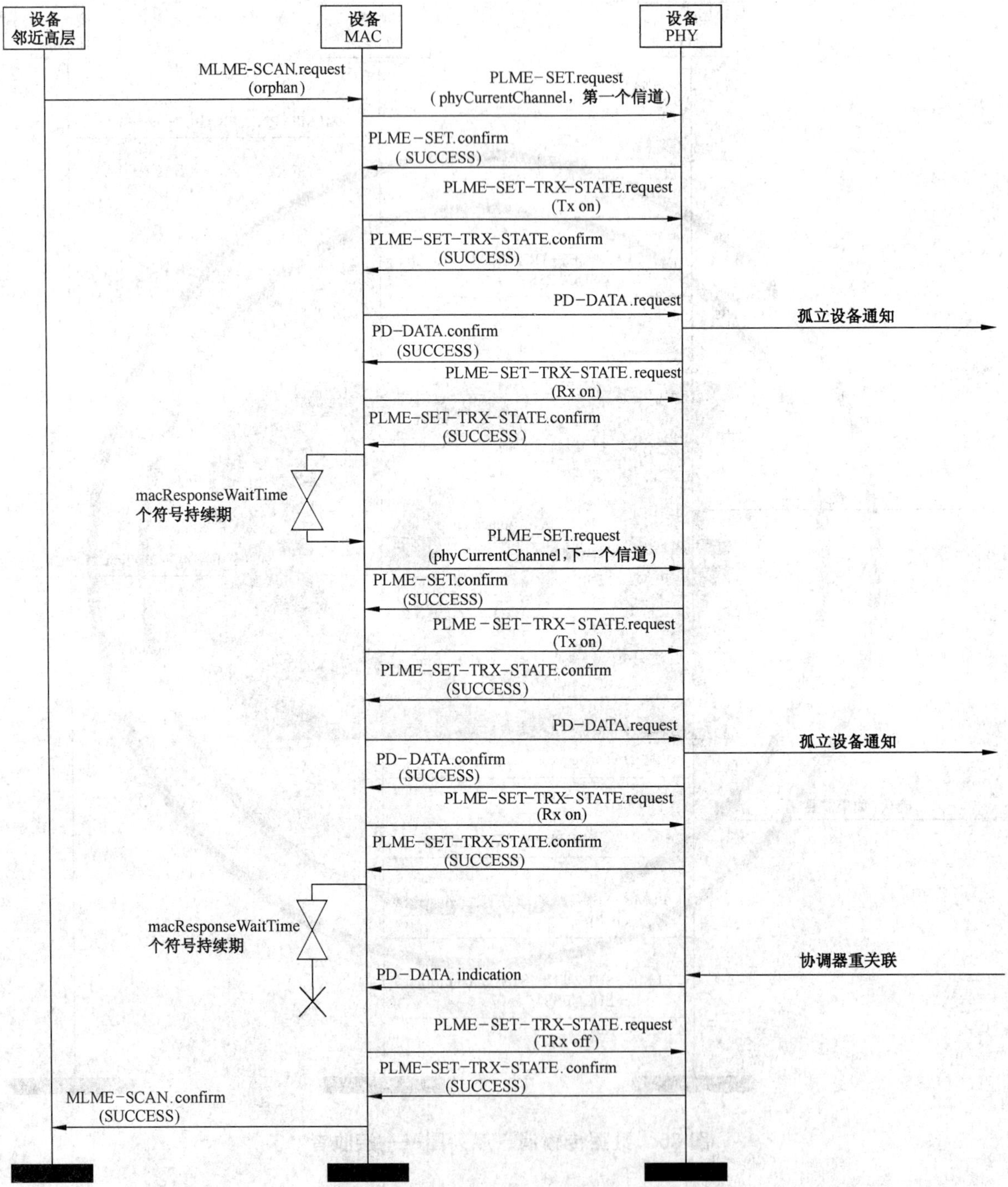

图 87　孤立设备重关联消息序列图

附　录　A
（规范性附录）
鉴别套件定义

本附录定义的各鉴别套件，信息交互所需要的各个消息都以鉴别通用命令帧的格式组帧并传递。本附录中定义的，鉴别套件中的消息流程序号即为鉴别通用命令帧的消息序号；定义的鉴别套件的各消息格式即为相应鉴别通用命令帧中鉴别信息域的数据格式。鉴别通用命令帧格式见7.3.12。

A.1　基于共享密钥的WPAN鉴别协议

A.1.1　鉴别过程

鉴别过程如图A.1所示：

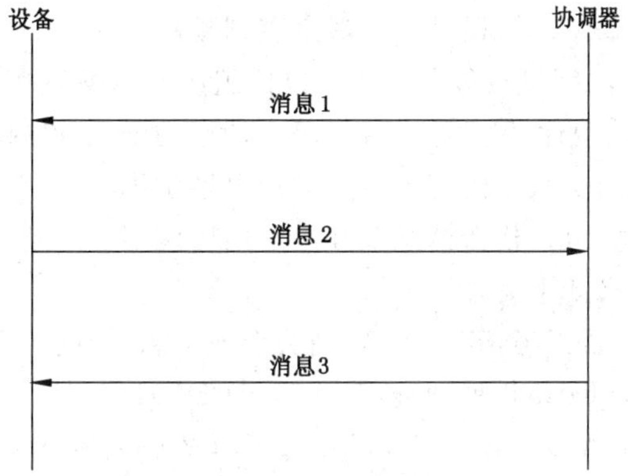

图A.1　SPAP的鉴别过程

A.1.1.1　消息1

消息1格式如图A.2所示：

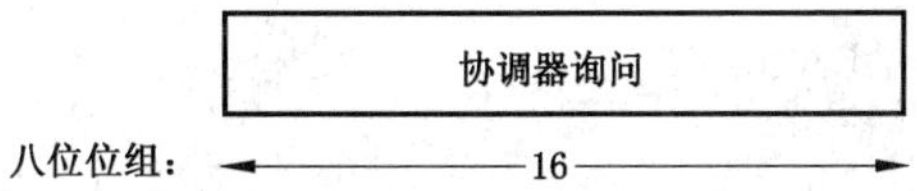

图A.2　消息1格式

在图A.2中协调器询问字段长度为16个八位位组，记作N_1。

当协调器收到设备发送的鉴别请求命令后获知选定的鉴别套件为SPAP时，协调器向设备发送消息1，启动与设备的鉴别过程。

设备接收到协调器发送的消息1后，进行如下处理：

a）级联设备和协调器的64位扩展地址，表示为ADDID1。

b）设备利用随机数产生器生成设备询问N_2，然后计算KD-HMAC-SHA256（预共享密钥，ADDID1 ‖ N_1 ‖ N_2 ‖“pairwise key expansion for unicast and additional keys and nonce”），生成设备与协调器之间的16个八位位组会话密钥。其中预共享密钥为设备与协调器之间的预共享密钥，N_1为协调器询问，N_2为设备询问。

c）用生成的会话密钥通过HMAC-SHA256算法本地计算消息鉴别码，构造消息2发往协调器。

A.1.1.2　消息2

消息2格式如图A.3所示：

	设备询问	协调器询问	消息鉴别码
八位位组：	16	16	20

图 A.3 消息 2 格式

图 A.3 中：

——协调器询问字段长度为 16 个八位位组。本字段和消息 1 中的协调器询问字段相同。

——设备询问字段长度为 16 个八位位组。由设备利用随机数产生器生成。

——消息鉴别码字段长度为 20 个八位位组。其值为设备利用最新协商的会话密钥通过 HMAC-SHA256 算法对本字段之前的所有协议数据字段内容计算得到，不包含消息头。消息鉴别码属性为：

	类型	长度	消息鉴别码算法	消息鉴别码
八位位组：	1	2	1	可变

图 A.4 消息鉴别码属性

图 A.4 中，消息鉴别码算法字段只包含 1 个八位位组的消息鉴别码算法标识，定义如下：1 表示采用 HMAC-SHA256 算法；其他值保留。消息鉴别码字段包含长度和内容，长度子字段为 2 个八位位组，表示内容子字段的八位位组个数。内容子字段为消息鉴别码。

设备接收到协调器的消息 1 后，构造消息 2 并发送给协调器。

协调器收到消息 2 后，进行如下处理：

a) 检查协调器询问值是否正确，若不正确，则丢弃该消息；否则，执行 b)操作。

b) 级联设备和协调器的 64 位扩展地址，表示为 ADDID2。

c) 计算 KD-HMAC-SHA256（预共享密钥，ADDID2 ‖ N_1 ‖ N_2 ‖ “pairwise key expansion for unicast and additional keys and nonce”），生成设备与协调器之间的 16 个八位位组会话密钥，其中预共享密钥为设备与协调器之间的预共享密钥，N_1 是协调器询问，N_2 是设备询问。利用生成的会话密钥通过 HMAC-SHA256 算法本地计算消息鉴别码，与消息 2 中的消息鉴别码字段值比较，若相同，则执行操作 d)；否则，丢弃该消息。

d) 用会话密钥通过 HMAC-SHA256 算法本地计算消息鉴别码，构造消息 3，发送给设备。

A.1.1.3 消息 3

消息 3 格式图 A.5 所示：

	设备询问	消息鉴别码
八位位组：	16	20

图 A.5 消息 3 格式

图 A.5 中：

——设备询问字段长度为 16 个八位位组。本字段和消息 2 中的设备询问字段相同；

——消息鉴别码字段长度为 20 个八位位组。其值为协调器利用最新协商的会话密钥通过 HMAC-SHA256 算法对本字段之前的所有协议数据字段内容计算得到，不包含消息头。

协调器收到消息 2 后，发送消息 3 给设备。

设备接收到协调器的消息 3 后，进行如下处理：

a) 检查设备询问与自己在消息 2 中发送的值是否相同，若不同，则丢弃该消息；否则，执行 b)操作。

b) 利用生成的会话密钥通过 HMAC-SHA256 算法本地计算消息鉴别码，与消息 3 中的消息鉴别码字段值比较，若相同，则执行操作 c)；否则，丢弃该消息。

设备与协调器鉴别成功后，设备和协调器分别将会话密钥存储于表 83 所示的 KeyDescriper 中。

A.1.2 会话密钥协商过程

在 SPAP 下，会话密钥在鉴别过程中已经产生，可以利用所获得的会话密钥保护关联过程，从而可满足更高的安全需求。

若设备和协调器需要更新它们之间的会话密钥，则设备或协调器都可以发起会话密钥协商过程，具体协议过程与上述鉴别过程一样。

A.2 基于 ID 的 WPAN 鉴别协议

A.2.1 鉴别过程

IPAP 是一种基于身份密码体制的 TePA 协议。当采用 IPAP 的鉴别套件时，若需要进行公钥撤销查询，则鉴别过程需要可信第三方的参与，也即设备、协调器与可信第三方执行 TePA 协议，其中协调器与可信第三方之间交互的消息可以采用 UDP 报文(端口号为 5111)传递，鉴别过程如图 A.6 所示：

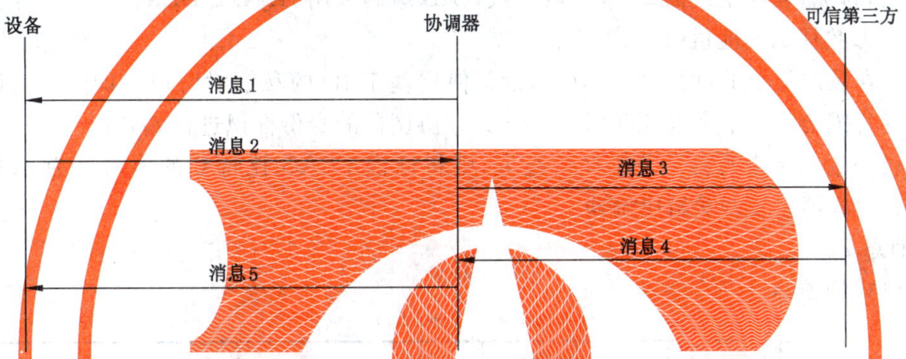

图 A.6 IPAP 的鉴别过程

当设备与协调器交互的消息大于鉴别通用命令帧中鉴别信息字段的最大长度时，则需要对该消息进行分片处理，鉴别通用命令帧中的鉴别信息字段数据为分片处理后消息，分片格式为图 A.7 所示：

	长度	分片序号	标识	数据
八位位组：	2	1	1	可变

图 A.7 分片处理时鉴别通用命令帧中的鉴别信息字段格式

其中：

——长度字段长度为 2 个八位位组，其值表示鉴别信息字段所有字段的八位位组个数。

——分片序号字段长度为 1 个八位位组，其值表示分片的顺序编号，每一个消息的第一个分片序号为 0，后序分片依次按 1 递增。

——标识字段长度为 1 个八位位组，比特 0 表示后续是否有分片，值为 0 表示没有，值为 1 表示有。比特 1 至比特 7 保留。

——数据字段的内容为设备与协调器交互的消息。

长度字段、分片序号字段和标识字段构成消息头。

A.2.1.1 消息 1

消息 1 格式如图 A.8 所示：

	协调器询问
八位位组：	16

图 A.8 消息 1 格式

其中：

——协调器询问字段长度为 16 个八位位组。协调器询问字段的值由协调器采用随机数生成算法生成，记为 N_1。

若设备从协调器的信标帧中获知它们都支持 IPAP 的鉴别套件，则向协调器发送鉴别请求命令。协调器收到设备的鉴别请求命令后，协调器向设备发送消息 1 以启动鉴别过程。

设备接收到由协调器发送的消息 1 后，进行如下处理：

a) 利用随机数产生器产生 16 个八位位组的设备询问 N_2；

b) 利用预安装的 ECDH 字段参数产生用于 ECDH 交换的临时私钥 x 和临时公钥 x・P；
其中，ECDH 参数字段由参数标识和参数长度和参数内容组成，参数标识字段长度为 1 个八位位组；参数长度字段为 2 个八位位组，表示参数内容字段的八位位组个数。参数字段的值定义如下：
   1) 参数标识为 1 时，参数内容以 OID 方式表示，参数长度字段表示 OID 标识的八位位组个数，参数内容为 OID 编码。本规范采用值为 1.2.156.11235.1.1.2.1 的 OID 表示国家密码管理局批准的 ECC 字段参数，OID 编码采用 ASN.1/DER；
   2) 参数标识其他值保留。

c) 在预安装的基于 ID 的公共参数下，设备使用基于 ID 的私钥对协调器询问 N_1、设备询问 N_2、对应公钥的后 2 个字段、临时公钥 x・P 和协调器的身份标识进行签名；

d) 若设备请求对协调器的公钥撤销查询，则将标识 FLAG 比特 0 的值为设为 1；否则，设为 0。然后生成消息 2 发送给协调器。

A.2.1.2 消息 2

消息 2 格式如图 A.9 所示：

	标识 FLAG	协调器询问	设备询问	设备密钥数据	协调器的身份标识	设备公钥的后两个字段	设备的签名
八位位组：	1	16	16	可变	2	3	可变

图 A.9 消息 2 格式

图 A.9 中：

——标识 FLAG 字段长度为 1 个八位位组，比特 0 和比特 1 有意义。比特 0(设备对协调器的公钥撤销查询请求标识)为 1 表示设备要求验证协调器的公钥是否已经被撤销，为 0 表示不需要验证协调器的公钥是否已经被撤销。比特 1(协调器对设备的公钥撤销查询请求标识)为 1 表示协调器要求验证设备的公钥是否已经被撤销，为 0 表示不需要验证设备的公钥是否已经被撤销。标识 FLAG 见图 A.10：

	对协调器的公钥撤销查询请求	对设备的公钥撤销查询请求	保留
比特位数：	1	1	6

图 A.10 标识 FLAG

——协调器询问字段长度为 16 个八位位组。本字段值应与协调器发送的消息 1 中协调器询问字段值相同。

——设备询问字段长度为 16 个八位位组，由设备采用随机数生成算法生成，记作 N_2。

——设备密钥数据内容是设备生成的用于 ECDH 交换的临时公钥；密钥数据字段由长度字段与内容字段组成。其中长度字段为 1 个八位位组，表示内容字段的八位位组个数。

——协调器的身份标识字段，长度为 2 个八位位组。

——设备公钥的后 2 个字段见图 A.11。

	基于ID公私钥对的颁发者的身份标识	WPAN标识	设备身份标识	公钥有效期限
八位位组：	2	1	2	1

图 A.11 基于 ID 的公钥

其中：基于 ID 公私钥对的颁发者的身份标识字段表示 WPAN 中设备的基于 ID 公私钥对的颁发者的身份；WPAN 标识表示 WPAN 的网络字段标识；公钥有效期限表示基于 ID 的公钥使用时间期限。

——设备的签名字段采用签名属性表示，它是对本消息中除本字段之外所有数据字段的签名。签名属性如图 A.12 所示：

	类型	长度	签名算法	签名值
八位位组：	1	2	1	可变

图 A.12 签名属性

其中，签名算法字段只包含 1 个八位位组的签名算法标识，定义如下：1 表示 160 位的基于 ID 的数字签名算法；其他值保留。签名值字段包含长度和内容，长度子字段为 2 个八位位组，表示内容子字段的八位位组个数。内容子字段为签名的值。

当设备收到协调器的消息 1 时，设备发送消息 2 给协调器。

协调器收到设备发来的消息 2 后，进行如下处理：

a) 检查协调器询问是否与自己在消息 1 中发送的值相同，若不同，则丢弃该消息；否则，执行 b)操作。

b) 检查协调器的身份标识是否与自己的身份标识相同，若不同，则丢弃该消息；否则，执行 c)操作。

c) 检查设备公钥的后 2 个字段中的最后一个字段，若该字段表示的公钥使用时限已经逾期，则丢弃该消息；否则，执行 d)操作。

d) 级联设备公钥的后两个字段与关联过程交互的设备公钥的前两个字段，然后使用该设备公钥和预安装的基于 ID 的公开参数验证设备的签名，若签名验证不成功，则丢弃该消息；否则，执行 e)操作。

e) 检查标识 FLAG 的比特 0，若比特 0 的值为 1，则执行 f)操作；否则，执行 g)操作。

f) 利用随机数生成算法生成另一个协调器询问。若协调器也要求验证设备的公钥是否被撤销，则以该协调器询问、消息 2 中的设备询问、设备公钥的后两个字段和设置好的标识 FLAG 为内容生成消息 3；否则，以该协调器询问、消息 2 中的设备询问和设置好的标识 FLAG 为内容生成消息 3。生成的消息 3 在协调器与可信第三方之间的会话密钥保护下发送给可信第三方。协调器与可信第三方之间的会话密钥是利用它们的基于 ID 的公私钥生成的。

g) 若协调器要求验证设备的公钥是否被撤销，则利用随机数生成算法生成另一个协调器询问，以该协调器询问、设备公钥的后两个字段和设置好的标识 FLAG 为内容生成消息 3，然后在协调器与可信第三方之间的会话密钥保护下发送给可信第三方；否则，执行 h)操作。

h) 利用预安装的 ECC 字段参数生成用于 ECDH 交换的临时私钥 y、临时公钥 y·P，使用自己的临时私钥 y 和消息 2 中设备的临时公钥 x·P 进行 ECDH 计算，得到主密钥种子$(x\cdot y\cdot P)_{abscissa}$，对其进行扩展 KD-HMAC-SHA256 ($(x\cdot y\cdot P)_{abscissa}$，$N_1 \| N_2 \|$"base key expansion for key and additional nonce")，生成 16 个八位位组的基密钥 BK。其中，N_1 是协调器询问，N_2 是设备询问。然后协调器使用自己基于 ID 的私钥计算设备询问 N_2、对应公钥的后两个字段、临时公钥 y·P 和设备的身份标识的签名，生成消息 5 发送给设备。

A.2.1.3 消息3

消息3格式如图A.13所示：

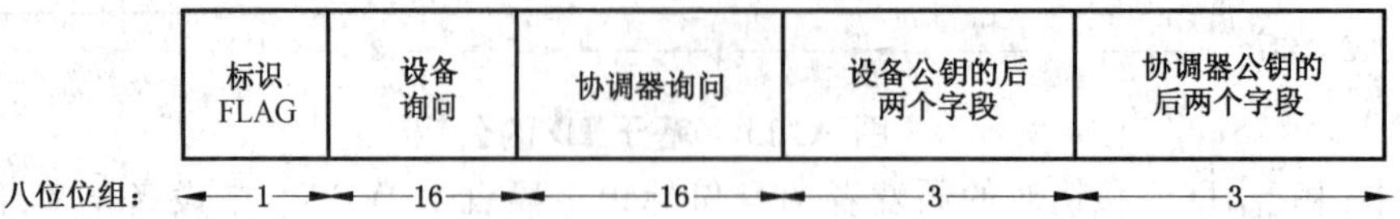

图A.13 消息3格式

图A.13中：

——标识FLAG字段长度为1个八位位组，定义如前。

——设备询问字段长度为16个八位位组。本字段值应与设备发送的消息2中设备询问字段值相同。当标识FLAG字段的比特0的值为0，比特1的值为1时，该字段不存在。

——协调器询问字段长度为16个八位位组。由协调器采用随机数生成算法生成，记为N_3。

——设备公钥的后2个字段的定义如前。当标识FLAG字段的比特0的值为1，比特1的值为0时，该字段不存在。

——协调器公钥的后2个字段的定义如前。当标识FLAG字段的比特0的值为0，比特1的值为1时，该字段不存在。

若消息2中的标识FLAG指示要验证协调器的公钥撤销查询或协调器自己要求验证设备的公钥撤销查询，则协调器向可信第三方发送消息3。

可信第三方收到消息3后，进行如下处理：

a) 检查标识FLAG字段的比特0和比特1的值，若比特0和比特1的值都为1，则执行b)操作；若比特0的值为1而比特1的值为0，则执行c)操作；若比特0的值为0而比特1的值为1，则执行d)操作。

b) 可信第三方使用本地公钥的前2个字段合成设备和协调器的公钥，然后查询公钥撤销表生成对应的公钥撤销结果。使用可信第三方基于ID的私钥对设备询问、协调器的公钥和它的公钥撤销结果进行签名，以协调器询问、设备的公钥撤销结果、协调器的公钥撤销结果和上述签名为内容生成消息4，然后在协调器与可信第三方之间的会话密钥保护下发送给协调器。

c) 可信第三方使用本地公钥的前2个字段合成协调器的公钥，然后查询公钥撤销表生成对应的公钥撤销结果。使用可信第三方基于ID的私钥对设备询问、协调器的公钥和它的公钥撤销结果进行签名，以协调器询问、协调器的公钥撤销结果和上述签名为内容生成消息4，然后在协调器与可信第三方之间的会话密钥保护下发送给协调器。

d) 可信第三方使用本地公钥的前2个字段合成设备的公钥，然后查询公钥撤销表生成对应的公钥撤销结果。以协调器询问和设备的公钥撤销结果为内容生成消息4，然后在协调器与可信第三方之间的会话密钥保护下发送给协调器。

A.2.1.4 消息4

消息4格式如图A.14所示：

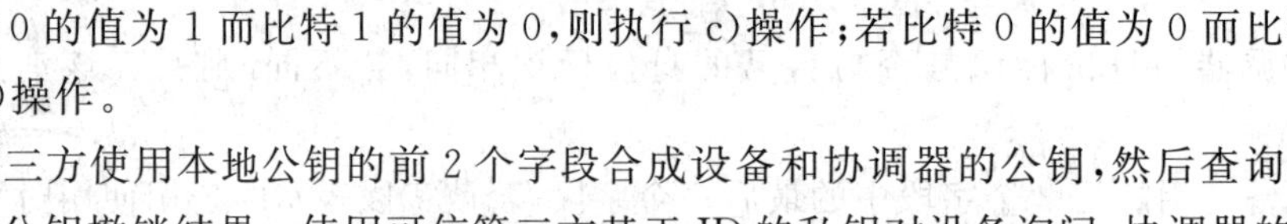

图A.14 消息4格式

图A.14中：

——标识FLAG字段长度为1个八位位组，定义如前。该字段值和消息3中的标识FLAG值相同。

——协调器询问字段长度为 16 个八位位组。该字段值和消息 3 中的协调器询问字段的值相同。

——设备的公钥撤销结果字段长度为 1 个八位位组,比特 0 有意义(值为 1 表示该公钥已被撤销,值为 0 表示该公钥未被撤销)。当标识 FLAG 字段的比特 0 的值为 1,比特 1 的值为 0 时,该字段不存在。

——协调器的公钥撤销查询结果字段定义见图 A.16。当标识 FLAG 字段的比特 0 的值为 0,比特 1 的值为 1 时,该字段不存在。

可信第三方收到消息 3 后,向协调器发送消息 4。

协调器收到消息 4 后,进行如下处理:

a) 先检查标识 FLAG 值是否与协调器发送的消息 3 中的标识 FLAG 值相同,若不同,则丢弃消息;否则,则检查标识 FLAG 字段的比特 0 和比特 1 的值,若比特 0 和比特 1 的值都为 1,则执行 b)操作;若比特 0 的值为 1 而比特 1 的值为 0,则执行 c)操作;若比特 0 的值为 0 而比特 1 的值为 1,则执行 d)操作。

b) 检查协调器询问与自己在消息 3 中的协调器询问是否相同,若不同,则丢弃该消息;否则,验证设备的公钥撤销结果。若设备的公钥已被撤销,则断开与设备的链路连接;否则,执行 e)操作后协调器使用自己基于 ID 的私钥计算设备询问 N_2、对应公钥的后 2 个字段、临时公钥 y·P、设备的身份标识和协调器的公钥撤销查询结果的签名,生成消息 5 发送给设备。

c) 检查协调器询问与自己在消息 3 中的协调器询问是否相同,若不同,则丢弃该消息;否则,执行 e)操作后协调器使用自己基于 ID 的私钥计算设备询问 N_2、对应公钥的后 2 个字段、临时公钥 y·P、设备的身份标识和协调器的公钥撤销查询结果的签名,生成消息 5 发送给设备。

d) 检查协调器询问与自己在消息 3 中的协调器询问是否相同,若不同,则丢弃该消息;否则,验证设备的公钥撤销结果。若设备的公钥已被撤销,则断开与设备的链路连接;否则,执行 e)操作后协调器使用自己基于 ID 的私钥计算设备询问 N_2、对应公钥的后 2 个字段、临时公钥 y·P 和设备的身份标识的签名,生成消息 5 发送给设备。

e) 利用预安装的 ECC 字段参数生成用于 ECDH 交换的临时私钥 y、临时公钥 y·P,使用自己的临时私钥 y 和消息 2 中设备的临时公钥 x·P 进行 ECDH 计算,得到主密钥种子 $(x \cdot y \cdot P)_{abscissa}$,对其进行扩展 KD-HMAC-SHA256 ($(x \cdot y \cdot P)_{abscissa}$, $N_1 \| N_2 \|$ "base key expansion for key and additional nonce"),生成 16 个八位位组的基密钥 BK。其中,N_1 是协调器询问,N_2 是设备询问。

A.2.1.5 消息 5

消息 5 格式如图 A.15 所示:

标识 FLAG	设备询问	协调器密钥数据	设备的身份标识	协调器公钥的后 2 个字段	协调器的公钥撤销查询结果	协调器的签名
1	16	可变	2	3	可变	可变

八位位组:

图 A.15 消息 5 格式

图 A.15 中:

——标识 FLAG 字段长度为 1 个八位位组,定义如前。该字段值比特 0 的值应与设备发送的消息 2 中标识 FLAG 字段比特 0 的值相同。

——设备询问字段长度为 16 个八位位组。本字段值应与设备发送的消息 2 中设备询问字段值相同。

——协调器密钥数据格式如前定义,内容是协调器生成的用于 ECDH 交换的临时公钥。

——设备的身份标识字段如前定义。

——协调器公钥的后 2 个字段如前定义。

——协调器的公钥撤销查询结果字段如图 A.16 所示。

	设备询问	协调器公钥	公钥撤销结果	可信第三方签名
八位位组:	6	6	1	可变

图 A.16 协调器的公钥撤销查询结果

其中:设备询问为设备产生的随机数;协调器公钥如前定义;公钥撤销结果如前定义;可信第三方签名是可信第三方利用基于 ID 的私钥对设备询问、协调器公钥和协调器公钥撤销结果的签名。其中,可信第三方可以由 WPAN 中的网络协调器来充当,也可以由 WPAN 中的网络协调器指定的设备充当。当标识 FLAG 字段的比特 0 的值为 0,时,该字段不存在。

协调器的签名字段采用签名属性表示,其定义如前。它是对本消息中除本字段之外所有数据字段的签名。

协调器收到消息 4,或收到消息 2 后,发送消息 5。

设备收到消息 5 后,进行如下处理:

a) 检查设备询问字段值是否与设备发送的消息 2 中的设备询问值相同,若不同,则丢弃该消息;否则,检查设备的身份标识字段值是否与自己的身份标识值相同。若不同,则丢弃该消息;否则执行 b)操作。

b) 检查标识 FLAG 字段的比特 0 的值与自己发送的消息 2 中相应字段的值是否相同,若不同,则丢弃该消息;否则执行 c)操作。

c) 检查协调器公钥的后 2 个字段的最后 1 个字段,若公钥的使用时限已逾期,则丢弃该消息;否则,执行 d)操作。

d) 级联公钥的前 2 个字段和协调器公钥的后 2 个字段合成协调器的基于 ID 的公钥,使用该公钥和预安装的基于 ID 的公开参数验证协调器的签名是否正确,若不正确,则丢弃该消息;否则,执行 e)操作。

e) 若标识 FLAG 的比特 0 的值为 0 时,则执行 f)操作;否则,执行 g)操作。

f) 设备使用自己的临时私钥 x 和协调器的临时公钥 y·P 进行 ECDH 计算,得到主密钥种子 $(x \cdot y \cdot P)_{abscissa}$,对其进行扩展 KD-HMAC-SHA256 ($(x \cdot y \cdot P)_{abscissa}$, $N_1 \| N_2 \|$"base key expansion for key and additional nonce"),生成 16 个八位位组的基密钥 BK。其中,N_1 是协调器询问,N_2 是设备询问。

g) 检查协调器的公钥撤销查询结果字段的第 1 个子字段,若公钥撤销结果显示协调器的公钥已被撤销,则设备断开与协调器的链路连接;否则,使用设备询问、协调器的公钥撤销结果、协调器的公钥和基于 ID 的公开参数验证该字段的第 2 个子字段是否正确(验证可信第三方的签名是否正确)。若签名验证失败,则丢弃该消息;否则,执行 f)操作。

在鉴别过程中,要进行 ECDH 协商出基密钥 BK。对于 ECDH 算法,做以下说明:

1) 临时私钥 x、y 是在[1..n-1]间的整数,n 是椭圆曲线字段参数中基点 P 的阶。

2) 临时公钥 x·P、y·P 是椭圆曲线字段参数定义的椭圆曲线上的点。

3) ECDH 协商出来密钥种子 $(x \cdot y \cdot P)_{abscissa}$ 是 x·y·P 的 x 坐标,x·y·P 不能是无穷远点。

A.2.2 会话密钥协商过程

在 IPAP 下,设备和协调器在鉴别过程中产生了 BK,可利用该 BK 执行会话密钥协商过程生成会话密钥来保护关联过程,从而可满足更高的安全需求。

基于 BK 的会话密钥协商过程和更新过程与 A.2.1 的鉴别过程基本相同，仅需使用 BK 代替预共享密钥。

A.3 基于传输加密数据的 WPAN 鉴别协议

A.3.1 鉴别过程

鉴别过程如图 A.17 所示：

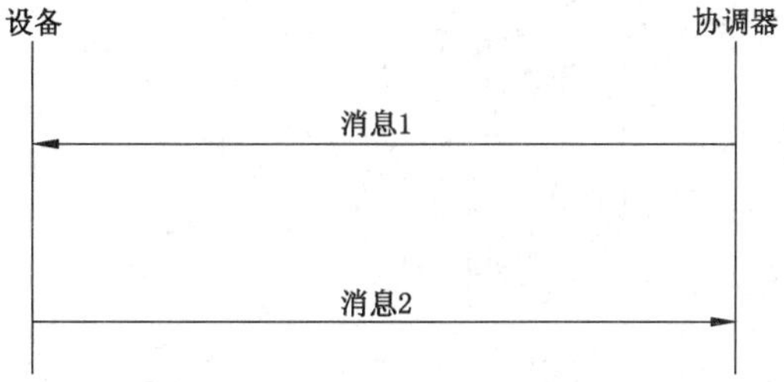

图 A.17 PAPTED 的鉴别过程

A.3.2 消息 1

消息 1 格式如图 A.18 所示。

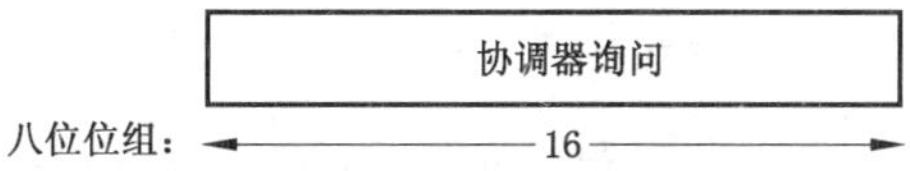

图 A.18 消息 1 格式

其中：

协调器询问字段：协调器产生一个随机数，并通过通过该字段传递给设备。

当协调器接收到设备发送的鉴别请求命令，并获知设备选定的鉴别套件为基于传送加密数据的方式时，协调器向设备发送针对请求命令帧的确认命令帧后，协调器进行如下操作：

a) 生成一个 128 位随机数 C_r；

b) 协调器按照图 A.18 组建消息 1，把上述随机数 C_r 放入消息 1 中协调器询问字段，并向设备发送消息 1。

A.3.3 消息 2

消息 1 格式如图 A.19 所示。

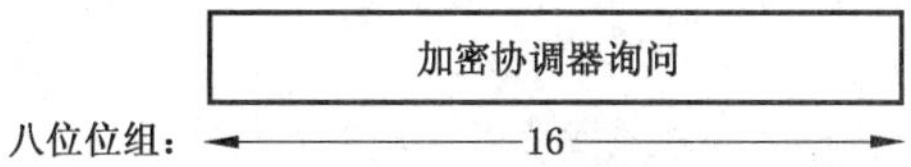

图 A.19 消息 2 格式

图 A.19 中：

加密协调器询问字段：设备接收协调器发送的随机数，对该随机数进行加密，然后，通过该字段把加密后的随机数传递给协调器。

设备接收到上述消息 1 后，进行如下处理：

a) 提取消息 1 中的随机数 C_r；

b) 使用 AES 算法对上述随机数进行加密：$C_r^1=AES(C_r,Key)$，其中 Key 表示协调器与设备共享的鉴别密钥；

c) 协调器按照图 A.19 组建消息 2，把上述加密后的随机数 C_r^1 放入消息 2 的加密协调器询问字段，并向协调器发送消息 2。

协调器接收到消息 2 之后，进行如下处理：

a) 使用 AES 算法对随机数 C_r 加密：$C_r^2=AES(C_r,Key)$，其中 Key 表示协调器与设备共享的鉴别密钥；

b) 提取消息 2 中的加密随机数 C_r^1，并比较 C_r^2 与 C_r^1 是否相等，若相等，则设备鉴别通过，否则设备鉴别失败；

c) 鉴别套件执行完毕，协调器 MAC 层向协调器上层和设备反馈鉴别结果。

附 录 B
（资料性附录）
关于无线个域网（WPAN）无线电频率的规定

B.1 导言

由于无线电频率管理规定经常受使用过程中的理解及不同时期具有不同解释的影响，使得无线电管理规定及其相应的解释处于不断变化的状态。本附录通过对影响 WPAN 规范的因素及对 WPAN 产品设计的分析，提供对 WPAN 无线电频率要求的参考信息及应用中的关键事项，力求针对 WPAN 产品所涉及到的无线电频率提供准确的解释，并尽量考虑在系统设计时将遇到的问题，希望这种努力对标准的使用者有所帮助并节省研发人员的开发时间。

本附录所依据的文件为《中华人民共和国无线电管理条例》及信部无[2005]423 号文"关于发布《微功率（短距离）无线电设备的技术要求》的通知"，最终解释权归工业和信息化部国家无线电管理委员会。

针对短距离无线通讯的无线电管理规定有，信部无[2005]423 号文"关于发布《微功率（短距离）无线电设备的技术要求》的通知"，要求中适合 WPAN 设备使用的频段为 3 157 MHz、4 307 MHz 以及 779 MHz～787 MHz。其中 779 MHz～787 MHz 频段包含于重新修订后的《微功率（短距离）无线电设备的技术要求》，自 2005 年 10 月 1 日起施行。

由于我国使用的 779 MHz～787 MHz、欧洲使用的 868 MHz～870 MHz 及美国使用的 902 MHz～928 MHz处于相对较低的频率，普遍允许的最小传输功率为＋10 dBm；虽然对谐波和带外杂散的要求各个国家各不相同，在载波功率为 0 dBm～＋10 dBm 的范围内，一般都能满足－20 dB～－40 dB的要求。便于采用低端集成电路进行处理，这些频段尽管没有在全世界范围内开放，但作为地区性的频段还是得到了广泛的应用。

表 B.1 提供了可供访问的各国无线电管理规定的网址，建议制造商在生产新的无线产品前关注最新的规定并采用最新的要求。

表 B.1 与无线电管理规定相关的网址

网 址	说 明
http://www.srrc.org.cn	无线电管理局
http://www.iec.ch	IEC的主网页，包含 CISPR 16 测试标准
http://www.fcc.gov/oet/info/rules	FCC 主网页中的专项区域，用于下载第 15 部分的规定条款
http://strategis.ic.gc.ca/sc_mrksv/spectrum/engdoc/spect1.html	加拿大工业部无线电管理部门网址，主要文件包括规范 2400 MHz 的 GL-36[B24]，关于鉴别程序的 RSP-100 及规范 902 MHz～928 MHz、2 450 MHz 的 RSS-210
http://www.etsi.org	欧洲网址，可下载 ETSI EN 300 220-1[B19]（测试方法）及 ETSI EN 300 683（电磁兼容）
http://www.ero.dk	欧洲网址，可下载大多数欧洲国家采用的 ERC 70-03E[B22]，对可允许的应用、频段、功率等进行总体说明
http://www.tele.soumu.go.jp/e/	英语版本的日本无线电法规
http://www.telec.or.jp/ENG/Index_e.htm	英语版本的日本规范性鉴别要求

表 B.1(续)

网　址	说　明
http://www.arib.or.jp/english/html/overview/st_e.html	列出了日本无线电标准的技术性文件,ARIB STD-T66[B18]为与 IEEE 802.15.4:2006 相对应的文件
http://www.srrc.gov.cn	中国信息产业部无线电管理局主网页

B.2　规定

B.2.1　概述

针对短距离无线电设备的相关管理文件为《微功率(短距离)无线电设备的技术要求》(2005 年10 月 1 日起施行),中国无线个域网设备可考虑使用的频段为 315 MHz、430 MHz 以及 780 MHz,在这两个频段内的短距离无线电设备具体技术指标见上述文件。

B.2.2　314 MHz～316 MHz、430 MHz～432 MHz、433.00～434 MHz 频段的设备技术规定

对工作在 314 MHz～316 MHz、430 MHz～432 MHz、433.00～434 MHz 频段的设备的规定如下:

a)　发射功率限值:10 mW(有效发射功率);

b)　占用带宽:不大于 400 kHz;

c)　杂散辐射发射测量频率范围:30 MHz～12.75 GHz;

d)　杂散辐射发射限值:测试场地使用全电波暗室,杂散辐射与带外辐射的分界点为载波频率±2.5倍的信道带宽;

e)　在 48.5 MHz～72.5 MHz,76 MHz～108 MHz,167 MHz～223 MHz,470 MHz～566 MHz,606 MHz～798 MHz 杂散辐射不大于－54 dBm;

f)　电源端口、信号端口和电信端口的传导骚扰发射依据 GB 9254—1998 标准执行;

g)　生产厂商应声明该设备正常使用时的极限环境条件,在该条件下:发射功率限值和频率容限要满足上述技术要求,既发射功率限值为 10 mW(有效发射功率),频率容限无具体要求。

这是“各类民用设备的无线控制装置”类设备的技术要求,不能用于无线控制玩具、模型等。

B.2.3　工作在 779 MHz～787 MHz 频段内短距离无线电设备的技术指标

工作在 779 MHz～787 MHz 频段内短距离无线电设备的技术指标如下:

a)　使用频率:779 MHz～787 MHz;

b)　发射功率限值:10 mW(有效发射功率);

c)　杂散辐射发射测量频率范围:30 MHz～12.75 GHz;

d)　杂散辐射发射限值:测试场地使用全电波暗室,杂散辐射与带外辐射的分界点为载波频率±2.5倍的信道带宽;

e)　在 48.5 MHz～72.5 MHz,76 MHz～108 MHz,167 MHz～223 MHz,470 MHz～566 MHz,606 MHz～798 MHz 杂散辐射不大于－54 dBm;

f)　电源端口、信号端口和电信端口的传导骚扰发射依据 GB 9254—1998 标准执行;

g)　下限 779 MHz 和上限 787 MHz 处的辐射功率不大于－80 dBm/Hz(e.i.r.p),这是带外辐射的技术指标;

h)　生产厂商应声明该设备正常使用时的极限环境条件,在该条件下:发射功率限值和频率容限要满足上述技术要求,既发射功率限值为 10mW(有效发射功率),频率容限无具体要求。

这是“各类民用设备的无线控制装置”类设备的技术要求,不能用于无线控制玩具、模型等。

B.2.4　WPAN 设备的相关规定

表 B.2 总结了已知的世界各地区目标频率上的最大传输功率电平值。

表 B.2 最大传输功率电平

频段	地区	最大传导功率/辐射场强限值	规定文件
2 400 MHz	日本	10 mW/MHz	ARIB STD-T66[G18]
	欧洲(不包括西班牙及法国)	100 mW EIRP 或 10 mW/MHz 峰值功率谱密度	ETSI EN 300 328
	美国	1 000 mW	FCC CFR47[B23]第 15.247 部分
	加拿大	1 000 mW(在某些安装地点有一些限制)	GL-36[B24]
902 MHz～928 MHz	美国	1 000 mW	FCC CFR47[B23]第 15.247 部分
868 MHz	欧洲	25 mW	ETSI EN 300 220[B19]
779 MHz～787 MHz	中国	10 mW	微功率(短距离)无线电设备的技术要求
314 MHz～316 MHz 430 MHz～432 MHz 433 MHz～434.79 MHz	中国	10 mW	微功率(短距离)无线电设备的技术要求

附 录 C
（资料性附录）
CSMA-CA 及 CAP 评估方法建议

C.1 估计网络吞吐率的方法

针对本部分中时隙 CSMA/CA 算法的本质特点，考虑到超时时期（设备等待应答的最大时间）对吞吐率性能的影响，在此给出了基于超时时期的分析模型和方法。基于该模型，给出了设备在退避前提下开始第一次 CCA 的条件概率和两次 CCA 各自成功的概率，并且基于连续两次 CCA 的特点给出了吞吐率的推导公式。

评估方法包括如下步骤，框图参见图 C.1：

step1：基于非坚持 CSMA 的 CAP 信道模型，给出吞吐率的分析方法。

step2：给出设备感知信道的 Markov 模型，并基于此模型给出感知概率和连续两次 CCA 成功概率的估计方法。

step3：充分考虑超时时期对吞吐率性能的影响，给出通信期间平均空闲时间和成功通信间平均冲突次数的分析方法。

step4：根据上述方法得出 CCA 概率估计的吞吐率。

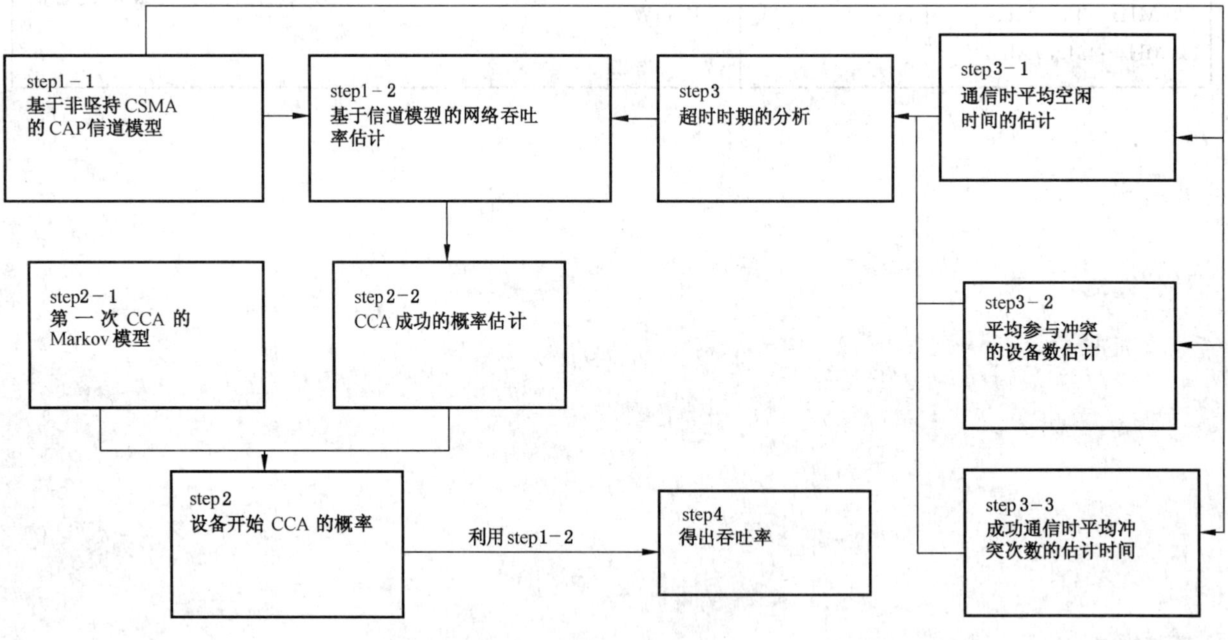

图 C.1 吞吐率估计框图

C.1.1 非坚持 CSMA 的 CAP 信道模型

该步骤使用非坚持 CSMA 方法建立 CAP 信道模型，并借助研究周期提出吞吐率估计方法，其中该步骤又分为两个部分，具体估计方法如下：

a) step1-1：根据图 C.1 的时隙 CSMA-CA 流程图，若设备感知到信道空闲，则发送数据，否则按照退避算法进行退避后继续感知信道，在第二次感知信道时继续以上算法。这一退避过程与非坚持 CSMA 的本质完全一致，因此，利用非坚持 CSMA 方法进行研究。为此，假设信道为理想信道且无隐藏终端，设备数为恒定值且每一个设备始终有同样长度的数据向协调器发送。定义 S 为吞吐率，即网络成功传输有效数据有效负荷的时间所占比例。以每次成功传输的间隔为研究周期，如图 C.2 所示。

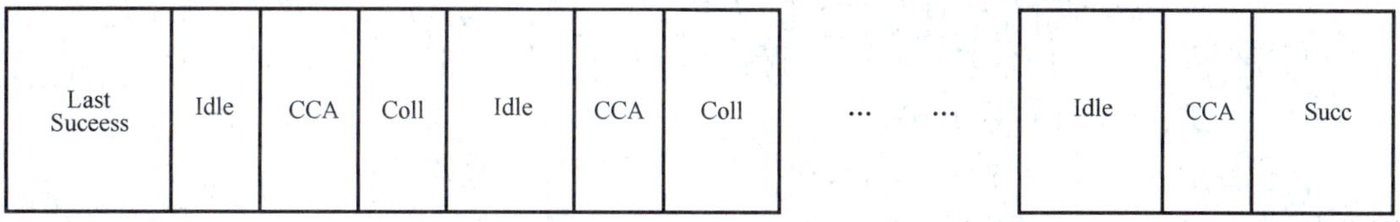

图 C.2　CAP 信道模型

每个研究周期 T 由成功传输时间、成功后空闲时间、CCA 时间、冲突传输时间以及冲突后的空闲时间组成，可见 T 不是一个定值，在本规范中用变量 t_v 作为其平均长度。

b)　step1-2：吞吐率 S 和研究周期由式(C.1)表示：

$$S = t_p / t_v \qquad \text{(C.1)}$$

其中：

$$t_v = N_c \cdot T_{idle\_coll} + (N_c + 1) \cdot 2 \cdot T_{CCA} + N_c T_{coll} + T_{succ} + T_{idle\_succ} \qquad \text{(C.2)}$$

在式(C.2)中，t_p 为有效数据有效负荷的长度，t_v 为研究周期的平均时间长度，T_{idle_coll} 是冲突后的平均空闲时间，T_{idle_succ} 成功通信后的平均空闲时间，T_{coll} 和 T_{succ} 分别为冲突和成功通信所需网络时间，T_{CCA} 为 CCA 所需网络时间，N_c 为一个研究周期内的平均冲突次数。在每个研究周期中，认为 N_c 次冲突后通信成功，所以要进行(N_c+1)*2 次 CCA。

由于超时时期对冲突概率和网络吞吐率的影响，除了要对 T_{idle_coll} 另作说明外，其余参数的计算如式(C.3)所示：

$$N_c = P_{coll} / P_{succ} \qquad \text{(C.3)}$$

在式(C.3)中，P_{coll} 和 P_{succ} 分别为在信道通信前提下冲突和成功的条件概率。

$$T_{idle\_succ} = (1-\tau)^n / 1 - (1-\tau)^n \qquad \text{(C.4)}$$

在式(C.4)中，n 为某个 PAN 中的设备数，τ 为设备在退避前提下第一次 CCA 的条件概率。通信后的空闲则是 PAN 中所有设备都不发送数据，$(1-\tau)^n$ 代表了所有设备都处于退避没有进行 CCA，而式中的分母则表示至少有一个设备进行 CCA。

$$T_{succ} = T_{packet} + T_{ack} + T_{wait} = L + 3T_{coll} = LT_{CCA} = 1 \qquad \text{(C.5)}$$

在式(C.5)中，各变量的单位是 slot。其中，T_{packet} 和 T_{ack} 分别表示数据包和应答帧的传输时间，设通信时间和冲突时间都是 L 个时隙。只有连续两个时隙 CCA 成功，才能发送数据，所以一次 CCA 的时间为 1 个 slot，而根据规范中默认物理参数和默认速率计算可得等待应答的时间 T_{wait} 是 2.7slot，由于是针对时隙 CSMA，所以计算为 3 个 slot。

C.1.2　step2：感知信道的 Markov 模型和概率估计

该步骤给出了设备感知信道的 Markov 模型，以及 CCA 的概率估计，其中分为 2 个部分，具体估计方法如下：

a)　step2-1 借助二维 Markov 模型研究某个设备在任意退避时刻第一次 CCA 的条件概率 τ。该模型省略了第二次 CCA 的状态，并且借助于上述信道模型提出了计算连续两次 CCA 成功概率的方法。

图 C.3 中 W_i 为当前退避计数最大值，m 为当前退避次数，v 表示没有成功实现两次 CCA 的概率，$1-v$ 为连续两次 CCA 的成功概率，(i,j) 为退避状态，在本部分中还表示相应状态的概率，其中 i 是当前的退避次数，j 是在当前退避次数下的退避阶段。当退避计数值 j 为 0 时，设备进行第一次 CCA，用 τ 表示该条件概率，则可用式(C.6)表示：

$$\tau = \frac{\sum_{i=0}^{m} (i,0)}{\sum_{i=0}^{m} \sum_{j=0}^{W_i} (i,j)} \qquad \text{(C.6)}$$

由图 C.3 可得式(C.7)。

$$\begin{cases} P\{(i,j) \mid (i,j+1)\} = 1 & j \in (0, W_i - 2) \quad i \in (0, m) \\ P\{(0,j) \mid (i,0)\} = 1 - v/W_0 & j \in (0, W_0 - 1) \quad i \in (0, m) \\ P\{(i,j) \mid (i-1,0)\} = v/W_i & j \in (0, W_i - 1) \\ P\{(0,j) \mid (m,0)\} = 1/W_0 \end{cases} \qquad \text{(C.7)}$$

从图(C.3)中可以得到式(C.8)：

$$(i,0) = v \cdot (i-1,0) \rightarrow (i,0) = v^i (0,0)\, i \in (0,m) \qquad \text{(C.8)}$$

此外

$$\begin{cases} (0,j) = \dfrac{(1-v)(W_0 - j)}{W_0} \displaystyle\sum_{k=0}^{m} (k,0) & 0 \leqslant j \leqslant W_0 - 1 \\ (i,j) = \dfrac{W_i - j}{W_i}(i,0) = \dfrac{v(W_i - j)}{W_i}(i-1,0) & 0 < i \leqslant m \end{cases}$$

因为在本部分中 CW 的取值不大于 2，所以 $W_i = 2^{\min(i,2)} W_0$

所以

$$\sum_{i=0}^{m} \sum_{j=0}^{W_i - 1} (i,j) = \sum_{i=0}^{m} (i,0) \sum_{j=0}^{W_i - 1} \frac{W_i - j}{W_i} = \sum_{i=0}^{m} (i,0) \frac{W_i + 1}{2}$$

$$= \frac{1}{2} \sum_{i=0}^{m} (W_0 2^{\min(i,2)} + 1) v^i (0,0) \qquad \text{(C.9)}$$

结合式(C.6)至(C.9)可得式(C.10)：

$$\tau = \frac{\displaystyle\sum_{i=0}^{m} (i,0)}{\displaystyle\sum_{i=0}^{m} \sum_{j=0}^{W_i - 1} (i,j)} = \frac{\dfrac{1 - v^{m+1}}{1 - v}}{\dfrac{1}{2} \displaystyle\sum_{i=0}^{m} (W_0 2^{\min(i,2)} + 1) v^i} \qquad \text{(C.10)}$$

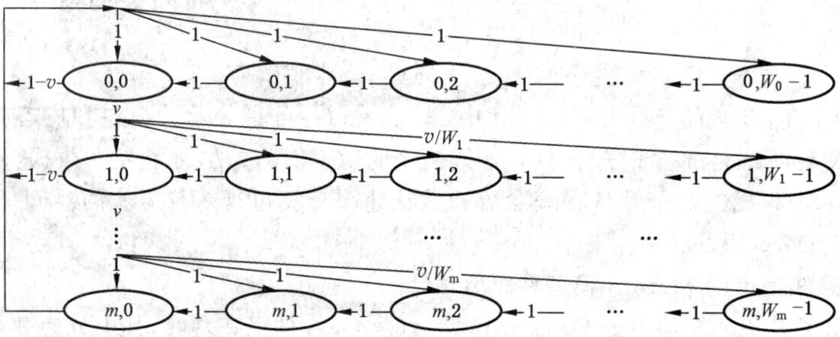

图 C.3　CCA 的 Markov 模型

b)　step2-2 借助 CAP 的信道模型获得 v：

$$1 - v = \frac{T_{\text{vi2}}}{T_{\text{v2}}} = \frac{N_c (T_{\text{idle\_coll}} + 2T_{\text{CCA}} - 1) + T_{\text{idle\_succ}} + 2T_{\text{CCA}} - 1}{t_v - 1} \qquad \text{(C.11)}$$

在式(C.11)中，T_{vi2} 为一个研究周期中连续两个空闲时隙的平均数目，T_{v2} 为一个研究周期中连续两个时隙的数目。

C.1.3　step3：超时的分析

step3 给出超时时期的分析方法，该步骤分为 3 个部分，具体步骤如下：

a)　step3-1 提出信道通信间平均空闲时间估计方法。根据本部分，超时时间为 2.7 个时隙(前文已经提到)，大于连续两次 CCA 所需时间(2 个 slot)，所以没有参与上次冲突通信的设备会在超时时期竞争获得感知和接入信道的机会，相反在这个时期里参与上次冲突通信的设备则必须处于等待应答的状态,假设参与上次冲突的平均设备数为 n_0,所以在前面 3 个 slot 只有 $(n-n_0)$个设备竞争信道,即执行 CCA,而在此之后网络中所有设备都有可能竞争信道。基于以上原因,冲突后的空闲时期可以分为两个竞争时期:超时时期和其他空闲时期。

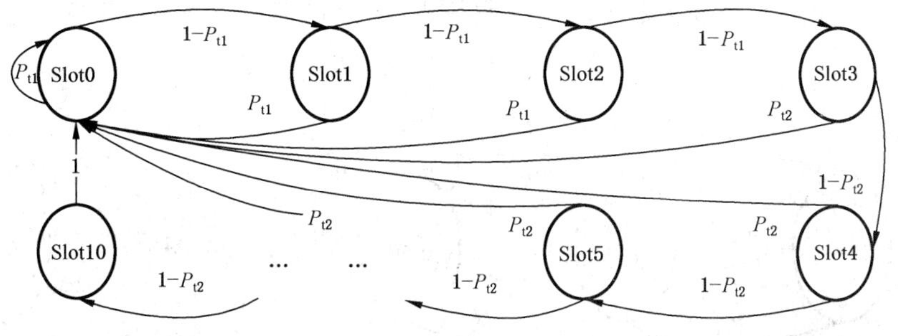

图 C.4　冲突后平均空闲时间的 Markov 模型

借助 Markov 模型来研究冲突后的空闲时期模型,如图 C.4 所示。slot i 代表冲突后设备第一次 CCA 前网络的空闲时隙数,P_{t1}为在超时时期内存在设备进行第一次 CCA 的概率,P_{t2}为在其他空闲时期存在设备进行第一次 CCA 的概率。因为参与冲突的设备在超时时期后最多退避 7 个时隙感知信道,所以 $i \leqslant 10$。X_i 为 slot i 的概率,见式(C.12):

$$\begin{cases} X_i = X_0 \cdot (1-P_{t1})^i & 1 \leqslant i \leqslant 3 \\ X_i = X_0 \cdot (1-P_{t1})^3 \cdot (1-P_{t2})^{i-3} & 4 \leqslant i \leqslant 10 \end{cases} \quad \cdots\cdots\cdots\cdots (C.12)$$

根据 $\sum_{i=0}^{10} X_i = 1$,可得

$$X_0 = \frac{1}{\dfrac{1-(1-P_{t1})^4}{P_{t1}} + (1-P_{t1})^3 \cdot \dfrac{(1-P_{t2})-(1-P_{t2})^8}{P_{t2}}}$$

式(C.12)中 P_{t1}和 P_{t2}可由式(C.13)得到:

$$P_{t1} = 1-(1-\tau)^{n-n_0} \qquad P_{t2} = 1-(1-\tau)^n \quad \cdots\cdots\cdots\cdots (C.13)$$

借助上述模型,推导得出式(C.14)T_{idle_coll}和上次冲突后当前通信冲突的概率 P_{c_c}见式(C.15):

$$T_{idle\_coll} = \sum_{i=0}^{10} i \cdot X_i = X_0(1-P_{t1}) \frac{1-(1-P_{t1})^3}{P_{t1}} + X_0(1-P_{t1})^3 \frac{1-P_{t2}-(1-P_{t2})^8}{P_{t2}} \quad \cdots\cdots\cdots\cdots (C.14)$$

$$\begin{aligned} P_{c\_c} &= \sum_{i=0}^{2} P_{c\_timeout} \cdot X_i + \sum_{i=3}^{10} P_{c\_untimeout} \cdot X_i \\ &= P_{c\_timeout} X_0 \cdot \frac{1-(1-P_{t1})^3}{P_{t1}} + P_{c\_untimeout} X_0 (1-P_{t1})^3 \frac{1-(1-P_{t2})^8}{P_{t2}} \end{aligned} \quad \cdots\cdots\cdots\cdots (C.15)$$

上式中 $P_{c\_timeout}$(式 C.16)和 $P_{c\_untimeout}$(式 C.17)分别为超时时期和其他空闲时期存在冲突的概率:

$$P_{c\_timeout} = \frac{1-(1-\tau)^{n-n_0}-(n-n_0)\tau(1-\tau)^{n-n_0-1}}{1-(1-\tau)^{n-n_0}} \quad \cdots\cdots\cdots (C.16)$$

$$P_{c\_untimeout} = \frac{1-(1-\tau)^n - n\tau(1-\tau)^{n-1}}{1-(1-\tau)^n} \quad \cdots\cdots\cdots (C.17)$$

b) step3-2 对参与冲突的平均设备数进行推导。尽管由于超时时期的原因,参与竞争以获得 CCA 机会的设备数不是常数,但仍假设所有设备在任意空闲时期都参与竞争。所以参与冲突的平均设备数如式(C.18):

$$n_0=\sum_{i=2}^{n} i\cdot Coll_i=\sum_{i=2}^{n} i\cdot\frac{C_n^i\tau^i(1-\tau)^{n-i}}{1-(1-\tau)^n-n\tau(1-\tau)^{n-1}} \quad\text{(C.18)}$$

上式中 $Coll_i$ 为存在 i 个设备参与冲突的概率，其中假设网络中只存在有限个设备。

c) step3-3 建立平均冲突次数的分析模型。由于上次通信的成功与否直接影响本次通信的成功概率，所以一个研究周期内的平均冲突次数 N_c 必须借助以下 Markov 模型进行求解，见图C.5所示。

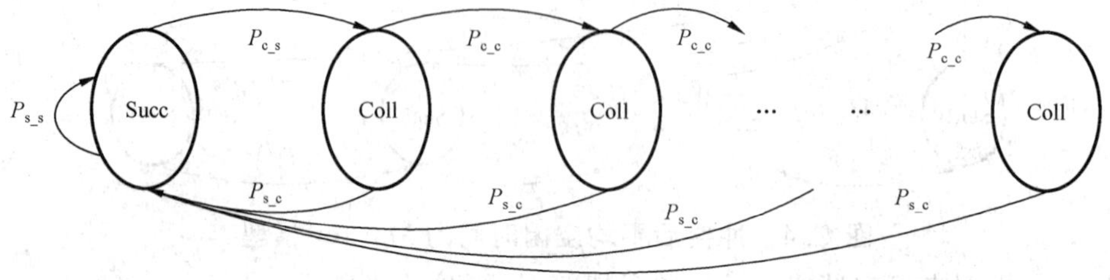

图 C.5 成功通信平均冲突次数的 Markov 模型

图 C.5 中 P_{c_s} 和 P_{s_s} 分别为上次成功通信后本次通信冲突和成功的概率，P_{s_c} 为上次冲突后本次通信成功的概率。P_{coll} 和 P_{succ} 分别为当前通信冲突和成功的概率，见式(C.19)、式(C.20)：

$$P_{succ}=\frac{1-P_{c\_c}}{1-P_{c\_c}+P_{c\_s}} \quad\text{(C.19)}$$

$$P_{coll}=1-P_{succ}=\frac{P_{c\_s}}{1-P_{c\_c}+P_{c\_s}} \quad\text{(C.20)}$$

在式(C.20)中，

$$P_{c\_s}=\frac{1-(1-\tau)^n-n\tau(1-\tau)^{n-1}}{1-(1-\tau)^n}$$

$$P_{s\_s}=1-P_{c\_s}=\frac{n\tau(1-\tau)^{n-1}}{1-(1-\tau)^n} \quad\text{(C.21)}$$

$$P_{s\_c}=1-P_{c\_c}$$

P_{c_c} 的公式表达见式(C.15)，所以平均冲突次数 N_c 的表达式(C.3)可简化为式(C.22)：

$$N_c=\frac{P_{c\_s}}{1-P_{c\_c}} \quad\text{(C.22)}$$

至此为止，式(C.2)中的所有参数都可以由 τ 表示，所以根据公式(C.1)可以得出吞吐率 S，且 S 的值最后只和参数 τ，设备数目 n 以及传输时间 L 有关。

C.2 CAP 时期网络性能的完全分布式方法

在附录 C.1 中给出了网络吞吐率的估计方法来评估时隙 CSMA 算法，在本条给出 CAP 时期网络性能的完全分布式方法。所谓分布式，即不需要其他设备提供信息，设备本身能够估计网络性能。方法流程框图如图 C.6 所示，具体步骤为：

step1：基于非坚持 CSMA 的 CAP 信道模型，并给出吞吐率的分析方法；

step2：基于 step1 的信道模型给出设备 CCA 平均成功概率的分析方法；

step3：基于 step1 的信道模型，假设已知网络设备数给出方法使吞吐率接近理论极限；

step4：基于 step2 给出对网络设备数的估计方法；

step5：设备的完全分布式方法。

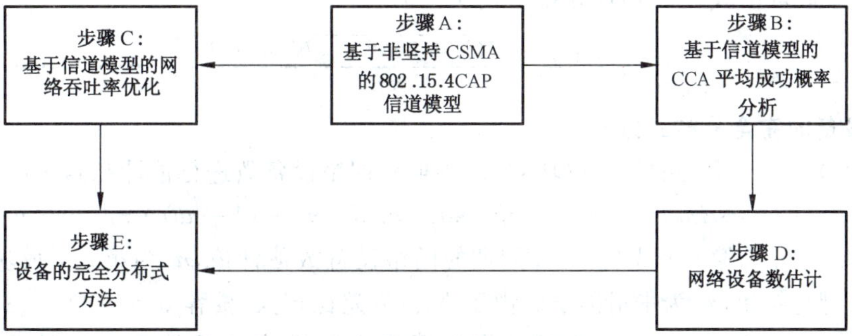

图 C.6 性能评估框图

C.2.1 step1：建立非坚持 CSMA 的 CAP 信道模型

规范的 CSMA-CA 算法的特点和非坚持 CSMA 的本质相同，因此根据非坚持 CSMA 的特点建立 CAP 的信道模型，所含内容和 C.1.1 的内容相同，其中的信道模型和相关参数，如吞吐率 S 的表达式可见式(C.1)，而研究周期 T 的平均长度见式(C.23)：

$$t_v = (N_c + 1)\cdot(2T_{CCA} + T_{idle}) + N_c T_{coll} + T_{succ} \qquad \text{(C.23)}$$

式中：

N_c——一个研究周期内的平均冲突次数；

T_{coll} 和 T_{succ} 分别为冲突和成功通信所占据的网络时间；

T_{CCA}——一次 CCA 的网络时间；

T_{idle}——传输之间的平均空闲时间，这是由于在这里不考虑超时时期的影响，成功通信和冲突后的空闲时间是相同。

C.2.2 step2：CCA 成功概率

该步骤根据 CCA 的信道模型获得平均 CCA 成功概率，如式(C.24)所示，

$$P_{CCA} = \frac{(N_c + 1)(T_{idle} + 2T_{CCA} - 1)}{t_v - 1} \qquad \text{(C.24)}$$

在式(C.24)中，分子为一个研究周期中连续两个空闲时隙的平均数目，分母为一个研究周期中连续两个时隙的数目。

C.2.3 step3：网络吞吐率估计

该步骤根据坚持 CSMA 和非坚持 CSMA 的特点，得到了接近理论极限的网络吞吐率。如果 τ 如果满足下式则网络吞吐率可接近理论极限见式(C.25)。

$$(1 + N_c)T_{idle} = N_c \cdot T_{coll} \qquad \text{(C.25)}$$

利用 C.1.3 中的式(C.1)～式(C.22)，对式(C.24)进行数学变换和简化，可得到感知信道概率的计算公式，见式(C.26)：

$$\tau_{opt} = \frac{-1 + \sqrt{2L - 1}}{(L - 1)n} \qquad \text{(C.26)}$$

因此最优退避窗口值 CW 可按照式(C.27)获得：

$$CW = \frac{2}{\tau_{opt}} - 1 = \frac{2(L - 1)n}{-1 + \sqrt{2L - 1}} - 1 \qquad \text{(C.27)}$$

C.2.4 step4：设备数估计

每个设备可以通过 N_{CCA}（本设备 CCA 成功的平均次数）对网络设备数进行准确估计，具体方法如下。

由 step2 推导 N_{CCA} 的理论值，如式(C.28)所示：

$$N_{CCA} = 1/P_{CCA} = \frac{1}{(L + 2) - (L + 1)(1 - \tau)^n + 2n\tau(1 - \tau)^{n-1}} \qquad \text{(C.28)}$$

至此网络设备数可由式(C.27)推导得出式(C.29)：

$$n=\frac{L+3-\sqrt{(L+3)^2-8(N_{CCA}-1)}}{4\tau} \quad \cdots\cdots\cdots\cdots (C.29)$$

C.2.5 step5：设备的完全分布式方法

利用式(C.30)在每个设备的每个成功CCA周期对网络设备数进行估计和修正：

$$estimated\_n_{i+1}=w\cdot estimated\_n_i+(1-w)\cdot n_i \quad \cdots\cdots\cdots\cdots (C.30)$$

式中 $estimated\_n_i$ 为第 i 个成功CCA周期的网络设备数估计值，n_i 为第 i 个成功CCA周期结束时利用式(C.28)计算结果，w 为平滑因子。由于 N_{CCA} 方差比较大，推荐 $w=0.99$。

因此在每个成功CCA周期，利用 N_{CCA} 作为网络竞争层次的反馈信号估计网络设备数，基于式(C.30)对退避窗口值作出近似最优化的修正。

附 录 D
（资料性附录）
消息鉴别算法和密钥导出算法的参考实现及测试向量

D.1 消息鉴别算法

D.1.1 参考实现

int hmac_sha256（unsigned char ＊text，int text_len，byte ＊key，unsigned key_len，byte ＊digest，unsigned digest_length）

```
/*
    a) unsigned char * text 表示进行 HMAC 运算的文本；
    b) unsigned text_len 表示进行 HMAC 运算的文本的长度(八位位组)；
    c) byte * key 表示进行 HMAC 运算的密钥；
    d) unsigned key_len 表示进行 HMAC 运算的密钥的长度(八位位组)；
    e) byte * digest 表示进行 HMAC 运算输出的摘要；
    f) unsigned digest_length 表示进行 HMAC 运算,要求输出的摘要长度(八位位组),小于 sha-
       256 杂凑算法可以输出的摘要长度(八位位组)；
    g) 返回值,非 0 表示实际输出的摘要长度(八位位组),0 表示失败。
*/
{
    byte real_key[SHA256_BLOCK_SIZE];
    byte ipad[SHA256_BLOCK_SIZE];
    byte opad[SHA256_BLOCK_SIZE];
    byte temp_digest1[SHA256_DIGEST_SIZE];
    byte temp_digest2[SHA256_DIGEST_SIZE];
    CONTX input_data[2];
    unsigned i;

    if digest_length>SHA256_DIGEST_SIZE)
        return 0;

    for(i=0;i< SHA256_BLOCK_SIZE;i++){
        real_key[i]=0;
        ipad[i]=0x36;
        opad[i]=0x5c;
    }

    /* if key_len is larger than hash block size, key is hashed first to make its length is equal hash
block size */
    if(key_len> SHA256_BLOCK_SIZE){
        input_data[0].buff=key;
        input_data[0].length=key_len;
```

```
        SHA256(input_data,1,real_key);
        key_len= SHA256_ BLOCK _SIZE;
    }
    else
        memcpy(real_key,key,key_len);

    for(i=0;i< SHA256_BLOCK_SIZE;i++){
        ipad[i]^=real_key[i];
        opad[i]^=real_key[i];
    }
    /* sha256(Key xor ipad,text)=temp_digest1 */
    input_data[0].buff=ipad;
    input_data[0].length= SHA256_BLOCK_SIZE;
    input_data[1].buff=text;
    input_data[1].length=text_len;
    SHA256(input_data,2,temp_digest1);

    /* sha256(Key xor opad,temp_digest1)=temp_digest2 */
    input_data[0].buff=opad;
    input_data[0].length= SHA256_BLOCK_SIZE;
    input_data[1].buff=temp_digest1;
    input_data[1].length SHA256_DIGEST_SIZE;
    SHA256(input_data,2,temp_digest2);

    /* output the digest of required length */
    memcpy(digest,temp_digest2,digest_length);
    return digest_length;
}
```

D.1.2 测试向量

测试向量 1	
密钥	0x01 02 03 04 05 06 07 08 09 0a 0b 0c 0d 0e 0f 10 11 12 13 14 15 16 17 18 19 1a 1b 1c 1d 1e 1f 20
密钥长度	16
数据	abc dbcdecdefdefgefghfghighijhijkijkljklmklmnlmnomnopnopqabc dbcdecdefdefgefghfghighijhijkijklj klmklmnlmnomnopnopq 0x61 62 63 64 62 63 64 65 63 64 65 66 64 65 66 67 65 66 67 68 66 67 68 69 67 68 69 6a 68 69 6a 6b 69 6a 6b 6c 6a 6b 6c 6d 6b 6c 6d 6e 6c 6d 6e 6f 6d 6e 6f 70 6e 6f 70 71 61 62 63 64 62 63 64 65 63 64 65 66 64 65 66 67 65 66 67 68 66 67 68 69 67 68 69 6a 68 69 6a 6b 69 6a 6b 6c 6a 6b 6c 6d 6b 6c 6d 6e 6c 6d 6e 6f 6d 6e 6f 70 6e 6f 70 71
数据长度	112
摘要	0x47 03 05 fc 7e 40 fe 34 d3 ee b3 e7 73 d9 5a ab 73 ac f0 fd 06 04 47 a5 eb 45 95 bf 33 a9 d1 a3

测试向量 2	
密钥	0x01 02 03 04 05 06 07 08 09 0a 0b 0c 0d 0e 0f 10 11 12 13 14 15 16 17 18 19 1a 1b 1c 1d 1e 1f 20 21 22 23 24 25
密钥长度	37
数据	0xcd 重复 50 次
数据长度	50
摘要	0xd4 63 3c 17 f6 fb 8d 74 4c 66 de e0 f8 f0 74 55 6e c4 af 55 ef 07 99 85 41 46 8e b4 9b d2 e9 17

测试向量 3	
密钥	0x0b 0b 0b 0b 0b 0b 0b 0b 0b 0b 0b 0b 0b 0b 0b 0b 0b 0b 0b 0b 0b 0b 0b 0b 0b 0b 0b 0b 0b 0b 0b 0b 0b 0b
密钥长度	16
数据	Hi There 0x48 69 20 54 68 65 72 65
数据长度	8
摘要	0x19 8a 60 7e b4 4b fb c6 99 03 a0 f1 cf 2b bd c5 ba 0a a3 f3 d9 ae 3c 1c 7a 3b 16 96 a0 b6 8c f7

测试向量 4	
密钥	0x4a 65 66 65
密钥长度	4
数据	what do ya want for nothing? 0x77 68 61 74 20 64 6f 20 79 61 20 77 61 6e 74 20 66 6f 72 20 6e 6f 74 68 69 6e 67 3f
数据长度	28
摘要	0x5b dc c1 46 bf 60 75 4e 6a 04 24 26 08 95 75 c7 5a 00 3f 08 9d 27 39 83 9d ec 58 b9 64 ec 38 43

D.2 密钥导出算法

D.2.1 参考实现

void KD_hmac_sha256 (byte * text, unsigned text_len, byte * key, unsigned key_len, byte * output, unsigned length)

```
/*
    a) byte * text 表示密钥导出算法的输入文本；
    b) unsigned text_len 表示输入文本的长度(八位位组)；
    c) byte * key 表示密钥导出算法的输入密钥；
    d) unsigned key_len 表示输入密钥的长度(八位位组)；
    e) byte * output 表示密钥导出算法的输出；
    f) unsigned length 表示密钥导出算法的输出的长度(八位位组)。
*/
{
    int i;
    for(i=0;length/SHA256_DIGEST_SIZE;i++,length-=SHA256_DIGEST_SIZE){
                        hmac(MHASH_SHA256,text,text_len,key,key_len,&output[i * SHA256_
DIGEST_SIZE]
```

```
        ,SHA256_DIGEST_SIZE);
      text=&output[i * SHA256_DIGEST_SIZE];
      text_len=SHA256_DIGEST_SIZE;
   }
   if(length>0)
      hmac(MHASH_SHA256,text,text_len,key,key_len,&output[i * SHA256_DIGEST_SIZE],length);
}
```

D.2.2 测试向量

测试向量 1	
密钥	0x01 02 03 04 05 06 07 08 09 0a 0b 0c 0d 0e 0f 10 11 12 13 14 15 16 17 18 19 1a 1b 1c 1d 1e 1f 20
密钥长度	16
数据	pairwise key expansion for infrastructure unicast 0x70 61 69 72 77 69 73 65 20 6b 65 79 20 65 78 70 61 6e 73 69 6f 6e 20 66 6f 72 20 69 6e 66 72 61 73 74 72 75 63 74 75 72 65 20 75 6e 69 63 61 73 74
数据长度	49
输出	0xe3 a6 45 46 f2 d1 f5 ee b7 d1 ee 06 d2 c9 e5 4a 2c c9 d6 ce c3 b7 6f fd 62 63 f4 26 dc 25 39 af bd 98 80 a5 27 a1 b5 85 59 4b 57 ce 33 21 4f 0c
输出长度	48

测试向量 2	
密钥	0x01 02 03 04 05 06 07 08 09 0a 0b 0c 0d 0e 0f 10 11 12 13 14 15 16 17 18 19 1a 1b 1c 1d 1e 1f 20 21 22 23 24 25
密钥长度	37
数据	pairwise key expansion for infrastructure unicast 0x70 61 69 72 77 69 73 65 20 6b 65 79 20 65 78 70 61 6e 73 69 6f 6e 20 66 6f 72 20 69 6e 66 72 61 73 74 72 75 63 74 75 72 65 20 75 6e 69 63 61 73 74
数据长度	49
输出	0x3b 6e ca 4f 08 76 c4 3a b3 1b 26 3f 2c 38 b8 81 21 b5 68 e5 f8 fd 1d 4c fa 4c 7f 8c 60 97 04 3d 7b 40 a8 63 b9 43 b9 f5 bb 37 2f 3a dd a5 da 27
输出长度	48

测试向量 3	
密钥	0x01 02 03 04 05 06 07 08 09 0a 0b 0c 0d 0e 0f 10 11 12 13 14 15
密钥长度	16
数据	pairwise key expansion for infrastructure unicast 0x70 61 69 72 77 69 73 65 20 6b 65 79 20 65 78 70 61 6e 73 69 6f 6e 20 66 6f 72 20 69 6e 66 72 61 73 74 72 75 63 74 75 72 65 20 75 6e 69 63 61 73 74
数据长度	49
输出	0xbc 29 f3 e6 09 1f 6a c9 0b a0 20 61 92 12 48 69 5f ee ff 1a 4c ab 53 3b 11 67 d8 54 5f 93 5f 28 11 84 c9 bb 16 f9 87 b9 86 81 0f fb 17 c4 10 f5
输出长度	48

测试向量 4	
密钥	0x01 02 03 04 05 06 07 08 09 0a 0b 0c 0d 0e 0f 10 11 12 13 14 15 16 17 18 19 1a 1b 1c 1d 1e 1f 20
密钥长度	16
数据	group key expansion for multicast and broadcast 0x67 72 6f 75 70 20 6b 65 79 20 65 78 70 61 6e 73 69 6f 6e 20 66 6f 72 20 6d 75 6c 74 69 63 61 73 74 20 61 6e 64 20 62 72 6f 61 64 63 61 73 74
数据长度	47
输出	0x20 8f 72 54 a4 bf 56 f0 fa 49 5f e1 0c 99 15 05 92 ed 79 df 57 74 a9 6e 13 97 1e c4 a1 5e 16 a7 ed 75 f5 e5 44 bb d3 35 67 eb 88 e7 83 24 a9 d2
输出长度	48

测试向量 5	
密钥	0x01 02 03 04 05 06 07 08 09 0a 0b 0c 0d 0e 0f 10 11 12 13 14 15 16 17 18 19 1a 1b 1c 1d 1e 1f 20 21 22 23 24 25
密钥长度	37
数据	group key expansion for multicast and broadcast 0x67 72 6f 75 70 20 6b 65 79 20 65 78 70 61 6e 73 69 6f 6e 20 66 6f 72 20 6d 75 6c 74 69 63 61 73 74 20 61 6e 64 20 62 72 6f 61 64 63 61 73 74
数据长度	47
输出	0x33 16 61 7a 90 8e a5 a0 7f fa 1d 23 79 f3 d8 3e 8b e9 14 1f 15 53 8f d3 ef de 58 01 19 e8 c5 09 5d 25 b2 d3 0a c7 a6 35 ad b4 3c 6c ac f0 aa 2b
输出长度	48

测试向量 6	
密钥	0x01 02 03 04 05 06 07 08 09 0a 0b 0c 0d 0e 0f 10 11 12 13 14 15
密钥长度	16
数据	group key expansion for multicast and broadcast 0x67 72 6f 75 70 20 6b 65 79 20 65 78 70 61 6e 73 69 6f 6e 20 66 6f 72 20 6d 75 6c 74 69 63 61 73 74 20 61 6e 64 20 62 72 6f 61 64 63 61 73 74
数据长度	47
输出	0xf2 cb f1 1c 6d 40 b8 09 d0 c0 ed 48 2a 4a 1b 6a 15 1a f1 fb 4c 80 f9 80 5c 93 e5 6e b1 cf 5c b5 ec c1 3e 7a bc af e0 a7 d2 59 5d 51 9b 76 9a 24
输出长度	48

测试向量 7	
密钥	0x01 02 03 04 05 06 07 08 09 0a 0b 0c 0d 0e 0f 10 11 12 13 14 15 16 17 18 19 1a 1b 1c 1d 1e 1f 20
密钥长度	16
数据	pre-share key expansion for adhoc network 0x70 72 65 2d 73 68 61 72 65 20 6b 65 79 20 65 78 70 61 6e 73 69 6f 6e 20 66 6f 72 20 61 64 68 6f 63 20 6e 65 74 77 6f 72 6b
数据长度	41
输出	0xc0 7a d8 16 25 2a 0c 14 76 18 f4 c0 d0 6b 35 f4 f6 d6 73 5d 1a a3 8e 47 9a 7e e0 ac 1c 0c 38 5b 2d 33 28 74 1e 4d a0 c8 76 fc 6c c9 e3 60 c8 d7
输出长度	48

测试向量 8	
密钥	0x01 02 03 04 05 06 07 08 09 0a 0b 0c 0d 0e 0f 10 11 12 13 14 15 16 17 18 19 1a 1b 1c 1d 1e 1f 20 21 22 23 24 25
密钥长度	37
数据	pre-share key expansion for adhoc network 0x70 72 65 2d 73 68 61 72 65 20 6b 65 79 20 65 78 70 61 6e 73 69 6f 6e 20 66 6f 72 20 61 64 68 6f 63 20 6e 65 74 77 6f 72 6b
数据长度	41
输出	0x f0 0b ee f2 f5 5f 85 d8 ee b0 6f 8c c4 1b e6 0e c2 69 f5 82 9a 0b 6e fb 2d 9b 49 5e b1 87 d3 58 59 68 88 c3 d2 6f 94 9f 8d 2e 41 fe bc bb b9 9a
输出长度	48

测试向量 9	
密钥	0x01 02 03 04 05 06 07 08 09 0a 0b 0c 0d 0e 0f 10 11 12 13 14 15
密钥长度	16
数据	pre-share key expansion for adhoc network 0x70 72 65 2d 73 68 61 72 65 20 6b 65 79 20 65 78 70 61 6e 73 69 6f 6e 20 66 6f 72 20 61 64 68 6f 63 20 6e 65 74 77 6f 72 6b
数据长度	41
输出	0x05 8e b8 7c ff 82 66 47 de 50 7b 14 17 ac 99 6e b5 7f cf 11 fd fc 83 be 59 d5 85 f4 a7 3e 69 7d d4 38 e3 34 fe bb 06 7d 14 6f 01 31 a6 96 4f 26
输出长度	48

ICS 77.120.99
H 65

中华人民共和国国家标准

GB/T 15677—2010
代替 GB/T 15677—1995

金属镧

Lanthanum metal

2011-01-14 发布　　2011-11-01 实施

中华人民共和国国家质量监督检验检疫总局
中国国家标准化管理委员会　发布

前　言

本标准代替 GB/T 15677—1995《金属镧》。

本标准与 GB/T 15677—1995 相比，主要有如下变动：

——删除了 La/RE 不小于 90%的牌号；

——对部分非稀土杂质含量的考核指标进行了调整；

——对仲裁取样件数进行了调整。

本标准由全国稀土标准化技术委员会(SAC/TC 229)归口。

本标准由包头稀土研究院负责起草。

本标准由有研稀土新材料股份有限公司、四川省冕宁县方兴稀土有限公司、甘肃稀土集团有限责任公司参加起草。

本标准主要起草人：张志宏、许涛、陈国华、解萍、侯复生、庞思明、廖亮。

本标准的历次版本发布情况为：

——GB/T 15677—1995。

金　属　镧

1　范围

本标准规定了金属镧的技术要求、试验方法、检验规则及标志、包装、运输、贮存。

本标准适用于以熔盐电解法制得的，主要用作特种钢、有色金属合金、贮氢材料的重要添加剂或合金化元素，也可作为制取其他稀土金属还原剂的金属镧。

2　规范性引用文件

下列文件对于本文件的应用是必不可少的。凡是注日期的引用文件，仅注日期的版本适用于本文件。凡是不注日期的引用文件，其最新版本(包括所有的修改单)适用于本文件。

GB/T 8170　数值修约规则与极限数值的表示和判定

GB/T 12690(所有部分)　稀土金属及其氧化物中非稀土杂质化学分析方法

GB/T 14635　稀土金属及其化合物化学分析方法　稀土总量的测定

GB/T 18115.1　稀土金属及其氧化物中稀土杂质化学分析方法　镧中铈、镨、钕、钐、铕、钆、铽、镝、钬、铒、铥、镱、镥和钇量的测定

3　要求

3.1　化学成分

产品化学成分应符合表1的规定。需方如对产品有特殊要求，供需双方可另行协商。

表 1

化学成分（质量分数）/%	产品牌号			14030	14025	14020
	RE，不小于			99.5	99	98
	La/RE，不小于			99.9	99.5	99
	杂质含量，不大于	稀土杂质/RE		0.1	0.5	1.0
		非稀土杂质	Fe	0.10	0.20	0.30
			Si	0.03	0.03	0.05
			Ca	0.01	0.02	0.02
			Mg	0.02	0.05	0.05
			Al	0.02	0.05	0.07
			C	0.03	0.05	0.05
			S	0.01	0.02	—
			P	0.01	0.01	—
			Zn	0.01	0.03	—
			Cl^-	0.03	0.03	—

3.2 外观

3.2.1 产品为铸态银灰色金属。

3.2.2 产品表面应洁净，无明显机械夹杂物。

4 试验方法

4.1 稀土总量的分析方法按 GB/T 14635 的规定进行。

4.2 稀土杂质含量的分析方法按 GB/T 18115.1 的规定进行。

4.3 非稀土杂质含量的分析方法按 GB/T 12690 的规定进行。

4.4 数值修约按 GB/T 8170 的规定进行。

4.5 产品外观用目视检查。

5 检验规则

5.1 检查与验收

5.1.1 产品由供方质量检验部门进行检验，保证产品质量符合本标准规定，并填写质量证明书。

5.1.2 需方应对收到的产品按本标准的规定进行检验，如检验结果与本标准规定不符时，应在收到产品之日起 2 个月内向供方提出，由供需双方协商解决。如需仲裁，可委托双方认可的单位进行，并在需方共同取样。

5.2 组批

产品应成批提交检验，每批应由同一牌号的产品组成。

5.3 检验项目

每批产品应进行化学成分和外观检验。

5.4 取样与制样

5.4.1 化学成分分析的仲裁取样件数按表 2 的规定进行。

表 2

每批重量/kg	≤10	>10～50	>50～100	>100～200	>200～500	>500
取样件数/块	2	3	4	5	8	10

5.4.2 化学成分分析的仲裁取样方法按下述规定进行：取样时，首先将试样打磨干净。用直径 5 mm～10 mm的钻头在合金锭上下两面等距离处各钻取 3 点，弃去距锭块表面 0.5 mm～1.0 mm 的钻屑，然后钻取试样，取样量不少于 10 g，将所得试样迅速混匀缩分至所需数量，立即放入带盖的磨口瓶中密封保存。

5.5 检验结果判定

5.5.1 化学成分仲裁分析结果与本标准规定不符时，则从该批产品中取双倍样锭对不合格项目进行重复试验，如仍有一项结果不合格，则判该批产品为不合格。

5.5.2 产品外观检验与本标准规定不符时，则直接判定该批产品为不合格。

6 标志、包装、运输与贮存

6.1 标志、包装

6.1.1 包装桶(箱)外应有不褪色标志，注明：供方名称、产品名称、牌号、批号、净重、毛重、出厂日期及“防潮”等标志或字样。

6.1.2 产品应采取防氧化措施密封装入铁桶中，如需方对包装有特殊要求，由供需双方协商确定。

6.2 运输、贮存

产品运输时严防受潮，应需存放干燥处，不得露天放置。

6.3 质量证明书

每批产品应附质量证明书，注明：

a) 供方名称；

b) 产品名称；

c) 牌号、批号、净重、毛重、件数；

d) 各项分析检验结果和供方质量检验部门印记；

e) 本标准编号；

f) 检验日期；

g) 出厂日期。

ICS 77.120.99
H 65

中华人民共和国国家标准

GB/T 15678—2010
代替 GB/T 15678—1995

氧化铒

Erbium oxide

2011-01-14 发布　　2011-11-01 实施

中华人民共和国国家质量监督检验检疫总局
中国国家标准化管理委员会　发布

前　言

本标准代替 GB/T 15678—1995《氧化铒》。

本标准与 GB/T 15678—1995 相比，主要有如下的变动：

——根据 GB/T 17803《稀土产品牌号表示方法》的规定，采用数字牌号表示方法；

——删除了 Er_2O_3/REO 含量不小于 95%的牌号；

——对 Er_2O_3/REO 含量不小于 99.99%牌号的稀土杂质考核个数作了调整；

——对非稀土杂质含量的考核作了调整。

本标准由全国稀土标准化技术委员会(SAC/TC 229)归口。

本标准由广东珠江稀土有限公司负责起草。

本标准由江阴加华新材料资源有限公司、赣州虔东稀土集团股份有限公司、宜兴新威利成有限公司参加起草。

本标准主要起草人：金燕华、邓汉芹、谢建伟、姚南红、俞志春。

本标准所代替标准的历次版本发布情况为：

——GB/T 15678—1995。

氧　化　铒

1　范围

本标准规定了氧化铒的要求、试验方法、检验规则及标志、包装、运输和贮存。

本标准适用于以化学法制得的，主要供作磁性材料、玻璃、金属和电子工业等用的氧化铒。

2　规范性引用文件

下列文件对于本文件的应用是必不可少的。凡是注日期的引用文件，仅注日期的版本适用于本文件。凡是不注日期的引用文件，其最新版本（包括所有的修改单）适用于本文件。

GB/T 8170　数值修约规则与极限数值的表示和判定

GB/T 12690（所有部分）　稀土金属及其氧化物中非稀土杂质化学分析方法

GB/T 14635　稀土金属及其化合物化学分析方法　稀土总量的测定

GB/T 18115.11　稀土金属及其氧化物中稀土杂质化学分析方法　铒中镧、铈、镨、钕、钐、铕、钆、铽、镝、钬、铥、镱、镥和钇量的测定

3　要求

3.1　化学成分

产品的化学成分应符合表1的规定。需方如对产品有特殊要求，供需双方可另行协商。

表 1

产品牌号				121040	121035	121030	121025	121020
化学成分（质量分数）/%	REO，不小于			99	99	99	99	99
	Er_2O_3/REO，不小于			99.99	99.95	99.9	99.5	99
	杂质含量不大于	稀土杂质/REO	Dy_2O_3	0.000 5	合量为 0.05	合量为 0.10	合量为 0.5	合量为 1.0
			Ho_2O_3	0.001 5				
			Tm_2O_3	0.002				
			Yb_2O_3	0.002				
			Lu_2O_3	0.001				
			Y_2O_3	0.002				
			其他合量	0.001				
		非稀土杂质	Fe_2O_3	0.000 5	0.001	0.001	0.002	0.005
			SiO_2	0.003	0.005	0.005	0.01	0.02
			CaO	0.001	0.005	0.01	0.02	0.02
			CuO	0.001	0.001	—	—	—

表 1（续）

<table>
<tr><td rowspan="3">化学成分
（质量分数）/%</td><td rowspan="3">杂质含量
不大于</td><td rowspan="3">非稀土
杂质</td><td>PbO</td><td>0.001</td><td>0.001</td><td>—</td><td>—</td><td>—</td></tr>
<tr><td>NiO</td><td>0.001</td><td>0.001</td><td>—</td><td>—</td><td>—</td></tr>
<tr><td>Cl^-</td><td>0.02</td><td>0.02</td><td>0.03</td><td>0.03</td><td>0.05</td></tr>
<tr><td></td><td colspan="3">灼减，不大于</td><td>1.0</td><td>1.0</td><td>1.0</td><td>1.0</td><td>1.0</td></tr>
</table>

3.2 外观

3.2.1 本产品为淡红色粉末，颜色随纯度不同略有变化。

3.2.2 产品必须洁净，无肉眼可见的夹杂物。

4 试验方法

4.1 产品中稀土总量（REO）的分析方法按 GB/T 14635 的规定进行。

4.2 产品中稀土杂质含量的分析方法按 GB/T 18115.11 的规定进行。

4.3 产品中非稀土杂质含量及灼减量的分析方法按 GB/T 12690 的规定进行。

4.4 数值修约规则按 GB/T 8170 的规定进行。

4.5 产品外观用目视检查。

5 检测规则

5.1 检查与验收

5.1.1 产品由供方质量检验部门进行检验，保证产品质量符合本标准规定，并填写产品质量证明书。

5.1.2 需方可对收到的产品进行检验，如检验结果与本标准规定不符时，应在收到产品之日起 2 个月内向供方提出，由供需双方协商解决。如需仲裁，可委托双方认可的单位进行，并在需方共同取样。

5.2 组批

产品应成批提交验收，每批应由同一牌号的产品组成。

5.3 检验项目

每批产品应进行化学成分和外观的检验。

5.4 取样与制样

化学成分的仲裁取样件数按表 2 规定进行。用插管在每件（袋）中心及周围等距离处取三点，每件（袋）取样量不少于 10 g，将试样混匀后，用四分法迅速缩分至试样所需数量，装入清洁的塑料瓶（袋）中并封口。

表 2

件（袋）数	1～5	6～49	50～100	＞100
取样件（袋）数	件（袋）数的 100%	5	件（袋）数的 10%，取整数	件（袋）数的平方根，取正整数

5.5 检验结果判定

5.5.1 化学成分仲裁分析结果与本标准规定不符时，则从该批产品中取双倍试样对不合格项目进行重复试检，如仍有一项结果不合格，则该批产品为不合格。

5.5.2 外观检验结果与本标准规定不符时，则直接判定该批产品为不合格。

6 标志、包装、运输、贮存

6.1 标志和包装

6.1.1 每箱(桶)外注明：供方名称、产品名称、牌号、批号、净重、毛重、出厂日期及“防潮”标志或字样。

6.1.2 产品分装于双层塑料袋或塑料瓶中并封口，每袋(瓶)净重分别为 5 kg、10 kg，再将袋(瓶)置于钙塑箱(木箱、铁桶)中，每箱(桶)净重分别为 25 kg、50 kg。如需方对产品包装有其他要求，供需双方可另行协商。

6.2 运输、贮存

产品运输时严防淋雨、受潮；需存放于干燥处，不得露天放置。

6.3 质量证明书

每批产品应附质量证明书，注明：

a) 供方名称；
b) 产品名称和牌号；
c) 批号；
d) 净重和件数；
e) 各项分析检验结果和供方质量检验部门印记；
f) 本标准编号；
g) 出厂日期。

ICS 71.100.30
Y 88

中华人民共和国国家标准

GB/T 15814.1—2010
代替 GB/T 15814.1—1995

烟花爆竹　烟火药成分定性测定

Fireworks and firecracker—Qualitative determination of pyrotechnic compositions

2011-01-14 发布　　2011-06-01 实施

中华人民共和国国家质量监督检验检疫总局
中国国家标准化管理委员会　发布

前　言

GB/T 15814 的本部分代替 GB/T 15814.1—1995《烟花爆竹药剂　成分定性测定》。

本部分与 GB/T 15814.1—1995 相比，主要技术差异和变化如下：

——将禁(限)用药物检测方法从原标准中分离出来；

——改进了高氯酸钾根离子的检定方法；

——删除了碳的检测方法。

本部分由中国轻工业联合会提出。

本部分由全国烟花爆竹标准化技术委员会(SAC/TC 149)归口。

本部分起草单位：浏阳市金生红鹰烟花制造有限公司、国家轻工业烟花爆竹安全质量监督检测中心、湖南烟花爆竹产品安全质量监督检测中心、熊猫烟花集团股份有限公司、中国兵器工业第二一三研究所、陕西省烟花及民爆产品质量监督检验站。

本部分主要起草人：黄茶香、刘宁、郑丽琴、邱志雄、陆佩茹、徐汉宣、苗生山、尚景飞。

本部分所代替标准的历次版本发布情况为：

——GB/T 15814.1—1995。

烟花爆竹 烟火药成分定性测定

警告:使用 GB/T 15814 本部分的人员应有正规实验室工作的实践经验。本部分并未指出所有可能的安全问题,使用者有责任采用适当的安全和健康措施,并保证符合国家有关法律规定的条件。

安全须知:本部分涉及的烟火药剂是一种易燃易爆的危险品,以下是最主要的安全技术规定:

a) 试样的制备应在有安全防护措施条件下进行;

b) 试样的制备和存放量不能超过安全防护允许的条件;

c) 试样干燥应在安全防爆箱中进行,其干燥温度不超过 55 ℃。

1 范围

GB/T 15814 的本部分规定了烟火药物成分定性测定所需的试剂、材料与仪器、分析程序、定性分析、成分判定通则。

本部分适用于烟花爆竹常用药物主要成分的定性检定。

2 规范性引用文件

下列文件中的条款通过 GB/T 15814 的本部分的引用成为本部分的条款。凡是注日期的引用文件,其随后所有的修改单(不包括勘误的内容)或修订版均不适用于本部分,然而,鼓励根据本部分达成协议的各方研究是否可使用这些文件的最新版本。凡是不注日期的引用文件,其最新版本适用于本部分。

GB 10631 烟花爆竹 安全与质量

GB/T 15813 烟花爆竹成型药剂 样品分离与粉碎

GB/T 21242 烟花爆竹药剂 禁限用药物定性分析

3 试剂、材料与仪器

3.1 试剂

3.1.1 氨水。

3.1.2 硫酸。

3.1.3 乙酸。

3.1.4 硝酸。

3.1.5 盐酸。

3.1.6 乙醇。

3.1.7 丙酮。

3.1.8 氢氧化钠。

3.1.9 过氧化氢。

3.1.10 铋酸钠。

3.1.11 四苯硼钠溶液:20%。

3.1.12 亚硝酰铁氰化钠。

3.1.13 次甲基蓝溶液:0.2%。

3.1.14 硫化铵。

3.1.15 亚硝酸钠。

3.1.16 三氯化铁(六个结晶水)溶液:5%。

3.1.17 硫氰酸钾溶液:5%。

3.1.18 碘溶液:0.01%,用时现配。

3.1.19 氢氧化钡溶液:5%,用时现配。

3.1.20 氯化铵。

3.1.21 玫瑰红酸钠溶液:0.2%,用时现配。

3.1.22 罗丹明B溶液:0.2%。

3.1.23 茜素磺酸钠溶液:0.2%。

3.1.24 高锰酸钾溶液:0.1%。

3.1.25 镁试剂Ⅱ溶液:称取0.01 g镁试剂Ⅰ,溶于100 mL 2 mol/L氢氧化钠溶液中。

3.1.26 变色酸溶液:称取0.02 g变色酸,加20 mL硫酸,加热溶解。

3.1.27 钼酸铵-硫酸溶液:称取0.4 g钼酸铵,加入到10 mL浓硫酸中搅拌溶解。

3.1.28 二硫化碳。

3.1.29 硫酸亚铁-硫酸溶液:称取25 g硫酸亚铁,加入到100 mL水中,加浓硫酸25 mL。

3.1.30 乙酸铀铣锌-乙酸溶液:称取0.5 g乙酸铀铣锌,加乙酸9 mL及水30 mL。

3.1.31 乙醚-乙醇混合液:乙醚与乙醇比例为1∶1(体积分数)。

3.2 材料与仪器

3.2.1 烧杯,50 mL、100 mL、250 mL。

3.2.2 玻璃漏斗(短管),直径40 mm。

3.2.3 试管,10 mL。

3.2.4 玻璃棒。

3.2.5 定性滤纸,直径11 mm。

3.2.6 蒸发皿,30 mL。

3.2.7 酒精灯。

3.2.8 点滴板,黑色、白色。

3.2.9 试管架,50孔。

3.2.10 滴管。

3.2.11 红色石蕊试纸。

3.2.12 铬酸钾试纸:滤纸用饱和的铬酸钾溶液浸泡,并使之干燥备用。

3.2.13 pH试纸(广泛-14)。

3.2.14 镍制小勺。

3.2.15 电炉,2×1 000 W。

3.2.16 离心机,GL-12型。

3.2.17 检验二氧化碳的装置。

4 分析程序

4.1 试样制备

试样的制备按GB/T 15813规定执行。

4.2 水溶性药物成分检定

称取3 g试样置于250 mL烧杯中,加水100 mL加热搅拌、过滤,滤液收集于小烧杯中,可以进行以下离子或物质检定:NH_4^+、K^+、Na^+、Sr^{2+}、Ba^{2+}、NO_3^-、ClO_4^-、$C_2O_4^{2-}$、苯二甲酸根离子、淀粉。

4.3 酸溶性药物成分检定

将水不溶物放入100 mL烧杯中,加1+1盐酸溶解,过滤,滤液收集于烧杯中,进行以下检定:Al^{+3}、Mg^{2+}、Fe^{3+}、Ti^{2+}、Cu^{2+}、Sr^{2+}、Sb^{3+}。

4.4 酸不溶性药物成分检定

将酸不溶物进行硫磺的检定。

4.5 其他药剂成分检定

取试样分别进行锰离子、碳酸根离子的检定。

4.6 有机粘合剂的检定

用有机溶剂萃取试样，分别进行有机粘合剂酚醛树脂、虫胶的检定。

5 定性分析方法

5.1 水溶性药物成分检定

按4.1、4.2进行试样处理，滤液分别进行下列离子检定，不溶物留做酸溶性药物检定：

a) 铵离子的检定：取1 mL滤液于试管中，加10%氢氧化钠溶液几滴，将一条润湿的红色石蕊试纸(3.2.11)悬挂在固定塞子的钩上，塞上试管。若试纸变蓝，表示有铵离子。

b) 钾离子的检定：取1 mL滤液于试管中，滴加四苯硼钠溶液(3.1.11)2滴，若产生白色沉淀，表示有钾离子(有铵离子时，应除去铵离子)。

c) 钠离子的检定：取几滴滤液于黑色点滴板上，加8滴～10滴乙酸铀铣锌-乙酸溶液(3.1.30)，搅拌，若出现浅黄色浑浊或黄色沉淀，表示有钠离子。

d) 钡离子的检定：取2滴滤液于定性滤纸上，加入1滴玫瑰红酸钠溶液(3.1.21)，呈现桔红色斑点时再加入1+20盐酸(体积分数)溶液1滴，斑点则变得更红，表示有钡离子。

e) 锶离子的检定：取2滴滤液于铬酸钾试纸(3.2.12)上。1 min后，向斑点边缘滴加玫瑰红酸钠溶液(3.1.21)，如边缘出现桔红色斑点，加1+20盐酸(体积分数)后桔红色斑点消失，表示有锶离子。

f) 硝酸根离子的检定：取1 mL滤液于试管中，加1mL硫酸亚铁-硫酸溶液(3.1.29)，摇动，倾斜试管，沿管壁加入1 mL硫酸(3.1.2)，若在界面处立即形成一个棕色的环，表示有硝酸根离子。

g) 高氯酸根离子的检定：取1滴～2滴滤液于滤纸上，再滴加1滴次甲基蓝溶液(3.1.13)，若有紫色斑点出现，表示有高氯酸根离子。

h) 草酸根离子的检定：取1 mL滤液于试管中，加2滴硫酸(3.1.2)和2滴高锰酸钾溶液(3.1.24)，摇动试管，若高锰酸钾溶液褪色，表示有草酸根离子。

i) 苯二甲酸根离子的检定：取1 mL滤液于试管中，加入几滴三氯化铁溶液(3.1.16)，生成黄褐色沉淀。沉淀溶解于盐酸(3.1.5)，同时析出白色沉淀，表示有苯二甲酸根离子。

j) 淀粉的检定：取试样0.5 g于试管中，加水溶解，加热，离心分离，吸取上层溶液于另一试管中，加几滴碘溶液(3.1.18)，呈现蓝色或紫红色，表示有淀粉。

5.2 酸溶性药物成分检定

按4.3进行试样处理，滤液分别进行检定，不溶物留做5.3检测：

a) 镁离子的检定

取1 mL滤液于试管中，加氨水(3.1.1)调至碱性pH13，加0.05 g氯化铵(3.1.20)和2滴硫化铵(3.1.14)，摇动试管有黑色沉淀生成。离心分离，取上层清液2滴于白色点滴板上，加1滴镁试剂Ⅱ溶液(3.1.25)，若有蓝色沉淀出现，表示有镁离子。

b) 铝离子的检定

取2 mL滤液，滴加氨水(3.1.1)，使溶液呈碱性pH10，加2滴茜素磺酸钠溶液(3.1.23)，有红色絮状沉淀生成。加1 mL 10%乙酸(体积分数)酸化，若沉淀不溶解且颜色更鲜艳，表示有铝离子。

c) 三价铁离子的检定

取 1 mL 滤液于试管中，滴加 1 滴～2 滴 1+1 硫酸，再加 1 滴硫氰酸钾溶液(3.1.17)，摇动试管，若溶液呈现红色，表示有三价铁离子。

d) 二价铜离子的检定

取 1 mL 滤液于试管中，滴加氨水(3.1.1)使溶液呈碱性，若溶液为深蓝色，表示有铜离子。

e) 钛离子的检定

取 1 mL 滤液于试管中，加热，加几滴变色酸溶液(3.1.26)，用玻璃棒搅拌后，若呈现紫色，表示有钛离子。

f) 锑离子的检定

取试样 0.1 g 于烧杯中，加盐酸(3.1.5)溶解，过滤。取 1 mL 滤液于试管中，加少许亚硝酸钠(3.1.15)，摇动，加几滴罗丹明 B 溶液(3.1.22)，若有紫色细微沉淀，表示有五价锑离子。

5.3 酸不溶性药物成分的检定:硫磺的检定

取 4.3 中酸不溶物 0.2 g，加入二硫化碳(3.1.28)适量，搅拌，过滤，滤液收集于蒸发皿中。待有机溶剂蒸发干后，将蒸发皿中的黄色残渣放于烧杯中，用 10% 氢氧化钠溶液加热溶解，加亚硝酰铁氰化钠(3.1.12)少许，若溶液呈现紫色，表示有硫磺。

5.4 其他药物成分的检定

5.4.1 碳酸根离子的检定

取试样 0.1 g 于试管中，加入 5% 盐酸(体积分数)少许，将 1 滴新制备的氢氧化钡溶液(3.1.19)滴加在磨口玻璃塞的尖端上，盖上磨口塞(见图 1)，观察氢氧化钡溶液。若氢氧化钡溶液由无色变为白色混浊溶液，则表示有碳酸根离子存在。

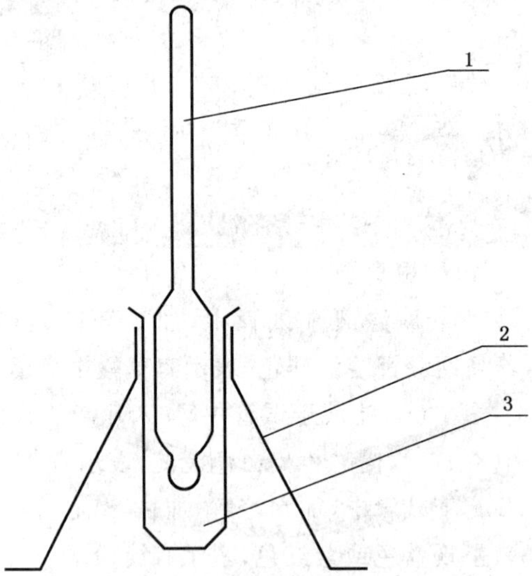

1——磨口玻璃塞；

2——试管支架；

3——试管。

图 1 碳酸根离子的检定

5.4.2 二价锰离子的检定

取试样 0.1 g 于烧杯中，用硝酸(3.1.4)溶解，过滤。吸取 1 mL 滤液于试管中，加铋酸钠(3.1.10)少许，摇动试管，若溶液呈现紫红色，表示有锰离子存在。

5.5 有机粘合剂的检定

5.5.1 酚醛树脂的检定

取试样 0.5 g 于烧杯中，用 10 mL 乙醇(3.1.6)或丙酮(3.1.7)溶解，过滤，滤液收集于蒸发皿中，待乙醇或丙酮挥发后，剩余物用硫酸(3.1.2)分解。

取 0.5 mL 分解液于试管中，加入几滴变色酸溶液(3.1.26)，加热至 60 ℃左右，10 min，若出现亮紫色，表示有甲醛。

另取 0.5 mL 分解液于试管中，加几滴三氯化铁溶液(3.1.16)，加热，若溶液呈现红色，表示有苯酚。

试样检定出甲醛和苯酚，表示有酚醛树脂。

5.5.2 虫胶的检定

取试样 0.5 g 于烧杯中，加 10 mL 乙醚-乙醇混合液(3.1.31)溶解，过滤，滤液收集于烧杯中。取滤液 1 mL 于试管中，加 5 滴钼酸铵-硫酸溶液(3.1.27)，立即出现暗绿色。放置 15 min，颜色不变时，加入氨水(3.1.1)呈碱性后，若颜色变为红色或红黄色，表示有虫胶。

6 成分判定通则

根据 GB 10631 的规定，禁(限)用药物的定性分析按 GB/T 21242 进行检定，其他烟火药按表 1 进行检定。

表 1 烟火药类别与成分参照表

序号	烟火药类别	主要组成	备 注
1	动力药	硝酸钾、木炭、硫磺、高氯酸钾	
2	曳光药	高氯酸钾、铝镁合金粉、铝粉、硝酸钡、酚醛树脂	
3	有色发光药	高氯酸钾、铝镁合金粉、硝酸钾、聚氯乙烯、碳酸锶、氟硅酸钠、氟铝酸钠、草酸钠、硝酸钡、氧化铜、碱式碳酸铜	
4	燃烧药	四氧化三铁、铝粉	
5	延期药	硝酸钾、木炭、硫磺、高氯酸钾、氯酸钾	
6	哨声药(笛音药)	高氯酸钾、笛音剂(对苯二甲酸氢钾、邻苯二甲酸氢钾)	
7	爆音药	高氯酸钾、铝粉、铝镁合金粉、木炭、硫磺、硝酸钡、硝酸钾、笛音剂	
8	烟雾药	氯酸钾、有机碱、染料	
9	摩擦药	氯酸钾、赤磷	
10	引燃药、黑火药	硝酸钾、木炭、硫磺	
11	响珠药	氧化铜、铝镁合金粉、四氧化三铅	
12	无烟光色药	硝化纤维素、高氯酸铵、碳酸锶、硝酸钡、钛粉	
13	无烟发(喷)射药	硝化纤维素、高氯酸铵、钛粉	

ICS 07.060
A 45

中华人民共和国国家标准

GB/T 15918—2010
代替 GB/T 15918—1995

海洋学综合术语

Oceanography general terminology

2011-01-14 发布　　2011-06-01 实施

中华人民共和国国家质量监督检验检疫总局
中国国家标准化管理委员会　发布

前　言

本标准代替 GB/T 15918—1995《海洋学综合术语》。

本标准与 GB/T 15918—1995 相比主要变化如下：

——扩充了标准的适用范围(1995 年版的 1，本版的 1)；

——调整了“海洋科学”与“洋与海”两章的顺序(1995 年版的 2、3，本版的 3、2)；

——将“海洋开发与管理”一章分为“海洋资源与开发”和“海洋管理与公益服务”两章(1995 年版的 4，本版的 4、5)；

——“洋与海”一章增加了 23 个术语和定义，修改了 9 个术语和定义(1995 年版的 3，本版的 2)；

——“海洋科学”一章增加了 20 个术语和定义，修改了 9 个术语和定义，删除了 1 个术语和定义(1995 年版的 2，本版的 3)；

——“海洋资源与开发”一章增加了 39 个术语和定义，删除了 5 个术语和定义(1995 年版的 4，本版的 4)；

——“海洋管理与公益服务”一章增加 116 了个术语和定义，修改了 4 个术语和定义，删除了 1 个术语和定义(1995 年版的 4，本版的 4)；

——增加了参考文献(本版的“参考文献”)；

本标准与 GB/T 19834—2005《海洋学术语　海洋资源学》、GB/T 18190—2000《海洋学术语　海洋地质学》、GB/T 15919—2010《海洋学术语　海洋生物学》、GB/T 15920—2010《海洋学术语　物理海洋学》、GB/T 15921—2010《海洋学术语　海洋化学》等国家标准互相配合使用。

本标准由国家海洋局提出。

本标准由全国海洋标准化技术委员会(SAC/TC 283)归口。

本标准起草单位：国家海洋标准计量中心、国家海洋信息中心。

本标准主要起草人：秦嗣仁、范振华、汤海荣、许莉莉、王海波、尹昭姝、钮因义、赵秀筠、郭小勇、袁玲玲、王玉红、李芳。

本标准所代替标准的历次版本发布情况为：

——GB/T 15918—1995。

海洋学综合术语

1 范围

本标准规定了海洋学的常用基本术语及其定义。

本标准适用于海洋管理、科研、教学及相关生产活动。

2 洋与海

2.1 洋

2.1.1

北冰洋 Arctic Ocean

地球上最小、最浅的洋，位于地球最北端，为亚洲、欧洲和北美洲所环抱，有常年不化的冰盖，面积约 131×10^5 km^2（含附属海），平均深度 1 296 m。

2.1.2

大西洋 Atlantic Ocean

地球第二大洋。北以从斯堪的纳维亚半岛的诺尔辰角经冰岛、过丹麦海峡至格陵兰岛南端的连线与北冰洋分界；南临南极洲；东南以通过南非厄加勒斯角至南极洲的经线同印度洋分界；西南以通过南美洲最南端合恩角至南极洲的经线与太平洋分界；西部通过南、北美洲之间的巴拿马运河与太平洋沟通；东部经欧洲和非洲之间的直布罗陀海峡通过地中海，以及亚洲和非洲之间的苏伊士运河与印度洋的附属海红海沟通，面积约 933.63×10^5 km^2（含附属海），平均深度为 3 627 m。

2.1.3

南大洋 Southern Ocean

由南纬 40°圈以内，所有太平洋、大西洋和印度洋靠近南极洲的部分、包括南极大陆周围的威德尔海、罗斯海、阿蒙森海、别林斯高晋海等诸海组成的，北面无陆界，且无固定面积的水域。面积约为 770×10^5 km^2。

注：在海洋学上，太平洋、大西洋和印度洋靠近南极洲的那一片海域具有特殊意义。它有自成体系的环流系统和独特的水团结构，既是世界大洋底层水团的主要形成区，又对大洋环流起着重要作用。1970 年，联合国教科文组织（UNESCO）下属的政府间海洋学委员会（IOC）从海洋学的角度，将三大洋在南极洲附近连成一片的海域称为南大洋。它并非是地理意义上的水域。

2.1.4

太平洋 Pacific Ocean

地球上最大、最深、边缘海和岛屿最多的洋。北起白令海峡，南抵南极洲；东南以通过南美洲最南端合恩角至南极洲的经线与大西洋分界；西南边界始于马六甲海峡北端沿苏门答腊岛、爪哇岛、努沙登加拉群岛南岸到新几内亚岛南岸的布季，越过托雷斯海峡澳大利亚约克角的边线，以及塔斯马尼亚东南角至南极州的经线（146°51′E）与印度洋分界；面积约 $1\ 796.79\times10^5$ km^2（含附属海），平均深度 4 028 m。

2.1.5

洋 ocean

地球表面上相互连通的广阔咸水水体的主体部分，及其上部大气和覆盖的底土。一般远离大陆，深度一般大于 2 000 m；海洋要素如温度、盐度等不受大陆影响，盐度约为 35，且年变化小；具有独立的潮汐系统和强大的洋流系统。

2.1.6

印度洋 Indian Ocean

世界第三大洋，是地质年代最年轻的大洋。南部与太平洋和大西洋相通，分别以通过塔斯马尼亚岛东南角和通过南非厄加勒斯角至南极州的经线(146°51′E,20°0′E)为东、西边界；东北部边界北起马六甲海峡北端沿苏门答腊岛、爪哇岛、努沙登加拉群岛南岸到新几内亚岛南岸的布季，越过托雷斯海峡大利亚约克角的边线，以及塔斯马尼亚东南角至南极州的经线(146°51′E)与太平洋为界。面积约 749.17×10^5 km^2(含附属海)，平均深度 3 897 m。

2.2 海

2.2.1

渤海 Bohai Sea

中国内海，东以辽东半岛南端的老铁山西角，经庙岛南端至山东半岛北端的蓬莱角的连线与黄海为界，面积 0.77×10^5 km^2，平均水深 18 m。

2.2.2

东海 East China Sea

位于中国大陆以东，以长江口北岸的启东嘴与济州岛西南角的连线与黄海为界；西北、东北以济州岛东端至九州岛的野母角连线与朝鲜海峡为界；东临九州琉球群岛及台湾岛；南以福建东山岛南端至台湾岛南端鹅銮鼻连线与南海分界。面积 7.7×10^5 km^2，平均水深 370 m。

2.2.3

海 sea

地球表面上相互连接、盐度为 2 以上的水体被陆地、岛礁、半岛包围或分隔的边缘部分，及其上部大气和波及的底质。

2.2.4

海洋 marine

洋(2.1.5)和海(2.2.3)的统称。

2.2.5

海域 sea areas

海区

一定界限内的海洋区域。

注 1：包括区域内的水面、水体、海床和底土。

注 2：改写 GB/T 19834—2005，定义 2.3.1。

2.2.6

黄海 Yellow Sea

位于中国大陆与朝鲜半岛之间的半封闭性浅海，东邻朝鲜半岛，西与中国大陆相邻，西北以辽东半岛南端的老铁山西角，经庙岛南端至山东半岛北端的蓬莱角的连线与渤海为界，南以长江口北岸的启东嘴与济州岛西南角的连线与东海为界，面积 3.8×10^5 km^2，平均水深 44 m。

2.2.7

南海 South China Sea

位于太平洋西端，北靠中国大陆，东濒菲律宾群岛，南接加里曼丹岛和苏门答腊岛，西临马来半岛和中南半岛，东北以福建东山岛南端至台湾岛南端鹅銮鼻连线与东海分界，经巴士海峡、巴林塘海峡和巴布延海峡与太平洋相连，东南部经民都洛海峡、巴拉巴克海峡与苏禄海相通，南部经卡里马塔海峡、加斯帕海峡与爪哇海相连，西南经马六甲海峡与印度洋相通。面积约 35×10^5 km^2，平均深度 1 212 m 的海域。

2.3 海-陆界面

2.3.1

边缘海　marginal sea

陆缘海

位于大陆的边缘，以半岛、岛屿或岛弧与大洋分隔，但水流交换通畅的海域，主要潮波和海流系统直接来自外海，水文特征受大陆影响，变化比大洋大。

2.3.2

潮间带　interidal zone

海滩

位于平均大潮高、低潮之间的海水覆盖的区域。

2.3.3

潮上带　supratidal zone

海岸

位于平均大潮高潮位以上，特大潮汛和风暴潮海水可以淹没及激浪海水可以溅到的范围。

2.3.4

潮下带　subtidal zone

水下岸坡

平均大潮低潮位以下向海延伸的潮滩区域。

2.3.5

大陆边缘　continental margin

大陆和大洋之间的过渡带。

注：一般包括大陆架、大陆坡和大陆隆，约占海洋总面积的22%，按其构造活动性分为稳定型和活动型两大类。

2.3.6

大陆架　continental shelf

〈地质地理学〉环绕大陆的浅海地带。从海岸带开始向外延伸，至坡度由缓转为显著增加的陆架坡折处为止，平均坡度0.1°07′外延平均水深130 m，平均宽度75 km，全球总面积约27.1×10^6 km^2。

2.3.7

[大]陆架　continental shelf

[大]陆棚

〈海洋法〉沿海国家的领海以外，以其陆地领土的全部自然延伸，扩大到大陆边缘的，其宽度由《联合国海洋法公约》第76条规定的海底区域的海床和底土。如果从测算领海宽度的基线量起到大陆边的外缘的距离不到200 n mile，则可扩大到200 n mile的距离。

2.3.8

[海]滨　seashore

[海]滩

潮上带(2.3.3)与潮间带(2.3.2)的统称。即自低潮的最低线的下界起，至最高潮位时波浪所能波及的陆上最远处的上界之间的地带。

2.3.9

海峡　channel

两端连接海或洋的狭窄水道，其主要特征是流急，特别是潮流速度大。

2.3.10

陆地岸线　continental coastline

海岸线 coastal line

陆地和海洋的分界线，其随着潮位变化和风引起的增水-减水作用而变动。

2.3.11

内陆海　inland sea

陆间海

位于大陆内部，仅通过一个或几个狭窄海峡与大洋或其他海相通的水域。

2.4 海-河界面

2.4.1

[入海]河口　estuarine

河流的终段，与海洋受水体相结合的地段。

注：入海河口是一个半封闭的海岸水体，与海洋自由沟通，海水在其中被陆域来水所冲淡。根据动力条件和地貌形态的差异，一般把河口分为河流近口段、河口段和口外海滨。河流近口段以河流特性为主，口外海滨以海洋特性为主，河口段的河流因素和海洋因素则强弱交替地相互作用，有独特的性质。

2.5 海-气界面

2.5.1

大地水准面　geoid

高程起算面　base sea level

假设没有外力作用，静止的海洋表面将与旋转地球椭球面的等势面一致，该等势面称为大地水准面，它是一个延伸到全球的静止海水面，也是一个地球重力等位面，确定大地水准面是取验潮站长期观测资料计算出来的平均海面。

注：因地球内部质量分布不均匀，大地水准面也是起伏不平的。1956 年，中华人民共和国规定以青岛验潮站的多年平均海平面为中国统一的高程起算面，称为青岛平均海平面或黄海基准海平面。由于计算这个基面所依据的青岛验潮站的资料系列(1950 年～1956 年)较短等原因，中国测绘主管部门决定重新计算黄海平均海面，以青岛验潮站 1952 年～1979 年的潮汐观测资料为计算依据，推算出的黄海平均海平面作为中国的水准基面，即零高程面。中华人民共和国水准原点建立在青岛验潮站附近，并构成原点网。用精密水准测量测定中华人民共和国水准原点相对于黄海平均海面的高差，即水准原点的高程，定为全国高程控制网的起算高程。1985 年国家高程基准高程和 1956 年黄海高程的关系为：1985 年国家高程基准高程＝1956 年黄海高程－0.029 m。1985 年国家高程基准已于 1987 年 5 月开始启用，1956 年黄海高程系同时废止。1987 年 5 月以后，中国出版的地图上的海拔高度都由 1985 年国家高程基准高程起算。

2.5.2

[海]表层　sea surface layer

海面下 3m 以内的水层。

2.5.3

海平面　sea level

假设没有潮汐、波浪或其他扰动因素引起的海面波动，海洋所能保持的水平面。

注：因潮汐、海水密度差、洋流和大气的作用，海洋表面处于不断波动之中，所以海平面通常是一种统计概念，将多处一段特征时段内海面高程观测结果的平均值(如日、月、年及多年平均值)，以不同目的和方法，统计导出相对海平面和绝对海平面，地域性海平面和全球性海平面，大地水准面(geoid)、平均海平面、潮高基准面、最高海平面等。

2.5.4

[海洋]微表层/面　sea tiny surface layer

海洋表面膜

海洋表面微层

海洋—大气之间的微米级的薄层，为海洋—大气之间物质和能量交换的界面。

注：由于受海气界面的动力学过程的作用，[海洋]微表层具有不同于海洋本体且变化迅速的物理、化学、生物学性质。

2.5.5

平均海平面　mean sea level

高程等于海洋水位观测结果平均值的平静的理想海面。

注：按观测的时间长短不同分为：日平均、月平均、年平均和多年平均海平面。某站的平均海平面通常是指用此验潮站19年以上每小时的观测值求出的平均值。

2.5.6

深度基准面　datum for sounding reduction

海图基准面　chart datum

海图及海洋水深资料的测量深度的起算面。

注：不同国家、地区以及不同的用途采用不同的深度基准面。中国在1956年以后采用理论深度基准面（即理论最低潮面）做为海图深度基准面。

2.6　岛与礁

2.6.1

岸礁　shore reef

裙礁

边缘礁

由大量生长的造礁石珊瑚骨骼所构成的，从海岸向海的方向生长并和大陆或岛屿相连的珊瑚礁。

2.6.2

堡礁　barrier reef

堤礁

离岸礁

由大量生长的造礁石珊瑚骨骼构成的、与海岸或岛屿平行或其间有宽而浅的潟湖相隔的珊瑚礁。

注：改写GB/T 18190—2000，定义2.7.3。

2.6.3

[海]岛弧　island arc

岛链

岛脉

弧形列岛

大陆与海洋盆地之间呈弧形分布的群岛。

注：改写GB/T 18190—2000，定义2.8.5。

2.6.4

[海洋]岛屿　islands and islets

散布在海洋中，四面环水、高潮时露出水面、自然形成的陆地。按照面积大小，不足1 km^2 的，称“屿”；大于1 km^2 甚至达几百万平方公里的，称为“岛”。

注：按其成因，[海洋]岛屿可分为大陆岛、海洋岛和冲积岛。

2.6.5

环礁　atoll

由大量生长的造礁石珊瑚骨骼所构成的环形珊瑚礁，中间有不太深（100 m以内）的潟湖，出口较窄。

注：改写GB/T 18190—2000，定义2.7.4。

2.6.6

珊瑚礁　coral reef

在热带海洋的浅水区，由造礁珊瑚骨架和生物碎屑组成的具有抗浪性能的海底隆起。

注1：有岸礁、堡礁和环礁三种类型。

注2：改写GB/T 18190—2000，定义2.7.1。

3 海洋科学

3.1 海洋科学技术

3.1.1

工程海洋[学]　marine engineering

应用海洋基础科学和有关学科、技术开发利用海洋所形成的一门综合性技术学科。

3.1.2

海洋地理学　marine geography

研究海洋的环境空间结构、组成、动态和演变规律,及其对人类活动与生存环境相互影响的综合性学科。它是自然地理学的一个分支,是地理学和海洋学交叉的边缘学科。

3.1.3

海洋地球物理学　marine geophysics

研究海底的物理性质、变化规律及其与地球科学中其他学科之间关系的学科。

3.1.4

海洋地质学　marine geology

研究海岸、海底的地质特性及其演变规律的学科,主要研究内容包括地形地貌、沉积过程、构造演化和海底矿物资源的形成与分布。

3.1.5

海洋化学　marine chemistry

研究海洋各部分的化学组成、物质分布、化学性质和化学过程,以及海洋资源开发利用中的化学问题的学科。

[GB/T 15921—2010,定义 2.1]

3.1.6

海洋技术　marine technology

用以研究、开发与保护海洋的各种技能和装备。

3.1.7

海洋经济学　marine economics

研究海洋开发和保护中各种经济关系及其发展规律的学科,是海洋科学与经济科学交叉的边缘学科。

注:改写 GB/T 19834—2005,定义 2.1.29。

3.1.8

海洋科学　marine sciences; ocean sciences

研究海洋(2.2.4)及海洋生物(3.6.4)的机体、性质、自然现象与其变化规律、相互作用,以及海洋开发利用与管理的知识体系,是地球科学的一个重要组成部分。

3.1.9

海洋生态学　marine ecology

研究海洋生物与海洋理化、生物环境条件相互关系的学科。

[GB/T 15919—2010,定义 2.4]

3.1.10

海洋生物学　marine biology

研究海洋生物的形态、分类、生理、生态、地理分布和经济价值,以及海洋环境条件对海洋生物生长、发育、繁殖、种群结构和数量变动等的影响,从而开发利用和保护海洋生物的学科。

3.1.11

海洋物理学　marine physics

研究海洋的(声、光、电、磁、热等)物理特性及其变化规律的学科。

3.1.12

海洋学　oceanography;oceanology

研究海洋(2.2.4)的机体、性质、自然现象、变化规律,及其相互作用的一门科学。

3.1.13

军事海洋学　military oceanography

研究海洋自然环境对军队建设、军事行动的影响和海洋学在军事上应用的学科。

3.1.14

卫星海洋学　satellite oceanography

空间海洋学　space oceanography

研究利用空间平台遥感器观测海洋的理论和技术方法的学科。

注:卫星海洋学包括海洋遥感资料的处理、传输、信息提取等。

3.1.15

物理海洋学　physical oceanography

运用物理学的理论和方法研究天体对海洋的影响,海洋的特性及分布,动力场及因此产生的各种运动的时空变化,海洋中的物质转移、能量交换和转换的学科。

注:物理海洋学内容包括海洋水文学和海洋气象学。

3.1.16

区域海洋学　regional oceanography

研究一个海区各种海洋现象的学科。

3.2　物理海洋学学科

3.2.1

海洋动力学　marine dynamics

动力海洋学　dynamical oceanography

研究海水运动的动力过程及其变化规律的学科。

3.2.2

海洋气象学　marine meteorology

研究海洋水体和其邻近区域上空的大气现象、天气过程以及水气相互作用的学科。

3.3　海洋物理学学科

3.3.1

海洋光学　marine optics

海洋物理学的分支学科,主要研究光的辐射、传播和相互作用。

[GB/T 15920—2010,定义 3.2.1]

3.3.2

海洋声学　marine acoustics

研究声波在海洋水体、底质、生物及其界面中产生、传播、衰减的规律和利用声波探测海洋、传输信息的一门学科。

注:海洋声学基本内容包括四方面:声在海洋中的传播规律和海洋条件对声传播的影响;海洋声探测技术;海洋声通讯技术;海洋声学材料和仪器设备。

[GB/T 15920—2010,定义 3.1.1]

3.3.3

水声学 acoustics

研究水中(特别是海洋中)声波的发生、传播、接收、各种相互作用,和关于水下目标探测与信息传输技术的学科。

注:改写 HY/T 008—1992,定义 03-001。

3.4 海洋地质学学科

3.4.1

古海洋学 paleoceanography

研究地质历史时期海洋环境和事件及其演变的学科。

3.4.2

海洋沉积学 marine sedimentology

研究海洋沉积物的类型、组成、分布规律、形成过程和发育历史的地质学分支学科。

3.4.3

海洋地层学 oceanic stratigraphy

研究大洋海底、浅海和海岸地层的形成顺序和相互关系,对其进行划分、对比和年代测定的学科。

3.5 海洋化学学科

3.5.1

海水分析化学 analytical chemistry of seawater

研究海水中各种物质、组分的分析测定方法及有关理论的一门学科,是海洋化学的一个分支学科。内容包括:海水样品的采集、预处理、贮存和分析测定方法及各种因素的影响等。

[GB/T 15921—2010,定义 2.4]

3.5.2

海洋地球化学 marine geochemistry

研究海洋中化学物质的含量、分布、形态、转移和通量的学科。

3.5.3

海洋生物化学 marine biochemistry

研究海洋生物的化学组成、代谢和生物体与环境之间发生的生物化学过程的一门学科,是海洋化学的一个分支学科。

[GB/T 15921—2010,定义 2.10]

3.5.4

海洋物理化学 marine physical chemistry

运用物理化学的理论和方法研究海洋中的化学和生物地球化学问题的学科。

3.5.5

河口化学 estuarine chemistry

研究河口区化学物质的性质、形态、河水与海水在交汇过程中各种物质的相互作用、迁移变化过程规律和机理以及迁移通量的一门学科,是海洋化学的一个分支学科。

[GB/T 15921—2010,定义 2.9]

3.6 海洋生物学学科

3.6.1

初级生产力 primary productivity

单位时间、单位面积(或体积)内自养生物生产有机物的能力。

[GB/T 15919—2010,定义 2.64]

3.6.2

海洋生态系[统]　marine ecosystems

由海洋中的生物群落及其环境相互作用所构成的自然系统。

注：海洋生态系由海洋生物群落和海洋环境两大部分构成。海洋生态系统有如下六个要素：自养生物(即生产者)、异养生物(即消费者)、分解者、有机碎屑物质、物质循环的无机物质、水文物理状况。

3.6.3

渔业海洋学　fisheries oceanography

研究海水的物理、化学、底质因素和经济类海洋生物的生存、洄游、集散关系的学科。

3.6.4

海洋生物　marine organism

海洋中具有生命的有机体。

[GB/T 15919—2010,定义 2.197]

4　海洋资源与开发

4.1　海洋资源

4.1.1

海岸带资源　coastal zone resources

海岸带中一切能供人类利用的天然物质、能量和空间的总称。

注 1：海洋天然物质是指在海岸带的大气、水体、海底中客观存在的物质和天然生成的生物及活性物质。

注 2：改写 GB/T 19834—2005,定义 2.1.2。

4.1.2

海底矿产[资源]　submarine mineral [resources]

海底沉积物和海底岩层中具有开采、利用价值的物质的总称。

注：改写 GB/T 19834—2005 定义 4.1。

4.1.3

海底资源　submarine resources

底栖生物资源和海底矿产[资源]的统称。

4.1.4

海水化学资源　marine chemical resources

海水[水]资源　sea water resources

海水及海水中存在的可以被人类利用的物质。

[GB/T 19834—2005,定义 5.1]

4.1.5

海洋可再生能源　ocean reproducible resources

海洋所具有的潮汐能、波浪能、海(潮)流能、温差能、盐差能、海洋风能和太阳能等可再生自然能源的总称。

4.1.6

海洋空间[资源]　ocean space [resources]

海岸、海面、海中和海底可用于交通、生产、储藏、军事、居住、科研和娱乐等活动的空间。

注：改写 GB/T 19834—2005,定义 7.1。

4.1.7

海洋能　marine energy resources

可供开发利用的海洋可再生能源(4.1.5)、化石能、地热及放射性同位素等资源的统称。

注：改写 GB/T 19834—2005,定义 8.1。

4.1.8

海洋生物资源 marine biological resources

海洋中具有经济价值的生物。

注：改写 GB/T 19834—2005,定义 3.2。

4.1.9

海洋药物 marine pharmaceuticals

海洋中具有药用价值的物体,包括药用生物和药用非生物。

[GB/T 19834—2005,定义 3.42]

4.1.10

海洋资源 marine resources

海岸带和海洋中一切能供人类利用的天然物质、能量和空间的总称。

注：海洋天然物质是指在海岸带和海洋的大气、水体、海底中客观存在的物质和天然生成的生物及活性物质。

4.2 海洋开发

4.2.1

海洋产业 ocean industry

开发、利用和保护海洋所进行的生产和服务活动。

注：主要表现在以下五个方面:直接从海洋中获取产品的生产和服务活动;直接从海洋中获取的产品的一次加工生产和服务活动;直接应用于海洋和海洋开发活动的产品生产和服务活动;利用海水或海洋空间作为生产过程的基本要素所进行的生产和服务活动;海洋科学研究、教育、管理和服务活动。

[GB/T 20794—2006,定义 3.2]

4.2.2

海洋经济 marine economy

开发、利用和保护海洋的各类产业活动,以及与之相关联活动的总和。

[GB/T 20794—2006,定义 3.1]

4.2.3

海洋开发 marine exploitation

应用各种技术手段和设施,开发利用各种海洋资源(4.1.10),使海洋的潜在价值转化为实际经济价值、社会效益和生态效益的一切活动。

注：按其开发的对象,海洋开发可分为海岸带资源开发、海底矿产资源开发等开发活动。

4.2.4

海洋旅游 sea tourism

以海洋为场所,以游览、观赏、科普教育、度假、疗养、娱乐、休闲、探险猎奇等为目的的活动。

4.2.5

海洋农牧化 sea farming and ranching

把单纯采捕海洋自然渔业、传统狩猎式海洋渔业生产,通过人为干涉积极地向农耕式和放牧式方向发展,以持续、稳定地提高沿岸或近海水域内水产生产的产量和质量。

4.2.6

海洋倾倒区 dumping zone at sea

海洋倾废区 waste disposal zone at sea

国家海洋主管部门按一定程序,以科学、合理、安全、经济的原则选划、并经国家批准公布的可接受倾倒废弃物的特殊海域。

注：改写 GB/T 19834—2005,定义 7.25。

4.2.7

海洋渔业　marine fishery

捕捞和养殖海洋鱼类及其他海洋经济动植物以获取水产品的生产活动。

[GB/T 19834—2005,定义 3.10]

4.2.8

海洋资源保护　marine resources protection

通过区划、规划等综合管理措施,运用先进的科学技术手段,使海洋自然资源可以持续利用和免遭破坏的整个行为。

[GB/T 19834—2005,定义 2.1.24]

4.3　海底矿产

4.3.1

多金属结核　polymetallic nodule, multimetal nodule

含有铜、镍、钴等多种金属元素,沉积于洋底的黑褐色团块状铁锰氢氧化物。

注 1:多金属结核的同义词为锰结核、锰团块、铁锰结核、锰矿球、锰矿瘤。

注 2:改写 GB/T 18190—2000,定义 3.7.4。

4.3.2

多金属结壳　polymetallic encrustation

海底基岩风化表面形成的富含锰、铁、镍、钴、铅、金、铂等多金属元素的结壳。

4.3.3

多金属[软]泥　metalliferous mud

海底多金属[软]泥　underwater polymetallic mud

重金属泥　heavy metal mud

富含铁、锌、铜、铅、银、金等元素,存在于海底热液矿床呈软泥状的一种多金属硫化物矿物。

注:改写 GB/T 18190—2000,定义 3.7.5。

4.3.4

海底地壳热流[量]　sea-bottom hot flow

深水区海底自地壳内部向地表传递的热量。

注:海底地壳热流[量]通常以地热流密度表示,地热流密度为单位面积地面、单位时间内向地表传递的热量,单位为 W/m^2。

4.3.5

海底热液矿床　submarine hydrothermal deposits

由海底热液作用形成的硫化物和氧化物矿床。按其形态分为海底多金属软泥和海底硫化矿床两种。

[GB/T 19834—2005,定义 4.16]

4.3.6

海底砂矿　submarine placer

主要由密度较大的稳定矿物组成,在波浪、潮汐和海流等水动力条件下富集于海底疏松沉积物中的矿床。

4.3.7

海底油田　submarine oil field

海上油田　offshore oil field

海底埋藏的石油和天然气矿产储量和丰度可满足商业开采的海域。

4.4 海水水资源开发

4.4.1

电渗析［脱盐］ electrodialysis ［desalination］，ED

以直流电为推动力，利用阴、阳离子交换膜对水溶液中阴、阳离子的选择透过性，使一个水体中的离子通过膜转移到另一水体中的物质分离过程。

［GB/T 20103—2006，定义 3.3.2］

4.4.2

反渗透 reverse osmosis，RO

在高于渗透压差的压力作用下，溶剂（如水）通过半透膜进入膜的低压侧，而溶液中的其他组份（如盐）被阻挡在膜的高压侧并随浓溶液排出，从而达到有效分离的过程。

［GB/T 20103—2006，定义 4.2.2］

4.4.3

海水 sea water

与大洋相连，盐度为 2 以上的水体的水。

4.4.4

海水淡化 sea water desalination

海水脱盐

利用蒸馏、电渗析（4.4.1）、反渗透（4.4.2）、离子交换法等方法获得淡水的方法。

注：改写 GB/T 19834—2005，定义 5.21。

4.4.5

海水直接利用 direct use of seawater

将海水作为水资源直接用作工业、农业和城市大生活用水的过程。

注：改写 GB/T 19834—2005，定义 5.31。

4.4.6

苦咸水 bitter and salty water

海水和盐度 0.1 以上与大洋水不相接的水体的水。

4.4.7

膜［水处理］元件 membrane［water treatment］element

由膜、膜支撑体、流道间隔体、带孔的中心管等构成的膜分离单元。

［GB/T 20103—2006，定义 2.2.1］

4.4.8

［水处理］膜 ［water treatment］membrane

表面有一定物理或化学特性的薄的屏障物，它使相邻两个流体相之间构成了不连续区间并影响流体中各组份的透过速度。

［GB/T 20103—2006，定义 2.1.1］

4.4.9

水处理设备 the equipment for water treatment

独立实现标称水处理目的的器具、设备或设施。

4.4.10

蒸馏［淡化］法 distillation process for desalination

使海水受热蒸发产生的蒸汽冷凝而获得淡水的方法。

[GB/T 19834—2005,定义 5.22]

4.5 海洋工程

4.5.1

海上人工岛 marine artificial island

在近岸或浅海水域内,由人工建造的陆地。

注:改写 GB/T 19834—2005,定义 7.19。

4.5.2

海上养殖工程 mariculture engineering

利用海水功能在近海营建的动、植物养殖、栽培设施。

4.5.3

海上油气开发工程 exploitative engineering of offshore petroleum;exploitative engineering of gas reservoir

应用海洋基础科学,以开发和利用海洋油气资源为目的,在海上安装和设置一系列的工程结构物,以及为完成这一任务所需的技术和仪器设备的统称。

4.5.4

海洋工程 ocean engineering

工程主体或者工程主要作业活动位于海岸线向海一侧、或者需要借助、改变海洋环境条件实现工程功能,或其产生的环境影响主要作用于海洋环境的新建、改建、扩建工程。

[GB/T 19485—2004,定义 3.8]

4.5.5

海洋工程地质 marine engineering geology

与海洋工程建设有关的地质问题。

注:海洋工程地质包括工程场地海区的地貌单元成因类型、对场地有影响的地质构造、场地的土壤力学特性、对工程有影响的不良地质现象的发育程度、地震裂度、地基的地震效应、地下水类型及水位特征等。

4.5.6

海洋工程环境 marine engineering environment

影响海洋工程的天然环境条件和人文条件。

5 海洋管理与公益服务

5.1 海洋法律法规

5.1.1

大陆架公约 convention on the continental shelf

确立大陆架法律制度的国际公约。

注:该公约于 1958 年在日内瓦由 54 个国家签订,于 1964 年生效。

5.1.2

地理不利国 geographically disadvantaged state

地理条件使其依赖于发展同一分区域或区域的其他国家专属经济区内的生物资源,以供应足够的鱼类来满足其人民或部分人民的营养需要的沿海国,包括闭海或半闭海沿岸国在内,以及不能主张有自己的专属经济区的沿海国。

5.1.3

防倾倒公约 prevent dumping convention

伦敦倾废公约 London dumping convention

1972 伦敦公约 1972 London convention

防止倾倒废物和其他物质污染海洋的公约 Convention on the prevention of marine pollution by dumping of wastes and other matter

为保护海洋环境、敦促世界各国共同防止由于倾倒废物和其他物质而造成海洋环境污染的公约。

注：该公约于1972年在伦敦签订，共22条、3个附件。

5.1.4

公海　high seas

不属于任何国家主权管辖并对所有国家开放的海域。

注：《联合国海洋法公约》第86条中规定，"不包括在国家专属经济区、领海和内水或群岛国的群岛水域内的全部海域。"

5.1.5

公海公约　convention on the high seas

确立公海法律地位和法律制度的国际公约。

注：该公约于1958年在日内瓦第一次联合国海洋法会议上通过，于1962年生效，共有56个国家批准加入。该公约共37条。

5.1.6

国际海洋法　international law of the sea

调整各国和国际组织在海域中从事各种活动的法律法规和制度的总称。

5.1.7

海图　sea chart

为适应航海需要，以海洋及与海通航赶潮河口为对象而专门绘制的一种地图。

5.1.8

海洋功能区划　division of marine functional zonation

按照海洋功能区的标准，将海域及海岛划分为不同类型的海洋功能区，是为海洋开发、保护与管理提供科学依据的基础性工作。

[GB/T 17108—2006，术语和定义3.3]

5.1.9

海洋法　law of the sea

有关海洋权方面（包括领海、毗连区、专属经济区、大陆架、海峡、公海或国际海域以及海洋资源的开采和保护、海上航行安全、海洋科学研究等）的制度和规则的总称。

5.1.10

海洋权　right of the sea

国家在海洋上拥有的权力。

5.1.11

海洋政策　marine polity

国家为实现其海洋事业的发展目标、战略、方针，发展规划和处理涉外关系所制定的行动准则。

5.1.12

海域划界　delimitation of boundaries on the sea

海岸相邻或相向国家间划分领海、专属经济区和大陆架边界的行为。

注：《联合国海洋法公约》第15条规定："如果两国海岸彼此相向或相邻，两国中任何一国在彼此没有相反协议的情形下，均无权将其领海延伸至一条其每一点都同测算两国中每一国领海宽度基线上最近各点距离相等的中间线以外。"《联合国海洋法公约》第74条规定："海岸相向或相邻两国间专属经济区的划界，应在国际法院规约第三十八条所指国际法的基础上以协议划定，以便得到公平解决。"

5.1.13

[联合国]海洋法公约　UN Convention on the Law of the Sea

海洋法公约

1982 年由第三次联合国海洋法会议通过，于 1994 年 11 月 16 日生效的一项多边条约。

注：该公约分 17 部分，共 320 条和 9 个附件，主要部分有：领海和毗邻区、用于国际航行的海峡、群岛国、专属经济区、大陆架、公海、岛屿制度、闭海或半闭海、内陆国出入海洋的权利和过境自由、国际海底区域、海洋环境保护和安全、海洋科学研究、海洋技术的发展和转让等。我国于 1996 年 5 月 15 日批准该“公约”，是世界上第 93 个批准该“公约”的国家。

5.1.14

领海　territorial sea

领水　territorial water

邻接沿海国家的陆地领土、内水或群岛水域，并受该沿海国家主权管辖的一定宽度的海域。

5.1.15

领海基点　territorial sea base point

采用直线基线法划定领海基线而形成的直线基线转折处的各点。

5.1.16

领海基线　baseline of territorial sea

领海起始线

领海内部界限　inter limit of the territorial sea

用规定方法给出的用以测算领海宽度(5.1.17)的内边界线。

5.1.17

领海宽度　breadth of the territorial sea

沿海国领海基线与领海外部界限之间的最近距离，最宽不超过 23.224 km(12 n mile)。

注：每一国家有权确定其领海宽度，按照[联合国]海洋法公约(5.1.13)确定的基线量起不超过十二海里的界限为止。

5.1.18

领海内的司法管辖权　judicial jurisdiction over territorial sea

司法机关对在领海内违反沿海国有关法规的自然人和法人行使审判和法律监督权。

5.1.19

领海通过批准制度　ratify regime on territorial sea through

沿海国家对外国军舰通过其领海时实行的制度。

5.1.20

领海外部界限　outer limit of the territorial sea

领海线

每一点同领海基线(5.1.16)最近点的距离等于领海宽度(5.1.17)的线。

5.1.21

领海主权　sovereignty of the territorial sea

沿海国在其领海内可行使的权利。

5.1.22

内水　internal waters

领海基线(5.1.16)向陆一侧的全部水域。

5.1.23

毗连区　contiguous zone

毗连沿海国领海的一带海域，其宽度从领海基线(5.1.16)量起不超过 46.448 km(24 n mile)。

5.1.24

群岛海道通过　archipelagic sea lanes passage

经群岛国指定的连接公海或专属经济区的一部分与公海或专属经济区的另一部分的海道及其上空的航空通道的航行。

注：这类海道与空中通道应当穿过群岛水域及与其相邻的领海，包括用作国际航线的所有通道。一切船舶和飞机都享有在上述海道与空中通道内的群岛海道通过权。

5.1.25

群岛基线　archipelagic baseline

连接群岛最外缘各岛和各干礁的最外缘各点的直线。

5.1.26

群岛水域　archipelagic water

群岛基线(5.1.25)所包围的水域。

5.1.27

群岛制度　institution of archipelago

群岛原则　regime of archipelago

群岛国划定管辖水域的基本原则。

注：第三次联合国海洋法会议规定：群岛国划定的群岛基线(5.1.25)一般不得超过 185.2 km(100 n mile)；基线内应包括主要岛屿，其群岛水域(5.1.26)面积与陆地面积的比应在 1∶1～9∶1 之间；对外国船舶允许其无害通过；群岛国是全部领土由一个或多个群岛构成，并可包括其他岛屿的国家。

5.1.28

正常基线　normal baseline

作为划定领海基线(5.1.16)的海岸的最低低潮线。

注：具体体现为沿海官方承认的大比例尺海图所标明的沿岸低潮线。

5.1.29

直线基线　straight baseline

以大陆、外缘岛屿或岩礁上选定适当的点为基点，然后用直线将相邻各基点连接起来，形成一条由直线段构成的折线，作为划定领海的起始线。

5.1.30

专属经济区　exclusive economic zone

沿海国家领海以外，从领海基线量起宽度不超过 370 km(200 n mile)的海区。

5.1.31

专属渔区　exclusive fishing zone

捕鱼专属水域

渔业养护区

沿海国家为行使专属捕鱼权或养护渔业资源在邻接其领海以外的公海区域内划定享有专属捕鱼权和渔业专属管辖权，但不得妨碍其他国家在此航行、飞越、铺设海底电缆和管道及进行海洋科学研究等自由的水域。

注 1：专属渔区的宽度等同于专属经济区(5.1.30)。

注 2：对其他国家的捕鱼活动，可通过双边或多边国际协议，给予缔约国捕鱼的权利。

5.2　海洋管理

5.2.1

管理　management

根据一定的法律、法规、方针、政策和规章制度，按照一定的目标和要求做出决定(即“决策”)、组织执行(即“实施”)、进行鉴定评价(即“总结”)、再进行反馈控制(即“反馈”)的循环往复、接连不断的过程。

5.2.2

海岸带管理　coastal zone management

国家对海岸带的功能区划、开发利用、环境保护所进行的管理(5.2.1)。

注：改写 GB/T 19834—2005,定义 2.2.9。

5.2.3

海籍　sea area use register

记载各项目用海的位置、界址、权属、面积、类型、用途、用海方式、使用期限、海域等级、海域使用金征收标准等基本情况的簿册和图件。

[HY/T 124—2009,定义 3.1]

5.2.4

海籍管理　management of sea area use register

国家对建立、控制海籍(5.2.3)而实施的管理(5.2.1)。

注：改写 GB/T 19834—2005,定义 2.3.12。

5.2.5

海上倾倒　dumping at sea

海洋倾倒　ocean dumping

利用船舶、航空器、平台及其他载运工具向海洋处置废弃物和其他物质的行为。

注：海上倾倒包括向海洋弃置船舶、航空器、平台和其他海上人工构造物,以及向海洋处置由于海底矿物资源的勘探开发及相关海上加工所产生的废弃物和其他物质的行为。但不包括船舶、航空器及其他载运工具和设施正常操作过程产生的废弃物排放。

5.2.6

[海洋]岛屿管理　management of sea islands

国家对[海洋]岛屿(2.6.4)的建设规划、开发利用、环境保护所进行的管理(5.2.1)。

注：改写 GB/T 19834—2005,定义 2.2.10。

5.2.7

海洋管理　marine management

沿海国家对管辖海域的自然环境、海洋资源、海洋设施和海上活动的管理(5.2.1)。

5.2.8

海洋行业管理　management by marine trades

海洋行政主管部门依据其职权对涉海单位的管理。

注 1：海洋行业管理包括:海洋标准化、海洋计量、海洋仪器设备产品质量、海洋环境及海洋资源保护等管理活动。

注 2：改写 GB/T 19834—2005,定义 2.2.6。

5.2.9

海洋环境管理　marine environmental management

沿海国家为有效保护、改善、修复其管辖海域的环境和生态系统而实施的管理(5.2.1)。

注：改写 GB/T 19834—2005,定义 2.2.4。

5.2.10

海洋权益管理　marine right and interests management

国家根据国际和国内的海洋法律、法规、国际惯例,运用政治、经济、军事等力量来维护本国管辖海域的主权和一切利益的活动。

[GB/T 19834—2005,定义 2.2.2]

5.2.11

海洋资源管理 marine resources management

国家对其海域内的资源开发利用、保护等进行的管理(5.2.1)。

注：改写 GB/T 19834—2005,定义 2.2.3。

5.2.12

海域使用法律制度 legal regime for the sea area use

为了维护国家海洋权益、科学布局海洋生产力、建立合理的海域开发利用秩序,而由国家强制保证实施的行为规范和准则。

[GB/T 19834—2005,定义 2.3.2]

5.2.13

海域使用管理 management of the sea area use

国家为了保护海洋资源和生态环境,确保海域资源的科学、合理利用,而对持续使用特定海域三个月以上的排他性用海活动所采取的管理(5.2.1)。

注：改写 GB/T 19834—2005,定义 2.2.7。

5.2.14

海域使用论证 feasibility assessment of the sea area use

为科学规范用海行为,有效实施海域综合管理,保证海域的合理利用,实现经济、社会和生态效益的统一而采取的项目用海的分析与评估制度。

[GB/T 19834—2005,定义 2.3.3]

5.3 海洋环境评价与保护

5.3.1

海洋环境 marine environment

由海水水体、海床、底土,生活于其中的海洋生物,环绕于周围的海岸、滨海陆地和邻近海面上空的大气等天然的和经过人工改造的自然因素构成的统一整体。

5.3.2

海洋环境保护 marine environmental protection

人类为维持自身生存和社会经济可持续发展,运用法律、行政、经济、技术等手段,解决海洋污染和海洋生态破坏问题,预防和减轻各种海洋环境灾害的一切活动。

5.3.3

海洋环境评价 marine environmental assessment

海域环境评价

根据不同目的要求和环境标准,对某一海域的水质、底质和生态环境状况进行的评价和预测。

注：海洋环境评价分为海洋污染危害程度评价和海洋工程及海洋开发的影响评价,分别称为“现状评价”及“影响评价”。现状评价方法主要有“指数法”和“聚类分析”;影响评价是在大量占有和分析海洋历史和适时资料的基础上,通过海洋环境数值模拟建立海洋数值模式或海域环境模型试验的方法进行。

5.3.4

海洋环境污染损害 marine environmental pollution damage

人类直接或间接地把物质或者能量引入海洋环境,产生损害海洋生物资源、危害人体健康、妨碍渔业和海上其他合法活动、损害海水使用品质和减损环境质量等有害影响。

5.3.5

海洋环境影响评价 marine environmental impact assessment

对海洋规划和建设项目实施后可能造成的海洋环境影响进行分析、预测和评估,提出预防或者减轻不良海洋环境影响的对策和措施。

5.3.6

海洋环境质量 marine environmental quality

海洋环境的总体或它的某些要素对人类的生存和繁衍以及社会经济发展的适宜程度。

5.3.7

海洋环境质量评价 marine environmental quality assessment

根据不同目的要求和环境质量标准，按一定评价原则和方法，对海域环境要素（水质、底质、生物）的现状、发展趋势和未来可能状况进行评价和预测，并提出相应对策，为海域环境规划、管理以及污染防治提供科学依据。

注：主要评价内容为：陆源污染物入海后，对海洋环境产生的危害程度；海上工程设施和海事活动给海洋环境带来的影响；海洋资源开发过程给海洋环境带来的影响等。指数现状评价程序为：监测数据及调查资料的统计、分析和整理；确定评介因子、评价标准和加权系数；建立评价模式；划分污染等级；绘制评价图；给出评价结论。

5.3.8

海洋[环境]自然保护区 marine[environmental] nature reserve; marine protected area

以海洋自然环境和资源保护为目的，依法把包括保护对象在内的一定面积的海岸、河口岛屿、湿地或海域划分出来，进行特殊保护和管理的区域。

[GB/T 19834—2005，定义 2.4.2]

5.3.9

海洋污染控制 marine pollution control

根据海域海洋环境容量的大小，对进入该海域海洋污染物（5.3.10）实行的总量控制。

5.3.10

海洋污染物 marine pollutant

主要由于人类活动而直接或间接地进入海洋环境，并能产生有害影响的物质或能量。

注：通常有以下几类：石油及其产品、重金属、农药、有机物、工业和生活污水、放射性物质、热污染及固体碎片等。

5.3.11

海洋污染物背景值 marine pollutant background

在未受污染情况下，海洋大气、水体、沉积物、生物体等的基本天然化学成分的含量。即这些环境要素在自然界存在和发展过程中其本身原有的化学组成特征。

注：实际上，只能以在海洋相对不受直接污染的情况下，所测定的某一历史时期，某特定环境下元素或化合物的含量近似替代海洋环境背景值。

5.4 海洋预报

5.4.1

潮流预报 tidal current forecast

预报某一地点或海区未来一定时间内的潮流状况的海洋环境预报。

5.4.2

风暴潮预警报 storm surge forecasting and warning

当沿海地区受到灾害性天气影响，高潮位（总水位）可能接近、达到或超过警戒潮位时，对可能达到的最高潮位及期间的影响范围和程度发布的预报和警报。

5.4.3

海冰预报 sea ice forecast

对预报海区海冰发展状况的海洋环境预报。

5.4.4

海浪预报 ocean wave forecast

根据海浪的生成、发展、消衰和传播的外界条件，结合海区内的气象、水文和地理环境，依据给定的海浪预报模式和初始海浪状态预测、发布海区未来的海浪状态。

5.4.5

海啸警报　tsunami forecast

对预报海区内将可能发生的海啸强度、来临时刻、持续时间、影响范围和程度的海洋环境预报。

5.4.6

海洋环境警报　marine environmental alarm

海洋环境预报中,对可能引起预报海域内正常生活、规范作业的人们人身、财产安全的海洋环境状况及应对措施的警示信息。

5.4.7

海洋环境预报　marine environmental forecasting;marine environmental prediction

按特定的方法和程序,根据数理规律和数值模式,依据适时数据信息,对某海区未来的海洋气象、海洋水文、海水水质和生物状况做出的定性或定量预测、评估与发布。

5.4.8

海洋数值预报　numerical forecast of marine

根据海洋的实际情况,通过在一定初值和边界条件下,求解描写海洋演变过程的流体力学方程组的数值计算结果进行的海洋环境预报(5.4.7)。

5.4.9

海洋灾害评估　disaster assessment of marine

海洋灾害发生后就其对海洋环境、经济所造成的直接或间接影响的评价和估算。

5.5　海洋调查与监测

5.5.1　海洋调查与监测分类

5.5.1.1

[海洋]地质勘探　geologic prospecting

为查明建筑海区工程、海底采矿的地质条件和海底矿产储量而进行的地质勘查与钻探的简称。

注:[海洋]地质勘探包括收集资料、踏勘、工程地质调查、工程地质测绘、地球物理勘探、钻探、现场试验、室内试验及长期观察等活动,比例尺大于 $1:5\times10^3$。

5.5.1.2

[海洋]调查　oceanographic survey;oceanographic investigation

对特定海域的部分海洋要素及相关海洋要素进行观测[5.5.1.3],并在此基础上对其分布特性及演变规律做出初步评价的过程。

5.5.1.3

[海洋]观测　[marine]observation

对特定海域的部分海洋要素进行测量(测定、分析)和定性描述(鉴定),并将结果汇总成数据文档(报表)的过程。

注:改写 GB/T 12763.2—2007,定义 3.14。

5.5.1.4

海洋环境监测　marine environment monitoring

在设定的时间和空间内,使用统一的、可比的采样和检测手段,获取环境海洋学要素和陆源性入海物质资料,以阐明其时空分布、变化规律及其与海洋开发、利用和保护关系的全过程。

5.5.1.5

海洋环境监视　marine monitoring

对特征海洋环境要素、特征物质、示踪物质、指示性生物进行的连续海洋环境监测(5.5.1.4)。

5.5.2 海洋调查与监测方式

5.5.2.1

标准断面调查 standard selection investigation

在断面调查的基础上选择若干条具有代表性的标准断面，其上布设若干测站，按规定时间定期在断面各站进行长期海洋调查(5.5.1.2)。

5.5.2.2

大面观测 sea area observation

在调查海区布设的若干观测站点上，进行的[海洋]观测(5.5.1.3)。

注1：主要调查水文、气象、物理、化学、地质和生物等学科海洋要素的变化规律及其分布情况以及相互间的内在联系。

注2：改写 GB/T 12763.2—2007，定义3.15。

5.5.2.3

定点观测 fixed point observation

在海滨或岛屿设固定站点，或在海上布设浮标或潜标，进行较长周期或常年的[海洋]观测(5.5.1.3)。

注：观测项目包括：水文、气象、水质、沉积物和生物等学科海洋要素。

5.5.2.4

定时观测 timed observation

在调查海区内每天按规定时刻主要对调查海域内气象要素进行的[海洋]观测(5.5.1.3)。

注：观测时刻规定为02、08、14、20时。

5.5.2.5

断面观测 sectional observation

路线观测

路由观测

在调查海区布设几条有代表性的观测断面(路径、测线)，断面上布设若干测站，在限定时间内于断面上各站观测一次，是常用的[海洋]观测(5.5.1.3)方式之一。

注：改写 GB/T 12763.2—2007，定义3.16。

5.5.2.6

辅助观测 opportune observation

在专业调查监测技术机构组织指导下，由非专业机构海上作业时就地进行的[海洋]观测(5.5.1.3)。

示例：由渔民、商船等承担的在航行或作业现场进行的志愿船观测，海上平台或钻探船等承担的海洋观测等。

5.5.2.7

[海洋]常规监测 marine conventional monitoring

以求得特征海洋要素空间分布、时间变化为主要目的，在基线调查基础上，对经优化选择的若干代表性测站和项目，在相对固定时间内进行的长期逐年的海洋环境监测(5.5.1.4)。

5.5.2.8

海洋连续观测 continuous observation

以设定信息采样周期、持续25 h以上、不间断进行的定点观测(5.5.2.3)。

注：改写 GB/T 12763.2—2007，定义3.17。

5.5.2.9

[海洋]遥感[观测] [marine]remote sensing [observation]

通过发射、接收(或单纯接受)电磁波或声波信息，并由此反演出海洋环境数据的非接触测量的过程。

注：视搭载传感器的平台，分为卫星遥感、航空遥感及地面遥感。

5.5.2.10

［海洋］走航观测　［ocean］cruising observation

单船或多船携带传感器沿预定航线航行过程中获取海洋信息，并经处理加工获得被测海区的海洋信息。

注：改写 GB/T 12763.2—2007，定义 3.19。

5.5.3　海洋资料

5.5.3.1

海洋反演数据　oceanographic inversion data

自图象或其他形式的遥感遥测信息推导演算出的海洋量值。

5.5.3.2

海洋历史数据（信息、资料）　oceanographic history data (information、material)

在海洋管理、经济、科技、服务活动中采用的本活动过程以前产生的海洋数据（信息、资料）。

5.5.3.3

海洋实测数据　oceanographic observed data

以现场观测或遥测手段，通过目测或传感器直接获取的海洋环境数据，以及由这些数据导出的海洋环境数据。

5.5.3.4

海洋实时数据　oceanographic timely data

在海洋管理、经济、科技、服务活动中采用的本活动过程中产生的海洋数据。

5.6　海洋标准化

5.6.1

标准体系　standards system

一定范围内的标准按其内在联系形成的科学的有机整体。

［GB/T 13016—2009，定义 3.3］

5.6.2

海洋标准　marine standard

为了在海洋领域内获得最佳秩序，经协商一致制定并由公认机构批准，共同使用的和重复使用的一种规范性文件。

5.6.3

海洋标准化　oceanographic standardization；marine standardization

为了在海洋领域内获得最佳秩序，对现实问题或潜在问题制定共同使用和重复使用的条款的活动。

5.6.4

技术法规　technical regulation

规定技术要求的法规，它或者直接规定技术要求，或者通过引用标准、技术规范或规程来规定技术要求，或者将标准、技术规范或规程的内容纳入法规中。

［GB/T 20000.1—2002，定义 2.3.7］

5.7　海洋计量

5.7.1

国家法定计量单位　national legal unit of measurement

国际单位制计量单位和国家选定的其他计量单位。

注：国家法定计量单位的名称、符号由国务院公布。

5.7.2

海洋计量　oceanographic metrology

实现海洋[特殊]量值(5.7.5)单位统一、量值准确可靠的活动。

注：改写 JJF 1001—1998,定义 4.2。

5.7.3

[海洋计量器具的]检定　verification [of a oceanographic measuring instrument]

查明和确认海洋测量仪器(5.8.4)是否符合法定要求的过程。

注：包括检查、加标记和(或)出具检定证书。

5.7.4

海洋[特殊]量　marine quantity

海洋要素可定性区别和定量确定的属性。

注 1：一个海洋要素可为多个量,如波浪分为有效波高、有效波周期、波向,潮汐为参照潮高基准面的潮高、潮时;一个海洋要素可以多个量描述,如:溶解氧可以用物质的量浓度、质量浓度或(0 ℃、1 013.26 hPa 条件下)的体积分数描述;重金属的含量可以物质的量浓度、质量浓度或质量分数描述。

注 2：改写 JJF 1001—1998,定义 3.1。

5.7.5

海洋[特殊]量值　marine value [of a marine quantity]

由一个数乘以[测量]单位所表示的海洋[特殊]量(5.7.4)的大小。

注：改写 JJF1001—1998,定义 3.18。

5.7.6

海洋要素　marine elements

海洋的构造、组分、状态、属性、时空分布、运动状态及现象。

5.8　海洋仪器设备

5.8.1

参比性能特性　reference performance characteristic

在参比工作条件下获得的性能特性。

5.8.2

附加误差　additive error

仪表在偏离参考条件使用时所引起的示值误差。

5.8.3

海洋测量仪器　oceanographic instrument

海洋计量器具

专用于测量特定海洋环境或测定海洋[特殊]量值的计量器具(或观测仪器)。

注 1：计量器具是指用以直接或间接测出被测对象量值的装置、仪器仪表、量具和用于统一量值的标准物质,包括计量基准器具、计量标准器具和工作计量器具。

注 2：观测仪器是单独地或连同辅助设备一起用以进行测量的计量器具。

5.8.4

[海洋测量仪器的]计量性能　metrological characteristic[of a oceanographic instrument]

海洋测量仪器获取数据的功能与特性。

示例：被测量、测量范围(量程)、准确度[等级](最大允许误差)、灵敏度、分辨力、影响量(干扰量)、响应特性、采样速率(周期)、数据存储(传输)速率、稳定性等。

5.8.5

[海洋测量仪器的]准确度　accuracy [of a oceanographic instrument]

[海洋测量仪器的]基本误差[限]

[海洋测量仪器的][最大]允许误差

海洋测量仪器给出接近于真值的响应的能力。

注1：准确度是定性的概念。

注2：不得混同于"测量准确度"，测量误差包括源于测量仪器、配套设备、测量方法、测量环境和人的行为等的误差。

注3：在技术法规或文件中，普遍以测量仪器在规定参考条件下，示值与约定真值符合的能力，即其基本误差[限]（基本相对误差[限]）评定准确度。

注4：改写JJF 1001—1998，定义7.18。

5.8.6

[海洋测量仪器]响应时间　response time[of a oceanographic instrument]

激励受到规定突变的瞬间，与响应达到并保持其最终稳定值在规定极限内的瞬间，这两者之间的时间间隔。

[JJF 1001—1998，定义7.17]

5.8.7

[海洋测量仪器]响应特性　response characteristic[of a oceanographic instrument]

在确定条件下，激励与对应响应之间的关系。

示例：CTD电导率传感器示值与海水温度、压力和盐度的关系，压力传感器示值与海水的温度、压力的关系。

注1：这种关系可以用数学等式、数值表或图表示。

注2：当激励按时间函数变化时，传递函数（响应的拉普拉斯变换除以激励的拉普拉斯变换）是响应特性的一种形式。

注3：改写JJF 1001—1998，定义7.9。

5.8.8

[海洋测量仪器]影响量　influence quantities[of a oceanographic instrument]

不是被测量但对测量结果有影响的量。

示例：测量盐度的盐度计电导池的温度，海流流速测量中的海水温度、盐度，海水化学分析中的盐效应，GPS定位时的大气波导等。

注：改写JJF 1001—1998，定义4.8。

5.8.9

[海洋测量仪器]准确度等级　accuracy class[of a oceanographic instrument]

符合一定的计量要求，使误差保持在规定极限以内的海洋测量仪器的等别、级别。

注1：准确度等级通常按约定注以数字或符号，并称为等级指标。

[JJF 1001—1998，定义7.19]

5.8.10

海洋仪器设备　oceanographic instruments and equipments

海洋测量仪器及其配套设备，海洋样品的采样、预处理与鉴定设备，海洋开发与海洋环境保护专用仪器设备，海水与苦咸水处理设备等的统称。

5.8.11

[海洋仪器设备]安全性　safty[of a oceanographic instrument]；safty [of a marine equipment]

将伤害（对人）或损坏的风险限制在可接受水平的状态。

注1：安全性是质量的诸多方面之一。

注2：以上定义仅适用于质量标准，ISO/IEC指南2对"安全性"有不同的定义。

5.8.12

[海洋仪器设备]参考条件　reference conditions[of a oceanographic instrument]；reference conditions [of a marine equipment]

为海洋仪器设备的性能试验或为测量结果的相互比较而规定的使用条件。

注：参考条件一般包括作用于测量仪器的影响量的参考值或参考范围。

[JJF 1001—1998，定义7.7]

5.8.13

[海洋仪器设备]额定操作条件 **rated operating conditions [of a oceanographic instrument]; rated operating conditions [of a marine equipment]**

海洋仪器设备的规定计量特性或规定功能处于给定极限内的使用条件。

注1：额定操作条件一般规定了被测量和影响量的范围或额定值，有时给出对影响量的修正因子。

注2：改写JJF 1001—1998，定义7.5。

5.8.14

[海洋仪器设备]极限条件 **limiting conditions [of a oceanographic instrument]; limiting conditions [of a marine equipment]**

海洋仪器设备的规定计量特性或规定功能不受损也不降低，其后仍可在额定操作条件下运行而能承受的极端条件。

注1：贮存、运输和运行的极限条件可以各不相同。

注2：极限条件可包括被测量和影响量的极限值。

注3：改写JJF 1001—1998，定义7.6。

5.8.15

[海洋仪器设备]互换性 **interchangeability [of a oceanographic instrument]; interchangeability [of a marine equipment]**

一个实体不加改变即可代替另一实体满足同样要求的能力。

注1：根据具体情况，应使用诸如"功能互换性"或"尺寸互换性"等修饰性术语。

注2：以上定义仅适用于质量标准，ISO/IEC指南2对"互换性"有不同的定义。

5.8.16

[海洋仪器设备]环境适应性 **environment applicability [of a oceanographic instrument]; environment applicability [of a marine equipment]**

海洋仪器设备在极端环境条件下保证实现其规定计量性能或使用性能，维持其硬件、软件及规定计量特性或规定功能不被损害的能力。

示例：温度、湿度、气压、振动、冲击、摇摆、盐雾、霉菌、水密、喷淋、电磁兼容等贮存、运输条件；温度、湿度、气压、水温、盐度、深度、振动、冲击、摇摆、盐雾、霉菌、水密、太阳辐照、生物附着、泥沙沉积、喷淋、电磁兼容等工作环境条件；温度、压力、声速、盐度、高程、空气密度、海水密度等影响量的订正系数(函数)。

注：通常以[海洋仪器设备的]额定操作条件、[海洋仪器设备的]极限条件和对[海洋测量仪器]影响量的[海洋测量仪器]响应特性描述。

5.8.17

[海洋仪器设备]可靠度 **reliability [of a oceanographic instrument]; reliability [of a marine equipment]**

海洋仪器设备或其工作软件在规定条件下和规定时间内，完成规定功能的概率。

注：改写JJF 1024—2006，定义3.4。

5.8.18

[海洋仪器设备]可靠性 **reliability [of a oceanographic instrument]; reliability performance [of a marine equipment]**

海洋仪器设备或工作软件在规定条件下和规定时间内，完成规定功能的能力。

注：改写JJF 1024—2006，定义3.1。

5.8.19

[海洋仪器设备]可信性 **creditability [of a oceanographic instrument]; creditability [of a marine equipment]**

用于表述可用性及其影响因素(可靠性、维修性和保障性)的集合术语。

注1：可信度仅用于非定量的总体表述。

[GB/T 19000—2000，定义3.5.3]

5.8.20

［海洋仪器设备］配套性 **suitability［of a oceanographic instrument］；suitability［of a marine equipment］**

海洋仪器设备保证其计量性能或使用性能处于给定极限内，与能源、载体，数据采集、贮存、传输设备，或扩展其用途或功能的仪器设备耦合、对接的能力。

5.8.21

［海洋仪器设备］通用要求 **general specifications［of a oceanographic instrument］；general specifications［of a marine equipment］**

海洋仪器设备为满足规定使用性能而必须具备的结构、特性与标识。

示例：外观结构、防止欺骗、操作的适用性和安全性以及强制性标记和说明性标记等方面的要求。

5.8.22

［海洋仪器设备］相容性 **compatibility［of a oceanographic instrument］；compatibility［of a marine equipment］**

若干实体在特定条件下共同使用，满足有关要求的能力。

注：以上定义只适用于质量标准，术语“相容性”在ISO/IEC指南2中有不同的定义。

5.8.23

［海洋仪器设备］性能特性 **performance characteristic［of a oceanographic instrument］；performance characteristic［of a marine equipment］**

在静态或动态下或作为特定试验的结果，确定海洋仪器设备功能和能力的有关参数及其定量的表述。

5.8.24

基本误差 intrinsic error

固有误差

仪表和附件在参考条件下的示值误差，它是仪表本身所固有的，由结构上和制造上的不完善而引起的误差。

注：在未予特定说明时，参考条件为：温度20 ℃，气压1 013.25 hPa，相对湿度60%。

5.8.25

有证参考物质 certified reference material，CRM（缩写）

附有证书的参考物质，某一种或多种特性值用建立了溯源性的程序确定，使之可溯源到准确复现的表示该特性值的测量单位，每一种出证的特性值都附有给定置信水平的不确定度。

注1：有证参考物质一般成批制备，其特性值是通过对代表整批物质的样品进行测量而确定，并具有规定的不确定度。

注2：当物质与特制的器件结合时，例如，已知三相点的物质装入三相点瓶、已知光密度的玻璃组装成透射滤光片、尺寸均匀的球状颗粒安放在显微镜载片上，有证参考物质的特性有时可方便和可靠地确定。上述这些器件也可以认为是有证参考物质。

注3：所有有证参考物质均应符合测量标准的定义。

注4：有些参考物质和有证参考物质，由于不能和已确定的化学结构相关联或出于其他原因，其特性不能按严格规定的物理和化学测量方法确定。这类物质包括某些生物物质，如疫苗，世界卫生组织已经规定了它的国际单位。

［JJF 1001—1998，定义8.14］

参 考 文 献

[1] GB 3100～3102—1993 量和单位
[2] GB/T 12763.1～12763.11—2007 海洋调查规范
[3] GB/T 13016—1991 标准体系表编制原则和要求
[4] GB/T 14914—2007 海滨观测规范
[5] GB/T 15481—2000 检测校准实验室通用能力要求
[6] GB/T 15919—2010 海洋学术语 海洋生物学
[7] GB/T 15920—2010 海洋学术语 物理海洋学
[8] GB/T 15921—2010 海洋学术语 海洋化学
[9] GB/T 17108—2006 海洋功能区划技术导则
[10] GB 17378.1～17378.7—2007 海洋监测规范
[11] GB/T 18190—2000 海洋学术语 海洋地质学
[12] GB/T 19000—2000 质量管理体系 基础和术语
[13] GB/T 19485—2004 海洋工程环境影响评价技术导则
[14] GB/T 19834—2005 海洋学术语 海洋资源学
[15] GB/T 20000.1—2002 标准化工作指南 第1部分:标准化和相关活动的通用词汇
[16] GB/T 20103—2006 膜分离技术 术语
[17] GB/T 20794—2006 海洋及相关产业分类
[18] HY/T 008—1992 海洋仪器术语
[19] HY/T 124—2009 海籍调查规范
[20] JJF 1001—1998 通用计量术语及定义
[21] JJF 1024—2006 计量器具的可靠性分析原则技术规范
[22] JJF 1059—1999 测量不确定度评定与表示
[23] JJF 1069—2003 法定计量检定机构考核规范
[24] JJF 1094—2002 测量仪器特性评定
[25] 方国洪.潮汐和潮流的分析和预报.北京:海洋出版社,1986.
[26] 范毅.世界地图集.北京:中国地图出版社,1995.
[27] 冯士筰.海洋科学导论.北京:高等教育出版社,1998.
[28] 蒋德才.工程海洋环境学.北京:海洋出版社,2005.
[29] 刘锡兴.英汉海洋资源词汇.北京:科学出版社,2004.
[30] 侍茂崇等.海洋调查方法.青岛:中国海洋大学出版社,2000.
[31] 孙书贤.海洋行政执法法律汇编.北京:海洋出版社,2007.
[32] 钱伟长.现代科学技术辞典(上、下).上海:上海科学技术出版社,1980.
[33] 全国科学技术名词审定委员会.海洋科技名词.北京:科学出版社,2007.
[34] 吴景荣.新时代汉英大辞典.北京:商务印书馆,2004.
[35] 杨大升.动力气象学.北京:气象出版社,1983.
[36] 英汉海洋科技词汇编写组.英汉海洋科技词汇.北京:科学出版社,2004.
[37] 张宏声.海洋行政执法必读.北京:海洋出版社,2007.
[38] 中国大百科全书出版社.中国大百科全书—大气科学 海洋科学 水文科学.北京:中国大百科全书出版社,1987.
[39] 国家海洋局科技司.海洋大辞典.沈阳:辽宁人民出版社,1998.

[40] ISO/IEC Guide:2-2004 provides general terms and definitions concerning standardization and related activities

[41] IOC Manuals and guides 4 Guide to Oceanographic and Marine Meteorological Instruments and Observing practices

中 文 索 引

符号

[大]陆架…… 2.3.7
[大]陆棚…… 2.3.7
[海]表层…… 2.5.2
[海]滨…… 2.3.8
[海]岛弧…… 2.6.3
[海]滩…… 2.3.8
[海洋]常规监测…… 5.5.2.7
[海洋]岛屿…… 2.6.4
[海洋]岛屿管理…… 5.2.6
[海洋]地质勘探…… 5.5.1.1
[海洋]观测…… 5.5.1.3
[海洋]调查…… 5.5.1.2
[海洋]微表层/面 …… 2.5.4
[海洋]遥感[观测]…… 5.5.2.9
[海洋]走航观测 …… 5.5.2.10
[海洋测量仪器]响应时间…… 5.8.6
[海洋测量仪器]响应特性…… 5.8.7
[海洋测量仪器]影响量…… 5.8.8
[海洋测量仪器]准确度等级…… 5.8.9
[海洋测量仪器的]的[最大]允许误差…… 5.8.5
[海洋测量仪器的]的基本误差[限]…… 5.8.5
[海洋测量仪器的]计量性能…… 5.8.4
[海洋测量仪器的]准确度…… 5.8.5
[海洋计量器具的]检定…… 5.7.3
[海洋仪器设备]安全性 …… 5.8.11
[海洋仪器设备]参考条件 …… 5.8.12
[海洋仪器设备]额定操作条件 …… 5.8.13
[海洋仪器设备]互换性 …… 5.8.15
[海洋仪器设备]环境适应性 …… 5.8.16
[海洋仪器设备]极限条件 …… 5.8.14
[海洋仪器设备]可靠度 …… 5.8.17
[海洋仪器设备]可靠性 …… 5.8.18
[海洋仪器设备]可信性 …… 5.8.19
[海洋仪器设备]配套性 …… 5.8.20
[海洋仪器设备]通用要求 …… 5.8.21
[海洋仪器设备]相容性 …… 5.8.22
[海洋仪器设备]性能特性 …… 5.8.23
[联合国]海洋法公约 …… 5.1.13
[入海]河口…… 2.4.1
[水处理]膜…… 4.4.8

A

岸礁…… 2.6.1

B

堡礁…… 2.6.2
北冰洋…… 2.1.1
边缘海…… 2.3.1
边缘礁…… 2.6.1
标准断面调查…… 5.5.2.1
标准体系…… 5.6.1
渤海…… 2.2.1
捕鱼专属水域 …… 5.1.31

C

参比性能特性…… 5.8.1

CH

潮间带…… 2.3.2
潮流预报…… 5.4.1
潮上带…… 2.3.3
潮下带…… 2.3.4
初级生产力…… 3.6.1

D

大地水准面…… 2.5.1
大陆岸线 …… 2.3.10
大陆边缘…… 2.3.5
大陆架…… 2.3.6
大陆架公约…… 5.1.1
大面观测…… 5.5.2.2
大西洋…… 2.1.2
岛链…… 2.6.3
岛脉…… 2.6.3
堤礁…… 2.6.2
地理不利国…… 5.1.2
电渗析[脱盐]…… 4.4.1
定点观测…… 5.5.2.3
定时观测…… 5.5.2.4

东海…………………………………… 2.2.2
动力海洋学…………………………………… 3.2.1
断面观测…………………………………… 5.5.2.5
多金属[软]泥…………………………………… 4.3.3
多金属结核…………………………………… 4.3.1
多金属结壳…………………………………… 4.3.2

F

反渗透…………………………………… 4.4.2
防倾倒公约…………………………………… 5.1.3
防止倾倒废物和其他物质污染海洋的公约
…………………………………… 5.1.3
风暴潮预警报…………………………………… 5.4.2
辅助观测…………………………………… 5.5.2.6
附加误差…………………………………… 5.8.2

G

高程起算面…………………………………… 2.5.1
工程海洋[学]…………………………………… 3.1.1
公海…………………………………… 5.1.4
公海公约…………………………………… 5.1.5
古海洋学…………………………………… 3.4.1
管理…………………………………… 5.2.1
国际海洋法…………………………………… 5.1.6
国家法定计量单位…………………………………… 5.7.1

H

海…………………………………… 2.2.3
海岸…………………………………… 2.3.3
海岸带管理…………………………………… 5.2.2
海岸带资源…………………………………… 4.1.1
海岸线…………………………………… 2.3.10
海冰预报…………………………………… 5.4.3
海底地壳热流[量]…………………………………… 4.3.4
海底多金属[软]泥…………………………………… 4.3.3
海底矿产[资源]…………………………………… 4.1.2
海底热液矿床…………………………………… 4.3.5
海底砂矿…………………………………… 4.3.6
海底油田…………………………………… 4.3.7
海底资源…………………………………… 4.1.3
海籍…………………………………… 5.2.3
海籍管理…………………………………… 5.2.4
海浪预报…………………………………… 5.4.4
海平面…………………………………… 2.5.3
海区…………………………………… 2.2.5
海上倾倒…………………………………… 5.2.5
海上人工岛…………………………………… 4.5.1
海上养殖工程…………………………………… 4.5.2
海上油气开发工程…………………………………… 4.5.3
海上油田…………………………………… 4.3.7
海水…………………………………… 4.4.3
海水[水]资源…………………………………… 4.1.4
海水淡化…………………………………… 4.4.4
海水分析化学…………………………………… 3.5.1
海水化学资源…………………………………… 4.1.4
海水直接利用…………………………………… 4.4.5
海滩…………………………………… 2.3.2
海图…………………………………… 5.1.7
海图基准面…………………………………… 2.5.6
海峡…………………………………… 2.3.9
海啸预报…………………………………… 5.4.5
海洋…………………………………… 2.2.4
海洋[环境]自然保护区…………………………………… 5.3.8
海洋[特殊]量…………………………………… 5.7.4
海洋[特殊]量值…………………………………… 5.7.5
海洋标准…………………………………… 5.6.2
海洋标准化…………………………………… 5.6.3
海洋表面膜…………………………………… 2.5.4
海洋表面微层…………………………………… 2.5.4
海洋测量仪器…………………………………… 5.8.3
海洋产业…………………………………… 4.2.1
海洋沉积学…………………………………… 3.4.2
海洋地层学…………………………………… 3.4.3
海洋地理学…………………………………… 3.1.2
海洋地球化学…………………………………… 3.5.2
海洋地球物理学…………………………………… 3.1.3
海洋地质学…………………………………… 3.1.4
海洋动力学…………………………………… 3.2.1
海洋法…………………………………… 5.1.9
海洋法公约…………………………………… 5.1.13
海洋反演数据…………………………………… 5.5.3.1
海洋工程…………………………………… 4.5.4
海洋工程地质…………………………………… 4.5.5
海洋工程环境…………………………………… 4.5.6
海洋功能区划…………………………………… 5.1.8
海洋管理…………………………………… 5.2.7

海洋光学…………………………………… 3.3.1
海洋行业管理………………………………… 5.2.8
海洋化学…………………………………… 3.1.5
海洋环境…………………………………… 5.3.1
海洋环境保护………………………………… 5.3.2
海洋环境管理………………………………… 5.2.9
海洋环境监测……………………………… 5.5.1.4
海洋环境监视……………………………… 5.5.1.5
海洋环境警报………………………………… 5.4.6
海洋环境评价………………………………… 5.3.3
海洋环境污染损害…………………………… 5.3.4
海洋环境影响评价…………………………… 5.3.5
海洋环境预报………………………………… 5.4.7
海洋环境质量………………………………… 5.3.6
海洋环境质量评价…………………………… 5.3.7
海洋计量…………………………………… 5.7.2
海洋计量器具………………………………… 5.8.3
海洋技术…………………………………… 3.1.6
海洋经济…………………………………… 4.2.2
海洋经济学………………………………… 3.1.7
海洋开发…………………………………… 4.2.3
海洋科学…………………………………… 3.1.8
海洋可再生能源……………………………… 4.1.5
海洋空间[资源]……………………………… 4.1.6
海洋历史数据(信息、资料) ……………… 5.5.3.2
海洋连续观测……………………………… 5.5.2.8
海洋旅游…………………………………… 4.2.4
海洋能……………………………………… 4.1.7
海洋农牧化………………………………… 4.2.5
海洋气象学………………………………… 3.2.2
海洋倾倒…………………………………… 5.2.5
海洋倾倒区………………………………… 4.2.6
海洋倾废区………………………………… 4.2.6
海洋权 ………………………………… 5.1.10
海洋权益管理 ……………………………… 5.2.10
海洋生态系[统]……………………………… 3.6.2
海洋生态学………………………………… 3.1.9
海洋生物…………………………………… 3.6.4
海洋生物化学………………………………… 3.5.3
海洋生物学 ………………………………… 3.1.10
海洋生物资源………………………………… 4.1.8
海洋声学…………………………………… 3.3.2
海洋实测数据……………………………… 5.5.3.3
海洋实时数据……………………………… 5.5.3.4
海洋数值预报………………………………… 5.4.8
海洋污染控制………………………………… 5.3.9
海洋污染物 ……………………………… 5.3.10
海洋污染物背景值 ………………………… 5.3.11
海洋物理化学………………………………… 3.5.4
海洋物理学 ……………………………… 3.1.11
海洋学 …………………………………… 3.1.12
海洋药物…………………………………… 4.1.9
海洋要素…………………………………… 5.7.6
海洋仪器设备 …………………………… 5.8.10
海洋渔业…………………………………… 4.2.7
海洋灾害评估………………………………… 5.4.9
海洋政策 ………………………………… 5.1.11
海洋资源 ………………………………… 4.1.10
海洋资源保护………………………………… 4.2.8
海洋资源管理 …………………………… 5.2.11
海域………………………………………… 2.2.5
海域划界 ………………………………… 5.1.12
海域环境评价………………………………… 5.3.3
海域使用法律制度 ………………………… 5.2.12
海域使用管理 …………………………… 5.2.13
海域使用论证 …………………………… 5.2.14
河口化学…………………………………… 3.5.5
弧形列岛…………………………………… 2.6.3
环礁………………………………………… 2.6.5
黄海………………………………………… 2.2.6

J

基本误差 ………………………………… 5.8.24
技术法规…………………………………… 5.6.4
军事海洋学 ……………………………… 3.1.13

K

空间海洋学 ……………………………… 3.1.14
苦咸水……………………………………… 4.4.6

L

离岸礁……………………………………… 2.6.2
领海 ……………………………………… 5.1.14
领海基点 ………………………………… 5.1.15
领海基线 ………………………………… 5.1.16
领海宽度 ………………………………… 5.1.17

领海内部界限 …………………………… 5.1.16
领海内的司法管辖权 ……………………… 5.1.18
领海起始线 …………………………… 5.1.16
领海通过批准制度 ………………………… 5.1.19
领海外部界限 …………………………… 5.1.20
领海线 ………………………………… 5.1.20
领海主权 ……………………………… 5.1.21
领水 …………………………………… 5.1.14
陆间海 ………………………………… 2.3.11
陆缘海………………………………… 2.3.1
路线观测……………………………… 5.5.2.5
路由观测……………………………… 5.5.2.5
伦敦倾废公约…………………………… 5.1.3

M

膜[水处理]元件………………………… 4.4.7

N

南大洋………………………………… 2.1.3
南海…………………………………… 2.2.7
内陆海 ………………………………… 2.3.11
内水 …………………………………… 5.1.22

P

毗连区 ………………………………… 5.1.23
平均海平面……………………………… 2.5.5

Q

区域海洋学 …………………………… 3.1.16
裙礁…………………………………… 2.6.1
群岛海道通过 …………………………… 5.1.24
群岛基线 ……………………………… 5.1.25
群岛水域 ……………………………… 5.1.26
群岛原则 ……………………………… 5.1.27
群岛制度 ……………………………… 5.1.27

SH

珊瑚礁………………………………… 2.6.6
深度基准面……………………………… 2.5.6
水处理设备……………………………… 4.4.9
水声学………………………………… 3.3.3
水下岸坡……………………………… 2.3.4

T

太平洋………………………………… 2.1.4

W

卫星海洋学 …………………………… 3.1.14
物理海洋学 …………………………… 3.1.15

Y

洋……………………………………… 2.1.5
印度洋………………………………… 2.1.6
有证参考物质 …………………………… 5.8.25
渔业海洋学……………………………… 3.6.3
渔业养护区 …………………………… 5.1.31

ZH

蒸馏[淡化]法 ………………………… 4.4.10
正常基线 ……………………………… 5.1.28
直线基线 ……………………………… 5.1.29
重金属泥……………………………… 4.3.3
专属经济区 …………………………… 5.1.30
专属渔区 ……………………………… 5.1.31

英 文 索 引

[

[marine]observation ························ 5.5.1.3
[ocean]cruising measurement ························ 5.5.2.10
[water treatment]membrane ························ 4.4.8

1

1972 London convention ························ 5.1.3

A

accuracy [of a oceanographic instrument] ························ 5.8.5
accuracy class[of a oceanographic instrument] ························ 5.8.9
acoustics ························ 3.3.3
additive error ························ 5.8.2
analytical chemistry of sea water ························ 3.5.1
archipelagic baseline ························ 5.1.25
archipelagic sea lanes passage ························ 5.1.24
archipelagic water ························ 5.1.26
Arctic Ocean ························ 2.1.1
Atlantic Ocean ························ 2.1.2
atoll ························ 2.6.5

B

barrier reef ························ 2.6.2
base sea level ························ 2.5.1
baseline of territorial sea ························ 5.1.16
bitter and salty water ························ 4.4.6
Bohai Sea ························ 2.2.1
breadth of the territorial sea ························ 5.1.17

C

certified reference material ························ 5.8.25
channel ························ 2.3.9
chart datum ························ 2.5.6
coastal line ························ 2.3.10
coastal zone managemen ························ 5.2.2
coastal zone resources ························ 4.1.1
compatibility[of a marine equipment] ························ 5.8.22
compatibility[of a oceanographic instrument] ························ 5.8.22
contiguous zone ························ 5.1.23

continental coastline …… 2. 3. 10
continental margin …… 2. 3. 5
continental shelf …… 2. 3. 7, 2. 3. 6
continuous observation …… 5. 5. 2. 8
convention on the continental shelf …… 5. 1. 1
convention on the high seas …… 5. 1. 5
Convention on the prevention of marine pollution by dumping of wastes and other matter …… 5. 1. 3
coral reef …… 2. 6. 6
creditability [of a oceanographic instrument] …… 5. 8. 19
creditability[of a marine equipment] …… 5. 8. 19
CRM …… 5. 8. 25

D

datum for sounding reduction …… 2. 5. 6
delimitation of boundaries on the sea …… 5. 1. 12
direct use of seawater …… 4. 4. 5
disaster assessment of marine …… 5. 4. 9
distillation process for desalination …… 4. 4. 10
division of marine functional zonation …… 5. 1. 8
dumping at sea …… 5. 2. 5
dumping zone at sea …… 4. 2. 6
dynamical oceanography …… 3. 2. 1

E

East China Sea …… 2. 2. 2
ED …… 4. 4. 1
electrodialysis [desalination] …… 4. 4. 1
environment applicability [of a marine equipment] …… 5. 8. 16
environment applicability[of a oceanographic instrument] …… 5. 8. 16
estuarine …… 2. 4. 1
estuarine chemistry …… 3. 5. 5
exclusive economic zone …… 5. 1. 30
exclusive fishing zone …… 5. 1. 31
exploitative engineering of gas reservoir …… 4. 5. 3
exploitative engineering of offshore petroleum …… 4. 5. 3

F

feasibility assessment of the sea area use …… 5. 2. 14
fisheries oceanography …… 3. 6. 3
fixed point observation …… 5. 5. 2. 3

G

general specifications [of a marine equipment] …… 5. 8. 21

general specifications [of a oceanographic instrument] ········ 5. 8. 21
geographically disadvantaged state ········ 5. 1. 2
geoid ········ 2. 5. 1
geologic prospecting ········ 5. 5. 1. 1

H

high seas ········ 5. 1. 4

I

Indian Ocean ········ 2. 1. 6
influence quantities[of a oceanographic instrument] ········ 5. 8. 8
inland sea ········ 2. 3. 11
institution of archipelago ········ 5. 1. 27
inter limit of the territorial sea ········ 5. 1. 16
interchangeability[of a marine equipment] ········ 5. 8. 15
interchangeability[of a oceanographic instrument] ········ 5. 8. 15
interidal zone ········ 2. 3. 2
internal sea ········ 5. 1. 22
internal waters ········ 5. 1. 22
international law of the sea ········ 5. 1. 6
intrinsic error ········ 5. 8. 24
island arc ········ 2. 6. 3
islands and islets ········ 2. 6. 4

J

judicial jurisdiction over territorial sea ········ 5. 1. 18

L

law of the sea ········ 5. 1. 9
legal regime for the sea area use ········ 5. 2. 12
limiting conditions[of a marine equipment] ········ 5. 8. 14
limiting conditions[of a oceanographic instrument] ········ 5. 8. 14
London dumping convention ········ 5. 1. 3

M

management ········ 5. 2. 1
management by marine trades ········ 5. 2. 8
management of sea area use register ········ 5. 2. 4
management of sea islands ········ 5. 2. 6
management of the sea area use ········ 5. 2. 13
manganese module ········ 4. 3. 1
marginal sea ········ 2. 3. 1
mariculture engineering ········ 4. 5. 2

marine …… 2.2.4
marine sedimentology …… 3.4.2
marine acoustics …… 3.3.2
marine artificial island …… 4.5.1
marine biochemistry …… 3.5.3
marine biological resources …… 4.1.8
marine biology …… 3.1.10
marine chemical resources …… 4.1.4
marine chemistry …… 3.1.5
marine conventional monitoring …… 5.5.2.7
marine dynamics …… 3.2.1
marine ecology …… 3.1.9
marine economics …… 3.1.7
marine economy …… 4.2.2
marine ecosystems …… 3.6.2
marine elements …… 5.7.6
marine energy resources …… 4.1.7
marine engineering …… 3.1.1
marine engineering environment …… 4.5.6
marine engineering geology …… 4.5.5
marine environment …… 5.3.1
marine environment monitoring …… 5.5.1.4
marine environment prediction …… 5.4.7
marine environmental alarm …… 5.4.6
marine environmental assessment …… 5.3.3
marine environmental forecasting …… 5.4.7
marine environmental impact assessment …… 5.3.5
marine environmental management …… 5.2.9
marine environmental pollution damage …… 5.3.4
marine environmental protection …… 5.3.2
marine environmental quality …… 5.3.6
marine environmental quality assessment …… 5.3.7
marine exploitation …… 4.2.3
marine fishery …… 4.2.7
marine geochemistry …… 3.5.2
marine geography …… 3.1.2
marine geology …… 3.1.4
marine geophysics …… 3.1.3
marine management …… 5.2.7
marine meteorology …… 3.2.2
marine monitoring …… 5.5.1.5
marine optics …… 3.3.1
marine organisms …… 3.6.4

marine pharmaceuticals …… 4.1.9
marine physical chemistry …… 3.5.4
marine physics …… 3.1.11
marine polity …… 5.1.11
marine pollutant …… 5.3.10
marine pollutant background …… 5.3.11
marine pollution control …… 5.3.9
marine protected area …… 5.3.8
marine quantity …… 5.7.4
marine resources …… 4.1.10
marine resources management …… 5.2.11
marine resources protection …… 4.2.8
marine right and interests management …… 5.2.10
marine sciences …… 3.1.8
marine standard …… 5.6.2
marine standardization …… 5.6.3
marine technology …… 3.1.6
marine value [of a marine quantity] …… 5.7.5
marine[environment] nature reserve …… 5.3.8
mean sea level …… 2.5.5
membrane[water treatment] element …… 4.4.7
metalliferous mud …… 4.3.3
metrological characteristic[of a oceanographic instrument] …… 5.8.4
military oceanography …… 3.1.13
multimetal nodule …… 4.3.1

N

national legal unit of measurement …… 5.7.1
normal baseline …… 5.1.28
numerical forecast of marine …… 5.4.8

O

ocean …… 2.1.5
ocean dumping …… 5.2.5
ocean engineering …… 4.5.4
ocean industry …… 4.2.1
ocean reproducible resources …… 4.1.5
ocean sciences …… 3.1.8
ocean space [resources] …… 4.1.6
ocean wave forecast …… 5.4.4
oceanic stratigraphy …… 3.4.3
oceanographic history data (information、material) …… 5.5.3.2
oceanographic instrument …… 5.8.3

oceanographic instruments and equipments ········ 5. 8. 10
oceanographic inversion data ········ 5. 5. 3. 1
oceanographic investigation ········ 5. 5. 1. 2
oceanographic metrology ········ 5. 7. 2
oceanographic observed data ········ 5. 5. 3. 3
oceanographic standardization ········ 5. 6. 3
oceanographic survey ········ 5. 5. 1. 2
oceanographic timely data ········ 5. 5. 3. 4
oceanography ········ 3. 1. 12
oceanology ········ 3. 1. 12
offshore oil field ········ 4. 3. 7
opportune observation ········ 5. 5. 2. 6
outer limit of the territorial sea ········ 5. 1. 20

P

Pacific Ocean ········ 2. 1. 4
paleoceanography ········ 3. 4. 1
performance characteristic[of a marine equipment] ········ 5. 8. 23
performance characteristic[of a oceanographic] ········ 5. 8. 23
physical oceanography ········ 3. 1. 15
polymetallic encrustation ········ 4. 3. 2
polymetallic nodule ········ 4. 3. 1
prevent dumping convention ········ 5. 1. 3
primary productivity ········ 3. 6. 1

R

rated operating conditions [of a marine equipment] ········ 5. 8. 13
rated operating conditions [of a oceanographic instrument] ········ 5. 8. 13
ratify regime on territorial sea through ········ 5. 1. 19
reference conditions [of a marine equipment] ········ 5. 8. 12
reference conditions[of a oceanographicinstrument] ········ 5. 8. 12
reference performance characteristic ········ 5. 8. 1
regime of archipelago ········ 5. 1. 27
regional oceanography ········ 3. 1. 16
reliability performance [of a marine equipment] ········ 5. 8. 18
reliability[of a marine equipment] ········ 5. 8. 18
reliability[of a oceanographic instrument] ········ 5. 8. 18
reliability[of a oceanographic instrument] ········ 5. 8. 17
remote sensing [observation] ········ 5. 5. 2. 9
response characteristics[of a oceanographic instrument] ········ 5. 8. 7
response time[of a oceanographic instrument] ········ 5. 8. 6
reverse osmosis ········ 4. 4. 2
right of the sea ········ 5. 1. 10

RO ········· 4.4.2

S

safty [of a marine equipment] ········· 5.8.11
safty[of a oceanographic instrument] ········· 5.8.11
satellite oceanography ········· 3.1.14
sea ········· 2.2.3
sea area observation ········· 5.5.2.2
sea area use register ········· 5.2.3
sea areas ········· 2.2.5
sea chart ········· 5.1.7
sea farming and ranching ········· 4.2.5
sea ice forecast ········· 5.4.3
sea level ········· 2.5.3
sea surface layer ········· 2.5.2
sea tiny surface layer ········· 2.5.4
sea tourism ········· 4.2.4
sea water ········· 4.4.3
sea water desalination ········· 4.4.4
sea water resources ········· 4.1.4
sea-bottom hot flow ········· 4.3.4
seashore ········· 2.3.8
sectional observation ········· 5.5.2.5
shore reef ········· 2.6.1
South China Sea ········· 2.2.7
Southern Ocean ········· 2.1.3
sovereignty of the territorial sea ········· 5.1.21
space oceanography ········· 3.1.14
standard material ········· 5.8.25
standard selection investigation ········· 5.5.2.1
standards system ········· 5.6.1
storm surge forecasting and warning ········· 5.4.2
straight baseline ········· 5.1.29
submarine hydrothermal deposits ········· 4.3.5
submarine mineral [resources] ········· 4.1.2
submarine oil field ········· 4.3.7
submarine placer ········· 4.3.6
submarine resources ········· 4.1.3
subtidal zone ········· 2.3.4
suitability[of a marine equipment] ········· 5.8.20
suitability[of a oceanographic instrument] ········· 5.8.20
supratidal zone ········· 2.3.3

T

technical regulation …… 5.6.4
territorial sea …… 5.1.14
territorial sea base point …… 5.1.15
territorial water …… 5.1.14
the equipment for water treatment …… 4.4.9
tidal current forecast …… 5.4.1
timed observation …… 5.5.2.4
tsunami forecast …… 5.4.5

U

UN Convention on the Law of the Sea …… 5.1.13
underwater polymetallic mud …… 4.3.3

V

verification [of a oceanographic measuring instrument] …… 5.7.3

W

waste disposal zone at sea …… 4.2.6

Y

Yellow Sea …… 2.2.6

ICS 07.060
A 45

中华人民共和国国家标准

GB/T 15919—2010
代替 GB/T 15919—1995

海洋学术语 海洋生物学

Oceanographic terminology—Marine biology

2011-01-14 发布 2011-06-01 实施

中华人民共和国国家质量监督检验检疫总局
中国国家标准化管理委员会 发布

前　言

本标准代替 GB/T 15919—1995《海洋学术语　海洋生物学》。

本标准与 GB/T 15919—1995 相比主要变化如下：

——扩充了标准的适用范围(1995 年版的 1,本版的 1)；

——本标准结构调整为 7 章,分别为范围、一般术语、海洋微生物、浮游生物、底栖生物、游泳生物、渔业资源(1995 年版的 1、2,本版的 1、2、3、4、5、6、7)；

——一般术语改写术语 3 条,删掉术语 14 条,新增加术语 101 条(1995 年版的 2,本版的 2)；

——海洋微生物删掉术语 3 条,新增术语 21 条(1995 年版的 2,本版的 3)；

——浮游生物改写术语 1 条,删掉术语 10 条,新增术语 11 条(1995 年版的 2,本版的 4)；

——底栖生物删掉术语 6 条,新增术语 53 条(1995 年版的 2,本版的 5)；

——游泳生物改写术语 5 条,新增术语 17 条(1995 年版的 2,本版的 6)；

——渔业资源改写术语 13 个条,新增术语 19 条(1995 年版的 2,本版的 7)；

——增加了参考文献(本版的"参考文献")。

本标准与 GB/T 15918—2010《海洋学综合术语》、GB/T 19834—2005《海洋学术语　海洋资源学》、GB/T 15920—2010《海洋学术语　海洋物理学》、GB/T 15921—2010《海洋学术语　海洋化学》、GB/T 18190—2000《海洋学术语　海洋地质学》等国家标准在各项海洋工作领域中互相配合使用。

本标准由国家海洋局提出。

本标准由全国海洋标准化技术委员会(SAC/TC 283)归口。

本标准起草单位：国家海洋标准计量中心、中国水产科学院黄海水产研究所、中国科学院海洋研究所、中国海洋大学。

本标准主要起草人：周红、邓景耀、张培军、袁玲玲、张志南、于小焱、刘士栋、李芳、许莉莉、郭小勇、王玉红、汤海荣。

本标准所代替标准的历次版本发布情况为：

——GB/T 15919—1995。

海洋学术语 海洋生物学

1 范围

本标准规定了海洋生物学领域的基本术语和定义。

本标准适用于海洋生物学及相关领域的科研、教学、管理及相关生产活动。

2 一般术语

2.1

水生生物学 hydrobiology

研究河流、湖泊、海洋等自然水体及人工水体中生物的生命现象、过程及其规律的科学。

2.2

海洋生物学 marine biology

研究海洋生物的形态、分类、生理、生态、地理分布和经济价值，以及海洋环境条件对海洋生物生长、发育、繁殖、种群结构和数量变动等的影响，从而控制和利用海洋生物的学科。

2.3

生物海洋学 biological oceanography

研究海洋生物的种类组成和数量变动及其与海洋理化环境(流、浪、潮、温、盐、深、底质、光照等)和生物环境相互关系的学科。

2.4

海洋生态学 marine ecology

研究海洋生物与海洋理化、生物环境条件相互关系的学科。

2.5

海洋生态动力学 marine eco-dynamics, marine eco-kinetics

研究海洋生物、海洋环境的自然变动和平衡及其与人类社会的相互作用的可持续发展的动力学机制与途径的科学。

2.6

生态系统生态学 ecosystem ecology

研究生态系统的能量流动、物质循环和信息传递及其稳态调节机制，以及自然界生物生产力和如何使其更好地为人类服务等问题的学科。

2.7

潮间带生态学 intertidal ecology

研究海岸带高低潮线间自然环境，特别是潮汐变化和干湿交替条件与生物群落及个体活动相互关系的生态学。

2.8

深海生态学 deep-sea ecology

研究在大陆架(水深大约 200 m)以外深层水域及海底生活的生物在高压、无光、低温和缺氧条件下的栖息活动、数量变动及其与环境因子间相互关系的生态学。

2.9

生态系统 ecosystem

生物群落与周围环境相互作用的统一整体，具有相对稳定功能并能自我调控的生态单元。

2.10

受控实验生态系　controlled experimental ecosystem

受人为控制的实验生态系统。

2.11

围隔生态系　mesocosm, enclosure ecosystem

在水体中围出一定体积，内含实验现场的水、沉积物和各种生物群落的受控实验单元。

2.12

微宇宙　microcosm

在实验室模拟条件下设计的具有生态系统水平的生态学实验研究单元。

2.13

非生物环境　abiotic environment

由物理、化学因子和其他非生命物质所组成的环境。

2.14

生物环境　biotic environment

生态系统中具生命的环境成分。

2.15

非生物因子　abiotic factor

生态系统中的物理、化学因子和其他非生命物质。

2.16

生物因子　biotic factor

环境中由生物的活动和生物间相互作用而产生的环境影响因素和生态系统中有生命的组分。

2.17

生境　habitat

生物栖息地的生态环境，包括生物所必需的生存条件及其他生态因素。

2.18

群落生境　biotope

生物圈的最小地理学单位，具有一定的动、植物区系特征并便于划界的生物栖息地。

2.19

密度　density

单位面积或体积内的个体数。

2.20

丰度　abundance

多度

一个类群在群落中个体数目的多少或丰富程度。

2.21

种群　population

在一定空间中生活、彼此相互影响的同种个体的集合。

2.22

亚种群　subpopulation

种群内的一个亚单位，与种群其余部分的个体交换很有限。

2.23

地理亚种　geographic subspecies

栖息于一定地理区域中的，具有与邻近亚种相区别的稳定形态特征的一个亚种群。

2.24

种群密度　population density

一个种群在单位空间内(单位面积或单位水体)的个体数量。

2.25

环境承载量　carrying capacity

在特定环境中可获得资源所能维持的最大种群数量。

2.26

种群动态　population dynamics

种群数量在自然环境中的变化过程。

2.27

同龄群　cohort

同生群

股群

种群统计学中,同一时间段中出生的一群动物。

2.28

群浮　swarm

大量同种水生无脊椎动物个体为产卵或其他目的漂浮聚集在海面的现象。

2.29

集落　colony

同种生物的个体在特定的环境空间和特定时间内的集聚群体。

2.30

聚集分布　aggregated distribution

成群分布　clumped distribution

种群因环境因子的不均匀性或自身的生物学特性所产生的集群分布状态。

2.31

随机分布　random distribution

每一个体在种群领域中各个点出现的机会相等,并且某一个体的存在并不影响另一个体的分布状态。

2.32

均匀分布　uniform distribution

规则分布　regular distribution

种群领域中各个个体之间,由于竞争、对抗所促成的均匀空间分布格局。

2.33

同域分布　sympatry

一个种群在分布区内由于生态位分离而逐渐建立若干亚种群,亚种群间由于逐步建立的生殖隔离而形成分离的基因库,从而形成新物种的分布。

2.34

异域分布　allopatry

通过大范围地理分割,两个分开的种群各自演化,形成生殖隔离机制和新物种;另有少数个体从原种群中分离出去,在它处经地理隔离和独立演化而形成新物种的分布。

2.35

邻域分布　parapatry

个体在邻近的或者不重叠的区域内生活。

2.36

邻域性物种形成　parapatric speciation

新物种在相邻种群形成。

注：如环形分布种在环的末端相遇，两个地理极端形成两个很好的物种。

2.37

不育分布　sterile distribution

某些生物的分布超过其适于生殖的分布区。

2.38

生殖隔离　reproductive isolation

由于某些机制阻碍了不同种群个体间的相互交配，即使能交配也不能繁殖后代。

2.39

系统演化　phylogeny

物种或其他分类阶元的进化历史。

2.40

群落　community

栖息在特定区域内的各种生物种群构成的一个生态学单元或集合体。

2.41

组合　assemblage

对环境条件要求相同而长期栖息在一起的多种动物群结构。

2.42

结群　shoaling

在较长时间里为共同生活需求而结合起来的三个或三个以上的同种个体群。

2.43

生态过渡带　ecotone

群落交错区

生态交错区

相邻两个群落的交界区域。

2.44

演替　succession

在一定区域内，生物群落经过一定的发展历史时期及受环境条件的作用，生物之间的关系发生改变，某些不适应的生物种消亡而由另一些种取而代之的顺序过程。

2.45

演替系列　sere

在特定地区中，生物群落由一个到另一个的整个取代顺序。

注：演替系列在硬相海底的固着生物群落和船底、码头上的污损生物群落表现得特别明显。

2.46

优势种　dominant species

某一海域或群落中，在数量上占显著优势的种。

2.47

常见种　common species

习见种

某一海域或群落中，出现频率高的种。

2.48

稀有种　rare species

某海域或群落中数量稀少且出现频率也很低的种。

2.49

特征种　characteristic species

代表种　representative species

对某一植物或动物群落，具有代表性或指示性的生物种。

2.50

关键种　keystone species

对群落结构和功能有重要影响的物种。

2.51

生态位　niche

某种生物在生态系中所占有的空间和时间及其在与环境的相互作用中所处的地位。

2.52

自养　autotroph

以无机物质为营养、以二氧化碳为碳源，依靠光能或无机化能合成有机物的营养方式。

2.53

光能自养　photoautotroph

利用光能合成有机物的营养方式。

2.54

化能自养　chemoautotroph

靠氧化无机物获得能量，以二氧化碳为碳源合成有机物的营养方式。

2.55

异养　heterotroph

依靠从体外摄取有机物为碳源和能源才能生长繁殖的营养方式。

2.56

混合营养　mixotroph

兼营无机营养和有机营养的营养方式。

2.57

生物量　biomass

单位面积或体积内生物体的总重量。

2.58

生产量　production

一定时间内生物产生的有机物的总量。

2.59

初级生产量　primary production

水域中自养生物(包括浮游植物、底栖植物、自养细菌等)在一定时间、空间内生产有机物的量。

2.60

总初级生产量　gross primary production

自养生物固定的有机物总量。

2.61

净初级生产量　net primary production

总初级生产中扣除代谢消耗后被初级生产者用于自身生长的初级生产量。

2.62

次级生产量　secondary production

以植物、细菌等初级生产者和以低一级次级生产者为营养来源的生物所产生的有机物(有机碳)的量。

2.63

生产力　productivity

单位时间、单位面积(或体积)内生物生产有机物的能力。

2.64

初级生产力　primary productivity

单位时间、单位面积内(或体积)自养生物生产有机物的能力。

2.65

净初级生产力　net primary productivity

除去呼吸作用消耗后的初级生产力。

2.66

次级生产力　secondary productivity

以植物、细菌等初级生产者和以低一级生产者为营养来源的生物生产有机物的能力。

2.67

周转率　turnover rate

P/B 比　production biomass ratio

在特定时间阶段中,新增加的生物量与该时间段平均生物量的比率。

2.68

初级生产者　primary producers

生态系中的自养生物。

2.69

消费者　consumer

靠摄食其他生物或有机碎屑为生的动物。

2.70

分解者　decomposer

将有机质分解为无机形式的生物,包括细菌、真菌和腐食性动物。

2.71

初级消费者　primary consumers

以植物为食的动物。

2.72

食物链　food chain

在生态系中,各类生物成员间所形成的链状的摄食和被摄食的关系。

2.73

食物网　food web

根据能量利用关系,不同的食物链彼此相互连结而形成的反映生态系统内各生物有机体间的营养位置和相互关系的复杂网络结构。

2.74

功能食物网　functional food web

在消费者对资源种群动态影响的基础上,对于群落中物种间相互关系的描述。

2.75

营养级　trophic level

生物在生态系统食物链中所处的层次。

2.76

营养金字塔　trophic pyramid

食物链中处于各营养级的生物其生物量、能量和数量关系形成的金字塔结构。

2.77

下行控制　top-down control

较低营养级生物的群落结构(丰度、生物量、物种多样性等)受较高营养级物种(捕食者)的控制。

2.78

上行控制　bottom-up control

较低营养级生物的密度、生物量等(食物资源)可决定较高营养级的群落结构。

2.79

光合商　photosynthetic quotient

光合作用时吸收的二氧化碳与放出氧的摩尔数之比。

2.80

光抑制　photo inhibition

在强光下光合作用受到抑制的现象。

2.81

总光合作用　gross photosynthesis

植物通过光合作用对二氧化碳的总固定量。

2.82

净光合作用　net photosynthesis

光合作用生产量减去呼吸消耗量。

2.83

化能合成作用　chemosynthesis

借助氧化无机物,如氨、甲烷和硫所获得的能量将二氧化碳转化为有机化合物。

2.84

分解作用　decomposition

通过分解者的媒介作用,将无生命的有机质分解为无机成分的过程。

2.85

碳同化作用　carbon assimilation

生物摄取碳化合物构成自身成分的作用。

2.86

同化效率　assimilation efficiency

生物所吸收的量(同化量)与所摄取的总营养量的比。

注：以热量比或重量比表示。

2.87

生长效率　growth efficiency

单位摄食食物所得的生长量或单位同化食物所得的生长量。

2.88

能流　energy flow

从太阳能被生产者转变为化学能开始,经过食草动物、肉食动物和微生物参与的食物链而转化,从某一营养级向更高营养级传递时部分能量以热能形式损失掉的能量的单向流动。

2.89

生态效率　ecological efficiency

从某特定营养级输出的能量与该营养级得到的能量之比。

2.90

传递效率　transfer efficiency

一个营养级的年生产量与前一个较低营养级的年生产量之比，用于测量能量在两个营养级之间传递的效率。

2.91

转换效率　conversion efficiency

物质或能量从一种形态转变为另一种形态后所留存的比率。

2.92

生物地球化学循环　biogeochemical cycles

生命的维持和延续必需的各种物质，包括有机物质和无机物质，在生态系中不断循环的过程。

注：一般分为三类，水循环、气体型循环和沉积型循环。

2.93

新生产　new production

基于新生氮的光合作用生产，由真光层之外提供的新生氮支持的那一部分初级生产。

2.94

再生生产　regenerated production

基于真光层内再循环的氮而进行的光合作用生产，由真光层中再循环的再生氮源支持的那一部分初级生产。

2.95

***f* 比　*f*-ratio**

新生产量与总生产量(新生产量＋再生生产量)之比。

2.96

沉积性摄食　deposit feeding

海洋动物吞食海底沉积物，消化吸收其中的颗粒有机物和生物有机体的摄食行为。

2.97

滤食性摄食　filter feeding

海洋动物借助过滤器官过滤海水中的浮游生物和颗粒物为食的摄食行为。

2.98

悬浮性摄食　suspension feeding

海洋动物过滤悬浮在周围水层中的无机颗粒物和微藻、细菌及有机碎屑等颗粒有机物为食的摄食行为。

2.99

碎屑性摄食　detritus feeding

海洋动物以动植物残骸碎片、排泄物和被分解的颗粒有机物为食的摄食行为。

2.100

草食动物　herbivore

专门或主要摄食植物的动物。

2.101

肉食动物　carnivore

以其他动物为食物的动物。

2.102

杂食动物　omnivore

兼食植物和动物的动物。

2.103

食碎屑动物　detritivore

以生物的微小残骸、碎片为食物的动物。

2.104

滤食动物　filter feeder

悬浮食性动物　suspension feeder

以过滤摄食小型浮游生物、有机碎屑等为食的动物。

2.105

食底泥动物　deposit feeder

吞食水底沉积物，摄取其中有机物质的动物。

2.106

食微生物动物　microbivore

以微生物为食物源的动物。

2.107

食浮游生物动物　planktivore

主要以浮游生物为食的动物。

2.108

食底栖生物动物　benthivore

主要以底栖生物为食的动物。

2.109

食鱼动物　piscivore

主要捕食鱼类的动物。

2.110

食腐动物　scavenger

以死的或腐烂的动植物组织为食的动物。

2.111

食粪动物　coprophaga

以动物的排泄物为食物的动物。

2.112

广食性动物　euryphagous animal

能广泛摄取多种食物的动物

2.113

呼吸　respiration

有机体利用氧气通过代谢分解有机化合物释放化学能的过程。

2.114

排泄　excretion

代谢过程中通常以尿素和氨的形式出现的废物向体外排出。

2.115

渗出 exudation

浮游植物溶解性代谢物的释放。

2.116

粪粒 fecal pellet

水域中无脊椎动物消化道的排泄物。

2.117

雌雄同体 hermaphrodite

既产生雄性又产生雌性配子的动物。

2.118

孤雌生殖 parthenogenesis

单性生殖

环境条件适宜时有些动物由雌体未受精卵发育而成的繁殖方式。

2.119

繁殖力 fecundity

个体生产后代的能力。

2.120

世代时间 generation time

母世代生殖到子世代生殖的平均时间。

2.121

世代交替 alternation of generations

在生物的生活史中,无性和有性两个世代交替出现的现象。

2.122

多态现象 polymorphism

同一个物种内的个体具有明显的形态上区别的现象。

2.123

幼体期 larval stage

水生无脊椎动物或鱼类由受精卵发育而来的变态之前的发育阶段。

2.124

稚期 juvenile stage

水生无脊椎动物或鱼类从幼体期经过变态出现一些成体动物所具有的器官或附肢的发育阶段。

2.125

无节幼虫 nauplius

某些甲壳类浮游生活的早期幼体阶段。

2.126

桡足幼体 copepodite

桡足类继无节幼虫之后的生活史阶段。

注：6期桡足幼体即为成体阶段。

2.127

腺介幼虫 cypris

蔓足类接近附着的幼体阶段。

2.128

面盘幼虫　veliger

软体动物浮游生活的幼体阶段。

2.129

担轮幼虫　trochophore

多毛类、软体动物、苔藓动物以及腕足动物等发育过程中的浮游幼体期。

2.130

中实幼虫　parenchymula

实胚

海绵动物幼体，无鞭毛的细胞面积很小，有一腔，腔内充满胶状结缔组织。

2.131

大眼幼体　megalopa

蟹类已具备蟹的雏形的后期幼体。

注：大眼幼体再蜕皮一次，即变成仔蟹。

2.132

蚤状幼虫　zoea

在蟹类和对虾等十足类中由前蚤状幼虫发育而成的幼体。

2.133

糠虾幼体　mysis larva

在游泳十足类和一部分爬行十足类中，由蚤状幼虫发育而成的幼体。

注：该类幼体形状似糠虾。

2.134

长腕幼虫　echinopluteus

海胆类两侧对称的幼体，其外形与蛇尾类幼体颇为相似。

2.135

羽腕幼虫　bipinnaria

海星的幼体，在水中自由游泳一个时期后即沉入水底，逐渐变为五辐射对称的幼小海星。

2.136

樽形幼虫　doliolaria

海百合和海参的一种自由游泳幼体期，呈桶状，有一顶束和4或5条纤毛带。

2.137

砂壳纤毛虫　tintinnid

营浮游生活的纤毛虫原生动物，具有花瓶状的蛋白质外壳。

2.138

竞争　competition

同种或不同种生物因争夺食物、栖息空间等资源而发生的相互作用。

2.139

捕食　predation

一种动物摄食另一种动物的行为。

2.140

捕食者　predator

捕捉其他动物作为食物的食肉动物。

2.141

顶级捕食者　top predator

除人类以外，没有自然捕食者的动物。

2.142

共生　symbiosis

两个共同生活的物种之间的紧密关系，包括互利、偏利、偏害、寄生等组织关系。

2.143

互利（共生）　mutualism

两种生物互相依赖生活在一起、或一种生活于另一种体内，彼此受益的现象。

2.144

偏利（共生）　commensalism

共栖

两种生物生活在一起，只对其中一种有利，而对另一种既无害也无利的现象。

2.145

偏害（共生）　ammensalism

两种生物生活在一起，只对其中一种有害，而对另一种既无害也无利的现象。

2.146

寄生　parasitism

一种生物生活在另一种生物的体内或体表，并从后者摄取营养以维持生活的现象。

2.147

雄性寄生　male parasitism

某些深海鱼类的雄体永久性地附着在雌体上营寄生生活。

2.148

腐生　saprophytism

一种生物依靠他种死亡或腐烂有机体而生活。

2.149

生物发光　bioluminescence

生物具有的发光细胞或器官（包括发光的共生细菌），或具有能分泌发光物质的腺体所产生的发光现象。

2.150

发光生物　luminous organism

自身具有发光器官、发光细胞（包括发光的共生细菌）或具有能分泌发光物质腺体的生物。

2.151

光细胞　photocyte

具有发光功能的细胞。

2.152

发光器　photophore

具有发光功能的器官。

2.153

生物噪声　biological noise

生物发出的干扰其他生物的声响。

2.154

特有现象　endemism

生物分类单元只在某一个区域发生的现象。

2.155

碎屑　detritus

植物或动物残体被分解破碎成的颗粒状有机物质。

2.156

钙化　calcification

钙和碳酸盐离子结合形成钙质骨骼的过程。

2.157

渗透[作用]　osmosis

溶剂,如水分,通过半透膜从溶质浓度低的溶液向溶质浓度高的溶液的转移。

2.158

渗透调节　osmoregulation

细胞、器官或生物体根据其环境液体的溶质浓度来调整自身液体溶质浓度的过程。

2.159

盐腺　salt gland

在某些植物茎、叶上的由原表皮细胞分化而来,由两个或两个以上细胞构成的一种向外分泌盐类的组织。

2.160

反向遮蔽　countershading

海洋动物背腹面的色彩差异,用来对付视觉捕食者的一种保护机制。

2.161

警戒色　warning coloration

生物所具有的使天敌不敢贸然取食或厌恶的警示颜色。

2.162

保护色　protective coloration

动物为隐蔽自身而具有的色型与环境一致的颜色。

2.163

回声定位　echolocation

某些动物具有通过分析它们发出的声波反射而感知周围环境的能力。

2.164

趋光性　phototaxis;phototaxy

适光生物朝向或背离光线来源方向生长或移动的生态特性。

2.165

趋化性　chemotaxis;chemotaxy

某些生物因受某种化学药物的刺激诱导而表现出定向运动的特性。

2.166

变温动物　poikilotherm

外温动物　ectotherm

不能依靠自身代谢产热维持恒定体温,体温随环境温度的变化而变化的动物。

2.167

恒温动物 homeotherm；homoiotherm

内温动物 endotherm

具有完善的体温调节机制，在温度变化的环境中体温能维持在较窄变化范围内的动物。

2.168

季节波动 seasonal fluctuation

因环境的季节性改变，影响生物生长繁殖而导致的个体数量或生物量的波动。

2.169

生物多样性 biodiversity

生物在不同组织层次上所呈现的结构和功能方面的多种多样，包括遗传多样性、物种多样性、生态系统多样性。

2.170

遗传多样性 genetic diversity

种内不同种群之间或同一种群内的不同个体遗传变异的总和。

2.171

物种多样性 species diversity

生物群落组成差异的程度，包括群落中含有的种数和个体在不同种间分布的均匀程度。

2.172

α 多样性 alpha diversity

生境内多样性 within-habitat diversity

某一具体群落或生境内的物种多样性。

2.173

β 多样性 beta diversity

生境间多样性 between-habitat diversity

在一个环境梯度上，从一个生境到另一个生境之间所发生的物种数目的变化，亦即群落间的物种多样性。

2.174

γ 多样性 gamma diversity

在一个地理区域内一系列生境中物种的数目，是这些生境的 α 多样性和生境之间 β 多样性的综合。

2.175

物种多样性指数 index of species diversity

反映一个群落中物种丰富度和均匀度的综合指标，以表征物种多样性的指数。

2.176

相似性 similarity

在数值分类学和群落生态学的研究中生物种群或群落之间形态或组成的相似程度。

2.177

同质性 homogeneity

共同来源的生物类群，具有相同组分、同质或匀质的特性或状态。

2.178

异质性 heterogeneity

不同来源的生物类群具有的不同成分组成的，不均匀的或多相的性质或状态。

2.179

DNA 条形编码　DNA barcoding

根据对一段标准的 DNA 序列的分析来鉴定物种的方法。

2.180

生物识别　biometric identification

利用生物生理和行为等生物学特征进行身份认证的技术。

2.181

K-选择种　K-selective species

保守种　conservative species

平衡种　equilibrium species

一种生活史类型，个体较大、生长率低且寿命长、产生后代少但竞争力强，种群大小相对稳定并生活在环境承载量或接近环境承载量的环境中的种类。

2.182

r-选择种　r-selective species

机会种　opportunistic species

一种生活史类型，个体相对较小、生长率高且寿命短、产生许多后代但竞争力弱，生活在环境承载量以下，当出现新的适宜生境时即行迁移的种类。

2.183

亲缘种　sibling species

两个或两个以上的，彼此间差别甚微，且分布于同一地区而不杂交的种群。

2.184

指示种　indicator species

其出现能指示某些环境特征或对环境中某些物质的干扰作用或者环境条件的改变较敏感，能快速产生反应的物种。

2.185

地方种　endemic species

自然分布仅局限于某一地区范围内的物种。

2.186

外来种　exotic species

从另一地区移入的物种。

2.187

广布种　cosmopolitan species

广泛分布于大西洋、太平洋和印度洋的热带和冷水中的生物种类。

2.188

狭分布种　stenotopic species

仅分布在某一特定的地理区或某种特定的栖息地的生物。

2.189

环热带分布种　circumtropical species

环绕地球热带区而不在温带或寒带区分布的物种。

2.190

两极种　bipolar species

只分布在南大洋和北极水域，不出现在中间纬度区的物种。

2.191

暖水种　warm water species

生长、生殖适温高于20 ℃,自然分布区月平均水温高于15 ℃的物种。

注:包括亚热带种和热带种,前者适温为20 ℃～25 ℃,后者适温高于25 ℃。

2.192

温水种　temperate water species

适温为4 ℃～20 ℃的生物。

注:冷温带种和暖温带种,前者适温范围为4 ℃～12 ℃,后者适温范围为12 ℃～20 ℃。

2.193

冷水种　cold water species

生长、生殖的适温低于4 ℃,自然分布区月平均水温不高于10 ℃的种群。

注:包括寒带种和亚寒带种,前者适温为0 ℃左右,后者适温为0 ℃～4 ℃。

2.194

半咸水种　brackish water species

只分布于低盐度(0.5～17)的河口等半咸水水域的生物种类。

2.195

低盐种　oligohaline species

生活在低盐度(0.5～5)环境中的生物。

2.196

水生生物　hydrobiont

生活在地球水圈中的生物。

2.197

海洋生物　marine organism

海洋中具有生命的有机体。

注:改写GB/T 19834—2005,定义3.1。

2.198

近海生物　neritic organism

生活在低潮线至大陆架外缘(水深200 m)之间海洋中的生物。

2.199

浅海生物　shallow sea organism

生活在200 m水深以浅海洋中的生物。

2.200

大洋生物　oceanic organism

生活在大陆架外海洋中的生物。

2.201

水层生物　pelagic organism

生活在海洋水层中(不包括接触水底)的生物。

2.202

沼泽生物　marsh organism

生活于沼泽中的生物。

2.203

漂浮生物　neuston

生活在水的最表层和表面膜上的生物。

2.204

水飘生物　pleuston

生活在水-气界面，部分身体露出水面的生物。

2.205

上层生物　epipelagic organism

生活在从海洋表面到水深 200 m 界面之间水层中的生物。

2.206

中层生物　mesopelagic organism

生活在海洋水深 200 m～1 000 m 界面之间（真光层以下）水层中的生物。

2.207

深层生物　bathypelagic organism

生活在海洋水深 1 000 m～3 000 m 界面之间水层中的生物。

2.208

深渊层生物　abyssopelagic organism

生活在海洋水深 3 000 m 以下水层中（不包括接触洋底）的生物。

2.209

深海动物　bathyal fauna

生活于海洋水深 200 m～3 000 m 之间的海底的动物。

2.210

深渊动物　abyssal fauna

生活于大洋盆地、通常在水深 3 000 m～6 000 m 之间的海底的动物。

2.211

超深渊动物　hadal fauna

生活于深海沟、通常在水深 6 000 m 以下的海底的动物。

2.212

喜光生物　photophilous organism

适于在光照环境里生活的生物。

2.213

嗜盐生物　halophilic organism

适于生活在高盐环境中的生物。

2.214

广深性生物　eurybathic organism

能适应生活在深度变化范围很广水层的生物。

2.215

广盐性生物　eurybaline organism

能适应生活在盐度变化范围很广水体的生物。

2.216

广温性生物　eurythermal organism

能适应生活在温度变化范围很广水体的生物。

2.217

广压性生物　eurybaric organism

能适应生活在压力变化范围很广水层的生物。

2.218

狭深性生物 stenobathic organism

只适应生活在深度变化范围很狭水层的生物。

2.219

狭盐性生物 stenobaline organism

只适应生活在盐度变化范围很狭水体的生物。

2.220

狭温性生物 stenothermal organism

只适应生活在温度变化范围很狭水体的生物。

2.221

狭压性生物 stenobaric organism

只适应生活在压力变化范围很狭水层的生物。

2.222

上升流生态系 upwelling ecosystem

上升流区的生物及周围的无机环境构成上升流生态系。

2.223

涌出 outwelling

碎屑和其他有机质从河口向其他生态系统的输出。

2.224

马尾藻海 Sargasso Sea

北大西洋的一个海面漂浮大量马尾藻,面积约520万平方千米的海。

2.225

北方两洋分布 amphi-boreal distribution

某些海洋生物可同时出现在北温带北大西洋和北太平洋两岸水域的分布现象。

2.226

太平洋两岸分布 amphi-pacific distribution

某些北温带种仅分布于北太平洋温带区的东西两岸(亚洲和北美洲),不出现于北部的寒带区和南部的热带区的现象。

2.227

大洋生物区系 oceanic flora and fauna

生活的盐度高而恒定,分布较为均匀,受到洋流和水深明显影响的生物区系。

2.228

海洋生物地理分布带 marine biogeographic zones

根据海洋表层年平均温度划分的生物分布带。

2.229

两极分布 bipolar distribution

两极同源 bipolarity

海洋生物中某一种或类群只分布在南北两极附近海域,而不出现在低纬度热带海洋的隔离分布现象。

2.230

热带深潜 tropical submergence

某些广深性冷水生物,分布在南、北两半球冷水水域,也能通过赤道深层水域,呈现在南北两半球连续分布的现象。

2.231

生态阻隔　ecological barrier

在物种形成的过程中导致生殖隔离的某些生态学原因。空间上，不同的物种虽生活在同一分布区但却居住在不同的栖息地；时间上，动物发情和交配季节不同；行为上，不同物种的两性间相互吸引力弱或不能沟通信息等。

2.232

地理阻隔　geographical barrier

可阻止生物迁移和分散的，或将两个相邻的动物地理区（包括亚区或更细的划分）分隔开的地理屏障。

2.233

状态转移　regime shift

由物理环境改变而导致的海洋生态系统或生物生产力的长期变化。

2.234

海洋温盐环流输送带　oceanic thermohaline conveyor belt

由于海面受热冷却不均、蒸发降水不均所产生的温度和盐度变化，导致密度分布不均匀形成的热力学海流。

2.235

胁迫　stress

不利于生物生长、繁殖的环境压力。

2.236

生物膜　biofilm

细菌、真菌、藻类、原生动物和后生动物组成的膜状生物群落。

2.237

生物测试　bioassay

使用生物的活细胞或活的生物体测定一种物质的活性或数量。

2.238

生态风险评估　ecological risk assessment

应用定量的方法评估、预测人类活动对生物系统可能产生的风险及评估该风险可接受程度的模式或方法。

2.239

海洋污染生物监测　biological monitoring of marine pollution

利用海洋生物个体、种群或群落对环境污染或变化所产生的反应来判断环境质量，为环境影响评价和管理决策提供依据。

2.240

生物累积　bioaccumulation

污染物质随时间在生物体内累积的现象或过程。

2.241

生物污染　biological pollution

由病原微生物、霉菌、寄生虫以及某些有害生物过量生长引起的各种环境单元质量下降或失去利用价值的现象。

2.242

生物放大　biomagnification

由生物累积增加的组织中的污染物浓度，通过食物链出现在下一营养层，最终导致顶级捕食者的污染物浓度升高。

2.243

生物富集　bioconcentration

海洋生物从周围环境中吸收、吸附、蓄积某种污染物质，使生物体内该种物质的浓度超过环境浓度的现象。

2.244

生物修复　bioremediation

利用生物的生命代谢活动减少存在于环境中的有毒有害物质的浓度，从而使被污染的环境能够部分或完全恢复到原初状态的过程。

2.245

生物降解　biodegradation

有机污染物在生物或其酶的作用下分解的过程。

2.246

污染指示种　pollution indicating species

对污染反应灵敏，用来监测和评价污染状况的物种。

2.247

耐污染种　pollution tolerant species

可以在相当程度上忍受污染物的刺激，甚至可以由于群落中其他种类的消失而发展为优势种类的生物。

2.248

自然保护区　nature reserve

为了保护自然资源和生态环境，将一定面积的陆域或水域划分出来，经政府批准而进行特殊保护和管理的区域。

2.249

海洋生物泵　biological CO_2 pump

海水中的 CO_2 通过有机物生产、消费、传递、沉降、分解以及钙化作用等一系列生物学过程从表层向深层转移并下沉到海底，从而使大气中的 CO_2 得以进入海洋，实现海洋对大气 CO_2 含量的调节作用。

2.250

粒径谱　particle size spectrum

把海洋中的生物，从微生物和单细胞的浮游植物到浮游动物、鱼类等，都视为“颗粒”，并以统一的相应球型直径(equivalent spherical diameter,ESD)在对数粒级坐标上表示，生物量在对数粒级上的分布形成的谱线。

注：在平衡状态下这条谱线是一条斜率很低的直线。

3　海洋微生物

3.1

海洋微生物　marine microorganism

生活在海洋环境中、借助于显微镜才能观察到的微小生物，包括海洋细菌、真菌、放线菌、病毒、噬菌体、衣原体、支原体等。

3.2

原核微生物　protocle microorganism

不具有核膜和有丝分裂器的完整细胞核，DNA 不形成染色体，不能进行有丝分裂而以裂殖为主的微生物。

注：主要包括细菌、支原体和蓝藻。

3.3

海洋细菌　marine bacteria

生活在海洋环境中的细菌，细胞无核膜和核仁，DNA 不形成染色体，无细胞器，属于原核微生物，不能进行有丝分裂。

3.4

蓝藻　cyanobacteria

蓝细菌

含有光合色素-叶绿素 α，并含有特有的在光合作用中起辅助色素作用的藻胆素，能进行产氧型光合作用的细菌。

3.5

古菌　archaea

古菌界的原核、单细胞微生物。

注 1：包括生存在极端特殊生态环境中的 3 类不同古菌：产甲烷菌(methanogen)、极端嗜盐菌(3.16)和嗜酸嗜热菌(thermoacidophile)。

注 2：单数时英文术语为 archaeum。

3.6

浮游细菌　planktobacteria

悬浮生活在水体中的非附着性细菌。

3.7

漂浮细菌　bacterioneuston

漂浮生活在海水-空气界面环境中的细菌。

3.8

发光细菌　luminous bacteria

生活在海洋中，能够自身发光的细菌。

3.9

嗜热细菌　thermophilic bacteria

适于生长在温度条件为 45 ℃～60 ℃的细菌。

3.10

嗜冷细菌　psychrophilic bacteria

适于生长在温度条件为 0 ℃～20 ℃的细菌，在 0 ℃附近能够生长繁殖，最适生长温度不高于 15 ℃，最高生长温度不超过 20 ℃的细菌。

3.11

嗜压细菌　barophilic bacteria

适于生长在 6 000 m 以下深海、高压环境的细菌。

3.12

中温细菌　mesophilic bacteria

适于生长在温度条件为 25 ℃～40 ℃的细菌。

3.13

粘细菌　myxobacteria

原核生物中具有最复杂的行为模式和生活史，可滑行运动的单细胞 G^- 杆菌。

3.14

海洋极端微生物　marine extremophiles

生活在海洋极端环境中的微生物。

3.15

极端嗜热菌 extremethermophilic bacteria

最适生长温度在 90 ℃以上的海洋细菌。

3.16

极端嗜盐菌 extreme halophile

最适生长盐度为 15～30 的海洋细菌。

3.17

中度嗜盐菌 mesohalophile

最适生长盐度为 5～20 的海洋细菌。

3.18

非嗜盐菌 ahalophile

在盐度低的培养基中生长更好的细菌。

3.19

耐冷细菌 psychrotrophs

最适生长温度为 20 ℃左右，也能在 0 ℃～5 ℃下缓慢生长的海洋细菌。

3.20

耐压细菌

在常压(1 标准大气压)和高压(600 标准大气压)下均能生长的细菌。

3.21

极端嗜压菌 extreme barophilic bacteria

生长于(700～800)标准大气压的海洋环境中，低于 380 标准大气压则不能生长的细菌。

3.22

海洋极端嗜冷菌 marine extreme psychrophiles

最适生长温度一般为 0 ℃左右，高于 10 ℃则不能生长的细菌。

3.23

海洋极端环境 marine extreme environment

普通海洋微生物不能生存的、高温、高压、高盐、高 pH、低温等环境。

3.24

海洋真菌 marine fungus

具有真核结构、能形成孢子、营腐生或寄生生活的海洋生物。

注：包括海洋酵母菌和海洋霉菌。

3.25

专性海洋真菌 obligate marine fungus

来源于海洋的，只能在海洋和河口环境中生长和产生孢子的真菌。

3.26

兼性海洋真菌 facultative marine fungus

来源于陆地或淡水，但能在海洋环境中生长与繁殖的真菌。

3.27

细菌粘液 bacterial slime

海洋细菌分泌产生的多糖类胶状物或黏液。

3.28

菌株 strain

品系

由单一菌细胞分裂繁殖产生的、遗传物质完全相同的菌细胞群。

3.29

菌落　colony

在培养基上培养生长的、来自单一菌细胞的小菌群。

3.30

小菌落　microcolony

细菌在含有营养物的固体表面附着后形成的细小菌群。

3.31

海洋病毒　marine virus

海洋环境中一类土著性的、超显微的、仅含有一种类型核酸(DNA 或 RNA)、专性活细胞内寄生的非细胞形态微生物。

3.32

恒化培养　chemostatic culture

在微生物连续培养装置中以恒定速度添加新鲜培养液和收集培养产物，使微生物生长速度维持在稳定的对数生长期水平。

3.33

微生物污损　microfouling

微生物附着于固体表面而形成黏膜的过程。

3.34

微生物粘膜　microbial films；microfouling slime films

在水中的物体表面由细菌、硅藻及其分泌的粘液等所形成的粘膜。

注：同义词有初期粘膜、细菌粘膜。

3.35

微生物[食物]环　microbial [food] loop

异养微生物可将海水中的溶解有机物转化为自身的生物量，然后被微型原生动物所利用并进入经典食物链的过程所构成的环状食物关系。

3.36

一次性培养　batch cultivation

在微生物培养中，当培养液中的培养物达到一定量时即全部采收的一种培养方法。

3.37

连续培养　continuous cultivation

在微生物培养过程中连续添加培养基原料液，同时连续收集培养产物的一种培养方法。

4　浮游生物

4.1

浮游生物　plankton

无运动能力或运动能力较弱，悬浮在水层中，随波逐流的一类生物。

注：包括浮游微生物、浮游植物和浮游动物三大类。

4.2

巨型浮游生物　megaplankton

体长在 20 cm～200 cm 之间的浮游生物。

4.3

大型浮游生物　macroplankton

体长在 2 cm～20 cm 之间的浮游生物。

4.4

中型浮游生物　mesoplankton

体长在 0.2 mm～20 mm 之间的浮游生物。

4.5

小型浮游生物　microplankton

体长在 20 μm～200 μm 之间的浮游生物。

4.6

微型浮游生物　nannoplankton

体长在 2 μm～20 μm 之间的浮游生物。

4.7

微微型浮游生物　picoplankton

体长在 0.2 μm～2 μm 之间的浮游生物。

4.8

极微型浮游生物　femtoplankton

体长在 0.02 μm～0.2 μm 之间的浮游生物。

4.9

上层浮游生物　epiplankton

生活于海洋表面至水深 200 m 界面之间水层中的浮游生物。

4.10

中层浮游生物　mesoplankton

生活于海洋中水深 200 m～1 000 m 界面之间水层中的浮游生物。

4.11

喜阴浮游生物　shade plankton

生活于海洋里光照度较弱水层中的浮游生物。

4.12

永久性浮游生物　holoplankton

真性浮游生物　euplankton

生活史中终生营浮游生活的浮游生物。

4.13

阶段性浮游生物　meroplankton;transitory plakton

生活史中仅有某一阶段营浮游生活的浮游生物。

4.14

暂时性浮游生物　tychoplankton

假性浮游生物　pseudoplankton

在生活中有时因外界条件变化而短暂地营浮游生活的浮游生物。

4.15

网采浮游生物　net plankton

以浮游生物网采集的浮游生物。

4.16

浮游植物 phytoplankton

生活于水域上层、自养性的浮游生物。

4.17

真光层 euphotic zone

海洋中光强足以支持浮游植物的生长、生殖及其呼吸，有净初级生产的水层。

4.18

补偿光强 compensation light intensity

浮游植物的光合作用生产恰与呼吸消耗相等的光照量。

4.19

补偿深度 compensation depth

浮游植物 24 h 内光合作用固定的有机碳量与植物消耗量相等的深度，处于真光层的下界。

4.20

临界深度 critical depth

混合水体中产生的光合作用总生产量(从海表面到临界深度)等于同一深度层浮游植物总呼吸作用消耗的能量的深度。

4.21

高营养盐低生产力区 high nitrate low chlorophyll

HNLC

受铁离子限制，硝酸盐浓度高但叶绿素浓度低的大洋区，包括北太平洋亚北极区、赤道太平洋区和部分南大洋区。

4.22

同化指数 assimilation index

单位时间单位叶绿素 α 同化的碳量。

4.23

单周期型 monocycle

浮游生物生长繁殖所达到的个体数量或生物量高峰随环境因子的季节性变化出现周期性变化规律，在一年中只出现一个增殖高峰的称为单周期型。

4.24

双周期型 dicycle

浮游生物在一年中出现两个增殖高峰的称为双周期型。

4.25

平面分布 horizonal distribution

浮游生物在海水平面的分布称为平面分布，它受温度、盐度、营养盐和海流等多种环境因素影响。

4.26

垂直分布 vertical distribution

浮游生物在海洋中按水层深度不同垂直分布的现象。

注：垂直分布现象与水中光照深度及海水的运动等外界因子有关。

4.27

斑块分布 patchiness

浮游生物在水体的水平或垂直方向上所呈现的聚集分布现象。

4.28

昼夜垂直移动 diel vertical migration

DVM

浮游生物由于昼夜光照强度或其他环境因子的变化而发生的昼夜上下移动。

4.29

周转时间 turnover time

种群增加的生物量相当于现存量所需的时间。

4.30

倍增时间 doubling time

微生物和浮游生物种群数量加倍所需要的时间，它是现存量除以生产速率的值。

4.31

周转时间法 turnover time method

通过种群周转时间来估计产量的一种方法，用于计算处于稳定状态的种群的产量。

4.32

摄食 grazing

草食性动物对植物的摄食。

4.33

摄食者 grazer

以各种大小的浮游植物、有机碎屑和微型及小型浮游动物为食的浮游动物。

4.34

摄食率 grazing rate

浮游动物单位时间内摄食的藻类的细胞数。

4.35

过滤率 filtering rate

清滤率 clearance rate

浮游动物单位时间内过滤水的体积。

4.36

捕食率 predation rate

浮游动物单位时间内摄食动物饵料的数量。

4.37

摄入率 ingestion rate

浮游动物单位时间内所摄食的食物的重量或能量。

4.38

日粮 daily ration

浮游动物每天摄食的食物量。

4.39

滞育 diapause

昆虫和有些甲壳动物生长和发育过程中的暂时性停滞状态。

4.40

夏卵 subitaneous egg

桡足类在夏季环境适宜的情况下所产的不需受精即能发育的卵。

4.41

滞育卵 diapause egg

休眠卵 dormant

桡足类在不良条件下产的，不能很快孵化，但能较长时间保持可育性以渡过条件不良时期的卵。

4.42

休眠孢子　resting spore

某些单胞藻在不良环境下形成不动的处于休眠状态的孢子。

4.43

复大孢子　auxospore

经一段无性分裂之后能恢复起始大小的硅藻生殖细胞。

4.44

不应期　refractory phase

桡足类滞育卵发育的第一个阶段，即使在外境环境适宜的情况下，滞育卵也不孵化，但依然保持可育性。

4.45

可育期　competent phase

桡足类滞育卵发育的第二阶段，在这一期能于环境适宜条件下孵化。

4.46

浮游生活期　pelagic phase

生命周期中不附着于基质而悬浮在水体中生活的阶段。

4.47

藻华　algal bloom

浮游植物密度的迅速增加，由增加的繁殖作为对有利环境条件的响应所致。

4.48

赤潮　red tide

海洋中某些微小的浮游生物在一定条件下暴发性增殖或聚集导致的一种有害的生态异常现象。

5　底栖生物

5.1

底栖生物　benthos；benthic organism

栖息于海底的生物。

5.2

底栖生物学　benthology

研究底栖生物的分类区系、繁殖发育、生长、种群动态和群落结构与功能及其与理化和生物环境条件相互关系的科学。

5.3

底栖生物带　benthic zone

海洋底栖生物分布的地带。

5.4

底栖动物　zoobenthos

生活史全部或大部分时间生活在海底的动物。

5.5

底栖动物区系　benthic fauna

生活于海底上、底内或接近底上的所有动物。

5.6

底栖植物区系　benthic flora

生活于海底上的所有植物，主要是海藻和底栖硅藻。

5.7

底栖生物群落　benthic community

海域底上、底内和接近底上的动植物构成的生物群落。

5.8

附表底栖生物　epibenthos

生活于沉积物-水界面的生物。

5.9

底上动物　epifauna

栖息于海底岩石或泥沙沉积物表面上的动物。

5.10

底内动物　infauna

生活在海底沉积物内的动物。

注：底内动物有两种栖息方式，沙内埋栖种和栖息于特殊巢穴或管道的穴居种。

5.11

游泳底栖生物　nektobenthos

能在近底的水层中游动，但又常在底表活动的底栖动物。

5.12

潮池生物群落　rockpool community

硬相岩岸潮池中的潮间带生物群落。

5.13

泥滩生物群落　ochthium；polochthium

潮间带软相泥滩的海洋生物群落。

5.14

冷渗口　cold seep

低温的、富含硫化物和甲烷的高盐水从海底渗出的一类特殊海洋生态环境。

5.15

海底热泉生物群落　hydrothermal vent community；sulphide community

生活于海底热液口和冷渗口与硫氧化细菌共生，利用硫化氢、甲烷以化能合成作用进行初级生产、制造有机物的海洋生物群落。

5.16

黑烟囱　black smoker

在海底热液口处发现的烟囱状矿物堆积。

注：现代海底黑烟囱广泛出现于大洋中脊、弧后盆地、浅海及大陆裂谷等环境，形成巨大规模的块状硫化物，并且在黑烟囱周围发现了化能自养细菌。

5.17

长管艳虫　vestimentifera

独特地分布在热液口和冷渗口，与须腕动物相近的一类海洋蠕虫。

5.18

嗜硫生物　thiobios

嗜硫动物　sulfide fauna

小型和微型动物中很特化的一个类群，生活在沉积物的无氧还原层内，对氧十分敏感，缺乏线粒体和细胞色素氧化酶活性，在细胞内外有硫细菌共生，系专性的厌氧生物。

5.19

平底生物群落　level bottom community

可在软质海底(沙底或泥沙混合底)生活的底栖生物群落。

5.20

生物扰动　bioturbation

底内动物通过运动和摄食活动对软底沉积物产生的扰动。

5.21

生物灌洗　bioirrigation

底栖生物利用上覆水对其洞穴冲洗的过程。

5.22

生物沉降　biodeposition

水层中的颗粒有机物通过滤食性底栖动物的滤食作用向海底主动搬运的过程。

5.23

生物侵蚀　bioerosion

生物在其活动过程中所产生的酸性物质对岩石的破坏。

5.24

生物污损　biofouling

生物生长在船底和水中设施的表面或内部,并对其功能的损害。

5.25

污损生物　fouling organism

生长在船底、水中设施表面或内部的生物。

5.26

附生植物　epiphytes

在其他大型植物体表面附着生长的植物。

5.27

砂面藻　episammic algae

生活在砂粒表面的藻类。

5.28

附表海藻　epontic algae

生活在海冰内的藻类。

5.29

大型底栖生物　macrobenthos

能被 0.5 mm～1.0 mm 孔径的网筛截留的底栖生物。

注：主要指大型底栖动物。

5.30

大型底栖动物　macrofauna

能被 0.5 mm～1.0 mm 孔径的网筛截留的底栖动物。

5.31

大型底栖植物　macrophyte;macroflora

大型肉眼可见的植物。

5.32

大型藻类　macroalgae

由固着器固着在岩石或其他基底上,体长可达 1 m 以上的多细胞,有组织的藻类。

5.33

小型底栖生物　meiobenthos

能通过0.5 mm～1 mm筛网孔，而保留在0.031 mm～0.063 mm网筛上的底栖生物。

5.34

小型底栖动物　meiofauna

能通过0.5 mm～1 mm筛网孔，而保留在0.031 mm～0.063 mm网筛上的底栖动物。

5.35

暂时性小型底栖动物　temporary meiofauna

个体大小处于小型生物范围的大型动物幼体阶段。

5.36

永久性小型底栖动物　permanent meiofauna

终生生活在沉积物间隙中的小型底栖动物。

5.37

微型底栖生物　microbenthos

能通过筛网孔径0.031 mm～0.063 mm的底栖生物。

5.38

微型底栖动物　microfauna

能滤过0.031 mm～0.063 mm孔径网筛的底栖动物。

注：微型底栖动物主要是原生动物。

5.39

微型底栖植物　benthic microphytes；microphytobenthos

分布在海底的微型藻类等。

5.40

固着生物　sessile organism

固着在海底礁石、贝壳和其他基底上的生物。

5.41

间隙动物　interstitial fauna

栖息在水底沉积物颗粒之间的小型动物。

5.42

间隙水　interstitial water

包含在沉积物颗粒之间的水。

5.43

砂栖生物　psammon

生活在海底砂砾中的动植物。

5.44

砂面生物　epipsammon

栖息于水底沙质沉积物表面或表层的底栖生物。

5.45

砂内生物　endopsammon

栖息于水底沙质沉积物中的底栖生物。

5.46

沉积生物　sedimentary organism

体形较小、具有坚硬的介壳、贝壳或骨骼并构成海洋生源沉积的生物。

注：主要包括原生动物的有孔虫、放射虫、鞭毛虫，软体动物的翼足类、异足类和硅藻等。

5.47

周丛生物　periphyton

丛生于水下物体表面的生物。

注：海洋中周丛生物大多是比较大型的海藻及某些水螅虫、苔藓虫等。

5.48

钻孔生物　borer；boring organism

穿凿木船、桩柱、红树、岩石、珊瑚礁及贝壳等水域中物体并穴居其内的底栖生物。

5.49

穴居生物　burrowing organism

在自身营造的洞穴中生活的底栖生物。

5.50

管栖动物　tubicolous animal

在自身分泌物构筑的栖管内生活的动物。

5.51

生物海岸　biological coast

在低纬度热带地区，由红树林或珊瑚礁等生物在海岸特别发育而形成的一种特殊海岸。

5.52

红树林　mangrove

在热带和亚热带潮间带占优势的各种耐盐的乔木和灌木。

5.53

红树林沼泽　mangal；mangrove swamp

热带和亚热带半咸水海域潮间带软底环境中，以红树植物为建群种的生物群落繁茂的沼泽。

5.54

呼吸根　pneumatophore

某些红树植物中的一种特殊的起呼吸作用的根结构。

5.55

盐沼　saltmarsh

分布在河口或海滨浅滩含有大量盐分的湿地。

5.56

海草场　sea grass bed

中、低纬度海域潮间带中、下区和低潮线以下数米乃至数十米浅水区海生显花植物（海草）和草栖动物繁茂的平坦软相地带。

5.57

海藻床　kelp bed；sea-weed bed

中、高纬度海域潮间带下区和潮下带数米浅水区硬相海底大型海藻（褐藻）繁茂丛生的场所。

5.58

巨型海藻　kelp

生活在中、高纬度潮间带下区和潮下带的大型褐藻。

5.59

巨藻森林　kelp forest

大型褐藻占优势的底栖群落，其中植物可形成类似森林的表面林冠。

5.60

叶状体　thallus

海藻无真正根、茎、叶分化的片状营养体。

5.61

固着器　holdfast

巨藻用于固着在基底上的结构。

5.62

叶片　blade

巨藻植物连接叶柄(stipe)的扁平部分。

5.63

成带现象　zonation

潮间带区植物和动物群落呈平行带状分布。

5.64

虫黄藻　zooxanthellae

行光合作用的微型生物,通常是甲藻,生活在生物的组织内(如珊瑚和软体动物体内)营共生生活。

5.65

珊瑚漂白　coral bleaching

珊瑚白化

造礁珊瑚作为对胁迫的响应失去共生藻或它们的色素或同时失去共生藻和色素而变白的现象。

5.66

造礁珊瑚　hermatypic coral

体内有共生虫黄藻、能沉淀堆积石灰质骨骼的珊瑚虫类。

5.67

非造礁珊瑚　ahermatypic coral

体内无共生虫黄藻、不沉淀堆积石灰质骨骼的珊瑚虫类。

5.68

泻湖　lagoon

部分海水被泥、沙岸或珊瑚礁所环绕而形成的出口很窄的咸水湖。

5.69

水螅　hydroid

底栖群体生活的刺胞动物,其中有些种类可产生自由游泳的水母体。

5.70

水螅型　polyp

多足体

腔肠动物水螅虫纲生活史中的一种水螅样的体型。

5.71

水母型　medusa

腔肠动物水螅虫纲生活史中出现的一种水母样的体型。

注:水母型适于漂浮生活,是腔肠动物生活史的有性世代。

5.72

水螅体　hydranth;hydranthos

腔肠动物门水螅虫纲群体中,专司营养而形似水螅的个体(个员),有感觉和生殖等功能。

5.73

水母体　medusoma

水螅体的相对词，是腔肠动物门水螅虫纲群体中专司生殖而形似水母的个体(个员)。

5.74

生源沉积物　biogenous sediment

由海洋生物的骨骼和外壳组成的沉积物。

5.75

硅藻软泥　diatomaceous ooze

至少含有30%硅藻遗骸颗粒的洋底沉积物。

5.76

有孔虫软泥　foraminiferan ooze

含有30%或更多有孔虫遗壳的洋底沉积物。

5.77

放射虫软泥　radiolarian ooze

主要成分为放射虫硅质骨骼的分布在低纬度热带海区的大洋硅质软泥。

5.78

颗石软泥　coccolithophorid ooze

钙板金藻具有的钙化小片，在大洋底部的沉积物中形成颗石软泥。

注：颗石，也称球石粒，是海洋沉积生物的主要组成者。

5.79

基底　substrate

生物赖以生活或附着其上的固体表面。

5.80

水层-底栖耦合　benthic-pelagic coupling

海洋生态系统中颗粒有机物通过生物泵、湍流和平流的输送沉降到海底表面，推动了沉积物碎屑食物链，再经分解矿化、生物扰动、摄食、分子扩散和其他物理过程的作用，使底栖生物生产与水层生物生产相连接、耦合的过程。

注：底栖生物系统和浮游生物系统之间的通过水层-底栖耦合进行营养物质的循环转移。

5.81

氧化还原电位不连续层　redox potential discontinuity (RPD) layer

在海洋沉积物褐色的氧化层和黑色的还原层之间有一灰色层，即氧化还原电位快速下降的一层。

注：RPD层的深度是探测沉积物有机质污染程度的一个重要指标。

5.82

孔隙度　porosity

表达沉积物物理性质的参数，是在沉积物总体积中间隙所占的百分比。

5.83

底栖生物拖网　benthic trawl

调查船上定性或半定量采集底栖生物的网具。

注：常用的有阿氏拖网、桁拖网、三角形拖网、双开拖网和板式拖网等。

6　游泳生物

6.1

游泳生物　nekton

具有发达的运动器官，在水层中能克服水流阻力自由游动的生物。

注：主要包括鱼类、头足类，某些虾类及海洋哺乳类等。

6.2

虾类　shrimp;prawn

属甲壳纲十足目游泳亚目动物的通称,是甲壳类中经济价值最高的类群。

6.3

仔虾　post-larval

已具备幼、成虾基本形态和器官的虾类幼体发育阶段。

6.4

体长频数混合分布分析法　analysis of length frequency distribution

对没有年龄"标志"的种群(如虾类),根据群体体长频数正态分布的众数组估计"年龄"的研究方法。

6.5

头足类　cephalopod

软体动物门头足纲动物的总称,身体两侧对称,分头、足(腕)、胴三部分。

注:包括乌贼(cuttlefishes)、枪乌贼(long-finned squids)、柔鱼(squids)和蛸类(octopus)等重要经济类群。

6.6

粘性卵　viscid egg;adhesive eggs

附着性卵

卵膜遇水后表面能分泌粘液或具有胶质丝,粘着或缠绕在礁石、藻类或其他基质上的卵子。

6.7

浮性卵　pelagic eggs;buoyant eggs;floating eggs

多数种类卵内有一个或多个油球,少数种类没有油球,卵膜无粘性,悬浮于水层中的卵子。

6.8

鱼类　fishes

用鳃呼吸、以鳍为运动器官、多数披有鳞片和侧线感觉器官的水生变温脊椎动物类群。

6.9

仔鱼　larva fish

从卵膜中孵出到具奇鳍基本形成的个体。

注:可分为前期仔鱼(prelarva 或 yolk-sac larva)和后期仔鱼(postlarva),前后期以卵黄吸收完毕为界。

6.10

稚鱼　juvenile

以消化系统为主的各种器官和奇鳍和偶鳍基本形成,直至鳞片出现的个体。

6.11

中间培育　intermediate rearing

将小规格的的幼苗培育成适合放(流)养规格苗种的过程。

6.12

中上层鱼类　mesopelagic fishes

在海洋的中、上层自由栖息的鱼类。

6.13

底层鱼类　demersal fishes

大部分时间栖息在水域基底表面或接近海底的鱼类。

6.14

河口鱼类　estuarine fishes

咸淡水鱼类　brackish fishes

栖息于河口区咸淡水水域的鱼类。

6.15

溯河鱼类 anadromous fishes

在海洋中生长发育,性成熟后進入淡水水域繁殖的鱼类。

6.16

降海(河)鱼类 catadromous fishes

在淡水水域中生长发育,性成熟后到海洋中繁殖的鱼类。

6.17

洄游鱼类 migratory fishes

一年或一生中从一种生境向另一种生境进行周期性迁移的鱼类。

6.18

大洋性鱼类 oceanic fishes

长距离洄游于大洋水域的鱼类。

6.19

产卵(生殖)洄游 spawning migration

种群在性成熟过程中按一定路线向产卵场水域进行的迁移。

6.20

索饵洄游 feeding migration

种群为觅食而进行的迁移。

6.21

越冬洄游 over wintering migration

种群为觅求冬季适宜水温所作的迁移。

6.22

游泳群 school

朝同一方向以同样速度游泳的一群同种鱼类、甲壳类、头足类或鲸类。

6.23

产卵场 spawning ground

海洋生物集群产卵的场所。

6.24

育幼场 nursery ground

幼体摄食发育的场所。

6.25

索饵场 feeding ground

海洋生物集群觅食的场所。

6.26

年轮 annual ring

鱼类生长过程中在鳞片、耳石、鳃盖骨和脊椎骨等上面因生长快慢不同所形成的特殊排列的年周期环状轮圈。

6.27

副轮 accessory ring;accessory mark

因环境因子突变或生理非周期性变化在鱼类鳞片等硬组织上留下的类似年轮的印记。

6.28

年龄组成 age composition

群体中各年龄组个体数所占的比例。

7 渔业资源

7.1

海洋渔业 marine fishery

捕捞和养殖海洋鱼类及其他海洋经济动植物以获取水产品的生产活动。

7.2

渔业资源 fishery resources

天然水域中蕴藏并具有开发利用价值的动植物。

7.3

南极磷虾 antarctic krill

栖息于南大洋水域，营浮游、群集生活的海洋甲壳类动物。

注：南极磷虾是世界上已知蕴藏量最大、以数亿吨或几十亿吨计的渔业资源。

7.4

现存量 standing crop；standing stock

在特定时刻单位面积或体积内生物的数量。

7.5

再生资源 renewable resources

可更新资源

自然过程中能重复形成的资源。

7.6

共享资源 common shared resources；shared stocks

栖息于2个以上沿海国专属经济区及公海中，有关国家均可利用的生物资源。

7.7

渔获量 catch yield

从天然水域中捕捞的渔业生物的重量或数量。

7.8

补充量 recruitment

首次加入捕捞种群的个体数量。

7.9

补充群体 recruitment stock

水域中首次被大量捕捞的群体。

7.10

渔期 fishing season

某种渔业资源在渔场上群集形成可以获取较高产量的时期。

7.11

禁渔期 closed(fishing)season，prohibited season

为保护渔业资源而规定的禁止捕捞的期限。

7.12

个体绝对繁殖力 absolute fecundity

雌性个体在一个生殖季节中的产卵数。

7.13

个体相对繁殖力 relative fecundity

雌性个体单位体重或体长的产卵数。

7.14

有效种群分析　virtual population analysis

世代分析

VPA

估算渔业种群捕捞死亡与资源数量关系的方法。

7.15

渔业资源评估　stock assessment

评价捕捞和环境等因素对渔业资源种群数量和质量的影响程度。

7.16

捕捞系数　catch ability coefficient

单位捕捞力量渔获量与资源量的比值。

7.17

捕捞努力量　fishing effort

捕捞作业量

在特定的水域和时间内投入捕捞生产的作业单位数量。

7.18

捕捞强度　fishing intensity

在单位时间、单位面积水域内投入作业的标准捕捞努力量。

7.19

最适渔获量　optimum yield (catch)

最佳持续渔获量　optimum sustainable yield

OY

从生物、经济、社会效益等方面综合权衡的最合理利用渔业生物资源的渔获量。

7.20

捕捞过度　overfishing

捕捞量超过生物学或经济学的某一合理水平的现象。

7.21

补充型捕捞过度　recruitment overfishing

因捕捞造成生殖亲体不足而引起补充量下降的捕捞过度。

7.22

生长型捕捞过度　growth overfishing

造成因捕捞群体平均体重减小致世代产量下降的捕捞过度。

7.23

捕捞死亡系数　fishing mortality coefficient

瞬时捕捞死亡率　instantaneous fishing mortality rate

渔业生物种群中因捕捞引起的死亡系数。

7.24

自然死亡系数　natural mortality coefficient

瞬时自然死亡率　instantaneous natural mortality rate

由敌害、疾病、衰老等自然环境因子引起的死亡系数，其数值为总死亡系数与捕捞死亡系数之差。

7.25

成活率　survival rate

残存率

给定时期或阶段内期末存活个体数与初期总个体数的比值。

注：以百分比表示。

7.26

死亡率　mortality

种群在给定时期内个体减少的数量与初期其个体总数量之比值。

注：以百分比表示。

7.27

渔业生物学测定　biological determination of fishery

对渔获物个体生物学各种性状的测量和判定。

7.28

声学调查　acoustic survey；acoustic assessment，acoustic estimating

声学评估

用探鱼回声积分系统进行渔业资源调查和资源量评估的方法。

7.29

单位捕捞努力量渔获量　catch per unit effort

CPUE

在限定的时间内，平均一个作业单位捕获的重量或数量。

7.30

最大持续渔获量　maximum sustainable yield

MSY

在不损害种群生产能力的条件下，可以持续获得的最高年渔获量。

7.31

平衡渔获量　equilibrium yield

某一捕捞强度下，渔业处于相对稳定状态的渔获量。

7.32

兼捕渔获物　bycatch

副渔获物

与主要捕捞对象一起捕捞的其他种类渔获物。

7.33

繁殖模型　reproduction model

亲体补充量模型　stock-recruitment model

描述种群亲体量和补充量之间关系的数学模型。

7.34

平衡渔获量模型　equilibrium yield model

剩余产量模型　surplus yield model

描述某种渔业资源处于稳定环境中和捕捞平衡时，其资源量、平衡渔获量和捕捞力量之间关系的数学模型。

7.35

动态综合模型　dynamic pool model

单位补充量渔获量模型　yield-per recruitment model

描述在稳定环境中的种群，每单位补充量渔获量与捕捞努力量和最初被捕捞年龄之间相互关系的数学模型。

7.36

人工繁殖　artificial propagation

在人工控制条件下促使亲体的性产物达到成熟、排放和受精，并使受精卵在适宜的条件下发育成为苗种的过程。

7.37

海水养殖　marine aquaculture；mariculture

利用浅海、滩涂、港湾、池塘等海水水体养殖海洋水产经济动植物的生产活动。

7.38

渔业资源保护　protection of fishery resources

通过合理利用资源、加强水域环境保护及其他限制措施使渔业资源达到永续利用的目的。

7.39

渔业资源管理　fishery resources management

国家为合理利用渔业资源，维持渔业再生产能力并获得最佳渔获量所采取的各项措施和方法。

7.40

资源增殖　resource enhancement；stock enhancement

通过人工方法培育和向天然水域放流种苗，增加生物种群的补充量或移植新的种群以稳定和增加资源数量，改善和提高资源质量。

参 考 文 献

［1］ 黄宗国.海洋生物学辞典.北京:海洋出版社,1994.

［2］ 全国科学技术名词审定会.生态学名词.北京:科学出版社,2007.

［3］ 莱莉·帕森斯.生物海洋学导论.张志南、周红,译.青岛:青岛海洋大学出版社,2000.

［4］ 沈国英,施并章.海洋生态学(第二版),北京:科学出版社,2002.

［5］ Castro P,Huber M E. Marine Biology, Sixth Edition. New York:The McGraw-Hill Companies,2007.

［6］ 全国科学技术名词审定会.水产名词.北京:科学出版社,2002.

［7］ GB/T 19834—2005 海洋学术语 海洋资源学.

索　引

汉语拼音索引

B

斑块分布 …… 4.27
半咸水种 …… 2.194
保护色 …… 2.162
保守种 …… 2.181
北方两洋分布 …… 2.225
倍增时间 …… 4.30
变温动物 …… 2.166
补偿光强 …… 4.18
补偿深度 …… 4.19
补充量 …… 7.8
补充群体 …… 7.9
补充型捕捞过度 …… 7.21
捕捞过度 …… 7.20
捕捞努力量 …… 7.17
捕捞強度 …… 7.18
捕捞死亡系数 …… 7.23
捕捞系数 …… 7.16
捕捞作业量 …… 7.17
捕食 …… 2.139
捕食率 …… 4.36
捕食者 …… 2.140
不应期 …… 4.44
不育分布 …… 2.37

C

草食动物 …… 2.100
残存率 …… 7.25
产卵(生殖)洄游 …… 6.19
产卵场 …… 6.23
长管艳虫 …… 5.17
长腕幼虫 …… 2.134
常见种 …… 2.47
超深渊动物 …… 2.211
潮池生物群落 …… 5.12
潮间带生态学 …… 2.7
沉积生物 …… 5.46
沉积性摄食 …… 2.96
成带现象 …… 5.63
成活率 …… 7.25
成群分布 …… 2.30
赤潮 …… 4.48
虫黄藻 …… 5.64
初级生产力 …… 2.64
初级生产量 …… 2.59
初级生产者 …… 2.68
初级消费者 …… 2.71
传递效率 …… 2.90
垂直分布 …… 4.26
雌雄同体 …… 2.117
次级生产力 …… 2.66
次级生产量 …… 2.62

D

DNA 条形编码 …… 2.179
大型底栖动物 …… 5.30
大型底栖生物 …… 5.29
大型底栖植物 …… 5.31
大型浮游生物 …… 4.3
大型藻类 …… 5.32
大眼幼体 …… 2.131
大洋生物 …… 2.200
大洋生物区系 …… 2.227
大洋性鱼类 …… 6.18
代表种 …… 2.49
单位补充量渔获量模型 …… 7.35
单位捕捞努力量渔获量 …… 7.29
单性生殖 …… 2.118
单周期型 …… 4.23
担轮幼虫 …… 2.129
低盐种 …… 2.195
底层鱼类 …… 6.13
底内动物 …… 5.10
底栖动物 …… 5.4
底栖动物区系 …… 5.5
底栖生物 …… 5.1
底栖生物带 …… 5.3

底栖生物群落……………………………… 5.7
底栖生物拖网 …………………………… 5.83
底栖生物学……………………………… 5.2
底栖植物区系…………………………… 5.6
底上动物………………………………… 5.9
地方种………………………………… 2.185
地理亚种 ……………………………… 2.23
地理阻隔……………………………… 2.232
顶级捕食者…………………………… 2.141
动态综合模型 ………………………… 7.35
多态现象……………………………… 2.122
多足体 ………………………………… 5.70

F

f 比 …………………………………… 2.95
发光器………………………………… 2.152
发光生物……………………………… 2.150
发光细菌………………………………… 3.8
反向遮蔽……………………………… 2.160
繁殖力………………………………… 2.119
繁殖模型 ……………………………… 7.33
放射虫软泥 …………………………… 5.77
非生物环境 …………………………… 2.13
非生物因子 …………………………… 2.15
非嗜盐菌 ……………………………… 3.18
非造礁珊瑚 …………………………… 5.67
分解者 ………………………………… 2.70
分解作用 ……………………………… 2.84
粪粒…………………………………… 2.116
丰度 …………………………………… 2.20
浮性卵…………………………………… 6.7
副渔获物 ……………………………… 7.32
浮游生活期 …………………………… 4.46
浮游生物………………………………… 4.1
浮游细菌………………………………… 3.6
浮游植物 ……………………………… 4.16
腐生…………………………………… 2.148
附表底栖生物…………………………… 5.8
附表海藻 ……………………………… 5.28
附生植物 ……………………………… 5.26
复大孢子 ……………………………… 4.43
副轮 …………………………………… 6.27

G

钙化…………………………………… 2.156
高营养盐低生产力区 ………………… 4.21
个体绝对繁殖力 ……………………… 7.12
个体相对繁殖力 ……………………… 7.13
功能食物网 …………………………… 2.74
共生…………………………………… 2.142
共栖…………………………………… 2.144
共享资源………………………………… 7.6
孤雌生殖……………………………… 2.118
古菌……………………………………… 3.5
股群 …………………………………… 2.27
固着器 ………………………………… 5.61
固着生物 ……………………………… 5.40
关键种 ………………………………… 2.50
管栖动物 ……………………………… 5.50
光合商 ………………………………… 2.79
光能自养 ……………………………… 2.53
光细胞………………………………… 2.151
光抑制 ………………………………… 2.80
广布种………………………………… 2.187
广深性生物…………………………… 2.214
广食性动物…………………………… 2.112
广温性生物…………………………… 2.216
广压性生物…………………………… 2.217
广盐性生物…………………………… 2.215
规则分布 ……………………………… 2.32
硅藻软泥 ……………………………… 5.75
过滤率 ………………………………… 4.35

H

海草场 ………………………………… 5.56
海底热泉生物群落 …………………… 5.15
海水养殖 ……………………………… 7.37
海洋病毒 ……………………………… 3.31
海洋极端环境 ………………………… 3.23
海洋极端嗜冷菌 ……………………… 3.22
海洋极端微生物 ……………………… 3.14
海洋生态动力学………………………… 2.5
海洋生态学……………………………… 2.4
海洋生物……………………………… 2.197
海洋生物泵…………………………… 2.249

海洋生物地理分布带 …… 2.228
海洋生物学 …… 2.2
海洋微生物 …… 3.1
海洋温盐环流输送带 …… 2.234
海洋污染生物监测 …… 2.239
海洋细菌 …… 3.3
海洋渔业 …… 7.1
海洋真菌 …… 3.24
海藻床 …… 5.57
河口鱼类 …… 6.14
黑烟囱 …… 5.16
恒化培养 …… 3.32
恒温动物 …… 2.167
红树林 …… 5.52
红树林沼泽 …… 5.53
呼吸 …… 2.113
呼吸根 …… 5.54
互利(共生) …… 2.143
化能合成作用 …… 2.83
化能自养 …… 2.54
环境承载量 …… 2.25
环热带分布种 …… 2.189
回声定位 …… 2.163
洄游鱼类 …… 6.17
混合营养 …… 2.56

J

基底 …… 5.79
极端嗜热菌 …… 3.15
极端嗜压菌 …… 3.21
极端嗜盐菌 …… 3.16
机会种 …… 2.182
极微型浮游生物 …… 4.8
集落 …… 2.29
季节波动 …… 2.168
寄生 …… 2.146
假性浮游生物 …… 4.14
间隙动物 …… 5.41
间隙水 …… 5.42
兼捕渔获物 …… 7.32
兼性海洋真菌 …… 3.26
降海(河)鱼类 …… 6.16
阶段性浮游生物 …… 4.13
结群 …… 2.42
近海生物 …… 2.198
禁渔期 …… 7.11
警戒色 …… 2.161
净初级生产力 …… 2.65
净初级生产量 …… 2.61
净光合作用 …… 2.82
竞争 …… 2.138
巨型浮游生物 …… 4.2
巨型海藻 …… 5.58
巨藻森林 …… 5.59
聚集分布 …… 2.30
均匀分布 …… 2.32
菌落 …… 3.29
菌株 …… 3.28

K

K-选择种 …… 2.181
糠虾幼体 …… 2.133
可更新资源 …… 7.5
颗石软泥 …… 5.78
可育期 …… 4.45
孔隙度 …… 5.82

L

蓝细菌 …… 3.4
蓝藻 …… 3.4
冷渗口 …… 5.14
冷水种 …… 2.193
粒径谱 …… 2.250
连续培养 …… 3.37
两极分布 …… 2.229
两极同源 …… 2.229
两极种 …… 2.190
邻域分布 …… 2.35
邻域性物种形成 …… 2.36
临界深度 …… 4.20
滤食动物 …… 2.104
滤食性摄食 …… 2.97

M

马尾藻海 …… 2.224
密度 …… 2.19

面盘幼虫……………………………………… 2.128

N

耐冷细菌 ……………………………………… 3.19
耐污染种……………………………………… 2.247
耐压细菌 ……………………………………… 3.20
南极燐虾……………………………………… 7.3
内温动物……………………………………… 2.167
能流 ……………………………………… 2.88
泥滩生物群落 ……………………………………… 5.13
年龄组成 ……………………………………… 6.28
年轮 ……………………………………… 6.26
暖水种……………………………………… 2.191

P

P/B 比 ……………………………………… 2.67
排泄……………………………………… 2.114
偏害(共生)……………………………………… 2.145
偏利(共生)……………………………………… 2.144
漂浮生物……………………………………… 2.203
漂浮细菌……………………………………… 3.7
品系 ……………………………………… 3.28
平底生物群落 ……………………………………… 5.19
平衡渔获量 ……………………………………… 7.31
平衡渔获量模型 ……………………………………… 7.34
平衡种……………………………………… 2.181
平面分布 ……………………………………… 4.25

Q

浅海生物……………………………………… 2.199
亲体补充量模型 ……………………………………… 7.33
亲缘种……………………………………… 2.183
清滤率 ……………………………………… 4.35
趋光性……………………………………… 2.164
趋化性……………………………………… 2.165
群浮 ……………………………………… 2.28
群落 ……………………………………… 2.40
群落交错区 ……………………………………… 2.43
群落生境 ……………………………………… 2.18

R

r-选择种 ……………………………………… 2.182
桡足幼体……………………………………… 2.126
热带深潜……………………………………… 2.230
人工繁殖 ……………………………………… 7.36
日粮 ……………………………………… 4.38
肉食动物……………………………………… 2.101

S

砂壳纤毛虫……………………………………… 2.137
砂面生物 ……………………………………… 5.44
砂面藻 ……………………………………… 5.27
砂内生物 ……………………………………… 5.45
砂栖生物 ……………………………………… 5.43
珊瑚白化 ……………………………………… 5.65
珊瑚漂白 ……………………………………… 5.65
上层浮游生物……………………………………… 4.9
上层生物……………………………………… 2.205
上升流生态系……………………………………… 2.222
上行控制 ……………………………………… 2.78
摄入率 ……………………………………… 4.37
摄食 ……………………………………… 4.32
摄食率 ……………………………………… 4.34
摄食者 ……………………………………… 4.33
深层生物……………………………………… 2.207
深海动物……………………………………… 2.209
深海生态学……………………………………… 2.8
深渊层生物……………………………………… 2.208
深渊动物……………………………………… 2.210
渗出……………………………………… 2.115
渗透[作用]……………………………………… 2.157
渗透调节……………………………………… 2.158
生产力 ……………………………………… 2.63
生产量 ……………………………………… 2.58
生长效率 ……………………………………… 2.87
生长型捕捞过度 ……………………………………… 7.22
生境 ……………………………………… 2.17
生境间多样性……………………………………… 2.173
生境内多样性……………………………………… 2.172
生态风险评估……………………………………… 2.238
生态过渡带 ……………………………………… 2.43
生态位 ……………………………………… 2.51
生态系统……………………………………… 2.9
生态系统生态学……………………………………… 2.6
生态交错区 ……………………………………… 2.43
生态效率 ……………………………………… 2.89

生态阻隔…… 2.231
生物测试…… 2.237
生物沉降 …… 5.22
生物地球化学循环 …… 2.92
生物多样性…… 2.169
生物发光…… 2.149
生物放大…… 2.242
生物富集…… 2.243
生物灌洗 …… 5.21
生物海岸 …… 5.51
生物海洋学…… 2.3
生物环境 …… 2.14
生物降解…… 2.245
生物累积…… 2.240
生物量 …… 2.57
生物膜…… 2.236
生物侵蚀 …… 5.23
生物扰动 …… 5.20
生物识别…… 2.180
生物污染…… 2.241
生物污损 …… 5.24
生物修复…… 2.244
生物因子 …… 2.16
生物噪声…… 2.153
生源沉积物 …… 5.74
生殖隔离 …… 2.38
声学调查 …… 7.28
声学评估 …… 7.28
剩余产量模型 …… 7.34
食底泥动物…… 2.105
食底栖生物动物…… 2.108
食粪动物…… 2.111
食浮游生物动物…… 2.107
食腐动物…… 2.110
嗜硫动物 …… 5.18
实胚…… 2.130
食碎屑动物…… 2.103
世代分析 …… 7.14
食微生物动物…… 2.106
食物链 …… 2.72
食物网 …… 2.73
食鱼动物…… 2.109
世代交替…… 2.121
世代时间…… 2.120
嗜冷细菌 …… 3.10
嗜硫生物 …… 5.18
嗜热细菌…… 3.9
嗜压细菌 …… 3.11
嗜盐生物…… 2.213
受控实验生态系 …… 2.10
双周期型 …… 4.24
水层-底栖耦合 …… 5.80
水层生物…… 2.201
水母体 …… 5.73
水母型 …… 5.71
水飘生物…… 2.204
水生生物…… 2.196
水生生物学…… 2.1
水螅 …… 5.69
水螅体 …… 5.72
水螅型 …… 5.70
死亡率 …… 7.26
溯河鱼类 …… 6.15
瞬时捕捞死亡率 …… 7.23
瞬时自然死亡率 …… 7.24
随机分布 …… 2.31
碎屑…… 2.155
碎屑性摄食 …… 2.99
索饵场 …… 6.25
索饵洄游 …… 6.20

T

太平洋两岸分布…… 2.226
碳同化作用 …… 2.85
特有现象…… 2.154
特征种 …… 2.49
体长频数混合分布分析法…… 6.4
同化效率 …… 2.86
同化指数 …… 4.22
同龄群 …… 2.27
同生群 …… 2.27
同域分布 …… 2.33
同质性…… 2.177
头足类…… 6.5

W

外来种…… 2.186

外温动物…………………………………… 2.166
网采浮游生物 ……………………………… 4.15
微生物[食物]环 …………………………… 3.35
微生物污损 ………………………………… 3.33
微生物粘膜 ………………………………… 3.34
微微型浮游生物…………………………… 4.7
微型底栖动物 ……………………………… 5.38
微型底栖生物 ……………………………… 5.37
微型底栖植物 ……………………………… 5.39
微型浮游生物……………………………… 4.6
微宇宙 ……………………………………… 2.12
围隔生态系 ………………………………… 2.11
温水种……………………………………… 2.192
污染指示种………………………………… 2.246
污损生物 …………………………………… 5.25
无节幼虫…………………………………… 2.125
物种多样性………………………………… 2.171
物种多样性指数…………………………… 2.175

X

稀有种 ……………………………………… 2.48
喜光生物…………………………………… 2.212
习见种 ……………………………………… 2.47
喜阴浮游生物 ……………………………… 4.11
系统演化 …………………………………… 2.39
细菌粘液 …………………………………… 3.27
虾类………………………………………… 6.2
狭分布……………………………………… 2.188
狭深性生物………………………………… 2.218
狭温性生物………………………………… 2.220
狭压性生物………………………………… 2.221
狭盐性生物………………………………… 2.219
下行控制 …………………………………… 2.77
夏卵 ………………………………………… 4.40
现存量……………………………………… 7.4
咸淡水鱼类 ………………………………… 6.14
腺介幼虫…………………………………… 2.127
相似性……………………………………… 2.176
消费者 ……………………………………… 2.69
小菌落 ……………………………………… 3.30
小型底栖动物 ……………………………… 5.34
小型底栖生物 ……………………………… 5.33
小型浮游生物……………………………… 4.5
胁迫………………………………………… 2.235
泻湖 ………………………………………… 5.68
新生产 ……………………………………… 2.93
雄性寄生…………………………………… 2.147
休眠孢子 …………………………………… 4.42
休眠卵 ……………………………………… 4.41
悬浮食性动物……………………………… 2.104
悬浮性摄食 ………………………………… 2.98
穴居生物 …………………………………… 5.49

Y

亚种群 ……………………………………… 2.22
盐腺………………………………………… 2.159
盐沼 ………………………………………… 5.55
演替 ………………………………………… 2.44
演替系列 …………………………………… 2.45
氧化还原电位不连续层 …………………… 5.81
叶片 ………………………………………… 5.62
叶状体 ……………………………………… 5.60
一次性培养 ………………………………… 3.36
遗传多样性………………………………… 2.170
异养 ………………………………………… 2.55
异域分布 …………………………………… 2.34
异质性……………………………………… 2.178
营养级 ……………………………………… 2.75
营养金字塔 ………………………………… 2.76
永久性浮游生物 …………………………… 4.12
永久性小型底栖动物 ……………………… 5.36
涌出………………………………………… 2.223
优势种 ……………………………………… 2.46
游泳底栖生物 ……………………………… 5.11
游泳群 ……………………………………… 6.22
游泳生物…………………………………… 6.1
有孔虫软泥 ………………………………… 5.76
有效种群分析 ……………………………… 7.14
幼体期……………………………………… 2.123
鱼类………………………………………… 6.8
渔获量……………………………………… 7.7
渔期 ………………………………………… 7.10
渔业生物学测定 …………………………… 7.27
渔业资源…………………………………… 7.2
渔业资源保护 ……………………………… 7.38
渔业资源管理 ……………………………… 7.39

渔业资源评估 …… 7.15
羽腕幼虫…… 2.135
育幼场 …… 6.24
原核微生物…… 3.2
越冬洄游 …… 6.21

Z

杂食动物…… 2.102
再生生产 …… 2.94
再生资源…… 7.5
暂时性浮游生物 …… 4.14
暂时性小型底栖动物 …… 5.35
蚤状幼虫…… 2.132
藻华 …… 4.47
造礁珊瑚 …… 5.66
粘细菌 …… 3.13
粘性卵…… 6.6
沼泽生物…… 2.202
真光层 …… 4.17
真性浮游生物 …… 4.12
指示种…… 2.184
滞育 …… 4.39
滞育卵 …… 4.41
稚期…… 2.124
稚鱼 …… 6.10
中层浮游生物 …… 4.10
中层生物…… 2.206
中度嗜盐菌 …… 3.17
中间培育 …… 6.11
中上层鱼类 …… 6.12
中实幼虫…… 2.130
中温细菌 …… 3.12
中型浮游生物…… 4.4
种群 …… 2.21
种群动态 …… 2.26
种群密度 …… 2.24
周丛生物 …… 5.47
周转率 …… 2.67
周转时间 …… 4.29
周转时间法 …… 4.31
昼夜垂直移动 …… 4.28
专性海洋真菌 …… 3.25
转换效率 …… 2.91
状态转移…… 2.233
仔虾…… 6.3
仔鱼…… 6.9
资源增殖 …… 7.40
自然保护区…… 2.248
自然死亡系数 …… 7.24
自养 …… 2.52
总初级生产量 …… 2.60
总光合作用 …… 2.81
组合 …… 2.41
钻孔生物 …… 5.48
最大持续渔获量 …… 7.30
最佳持续渔获量 …… 7.19
最适渔获量 …… 7.19
樽形幼虫…… 2.136

α 多样性 …… 2.172
β 多样性 …… 2.173
γ 多样性 …… 2.174

英文对应词索引

A

abiotic environment …… 2.13
abiotic factor …… 2.15
absolute fecundity …… 7.12
abundance …… 2.20
abyssal fauna …… 2.210
abyssopelagic organism …… 2.208
accessory ring …… 6.27
acoustic survey …… 7.28
age composition …… 6.28
aggregated distribution …… 2.30
ahalophile …… 3.18
ahermatypic coral …… 5.68
algal bloom …… 4.47
allopatry …… 2.34
alpha diversity …… 2.172
alternation of generations …… 2.121
ammensalism …… 2.145
amphi-boreal distribution …… 2.225
amphi-pacific distribution …… 2.226
anadromous fishes …… 6.15
analysis of length frequency distribution …… 6.4
annual ring …… 6.26
antarctic krill …… 7.3
archaea …… 3.5
artificial propagation …… 7.36
assemblage …… 2.41
assimilation efficiency …… 2.86
assimilation index …… 4.22
atoll …… 5.70
autotroph …… 2.52
auxospore …… 4.43

B

bacterial slime …… 3.27
bacterioneuston …… 3.7
barophilic bacteria …… 3.11
barrier reef …… 5.71
batch cultivation …… 3.36
bathyal fauna …… 2.209

bathypelagic organism ······ 2.207
benthic community ······ 5.7
benthic fauna ······ 5.5
benthic flora ······ 5.6
benthic microphytes ······ 5.39
benthic trawl ······ 5.83
benthic zone ······ 5.3
benthic-pelagic coupling ······ 5.80
benthivore ······ 2.108
benthology ······ 5.2
benthos ······ 5.1
beta diversity ······ 2.173
bioaccumulation ······ 2.240
bioassay ······ 2.237
bioconcentration ······ 2.243
biodegradation ······ 2.245
biodeposition ······ 5.22
biodiversity ······ 2.169
bioerosion ······ 5.23
biofilm ······ 2.236
biofouling ······ 5.24
biogenous sediment ······ 5.74
biogeochemical cycles ······ 2.92
bioirrigation ······ 5.21
biological coast ······ 5.51
biological CO_2 pump ······ 2.249
biological determination of fishery ······ 7.27
biological monitoring of marine pollution ······ 2.239
biological noise ······ 2.153
biological oceanography ······ 2.3
biological pollution ······ 2.241
bioluminescence ······ 2.149
biomagnification ······ 2.242
biomass ······ 2.57
biometric identification ······ 2.180
bioremediation ······ 2.244
biotic environment ······ 2.14
biotic factor ······ 2.16
biotope ······ 2.18
bioturbation ······ 5.20
bipinnaria ······ 2.135
bipolar distribution ······ 2.229
bipolarity ······ 2.229

bipolar species ······ 2.190
black smoker ······ 5.16
blade ······ 5.62
borer ······ 5.48
bottom-up control ······ 2.78
brackish fishes ······ 6.14
brackish water species ······ 2.194
burrowing organism ······ 5.49
bycatch ······ 7.32

C

calcification ······ 2.156
carbon assimilation ······ 2.85
carnivore ······ 2.101
carrying capacity ······ 2.25
catadromous fishes ······ 6.16
catch ······ 7.7
catch ability coefficient ······ 7.16
catch per unit effort ······ 7.29
catch yield ······ 7.7
cephalopod ······ 6.5
characteristic species ······ 2.49
chemoautotroph ······ 2.54
chemostatic culture ······ 3.32
chemosynthesis ······ 2.83
chemotaxis ······ 2.165
circumtropical species ······ 2.189
clearance rate ······ 4.35
closed(fishing)season ······ 7.11
clumped distribution ······ 2.30
coccolithophorid ooze ······ 5.78
cohort ······ 2.27
cold seep ······ 5.14
cold water species ······ 2.193
colony ······ 2.29
colony ······ 3.29
commensalism ······ 2.144
common shared resources ······ 7.6
common species ······ 2.47
community ······ 2.40
compensation depth ······ 4.19
compensation light intensity ······ 4.18
competent phase ······ 4.45

competition …… 2.138
conservative species …… 2.181
consumer …… 2.69
continuous cultivation …… 3.37
controlled experimental ecosystem …… 2.10
conversion efficiency …… 2.91
copepodite …… 2.126
coprophaga …… 2.111
coral bleaching …… 5.65
cosmopolitan species …… 2.187
countershading …… 2.160
critical depth …… 4.20
cyanobacteria …… 3.4
cypris …… 2.127

D

daily ration …… 4.38
decomposer …… 2.70
decomposition …… 2.84
deep-sea ecology …… 2.8
demersal fishes …… 6.13
density …… 2.19
deposit feeder …… 2.105
deposit feeding …… 2.96
detritivore …… 2.103
detritus …… 2.155
detritus feeding …… 2.99
diapause …… 4.39
diapause egg …… 4.41
diatomaceous ooze …… 5.75
dicycle …… 4.24
diel vertical migration …… 4.28
DNA barcoding …… 2.179
doliolaria …… 2.136
dominant species …… 2.46
dormant …… 4.41
doubling time …… 4.30
dynamic pool model …… 7.35

E

echinopluteus …… 2.134
echolocation …… 2.163
ecological barrier …… 2.231

ecological efficiency ······ 2.89
ecological risk assessment ······ 2.238
ecosystem ······ 2.9
ecosystem ecology ······ 2.6
ecotone ······ 2.43
ectotherm ······ 2.166
endemic species ······ 2.185
endemism ······ 2.154
endopsammon ······ 5.45
endotherm ······ 2.167
energy flow ······ 2.88
epibenthos ······ 5.8
epifauna ······ 5.9
epipelagic organism ······ 2.205
epiphytes ······ 5.26
epiplankton ······ 4.9
Epipsammon ······ 5.44
episammic algae ······ 5.27
epontic algae ······ 5.28
equilibrium species ······ 2.181
equilibrium yield ······ 7.31
equilibrium yield model ······ 7.34
estuarine fishes ······ 6.14
euphotic zone ······ 4.17
euplankton ······ 4.12
eurybaline organism ······ 2.215
eurybaric organism ······ 2.217
eurybathic organism ······ 2.214
euryphagous animal ······ 2.112
eurythermal organism ······ 2.216
excretion ······ 2.114
exotic species ······ 2.186
extreme barophilic bacteria ······ 3.21
extreme halophile ······ 3.16
extremethermophilic bacteria ······ 3.15
exudation ······ 2.115

F

facultative marine fungus ······ 3.26
fecal pellet ······ 2.116
fecundity ······ 2.119
feeding ground ······ 6.25
feeding migration ······ 6.20

femtoplankton ······ 4.8
filter feeder ······ 2.104
filter feeding ······ 2.97
filtering rate ······ 4.35
fishery resources ······ 7.2
fishery resources management ······ 7.39
fishes ······ 6.8
fishing effort ······ 7.17
fishing intensity ······ 7.18
fishing mortality coefficient ······ 7.23
fishing season ······ 7.10
food chain ······ 2.72
food web ······ 2.73
foraminiferan ooze ······ 5.80
fouling organism ······ 5.25
f-ratio ······ 2.95
fringing reef ······ 5.69
functional food web ······ 2.74

G

gamma diversity ······ 2.174
generation time ······ 2.120
genetic diversity ······ 2.170
geographic subspecies ······ 2.23
geographical barrier ······ 2.232
grazer ······ 4.33
grazing ······ 4.32
grazing rate ······ 4.34
gross photosynthesis ······ 2.81
gross primary production ······ 2.60
growth efficiency ······ 2.87
growth overfishing ······ 7.22

H

habitat ······ 2.17
hadal fauna ······ 2.211
halophilic organism ······ 2.213
herbivore ······ 2.100
hermaphrodite ······ 2.117
hermatypic coral ······ 5.66
heterogeneity ······ 2.178
heterotroph ······ 2.55
high nitrate low chlorophyll ······ 4.21

holdfast ········ 5.61
holoplankton ········ 4.12
homeotherm ········ 2.167
homogeneity ········ 2.177
horizonal distribution ········ 4.25
hydranth ········ 5.72
hydrobiology ········ 2.1
hydrobiont ········ 2.196
hydroid ········ 5.69
hydrothermal vent community ········ 5.15

I

index of species diversity ········ 2.175
indicator species ········ 2.184
infauna ········ 5.10
ingestion rate ········ 4.37
instantaneous fishing mortality rate ········ 7.23
instantaneous natural mortality rate ········ 7.24
intermediate rearing ········ 6.11
interstitial fauna ········ 5.41
interstitial water ········ 5.42
intertidal ecology ········ 2.7

J

juvenile ········ 6.10
juvenile stage ········ 2.124

K

kelp ········ 5.58
kelp bed ········ 5.57
kelp forest ········ 5.59
keystone species ········ 2.50
K-selective species ········ 2.181

L

lagoon ········ 5.68
larva fish ········ 6.9
larval stage ········ 2.123
level bottom community ········ 5.19
luminous bacteria ········ 3.8
luminous organism ········ 2.150

M

macroalgae ········ 5.32

macrobenthos ········ 5.29
macrofauna ········ 5.30
macrophyte ········ 5.31
macroplankton ········ 4.3
male parasitism ········ 2.147
mangal ········ 5.53
mangrove ········ 5.52
marine aquaculture ········ 7.37
marine bacteria ········ 3.3
marine biogeographic zones ········ 2.228
marine biology ········ 2.2
marine eco-dynamics ········ 2.5
marine ecology ········ 2.4
marine extreme environment ········ 3.23
marine extreme psychrophiles ········ 3.22
marine extremophiles ········ 3.14
marine fishery ········ 7.1
marine fungus ········ 3.24
marine microorganism ········ 3.1
marine organism ········ 2.197
marine virus ········ 3.31
marsh organism ········ 2.202
maximum sustainable yield ········ 7.30
medusa ········ 5.71
medusoma ········ 5.73
megalopa ········ 2.131
megaplankton ········ 4.2
meiobenthos ········ 5.33
meiofauna ········ 5.34
meroplankton ········ 4.13
mesocosm ········ 2.11
mesohalophile ········ 3.17
mesopelagic fishes ········ 6.12
mesopelagic organism ········ 2.206
mesophilic bacteria ········ 3.12
mesoplankton ········ 4.4
mesoplankton ········ 4.10
microbenthos ········ 5.37
microbial [food] loop ········ 3.35
microbial films ········ 3.34
microbivore ········ 2.106
microcolony ········ 3.30
microcosm ········ 2.12

microfauna …… 5.38
microfouling …… 3.33
microplankton …… 4.5
migratory fishes …… 6.17
mixotroph …… 2.56
monocycle …… 4.23
mortality …… 7.26
mutualism …… 2.143
mysis larva …… 2.133
myxobacteria …… 3.13

N

nannoplankton …… 4.6
natural mortality coefficient …… 7.24
nature reserve …… 2.248
nauplius …… 2.125
nektobenthos …… 5.11
nekton …… 6.1
neritic organism …… 2.198
net photosynthesis …… 2.82
net plankton …… 4.15
net primary production …… 2.61
net primary productivity …… 2.65
neuston …… 2.203
new production …… 2.93
niche …… 2.51
nursery ground …… 6.24

O

obligate marine fungus …… 3.25
oceanic fishes …… 6.18
oceanic flora and fauna …… 2.227
oceanic organism …… 2.200
oceanic thermohaline conveyor belt …… 2.234
ochthium …… 5.13
oligohaline species …… 2.195
omnivore …… 2.102
opportunistic species …… 2.182
optimum sustainable yield …… 7.19
optimum yield(catch) …… 7.19
osmoregulation …… 2.158
osmosis …… 2.157
outwelling …… 2.223

over wintering migration …… 6.21
overfishing …… 7.20

P

parapatric speciation …… 2.36
parapatry …… 2.35
parasitism …… 2.146
parenchymula …… 2.130
parthenogenesis …… 2.118
particle size spectrum …… 2.250
patchiness …… 4.27
pelagic eggs …… 6.7
pelagic organism …… 2.201
pelagic phase …… 4.46
periphyton …… 5.47
permanent meiofauna …… 5.36
photo inhibition …… 2.80
photoautotroph …… 2.53
photocyte …… 2.151
photophilous organism …… 2.212
photophore …… 2.152
photosynthetic quotient …… 2.79
phototaxis …… 2.164
phylogeny …… 2.39
phytoplankton …… 4.16
picoplankton …… 4.7
piscivore …… 2.109
planktivore …… 2.107
planktobacteria …… 3.6
plankton …… 4.1
pleuston …… 2.204
pneumatophore …… 5.54
poikilotherm …… 2.166
pollution indicating species …… 2.246
pollution tolerant species …… 2.247
polymorphism …… 2.122
polyp …… 5.70
population …… 2.21
population density …… 2.24
population dynamics …… 2.26
porosity …… 5.82
post-larval …… 6.3
predation …… 2.139

predation rate …… 4.36
predator …… 2.140
primary consumers …… 2.71
primary producers …… 2.68
primary production …… 2.59
primary productivity …… 2.64
production …… 2.58
production biomass ratio …… 2.67
productivity …… 2.63
protection of fishery resources …… 7.38
protective coloration …… 2.162
protocle microorganism …… 3.2
psammon …… 5.43
pseudoplankton …… 4.14
psychrophilic bacteria …… 3.10
psychrotrophs …… 3.19

R

radiolarian ooze …… 5.77
random distribution …… 2.31
rare species …… 2.48
recruitment …… 7.8
recruitment overfishing …… 7.21
recruitment stock …… 7.9
red tide …… 4.48
redox potential discontinuity (RPD) layer …… 5.81
refractory phase …… 4.44
regenerated production …… 2.94
regime shift …… 2.233
regular distribution …… 2.32
relative fecundity …… 7.13
renewable resources …… 7.5
representative species …… 2.49
reproduction model …… 7.33
reproductive isolation …… 2.38
resource enhancement …… 7.40
respiration …… 2.113
resting spore …… 4.42
r-selective species …… 2.182
rockpool community …… 5.12

S

salt gland …… 2.159

saltmarsh ······ 5.55
saprophytism ······ 2.148
Sargasso Sea ······ 2.224
scavenger ······ 2.110
school ······ 6.22
sea grass bed ······ 5.56
seasonal fluctuation ······ 2.168
secondary production ······ 2.62
secondary productivity ······ 2.66
sedimentary organism ······ 5.46
sere ······ 2.45
sessile organism ······ 5.40
shade plankton ······ 4.11
shallow sea organism ······ 2.199
shoaling ······ 2.42
shrimp ······ 6.2
sibling species ······ 2.183
similarity ······ 2.176
spawning ground ······ 6.23
spawning migration ······ 6.19
species diversity ······ 2.171
standing crop ······ 7.4
stenobaline organism ······ 2.219
stenobaric organism ······ 2.221
stenobathic organism ······ 2.218
stenothermal organism ······ 2.220
stenotopic species ······ 2.188
sterile distribution ······ 2.37
stock assessment ······ 7.15
strain ······ 3.28
stress ······ 2.235
subitaneous egg ······ 4.40
subpopulation ······ 2.22
substrate ······ 5.79
succession ······ 2.44
sulfide fauna ······ 5.18
surplus yield model ······ 7.34
survival rate ······ 7.25
suspension feeder ······ 2.104
suspension feeding ······ 2.98
swarm ······ 2.28
symbiosis ······ 2.142
sympatry ······ 2.33

T

temperate water species ······ 2. 192
temporary meiofauna ······ 5. 35
thallus ······ 5. 60
thermophilic bacteria ······ 3. 9
thiobios ······ 5. 18
tintinnid ······ 2. 137
top predator ······ 2. 141
top-down control ······ 2. 77
transfer efficiency ······ 2. 90
trochophore ······ 2. 129
trophic level ······ 2. 75
trophic pyramid ······ 2. 76
tropical submergence ······ 2. 230
tubicolous animal ······ 5. 50
turnover rate ······ 2. 67
turnover time ······ 4. 29
turnover time method ······ 4. 31
tychoplankton ······ 4. 14

U

uniform distribution ······ 2. 32
upwelling ecosystem ······ 2. 222

V

veliger ······ 2. 128
vertical distribution ······ 4. 26
vestimentifera ······ 5. 17
virtual population analysis ······ 7. 14
viscid egg ······ 6. 6

W

warm water species ······ 2. 191
warning coloration ······ 2. 161
within-habitat diversity ······ 2. 172

Y

yield-per recruitment model ······ 7. 35

Z

zoea ························ 2.132
zonation ························ 5.63
zoobenthos ························ 5.4
zooxanthellae ························ 5.64

ICS 07.060
A 45

中华人民共和国国家标准

GB/T 15920—2010
代替 GB/T 15920—1995

海洋学术语 物理海洋学

Oceanographic terminology—Physical oceanography

2011-01-14 发布 2011-06-01 实施

中华人民共和国国家质量监督检验检疫总局
中国国家标准化管理委员会 发布

前　言

本标准代替 GB/T 15920—1995《海洋学术语　物理海洋学》。本标准与 GB/T 15920—1995 相比主要变化如下：

——将“温、盐、深”、“海流”、“海浪”、“潮汐”和“海冰”五章合并为“物理海洋”一章，增加了 88 条术语和定义，修改了 140 余条术语和定义(1995 年版的 2、3、4、5、6，本版的 2)；

——调整了“海洋声、光、电、磁”和“海洋气象”两章的顺序(1995 年版的 7、8，本版的 3、4)；

——将“海洋声、光、电、磁”一章细分为“海洋声学”、“海洋光学”和“海洋电、磁学”，并将此章标题改为“海洋物理”，增加了 48 条术语和定义，修改了 11 条术语和定义(1995 年版的 8，本版的 3)；

——“海洋气象”一章新增 32 条术语和定义(1995 年版的 3，本版的 4)；

——增加了参考文献(本版的“参考文献”)。

本标准与 GB/T 15918—2010《海洋学综合术语》、GB/T 15921—2010《海洋学术语　海洋化学》、GB/T 15919—2010《海洋学术语　海洋生物学》、GB/T 18190—2000《海洋学术语　海洋地质学》、GB/T 19834—2005《海洋学术语　海洋资源学》等国家标准在各项海洋工作领域中互相配合使用。

本标准由国家海洋局提出。

本标准由全国海洋标准化技术委员会(SAC/TC 283)归口。

本标准起草单位是：国家海洋标准计量中心、国家海洋信息中心、国家海洋技术中心。

本标准主要起草人：郭小勇、高占科、李芳、索利利、胡波、相文玺、范文静、骆静新、梁捷、李铜基、许莉莉、王玉红、汤海荣、袁玲玲。

本标准所代替标准的历次版本发布情况为：

——GB/T 15920—1995。

海洋学术语　物理海洋学

1　范围

本标准规定了物理海洋学、海洋物理学、海洋气象学等学科领域的基本术语及其定义。

本标准适用于物理海洋学、海洋物理学、海洋气象学等学科领域的科研、教学、管理及相关生产活动。

2　物理海洋

2.1　温、盐、深

2.1.1

表层水温　sea surface temperature

海洋表面3 m以内水层的温度，主要取决于太阳辐射和大洋环流两个因子。

2.1.2

现场温度　in situ temperature

海上现场测量的海水温度。

2.1.3

等温线　isotherm

海水温度分布图上，温度值相等点的连线。

2.1.4

温度深度图　bathythermogram

剖面海水温度随深度变化的图线。

2.1.5

暖水舌　warm water tongue

海水温度分布图上表示高温水流入低温水域的等温线舌状分布。

2.1.6

冷水舌　cold water tongue

海水温度分布图上表示低温水流入高温水域的等温线舌状分布。

2.1.7

暖水圈　warm water sphere

海水经圈剖面上，以8 ℃等温线为分界线，高于8 ℃的上层水域。

2.1.8

冷水圈　cold water sphere

海水经圈剖面上，以8 ℃等温线为分界线，低于8 ℃的中、下层水域。

2.1.9

盐度　salinity

表征海水中溶解盐类多少的量。

注1：盐度有绝对盐度和实用盐度之分。如无特别说明，盐度一般指实用盐度。

注2：改写GB/T 12763.2—2007，定义3.4。

2.1.10

绝对盐度　absolute salinity

S_A

海水中溶解物质的质量与海水质量的比值。

2.1.11

1978 实用盐标 practical salinity scale 1978

在 15 ℃和 101 325 Pa 条件下，盐度为 35.000‰(氯度为 19.347‰)的标准海水的电导率与质量比为 $32.435\,6\times10^{-3}$ 的氯化钾标准溶液的电导率之比(K_{15})准确为 1。以此条件下的标准氯化钾溶液作为实用盐度的固定参考点。

[GB/T 15921—2010，定义 3.2.2]

2.1.12

实用盐度 practical salinity

S

以实用盐标定义的盐度值。

注：实用盐度值根据 K_{15} 由下式确定：

$$S=\sum_{i=0}^{5}a_iK_{15}^{i/2}$$

式中：

K_{15}——15 ℃和一个标准大气压条件下，海水样品与质量比为 $32.435\,6\times10^{-3}$ 的氯化钾溶液的电导率比值；

a_i——常数项：

$a_0=0.008\,0$；

$a_1=-0.169\,2$；

$a_2=25.385\,1$；

$a_3=14.094\,1$；

$a_4=-7.026\,1$；

$a_5=2.708\,1$。

适用范围：$2\leqslant S\leqslant42$。

2.1.13

等盐线 isohaline

海水盐度分布图上盐度相等点的连线。

2.1.14

盐舌 salinity tongue

海水盐度分布图上，海水向盐度不同水区扩展的舌状等盐线。

2.1.15

盐指 salt finger

海水盐度分布剖面图上，在高温、高盐水层位于低温、低盐水层之上时界面发生的高盐水向下伸展的指状等盐线分布。

2.1.16

盐[水]楔 salt water wedge

海水和河水在河口水域混合时，上层密度较小的河流淡水和下层密度较大的高盐海水的分界面向河流上游倾斜呈楔形潜入的现象。

2.1.17

温盐图解 *T-S* diagram

研究海洋水团、海水混合时的一种图解。以温度(T)为纵坐标，盐度(S)为横坐标，表示海水温度、盐度关系的坐标图。

2.1.18

温盐指标 *T-S* index

表示水团特征及鱼群分布的特定的温度和盐度的数据指标。

2.1.19

热盐结构　thermohaline structure

由海水温度和盐度空间分布所反映的海洋内部结构。如分层结构、阶梯结构、阶跃结构和锋面结构等。

2.1.20

海水密度　sea water density

ρ

单位体积海水的质量。

注：海水密度是海水温度、盐度和压力的函数。单位为 $kg \cdot m^{-3}$。

2.1.21

现场密度　in situ density

$\rho(S,t,p)$

根据现场海水温度(t)、实用盐度(S)和压力(p)计算出的海水的密度。

2.1.22

密度超量　density anomaly

γ

为简便密度计算和书写而引入的参量。

注：$\gamma=\rho-1\ 000\ kg \cdot m^{-3}$

2.1.23

海水比容　specific volume of seawater

α

单位质量海水所具有的体积。

注：海水比容是海水温度、盐度和压力的函数，是海水密度的倒数。单位为 $m^3 \cdot kg^{-1}$。

2.1.24

比容偏差　specific volume anomaly

δ

海水现场比容 $\alpha_{s、t、p}$ 与相同压力下盐度为35、温度为0 ℃的海水比容 $\alpha_{35、0、p}$ 之差。

注：$\delta=\alpha(S,t,p)-\alpha(35,0,p)$

2.1.25

热比容偏差　thermosteric anomaly

$\Delta(S,t)$

海洋表面海水的比容偏差。

注：$\Delta(S,t)=\alpha(S,t,0)-\alpha(35,0,0)$

2.1.26

铅直稳定度　vertical stability

海洋各水层保持铅直方向上原来位置能力的量。

2.1.27

对流混合　convective mixing

由海水的热盐作用引起的铅直方向上的水体交换。

2.1.28

涡动混合　eddy mixing

由海洋湍流引起的，以海水微团(小水块)的随机运动方式与相邻海水进行的水体交换。

2.1.29

潮混合　tidal mixing

由潮流引起的，以海水大范围搬运方式与沿途水进行的水体交换。

2.1.30

[混合]增密　caballing

两种不同密度海水混合后的密度大于混合前两者平均密度的现象。

2.1.31

温跃层　thermocline

海水温度在铅直方向上出现跃变的水层。

2.1.32

主[温]跃层　main thermocline

永久性温跃层　permanent thermocline

在海洋混合层以下常年存在的温跃层。

2.1.33

季节性温跃层　seasonal thermocline

中纬度海区海水表层出现的具有明显季节变化特征的温跃层。

2.1.34

盐跃层　halocline

海水盐度在铅直方向上出现跃变的水层。

2.1.35

密度跃层　pycnocline

海水密度在铅直方向上出现跃变的水层。

2.1.36

逆置层　inversion layer

在平流侵入影响下出现的海水温度、盐度、密度等状态参数随深度变化与总趋势相逆的水层。

2.1.37

均匀层　homogeneous layer

海洋中海水温度、盐度、密度等状态参数的铅直分布几乎处于均匀状态的水层。

2.1.38

混合层　mixed layer；mixing layer

表层扰动层　surface perturbation layer

(上)均匀层　(upper)homogeneous layer

直接受海气相互作用的影响，始终处于活跃的波动或流动过程中的，理化性质垂直方向趋于均匀的海洋最上层海水。

2.1.39

大洋对流层　oceanic troposphere

从海面至均匀层之间海水对流作用明显的水层。其厚度随纬度增高而减小。

2.1.40

层化海洋　stratified ocean

因海水状态参数(密度、温度、盐度等)铅直分布的不均匀呈现的分层结构现象的海域。

2.1.41

冷涡　cold eddy

流系中较周围海水温度低的冷中心涡旋。

2.1.42

暖涡　warm eddy

流系中较周围海水温度高的暖中心涡旋。

2.1.43

水型　water type

性质完全相同的水体元的集合。通常是指温盐度均匀，在温-盐图解上仅用一个单点表示的水体。

2.1.44

水团　water mass

源地和形成机制相近，具有在长时间保持相对均匀和稳定的物理和化学特征及大体一致的变化趋势，而与周围海水存在一定差异，且空间尺度不可忽视的水体。

2.1.45

水系　water system

某一海水总体中只考虑单一特征的水体，为一定条件下若干个水团的集合体。

2.1.46

表层水　surface water

接近于海面的受风浪、降水、蒸发等各种外因影响较大的海水。在海洋中其厚度从几米至二百米不等。

2.1.47

次表层水　subsurface water

介于表层水与主温跃层上界面之间的水体。在海洋中其厚度一般为 200 m～300 m。

2.1.48

中层水　intermediate water

介于主温跃层下界面与深层水之间的水体。

注：具有盐度极小的特征，在海洋中其深度一般在 1 000 m～2 000 m 之间。

2.1.49

深层水　deep water

下均匀层（lower）　homogeneous layer

中层水之下到约 4 000 m 深的地层水之间的水体。具有温度、盐度和密度的铅直分布几乎相同的特征，在海洋中其深度一般在 2 000 m～4 000 m 之间。

2.1.50

底层水　bottom water

大洋中从深度 4 000 m 到海底的水体，或浅海中接近海底的水体。

2.1.51

沿岸水　coastal water

靠近海岸流动，水文要素受陆地、气象条件及径流影响季节变化大的海水。

2.1.52

中央水　central water

大洋次表层水团的一种类型，由表层水团在亚热带辐合带下沉而形成的盐度较高的水体。在世界大洋次表层中夹于极地水之间（大西洋、印度洋）或赤道水与极地水之间（太平洋）。

2.1.53

南极绕极水团　Antarctic circumpolar water mass

南极底层水与西风表层漂流水混合由西绕南极大陆东流的水体。具有低温、低盐特征。

2.1.54

北极表层水 Arctic water

北极圈夏半年极昼期间冰雪融化的北冰洋表层水。

2.1.55

副热带模态水 subtropical mode water

北太平洋和北大西洋中央海域北半部内,水温的季节性跃层与永久性跃层间准等温的水体。

2.1.56

黄海冷水团 Huanghai cold water mass;Yellow Sea cold water mass

黄海底层冷水 Huanghai bottom cold water

黄海中央低洼区暖半年温跃层下的水体,以温度低、盐度小为其主要水文特征。

2.1.57

长江冲淡水 Changjiang diluted water;Changjiang river plume

长江入海径流与沿岸海水混合并向偏东扩展形成的盐度在26以下的混合水团,其温度和盐度具有明显的季节性变化特征。

2.1.58

赤道辐合带 equatorial convergence zone;convergence zone near equator

热带辐合带 tropic convergence zone

来自南、北半球的水相汇合的地带。

注:除印度洋外,此带通常位于北半球。

2.1.59

海洋锋 oceanic front

海洋中物理、化学、生物、运动学特征等参数的梯度明显增大的两种或几种水体之间的水平混合狭窄过渡带。

注:广义的是指海洋中海水任何一种参数的不连续面。

2.1.60

细结构 finestructure

垂直尺度为1 m~100 m的海洋物理要素场结构。

2.1.61

微结构 microstructure

垂直尺度小于1 m的海洋物理要素场结构。

2.1.62

海面带斑 slick

较平静的海面由于浮游生物或人造的有机物单分子层减小了水表面张力,并受风作用而形成片或条纹状的现象。

2.1.63

海洋湍流 oceanic turbulence

海洋紊流

海洋乱流

海洋水体中任意点的速度大小和方向具有显著变动的不稳定的紊乱流动。

2.1.64

双扩散 double diffusion

两个密度相同的水团界面上,因海水分子热传导系数大于盐度扩散系数而造成的不稳定现象。

2.1.65

海水状态方程　sea water state equation

描述海水状态参数(海水温度、盐度、压力、声速、位温、绝热梯度等)之间关系的方程式。

注：最常用的是表达海水的现场密度与温度、盐度和压力之间关系的经验公式。现采用1980年新的国际海水状态方程，包括一个大气压国际海水状态方程和高压国际海水状态方程。

2.1.66

标准海水　standard sea water

由权威机构按照规定的程序批准，具有海水组成成分和特性，可准确对 K_{15} 或 R_{15} 赋值，测定海水盐度统一标准的有证标准物质。

注：在我国标准物质分类中，中国一级标准海水为国家一级标准物质，$U=0.001$，$k=3$。中国标准海水为国家二级标准物质，$U=0.003$，$k=2$。

2.1.67

人工海水　artificial sea water

人造海水

根据马赛特海水组成的恒定性原理，利用化学试剂及蒸馏水，人工配制的与天然海水成分近似的海水。

2.1.68

盐水界　limit of salt water

河口地区涨潮水流中盐水上溯的最远点。

注：盐水界是河口区分段的一种方法。

2.1.69

海水热容　thermal capacity of seawater

海水温度升高1 K时所吸收的热量。

注：单位为焦耳每开尔文，记为J/K。

2.1.70

海水比热容　specific heat of seawater

单位质量的海水温度升高1 K时所吸收的热量。

注：单位为焦耳每千克每开尔文，记为 $J \cdot kg^{-1} \cdot K^{-1}$。

2.1.71

定压比热容　specific heat at constant pressure

c_p

在一定压力下测定的比热容。

2.1.72

定容比热容　specific heat at constant volume

c_V

在一定体积下测定的比热容。

2.1.73

海水热膨胀系数　thermal expansion coefficient of sea water

η

海水温度高于最大密度温度条件下，单位体积的海水在升高单位温度时发生的体积增量。

2.1.74

海水最大密度的温度 temperature of maximum seawater density

$t_{\rho(\max)}$

热膨胀系数由正值转为负值时所对应的温度。

注：它是盐度的函数，随海水盐度的增大而降低。经验公式：

$$t_{\rho(\max)} = 3.95 - 2.0 \times 10^{-1} S - 1.1 \times 10^{-3} S^2 + 0.2 \times 10^{-4} S^3$$

2.1.75

压缩系数 compression coefficient

压缩性 compressibility

单位体积的海水，当压力增加 1 MPa 时，其体积的负增量。

注：海水的压缩系数随温度、盐度和压力的增大而减小。

2.1.76

等温压缩 isothermal compression

海水微团在被压缩时，因和周围海水有热量交换而得以维持其水温不变。

2.1.77

绝热压缩 adiabatic compression

海水微团在被压缩过程中，与外界没有热量交换。

2.1.78

绝热变化 adiabatic change

在绝热条件下，海水微团在升降过程中随压力变化而导致的温度变化。

2.1.79

位温 potential temperature

Θ

海洋中某一深度(压力为 p)的海水微团，绝热上升到海面(压力为大气压 p_0)时所具有的温度。

2.1.80

位密 potential density

ρ_Θ

海洋中某一深度(压力为 p)的海水微团，绝热上升到海面(压力为大气压 p_0)时的相应密度。

2.1.81

比蒸发潜热 specific latent heat of evaporation

L

使单位质量海水化为同温度的气体所需的热量。

注：单位为焦耳每千克或每克，记为 J/kg 或 J/g。

2.1.82

饱和水汽压 saturation pressure of water

水分子由水面逃出和同时回到水中的过程到达动态平衡时，水面上水汽所具有的压力。

2.1.83

热传导 heat conduction

相邻海水温度不同时，由于海水分子的交换，使热量由高温处向低温处转移的现象。

2.1.84

热流率 heat flow rate

单位时间内通过某一截面的热量。

注：单位为瓦特，记为 W。

2.1.85

热流率密度　density of heat flow rate

通过单位面积的热流率。

注：单位为瓦特每平方米，记为 W·m^{-2}。

2.1.86

海水的粘滞性　viscosity of sea water

当相邻两层海水作相对运动时，由于水分子的不规则运动或者海水块体的随机运动(湍流)，在两层海水之间便有动量传递，从而产生切应力。

2.1.87

海水的表面张力　surface tension of seawater

在液体的自由表面上，由于分子之间的吸引力所形成的合力，使自由表面趋向最小。

2.1.88

表层海水盐度　sea surface salinity

海水表面到 3 m 深处之间的海水实用盐度。

2.1.89

垂直剖面海水温度　vertical section seawater temperature

垂直剖面方向上海水温度的连续分布。

2.1.90

盐度校正　salinity correction

对由于盐度而产生对海水测定分析结果的影响造成的误差校正。

2.1.91

盐效应　salinity effect

在分析海水中某一成分时，同一浓度由于盐度不同所产生的影响。

2.1.92

沿岸水系　coastal water system

沿岸(受大陆径流影响较大的)低盐水团的集合。

2.1.93

外海水系　open seas water system

外海(受大陆径流影响较小的)高盐水团的集合。

2.1.94

分子混合　molecular mixture

通过分子的随机运动与相邻海水进行特性交换。

注：其交换强度小，且只与海水性质有关。

2.1.95

海水深度　sea water depth

固定地点从海平面至海底的垂直深度。

2.1.96

现场水深　depth in situ

现场测得的自海面至海底的垂直距离。

注：改写 GB/T 12763.2—2007，定义 3.1。

2.1.97

仪器沉放深度　deployed depth of instrument

自海面至水下观测仪器的垂直距离。

注：改写 GB/T 12763.2—2007，定义 3.2。

2.1.98

海图深度　charted depth

从深度基准面起算到海底的水深。

2.2　水色、透明度

2.2.1

水色　water colour

位于透明度值一半的深度处，白色透明度盘上所显示的海水颜色。

注：用水色计的色级号码表示。

[GB/T 12763.2—2007，定义 3.11]

2.2.2

海水透明度　sea water transparency

表征海洋水体透明程度的物理量，表征光在海水中的衰减程度。

注：计量单位为 m。

[GB/T 12763.2—2007，定义 3.10]

2.3　海流

2.3.1

海流　ocean current

海水的宏观流动。

注 1：海流以流速和流向表征。

注 2：改写 GB/T 12763.2—2007，定义 3.5。

2.3.2

流向　current direction

海水流去的方向。

注：流向单位为度(°)，正北为零，顺时针计量。

2.3.3

流速　current speed

海水在单位时间内流过的距离。

注：单位为 cm/s(或以 m/s 为计量单位)。

2.3.4

海洋总环流　general ocean circulation

全球海洋环流的总体，一般尤指较大范围内海水运动的整体状态。

2.3.5

大洋环流　ocean circulation

在海面风力和热盐效应等作用下，海水从一海域向另一海域流动而形成的首尾相接的独立循环系统或流涡。

注：广义的大洋环流指海水及海水中的各种物理量和化学量大规模循环于世界大洋的流动现象。

2.3.6

热盐环流　thermohaline circulation

海水由于受热盐变化而导致海水密度分布不均匀所产生的海水运动。

2.3.7

翻转环流　reversal circulation

表层大洋环流导致海水在某一海域堆积或辐散，致使海水下沉或下层海水上升，为了弥补，深层海水朝表层海流相反方向流动，形成顺时针或逆时针立体环流。

2.3.8

热盐对流　thermohaline convection

海水热量和盐量在垂直方向上的交换过程。

2.3.9

深层环流　abyssal circulation

6 km 以深的环流。

2.3.10

赤道流　equatorial current

赤道附近，由于东北信风或东南信风的作用而形成的流势强大、流向稳定的自东向西的海流。

注：有北赤道流和南赤道流。

2.3.11

西风漂流　west wind drift

在南北纬 40°～60°之间盛行西风带作用下形成的自西向东的海水运动。

注：西风漂流包括北太平洋流、北大西洋流和南极绕极流。

2.3.12

南极绕极流　Antarctic circumpolar current

发生在南纬 40°与南极大陆之间的辽阔洋面上，水体自西向东绕南极作大规模运动的西风漂流。

2.3.13

西边界流　western boundary current

北、南赤道流将海水输送到大洋西岸堆积而形成较大的海面坡度所维持的沿大陆坡的狭窄地带流动的海流。

注：西边界流包括黑潮、东澳大利亚流、湾流、巴西海流、厄加列斯海流等。

2.3.14

东边界流　eastern boundary current

大洋东部边界自高纬流向低纬的寒流。

注：东边界流包括加利福尼亚流、秘鲁流、加那利流、本格拉流、西澳大利亚流。

2.3.15

南极东风环流　Antarctic east wind circulation

在南极大陆边缘一个狭窄的范围内，由于极地东风的作用，形成了一支自东向西绕南极大陆边缘的小环流。

注：南极东风环流与南极绕极流之间，由于动力作用形成南极辐散带；南极东风环流与南极大陆之间形成海水沿陆架的辐聚下沉，是大洋中层水的主要来源地。

2.3.16

赤道经向环流　longitudinal circulation in equator

南赤道流与赤道逆流之间的海水辐聚下沉，北赤道流与赤道逆流之间的海水辐散上升，由于海水的连续性，在一定的深度上形成了经向小环流。

2.3.17

风海流　wind-driven current

漂流　drift current

海水在风的切应力作用下形成的水平运动。

注：表面海水在风力、地转偏向力和下层海水的摩擦力以及风对海浪迎风面施加的压力，迫使海水向前移动，便形成风海流。

2.3.18

地转流 geostrophic current

在忽略海水湍流摩擦力作用的海洋中，海水水平压强梯度力与水平地转偏向力平衡时的稳定海流。

2.3.19

密度流 density current

海水因密度差异所产生的水平压强梯度力与水平地转偏向力达到平衡时的稳定海流。

2.3.20

坡度流 slope current

倾斜流 sloping current

江河径流入海、降水、融冰、气压变化和风力作用不均匀等原因使海面发生倾斜而引起的海流。

2.3.21

信风海流 trade wind current

信风作用引起的海流。

2.3.22

季风海流 monsoon current

季风作用引起的海流。

2.3.23

补偿流 compensation current

由另一海域的海水流来补充海水流失而形成的海流。

注：有水平补偿流和垂直补偿流。

2.3.24

逆流 counter current

靠近主流流动但流向与主流相反的海流。

2.3.25

赤道逆流 equatorial countercurrent

处于南北赤道流之间，以补偿大洋东部被赤道流所带走的海水而产生的与赤道流方向相反的自西向东的表层海流。

2.3.26

赤道潜流 equatorial undercurrent

发生在赤道附近海域的次表层中，与表层南北赤道流的流向相反的海流。

2.3.27

太平洋赤道潜流 Pacific equatorial undercurrent

克伦威尔海流 Cromwell current

位于太平洋赤道上，宽度约3°～4°，从140°E～90°W的次表层东向海流。

注：太平洋赤道潜流于1952年由克伦威尔等发现。

2.3.28

大西洋赤道潜流 Atlantic equatorial undercurrent

罗蒙诺索夫海流 Lomonosov current

位于大西洋赤道上，宽度约3°～4°的次表层东向海流。

注：大西洋赤道潜流于1961年由苏联“罗蒙诺索夫”号调查船发现。

2.3.29

印度洋赤道潜流 Indian Ocean equatorial undercurrent

只在每年东北季风期，印度洋赤道附近在次表层海水中微弱的东向水平压强梯度力作用下引起的海流。

2.3.30

上升流　upwelling

铅直向上的海水流动。

2.3.31

下沉流　downwelling

铅直向下的海水流动。

2.3.32

表层流　surface current

上界面为自由海面具有一定厚度的海流。

2.3.33

次表层流　subsurface current

发生在次表层水中的海流。

2.3.34

深层流　deep current

界于次表层流与近底层流之间的海流。

2.3.35

底层流　bottom current

下界面为海底，并受海底影响的具有一定厚度的海流。

2.3.36

黑潮流系　Kuroshio current series

北赤道流在北太平洋西岸延续形成的西边界流。

注：黑潮流系具有流速强、流量大、流幅狭窄、延伸深邃、高温高盐等特征。黑潮流系包括黑潮、黑潮续流和北太平洋流。

2.3.37

黑潮　Kuroshio

南起台湾岛东南到日本太平洋沿岸35°N处的黑潮流系。

2.3.38

湾流流系　Gulf Stream series

北大西洋副热带总环流系统中的西边界流。

注：湾流流系具有流速强、流量大、流幅狭窄、流路蜿蜒、流域广阔、高温、高盐、透明度大和水色高等特征。湾流流系包括佛罗里达流、湾流和北大西洋流。

2.3.39

湾流　Gulf Stream

佛罗里达流经佛罗里达海峡进入北大西洋后与安的列斯流汇合处（湾流起点），后经哈特拉斯角（35°N）到45°W附近的格兰德海滩以南，行程约2 500 km的湾流流系。

2.3.40

暖流　warm current

温度比周围海水高的海流。

2.3.41

对马暖流　Tsushima warm current

对马海流　Tsushima current

在日本九州西南海域由黑潮主干分出来的暖水与陆架水混合后北上并穿过对马海峡进入日本海的海流。

2.3.42

黄海暖流　Huanghai(Yellow Sea)warm current

对马暖流在济州岛西南伸入黄海的一个分支海流。

2.3.43

台湾暖流　Taiwan warm current

由台湾东北黑潮西北分支流向闽浙外海，到达长江口以南、东海沿岸流东侧的一支海流。

2.3.44

南海暖流　Nanhai warm current

位于南海北部沿岸流外侧，流向东北、流速较强、具有显著时-空变异的海流。

2.3.45

寒流　cold current

温度比周围海水低的海流。

2.3.46

亲潮　oyashio current

千岛寒流　thousand islands cold current

靠近千岛群岛和北海道东南岸南下的低盐寒流，为北太平洋副北极带环流系统中的西边界流。

2.3.47

余流　residual current

实测海流中滤去潮流及其他周期性流动成分后的海流。

2.3.48

流涡　gyre

一种封闭的、尺度较大的海水环形流动。

2.3.49

流环　ring

海流弯曲到一定程度后与母体脱离，形成直径约 100 km～300 km，具有明显水文特征的冷涡或暖涡。

2.3.50

体积输送　volume transport

水层水体沿水平方向的输送量。

2.3.51

无运动面　level of no motion

动力零面　dynamic zero surface

海洋等压面和等势面相重合的面。

2.3.52

动力方法　dynamic method

根据无运动面上方某一等压面上任意两点的位势高度，计算地转流速的方法。

2.3.53

位势高度　potential height

从下等势面向上计算，单位质量海水的位势所对应的高度。

2.3.54

位势深度　potential depth

从上等势面向下计算，单位质量海水的位势所对应的深度。

2.3.55

风因子　wind factor

海水表面流速与海面风速之比。

2.3.56

埃克曼漂流　Ekman drift current

无边界、无限深和密度均匀的理想海洋中，海面受稳定风长时间吹刮，水平湍流摩擦力与地转偏向力平衡时的海流。

2.3.57

埃克曼深度　Ekman depth

摩擦深度　frictional depth

埃克曼漂流流向随深度增加而偏转至与表层相反，流速约为表层流速的4%时的深度。

2.3.58

埃克曼层　Ekman layer

从海面到埃克曼深度的水层。

2.3.59

埃克曼螺旋　Ekman spiral

埃克曼漂流流速的矢端端点在空间所构成的垂向螺旋形曲线。

2.3.60

埃克曼输送　Ekman transport

在埃克曼层中，在北(南)半球偏于风向右(左)方并与风向垂直的海水体积输送。

2.3.61

埃克曼抽吸　Ekman pumping

由于埃克曼漂流的总量辐聚和辐散，在埃克曼层底部与下层准地转流之间产生向下或向上的流动。

2.3.62

底摩擦层　bottom friction layer

近海底的海流，受海底摩擦力和地转偏向力作用影响的水层厚度。

2.3.63

斜压海洋　baroclinic ocean

等压面与等密度面斜交的一种模式海洋。

2.3.64

正压海洋　barotropic ocean

等压面与等密度面重合的一种理想模式海洋。

2.3.65

中尺度涡　mesoscale eddy

叠加在海洋平均流场上，尺度从几十公里至几百公里的水平流涡。

2.3.66

卷吸　entrainment

海洋上混合层中的湍流将下层海水卷挟进上混合层的现象。

2.3.67

波流　wave-induced current; wave current

波浪流　wave current

由于波浪在近岸形成的壅水现象而引起的海底回流或沿岸流动。

2.3.68

沿岸流　coastal current

沿着海岸流动的海流。

2.3.69

渤海沿岸流　Bohai coastal current

沿山东半岛北岸与辽东湾沿岸流动的沿岸流。

2.3.70

黄海沿岸流　Huanghai(Yellow Sea)coastal current

与渤海沿岸流衔接，沿山东半岛北岸东流，绕过成山角后大致沿 40 m～50 m 等深线的走向南下至长江口北，转向东南，流入东海的一支海流。

2.3.71

东海沿岸流　Donghai(East China Sea)coastal current

沿浙、闽沿岸流动的海流。主要由长江和钱塘江入海径流形成，流向随季风变化。

2.3.72

南海沿岸流　Nanhai coastal current

沿广东省沿岸和海南省东岸及中南半岛东海岸流动的海流。流向随季风变化。

2.3.73

裂流　rip current

离岸流　offshore current

近岸流系中因波浪增水而形成的离岸海流。

2.3.74

顺岸流　alongshore current

海浪由外海向海岸传播至破碎带破碎后产生的一支平行于海岸运动的海流。

2.4　海洋波动

2.4.1

海浪　ocean wave

由风引起的海面波动现象。

注 1：主要包括风浪和涌浪。

注 2：改写 GB/T 12763.2—2007，定义 3.6。

2.4.2

风区　fetch

受状态相同的风持续作用的海区长度。

2.4.3

风时　wind duration

状态相同的风持续作用于风区的时间。

2.4.4

最小风区　minimum fetch

在一定风速和风时下，风浪成长至最大尺寸所需要的最短距离。

2.4.5

最小风时　minimum duration

在一定风速和风区下，风浪成长至最大尺寸所需要的最短时间。

2.4.6

等效风区　equivalent fetch

在风场改变的情况下，产生原风场引起的波浪尺度所需要的最小风区。

2.4.7

等效风时 equivalent duration

在风场改变的情况下，产生原风场引起的波浪尺度所需要的最小风时。

2.4.8

波剖面 wave profile

垂直于波峰线或沿波向线切割波浪的铅直剖面。

2.4.9

波高 wave height

波剖面上相邻的波峰与波谷间的高度差。

2.4.10

波幅 wave amplitude

振幅 wave swing

水质点离开其平衡位置的向上（或向下）的最大垂直位移。

2.4.11

波长 wave length

波剖面上相邻两波峰（或波谷）之间的水平距离。

2.4.12

波速 wave speed

波面运动状态的传播速度。

2.4.13

波向 wave direction

波浪传播的方向。

2.4.14

波周期 wave period

波剖面上相继两波峰（或者波谷）通过某一固定点所经历的时间。

2.4.15

波数 wave number

单位距离内波动的个数。

注：波数表征了空间波动的密集程度。

2.4.16

频率 frequency

在单位时间内完成振动的次数。

注：单位为赫兹（Hz）（1 赫兹＝1 次/秒）。

2.4.17

波陡 wave steepness

波高与波长之比。

2.4.18

海况 sea condition；sea state

在风力作用下的海面外貌特征。

注 1：按有无波浪及波峰形状、峰顶的破碎情况和浪花出现的多少分为 10 级。

注 2：改写 GB/T 12763.2—2007，定义 3.7。

2.4.19

波级 wave scale

波浪波动强度的等级。

注：波级反映了风浪或涌浪大小的尺度。波浪愈高，等级愈大。我国于 1975 年公布了波级表，见表 1。

表 1 波级表

波级	波高/m		名称
	H_s 为有效波波高	$H_{1/10}$ 为十分之一大波波高	
0	0	0	无浪
1	$H_s<0.1$	$H_{1/10}<0.1$	微浪
2	$0.1\leqslant H_s<0.5$	$0.1\leqslant H_{1/10}<0.5$	小浪
3	$0.5\leqslant H_s<1.25$	$0.5\leqslant H_{1/10}<1.5$	轻浪
4	$1.25\leqslant H_s<2.5$	$1.5\leqslant H_{1/10}<3.0$	中浪
5	$2.5\leqslant H_s<4.0$	$3.0\leqslant H_{1/10}<5.0$	大浪
6	$4.0\leqslant H_s<6.0$	$5.0\leqslant H_{1/10}<7.5$	巨浪
7	$6.0\leqslant H_s<9.0$	$7.5\leqslant H_{1/10}<11.5$	狂浪
8	$9.0\leqslant H_s<14.0$	$11.5\leqslant H_{1/10}<18.0$	狂涛
9	$14.0\leqslant H_s$	$18.0\leqslant H_{1/10}$	怒涛

2.4.20

波龄 wave age

波速与风速之比。

注：波龄的大小，可视为风浪发展的阶段指标。如波龄大于1，风浪为充分成长阶段，海面波动稳定；波龄小于1/3，风浪为成长初期，波面较陡；波龄在1/3～1范围内，是风浪成长主要阶段，海面出现较长而高的大浪。

2.4.21

波候 wave climate

某一海域的波浪状况的长期统计特征。如平均值、方差、极值概率等。

2.4.22

波峰线 wave crest line

同一特定相位波峰的连线。

注：波峰线是垂直于波浪传播方向的线，表征了近岸波动的传播特征。

2.4.23

波向线 wave ray

与波峰线垂直指向波浪传播方向的线。

2.4.24

风浪 wind wave

风直接作用于水面上产生的表面重力波。

注：风浪的特征往往波峰尖削，在海面上的分布很不规律，波峰线短，周期小，当风大时常常出现破碎现象，形成浪花。

2.4.25

涌浪 swell

由其他海区传来的或者当地风速迅速减小、平息，或者风向改变后，海面上遗留下来的波动。

注：涌浪的波面比较平坦、光滑，波峰线长，周期、波长都比较大，在海上的传播比较规则。

2.4.26

先行涌 forerunner of swell

涌浪中在主体涌前面传播，且率先到达海滨的低频重力波。

注：先行涌是在海面产生巨大风浪，向静水域传播而形成涌，其中低频重力波于主体涌前面传播而形成，可用于预报风暴位置和风暴大小。

2.4.27

白浪　whitecap

风浪波陡超过极限时，波浪破碎出现的白色浪花现象。

2.4.28

充分成长风浪　fully developed wave

内摩擦等原因导致的能量消耗率与从风获取的能量摄取率相等时成长至最大尺寸的风浪。

2.4.29

海浪谱　ocean wave spectrum

描述海浪内部能量相对于组成波的频率和方向分布的结构模式。

注：海浪谱可分为海浪的频率谱和方向谱。

2.4.30

方向谱　directional spectrum

反映海浪能量内部方向结构的海浪谱。

注：方向谱是对三维海浪的能量分布的描述。

2.4.31

波浪反射　wave reflection

波浪在传播过程中遇障碍物时产生反向传播的现象。

2.4.32

波浪折射　ocean wave refraction

波浪传播时因水深变化而改变传播方向的现象。

2.4.33

波浪绕射　ocean wave diffraction

波浪衍射　wave diffraction

波浪在传播过程中遇到防波堤或岛屿等障碍物时，可以绕过这些障碍物而传至其几何掩蔽区的现象。广义的海浪绕射是由振幅梯度产生的。

2.4.34

海浪弥散　ocean waves dispersion

海浪在传播过程中，因其组成波的波速不同而分散开来的现象。

2.4.35

海浪角散　ocean waves angular spreading

海浪组成波的传播方向不一致时，在传播过程中向不同方向分散开来的传播现象。

2.4.36

有效波波高　height of significant wave

1/3 大波波高　height of the highest one-third wave

将某一时段连续测得的波高序列从大到小排列，取排序后前 1/3 个波高的平均值。

2.4.37

1/10 大波波高　height of the highest one-tenth wave

将某一时段连续测得的波高序列从大到小排列，取排序后前 1/10 个波高的平均值。

2.4.38

毛细波　capillary wave

表面张力波　surface tension wave

在两层流体界面或一层流体的自由表面上以表面张力为恢复力的波动。

注：毛细波依赖于表面张力的大小，为波长很短的高频波，波速随波长的增大而减小。在海洋波动中，因其所含的能量很小，统计中常被忽略。

2.4.39

重力波　gravity wave

理想不可压缩流体中存在的以重力为恢复力的波动。

2.4.40

孤立波　solitary wave

只有一个波峰(或波谷)的浅水波动。

注:孤立波属于非周期性波动,其静止水面上(或下)的体积和能量高度集中于波峰附近,在近岸工程应用中比较广泛。

2.4.41

边缘波　edge wave

能量显著集中在大陆架上,频率高于惯性频率(亦称"科氏参量"f)的沿岸传播的波动。

2.4.42

陆架波　shelf wave

能量显著集中在大陆架上,频率低于惯性频率并与海岸平行传播的波动。

注:陆架波属于地形罗斯贝波。北半球海岸在陆架波传播方向的右边,南半球海岸在陆架波传播方向的左边。陆架波的振幅,由海岸向陆架边缘递减。

2.4.43

浅水波　shallow water wave

在水深相对波长较小水域(一般取水深/波长小于1/20),海底摩擦影响水质点运动的波动。

注:浅水波对海岸带的泥沙、污染物的运输过程有影响。

2.4.44

深水波　deep water wave

在水深大于二分之一波长的水域,波浪传播过程不受水深影响的表面波。

2.4.45

前进波　progressive wave

波形沿波向线传播的波。

2.4.46

驻波　standing wave

波形不向前传播,仅在平衡位置振动的一种波动。

2.4.47

波群　wave group

由包含几个波的组构成的群。组内中央部分波的振幅最大;通常波与群以不同的速度传播。

2.4.48

群速　group velocity

波群传播的速度。

注:深水波的群速为波速的一半,浅水波的群速与波速相等,群速也可视为波动能量的传递速度。

2.4.49

内波　internal wave

在层化海洋内部发生的以重力为恢复力的波动。

注:内波能将大、中尺度运动过程的能量传递给小尺度过程,是引起海水内部混合、形成温、盐细微结构的重要原因。

2.4.50

浅水系数　shoaling coefficient of wave

波浪由深水向浅水传播过程中,受水深影响而变化的波高与原始波高之比。

2.4.51

短峰波　short-crested wave

波峰线长和波长相比较短的波。

2.4.52

长峰波　long-crested wave

波峰线长和波长相比较长的波。

注：长峰波具有确定的传播方向，属于二维波。

2.4.53

规则波　regular wave

波列中波形和波要素相同的波。

2.4.54

不规则波　irregular wave

波列中波形和波要素不相同的波。

2.4.55

波浪爬高　swash height

岸坡上被波浪浸没的最高点相对于平均海平面的高度。

2.4.56

船行波　ship wave

船只航行引起的水波。

2.4.57

有限振幅波　wave of finite amplitude

波动振幅与波长之比不是无限小的波动。

2.4.58

余摆线波　trochoidal wave

波剖面为余摆线，流场有旋的有限振幅波。

2.4.59

椭圆余弦波　elliptical cosine wave

波剖面用椭圆余弦函数描述的浅水有限振幅波。

2.4.60

椭圆余摆线波　elliptic trochoidal wave

有限水深中波剖面为椭圆余摆线的有限振幅波。

2.4.61

斯托克斯波　Stokes wave

一种无旋的、表面呈周期性起伏的有限振幅波。

2.4.62

开尔文波　Kelvin wave

沿边界传播的以重力为恢复力，振幅在横向上呈指数衰减的波动。

注：开尔文波具有非弥散性，传播过程中保持形状不变。在北半球开尔文波沿边界的右侧传播，南半球相反。海洋中以赤道太平洋自西向东传播的开尔文波最著名。

2.4.63

罗斯贝波　Rossby wave

由地转角速度的铅直分量随纬度变化（即所谓的 β 效应）和海底的倾斜或隆起等原因造成的低频长波。

2.4.64

地形罗斯贝波　topographic Rossby wave

在地球旋转效应下因海底地形变化产生的低频长波。

2.4.65

俘获波　trapped wave

能量集中在陆架上的一类波。

2.4.66

破碎波　breaker

波浪在向浅水传播过程中，受水深、底坡及内摩擦等因素的影响，波要素发生变化，波陡逐渐变陡，直至破碎的现象。

2.4.67

崩碎波　spilling breaker

波浪在向浅水传播过程中，逐渐从峰顶至波峰前侧崩破的一类破碎波。

2.4.68

激碎波　surging breaker

波浪在向浅水传播过程中，波前侧从下部开始破碎(波峰基本不破碎)的一类破碎波。

2.4.69

卷碎波　plunging breaker

波浪在向浅水传播过程中，波形显著不对称，波前侧逐渐变陡，后侧逐渐变缓，直至前侧变为直立并向前卷倒，形成向前方飞溅破碎的一类破碎波。

2.4.70

破碎波带　breaker zone

破碎波的分布范围。

2.4.71

碎波线　breakline

破波线　breaking wave line

波动自深水向海岸传播过程，近岸波的波面濒于破碎的空间连线。

注：在海洋工程环境中，通常以破波线的位置来确定波浪碎波带的宽度，并研究碎波带内的近岸流系和水位升降。

2.4.72

海浪观测　wave observation

对海上风浪和涌浪的波面时空分布及其外貌特征的观测。

注：海浪观测有目测和仪器观测两种方式，主要观测波高、周期、波向、波型和海况。

2.4.73

海浪灾害　wave disaster

海浪对海上航行的船舶、海洋石油生产设施、海上渔业捕捞和沿岸及近海水产养殖业、港口码头、防波堤等海岸和海洋工程造成的人员伤亡和经济损失。

[GB/T 19721.2—2005，定义3.2]

2.4.74

海浪预报　ocean wave forecast

海浪生成、发展、消衰和传播的外界条件、气象和地理环境、水深等结合海区内的初始海浪状态以及根据给定的海浪预报模式计算海区未来的海浪状态。

注：海浪预报是预报风浪和涌浪要素，即预报在统计意义上的特征波高、周期、波向等，有时也要预报海浪谱。预报海浪必须已知气象条件、海区的地理环境、海区内海浪场的初始分布三个要素。

2.5 潮汐

2.5.1

潮汐　tide

由天体引潮力作用而产生的海面周期性涨落现象。

2.5.2

潮位　tide level

潮汐出现时，海面相对基准点的高度。

2.5.3

高潮　high water(HW)

满潮

潮汐涨落一周期内的最高潮位。

2.5.4

高潮高　high water level

高潮水位

高潮前后的一段时间内，潮位处于平衡状态的高度。

2.5.5

高潮时　high water hour

高潮发生的时刻。

2.5.6

低潮　low water (LW)

干潮

潮汐涨落一周期内的最低潮位。

2.5.7

低潮高　low water level

低潮水位

低潮前后的一段时间内，潮位处于停潮状态的高度。

2.5.8

低潮时　low water hour

停潮的中间时刻。

2.5.9

潮差　tidal range

相邻高、低潮位之差。

2.5.10

涨潮　flood

一个潮汐周期内潮位上升的过程。

2.5.11

落潮　ebb

一个潮汐周期内潮位下降的过程。

2.5.12

大潮　spring tide

朔望潮　syzygy tide

朔(初一)、望(十五)后一至三天，由月球与太阳引起的潮汐相加而形成的潮差大的潮。

2.5.13

小潮　neap tide

方照小潮

上弦(初七、八)、下弦(二十二、三)日期前后,月球与太阳引起的潮汐相减而形成的潮差小的潮。

2.5.14

双高潮　tidal double flood

高频浅水潮波与半日潮波叠加,在高潮前后出现两次高潮的潮汐现象。

2.5.15

双低潮　tidal double ebb

高频浅水潮波与半日潮波叠加,在低潮前后出现两次低潮的潮汐现象。

2.5.16

平潮　still tide

高潮前后的一段时间内,潮位处于的停滞状态。

2.5.17

停潮　water stand

低潮前后的一段时间内,潮位处于的停滞状态。

2.5.18

引潮力　tide-generating force

月球、太阳或其他天体对地球上单位质量物质的引力与地心对单位质量物质的引力之差。

2.5.19

引潮势　tidal potential

自引潮力为零的地点(地心)移动单位质量物体至地球表面任一点,克服引潮力所做的功。

2.5.20

天文潮　astronomical tide

引力潮　gravity tide

由月球、太阳等天体的引潮力所引起的潮汐。

2.5.21

假想天体　fictitious body

计算分潮理想化的具有简谐运动周期的天体。

2.5.22

平衡潮　equilibrium tide

假设地球表面都被海水覆盖,而且海面在任何时刻都与重力和引潮力的合力处处保持铅直状态的一种理想化的海洋潮汐。

2.5.23

半日潮　semi-diurnal tide

周期约为半日的潮汐,一昼夜有两次高潮、两次低潮。

2.5.24

正规半日潮　regular semi-diurnal tide

在一个太阴日(约24时50分)内发生两次高潮和两次低潮,两个高潮和两个低潮高度相差不大,而且涨、落潮时也很接近的潮汐。

2.5.25

不正规半日潮　irregular semi-diurnal tide

一个朔望月期间,大多数时间的一个太阴日内一般发生两次高潮和两次低潮,少数时间(当月赤纬较大的时候)的一个太阴日内,第二次高潮很小,半日潮特征不显著的潮汐。

2.5.26

全日潮　diurnal tide

周期约为一日的潮汐,一昼夜有一次高潮、一次低潮。

2.5.27

正规日潮　regular diurnal tide

在一个太阴日内只有一次高潮和一次低潮。

2.5.28

不正规日潮　irregular diurnal tide

一个朔望月期间的大多数日子具有日潮型的特征,少数日子(当月赤纬接近零的时候)则具有半日潮的特征的潮汐。

2.5.29

混合潮　mixed tide

半日潮和全日潮混杂的潮汐。

注:分不正规半日潮和不正规全日潮两类。

2.5.30

太阴潮　lunar tide

由月球引潮力引起的潮汐。

2.5.31

太阳潮　solar tide

由太阳引潮力引起的潮汐。

2.5.32

回归潮　tropical tide

月球处于南(北)赤纬最大位置附近时产生的潮汐。

2.5.33

分点潮　equinoctial tide

在一个交点月(27.2122天)里,月球前后两次穿越天球赤道,不出现潮汐周日不等现象所相应的潮汐。

2.5.34

潮龄　tidal age

朔、望日到大潮来临的时间间隔。

2.5.35

分潮　tidal constituent

分潮波

组成海水面潮波变化的一系列简单而规则的分振动。

2.5.36

分潮日　constituent day

全日分潮的全周期、半日分潮的2倍周期或1/4日分潮的4倍周期。

2.5.37

分潮时　constituent hour

一个分潮日的1/24。

2.5.38

倍潮　overtide

潮波进入浅海后,分潮波由非线性自耦合产生的速度为原天文潮波速度倍数的分潮。

2.5.39

复合潮　compound tide

潮波进入浅海后,两列分潮波由非线性交互耦合产生的速度为二潮波速度之和(或差)的分潮。

2.5.40

辐射潮　radiational tide

与太阳直达辐射周期有关的力或振动所引起的潮汐。

2.5.41

日不等[现象]　diurnal inequality

同一太阴日中的潮时、潮差、潮高和潮流流速所具有的不等现象。

2.5.42

太阴潮间隙　lunar tide interval

从月球上中天(或下中天)时刻到其后发生第一次高潮(或低潮)的时间间隔。

2.5.43

同潮图　cotidal chart

海区等潮差线、同潮时线图。

2.5.44

无潮点　amphidromic point

在同潮图上,分潮振幅为零的点。

2.5.45

潮流　tidal current

在日、月等天体的引潮力作用下的海水周期性的水平运动。

2.5.46

转流　turn of tidal current

涨潮流、落潮流交替,流速为零的时刻。

2.5.47

旋转流　rotary current

在地转偏向力作用下,流向不断作周期性旋转的潮流。

2.5.48

往复流　alternating current

周期性地由一个方向变为相反方向的潮流。

2.5.49

潮余流　tide-induced residual current

在浅海近岸和河口区域因摩擦、海底地形、边界条件等使潮流出现非线性现象所导致的余流。

2.5.50

潮流椭圆　current ellipse

由实测潮流分解成的、分潮流的流速矢量端点的轨迹。

2.5.51

潮波　tidal wave

海水在月球和太阳等天体引潮力作用下或由大洋潮波传入而产生的一种长周期波动。

2.5.52

旋转潮波系统　amphidromic system

等潮差线呈环状分布、同潮时线呈放射形分布的潮波系统。

2.5.53

内潮　internal tide

潮汐原因引起的密度稳定层结的海水内部产生的波动。

2.5.54

假潮　seiche

封闭或半封闭水域由外力惯性作用造成的以驻波形式出现的海面自由振动。

2.5.55

涌潮　tidal bore

海水涌进潮差较大的喇叭形河口或海湾，在截面急骤变窄处引起的潮位暴涨现象。

2.5.56

钱塘江涌潮　Qiantang River tidal bore

海宁潮　Haining tide

中国杭州湾钱塘江口的潮水暴涨现象。

注：以每年农历八月十八日附近在浙江海宁所见的最为显著。

2.5.57

潮能　tidal energy

海水潮波运动过程中所具有的能量。

2.5.58

气象潮　meteorological tide

由于气象（如风、气压、降水等）的原因所引起的海面升降现象。

2.5.59

风暴潮　storm surge

由于热带风暴、温带气旋、海上飑线等风暴过境所伴随的强风和气压骤变而引起的局部海面振荡或非周期性异常升高（降低）现象。

2.5.60

海啸　tsunami

由水下地震、火山爆发或水下塌陷和滑坡等所激起的长周期小振幅的散射波，以每小时数百千米速度传到岸边，形成的来势凶猛危害极大的巨浪。

2.5.61

异常水位　anomalous level

天文潮位叠加上强风暴、寒流所引起的增、减水极值水位。

2.5.62

海面　sea level

受引潮力、风、气压，径流及水文等因素影响，海水高度不断变化的水面。

2.5.63

平均海面　mean sea level

在一定时间间隔内每小时海面高度的平均值。

注：有日平均海面、月平均海面、年平均海面和多年平均海面等。多年平均海面（最好取 18.6 年平均）直接称为平均海面，又称海平面。

2.5.64

潮升　tidal rise

海图基准面至平均大(或小)潮高潮面的铅直距离。有大潮升和小潮升之分。

2.5.65

半潮面　half-tide level

潮位升、降的中间位置。一般取高潮和低潮高度的平均值。

2.5.66

潮汐调和分析　harmonic analysis of tide

把任意地点的潮位变化按展开式的谐波项分解为许多分潮,并根据潮位观测数据计算各分潮振幅和相位的方法。

2.5.67

潮汐调和常数　harmonic constants of tide

在潮汐调和分析方法中反映一个港口或地点的地理特点的许多分潮的振幅和迟角的统称。

2.5.68

潮汐非调和常数　nonharmonic constant of tide

由实测资料统计出的、各地潮汐的有关常数。

2.5.69

潮汐表　tide table

由授权机构发布的规定海区沿岸各港口的年度潮汐预报。

注:内容包括正点潮位或日高潮和低潮的潮高和潮时。

2.5.70

副振动　bay harmonic vibration

海湾水体受外力影响产生的周期性振动。振动周期为数分钟至数十分钟,振幅大小与所受外力和海湾地理环境有关。

2.6　海冰

2.6.1

海冰　sea ice

由海水冻结而成的冰。

注1:广义的海冰是海洋中一切冰的总称,它包括由海水冻结而成的冰以及由江河入海带来的冰,也包括极地大陆冰川或山谷冰川崩裂滑落海中的冰山。

注2:改写 GB/T12763.2—2007,定义3.13。

2.6.2

陆源冰　ice of land origin

漂浮在海中的、在陆地或冰架上形成的冰。

2.6.3

固定冰　fast ice

沿着海岸形成并与海岸牢固地冻结在一起的冰。

注:海面变化时能随之发生升降现象。

2.6.4

流冰　pack ice

在海上随风和流等漂流的冰。

2.6.5

浮冰　floating ice

漂浮在海面上的冰。

2.6.6

浮冰群 floating ice massif

与海岸或海底不连接、大小不等、冰类不同的许多浮冰的组合体。可随风或流漂动，宽度在几千米至 100 km 以上。

2.6.7

锚冰 anchor ice

没于水下、固着或锚结在海底的冰。

2.6.8

冰原 ice field

由任何尺度的流冰块密集、连续不断地组成的、直径在 10 km 以上的流冰区。

2.6.9

冰川 glacier

在高山和两极地区，沿斜坡滑移的大冰块。

2.6.10

冰川舌 glacier tongue

陆地冰川向一边的舌状伸展。

2.6.11

冰架 ice shelf

与海岸相连的、高出海面 2 m～50 m 或更高的漂浮或搁浅的冰原。

2.6.12

沿岸冰 coastal ice

岸冰 shore ice

沿着海岸、浅滩形成，并与其牢固地冻结在一起的海冰。

2.6.13

冰脚 ice foot

固着在海岸上的狭窄沿岸冰带，是沿岸冰流走后的残留部分，不随潮汐变化而升降。

2.6.14

搁浅冰 stranded ice

座底冰 ground ice

退潮时留在潮间带或在浅水中搁浅的海冰。

2.6.15

初生冰 new ice

海冰初始阶段的总称。由海水直接冻结或雪降至低温海面未被融化而生成的呈针状、薄片状、油脂状或海绵状的冰。

2.6.16

冰皮 ice rind

冰壳

由初生冰冻结或在平静海面上直接冻结而成的表面光滑、湿润而有光泽，厚度 5 cm 左右的冰壳层。

2.6.17

尼罗冰 nilas ice

在波浪或外力作用下易于弯曲和破碎，表面无光泽，厚度小于 10 cm 的有弹性的薄冰壳层。

2.6.18

莲叶冰　pancake ice

由于彼此互相碰撞而具有隆起的边缘，直径 30 cm～300 cm、厚度 10 cm 以内的圆形冰块。

2.6.19

灰冰　grey ice

由尼罗冰发展而成，厚度为 10 cm～15 cm 的冰盖层。表面平坦湿润，多呈灰色，比尼罗冰的弹性小，易被涌浪折断，受到挤压时多发生重叠。

2.6.20

灰白冰　grey-white ice

由灰冰发展而成的、厚度为 15 cm～30 cm 的冰层。表面比较粗糙，呈灰白色，受到挤压时大多形成冰脊。

2.6.21

白冰　white ice

由灰白冰发展而成，表面粗糙，多呈白色，厚度为 30 cm～70 cm 的冰层。

2.6.22

初期冰　young ice

尼罗冰向一年冰过渡阶段中的冰，厚度 10 cm～30 cm，也可由冻结莲叶冰形成，包括灰冰和灰白冰。

2.6.23

一年冰　first-year ice

当年冰

由初期冰发展而成的、厚度 30 cm～2 m、时间不超过一个冬季的冰。

2.6.24

老年冰　old ice

至少经过一个夏季而未融尽的海冰。

注：外貌的主要特征是表面比一年冰平滑。老年冰分为剩余一年冰、二年冰和多年冰。

2.6.25

碎冰　brash ice

直径小于 2 m 的冰块。

2.6.26

变形冰　deformed ice

由挤压而向上（或向下）堆积起来的冰。

2.6.27

堆积冰　hummocked ice

任何原因形成的、堆积在一起，表面凹凸不平，融化时，外观象光滑小丘的海冰。

2.6.28

平整冰　level ice

未受变形作用影响，冰面平整或冰块边缘仅有少量冰瘤及其他挤压冻结痕迹的海冰。

2.6.29

重叠冰　rafted ice

在动力作用下，一层冰叠到另一层冰上形成的冰面较平坦的海冰。

2.6.30

冰脊　ridge

碎冰在挤压作用下形成的一排具有一定长度的山脊状的堆积冰。

2.6.31

冰丘　hummock

在动力作用下，冰块杂乱无章地堆积在一起所形成的山丘状的堆积冰。

2.6.32

覆雪冰　snow covered ice

表面有积雪的冰。

2.6.33

裸冰　bare ice

表面没有积雪的冰。

2.6.34

覆水冰　flooded ice

冰面上覆有融水的海冰。

2.6.35

冰间水道　lead，lane

水面舰船可以通航的海冰裂缝或通道。

2.6.36

冰间湖　polynya

海冰中间任何非直线形状的水面，其中可以含有碎冰，也可以被初生冰、尼罗冰或初期冰覆盖。

2.6.37

冰盖　ice sheet

由冻结海水或附近海域海冰迁移形成的，覆盖某海域全部或部分的冰。

2.6.38

冰山　iceberg

从冰盖冰川分离下来漂浮于海面上、高出海面 5 m 以上的巨大冰块。

2.6.39

冰封　ice bound

在强寒潮作用下，海域出现大面积冰覆盖现象。

2.6.40

海冰密度　sea ice density

单位体积海冰所包含的纯水、卤水和固体盐的总质量。

2.6.41

海冰盐度　salinity of sea ice

海冰自然融化成液体后的海水盐度。

2.6.42

海冰温度　temperature of sea ice

固定冰冰层内部的温度。

2.6.43

冰期　ice period

初冰日至终冰日的时间间隔。

注：初冰日是每年初冬第一次出现海冰的日期。终冰日是翌年初春海冰最后消失的日期。

2.6.44

冰厚　ice thickness

海冰冰面至冰底的垂直距离。

2.6.45

冰量　ice cover

海冰覆盖面积占整个能见海面的成数。

注：冰量分为总冰量、浮冰量和固定冰量。

2.6.46

海冰密集度　ice concentration

海冰覆盖面积占海冰分布海面的成数。

2.6.47

冰缘线　ice edge

在任一给定时期或时刻，开阔水面与固定冰或流冰之间的分界线。

3　海洋物理

3.1　海洋声学

3.1.1

海洋声学　marine acoustics

研究声波在海洋水体、底质、生物及其界面中产生、传播、衰减的规律和利用声波探测海洋、传输信息的一门学科。

注：其基本内容包括四方面：声在海洋中的传播规律和海洋条件对声传播的影响；海洋声探测技术；海洋声通讯技术；海洋声学材料和仪器设备。

3.1.2

计算海洋声学　computational ocean acoustics

以计算机为工具，运用计算科学的方法，解决复杂水声学问题的一门应用科学。

3.1.3

海洋生物声学　marine bio-acoustics

研究海洋生物的声学行为和特性的科学。

3.1.4

平面分层介质　layered medium

在一级近似下可以把海洋看作是一种平面分层介质，其特性仅随深度变化而在水平平面内保持不变。

3.1.5

浅海传播　shallow water propagation

声波在浅海中传播的现象。

注：浅海传播受海面和海底的影响较大。

3.1.6

深海传播　deep sea propagation

声波在深海和大洋中传播的现象。

3.1.7

海中声速　sound speed in the sea

海洋中的声速

声波在海水中传播的速度。

注：与海水温度、静压力和盐度有关，一般在 1 450 m/s～1 540 m/s 范围内。

3.1.8

声速梯度　sound speed gradient

声速随传播距离的变化率。

注：改写 GB/T 12763.5—2007，定义 3.2。

3.1.9

声速的垂直梯度　vertical gradient of sound speed

声速值随深度的变化率。

3.1.10

声速的水平梯度　horizontal gradient of sound speed

声速值随水平距离的变化率。

3.1.11

声速剖面　sound speed profile

声速随着深度变化的曲线形状。

注：声速剖面是海洋中的声传播的重要因素。声速剖面随着海区和时间而变化。海洋上层声速剖面变化最为显著，在大于 1 km 的深度上，声速几乎随深度线性地增加。

3.1.12

声道　sound channel

海洋中，在两个大致与海面平行的平面间声速随深度变化经过最小值的区域。

注：在此区域内声能量衰减很少，声波传播距离增大。

3.1.13

混合层声道　mixed-layer sound channel

在混合层内，声速随深度稍有增加，致使声波向上折射，形成表面声道。

3.1.14

深海声道　deep-sea sound channel

由深海声速剖面特性所形成的具有深度稳定声道轴的稳定声道。

3.1.15

表层声道　surface sound channel

声速剖面为正梯度时，在海水表层处形成的声道。

3.1.16

声道轴　sound channel axis

声速有极小值的深度就是声道轴。

3.1.17

掠射角　grazing angle

声波入射到海底时入射声线与反射界面的交角。

3.1.18

传播损失　transmission loss

声源处与声场中某接收点处声强级之差，是声波的波阵面几何扩展损失与传播衰减损失（包括海水吸收、散射和界面反射损失等）之和。

注：改写 GB/T 12763.5—2007，定义 3.15。

3.1.19

传播异常　propagation anomaly

传播异常损失

异常传播损失

声波在海洋中传播时，在一定距离处的实际传播损失超过按照球面波或其他规律传播相同距离的传播损失的差值。

3.1.20

声传播起伏　fluctuation of transmitted sound

声波的振幅和相位有快速、剧烈的变化，在足够长的时间内连续观测时，遇到慢的、大的、长周期的变化。

3.1.21

非随机起伏　non-random fluctuation

以某种确定方式的起伏。

3.1.22

随机起伏　random fluctuation

没有确定方式的起伏。

3.1.23

海表面声的起伏　sound fluctuations at sea surface

由于在海表面反射引起的声振幅或声强有较大较快的起伏。

3.1.24

声传播的相干性　coherence of sound propagation

声波在传播过程中，在空间分开的接收器上和同一点不同时刻信号波形的相似性。

3.1.25

多途现象　multipath phenomenon

当在声源和接收之间不只一条传播路径时的传播现象。

3.1.26

会聚区　convergence zone

在深海远距离声传播中，不同途径的声线会集(局部聚焦)所形成的声强度很高的区域。

注：有浅层会聚区和深层会聚区。

3.1.27

焦散线　caustics

用来描述散线包迹的一个术语，在其上聚焦因子为无限大。

注：焦散线是射线族的包络。

3.1.28

会聚增益　convergence gain

在会聚区内超过球面扩展加吸收所得到的声强级的增值。

3.1.29

声影区　sound shadow region

由于声线的弯曲，绝大部分声波能量不能传播到的区域。

3.1.30

爆炸声源　explosive sound source

利用爆炸物质在水下爆炸作为水下声源。

3.1.31

压力波　pressure wave

固体的爆炸物质转化为气态反应所发生的一系列复杂现象中的一部分，具有非常陡峭的前沿，很高的峰值压力和迅速衰减的特点。

3.1.32

气泡脉冲　bubble pulse

由于爆轰完成后所遗留下来的球团形气体物质(称为气体球)的逐次振荡所引起的一系列的压力脉冲。

3.1.33

海水声吸收　sound absorption in sea water

声波在海水中传播时,声能转化成热能并出现声能与扩展引起的损失不一样,服从不同的随距离变化的规律。

3.1.34

海水中声吸收损失　sound absorption loss in seawater

声能转变为热能的过程,代表真正的声能量在传播介质中的损失。

注:海水中,声吸收由海水的切变粘滞性,体积粘滞性和离子驰豫三种效应引起的。而海水中吸收的最主要原因是由于海水中的硫酸镁($MgSO_4$)分子和硼酸分子($B(OH)_3$)的离子驰豫。吸收损失的大小与声波频率有关。随压力增大而减小。

3.1.35

空化现象　cavitation phenomenon

当声纳发射器的功率增大到一定程度时,在发射器表面上和在发射器表面的前方附近,开始形成空化气泡的现象。

3.1.36

空化阈　cavitation threshold

声场所产生的负压力超过某个一定的值时,产生了空化气泡,这个值称为空化阈。

3.1.37

互作用效应　interaction effect

由紧密排列的共振发射阵元构成的大型阵,各个发射阵元的运动速度不均匀,各相邻阵元的运动速度的差别十分复杂,各个发射阵元之间的声波相互作用所引起近场不规则的行为。

3.1.38

非线性效应　nonlinear effects

在初始波为大振幅的情况下,正弦声波可以在水声中产生出谐频、分谐频、和频与差频等附加频率的现象。

3.1.39

虚源干涉或洛埃镜效应　image interference or Lloyd mirror effect

海面平静时,直达声波和表面反射声波之间的干涉现象。

3.1.40

海洋环境噪声　ambient noise of sea

海洋本身的噪声。海洋总噪声背景中的一部分,是除去所有可分辨的噪声源后所“剩下”的那一部分。

注1:海洋环境噪声是各向异性的,在不同的频率上有不同的特性。

注2:改写 GB/T 12763.5—2007,定义3.6。

3.1.41

潮汐以及波浪的水静压力效应　hydrostatic pressure effects of tide and wave

在声谱的低频端,由潮汐和波浪引起的较大幅度变化。

3.1.42

地震噪声　seismic noise

地壳运动引起的海洋中低频噪声。

3.1.43

湍流噪声 turbulence noise

无规则随机水流形成的湍流产生的噪声。

3.1.44

风生噪声 wind-generated noise

由风引起的海面波浪产生的环境噪声。

3.1.45

浅海海洋噪声 marine noise in shallow water

在近海、海湾和港口的环境噪声。随时间和地点不同而有显著的不同。主要由行船及工业噪声、风成噪声和生物噪声混合构成。

3.1.46

海洋生物噪声 halobios noise

由海洋生物的活动产生的噪声。

3.1.47

船舶辐射噪声 ship radiated noise

船舶辐射到水中的噪声。

3.1.48

流体动力噪声 hydrodynamic noise

海洋中波浪、海流、潮汐等海水运动所产生的噪声。

3.1.49

海洋噪声 sea noise

海洋中海水运动及其他自然原因,如热扰动等产生的噪音。

3.1.50

海洋混响 marine reverberation

声波传播过程中,由于起伏海面、不平整的海底及海水媒质内部大量随机不均匀性所引起的散射声。

注:包括海面混响、海底混响和体积混响。

3.1.51

海面混响 surface reverberation

海中声源停止发声后,起伏海面及海表层气泡等不均匀体产生的声波反向散射在接收点叠加为起伏并逐渐衰减的声波延续现象。

3.1.52

海底混响 bottom reverberation

海中声源停止发声后,海底产生的声波反向散射在接收点叠加为起伏并逐渐衰减的声波延续现象。

3.1.53

体积混响 volume reverberation

海中声源停止发声后,海水中悬浮物、海洋生物和海水不均匀体产生的声波反向散射在接受点叠加为起伏并逐渐衰减的声波延续现象。

3.1.54

简正波 normal mode of vibration

由振动或波动系统自由振动产生的声波。

注:其特点为在某一坐标方向上具有一定的驻波或准驻波方式。系统的任何复合运动一般可分解为简正振动的和。

3.1.55

波导简正波 **trapped mode**;proper mode

声道传播中衰减很小而能传播很远的简正波。

3.1.56

海洋声层析技术 **ocean acoustic tomography**

利用声波所携带的信息分析海洋中一定区域内海洋参数分布的技术。

3.1.57

水声通信 **underwater acoustic communications**

以声波为载体的水下信息传输。

3.1.58

海洋声场预报 **ocean sound field forecasting**

在建立了能够反映海洋环境因素对声场的制约关系的声场物理模型的基础上,根据可测海洋环境参数的测定值或预报值,利用计算机完成数值计算,给出相应海洋环境条件下的有关声场的数值。

3.1.59

深海散射层 **deep sea scattering layer (DSL)**

海洋中,聚集有数量众多并能造成强烈声散射的生物群的水层。

3.1.60

海底反射 **bottom reflection**

声波遇到海底发生的反射现象。

注:海底反射与声波的入射角、海底底质条件有关。

3.1.61

海面反射 **sea surface reflection**

声波遇到海面发生的反射现象。

注:海面反射与声波的入射角、海面条件有关。

3.1.62

水体散射 **water body scattering**

水体中的微小颗粒对入射的声波产生的不规则反射、折射或衍射。

3.1.63

频散 **dispersion**

声速随频率变化的现象。

3.1.64

海面散射 **surface scattering**

到达海面的水中声波因海面波浪和海表层水中气泡及悬浮体影响而产生的向多方向的不规则反射、衍射现象。

3.1.65

海底散射 **bottom scattering**

到达海底的声波因海底表面粗糙不平及海底底质结构不同产生的向多方向的不规则反射、衍射现象。

3.1.66

体积散射 **volume scattering**

海中传播的声波因海水介质不均匀及浮游生物、悬浮物等存在而产生的向多方向的不规则反射、衍射现象。

3.1.67

回声测距 echo ranging

根据声波从发射器到目标物之间往返传播时间测定水下目标物距离的方法。

3.1.68

水声换能器 underwater acoustic transducer

在水中利用声能与其他能量转换进行声发射和接收的器件。

3.1.69

声呐 sonar

利用水中声传播进行水下目标的探测、定位、识别或导航的设备。

3.1.70

声遥感 acoustic remote sensing

利用声波所携带的海洋环境和海中物体信息进行远距离探测和感知的技术。

3.2 海洋光学

3.2.1

海洋光学 marine optics

海洋物理学的分支学科，主要研究光的辐射、传播和相互作用。

3.2.2

海面向上辐射 radiation from the sea surface

海面向大气反射、散射的光和热辐射以及海洋水体通过海面向大气传输的光和热辐射。

3.2.3

海洋光学遥感 marine optical remote sensing

利用卫星和飞机所载光学传感器接收海面向上光辐射，以获取海洋环境要素的远距离海洋观测技术。

3.2.4

水中对比度 contrast in water

水中物体辐亮度与背景辐亮度的差值与背景辐亮度的比值。

3.2.5

水中对比度传输 contrast transmission in water

水中与目标一定距离处所测对比度与目标处固有对比度的比值随观测距离的变化。

3.2.6

水下光学“窗口” underwater optical window

光在海水中传播时衰减最小的光谱波段。

注：在透明度较高的水域约为波长 0.43 μm～0.57 μm 的蓝-绿光。

3.2.7

衰减长度 attenuation length

表征海水中光传播衰减程度的物理量。

注：其数值是衰减系数的倒数，用海水中传播的准直光束衰减到原来光强的 1/e 所通过的距离来表示，测量单位为 m。

3.2.8

海色指数 sea color index

海洋光学遥感中表征海色值的量。

3.2.9

海水能见度 visibility in seawater

在水中凭借视力能识别出具有一定大小目标物的最大距离。

3.2.10

海洋辐射传递　radiative transfer in ocean

辐射在海洋中多次受到散射和吸收所导致的海中辐射场的变化。

3.2.11

光束衰减系数　beam attenuation coefficient

光谱吸收比和光谱散射之和在光子传播距离趋于零时的极限值，等于吸收和散射系数的总合。

注：改写 GB/T 12763.5—2007，定义 3.27。

3.2.12

辐亮度　radiance

辐射度

表面一点处的面元在给定方向上的辐射强度除以该面元在垂直于给定方向平面上的正投影面积。

注 1：单位为 $W \cdot m^{-2} \cdot sr^{-1}$。

注 2：改写 GB/T 12763.5—2007，定义 3.23。

3.2.13

光谱辐亮度　spectral radiance

由波长 λ 处的单位波长间隔内的光辐射产生的辐亮度。

3.2.14

散射系数　scattering coefficient

波长入射功率在一小体积内散射的部分与光子传播距离之比，在传播距离趋于零时的极限值。

3.2.15

吸收系数　absorption coefficient

在一介质中光子传播的单位距离吸收比，即光谱吸收系数与光子传播距离的比值在距离趋于零时的极限值。

3.2.16

辐照度　irradiance

照射到包含所述点的无限小面元上辐射通量除以该面元的面积。

注 1：单位为 $W \cdot m^{-2}$。

注 2：改写 GB/T 12763.5—2007，定义 3.22。

3.2.17

光谱辐照度　spectral irradiance

由波长 λ 处的单位波长间隔内的光辐射产生的辐照度。

注：单位为 $W \cdot m^{-2} \cdot nm^{-1}$。

3.3　海洋电、磁学

3.3.1

海水电导率　conductivity of sea water

海水导电性能的物理量，定义为长 1 m，截面积为 1 m^2 海水的电导。

注：单位为西[门子]每米(S/m)，它与海水盐度、温度、压力等要素有关。

3.3.2

海水磁导率　permeability of sea water

海水磁化性能的物理量，定义为长 1 m，截面积为 1 m^2 海水的磁导。

注：单位为亨[利]每米(H/m)。

3.3.3

海水离子迁移率　ion mobility of sea water

海水中各种离子在单位电场强度下的迁移速度。

3.3.4

海洋电磁场　marine electromagnetic field

海洋中天然电磁场和感应电磁场的总称。

3.3.5

海感电磁场　tide-induced electromagnetic field

海水潮汐运动所感应出的海洋电磁场。

3.3.6

浪感电磁场　wave-induced electromagnetic field

海水波浪运动所感应出的海洋电磁场。

4　海洋气象

4.1

海洋气象　marine meteorology

研究海洋与其临近区域上空的大气现象、大气过程以及海洋与大气相互作用的学科，是气象学的一个分支，也是海洋学的一个分支。

4.2

海洋(性)气候　maritime climate, marine climate

气候指数呈海洋度大于大陆度特征的气候。

4.3

信风　trade wind

副热带高压(35°N 和 30°S 附近)与赤道低压之间存在的一类风向和风力都很少变化的风系。

4.4

盛行风　prevailing wind

穿越某特定区域的最频繁的风。

4.5

季风　monsoon

大范围盛行风向随季节有显著变化的风。

注：主要由地球上行星风系的季节性南北移动、海洋与大陆温度对比的季节性变化所致。

4.6

海-气相互作用　air-sea interaction

海洋与大气之间各种物理量和各种尺度运动的相互交换、影响、制约、适应的关系。

4.7

沃克环流　walker cell

由于赤道地区海温和气温东西方向的差异，而在赤道大气层中形成的热力环流。

4.8

南方涛动　Southern Oscillation(SO)

南半球热带太平洋区气压和热带印度洋区气压的升降呈反相关系的振荡现象。

4.9

厄尔尼诺　El Ni～no

圣诞节前后发生在赤道附近东太平洋的秘鲁和厄瓜多尔沿岸海域的海水温度异常升高现象。

4.10

拉尼娜　La Nina

赤道附近东太平洋海水温度异常下降的一种现象。

注：拉尼娜引起的气候特征恰好与厄尔尼诺相反。

4.11

海洋气团　maritime air mass

源地在海洋上的大块空气，或经水域上空长距离运移，已变性成具有海洋源地气团属性的气团。

4.12

热带海洋气团　tropical maritime air mass

形成于热带或副热带海洋上的气团。

4.13

海洋度　oceanicity

气候受海洋影响的程度。

4.14

热带气旋　tropical cyclone

在热带或副热带海洋上发生的气旋性涡旋。

4.15

热带云团　tropical cloud cluster

热带海洋上的一般云团。

4.16

台风　typhoon

发生在西北太平洋或南海，最大风力在12级或12级以上，具有暖中心结构的强烈气旋性涡旋。

4.17

飓风　hurricane

发生在东北太平洋或北大西洋，最大风力在12级或12级以上，具有暖中心结构的强烈气旋性涡旋。

4.18

海洋大气边界层　marine atmospheric boundary

离海面约1 km～1.5 km以下，受下垫面的热力、动力影响，海气之间物理属性交换的大气层。

4.19

近海面层　near sea surface layer

大气边界层中接近海面的部分。

注：其上界离海面约数10 m～100 m。这一层大气受下垫面不均匀影响，有明显的湍流特征，海洋与大气间物质和能量的输送主要通过该层进行。

4.20

海-气边界过程　air-sea boundary layer process

各种物质、气体和能量通过海洋与大气界面进行相互交换的过程。

4.21

海气通量　air-sea flux

海洋和大气之间单位时间内通过单位面积传输的物质和能量。

4.22

海-气热交换　ocean-atmosphere heat exchange

海洋和大气界面之间通过辐射、传导和蒸发进行的热能交换。

4.23

海气动量通量　air-sea momentum flux

海洋和大气之间水平动量的垂直通量。

注：海气动量通量等于单位面积上的作用力或应力。

4.24

海气感热通量　air-sea sensible heat flux

海面与邻近空气之间单位时间通过单位面积传输的热量。

4.25

潜热　latent heat

由于水汽相变(蒸发、凝结)而引起的海洋与大气之间传输的热量。

4.26

海气潜热通量　air-sea latent heat flux

单位时间通过单位面积的潜热量。

4.27

海气二氧化碳通量　air-sea CO_2 flux

海洋与大气之间单位时间通过单位面积的二氧化碳量。

4.28

太阳辐射　solar radiation

太阳发射的电磁能。

注：包括紫外线、红外线、X射线和电辐射及其他可见光等的能量。

4.29

海面反照率　sea surface albedo

海面向上反回的直接辐射与海洋内部通过海面向上的散射辐射对入射到海面上的直接太阳辐射与大气漫射辐射的比值。

4.30

海陆风　sea-land breeze

海陆表面温差所引起近滨海地区昼夜间风向发生反向转变的风。

4.31

海陆季风　sea-land monsoon

由于海陆热力差异引起的风向随季节明显变化的风系。

4.32

海雾　sea fog

在海洋影响下生成于海上或海岸区域的雾。

4.33

海面有效能见度　sea-level effective horizontal visibility

视力正常的人在当时条件下能见到的海面二分之一以上视野范围内的最大水平距离。

注：改写GB/T 12763.3—2007,定义3.1。

4.34

蒲氏风级　Beaufort Wind Scale

目前国际上采用的,由英国人蒲福特于1808年拟定的风力等级。

4.35

海龙卷　waterspout

水龙卷

从积雨云底下垂的小尺度漏斗状云体伸到海面的水柱。

4.36

蜃景　mirage

海市蜃楼

光线在不同密度的空气中发生弯折(折射),在空中、海面、地面附近或地平线下出现的虚幻景象。

4.37

气温 air temperature

空气的温度。表示空气冷热程度的物理量。

4.38

气压 air pressure

单位面积上直至大气上界整个空气柱的重量。

4.39

相对风 relative wind

视风 apparent wind

运动着的船舶(或航运工具)上测风仪所测得的风。

4.40

湿度 humidity of the air

空气中的水汽含量。

4.41

相对湿度 relative humidity of the air

空气中实际水汽压与当时气压下的饱和水汽压之比。

4.42

飑线 spuall line

不稳定线 instability line

气压涌升线 pressure jump line

具有中尺度特征的气压和风的不连续线,是由若干排列成行的雷暴单体或雷暴群组成的一条狭窄的强对流天气带。

4.43

干球温度 dry-bulb temperature

在暴露于空气中,但又处于不受太阳直接辐射地方的干球温度表上所读取的温度数。

4.44

湿球温度 wet-bulb temperature

在暴露于空气中,但又处于不受太阳直接辐射地方,而且球部包有浸透水(或已结冰)的纱布的温度表上所读取的温度数。

注:湿球温度是标定空气相对湿度的一种手段。

参 考 文 献

[1] GB/T 12763.2—2007 海洋调查规范 第2部分:海洋水文观测
[2] GB/T 12763.3—2007 海洋调查规范 第3部分:海洋气象观测
[3] GB/T 12763.5—2007 海洋调查规范 第5部分:海洋声、光要素调查
[4] GB/T 3947—1996 声学名词术语
[5] GB/T 19721.2—2005 海洋预报和警报发布 第2部分:海浪预报和警报发布
[6] 国家海洋局科技司.海洋大辞典.沈阳:辽宁人民出版社,1998.
[7] 沈四林. 海洋与气象.北京:人民交通出版社,2002.
[8] 于贵瑞,孙晓敏,等.陆地生态系统通量观测的原理与方法.北京:高等教育出版社,2006.
[9] 朱炳海,王鹏飞,束家鑫.气象学词典.上海:上海辞书出版社,1985.
[10] 英汉海洋科技词汇编写组.英汉海洋科技词汇.北京:科学出版社,2004.
[11] 马大猷.声学名词术语.北京:海洋出版社,1984.
[12] 马大猷.声学手册. 北京:科学出版社,1983.
[13] 列·布列霍夫斯基赫. 海洋声学基础.北京:海洋出版社,1985.
[14] [美]R. J.尤立克.水声原理[第三版].洪申译. 哈尔滨:哈尔滨船舶工程学院出版社,1990.
[15] 全国科学技术名词审定委员会. 海洋科技名词.北京:科学出版社,2007.
[16] 冯士筰. 海洋科学导论.北京:高等教育出版社,1998.
[17] FB Jensen,WA Kuperman,MB Porter and H Schmidt. Computational Ocean Acoustics. API Press,1993.

索　引

汉语拼音索引

A

埃克曼层 …… 2.3.58
埃克曼抽吸 …… 2.3.61
埃克曼螺旋 …… 2.3.59
埃克曼漂流 …… 2.3.56
埃克曼深度 …… 2.3.57
埃克曼输送 …… 2.3.60
岸冰 …… 2.6.12

B

白冰 …… 2.6.21
白浪 …… 2.4.27
半潮面 …… 2.5.65
半日潮 …… 2.5.23
饱和水汽压 …… 2.1.82
爆炸声源 …… 3.1.30
北极表层水 …… 2.1.54
倍潮 …… 2.5.38
崩碎波 …… 2.4.67
比容偏差 …… 2.1.24
比蒸发潜热 …… 2.1.81
边缘波 …… 2.4.41
变形冰 …… 2.6.26
表层扰动层 …… 2.1.38
表面张力波 …… 2.4.38
标准海水 …… 2.1.66
飑线 …… 4.42
表层海水盐度 …… 2.1.88
表层流 …… 2.3.32
表层声道 …… 3.1.15
表层水 …… 2.1.46
表层水温 …… 2.1.1
冰川 …… 2.6.9
冰川舌 …… 2.6.10
冰封 …… 2.6.39
冰盖 …… 2.6.37
冰厚 …… 2.6.44
冰脊 …… 2.6.30
冰架 …… 2.6.11
冰间湖 …… 2.6.36
冰间水道 …… 2.6.35
冰脚 …… 2.6.13
冰壳 …… 2.6.16
冰量 …… 2.6.45
冰皮 …… 2.6.16
冰期 …… 2.6.43
冰丘 …… 2.6.31
冰山 …… 2.6.38
冰原 …… 2.6.8
冰缘线 …… 2.6.47
波长 …… 2.4.11
波导简正波 …… 3.1.55
波陡 …… 2.4.17
波峰线 …… 2.4.22
波幅 …… 2.4.10
波高 …… 2.4.9
波候 …… 2.4.21
波级 …… 2.4.19
波浪反射 …… 2.4.31
波浪流 …… 2.3.67
波浪爬高 …… 2.4.55
波浪绕射 …… 2.4.33
波浪衍射 …… 2.4.33
波浪折射 …… 2.4.32
波龄 …… 2.4.20
波流 …… 2.3.67
波剖面 …… 2.4.8
波群 …… 2.4.47
波数 …… 2.4.15
波速 …… 2.4.12
波向 …… 2.4.13
波向线 …… 2.4.23
波周期 …… 2.4.14
渤海沿岸流 …… 2.3.69
补偿流 …… 2.3.23
不规则波 …… 2.4.54
不稳定线 …… 4.42

不正规半日潮 …………………………… 2.5.25
不正规日潮 ……………………………… 2.5.28

C

层化海洋 ……………………………… 2.1.40
长峰波 ………………………………… 2.4.52
长江冲淡水 …………………………… 2.1.57
潮波 …………………………………… 2.5.51
潮差…………………………………… 2.5.9
潮混合 ………………………………… 2.1.29
潮龄 …………………………………… 2.5.34
潮流 …………………………………… 2.5.45
潮流椭圆 ……………………………… 2.5.50
潮能 …………………………………… 2.5.57
潮升 …………………………………… 2.5.64
潮位…………………………………… 2.5.2
潮汐…………………………………… 2.5.1
潮汐表 ………………………………… 2.5.69
潮汐调和常数 ………………………… 2.5.67
潮汐调和分析 ………………………… 2.5.66
潮汐非调和常数 ……………………… 2.5.68
潮汐以及波浪的水静压力效应 ……… 3.1.41
潮余流 ………………………………… 2.5.49
赤道辐合带 …………………………… 2.1.58
赤道经向环流 ………………………… 2.3.16
赤道流 ………………………………… 2.3.10
赤道逆流 ……………………………… 2.3.25
赤道潜流 ……………………………… 2.3.26
充分成长风浪 ………………………… 2.4.28
初期冰 ………………………………… 2.6.22
初生冰 ………………………………… 2.6.15
传播损失 ……………………………… 3.1.18
传播异常 ……………………………… 3.1.19
传播异常损失 ………………………… 3.1.19
船舶辐射噪声 ………………………… 3.1.47
船行波 ………………………………… 2.4.56
垂直剖面海水温度 …………………… 2.1.89
次表层流 ……………………………… 2.3.33
次表层水 ……………………………… 2.1.47

D

1/3 大波波高 ………………………… 2.4.36
1/10 大波波高 ………………………… 2.4.37
大潮 …………………………………… 2.5.12
大西洋赤道潜流 ……………………… 2.3.28
大洋对流层 …………………………… 2.1.39
大洋环流……………………………… 2.3.5
当年冰 ………………………………… 2.6.23
等温线………………………………… 2.1.3
等温压缩 ……………………………… 2.1.76
等效风区……………………………… 2.4.6
等效风时……………………………… 2.4.7
等盐线 ………………………………… 2.1.13
低潮…………………………………… 2.5.6
低潮高………………………………… 2.5.7
低潮时………………………………… 2.5.8
低潮水位……………………………… 2.5.7
底层流 ………………………………… 2.3.35
底层水 ………………………………… 2.1.50
底摩擦层 ……………………………… 2.3.62
地形罗斯贝波 ………………………… 2.4.64
地震噪声 ……………………………… 3.1.42
地转流 ………………………………… 2.3.18
定容比热容 …………………………… 2.1.72
定压比热容 …………………………… 2.1.71
东边界流 ……………………………… 2.3.14
东海沿岸流 …………………………… 2.3.71
动力方法 ……………………………… 2.3.52
动力零面 ……………………………… 2.3.51
短峰波 ………………………………… 2.4.51
堆积冰 ………………………………… 2.6.27
对流混合 ……………………………… 2.1.27
对马海流 ……………………………… 2.3.41
对马暖流 ……………………………… 2.3.41
多途现象 ……………………………… 3.1.25

E

厄尔尼诺……………………………………… 4.9

F

翻转环流……………………………… 2.3.7
方向谱 ………………………………… 2.4.30
方照小潮 ……………………………… 2.5.13
非随机起伏 …………………………… 3.1.21
非线性效应 …………………………… 3.1.38
分潮 …………………………………… 2.5.35

分潮波 …………………………………… 2.5.35
分潮日 …………………………………… 2.5.36
分潮时 …………………………………… 2.5.37
分点潮 …………………………………… 2.5.33
分子混合 ………………………………… 2.1.94
风暴潮 …………………………………… 2.5.59
风海流 …………………………………… 2.3.17
风浪 ……………………………………… 2.4.24
风区……………………………………… 2.4.2
风生噪声 ………………………………… 3.1.44
风时……………………………………… 2.4.3
风因子 …………………………………… 2.3.55
俘获波 …………………………………… 2.4.65
浮冰……………………………………… 2.6.5
浮冰群…………………………………… 2.6.6
辐亮度 …………………………………… 3.2.12
辐射潮 …………………………………… 2.5.40
辐射度 …………………………………… 3.2.12
辐照度 …………………………………… 3.2.16
复合潮 …………………………………… 2.5.39
副热带模态水 …………………………… 2.1.55
副振动 …………………………………… 2.5.70
覆水冰 …………………………………… 2.6.34
覆雪冰 …………………………………… 2.6.32

G

干潮……………………………………… 2.5.6
干球温度 ………………………………… 4.43
高潮……………………………………… 2.5.3
高潮高…………………………………… 2.5.4
高潮时…………………………………… 2.5.5
高潮水位………………………………… 2.5.4
搁浅冰 …………………………………… 2.6.14
孤立波 …………………………………… 2.4.40
固定冰…………………………………… 2.6.3
光谱辐亮度 ……………………………… 3.2.13
光谱辐照度 ……………………………… 3.2.17
光束衰减系数 …………………………… 3.2.11
规则波 …………………………………… 2.4.53

H

海表面声的起伏 ………………………… 3.1.23
海冰……………………………………… 2.6.1
海冰密度 ………………………………… 2.6.40
海冰密集度 ……………………………… 2.6.46
海冰温度 ………………………………… 2.6.42
海冰盐度 ………………………………… 2.6.41
海底反射 ………………………………… 3.1.60
海底混响 ………………………………… 3.1.52
海底散射 ………………………………… 3.1.65
海感电磁场……………………………… 3.3.5
海况 ……………………………………… 2.4.18
海浪……………………………………… 2.4.1
海浪观测 ………………………………… 2.4.72
海浪角散 ………………………………… 2.4.35
海浪弥散 ………………………………… 2.4.34
海浪谱 …………………………………… 2.4.29
海浪预报 ………………………………… 2.4.74
海浪灾害 ………………………………… 2.4.73
海流……………………………………… 2.3.1
海龙卷 …………………………………… 4.35
海陆风 …………………………………… 4.30
海陆季风 ………………………………… 4.31
海面 ……………………………………… 2.5.62
海面反射 ………………………………… 3.1.61
海面反照率 ……………………………… 4.29
海面带斑 ………………………………… 2.1.62
海面混响 ………………………………… 3.1.51
海面散射 ………………………………… 3.1.64
海面向上辐射…………………………… 3.2.2
海面有效能见度 ………………………… 4.33
海宁潮 …………………………………… 2.5.56
黄海底层冷水 …………………………… 2.1.56
海气动量通量 …………………………… 4.23
海气二氧化碳通量 ……………………… 4.27
海气感热通量 …………………………… 4.24
海气潜热通量 …………………………… 4.26
海气通量 ………………………………… 4.21
海色指数………………………………… 3.2.8
海市蜃楼 ………………………………… 4.36
海水比热容 ……………………………… 2.1.70
海水比容 ………………………………… 2.1.23
海水磁导率……………………………… 3.3.2

海水的表面张力 …………………………… 2.1.87
海水的粘滞性 ……………………………… 2.1.86
海水电导率……………………………… 3.3.1
海水离子迁移率………………………… 3.3.3
海水密度 ………………………………… 2.1.20
海水能见度……………………………… 3.2.9
海水热膨胀系数 ………………………… 2.1.73
海水热容 ………………………………… 2.1.69
海水深度 ………………………………… 2.1.95
海水声吸收 ……………………………… 3.1.33
海水透明度……………………………… 2.2.2
海水中声吸收损失 ……………………… 3.1.34
海水状态方程 …………………………… 2.1.65
海水最大密度的温度 …………………… 2.1.74
海图深度 ………………………………… 2.1.98
海雾 ……………………………………… 4.32
海啸 ……………………………………… 2.5.60
海洋(性)气候…………………………… 4.2
海洋大气边界层 ………………………… 4.18
海洋电磁场……………………………… 3.3.4
海洋度 …………………………………… 4.13
海洋锋 …………………………………… 2.1.59
海洋辐射传递 …………………………… 3.2.10
海洋光学………………………………… 3.2.1
海洋光学遥感…………………………… 3.2.3
海洋环境噪声 …………………………… 3.1.40
海洋混响 ………………………………… 3.1.50
海洋乱流 ………………………………… 2.1.63
海洋气团 ………………………………… 4.11
海洋气象………………………………… 4.1
海洋生物声学…………………………… 3.1.3
海洋生物噪声 …………………………… 3.1.46
海洋声层析技术 ………………………… 3.1.56
海洋声场预报 …………………………… 3.1.58
海洋声学………………………………… 3.1.1
海洋湍流 ………………………………… 2.1.63
海洋紊流 ………………………………… 2.1.63
海洋噪声 ………………………………… 3.1.49
海洋中的声速…………………………… 3.1.7
海洋总环流……………………………… 2.3.4
海中声速………………………………… 3.1.7
海-气边界过程 ………………………… 4.20
海-气热交换……………………………… 4.22
海-气相互作用 ………………………… 4.6
寒流 ……………………………………… 2.3.45
黑潮 ……………………………………… 2.3.37
黑潮流系 ………………………………… 2.3.36
互作用效应 ……………………………… 3.1.37
黄海冷水团 ……………………………… 2.1.56
黄海暖流 ………………………………… 2.3.42
黄海沿岸流 ……………………………… 2.3.70
灰白冰 …………………………………… 2.6.20
灰冰 ……………………………………… 2.6.19
回归潮 …………………………………… 2.5.32
回声测距 ………………………………… 3.1.67
会聚区 …………………………………… 3.1.26
会聚增益 ………………………………… 3.1.28
混合层 …………………………………… 2.1.38
混合层声道 ……………………………… 3.1.13
混合潮 …………………………………… 2.5.29
[混合]增密 ……………………………… 2.1.30

J

激碎波 …………………………………… 2.4.68
计算海洋声学…………………………… 3.1.2
季风……………………………………… 4.5
季风海流 ………………………………… 2.3.22
季节性温跃层 …………………………… 2.1.33
假潮 ……………………………………… 2.5.54
假想天体 ………………………………… 2.5.21
简正波 …………………………………… 3.1.54
焦散线 …………………………………… 3.1.27
近海面层 ………………………………… 4.19
飓风 ……………………………………… 4.17
卷碎波 …………………………………… 2.4.69
卷吸 ……………………………………… 2.3.66
绝对盐度 ………………………………… 2.1.10
绝热变化 ………………………………… 2.1.78
绝热压缩 ………………………………… 2.1.77
均匀层 …………………………………… 2.1.37

K

开尔文波 ………………………………… 2.4.62
克伦威尔海流 …………………………… 2.3.27

空化现象 …… 3.1.35
空化阈 …… 3.1.36

L

裸冰 …… 2.6.33
拉尼娜 …… 4.10
浪感电磁场 …… 3.3.6
老年冰 …… 2.6.24
冷水圈 …… 2.1.8
冷水舌 …… 2.1.6
冷涡 …… 2.1.41
离岸流 …… 2.3.73
莲叶冰 …… 2.6.18
裂流 …… 2.3.73
流冰 …… 2.6.4
流环 …… 2.3.49
流速 …… 2.3.3
流体动力噪声 …… 3.1.48
流涡 …… 2.3.48
流向 …… 2.3.2
陆架波 …… 2.4.42
陆源冰 …… 2.6.2
掠射角 …… 3.1.17
罗蒙诺索夫海流 …… 2.3.28
罗斯贝波 …… 2.4.63
落潮 …… 2.5.11

M

满潮 …… 2.5.3
毛细波 …… 2.4.38
锚冰 …… 2.6.7
密度超量 …… 2.1.22
密度流 …… 2.3.19
密度跃层 …… 2.1.35
摩擦深度 …… 2.3.57

N

内波 …… 2.4.49
内潮 …… 2.5.53
南方涛动 …… 4.8
南海暖流 …… 2.3.44
南海沿岸流 …… 2.3.72
南极东风环流 …… 2.3.15
南极绕极流 …… 2.3.12
南极绕极水团 …… 2.1.53
尼罗冰 …… 2.6.17
逆流 …… 2.3.24
逆置层 …… 2.1.36
暖流 …… 2.3.40
暖水圈 …… 2.1.7
暖水舌 …… 2.1.5
暖涡 …… 2.1.42

P

漂流 …… 2.3.17
频率 …… 2.4.16
频散 …… 3.1.63
平潮 …… 2.5.16
平衡潮 …… 2.5.22
平均海面 …… 2.5.63
平面分层介质 …… 3.1.4
平整冰 …… 2.6.28
坡度流 …… 2.3.20
破波线 …… 2.4.71
破碎波 …… 2.4.66
破碎波带 …… 2.4.70
蒲氏风级 …… 4.34

Q

气泡脉冲 …… 3.1.32
气温 …… 4.37
气象潮 …… 2.5.58
气压 …… 4.38
气压涌升线 …… 4.42
千岛寒流 …… 2.3.46
铅直稳定度 …… 2.1.26
前进波 …… 2.4.45
钱塘江涌潮 …… 2.5.56
潜热 …… 4.25
浅海传播 …… 3.1.5
浅海海洋噪声 …… 3.1.45
浅水波 …… 2.4.43
浅水系数 …… 2.4.50
亲潮 …… 2.3.46
倾斜流 …… 2.3.20
全日潮 …… 2.5.26
群速 …… 2.4.48

R

热比容偏差 …… 2.1.25
热传导 …… 2.1.83
热带辐合带 …… 2.1.58
热带海洋气团 …… 4.12
热带气旋 …… 4.14
热带云团 …… 4.15
热流率 …… 2.1.84
热流率密度 …… 2.1.85
热盐对流 …… 2.3.8
热盐环流 …… 2.3.6
热盐结构 …… 2.1.19
人工海水 …… 2.1.67
人造海水 …… 2.1.67
日不等[现象] …… 2.5.41

S

散射系数 …… 3.2.14
(上)均匀层 …… 2.1.38
上升流 …… 2.3.30
深层环流 …… 2.3.9
深层流 …… 2.3.34
深层水 …… 2.1.49
深海传播 …… 3.1.6
深海散射层 …… 3.1.59
深海声道 …… 3.1.14
深水波 …… 2.4.44
蜃景 …… 4.36
声传播的相干性 …… 3.1.24
声传播起伏 …… 3.1.20
声道 …… 3.1.12
声道轴 …… 3.1.16
声呐 …… 3.1.69
声速的垂直梯度 …… 3.1.9
声速的水平梯度 …… 3.1.10
声速剖面 …… 3.1.11
声速梯度 …… 3.1.8
声遥感 …… 3.1.70
声影区 …… 3.1.29
盛行风 …… 4.4
湿度 …… 4.40
视风 …… 4.39
湿球温度 …… 4.44
1978 实用盐标 …… 2.1.11
实用盐度 …… 2.1.12
衰减长度 …… 3.2.7
双低潮 …… 2.5.15
双高潮 …… 2.5.14
双扩散 …… 2.1.64
水龙卷 …… 4.35
水色 …… 2.2.1
水声换能器 …… 3.1.68
水声通信 …… 3.1.57
水体散射 …… 3.1.62
水团 …… 2.1.44
水系 …… 2.1.45
水下光学“窗口” …… 3.2.6
水型 …… 2.1.43
水中对比度 …… 3.2.4
水中对比度传输 …… 3.2.5
顺岸流 …… 2.3.74
斯托克斯波 …… 2.4.61
随机起伏 …… 3.1.22
朔望潮 …… 2.5.12
碎冰 …… 2.6.25
碎波线 …… 2.4.71

T

台风 …… 4.16
台湾暖流 …… 2.3.43
太平洋赤道潜流 …… 2.3.27
太阳潮 …… 2.5.31
太阳辐射 …… 4.28
太阴潮 …… 2.5.30
太阴潮间隙 …… 2.5.42
体积混响 …… 3.1.53
体积散射 …… 3.1.66
体积输送 …… 2.3.50
天文潮 …… 2.5.20
停潮 …… 2.5.17
同潮图 …… 2.5.43

湍流噪声 …………………………………… 3.1.43
椭圆余摆线波 ………………………………… 2.4.60
椭圆余弦波 …………………………………… 2.4.59

W

外海水系 …………………………………… 2.1.93
湾流 ………………………………………… 2.3.39
湾流流系 …………………………………… 2.3.38
往复流 ……………………………………… 2.5.48
微结构 ……………………………………… 2.1.61
位密 ………………………………………… 2.1.80
位势高度 …………………………………… 2.3.53
位势深度 …………………………………… 2.3.54
位温 ………………………………………… 2.1.79
温度深度图…………………………………… 2.1.4
温盐图解 …………………………………… 2.1.17
温盐指标 …………………………………… 2.1.18
温跃层 ……………………………………… 2.1.31
涡动混合 …………………………………… 2.1.28
沃克环流………………………………………… 4.7
无潮点 ……………………………………… 2.5.44
无运动面 …………………………………… 2.3.51

X

西边界流 …………………………………… 2.3.13
西风漂流 …………………………………… 2.3.11
吸收系数 …………………………………… 3.2.15
细结构 ……………………………………… 2.1.60
下沉流 ……………………………………… 2.3.31
下均匀层(lower)…………………………… 2.1.49
先行涌 ……………………………………… 2.4.26
现场密度 …………………………………… 2.1.21
现场水深 …………………………………… 2.1.96
现场温度……………………………………… 2.1.2
相对风 ………………………………………… 4.39
相对湿度 ……………………………………… 4.41
小潮 ………………………………………… 2.5.13
斜压海洋 …………………………………… 2.3.63
信风…………………………………………… 4.3
信风海流 …………………………………… 2.3.21

虚源干涉或洛埃镜效应 ……………………… 3.1.39
旋转潮波系统 ……………………………… 2.5.52
旋转流 ……………………………………… 2.5.47

Y

压力波 ……………………………………… 3.1.31
压缩系数 …………………………………… 2.1.75
压缩性 ……………………………………… 2.1.75
沿岸冰 ……………………………………… 2.6.12
沿岸流 ……………………………………… 2.3.68
沿岸水 ……………………………………… 2.1.51
沿岸水系 …………………………………… 2.1.92
盐度…………………………………………… 2.1.9
盐度校正 …………………………………… 2.1.90
盐舌 ………………………………………… 2.1.14
盐水界 ……………………………………… 2.1.68
盐[水]楔 …………………………………… 2.1.16
盐效应 ……………………………………… 2.1.91
盐跃层 ……………………………………… 2.1.34
盐指 ………………………………………… 2.1.15
一年冰 ……………………………………… 2.6.23
仪器沉放深度 ……………………………… 2.1.97
异常传播损失 ……………………………… 3.1.19
异常水位 …………………………………… 2.5.61
引潮力 ……………………………………… 2.5.18
引潮势 ……………………………………… 2.5.19
印度洋赤道潜流 …………………………… 2.3.29
引力潮 ……………………………………… 2.5.20
涌潮 ………………………………………… 2.5.55
永久性温跃层 ……………………………… 2.1.32
涌浪 ………………………………………… 2.4.25
有限振幅波 ………………………………… 2.4.57
有效波波高 ………………………………… 2.4.36
余摆线波 …………………………………… 2.4.58
余流 ………………………………………… 2.3.47

Z

涨潮 ………………………………………… 2.5.10
振幅 ………………………………………… 2.4.10
正规半日潮 ………………………………… 2.5.24

正规日潮 …………………………………… 2.5.27
正压海洋 …………………………………… 2.3.64
中层水 ……………………………………… 2.1.48
中尺度涡 …………………………………… 2.3.65
中央水 ……………………………………… 2.1.52
重叠冰 ……………………………………… 2.6.29
重力波 ……………………………………… 2.4.39
主[温]跃层 ………………………………… 2.1.32
驻波 ………………………………………… 2.4.46
转流 ………………………………………… 2.5.46
最小风区……………………………………… 2.4.4
最小风时……………………………………… 2.4.5
座底冰 ……………………………………… 2.6.14

英文对应词索引

A

absolute salinity …… 2.1.10
absorption coefficient …… 3.2.15
abyssal circulation …… 2.3.9
acoustic remote sensing …… 3.1.70
adiabatic change …… 2.1.78
adiabatic compression …… 2.1.77
air pressure …… 4.38
air-sea boundary layer process …… 4.20
air-sea CO_2 flux …… 4.27
air-sea flux …… 4.21
air-sea interaction …… 4.6
air-sea latent heat flux …… 4.26
air-sea momentum flux …… 4.23
air-sea sensible heat flux …… 4.24
air temperature …… 4.37
alongshore current …… 2.3.74
alternating current …… 2.5.48
ambient noise of sea …… 3.1.40
amphidromic point …… 2.5.44
amphidromic system …… 2.5.52
anchor ice …… 2.6.7
anomalous level …… 2.5.61
Antarctic circumpolar current …… 2.3.12
Antarctic circumpolar water mass …… 2.1.53
Antarctic east wind circulation …… 2.3.15
apparent wind …… 4.39
Arctic water …… 2.1.54
artificial sea water …… 2.1.67
astronomical tide …… 2.5.20
Atlantic equatorial undercurrent …… 2.3.28
attenuation length …… 3.2.7

B

bare ice …… 2.6.33
baroclinic ocean …… 2.3.63
barotropic ocean …… 2.3.64
bathythermogram …… 2.1.4
bay harmonic vibration …… 2.5.70
beam attenuation coefficient …… 3.2.11

Beaufort Wind Scale ······ 4.34
Bohai coastal current ······ 2.3.69
bottom current ······ 2.3.35
bottom friction layer ······ 2.3.62
bottom reflection ······ 3.1.60
bottom reverberation ······ 3.1.52
bottom scattering ······ 3.1.65
bottom water ······ 2.1.50
brash ice ······ 2.6.25
breaker ······ 2.4.66
breaker zone ······ 2.4.70
breaking wave line ······ 2.4.71
breakline ······ 2.4.71
bubble pulse ······ 3.1.32

C

caballing ······ 2.1.30
capillary wave ······ 2.4.38
caustics ······ 3.1.27
cavitation phenomenon ······ 3.1.35
cavitation threshold ······ 3.1.36
central water ······ 2.1.52
Changjiang diluted water ······ 2.1.57
Changjiang river plume ······ 2.1.57
charted depth ······ 2.1.98
coastal current ······ 2.3.68
coastal ice ······ 2.6.12
coastal water ······ 2.1.51
coastal water system ······ 2.1.92
coherence of sound propagation ······ 3.1.24
cold current ······ 2.3.45
cold eddy ······ 2.1.41
cold water sphere ······ 2.1.8
cold water tongue ······ 2.1.6
compensation current ······ 2.3.23
compound tide ······ 2.5.39
compressibility ······ 2.1.75
compression coefficient ······ 2.1.75
computational ocean acoustics ······ 3.1.2
conductivity of sea water ······ 3.3.1
constituent day ······ 2.5.36
constituent hour ······ 2.5.37
contrast in water ······ 3.2.4

contrast transmission in water ······ 3.2.5
convective mixing ······ 2.1.27
convergence gain ······ 3.1.28
convergence zone ······ 3.1.26
convergence zone near equator ······ 2.1.58
cotidal chart ······ 2.5.43
counter current ······ 2.3.24
Cromwell current ······ 2.3.27
current direction ······ 2.3.2
current ellipse ······ 2.5.50
current speed ······ 2.3.3

D

deep current ······ 2.3.34
deep sea propagation ······ 3.1.6
deep sea scattering layer (DSL) ······ 3.1.59
deep water ······ 2.1.49
deep water wave ······ 2.4.44
deep-sea sound channel ······ 3.1.14
deformed ice ······ 2.6.26
density anomaly ······ 2.1.22
density current ······ 2.3.19
density of heat flow rate ······ 2.1.85
deployed depth of instrument ······ 2.1.97
depth in situ ······ 2.1.96
directional spectrum ······ 2.4.30
dispersion ······ 3.1.63
diurnal inequality ······ 2.5.41
diurnal tide ······ 2.5.26
Donghai(East China Sea)coastal current ······ 2.3.71
double diffusion ······ 2.1.64
downwelling ······ 2.3.31
drift current ······ 2.3.17
dry-bulb temperature ······ 4.43
dynamic method ······ 2.3.52
dynamic zero surface ······ 2.3.51

E

eastern boundary current ······ 2.3.14
ebb ······ 2.5.11
echo ranging ······ 3.1.67
eddy mixing ······ 2.1.28
edge wave ······ 2.4.41

Ekman depth ······ 2.3.57
Ekman drift current ······ 2.3.56
Ekman layer ······ 2.3.58
Ekman pumping ······ 2.3.61
Ekman spiral ······ 2.3.59
Ekman transport ······ 2.3.60
El Ni～no ······ 4.9
elliptic trochoidal wave ······ 2.4.60
elliptical cosine wave ······ 2.4.59
entrainment ······ 2.3.66
equatorial convergence zone; ······ 2.1.58
equatorial countercurrent ······ 2.3.25
equatorial current ······ 2.3.10
equatorial undercurrent ······ 2.3.26
equilibrium tide ······ 2.5.22
equinoctial tide ······ 2.5.33
equivalent duration ······ 2.4.7
equivalent fetch ······ 2.4.6
explosive sound source ······ 3.1.30

F

fast ice ······ 2.6.3
fetch ······ 2.4.2
fictitious body ······ 2.5.21
finestructure ······ 2.1.60
first-year ice ······ 2.6.23
floating ice ······ 2.6.5
floating ice massif ······ 2.6.6
flood ······ 2.5.10
flooded ice ······ 2.6.34
fluctuation of transmitted sound ······ 3.1.20
forerunner of swell ······ 2.4.26
frequency ······ 2.4.16
frictional depth ······ 2.3.57
fully developed wave ······ 2.4.28

G

general ocean circulation ······ 2.3.4
geostrophic current ······ 2.3.18
glacier ······ 2.6.9
glacier tongue ······ 2.6.10
gravity tide ······ 2.5.20
gravity wave ······ 2.4.39

grazing angle ······ 3.1.17
grey ice ······ 2.6.19
grey-white ice ······ 2.6.20
ground ice ······ 2.6.14
group velocity ······ 2.4.48
Gulf Stream ······ 2.3.39
Gulf Stream series ······ 2.3.38
gyre ······ 2.3.48

H

Haining tide ······ 2.5.56
half-tide level ······ 2.5.65
halobios noise ······ 3.1.46
halocline ······ 2.1.34
harmonic analysis of tide ······ 2.5.66
harmonic constants of tide ······ 2.5.67
heat conduction ······ 2.1.83
heat flow rate ······ 2.1.84
height of significant wave ······ 2.4.36
height of the highest one-tenth wave ······ 2.4.37
height of the highest one-third wave ······ 2.4.36
high water hour ······ 2.5.5
high water level ······ 2.5.4
high water(HW) ······ 2.5.3
homogeneous layer ······ 2.1.37
homogeneous layer ······ 2.1.49
horizontal gradient of sound speed ······ 3.1.10
Huanghai bottom cold water ······ 2.1.56
Huanghai cold water mass; ······ 2.1.56
Huanghai(Yellow Sea)coastal current ······ 2.3.70
Huanghai(Yellow Sea)warm current ······ 2.3.42
humidity of the air ······ 4.40
hummock ······ 2.6.31
hummocked ice ······ 2.6.27
hurricane ······ 4.17
hydrodynamic noise ······ 3.1.48
hydrostatic pressure effects of tide and wave ······ 3.1.41

I

ice bound ······ 2.6.39
ice concentration ······ 2.6.46
ice cover ······ 2.6.45
ice edge ······ 2.6.47

ice field ······ 2.6.8
ice foot ······ 2.6.13
ice of land origin ······ 2.6.2
ice period ······ 2.6.43
ice rind ······ 2.6.16
ice sheet ······ 2.6.37
ice shelf ······ 2.6.11
ice thickness ······ 2.6.44
iceberg ······ 2.6.38
image interference or Lloyd mirror effect ······ 3.1.39
in situ density ······ 2.1.21
in situ temperature ······ 2.1.2
Indian Ocean equatorial undercurrent ······ 2.3.29
instability line ······ 4.42
interaction effect ······ 3.1.37
intermediate water ······ 2.1.48
internal tide ······ 2.5.53
internal wave ······ 2.4.49
inversion layer ······ 2.1.36
ion mobility of sea water ······ 3.3.3
irradiance ······ 3.2.16
irregular diurnal tide ······ 2.5.28
irregular semi-diurnal tide ······ 2.5.25
irregular wave ······ 2.4.54
isohaline ······ 2.1.13
isotherm ······ 2.1.3
isothermal compression ······ 2.1.76

K

Kelvin wave ······ 2.4.62
Kuroshio ······ 2.3.37
Kuroshio current series ······ 2.3.36

L

La Nina ······ 4.10
latent heat ······ 4.25
layered medium ······ 3.1.4
lead, lane ······ 2.6.35
level ice ······ 2.6.28
level of no motion ······ 2.3.51
limit of salt water ······ 2.1.68
Lomonosov current ······ 2.3.28
longitudinal circulation in equator ······ 2.3.16

long-crested wave …… 2.4.52
low water (LW) …… 2.5.6
low water hour …… 2.5.8
low water level …… 2.5.7
lunar tide …… 2.5.30
lunar tide interval …… 2.5.42

M

main thermocline …… 2.1.32
marine acoustics …… 3.1.1
marine atmospheric boundary …… 4.18
marine bio-acoustics …… 3.1.3
marine electromagnetic field …… 3.3.4
marine meteorology …… 4.1
marine noise in shallow water …… 3.1.45
marine optical remote sensing …… 3.2.3
marine optics …… 3.2.1
marine reverberation …… 3.1.50
maritime air mass …… 4.11
maritime climate, marine climate …… 4.2
mean sea level …… 2.5.63
mesoscale eddy …… 2.3.65
meteorological tide …… 2.5.58
microstructure …… 2.1.61
minimum duration …… 2.4.5
minimum fetch …… 2.4.4
mirage …… 4.36
mixed layer; …… 2.1.38
mixed tide …… 2.5.29
mixed-layer sound channel …… 3.1.13
mixing layer …… 2.1.38
molecular mixture …… 2.1.94
monsoon …… 4.5
monsoon current …… 2.3.22
multipath phenomenon …… 3.1.25

N

Nanhai coastal current …… 2.3.72
Nanhai warm current …… 2.3.44
neap tide …… 2.5.13
near sea surface layer …… 4.19
new ice …… 2.6.15
nilas ice …… 2.6.17

nonharmonic constant of tide ······ 2.5.68
nonlinear effects ······ 3.1.38
non-random fluctuation ······ 3.1.21
normal mode of vibration ······ 3.1.54

O

ocean circulation ······ 2.3.5
ocean acoustic tomography ······ 3.1.56
ocean current ······ 2.3.1
ocean sound field forecasting ······ 3.1.58
ocean wave ······ 2.4.1
ocean wave diffraction ······ 2.4.33
ocean wave forecast ······ 2.4.74
ocean wave refraction ······ 2.4.32
ocean wave spectrum ······ 2.4.29
ocean waves angular spreading ······ 2.4.35
ocean waves dispersion ······ 2.4.34
oceanic front ······ 2.1.59
oceanic troposphere ······ 2.1.39
oceanic turbulence ······ 2.1.63
oceanicity ······ 4.13
ocean-atmosphere heat exchange ······ 4.22
offshore current ······ 2.3.73
old ice ······ 2.6.24
open seas water system ······ 2.1.93
overtide ······ 2.5.38
oyashio current ······ 2.3.46

P

Pacific equatorial undercurrent ······ 2.3.27
pack ice ······ 2.6.4
pancake ice ······ 2.6.18
permanent thermocline ······ 2.1.32
permeability of sea water ······ 3.3.2
plunging breaker ······ 2.4.69
polynya ······ 2.6.36
potential density ······ 2.1.80
potential depth ······ 2.3.54
potential height ······ 2.3.53
potential temperature ······ 2.1.79
practical salinity ······ 2.1.12
practical salinity scale 1978 ······ 2.1.11
pressure jump line ······ 4.42

pressure wave ······ 3.1.31
prevailing wind ······ 4.4
progressive wave ······ 2.4.45
propagation anomaly ······ 3.1.19
proper mode ······ 3.1.55
pycnocline ······ 2.1.35

Q

Qiantang River tidal bore ······ 2.5.56

R

radiance ······ 3.2.12
radiation from the sea surface ······ 3.2.2
radiational tide ······ 2.5.40
radiative transfer in ocean ······ 3.2.10
rafted ice ······ 2.6.29
random fluctuation ······ 3.1.22
regular diurnal tide ······ 2.5.27
regular semi-diurnal tide ······ 2.5.24
regular wave ······ 2.4.53
relative humidity of the air ······ 4.41
relative wind ······ 4.39
residual current ······ 2.3.47
reversal circulation ······ 2.3.7
ridge ······ 2.6.30
ring ······ 2.3.49
rip current ······ 2.3.73
Rossby wave ······ 2.4.63
rotary current ······ 2.5.47

S

salinity ······ 2.1.9
salinity correction ······ 2.1.90
salinity effect ······ 2.1.91
salinity of sea ice ······ 2.6.41
salinity tongue ······ 2.1.14
salt finger ······ 2.1.15
salt water wedge ······ 2.1.16
saturation pressure of water ······ 2.1.82
scattering coefficient ······ 3.2.14
sea color index ······ 3.2.8
sea condition ······ 2.4.18
sea fog ······ 4.32

sea ice ········ 2.6.1
sea ice density ········ 2.6.40
sea level ········ 2.5.62
sea noise ········ 3.1.49
sea state ········ 2.4.18
sea surface albedo ········ 4.29
sea surface reflection ········ 3.1.61
sea surface salinity ········ 2.1.88
sea surface temperature ········ 2.1.1
sea water density ········ 2.1.20
sea water depth ········ 2.1.95
sea water state equation ········ 2.1.65
sea water transparency ········ 2.2.2
seasonal thermocline ········ 2.1.33
sea-land breeze ········ 4.30
sea-land monsoon ········ 4.31
sea-level effective horizontal visibility ········ 4.33
seiche ········ 2.5.54
seismic noise ········ 3.1.42
semi-diurnal tide ········ 2.5.23
shallow water propagation ········ 3.1.5
shallow water wave ········ 2.4.43
shelf wave ········ 2.4.42
ship radiated noise ········ 3.1.47
ship wave ········ 2.4.56
shoaling coefficient of wave ········ 2.4.50
shore ice ········ 2.6.12
short-crested wave ········ 2.4.51
slick ········ 2.1.62
slope current ········ 2.3.20
sloping current ········ 2.3.20
snow covered ice ········ 2.6.32
solar radiation ········ 4.28
solar tide ········ 2.5.31
solitary wave ········ 2.4.40
sonar ········ 3.1.69
sound absorption in sea water ········ 3.1.33
sound absorption loss in seawater ········ 3.1.34
sound channel ········ 3.1.12
sound channel axis ········ 3.1.16
sound fluctuations at sea surface ········ 3.1.23
sound shadow region ········ 3.1.29
sound speed gradient ········ 3.1.8

sound speed in the sea …… 3.1.7
sound speed profile …… 3.1.11
Southern Oscillation (SO) …… 4.8
specific heat at constant pressure …… 2.1.71
specific heat at constant volume …… 2.1.72
specific heat of seawater …… 2.1.70
specific latent heat of evaporation …… 2.1.81
specific volume anomaly …… 2.1.24
specific volume of seawater …… 2.1.23
spectral irradiance …… 3.2.17
spectral radiance …… 3.2.13
spilling breaker …… 2.4.67
spring tide …… 2.5.12
spuall line …… 4.42
standard sea water …… 2.1.66
standing wave …… 2.4.46
still tide …… 2.5.16
Stokes wave …… 2.4.61
storm surge …… 2.5.59
stranded ice …… 2.6.14
stratified ocean …… 2.1.40
subsurface current …… 2.3.33
subsurface water …… 2.1.47
subtropical mode water …… 2.1.55
surface current …… 2.3.32
surface perturbation layer …… 2.1.38
surface reverberation …… 3.1.51
surface scattering …… 3.1.64
surface sound channel …… 3.1.15
surface tension of seawater …… 2.1.87
surface tension wave …… 2.4.38
surface water …… 2.1.46
surging breaker …… 2.4.68
swash height …… 2.4.55
swell …… 2.4.25
syzygy tide …… 2.5.12

T

Taiwan warm current …… 2.3.43
temperature of maximum seawater density …… 2.1.74
temperature of sea ice …… 2.6.42
thermal capacity of seawater …… 2.1.69
thermal expansion coefficient of sea water …… 2.1.73

thermocline ········ 2.1.31
thermohaline circulation ········ 2.3.6
thermohaline convection ········ 2.3.8
thermohaline structure ········ 2.1.19
thermosteric anomaly ········ 2.1.25
thousand islands cold current ········ 2.3.46
tidal age ········ 2.5.34
tidal bore ········ 2.5.55
tidal constituent ········ 2.5.35
tidal current ········ 2.5.45
tidal double ebb ········ 2.5.15
tidal double flood ········ 2.5.14
tidal energy ········ 2.5.57
tidal mixing ········ 2.1.29
tidal potential ········ 2.5.19
tidal range ········ 2.5.9
tidal rise ········ 2.5.64
tidal wave ········ 2.5.51
tide ········ 2.5.1
tide level ········ 2.5.2
tide table ········ 2.5.69
tide-generating force ········ 2.5.18
tide-induced electromagnetic field ········ 3.3.5
tide-induced residual current ········ 2.5.49
topographic Rossby wave ········ 2.4.64
trade wind ········ 4.3
trade wind current ········ 2.3.21
transmission loss ········ 3.1.18
trapped mode ········ 3.1.55
trapped wave ········ 2.4.65
trochoidal wave ········ 2.4.58
tropic convergence zone ········ 2.1.58
tropical cloud cluster ········ 4.15
tropical cyclone ········ 4.14
tropical maritime air mass ········ 4.12
tropical tide ········ 2.5.32
T-S diagram ········ 2.1.17
T-S index ········ 2.1.18
tsunami ········ 2.5.60
Tsushima current ········ 2.3.41
Tsushima warm current ········ 2.3.41
turbulence noise ········ 3.1.43
turn of tidal current ········ 2.5.46

typhoon ······ 4.16

U

underwater acoustic communications ······ 3.1.57
underwater acoustic transducer ······ 3.1.68
underwater optical window ······ 3.2.6
(upper)homogeneous layer ······ 2.1.38
upwelling ······ 2.3.30

V

vertical gradient of sound speed ······ 3.1.9
vertical section seawater temperature ······ 2.1.89
vertical stability ······ 2.1.26
viscosity of sea water ······ 2.1.86
visibility in seawater ······ 3.2.9
volume reverberation ······ 3.1.53
volume scattering ······ 3.1.66
volume transport ······ 2.3.50

W

walker cell ······ 4.7
warm current ······ 2.3.40
warm eddy ······ 2.1.42
warm water sphere ······ 2.1.7
warm water tongue ······ 2.1.5
water body scattering ······ 3.1.62
water colour ······ 2.2.1
water mass ······ 2.1.44
water stand ······ 2.5.17
water system ······ 2.1.45
water type ······ 2.1.43
waterspout ······ 4.35
wave age ······ 2.4.20
wave amplitude ······ 2.4.10
wave climate ······ 2.4.21
wave crest line ······ 2.4.22
wave current ······ 2.3.67
wave current ······ 2.3.67
wave diffraction ······ 2.4.33
wave direction ······ 2.4.13
wave disaster ······ 2.4.73
wave group ······ 2.4.47
wave height ······ 2.4.9

wave length ························ 2.4.11
wave number ························ 2.4.15
wave observation ························ 2.4.72
wave of finite amplitude ························ 2.4.57
wave period ························ 2.4.14
wave profile ························ 2.4.8
wave ray ························ 2.4.23
wave reflection ························ 2.4.31
wave scale ························ 2.4.19
wave speed ························ 2.4.12
wave steepness ························ 2.4.17
wave swing ························ 2.4.10
wave-induced current ························ 2.3.67
wave-induced electromagnetic field ························ 3.3.6
west wind drift ························ 2.3.11
western boundary current ························ 2.3.13
wet-bulb temperature ························ 4.44
white ice ························ 2.6.21
whitecap ························ 2.4.27
wind duration ························ 2.4.3
wind factor ························ 2.3.55
wind wave ························ 2.4.24
wind-driven current ························ 2.3.17
wind-generated noise ························ 3.1.44

Y

Yellow Sea cold water mass ························ 2.1.56
young ice ························ 2.6.22